应用型本科高校系列教材·化学化工类

编 委 会

应用型本科高校系列教材·化学化工类

HUAXUE KEXUE SHIYAN JICHU

化学科学实验基础

主编 葛秀涛

编者 冯　剑　李永红　韩有月

　　　李　敏　吴霖生　郑建东

　　　章守权　冯建华　任兰正

　　　陈玉萍

中国科学技术大学出版社

内 容 简 介

本书包括化学科学实验基础知识与技术、基本操作实验、分析化学实验、仪器分析实验、有机化学实验、物理化学实验、结构化学实验、无机化学实验、高分子化学实验和化工实验 10 个部分，共计 160 个实验，其中设计性、综合性和研究性实验 37 个，内容涵盖《高等学校化学类专业指导性专业规范》要求的全部知识点。

本书可作为高等院校应用化学、化学、化工、制药、材料、食品、生物、农林、轻工、环保、能源等专业的实验教材，亦可作为其他相关专业和企业相关人员的参考用书。

图书在版编目(CIP)数据

化学科学实验基础/葛秀涛主编. —合肥：中国科学技术大学出版社，2012.8(2019.7 重印)
ISBN 978-7-312-03034-5

Ⅰ. 化… Ⅱ. 葛… Ⅲ. 化学实验—高等学校—教材 Ⅳ. O6-3

中国版本图书馆 CIP 数据核字(2012)第 154880 号

出版	中国科学技术大学出版社
	安徽省合肥市金寨路 96 号，230026
	http://press.ustc.edu.cn
	https://zgkxjsdxcbs.tmall.com
印刷	合肥市宏基印刷有限公司
发行	中国科学技术大学出版社
经销	全国新华书店
开本	787 mm×1092 mm 1/16
印张	39.25
字数	948 千
版次	2012 年 8 月第 1 版
印次	2019 年 7 月第 3 次印刷
定价	63.00 元

前　言

　　化学是一门以实验为基础的科学,涉及的实验是化学、应用化学、化学工程与工艺、制药工程、无机非金属材料工程、材料化学等专业的核心实践性课程。实验课程教学是培养学生实践应用能力、科学素质和创新意识的重要途径。

　　目前,化学实验多被设置为无机化学实验、有机化学实验、分析化学实验、仪器分析实验和物理化学实验等独立课程,这样不仅造成实验内容的低水平重复,而且使各学科实验间缺乏应有的逻辑关联。教育部高等学校化学类专业教学指导委员会于2011年出台的《高等学校化学类专业指导性专业规范》(简称《专业规范》)对化学、应用化学等化学类专业的基础化学实验内容作了明确规定。然而现有的高校基础化学实验教材大多没能完全符合《专业规范》规定,而且实验项目也很少涉及较基础的应用知识和技能,无法满足应用型高校基础化学实验教学的需求。在安徽省应用型本科高校有关领导、专家和部分企业高管的倡导及安徽省教学质量工程项目的支持下,我们组织了长期处在教学一线、有丰富实践经验的教师编写了本书。

　　《化学科学实验基础》是"应用型本科应用化学专业核心课程研究与开发"项目成果的集中体现,是在"打破传统二级学科壁垒、在化学一级学科层面"安排化学实验内容的积极探索,内容涵盖《专业规范》要求的全部知识点。对应用知识和应用技能方面的内容进行了适量扩充,其中不少实验项目直接来自化工和材料领域的实际问题。本书不仅适合化学、应用化学、化工、制药、材料等专业的化学实验教学,而且在适当裁减的基础上亦能供食品、生物、农林、轻工、环保、能源等专业选用。为了方便不同专业对实验项目的选择,本书按章节分为化学科学实验基础知识与技术、化学科学基本操作实验、分析化学实验、仪器分析实验、有机化学实验、物理化学实验、结构化学实验、无机化学实验、高分子化学实验和化工实验,共160个实验,含设计性、综合性和研究性实验37个。尽管不同内容的实验独立成章,但在实验内容编排方面作了精心设计,如化学科学基本操作实验中部分实验项目可能要在无机化学实验或有机化学实验阶段开设,但基于逻辑联系置于该部分。在每一章的引言部分给出了化学类专业开设的实验项目建议,其他专业可以根据这个建议结合本专业实际情况进行选择。

　　本书编写着重传授化学实验知识,使学生掌握实验原理及实验技能,学会观察、记录实验现象,处理数据,表达和分析实验结果,选择、安装、调试和使用各种仪器,设计实验方案以及选择实验条件等,从而使他们具备独立解决实际问题的能力,实事求是、勤俭节约、相互协作、勇于开拓的优良素养和创新意识,为后续课程打下坚实基础。

参加本书编写的人员有:葛秀涛、冯剑、李永红、韩有月、李敏、吴霖生、郑建东、章守权、冯建华、任兰正、陈玉萍。葛秀涛、冯剑共同完成书稿的校对工作,全书由葛秀涛统稿。薛连海、沈玲、吴刚、侯长平、孙艳辉等老师亦参加了有关实验内容的部分编写工作,在此向各位老师表示衷心的感谢。

由于编者水平有限,而且时间仓促,本书不可避免地还存在着一些问题和错误,恳请读者批评指正。

编　者

2012 年 4 月

目　　录

第一章　化学科学实验基础知识与技术

第一节　化学科学实验

一、实验的目的

心理学家 Treicher 研究表明,人类获取信息的 83％来自视觉,11％来自听觉,3.5％来自嗅觉,1％来自味觉,1.5％来自触觉;人类对同样的学习材料三天后的记忆率分别是:"听"占 10％,"视"占 20％,"视、听"占 40％,"视、听、表达"占 70％,"视、听、做、描述"占 90％。因此,化学科学实验的目的如下:

(1) 掌握实验基础知识与操作,正确使用仪器,认真观察实验现象并正确记录、处理数据和表达实验结果。

(2) 掌握各种实验技术和各类实验研究的基本方法与原理。

(3) 根据实验现象和结果进行理论分析与逻辑推理。

(4) 正确设计实验(选择实验方法、实验条件、仪器和试剂等),解决实际问题。

(5) 培养实事求是、勤俭节约、团结协作、勇于开拓的优良素养和创新意识。

二、实验的要求

(一)实验规程

1. 实验预习

预习是做好实验的保证,实验前要认真阅读实验教材和有关文献,明确实验目的与要求,了解实验原理、仪器装置、实验步骤、操作过程及数据处理方法等;写出预习报告[实验名称与日期、实验目的与要求、简明的实验原理、实验步骤(尽量用简图、表格、化学式、符号等表达)],做到心中有数。未穿实验服、未写实验预习报告者不得进入实验室进行实验。

2. 实验操作

根据拟定的实验操作计划与方案,完成仪器的选用、安装和实验条件控制等;保持安静,认真操作,仔细观察,及时、准确、如实地将观测到的实验数据记录在实验报告本上;不可将原始数据随便记录在草稿纸、小纸片或其他地方,更不能等到实验结束后再回忆记录。养成实事求是的习惯,不得随意涂改或主观臆造数据;公用物品(包括仪器、药品等)用完后,应归放原位;实验废液、废物按要求放入指定收集器皿;爱护公物,损坏仪器应及时补领或赔偿;使用精密仪器应严格遵守操作规程,不得任意拆装或搬动,用毕登记签名。实验结束请教师检查仪器、桌面、实验记录等,经教师签名认可后方可离开实验室。

3. 实验报告

做完实验仅是完成实验的一半,更为重要的是分析实验现象、整理实验数据,把直接的感性认识提高到理性思维阶段。因此,实验完成后,要及时对实验现象、原始数据和实验结果进行分析、处理与讨论,完成实验报告。实验报告要求文字表达清楚、语言简明扼要、结论明确;实验记录与处理尽量使用表格形式,绘出的图形要准确清楚,并保持报告本的整齐清洁。实验报告一般包括:

(1) 实验目的与要求(实验前完成)。

(2) 简明实验原理(实验前完成)。

(3) 简明实验步骤——用简图、表格、化学式、符号表示(实验前完成)。

(4) 实验结果,包括实验现象、数据的原始记录(实验时完成)、实验解释、数据处理和计算(实验后完成)。

(5) 实验讨论,包括实验心得、体会、存在的问题、失败原因的分析和实验建议等(实验后完成)。

(二) 实验安全

1. 熟悉实验室内水、电、急救箱、洗眼器和消防用品的放置地点和使用方法

(1) 电(闸刀):不要用湿手接触仪器,以防触电,用后拔下电源插座。

(2) 急救箱:医用酒精、碘酒、红药水、创可贴、止血粉、紫药水、万花油(治烫伤切勿用水洗)、3%硼酸溶液或2%醋酸溶液、$10\ \text{g}\cdot\text{L}^{-1}$碳酸氢钠溶液、$200\ \text{g}\cdot\text{L}^{-1}$硫代硫酸钠溶液;医用镊子、剪刀、纱布、药棉、棉签、绷带等。

(3) 洗眼器:一般放在实验室墙脚(每个实验室都应该有,处理酸、碱溅入眼内时的情况)。

(4) 消防用品:降温和隔绝空气。小火时,用湿布或石棉布覆盖;活泼金属着火用干沙;大火用干粉灭火器。

2. 注意易燃、易爆、有毒、有害试剂安置条件

(1) 易燃、易爆

实验室易燃、易爆的物质主要有:甲烷、乙炔、乙烯、乙醚、乙醇、丙酮、一氧化碳、氢气、二硫化碳、白磷、硫磺、铝粉、钠、钾等;臭氧、氯酸、高氯酸盐、重氮物等强氧化剂受热或摩擦时,易爆;镁粉-重铬酸铵、镁粉-硝酸盐、镁粉-硫磺、锌粉-硫磺、铝粉-氧化铅、铝粉-氧化铜、有机化合物-氧化铜、还原剂-氧化铅、氯化亚锡-硝酸铋、浓硫酸-高锰酸钾、三氯甲烷-丙酮等一起存放时,易燃。

以上物品存放要远离火源,环境通风、阴凉;易相互发生反应的试剂要分开放置,严禁药品随意混合;钾、钠应保存在煤油中,废钠、钾通常用乙醇或异丙醇销毁,不要与水接触或暴露在空气中;白磷应保存在水中;盛有有机试剂的试剂瓶瓶塞要塞紧,防止易燃有机物的蒸气外逸,切勿将易燃有机溶剂倒入废液缸中;回流或蒸馏有机液体时应在水浴锅或封闭的电热套中缓慢进行,严禁用电炉或火焰直接加热,放入沸石,防止液体过热暴沸而冲出,引起火灾。

(2) 有毒、有害

实验室有毒、有害的物质主要有:氟化物、氰化物、铅盐、镉盐、钡盐、六价铬盐、汞、砷化合物、H_2S、CO、Cl_2、SO_2、NO_2、SO_3、浓硝酸、浓硫酸、浓盐酸、浓氢氟酸、洗液、浓碱、浓H_2O_2、液溴等。

要严防有毒、有害化合物入口或接触皮肤。实验室内绝对禁止饮食、吸烟,尽量避免吸入任何试剂和溶剂蒸气;处理有刺激性、有毒、有害、有恶臭的气体如 H_2S、CO、Cl_2、Br_2、SO_2、SO_3、浓硝酸、发烟硫酸、浓盐酸时,应在通风橱内进行;当需借助嗅觉鉴别少量气体时,决不能用鼻子直接对准瓶口或试管口嗅闻气体,而应用手把少量气体轻取地扇向鼻孔进行嗅闻;加热浓缩液体的操作要十分小心,不能俯视正在加热的液体,以免溅出液体把眼、脸灼伤;加热试管中的液体时,不能将试管口对着人;使用浓酸、浓碱、溴时要佩戴橡皮手套和防护眼镜。

一旦汞洒落应尽快收集,并用硫磺粉覆盖使其反应生成不挥发的HgS;酸(或碱)洒到皮肤上,先用大量水冲洗,再用 $10\ g \cdot L^{-1}$ 碳酸氢钠溶液(或 2% HAc 溶液)浸洗,最后再用水冲洗;酸(或碱)溅入眼内,立即借助洗眼器用大量水冲洗,再用 2% $Na_2B_4O_7$(或 3%硼酸溶液)冲洗,然后再用蒸馏水冲洗;液溴灼伤(伤口不易愈合),先用 C_2H_5OH 或 $200\ g \cdot L^{-1}$ $Na_2S_2O_3$ 溶液洗涤伤口,再用大量水冲洗,并涂敷甘油,用消毒纱布包扎后就医。

3. 处理实验室三废

化学实验中会产生各种有毒废气、废液和废渣,若不预处理,不仅污染环境、造成公害,而且还会造成经济损失。

(1) 有毒废气

少量的由通风橱排风设备排入大气自净;量大的应安装气体吸收装置净化(HX、SO_2 用 $NaOH$ 溶液吸收后排放,NH_3 用硫酸溶液吸收后排放,CO 点燃转化成 CO_2 后排放)。

(2) 有毒废渣

少量的集中深埋于指定地点,有价值的回收利用。

(3) 有毒废液

废酸(或废碱):中和,用 $Ca(OH)_2$ 或 H_2SO_4 调至 pH=6~8 后排放。

含镉废液:加 $Ca(OH)_2$ 生成氢氧化物沉淀。

含铬(Cr^{6+})废液(废铬酸洗液):加 $FeSO_4$ 将 Cr^{6+} 还原成 Cr^{3+} 加碱调 pH=6~8,升温至 80 ℃,通入适量空气,使 Cr^{3+} 以 $Cr(OH)_3$ 形式与 $Fe(OH)_3$ 一起沉淀去除;或在 110~130 ℃ 下浓缩→冷却至室温加 $KMnO_4$ 粉末搅拌至微紫红,加热到出现 SO_3 为止→稍冷,用玻璃砂漏斗抽滤,滤渣冷却析出 CrO_3 的溶液中加适量浓硫酸后又成洗液。

含氰废液:用 $NaOH$ 调至 pH≥10,量少时加 $KMnO_4$ 氧化成 CO_2 和 N_2;量大时加次氯酸盐溶液,搅拌后放置一夜,最后至 pH=6~8 后排放。

含汞(铅等重金属)废水:量少时加 Na_2S 生成 MS(M 指重金属)。

含砷废水:加 Fe^{3+} 盐和石灰乳至碱性,新生成的 $Fe(OH)_3$ 与难溶亚砷酸钙或砷酸钙发生共沉淀和吸附,反应式为

$$As_2O_3 + Ca(OH)_2 \longrightarrow Ca(AsO_2)_2 \downarrow + H_2O$$

(三) 有效数字、误差与数据记录

1. 有效数字

实验读数时,一般都要在仪器最小刻度后再估读一位。估读的最后一位数字称为可疑值,其他几位为准确值,这样一个数字称为有效数字。

位数不可随意增减。如普通 50 mL 的滴定管,最小刻度为 0.1 mL,则记录 26.55 mL 是合理的,记录 26.5 mL 或 26.556 mL 都是错误的,因为它们分别缩小和夸大了仪器的精密度;用以表达小数点位置的零不计入有效数字位数。如 26.55 mL,换成大单位表示就写成 0.022 65 L 或 0.000 022 65 m^3,2 前面的 0 只起定位作用,不是有效数字,有效数字仍只有 4 位。为了方便地表达有效数字位数,一般用科学记数法记录数字,即用一个带小数的个位数乘以 10 的相当幂次表示。例如,0.000 567 可写为 5.67×10^{-4},有效数字为三位;10 680 可写为 $1.068\ 0 \times 10^4$,有效数字是五位,如此等等。因此,实验数据具有量的大小、仪器的精度等含义。

2. 误差

由于外界条件的影响、仪器的优劣和实验者感觉器官的限制,使得实验测得的数据只能达到一定的准确度(测量值与真实值之间的接近程度,通常用误差衡量)。对于完成每一个实验,如能事先了解测量所能达到的准确度,并在实验后科学地分析和处理数据的误差,对提高实验水平有很大的帮助。不同条件下,对实验准确度的要求不同。将测量准确度提高一点,对仪器、药品的要求和代价往往要大大提高;过低的准确度又会大大降低测量的价值。因此,对准确度的恰当要求是十分重要的;此外,了解误差的种类、起因和性质,将有助于我们抓住提高准确度的关键,集中精力突破难点和选择合适的实验条件。因此,只有对误差产生的原因及其规律进行研究,方能在合理的人力、物力支出条件下,获得可靠的实验结果。误差有系统误差、偶然误差和过失误差 3 类。

(1) 系统误差

在相同条件下,多次测量同一量时,误差的绝对值和符号保持恒定,或在条件改变时,按某一确定规律变化的误差称为系统误差,产生的主要原因如下:

① 实验方法方面的缺陷。例如使用了近似公式。

② 仪器、药品不良引起。如电表零点偏差,温度计刻度不准,药品纯度不高等。

③ 操作者的不良习惯。如观察视线偏高或偏低。

改变实验条件可以发现系统误差的存在,针对产生原因可采取措施将其消除。

(2) 偶然误差

在相同条件下多次测量同一量时,误差的绝对值时大时小,符号时正时负,但随测量次数的增加,其平均值趋近于零,即具有抵偿性,此类误差称为偶然误差。它产生的原因并不

确定,一般是由环境条件的改变(如大气压、温度的波动)或操作者感官分辨能力的限制(例如,对仪器最小分度以内的读数难以读准确等)所致。偶然误差服从正态分布统计规律。

（3）过失误差

一种明显歪曲实验结果的误差。它无规律可循,是由操作者读错、记错所致,加强责任心即可避免。发现有此种误差产生时,所得数据应予以剔除。

3. 数据记录

记录的每个数据都必须是有效数字且其位数与所用仪器精度一致。

三、实验数据的处理

（一）数据的列表和手工作图处理

1. 数据剔除

对于 $10\sim15$ 次的测量,大于 2σ(σ 为标准差,定义 $\sigma=\sqrt{(x_i-\bar{x})^2/(n-1)}$,其中 x_i 为观测值,$\bar{x}$ 为观测值的算术平均值,n 为观测次数)的数据舍弃。对于 $2\sim5$ 次测量,大于 σ 的数据舍弃(通常取精度好的数据的平均值,精度不高的舍弃)。

2. 有效数字运算

有效数字运算时遵循"4 舍 6 入 5 成双"原则,如 9.435、4.685,整化为三位数是 9.44 与 4.68。加减运算以小数点后位数最少者为准,如 $56.38+17.845+21.6=56.4+17.8+21.6=95.8$。乘除运算以有效数字最少者为准(第一位数字为 8 以上的有效数字的位数可多算一位),如 $1.436\times0.020\ 568\div85=1.44\times0.020\ 6\div85=3.489\ 8\times10^{-4}=3.49\times10^{-4}$,其中 85 的有效数字最少,由于首位是 8,所以可以看成三位有效数字,其余两个数值也应保留三位,最后结果也只保留三位有效数字。

3. 列表处理

经正确记录的实验数据,按统计理论舍弃并运算完成后,应将数据整齐、有规律地列表表达出来,使人一目了然。

（1）表格要有名称。

（2）每行(或列)的开头一栏都要列出物理量的名称和单位,并把二者表示为相除的形式。因为物理量的符号本身是带有单位的,除以它的单位,即等于表中的纯数字。

（3）数字要排列整齐,小数点要对齐,公共的乘方因子应写在开头一栏与物理量符号相乘的形式。

4. 手工作图处理

作图可更形象地表达出数据的特点,如极大值、极小值、拐点等,并可进一步用图解积分、微分、外推、内插值。不论是手工作图还是利用计算机的软件作图均应注意如下几点：① 要有图名。② 坐标标度应是 1、2 或 5 的倍数,要能表示全部有效数字。以保证由图形所求出的物理量的准确度与测量的准确度一致。③ 坐标原点不一定选在零,应使所作直线或曲线匀称地分布于图面中。④ 在两条坐标轴上每隔 1 cm 或 2 cm 均匀地标上所代表的数值。⑤ 描点时,应用细铅笔将所描的点准确而清晰地标在其位置上,可用○、△、□、×等符号表示,符号总面积表示了实验数据误差的大小,所以不应超过 1 mm 格。⑥ 同一图中表示不同曲线时,要用不同的符号描点,以示区别。⑦ 作曲线时,应尽量多地通过所描的点,但不要强行通过每一个点。对于不能通过的点,应使其等量地分布于曲线两边,且两边各点到曲线的距离之平方和要尽可能相等。⑧ 描出的曲线应平滑均匀。

(二)计算机软件作图处理

由于测量过程存在误差,通常在测量实验数据时做三次以上的平行实验,获取其平均值和标准差。事实上,只有完整考虑了数据平均值和其误差范围后才能够剔除错误数据并从这些数据中获取科学的规律。因此,对于实验数据的作图一般都需要同时作出数据点的平均值和标准差,其形如 ∣̄,数据点上的两条横杠为误差范围。很多情况下还需要从实验数据中拟合出具体的方程,进而利用该方程的参数获取有关物理量,以及通过方程求解的理论值。上面的数据处理常涉及数理统计和最优化等方面的数学知识,有的计算非常复杂,但借助于一些软件可以很简单地处理这些数值问题。本节介绍 Excel 和 Origin 软件在这几个方面的应用,软件版本是 Excel 2003 和 Origin 8。

1. 实验数据的平均值、标准差和作图

表 1.1 是 25 ℃条件下,不同浓度 HCl 溶液的电导率 κ 测量数据。第一行是浓度,第二、三、四行是三次平行实验的电导率测量值。求该数据的平均值和标准差。

表 1.1　25 ℃下,HCl 溶液浓度与 κ 的关系

$C/(mol \cdot L^{-1})$	0.000 5	0.001	0.005	0.01	0.02
$\kappa /(mS \cdot cm^{-1})$	0.211 5	0.421 1	2.077 9	4.118 0	8.140 8
$\kappa /(mS \cdot cm^{-1})$	0.211 3	0.420 8	2.078 1	4.118 3	8.141 0
$\kappa /(mS \cdot cm^{-1})$	0.211 2	0.421 4	2.077 7	4.117 7	8.140 6

(1) Excel 方法

Excel 是以单元格来组织数据,为了绘图方便只要将相同数据保持在同一行或同一列即可。新建 Excel 工作表,在 Excel 单元格 A1:F4 输入上面数据,结果如图 1.1 所示。

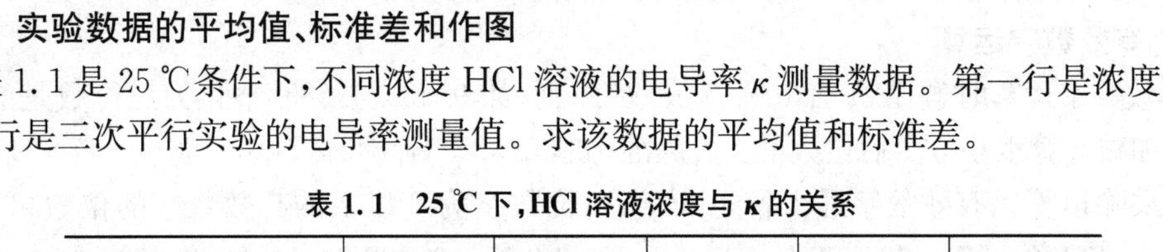

L16		f_x				
	A	B	C	D	E	F	G
1	C/mol · L⁻¹	0.0005	0.001	0.005	0.01	0.02	
2	κ/mS · cm⁻¹	0.2115	0.4211	2.0779	4.118	8.1408	
3	κ/mS · cm⁻¹	0.2113	0.4208	2.0781	4.1183	8.141	
4	κ/mS · cm⁻¹	0.2112	0.4214	2.0777	4.1177	8.1406	

图 1.1　将数据输入 Excel 中

选取 B5 单元格,点击插入函数按钮 fx,在对话框中选取"统计"类别中求平均值的"AVERAGE"函数。在函数参数对话框中选择 B2 至 B4 单元格,按"确定"按钮。再次选取 B5 单元格,将鼠标移动到右下角呈十字形,拖动鼠标至 F5 来复制公式。

同样选取 B6 单元格,在"统计"类别中选择求标准差的"STDEV"函数,函数参数选取为 B2 至 B4 单元格,按"确定"按钮来计算标准差。按照同样的方法对 C6 至 F6 单元格复制公式。最终结果如图 1.2 所示。

B6		fx	=STDEV(B2:B4)		
	A	B	C	D	E	F
1	$C/(mol \cdot L^{-1})$	0.0005	0.001	0.005	0.01	0.02
2	$\kappa/mS \cdot cm^{-1}$	0.2115	0.4211	2.0779	4.118	8.1408
3	$\kappa/mS \cdot cm^{-1}$	0.2113	0.4208	2.0781	4.1183	8.141
4	$\kappa/mS \cdot cm^{-1}$	0.2112	0.4214	2.0777	4.1177	8.1406
5	平均值	0.21133	0.4211	2.0779	4.118	8.1408
6	标准差	0.00015	0.0003	0.0002	0.0003	0.0002
7						

图 1.2 Excel 中平均值和标准差计算结果

将实验数据绘图不仅可以直观了解变量之间的关系,也有助于选取合适的经验方程进行参数拟合。接下来介绍绘制电导率的平均值和浓度间关系图,同时在数据点上标识出标准差的方法。

Excel 在选取数据时具有一定的智能性,如果鼠标选择区在数据区或紧邻数据区,在使用插入图表向导时 Excel 会自动全部选取数据区数据。但这个默认操作并不适用于本例数据,因此将鼠标定位到数据区以外,点击 Excel 工具栏的插入图表向导按钮 ,在图表向导第一步中的"标准类型"对话框页面选取"XY 散点图"。它的"子图表类型"中有 5 种类型可供选择,本例选择"折线散点图"。在图表的进一步编辑中,可以很容易地打开这个对话框来改变设置。按"下一步"按钮,向导打开的是"图表源数据"对话框。点击"系列"页面,按"添加"按钮添加系列。点击 X 值右侧按钮,选取 B2 至 F5 浓度行作为 x 值,按对话框右侧按钮输入数据。再按相同方法点击 Y 值右侧按钮,选取 B5 至 F5 单元格的平均电导率列来输入 y 值。按"下一步"按钮,此时打开的是"图表选项"对话框。它可以对图表的"标题"、"坐标轴"、"网格线"和"图例"等进行编辑。本例中在"标题"页面的"数值(X)轴"输入"$C/(mol \cdot L^{-1})$","数值(Y)轴"输入"$\kappa/(mS \cdot cm^{-1})$"。"网格线"页面取消勾选"数值(Y)轴"的"主要网格线"选项框。在"图例"页面取消"显示图例"选项框。最后一步是将图表插入 Excel 工作表还是作为单独的图表,本例采取默认在工作表中插入 Chart 对象。最后按"完成"即完成所有向导步。

上面向导中的几步分别打开了不同的对话框,这些对话框可以在图表的不同区域的右键菜单中出现,因此即便在向导中忽略了某些操作,在右键菜单中可以再次打开这些对话框进行进一步操作或修改。Excel 图表包括外部的图表区和内部的绘图区,双击该区域可以对图案和字体等格式进行编辑。双击 X 轴和 Y 轴可以对坐标轴格式进行编辑。双击数据系列可以对数据系列格式进行编辑。连续两次单击 X 轴或 Y 轴标题可以对坐标轴标题进行编辑。

利用图表区对话框将图表区区域颜色设为白色,边框设为"无"。利用图表区对话框将绘图区域颜色设为白色。双击"数据系列",在"数据系列格式"对话框的"误差线 Y"页面,显示方式选择"正负"偏差。依次点击"自定义"的"＋"和"－"偏差数据选择按钮,选择 B6 至 F6 作为标准差数据。进一步的修改涉及坐标轴中刻度、字体、数据中小数位数、数据系列中的线型和数据标记等。图 1.3 是对 Excel 散点图进一步编辑所得的图形。该例中重复实验数据的标准差很小,数据点上很难看到绘制的标准差横杠。

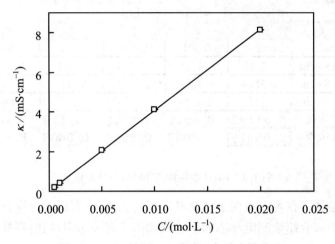

图 1.3　Excel 绘制 HCl 溶液 κ 与浓度的关系

选择图表区,按"复制"按钮,就可以将该图形"粘贴"到 Word 或 PPT 等软件中。Excel 很难对一些复杂的图形进行绘制,如双 Y 轴、嵌入图等。另外,图表中也不方便插入其他非数据元素,如在图表上绘制点、线、文本等进行标注等。对于复杂的图形绘制则需要借助于更专业的软件,如 Origin 来实现。

(2) Origin 方法

与 Excel 一样,首先需要为 Origin 提供数据。在 Origin 中如果数据以文本文件形式保存,则可以通过导入文件("Import Single ASCII" 或"Import Multiple ASCII")或导入向导("Import Wizard…")来将文件中的数据导入到工作表中。如果数据没有以数据文本保存,则可以直接将数据录入工作表中。Origin 软件是以列为组织单位的,因此在 Origin 中必须将相同类型数据置于同一列。在 Origin 工作表中录入表 1.1 数据,结果如图 1.4 所示。

B、C 和 D 列为三次实验的平均值。选取 B、C 和 D 列,在菜单"Statistics"—"Descriptive Statistics"中点击"Statistics On Row"。在弹出对话框中可以进一步选择有关统计量,对于本示例直接点击"OK"完成统计。Origin 会在工作表后面自动添加两列,分别是平均值和标准差,结果如图 1.5 所示。

选取"A"、"Mean"和"SD"列,在工作区下部的绘图工具栏中点击 图标绘制点线图。Origin 的"Plot Details"对话框可以很方便地更改最初选择的线型或符号。

激活 Origin 图形窗口，通过主菜单"Edit"下的"Copy Page"菜单项就可以复制整个图形区，然后将其"粘贴"到其他软件中。使用 Origin 软件绘制图形后一般需要使用"Plot details"（鼠标左键双击绘图区弹出）、坐标轴对话框（双击坐标轴弹出）以及"Plot Setup"对话框（双击绘图区左上角数字的图层图标弹出）来对图形进一步进行编辑、修饰和美化工作，之后将其用于其他文档中。图 1.6 是对坐标轴标题等进行了简单编辑后的图例。

	A(X)	B(Y)	C(Y)	D(Y)
Long Name	C	k1	k2	k3
Units	$mol \cdot L^{-1}$	$mS \cdot cm^{-1}$	$mS \cdot cm^{-1}$	$mS \cdot cm^{-1}$
Comments				
1	5E-4	0.2115	0.2113	0.2112
2	1E-3	0.4211	0.4208	0.4214
3	0.005	2.0779	2.0781	2.0777
4	0.01	4.118	4.1183	4.1177
5	0.02	8.1408	8.141	8.1406
6				

图 1.4　数据列入 Origin 界面

	A(X)	B(Y)	C(Y)	D(Y)	Mean(Y)	SD(yEr-)
Long Name	C	k1	k2	k3	Mean	Standard De
Units	$mol \cdot L^{-1}$	$mS \cdot cm^{-1}$	$mS \cdot cm^{-1}$	$mS \cdot cm^{-1}$		
Comments					Statistics	Statistics On
1	5E-4	0.2115	0.2113	0.2112	0.21133	1.52753E-4
2	1E-3	0.4211	0.4208	0.4214	0.4211	3E-4
3	0.005	2.0779	2.0781	2.0777	2.0779	2E-4
4	0.01	4.118	4.1183	4.1177	4.118	3E-4
5	0.02	8.1408	8.141	8.1406	8.1408	2E-4
6						

图 1.5　Origin 计算结果

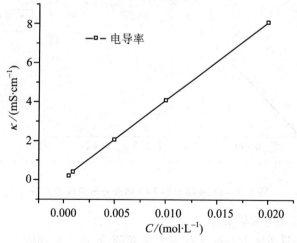

图 1.6　Origin 绘制 HCl 溶液 κ 与浓度的关系

2. 实验数据的参数拟合

（1）Excel 方法

① 使用趋势线来进行参数拟合

上例的电导率和浓度间符合线性关系，即 $\kappa=a+bC$，下面将该线性方程的斜率和截距求出来。该方程可以作为工作曲线，通过 Excel 图表中的趋势线求解已知浓度的电导率。

首先，插入 Excel 图表。使用前面介绍的方法插入"XY 散点图"，其"子图表类型"采取默认的散点。由于只是回归数据，在"图表源数据"对话框输入完数据系列后，直接按"完成"按钮绘制图形。

右键选取图表中的数据点，点击右键菜单的"添加趋势线"菜单项，弹出添加趋势线对话框。从 Excel 添加趋势线对话框中的"类型"页面可以看出 Excel 可以对多种类型方程进行拟合。本例选择默认的线性，点击"选项"页面，勾选其中的"显示公式"和"显示 R 平方值"。通过图表中的公式可以看出拟合方程中截距为 0.025 6，斜率为 406.61。R^2 值反映了拟合效果，该值越接近于 1，表示理论曲线和数据点吻合得越好。在趋势线的"选项"对话框中还有一个"设置截距"选项框，即横坐标等于 0 时，纵坐标是否有固定的值。如在"溶液法测定极性分子的偶极矩"实验中，溶质浓度等于零时，溶液的介电常数必须等于溶剂的。对于这类数据拟合，需要勾选"设置截距"并在文本框中指定设置值。

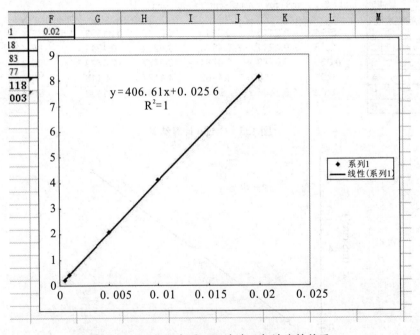

图 1.7　Excel 拟合后 HCl 溶液 κ 与浓度的关系

② 使用规划求解拟合实验数据

添加趋势线方法只适用于方程含有一个自变量，且自变量和因变量可以和拟合参数分离的情形。另外，也只能处理少数几种类型的方程。对于多自变量或单变量不能分离的情况,以及当拟合参数存在约束条件时,Excel 提供了规划求解这一功能强大的优化工具。它既可以求解非线性方程,也可以对存在约束和非约束方程进行参数拟合。

第一次使用 Excel 中时规划求解时,规划求解并不出现在菜单项中。首先需要在菜单"工具"下"加载宏"中勾中"规划求解"。这样就在"工具"菜单中出现"规划求解"菜单项 ![规划求解(V)...],使用时单击它就可以执行。如果 Office 2003 是典型安装,该组件不默认安装,此时勾选"规划求解"可能需要安装光盘。

表 1.2 是不同温度下二甲醇的饱和蒸气压的实验数据。现在需要将饱和蒸气压和温度间的关系拟合为一个方程,利用该方程可以求取该温度区间下的饱和蒸气压值,而不需要做相关的实验测定。

表 1.2　不同温度下二甲醇的饱和蒸气压

温度/℃	−23.7	−10	0	10	20	30	40
饱和蒸气压/MPa	0.101	0.174	0.254	0.359	0.495	0.662	0.880

纯液体的饱和蒸气压和温度间的关系可以使用理论式 Clausius-Clapeyron 方程来表述,其形式如下:

$$\ln p = A + \frac{B}{T}$$

其中的 p 为对比化的压力,T 为热力学温度,A 和 B 为常数。Clausius-Clapeyron 方程只有两个回归参数,工业上一般使用三个参数的 Antoine 方程

$$\ln p = A + \frac{B}{t + C}$$

为方便起见,上式中压力也使用自然对数,温度 t 单位为摄氏度,A、B 和 C 为拟合参数。对于 Clausius-Clapeyron 方程由于自变量和因变量与方程中的参数是可以分离的,只要使用 $\ln p$ 对 $1/T$ 作图就可以使用线性关系的趋势线将 A 和 B 求出。但对于 Antoine 方程则无法使用趋势线法。下面介绍用规划求解来拟合参数。

在 Excel 工作表的 B 和 C 列输入温度和蒸气压的实验值。D 列为相应蒸气压的对数值,计算方法是在 D3 单元格输入"="直接插入自然对数公式 ln(C3)。鼠标定位于 D3 单元格右下角,出现十字形,按住左键拖动鼠标至 D9 来复制公式,相应的结果如图 1.8 所示。

拟合参数 A、B 和 C 值置于连续单元格内,本例在单元格 B11 至 B13,并分别给一个合理的初始值。由于不同初始值会影响拟合效果,在实际工作中需要根据物理事实进行合理的调节。E3 至 E9 为使用 Antoine 方程的理论计算值。由于要复制公式,为避免复制公式时拟合参数单元格自动变化,需要在公式中为拟合参数使用绝对单元格。E3 中输入的公式为"=＄B＄11＋＄B＄12/(B3＋＄B＄13)"。将 E3 中的公式拖动复制到 E9。在 F3 单元格中输入理论值和实验值的误差平方公式,即"=(E3−D3)^2",并复制公式到 F9。使用求和命令按钮 Σ 将 7 组数据的误差平方求和,并除以数据总数 7,结果置于 F10 单元格。事实上,D 列的实验压力对数值不是必需的,只需要将 F3 列的误差计算公式改为"=(E3 −

ln(C3))^2”即可忽略该列。最终的工作表如图 1.9 所示。

D3 =LN(C3)

	A	B	C	D
1				
2		温度	蒸气压	lnp
3		-23.7	0.101	-2.29263
4		-10	0.174	-1.7487
5		0	0.254	-1.37042
6		10	0.359	-1.02443
7		20	0.495	-0.7032
8		30	0.662	-0.41249
9		40	0.88	-0.12783

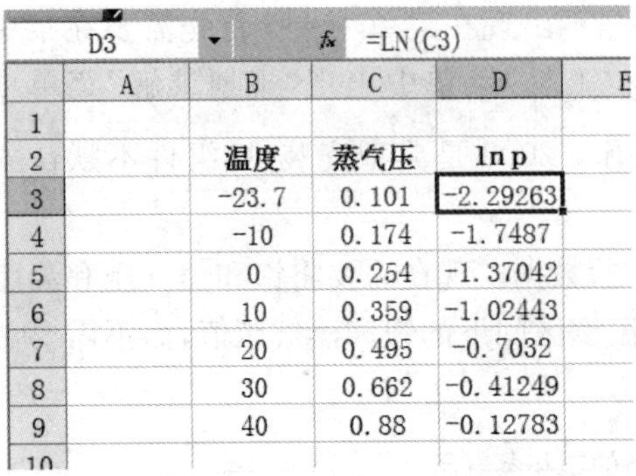

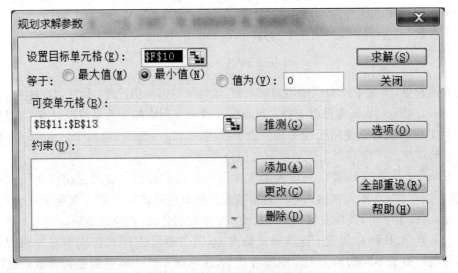

图 1.8　Excel 中输入公式求对数值

F10 =SUM(F3:F9)/7

	A	B	C	D	E	F
1						
2		温度	蒸气压	lnp	理论值	误差
3		-23.7	0.101	-2.29263	0.955947	10.55328
4		-10	0.174	-1.7487	0.888889	6.956875
5		0	0.254	-1.37042	2	11.35974
6		10	0.359	-1.02443	1.090909	4.474672
7		20	0.495	-0.7032	1.047619	3.065359
8		30	0.662	-0.41249	1.032258	2.087296
9		40	0.88	-0.12783	1.02439	1.327619
10					目标值	5.68926
11	参数A	1				
12	参数B	1				
13	参数C	1				
14						

图 1.9　Excel 计算结果

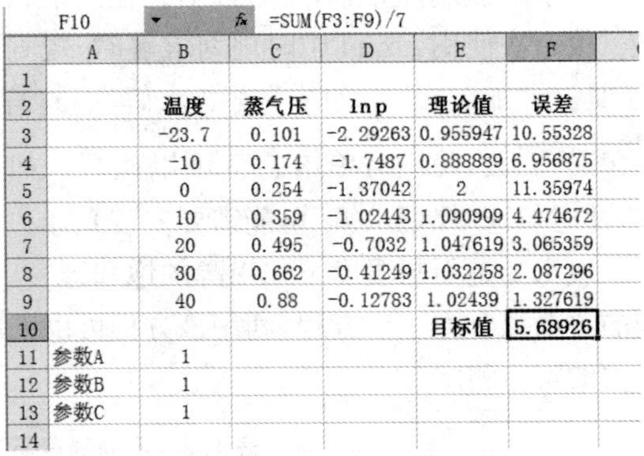

接下来进行的工作就是利用规划求解工具通过调整 A、B 和 C 值使得目标单元格 F10 的值最小。选择“工具”菜单中的“规划求解”，在“规划求解”对话框中的目标单元格设置为 F10。“等于”设置为最小值。可变单元格，即拟合参数所在的单元格，设置为 B11 至 B13。由于本例是非约束优化，所有不必添加拟合参数的约束条件。至此所有数据已经准备好了，点击“求解”按钮进行求解运算(图 1.10)。

图 1.10　规划求解参数对话框

拟合的结果保存在 B11∶B13 单元格，对于本例的三个拟合参数分别是 $A=-1.041\,766$、$B=1.892\,780$和 $C=7.590\,496$，误差平方和为 0.400 74，该误差明显偏大。进一步 A、B 和 C 将三个初值分别给为 100、−100 和 100 进行计算，此时目标值为 0.007 96，结果有明显改善。通过对初始值的调整，获得较好的拟合参数是 $A=2.102\,959$、$B=-325.344\,379$ 和 $C=96.221\,166$。注意使用拟合数据时还应特别注意有效数字位数。

非线性拟合是一个较复杂的问题，使用规划求解时一般需对数据进行适当处理，并给出目标值表达式。选取初始值也强烈影响计算效果，因此在实际工作中，能够线性化的数据最好线性化后再处理，从而避免非线性拟合。规划求解的"选项"按钮可以打开选项对话框。对规划求解中的计算时长、迭代次数和精度、内部使用的计算方法进行更精细的设置，来解决可能遇到的困难。

规划求解是一个强大的优化工具，化学化工中遇到的大多数优化问题都可以使用它来解决。规划求解较趋势线法复杂得多，能够使用趋势线法解决的问题则不建议使用规划求解。

（2）Origin 方法

数据处理是 Origin 的重要功能，对于实验数据的参数拟合 Origin 8 提供了单变量和双变量非线性拟合方法。超过两个自变量问题，Origin 只提供了多变量线性拟合。对于单变量拟合，Origin 为了简化操作还独立提供了线性拟合和多项式拟合。Origin 数据拟合操作较为简单，且在很多情况下它还提供了不少操作选项，如自动利用拟合方程在 x 值和 y 值间互求。以下介绍使用 Origin 来拟合上例的 Clausius-Clapeyron 方程和 Antoine 方程。

① 线性拟合

新建的 Origin 项目，都包含一个空的工作表，其中默认两列。在工作表两列中依次输入温度和压力。点击工具栏 按钮两次，在工作表后面插入两个新列 C 列和 D 列。鼠标左键点击 C 列标签，再右键点击弹出右键菜单（或点击主菜单"Column"）选择"Set Column Values"来向该列插入公式。该对话框的菜单"wcol"和"Col"分别是指使用列编号或"Long Name"来引用列数据。菜单"F"为插入函数。在"Col(C)＝"下面的文本框的输入中，选择"Col"菜单中的"Col(A)"来在文本框中输入 A 列引用，然后输入"＋273.15"来将 C 列变为热力学温度。输入内容如图 1.11 所示。

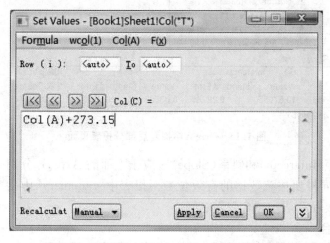

图 1.11　利用"Set Column Values"输入数据方法

接下来，按 按钮对 D 列输入公式。选取菜单"F"—"General Math"—"ln()"。此时光标定位在函数括号中。在"Col"菜单中选择"Col(p)",然后按"OK"按钮退出。再次选取C列,在右键菜单"Set As"中选择"X",最终结果如图 1.12 所示。

	A(X1)	B(Y1)	C(X2) 🔒	D(Y2) 🔒
Long Name	t	p	T	lnp
Units				
Comments				
1	-23.7	0.101	249.45	-2.29263
2	-10	0.174	263.15	-1.7487
3	0	0.254	273.15	-1.37042
4	10	0.359	283.15	-1.02443
5	20	0.495	293.15	-0.7032
6	30	0.662	303.15	-0.41249
7	40	0.88	313.15	-0.12783
8				

图 1.12　Origin 最终计算结果

接下来工作是对 C 和 D 列数据进行线性拟合。Origin 既可以对工作表数据拟合也可以将数据作图后拟合。这里采用第一种方法。选取 C 列和 D 列;然后点击菜单"Analysis"—"Fitting"—"Fit Linear"—"Open Dialog",在弹出对话框中采用默认设置,点击"OK"按钮。接下来的"Reminder Message"对话框提供了是否切换到报表页面,选择"Yes"按"OK"完成拟合操作。部分报表页面如图 1.13 所示。

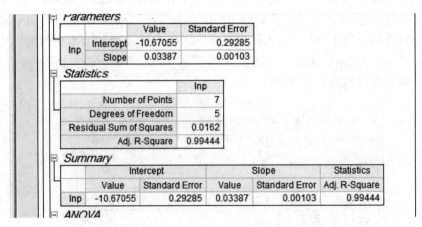

图 1.13　Origin 中拟合后部分报表页面

报表中的截距(Intercept)和斜率(Slope)对应于上面的 A 和 B,分别是 $-10.670\ 55$ 和 $0.033\ 87$,使用时同样要注意数据的有效位数。报表中"Summary"中的"Adj. R-Square = 0.9944",该值越接近 1,表示拟合效果越好。

② 非线性拟合

接下来介绍使用 Origin 来拟合 Antoine 方程。作为非线性的 Antoine 方程无法线性化,只能利用非线性回归工具。Origin 的非线性回归工具包含了多种拟合方程。对于那些Origin 没有提供的方程,可以使用"Tools"菜单中的"Fitting Function Organizer"添加用户

自定义方程来解决。Origin 函数类别"Rational"中的"Rational4"提供了如下回归方程

$$y = c + \frac{b}{x+a}$$

该方程形式与 Antoine 方程相同,可以用来拟合 Antoine 方程。使用该方程首先需要将实验压力处理为 $\ln p$。前面的例子中已经处理过了,下面的操作是在前面处理过的数据的基础上进行。

选取 A 列和 D 列,然后点击菜单"Analysis"—"Fitting"—"Nonlinear Curve Fitt"。在弹出对话框的"Setting"页面,选取左侧面板的"Function Selection"。在右侧面板的方程类别"Category"下拉框中选取"Rational"。在下面的函数"Function"中选取"Rational4"(图1.14)。

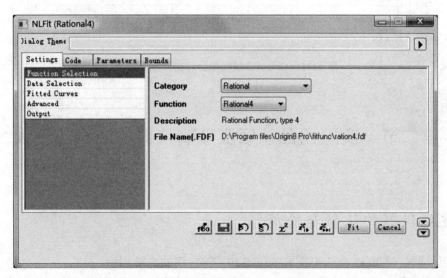

图 1.14　Origin 非线性拟合设置界面

该页面的"Data Selection"用于选择工作表或图形中的输入数据。由于在打开该对话框前就已经选取了数据,因而该项操作不必重复进行。另一个重要的输入是"Parameters"页面相关项。该页面中给出了拟合参数的初值,拟合参数是否固定以及在多组数据拟合不同方程时参数是否共享等。Bounds 页面则是指定拟合参数的约束条件。由于本例只有一组数据,且三个拟合参数使用默认的初始值,又没有约束条件,因而直接按"Fit"按钮执行拟合操作。

Origin 对相同数据的拟合结果是 $A = 0.634\ 77$、$B = -97.966\ 6$ 和 $C = 54.851\ 66$。从"Adj. R-Square"值为 0.896 可以看出该拟合值效果也不好(如图 1.15 所示)。Origin 的非线性拟合同样可以通过改变初值来改善。在非线性拟合对话框的"Parameters"页面中指定 Rational4 方程三个参数初始值分别为与规划求解相同的初值,即 $a = 100$、$b = -100$ 和 $c = 100$。这样拟合的结果是 $A = 2.259\ 66$、$B = -344.789\ 09$ 和 $C = 97.520\ 48$。此时"Adj. R-Square"的值为 0.978,因此该结果较之前的拟合结果有了明显的改善。

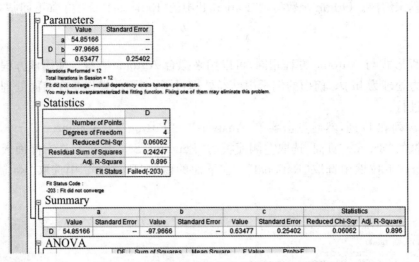

图 1.15　Origin 非线性拟合后部分报表页面

第二节　实验用品认领及玻璃仪器的洗涤与干燥

一、玻璃仪器的认领与洗涤

按照仪器认领单,逐个认识领来的仪器并了解它们的主要用途。

为了得到准确的实验结果,每次实验前和实验后必须将实验仪器洗涤干净。尤其对久置不易洗掉的实验残渣和对玻璃有腐蚀作用的废液,一定要在实验后立即清洗干净。

(1) 对普通玻璃仪器,倒掉容器内物质后,可向容器内加入 1/3 左右自来水冲洗,再选用合适的刷子,用洗衣粉刷洗。再依次用自来水、蒸馏水洗,直至干净。

(2) 对于那些无法用普通水洗净的污垢,需根据污垢的性质选用适当的试剂,通过化学方法除去。重铬酸盐洗液的具体配法是:将 25 g 重铬酸钾固体在加热条件下溶于 50 mL 水中,然后向溶液中加入 450 mL 浓硫酸,边加边搅动。切勿将重铬酸钾溶液加入浓硫酸中。重铬酸盐洗液可反复使用,直至溶液变为绿色,失去去污能力。

王水为 1 体积浓硝酸和 3 体积浓盐酸的混合液,因王水不稳定,所以使用时应现配。近年来有人用洗涤精(灵)洗涤玻璃仪器,同样能获得较好的效果。

也可用超声波清洗某些耐水和大小适当的仪器。

(3) 度量仪器的洗净程度要求较高,有些仪器形状又特殊,不宜用毛刷刷洗,常用洗液进行洗涤。

度量仪器的具体洗涤方法如下:

① 滴定管的洗涤:先用自来水冲洗,使水流净。酸式滴定将旋塞关闭,碱式滴定管除去乳胶管,用橡胶乳头将管口下方堵住。加入约 15 mL 铬酸洗液,双手平托滴定管的两端,不断转动滴定管并向管口倾斜,使洗液流遍全管(注意:管口对准洗液瓶,以免洗液外溢!),可反复操作几次。洗完后,碱式滴定管由上口将洗液倒出,酸式滴定管可将洗液分别由两端放出,再依次用自来水和蒸馏水洗净。如滴定管太脏,可将洗液灌满整个滴定管浸泡一段时间,此时,在滴定管下方应放一烧杯,防止洗液流到台面上。常见污迹处理方法见表 1.3。

表 1.3 常见污迹的处理方法

垢迹	处理方法
MnO_2、$Fe(OH)_3$、碱土金属的碳酸盐	用盐酸处理。对于 MnO_2 垢迹,盐酸浓度要大于 $6\ mol \cdot L^{-1}$。也可以用少量草酸加水,并加几滴浓硫酸来处理
沉积在器壁上的银或铜	用硝酸处理
难溶的银盐	用 $Na_2S_2O_3$ 溶液。Ag_2S 垢迹则需用热、浓 HNO_3 处理
粘附在壁上的硫磺	用煮沸的石灰水处理: $$3Ca(OH)_2 + 12S \xrightarrow{煮沸} 2CaS_5 + CaS_2O_3 + 3H_2O$$
残留在容器内的 Na_2SO_4 或 $NaHSO_4$ 固体	加水煮沸使其溶解,趁热倒掉
不溶于水,不溶于酸、碱的有机物或胶质等	用有机溶剂洗或用热的浓碱液洗。常用的有机溶剂有酒精、丙酮、苯、四氯化碳、石油醚等
瓷研钵内的污迹	少量食盐放在研钵内研洗,倒去食盐,再用水洗净
蒸发皿和坩埚上的污迹	用浓硝酸、王水或重铬酸盐洗液洗涤

② 容量瓶的洗涤:先用自来水冲洗,将自来水倒净,加入适量(15~20 mL)洗液,盖上瓶塞。转动容量瓶,使洗液流遍瓶内壁,将洗液倒回原瓶,最后依次用自来水和纯净水洗净。

③ 移液管和吸量管的洗涤:先用自来水冲洗,用洗耳球吹出管中残留的水,然后将移液管或吸量管插入铬酸洗液瓶内,按移液管的操作,吸入约 1/4 容积的洗液,用右手食指堵住移液管上口,将移液管横置过来,左手托住移液管的下端,右手食指松开,平转移液管,使洗液润洗内壁,然后放出洗液于瓶中。如果移液管太脏,可在移液管上口接一段橡皮管,再以洗耳球吸取洗液至管口处,以自由夹夹紧橡皮管,使洗液在移液管内浸泡一段时间,拔出橡皮管,将洗液放回瓶中,最后依次用自来水和纯净水洗净(图 1.16)。

(4) 洗净标准:凡洗净的仪器,不要用布或软纸擦干,以免使布或纸上的少量纤维留在器壁上反而沾污了仪器。

(a) 洗净标准:水均匀分布

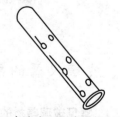

(b) 未洗净:器壁附着水珠

图 1.16 洁净程度示意图

二、玻璃仪器的干燥

玻璃仪器的干燥方法如图 1.17 所示。

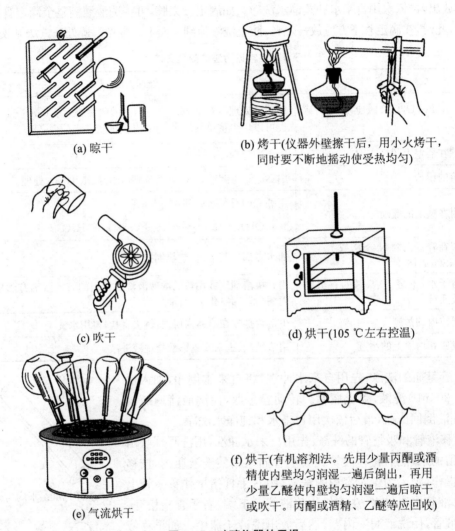

(a) 晾干

(b) 烤干(仪器外壁擦干后，用小火烤干，同时要不断地摇动使受热均匀)

(c) 吹干

(d) 烘干(105 ℃左右控温)

(e) 气流烘干

(f) 烘干(有机溶剂法。先用少量丙酮或酒精使内壁均匀润湿一遍后倒出，再用少量乙醚使内壁均匀润湿一遍后晾干或吹干。丙酮或酒精、乙醚等应回收)

图 1.17　玻璃仪器的干燥

三、玻璃仪器的画法

1. 常见玻璃器材的分步画法

如图 1.18 所示,先画左,次画右,再封口,后封底(或再封底,后封口)。

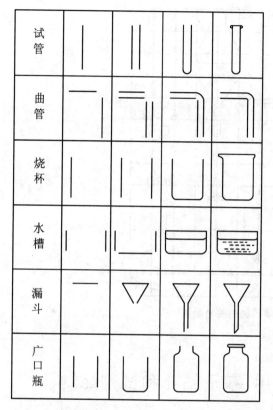

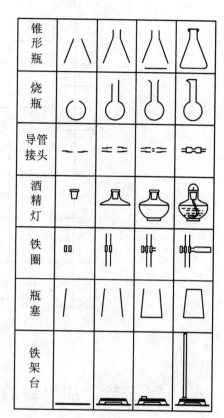

图 1.18 玻璃仪器的分步画法

2. 成套装置图的画法

图 1.19 所示为实验室制取和收集氧气的实验装置。

先画主体图，后画配件图，分步完成。例如画实验室制取和收集氧气的装置（图1.19 成套装置画法），应首先画出带塞的试管、导管和集气瓶，然后画出图中其他配件图，最后，在悬空的酒精灯下，可补上木垫。

3. 一些常用玻璃仪器的简易画法

常用玻璃仪器的简易画法如图 1.20所示。

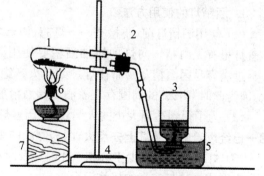

1—试管；2—导管；3—集气瓶；4—铁架台；
5—水槽；6—酒精灯；7—木垫

图 1.19 成套装置图的画法

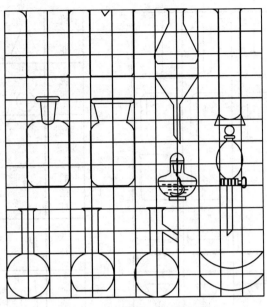

图 1.20 玻璃器材的简易画法

第三节　加热器的使用、塞子钻孔和试剂配制

一、常用加热仪器

1. 酒精灯的使用方法

（1）使用酒精灯前，要检查一下灯芯，如果灯芯顶端不平或已烧焦，就要剪去少许，还要检查灯里有无酒精。向灯内添加酒精要使用漏斗，灯内的酒精量不能超过酒精灯容积的 2/3，过满容易因酒精蒸发而在灯颈处起火。**绝对禁止向燃着的酒精灯里添加酒精**，以免失火，因为此时"明火"的周围存在着酒精和酒精蒸气。

（2）为了得到适当大小的火焰，先要调整灯芯，然后用火柴点火。**绝对禁止拿酒精灯到另一已经燃着的酒精灯上去点火**，因为侧倾的酒精灯会溢出酒精，引起大面积着火。

（3）灯内酒精存量少于容积 1/4 时应及时补充，因为酒精过少既容易烧焦灯芯，又容易在灯内形成酒精与空气的爆炸混合物。

（4）酒精灯的火焰只能用灯帽盖灭（使灯芯与空气隔绝），需趁热将灯帽再提起来，放走热酒精蒸气同时进入一部分冷空气，再盖好，以保持灯帽内外压强一致，下次使用时，容易打开灯帽。**绝不能用嘴吹灭！**用嘴吹不仅火不被吹灭，还很可能将火焰沿灯颈压入灯内，引起着火或爆炸！

（5）酒精灯不用时，必须盖上灯帽，不然酒精会蒸发，这样不但浪费酒精，而且灯芯上会留有水分，以后就不易点燃或点燃后燃烧效果不好。

（6）使用酒精灯要随时小心，不要碰倒，万一洒出的酒精在桌上燃烧起来，应该立刻用湿抹布扑盖或撒沙土扑灭。

焰心（内焰）：液态酒精蒸发，温度最低（图1.21）；还原焰（内焰）：因为燃烧不够充分，处于还原状态；氧化焰（外焰）：酒精充分燃烧，温度最高。

煤气灯和酒精喷灯火焰都是由内焰、还原焰和氧化焰组成。

2. 酒精喷灯

常用的酒精喷灯有挂式（图1.22(a)）和座式（图1.22(b)）两种。座式喷灯的酒精贮存在灯座内，挂式喷灯的酒精贮存罐悬挂于高处。酒精喷灯的火焰温度可达800～900 ℃。使用前，先在预热盆中注入酒精，点燃后铜质灯管受热。待盆中酒精将近燃完时，开启灯管上的开关（逆时针转）。来自贮罐的酒精在灯管内受热汽化，和来自气孔的空气混合。这时用火点燃管口气体，就产生高温火焰，调节开关阀来控制火焰的大小。用毕后，挂式喷灯座旋紧开关，同时关闭酒精贮罐下的活栓就能使灯焰熄灭。座式喷灯火焰的熄灭方法是用石棉网盖住管口，同时用湿抹布盖在灯座上，使它降温。在开启开关、点燃管口气体前必须充分灼热灯管，否则酒精不能全部汽化，会有液态酒精由管口喷出，可能形成"火雨"（挂式喷灯），甚至引起火灾。

图 1.21　酒精灯火焰分布

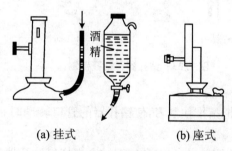

(a) 挂式　　　　　(b) 座式

图 1.22　酒精喷灯

3. 座式酒精喷灯使用注意事项

（1）喷灯工作时，灯座下绝不能有任何热源，环境温度一般应在35 ℃以下，周围不要有易燃物。

（2）当罐内酒精耗剩20 mL左右时，应停止使用，如需继续工作，要把喷灯熄灭后再增**添酒精，千万不能在喷灯燃着时向罐内加注酒精，**以免引燃罐内的酒精蒸气和外加酒精的容器。

（3）使用喷灯时如发现罐底凸起，要立即停止使用，检查喷口有无堵塞，酒精有无溢出等，待查明原因，排除故障后再使用。

（4）每次连续使用的时间不要过长。

目前加热仪器种类繁多，如煤气灯、电炉、管式电炉、马弗炉、电热套、电水浴锅、微波炉等。

二、塞子钻孔,试剂规格与取用

1. 塞子钻孔

化学实验室常用的塞子有玻璃磨口塞、橡皮塞、塑料塞和软木塞。玻璃磨口塞能与带有磨口的瓶口很好地密合,密封性也好。但不同瓶子的塞子不能任意调换,否则不能很好密合。使用前最好用塑料绳将瓶塞与瓶体系好。这种瓶子不适于装碱性物质。不用时洗净后应在塞与瓶口中间用纸条夹住,防止久置后塞与瓶口粘住打不开。橡皮塞可以把瓶子塞得很严密,并且耐强碱性物质的侵蚀,但它易被酸、氧化剂和某些有机物质(如汽油、苯、丙酮、二硫化碳等)所侵蚀。软木塞不易与有机物质作用,但易被酸、碱所侵蚀。

无机化学实验装置中的仪器多用橡皮塞。在塞子内需要插入玻璃管或温度计时,必须在塞子上钻孔。钻孔的工具是钻孔器(图1.23(a))。它是一组直径不同的金属管,一端有柄,另一端很锋利。另外还带有一根铁条,用以捅出钻孔时嵌入钻孔器中的橡皮。

钻孔的金属管子如果用钝了,孔就不易钻好,可用钻孔器刨(图1.23(b))来刨磨,使它锋利。钻孔器刨是个附着一把刮刀的金属圆锥体。右手握着钻孔管子,把刃口的一端套在圆锥体上转动。同时左手握住刨柄,

(a) 钻孔器　　　(b) 钻孔器刨

图 1.23　钻孔器和钻孔器刨

而用大拇指推住刮刀,使钻孔器的管口转动时正好被刮刀所刮削,这样,就使钻孔管子恢复锋利。

也可用三角刮刀和锉刀结合来恢复钻孔器锋利。

钻孔的步骤如下:

(1) 塞子大小的选择。塞子的大小应与仪器的口径相适合,塞子(图1.24)进入瓶颈或管颈部分不能少于塞子本身高度的1/2,也不能多于2/3。

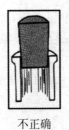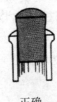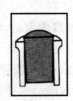

不正确　　　　　正确　　　　　不正确

图 1.24　塞子的配置

（2）钻孔器的选择。选择一个要比插入橡皮塞的玻璃管口径略粗的钻孔器,因为橡皮塞有弹性,孔道钻成后会收缩使孔径变小。

（3）钻孔的方法。橡皮塞钻孔(图1.25),将塞子小的端朝上,平放在桌面上的一块木板上(避免钻坏桌面),左手持塞,右手握住钻孔器的柄,并在钻孔器前端涂点油或水,将钻孔器按在选定的位置上,以顺时针的方向,一面旋转,一面用力向下压并向下钻动。钻孔器要垂直于塞子的面上,不能左右摆动,更不能倾斜,以免把孔钻斜。钻至超过塞子高度 2/3 时,以反时针的方向一面旋转,一面向上拉,拔出钻孔器。

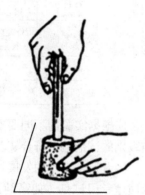

图 1.25　钻孔方法

按同法从塞子大的一端钻孔。注意对准小的那端的孔位。直到两端的圆孔贯穿为止,拔出钻孔器,捅出钻孔器内嵌入的橡皮。

钻孔后,检查孔道是否合用,如果玻璃管可以毫不费力地插入圆孔,说明塞孔太大,塞子和玻璃管之间不够严密,塞子不能使用;若塞孔稍小或不光滑时,可用圆锉修整。

现在普遍使用磨口仪器,软木塞的处理方法就不再介绍了。

（4）玻璃管插入橡皮塞的方法。用甘油或水把玻璃管的前端湿润后,按图1.26(a)所示,先用布包住玻璃管,然后手握玻璃管的前半部,把玻璃管慢慢旋入塞孔内合适的位置。如果用力过猛或者手离橡皮塞太远,都可能使玻璃管折断,刺伤手掌,如图1.26(b)所示,务必注意。

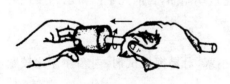

(a) 正确的手法

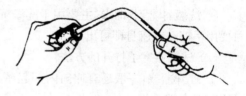

(b) 不正确的手法

图 1.26　玻璃管插入塞子的方法

2. 试剂规格与取用

化学试剂是用以研究其他物质组成、性状及其质量优劣的纯度较高的化学物质。化学试剂的纯度级别及其类别和性质,一般在标签的左上方用符号注明,规格则在标签的右端,并用不同颜色的标签加以区别。国家标准以符号"GB"表示,还有地方企业标准、厂订标准。

按照药品中杂质含量的多少,我国生产的化学试剂(通用试剂)的等级标准基本上可分为四级,级别的代表符号、规格标志以及适用范围(表1.4)。

表 1.4　化学试剂的等级标准

级别	一级品	二级品	三级品	四级品	
名称	保证试剂（优级纯）	分析试剂（分析纯）	化学纯	实验试剂	生物试剂
英文名称	Guarantee Reagent	Analytical Reagent	Chemical Pure	Laboratorial Reagent	Biological Reagent
英文	GR	AR	CP	LR	BR
瓶签颜色	绿	红	蓝	棕或黄	黄或其他色

应根据实验的不同要求选用不同级别的试剂。一般说来，在一般无机化学实验中，化学纯级别的试剂就已符合实验要求。但在有些实验中要使用分析纯级别的试剂。

随着科学技术的发展，对化学试剂的纯度也愈加严格，愈加专门化，因而出现了具有特殊用途专门试剂。如高纯试剂，以符号 CGS 表示；色谱纯试剂，GC、GLC；生化试剂，GR、CR、EBP 等。

（1）试剂瓶的种类

① 细口试剂瓶：用于保存试剂溶液，通常有无色和棕色两种。遇光变化的试剂（硝酸银等）用棕色瓶，通常为玻璃制品，也有聚乙烯制品。玻璃瓶的磨口塞各自成套，注意不要混淆。聚乙烯瓶盛苛性碱较好。

② 广口试剂瓶：用于装少量固体试剂，有无色和棕色两种。

③ 滴瓶：用于盛逐滴滴加的试剂，例如指示剂等，也有无色和棕色两种。使用时用中指和无名指夹住胶头和滴管的连接处，捏（松）住（开）胶头，以吸取（放出）试液。

④ 洗瓶：内盛蒸馏水，主要用于洗涤沉淀，原来是玻璃制品，目前几乎由聚乙烯瓶代替，只要用手捏一下瓶身即可出水。

（2）试剂瓶塞子打开的方法

① 拧开瓶塞，一般还有伸向内部起密封作用的小塞，对易挥发试剂，内塞往往比较紧，可用剪刀尖端撬开。

② 盐酸、硫酸、硝酸等液体试剂瓶，塑料塞子打不开时，可用浸过热水的布裹上塞子的顶部，然后用力拧，一旦松动，就能拧开。

③ 细口瓶子也常有打不开的情况，此时可在水平方向用力转动塞子或左右交替横向用力摇动塞子。若仍打不开时，可紧握瓶的上部，用木柄或木锤从侧面轻轻敲打塞子，也可在桌端轻轻叩敲，请注意：绝不能手握下部或用铁锤敲打。

用上述方法还打不开塞子时，可用热水浸泡瓶塞部位。也可用浸过热水的布裹着，待玻璃受热后膨胀，再仿照前面的做法拧松塞子。

（3）试剂的取用方法

每一试剂瓶上都必须贴有标签，写明试剂的名称、浓度和配制日期，并在标签外涂上一薄层蜡来保护它。现在多用有蜡膜自黏胶标签。

取用试剂药品前，应先看标签。取用时，先打开瓶塞，将瓶塞反放在实验台上。如果瓶塞上端不是平顶而是扁平的,可用食指和中指将瓶塞夹住(或放在清洁的表面皿上),绝不可将它横置桌上,以免沾污。不能用手接触化学试剂,应根据用量取用试剂,这样既能节约药品,又能取得好的实验结果。取完试剂后,一定要把瓶塞盖严,绝不允许将瓶塞混盖。然后把试剂瓶放回原处,以保持实验台整齐干净。

固体试剂的取用:

① 要用清洁、干燥的药匙取试剂。药匙的两端为大小不同的两个匙,分别用于取大量固体和少量固体。专匙专用,用过的药匙必须洗净擦干后才能再使用。

② 注意不要超过指定用量取药,多取的不能倒回原瓶,可放在指定的容器中供他人使用。

③ 要求取用一定质量的固体试剂时,可把固体放在干燥的纸上称量。具有腐蚀性或易潮解的固体应放在表面皿上或玻璃容器内称量。

④ 往试管(特别是湿试管)中加入固体试剂时,可用药匙或取出的药品放在对折的纸片上(图 1.27(a)和 1.27(b)),伸进试管约 2/3 处。加入块状固体时,应将试管倾斜,使其沿管壁慢慢滑下去,以免碰破管底(1.27(c))。

⑤ 固体的颗粒较大时,可在清洁而干燥的研钵中研碎。研钵中盛固体的量不要超过研钵容量的1/3。

⑥ 有毒药品必须在教师指导下取用。

液体试剂的取用:

① 从滴瓶中取用液体试剂时,要用滴瓶中的滴管,滴管绝不能伸入所用的容器中,以免接触器壁而沾污试剂(图 1.28(a))。如用滴管从试剂瓶中取出少量液体试剂时,则需用附于该试剂瓶的专用滴管取用。装有试剂的滴管不得横置或滴管口向上斜放,以免液体流入滴管的橡皮头中。

② 从细口瓶中取用液体试剂时,用倾注法(图 1.28(b))。先将瓶塞取下,反放在桌面上,手握住试剂瓶上贴标签的一面,逐渐倾斜瓶子,让试剂沿着洁净的试管壁流入试管或沿着洁净的玻璃棒注入烧杯,注入所需量后,将试剂瓶口在容器上靠一下,再逐渐竖起瓶子,以免遗留在瓶口的液滴流到瓶的外壁。

③ 在试管里进行某些实验时,取试剂不需要准确用量,只要学会估计取用液体的量即可。例如用滴管取用液体,1 mL 相当 20 滴,自然捏一下橡皮滴头

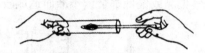

(a) 用药匙往试管里送入固体试剂

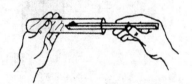

(b) 用纸槽往试管里送入固体试剂

(c) 块状固体沿管壁慢慢滑下

图 1.27　固体试剂加入示意图

约吸取 1 mL,5 mL 液体占一个试管容量的几分之几等。倒入试管里溶液的量,一般不超过其容积的 1/3。

④ 定量取用液体时,用量筒或移液管。量筒用于度量一定体积的液体,可根据需要选

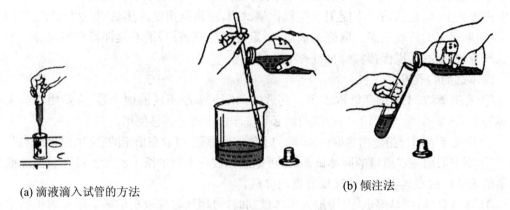

(a) 滴液滴入试管的方法　　　　　　　　　　　　　(b) 倾注法

图 1.28　液体试剂加入示意图

用不同容量的量筒。量取液体时(图 1.29),使视线与量筒内液体的弯月面的最低处保持水平,偏高或偏低都会读不准而造成较大的误差。

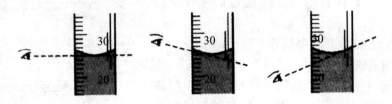

图 1.29　读取量筒内液体的容积

第四节　纯水制备

常用的制备纯水的方法有离子交换法、电渗析法、蒸馏法、反渗透法等。

一、离子交换法

离子交换法是利用称为离子交换树脂(具有特殊网状结构的人工合成有机高分子化合物)净化水的一种方法,方便有效,在化工、冶金、环保、医药、食品等行业得到广泛应用。

常用于处理水的离子交换树脂有两种,一种是强酸性阳离子交换树脂,另一种是强碱性阴离子交换树脂。

当水流过两种离子交换树脂时,阳离子和阴离子交换树脂分别将水中的杂质阳离子和阴离子交换为 H^+ 和 OH^- 离子,从而达到净化水的目的。

使用一段时间后,离子交换树脂的交换能力下降,可以分别用 5%～10% 的 HCl 和 NaOH 溶液处理阳离子和阴离子交换树脂,使其恢复离子交换能力,这叫做离子交换树脂的再生。再生后的离子交换树脂可以重复使用。

阳离子交换树脂与水中的杂质阳离子发生交换

$$RSO_3H+\overset{Ca^{2+}}{\underset{Pb^{2+}}{}} \underset{再生}{\overset{交换}{\rightleftharpoons}} \overset{R(SO_3)_2Ca+2H^+}{\underset{Pb}{}}$$

$$5\%\sim10\%\ HCl$$

阴离子交换树脂与水中的杂质阴离子发生交换

$$R\text{-}N\overset{+}{R_3}O\overset{-}{H}+NaCl \underset{再生}{\overset{交换}{\rightleftharpoons}} R\text{-}NR_3Cl+NaOH$$

$$5\%\sim10\%\ NaOH$$

处理水时,先让水流过阳离子交换柱和阴离子交换柱,然后再流过阴阳离子混合交换柱,以使水进一步纯化,如图 1.30 所示。净化水的质量与交换柱中树脂的质量、柱高、柱直径以及水流量等因素都有关系。一般,树脂量多、柱高和直径比适当、流速慢,交换效果好。

在生产和科学实验中,用作表示水的纯度的主要指标是水中的含盐量(即水中各种盐类的阴、阳离子的数量)的大小,而水中含盐量的测定较为复杂,所以通常用水的电阻率或电导率来间接表示。一般将 $1\ cm^3$ 水的电阻值称为水的电阻率(又称比电阻),电阻率的倒数称为电导率(又称比电导)。电阻率与电导率的关系为

$$\kappa = 1/\rho$$

式中,ρ 为电阻率,欧姆·厘米(Ω · cm);κ 为电导率,欧姆$^{-1}$·厘米$^{-1}$(Ω^{-1} · cm^{-1},即 S · cm^{-1})。

25 ℃时水的电阻率应为 0.1 ～1.0×10^6 Ω · cm(电导率 1.0× 10^{-6}～10 Ω^{-1} · cm^{-1})。

注:自来水、阳离子交换柱出水用铂黑电极,在"高周"测量;阴离子交换柱出水和混合离子交换柱出水用光亮电极,在"低周"测量。

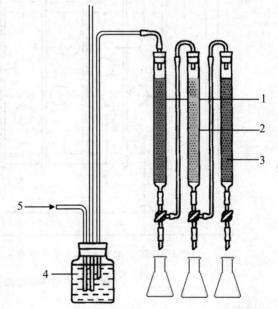

1—阳离子交换柱; 2—阴离子交换柱; 3—混合离子交换柱; 4—稳压瓶; 5—自来水入口

图 1.30　离子交换水装置示意图

请同学思考:阳离子交换柱出水的电导率比自来水大,为什么?

二、电渗析法

1. 制备原理

电渗析是在外加直流电场的作用下,利用离子交换膜的选择透过性,使离子从一部分水中迁移到另一部分水中的物理化学过程。电渗析淡化器,就是利用多层隔室中的电渗析(图1.31)过程达到使水除盐的目的。

电渗析器由隔板、离子交换膜、电极、夹紧装置等主要部件组成。离子交换膜对不同电荷的离子具有选择透过性。阳膜只允许通过阳离子,阻止阴离子通过;阴膜只允许通过阴离子,阻止阳离子通过。在外加直流电场的作用下,水中离子作定向迁移。由于电渗析器是由多层隔室组成,故淡室中阴阳离子迁移到相邻的浓室中去,从而使含盐水淡化。

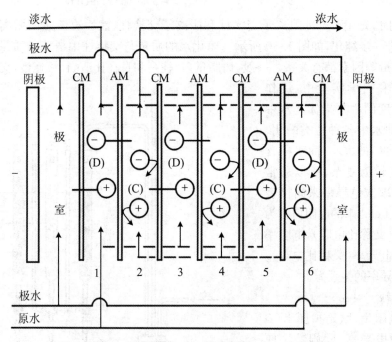

CM—阳膜; AM—阴膜; C—浓水隔板; D—淡水隔板

图 1.31 电渗析原理图

2. 技术参数

电渗析器运行结果取决于各种运行条件,以下是保证电渗析器正常运行的最低条件。为了使系统运行效果更佳,系统设计时应适当提高这些条件(表1.5)。

表 1.5 电渗析运行条件

项目	单位	指标
游离性余氯	mg · L^{-1}	≤0.2
铁含量	mg · L^{-1}	≤0.3
锰含量	mg · L^{-1}	≤0.1
水温	℃	5～40

3. 应用领域

电渗析主要是用于食品、医疗、化工等行业领域的除盐,废水处理工程的小试,以及学校、研究院的实验室使用。

4. 运行参数

运行参数可以放大,电渗析装置见图 1.32。

- 流量:30～50 L · h^{-1};
- 压力:0.1 MPa;
- 电压:0～60 V;
- 电流:0～2 A。

图 1.32 电渗析装置图

第五节　玻璃量器和天平

一、玻璃容量仪器

1. 认识三种玻璃量器

定量分析化学实验中常用的玻璃量器是滴定管、容量瓶和移液管。它们在实验室和工厂检验部门中是必不可少的常见仪器。量器上都有量取容量的温度标示,一般为 20 ℃。

（1）滴定管

滴定管是用来准确测量滴定时流出标准溶液体积的一种量器。常量分析用的滴定管容量为 25 mL 或 50 mL,最小刻度为 0.1 mL,可以估计读出 0.01 mL。微量或半微量滴定管的容量为 1 mL、2 mL、5 mL 和 10 mL。

滴定管分为酸式和碱式两种,如图 1.33(a)、(b)所示。酸式滴定管通过玻璃活塞旋转的角度控制液滴流出速率,用于盛放酸性溶液和氧化性溶液,但不能装碱性溶液,这是因为磨口玻璃会被碱腐蚀而粘住。碱式滴定管开关由玻璃珠和橡皮管构成(图 1.33(c)),通过调节玻璃珠与橡皮管之间的间隙大小控制液滴,用于盛放碱性溶液,但不能装侵蚀橡皮管的酸、碘、高锰酸钾及硝酸银等溶液。

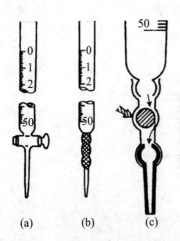

图 1.33　酸式(a)和碱式(b)滴定器

（2）容量瓶

容量瓶是准确量进溶液体积的量器,其刻度是按"容纳"溶液体积标示的。用于配制标准溶液或稀释溶液。通常有 25 mL、50 mL、100 mL、250 mL、500 mL 和 1 000 mL 等各种规格。

容量瓶是带有磨口玻璃塞的细颈梨形平底瓶。颈上有标线,表示在所示温度下(一般为 20 ℃),容量瓶的体积标示为量入式,当溶液充满到弯月液面与标线相切时,瓶内容纳溶液的体积,恰好与瓶上所标示的体积相等。所以若将溶液充满到标线后,再从瓶中倒出溶液,由于瓶壁残留一层液体,倒出液体的体积就不会与瓶上所标示的体积相等,使用时应注意一点。

（3）移液管和吸量管

移液管和吸量管的刻度是按"放出"溶液体积标示的,它们都是在仪器标示温度下准确移取一定体积溶液的量器。

移液管(图 1.34(a))是一根细长的而中间有一膨大部分(称为球部)的玻璃管。在管的上端有一环形标线,环部标有它的容积和标示温度。将液体的弯月面准确调节至与标线相切,按规定方法放出液体的体积恰好与标示的容积相等。常用的移液管有 5 mL、10 mL、20 mL、25 mL、50 mL、100 mL 等规格。

吸量管具有较多的分刻度,见图 1.34(b)、(c)和(d)。用它们可准确量取最大量程范围内任何体积的溶液。一般情况下,吸量管是为了量取小体积或非整数体积的溶液用的,例如量取 0.1 mL、0.2 mL、…溶液。吸量管的刻度是由小到大标示的,使用吸量管时,使液面的弯月面准确调节至所需移取的体积标线相切,按规定方法放出的液体恰好与刻度标示的容积相等。常用的吸量管有 1 mL、2 mL、5 mL 和 10 mL 等规格。量取整数如 5 mL、10 mL、20 mL、25 mL、…的溶液时,应尽量采用相应大小的移液管,而不要选用吸量管。

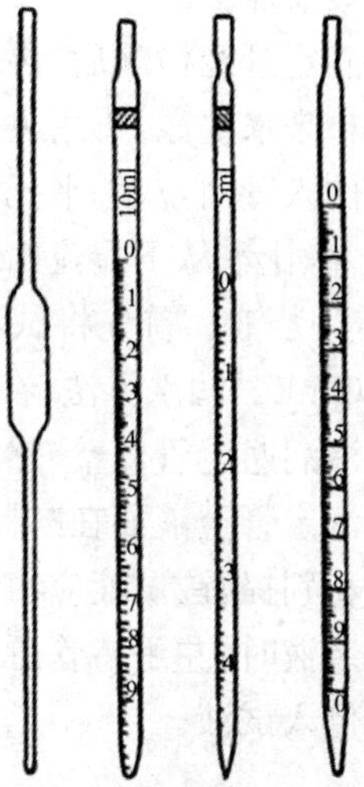

2. 容量仪器的使用

图 1.34　移液管和吸量管

溶液体积的测量误差是滴定分析中误差的主要来源。为使分析结果符合所要求的准确度,必须严格地按操作规范,准确量取溶液体积。要准确地量取溶液的体积,一方面决定于所用的容量器皿的容积是否准确,另一方面决定于能否正确准备和使用这些器皿。下面介绍这三种量器的使用方法。

(1)滴定管

① 滴定管的准备。首先检验酸式滴定管活塞是否转动灵活,碱式滴定管的橡皮管是否老化,管内的玻璃珠大小是否合适,能否灵活控制液滴。然后检查滴定管是否漏水。

首先介绍酸式滴定管的检漏办法。关闭活塞,将自来水充满至"0"刻度线以上,直立约 2 min,观察滴定管下端管口及活塞两端是否被水渗出,再将活塞转动 180°,继续直立 2 min,看是否有水渗出,若前后两次均无水渗出,活塞转动也灵活,即可使用。

如果发现漏水,或活塞转动不灵活,则将活塞取出,把滴定管平放在桌上,用干净的滤纸擦干活塞及塞套,用玻棒蘸少量凡士林,分别在活塞大头外沿和塞套小头内壁靠近边缘处沿圆周涂一薄层(图 1.35),但不要涂得过多,以免凡士林堵住活塞上的小孔及滴定管的出口。涂好凡士林后将活塞直接插入塞套中,按紧后,向一个方向转动至油层透明,使活塞内的油膜均匀布满空隙。用橡皮圈套住小头伸出部位,以防活塞掉出打碎。然后检查以下几点:

(a)活塞孔、塞套孔和出口管孔是否被凡士林堵住;(b)油膜涂得是否均匀,活塞转动是否灵活;(c)是否漏水。如果凡士林堵塞小孔,可用细铜丝轻轻将其捅出;如果还不能除尽,则用热洗液浸泡一定时间。

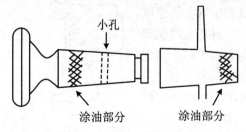

小孔

涂油部分　　涂油部分

图 1.35　酸式滴定管涂油操作

碱式滴定管检漏时,只需装水至"0"刻度线以上直立 2 min,再检查玻璃珠控制液滴是否灵活。如漏水,可将下端的橡皮管取下,更换橡皮管或玻璃珠。

滴定管经检漏后,再依次用铬酸洗液(滴定管污染严重时使用。洗涤方法见本章第二节)、自来水洗涤,再用去离子水润洗 2~3 次,每次 5~10 mL。润洗方法:关闭活塞,将去离子水倒入管内,双手平托滴定管,转动滴定管,使液体润遍滴定管内壁,然后竖直滴定管,打开活塞,让水从下端流出。

② 装液。首先将试液瓶中试液摇匀。装液前应用待装溶液润洗滴定管 2~3 次,每次 5~10 mL。润洗方法:在滴定管中倒入 5~10 mL 待装试液,双手平端滴定管并缓慢转动,使试液润遍全管内壁,然后直立滴定管,转动活塞,放净残留液,如此润洗 2~3 次后,将试液装入滴定管至液面在"0"刻度以上为止。

特别提醒:试液应由试剂瓶直接倒入滴定管(注意:不能经过其他器皿,如漏斗、烧杯、滴管),装液时,左手持管近管口处,使管略微倾斜,右手拿试剂瓶,将试剂瓶口紧贴滴定管口,慢慢倒入试液。

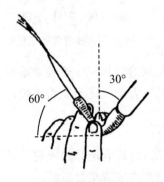

图 1.36 碱式滴定管排气泡操作

③ 排气泡。装好溶液后,在调滴定管初读数前必须检查滴定管内有无气泡,如有气泡,应将其排出。酸式滴定管排气时左手迅速打开活塞,使溶液冲出,把气泡带走。碱式排气泡方法,可用右手拿住滴定管上部,使滴定管向左倾斜约30°,左手控制尖嘴管部分,把橡皮管由水平位置向上弯曲约60°,再用左手挤玻璃珠稍上方(此时处于下方)的橡皮管,使气泡全排出(图1.36)。

④ 调零。排完气泡后,若液面低于"0.00"刻度,应补充试液至"0"刻度线以上,然后转动活塞(碱式滴定管挤捏乳胶管),调整试液的弯月面与"0.00"刻度相切。每次滴定最好从 0.00 mL 刻度开始。这样滴定时,所消耗溶液的体积可由最终读数直接读出。操作熟练后,滴定可以不从零刻度开始,但每次仍需在 0.00 mL 附近或同一刻度开始。即在重复测定时,应使用同一段滴定管,这样可以使几次重复测定的结果更为一致。

⑤ 滴定操作。滴定时,被滴试液一般置于锥形瓶中。操作时,人体站立在实验台前,左手控制滴定管活塞,右手持锥形瓶。持锥形瓶的方法是,用右手的拇指、食指和中指掐住锥形瓶颈,滴定时应微动腕关节,作圆周摇动,使溶液朝一个方向旋转。注意滴定管与锥形瓶的相对位置:首先将滴定台放在靠近身体的适当位置,锥形瓶放在滴定台上,滴定管管尖略高于锥形瓶管口,使锥形瓶能自由平移。滴定时用右手提起锥形瓶,瓶底离桌面约2~3 cm,滴定管下端伸入瓶口约1 cm,左手掌握滴定管活塞滴加液体,如图 1.37 所示。在滴液过程中,左手不应离开活塞,任溶液自流,要边滴定边摇动锥形瓶。

使用酸式滴定管时,左手拇指、食指和中指转动活塞(图 1.38

图 1.37 滴定操作

(a)),无名指和小指应向上靠近活塞小头下端,不要随便移动。转动时手指轻轻用力把活塞向里扣住,以防把活塞顶出。为了滴定时能控制溶液放出的量,必须熟练掌握转动活塞的方法,可按下述要求反复练习:(a) 使液滴逐渐滴下;(b) 只滴下一滴溶液,立即关闭活塞;(c) 使半滴液滴悬在出口管上而不落下。

使用碱式滴定管时,用左手拇指和食指挤按玻璃珠稍上方的橡皮管,无名指和中指夹住出口玻管,使出口管垂直而不摆动,拇指和食指向外挤橡皮管,使玻璃珠与橡皮管之间形成空隙,溶液便可从空隙中流出(图1.38(b))。注意:不要按玻璃珠下面的橡皮管,否则,在放开手时,会有空气进入玻璃管而形成气泡。按酸式滴定管的操作要求反复练习,并注意掌握如何避免进入空气泡。

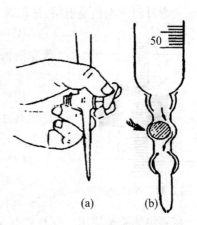

(a)　　　(b)

图 1.38　滴定管的使用

开始滴定时,滴定速率可以略快些,但不能使溶液流成"水线",而要一滴一滴地加入。离终点较近时会出现"色斑"(液滴落点周围出现暂时性的明显的颜色变化),这时,要减慢滴定速率。接近终点时(颜色可能出现暂时地扩散到全部溶液,但再摇动仍会消失),应加一滴,摇几下,终点颜色消失后再加一滴,并以装有去离子水的洗瓶淋洗锥形瓶内壁,然后再加半滴(用洗瓶将悬挂在尖嘴上的半滴洗入锥形瓶),摇匀溶液,直至出现稳定的明显颜色变化为止。2 min 后读数并记录在报告本上。

被滴定溶液也可置于烧杯中,滴定时,置烧杯于滴定管口的下方,左手滴加溶液,右手持玻璃棒搅拌,搅拌应做圆周搅动,不要碰烧杯壁和底部。当接近终点时,可用玻璃棒下端承接悬挂的半滴溶液于烧杯中。

⑥ 读数要求。滴定管读数不准确是滴定分析误差的主要来源之一。读数须注意以下几点:

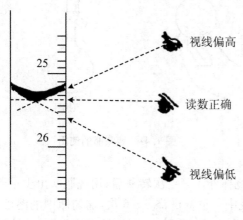

视线偏高

读数正确

视线偏低

图 1.39　滴定管的正确读数

(a) 注入溶液或放出溶液后,必须等 1~2 min,待附着在内壁上的溶液流下后,再读数。

(b) 将滴定管从滴定管架上取下,用右手的拇指和食指捏住滴定管上部无刻度处,使滴定管保持自然垂直状态,然后读数。初读数和终读数应在同一背景下读数。

(c) 无色或浅色溶液读数时,应读取与弯月面相切的刻度。读数时,眼睛必须与弧形液面处于同一水平面上,否则会引起读数误差,如图 1.39 所示。对于有色溶液,如高锰酸钾溶液,应读取液面的最上缘(眼睛位置应调至与液面最高点处同一水平)。

溶液在滴定管内形成的弯月面,由于光的漫反射有糊糊的虚影,且随光照条件的变化虚影发生变化,所以开始读数与最终读数应处在同一光照条件,同一背景下。为了便于读数可在滴定管后衬一"读数卡",读数卡可用一白色卡片,此时可清晰看到弯月面的最低点。也可在白卡的中间涂一黑色长方形(图1.40),调黑色部分上沿至弯月面下约1 mm时,即可看到清晰的弯月面的黑色反射层,读取黑色弯月面的最低点。

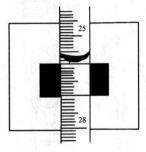

图1.40 读数卡的使用

(d) 调整初读数时,不允许用滴管滴加溶液调节液面,以免改变溶液的浓度。读数要求读到小数点后第二位,即估计到0.01 mL。数据应立刻写在记录本上。

用毕滴定管,弃去管内剩余溶液,用自来水冲洗干净,特别注意活塞处(碱式滴定管的乳胶管)的清洗,洗完后倒置在滴定管架上。

(2) 容量瓶

① 容量瓶的准备。容量瓶使用前应检查瓶塞是否已用绳系在瓶颈上。因容量瓶与瓶塞的磨口是配套的,要求密闭,不漏水,因此瓶塞不能交换使用。检查瓶塞是否漏水,可在瓶中放入自来水到标线,塞好瓶塞,一手食指按住塞子,一手指尖握住瓶底边缘(图1.41(a)),倒立2 min,观察瓶塞周围是否有水渗出。把瓶直立,转动瓶塞180°,再倒过来试一次。如果瓶塞漏水,该容量瓶不能使用。容量瓶经试漏后洗净并用去离子水洗涤三次后即可使用。

② 配制标准溶液。用容量瓶配制标准溶液,首先根据所需溶液的浓度和体积,计算基准试剂的需要量,在分析天平上准确称取;将试剂转至小烧杯中,沿烧杯壁缓慢倒入少量(一般不超过容量瓶容积的1/3)蒸馏水或所需溶剂(注意防止溶液溅出),用玻棒搅拌,待固体溶解后,定量地转移到容量瓶中。

定量转移溶液时,一手拿玻棒,一手拿烧杯,玻棒斜插入容量瓶内,玻棒尖紧贴瓶内壁,使烧杯嘴紧靠玻棒使溶液沿玻棒慢慢流入容量瓶(图1.41(b))。待溶液流完后,将烧杯扶正。在扶正时,要保持玻棒垂直且与烧杯嘴贴紧,然后沿垂直方向提起玻棒,使玻棒进入烧杯,同时使最后一滴溶液顺着

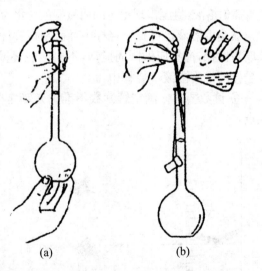

图1.41 容量瓶的使用

玻棒流入烧杯,避免这滴液体沿着烧杯嘴流到烧杯外。第一次转移后,用洗瓶吹出少量蒸馏水,自上而下地冲洗烧杯内壁,再转移到容量瓶中。重复洗涤5~6次,摇匀瓶中的溶液,用洗瓶冲洗容量瓶刻度以上的瓶壁,再用蒸馏水稀释到容积的2/3处,摇动容量瓶,使溶液混

合均匀。继续加水稀释到刻度线下 1～2 cm 处,等 1～2 min,待沾在瓶颈内壁的溶液流下后,改用滴管滴加水至刻度(弯月液面最低处与标线恰好相切)。盖好瓶塞,按试漏动作,拿住容量瓶,将容量瓶倒转并转动容量瓶,使溶液混合均匀,再转过来,使气泡上升到顶。如此反复十余次,使溶液混合均匀。

根据基准试剂的称取量及容量瓶的容积,计算所配制标准溶液的浓度。

③ 稀释标准溶液。先用移液管移取一定量准确浓度的溶液至容量瓶中,用去离子水或蒸馏水定容至刻度,摇匀,可得准确浓度的稀溶液。

④ 注意事项。热溶液必须冷至室温后,才能稀释至标线,否则会造成体积误差。不要用容量瓶长期存放溶液,溶液配好后如果长期存放,应转移到磨口试剂瓶中保存。试剂瓶应预先烘干,或用配好的溶液充分洗涤三次。

容量瓶不得在烘箱中烘干,也不能用任何方法加热(包括用热水水浴)。

(3) 移液管和吸量管

① 移液管的准备。使用前,移液管和吸量管都应该洗净,使整个内壁和下部的外壁不挂水珠。为此,可先用自来水冲洗一次,必要时用铬酸洗液洗涤(洗涤方法见本章第二节)。然后用自来水充分冲洗,移液管或吸量管洗净后,要用去离子水润洗2～3 次,每次适量体积。再用待移液体润洗 2～3 次。用待移溶液润洗前,应先用吸水纸将尖端内外的水吸干,再将移液管插入试液中。以避免移液管尖上残留的水滴进入所要移取的溶液,使溶液的浓度改变。

② 移液管移液。移取溶液时,右手拇指及中指拿住管颈标线以上的地方,以食指控制流速。使移液管的尖端插入液面下 1～2 cm 深处,不要伸入太浅,以免液面下降后造成吸空;也不要伸入太深,以免移液管外壁附有过多的溶液。左手拿洗耳球,先排出球中空气,将洗耳球口对准移液管上口,按紧勿使漏气。慢慢松开左手,并注意容器液面和移液管尖的位置(图 1.42(a)),应使移液管随着液面的下降而下移,当移取的液体液面超

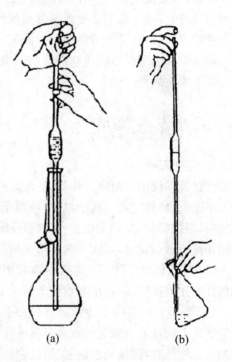

(a)　　　　(b)

图 1.42　移液管的使用

过刻度线时,移去洗耳球,用右手食指按紧管口,左手改拿盛待吸液的容器。将移液管提离液面,并将管的下部靠在待吸液容器内壁转两圈,以除去管外壁上的溶液。垂直地拿着移液管使其出口尖端靠着容器壁,然后,同时将二者提至眼睛与刻度线平行的高度,用右手的拇指和中指微微转动移液管,同时食指仍轻轻按住管口,使液面缓缓下降。待管中溶液的弯月面与标线相切(眼睛应与标线在同一水平上)时,立即停止转动,按紧食指,使液体不再流出。然后用左手拿盛液容器使其倾斜适当角度,将移液管放入该容器中,使移液管出口尖端与其

内壁紧贴,并保持直立后松开食指,让溶液自然地流出(图 1.42(b)),待全部溶液流尽后,再等 15 s 取出移液管。移液完成。注意:管尖最后留有的少量溶液不能吹入接受器中,因为在检定移液管体积时,就没有把这部分溶液算进去。

③ 吸量管移液。执管方法与移液管相同,注意应将刻度数字朝向操作者。取液有两种方法,一种方法是把吸量管插入液体内,用洗耳球吸取液体至所取液量的刻度上端 1~2 cm 处,然后调节至液体凹面与所需刻度相切。按上述规定方法放液。注意:除非特别注明需要"吹"的以外,管尖最后留有的少量溶液不能吹入接受器中。若吸量管的分度刻到管尖,管上标有"吹"字,并且需要从最上面的标线放至管尖时,则在溶液流到管尖后,立即从管口轻轻吹一下即可。

另一种方法是吸取溶液和调节液面至最上端标线的操作与移液管相同。向接收容器放溶液时,管尖与内壁接触,用食指控制管口,使液面慢慢下降至其凹面与所需的刻度相切时按住管口,移去接受器。这种方法适用于分度刻在离管尖尚差 1~2 cm 处的吸量管。使用这种吸量管时,应注意不要使液面降到刻度以下。注意:在同一实验中应尽可能使用同一根吸量管的同一段,并且尽可能使用上面部分,而不用末端收缩部分。

移液管和吸量管用后应立即放在移液管架上。实验完毕用自来水洗净,且移液管和吸量管都不能在烘箱中烘干。

二、天平及其使用

1. 托盘天平

托盘天平仅用于粗略的称量,能准确称量至 0.1 g,如图 1.43 所示。托盘天平的横梁架在天平座上,横梁左右有两个盘子,在横梁中部的上面有指针,当游码 D 置于标尺 E 的"0"刻度时,根据指针 A 在刻度盘 B 的零点附近摆动的情况,可以看出托盘天平的平衡状态。使用托盘天平称量时,可按下列步骤进行:

(1) 零点调整。使用托盘天平前需把游码 D 放在刻度尺的零处。托盘中未放物体时,如指针不在刻度零点,可用零点调节螺丝 C 调节。

(2) 称量。称量物不能直接放在天平盘上称量(以免天平盘受腐蚀),而应放在已知质量的纸或表面皿上。潮湿的或具有腐蚀性的药品则应放在玻璃容器内。托盘天平不能称热的物质。称量时,称量物放在左盘,砝码放在右盘。添加砝码时应从大到小。在添加刻度标尺量程以内的质量时(例如 10 g 或 5 g),可移动标尺上的游码,直至指针指示的位置与零点相符(偏差不超过 1 格)记下砝码质量,此即称量物的质量。

(3) 称量完毕,应把砝码放回盒内,把游标尺的游码移到刻度"0"处,将托盘天平打扫干净。

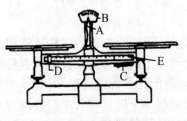

图 1.43 托盘天平示意图

2. 双盘电光分析天平

分析天平是定量分析中用于称量的精密仪器。分析结果的准确度与称量的准确度有密切关系。因此,在开始进行定量分析实验时,必须了解天平称量的原理和天平的结构,并掌握正确的称量方法。

双盘电光分析天平是根据杠杆原理制成的,如图 1.44 所示。天平梁是一等臂杠杆 AOB,O 为支点,A 和 B 为力点。

设被称量的物体重量为 W_1,质量为 m_1;砝码的重量为 W_2,质量为 m_2;梁的 OA 臂长为 L_1,OB 臂长为 L_2;重力加速度为 g。将被称量的物体和砝码分别放置在 A、B 两力点上,达到平衡时,支点两边的力矩相等,即 $W_1L_1=W_2L_2$。等臂天平的 $L_1=L_2$,所以 $W_1=W_2$。$W_1=m_1g$,$W_2=m_2g$,故 $m_1=m_2$,即被称量

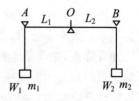

图 1.44 等臂天平的原理

物体的质量等于砝码的质量。在定量分析中,通常所说用天平称量物体的重量,实际上是测得该物体的质量。

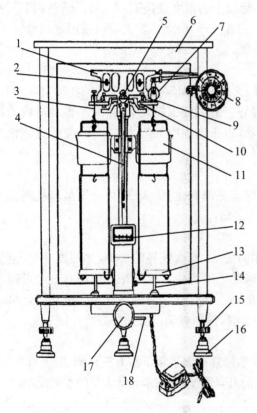

1—天平梁; 2—平衡砣; 3—吊耳; 4—指针; 5—支点刀;
6—天平箱; 7—环码; 8—指数盘; 9—支力销; 10—折叶;
11—阻尼内筒; 12—投影屏; 13—称盘; 14—托盘;
15—螺旋脚; 16—垫脚; 17—升降枢; 18—调零杆

图 1.45 TG328B 型分析天平示意图

电光分析天平有全机械加码(TG328A)和半机械加码(TG328B)两种。所有砝码全部通过机械加码器加减的称为全自动电光天平。而 1 g 以下的砝码是通过机械加码器加减的称为半自动电光天平。两种天平除加码装置外其他基本结构相似,现以常见的 TG328B 型电光分析天平为例来说明,其结构如图 1.45 所示。现将天平有关部件分别介绍如下:

(1)天平梁

天平梁是用特殊的铝合金制成的。梁上装有三个棱柱形的玛瑙刀口,中间有一个支点刀,刀口向下,由固定在支柱上的玛瑙刀承(即玛瑙平板)所支撑。左右两边各有一个承重刀,刀口向上,在刀口上方各悬有一个嵌有玛瑙刀承的吊耳。这三个刀口的棱边应互相平行并在同一水平面上,同时要求两承重刀口到支点刀口的距离(即天平臂长)相等。三个刀口的锋利程度对天平的灵敏度有很大影响。刀口越锋利,和刀口相接触的刀承越平滑,它们之间的摩擦越

37

小,天平的灵敏度也就越高。经长期使用后,由于摩擦,刀口逐渐变钝,灵敏度就逐渐降低。因此,要保持天平的灵敏度应注意保护刀口的锋利,尽量减少刀口的磨损。

（2）升降枢

使用天平时顺时针转动升降枢,天平梁微微下降,刀口和刀承互相接触,天平开始摆动,称为"启动"天平。此时,如果天平受到振动或碰撞,刀口特别容易损坏,"休止"天平时,逆时针转动升降枢,把天平梁托住,此时,刀口和刀承间有小缝隙,不再接触,可以避免磨损。为了减少刀口和刀承的磨损,切不可触动未休止的天平。无论启动或休止天平均应轻轻地、缓缓地转动升降枢,以保护天平。

（3）指针和投影屏

指针固定在天平梁的中央。启动天平时,天平梁和指针开始摆动。指针下端装有微分标尺,通过一套光学读数装置,使微分标尺的刻度放大,再反射到投影屏上读出天平的平衡位置。屏上显示的标尺,中间为零,左负右正。标尺上的刻度直接表示质量。通过调节天平的灵敏度使标尺上的每一格相当于 0.1 mg,10 格相当于 1 mg。屏上有一条固定刻度线,微分标尺的投影与刻线重合处即为天平的平衡位置。

（4）空气阻尼器

空气阻尼器是由两个大小不同的圆筒组成,大的外筒固定在天平支柱的托架上,小的内筒则挂在吊耳的挂钩上。两个圆筒间有一定缝隙。缝隙要保持均匀,使天平摆动时内筒能自由上下浮动。称量时,阻尼器的内筒上下浮动,由于筒内空气阻力的作用,使天平较快地停止摆动,缩短了称量时间。

（5）称盘（或称天平盘）

天平左右有两个称盘挂在吊耳的挂钩上,称盘底部有盘托,天平"休止"时,盘托将称盘托起。称量时左盘上放被称量的物体,右盘上放砝码。

（6）天平箱

为了保护天平,防止灰尘、湿气或有害气体的侵入,减少外界的影响,如温度变化、空气流动和人的呼吸等,分析天平都安装在镶有玻璃的天平箱内。天平箱的前面有一个可以向上开启的门,供装配、调整和修理天平时用,称量时不准打开。两侧各有一个玻璃门,供取、放称量物和砝码用,但是在读取天平的零点,停点时,两侧玻璃门必须关好。

（7）水平泡

水平泡位于天平立柱上,用来检查天平的水平位置。天平箱下装有三只脚、脚下有脚垫。后面一只固定不动,前面两只装有可以调节高低的升降螺丝,用它来调节天平的水平位置。

（8）砝码和环码

每台半自动天平都有一盒砝码。砝码按从大到小,5、2、2、1 顺序放置在砝码盒内,初学者要注意砝码的组合方法及其在盒内的位置。

砝码的质量单位为 g。面值相同的砝码（如两个 20 g 砝码）的质量有微小的差别。在其中一个砝码上刻"＊"作为标记,以示区别,带"＊"的等值砝码放在后面。为了尽量减少称量误差,同一个试样分析中的几次称量,应尽可能使用同一个砝码。

面值小于 1 g 以下的"砝码",采用一定质量的金属丝做成环形,称为环码或圈码。当机械加码器上的读数为"000"时,所有的环码都未加到梁上。转动机械加码器内圈或外圈的旋钮,就可以加减环码的质量。外圈为 $100\sim900$ mg 的组合,内圈为 $10\sim90$ mg 的组合。

注意:加减环码时要轻轻地、一挡一挡地转动机械加码的旋钮,防止"跳码"现象发生。

3. 单盘电光分析天平

单盘天平具有称量快速、准确的优点,消除了臂长不等引起的误差。单盘天平只有一个称盘,而且只有两个支承刀口,它的一端是固定式重锤(通常是不锈钢制成的)和空气阻尼器,另一臂是天平盘和可调式全部砝码,通过支点(中刀)与重锤平衡,支点前后两臂不一定等长,因为冲量与臂长无关。

称量采用减砝码式,即盘上载有被称物后,用机械装置减少砝码使天平恢复平衡,减少的砝码质量由读数盘读出,即为物体质量。因为砝码和物体同在一盘中称量,所以消除了臂长不等引起的误差,实际即是置换称量法的应用。此外,称量一直是在满负荷下进行,所以也没有由于载质量不同所引起的天平灵敏度改变的问题。又因加减砝码全部用自动加码装置,称量物体时比较简便、快速。

4. 电子天平

电子天平是最新一代的天平,它是利用电子装置完成电磁力补偿的调节,使物体在重力场中实现力的平衡,或通过电磁力矩的调节,使物体在重力场中实现力矩的平衡。电子天平达到平衡时间短,使称量更加快速。

目前国产电子天平常见的有 FA 系列电子天平,精度为 0.1 mg,最大载质量为 100 g、110 g、160 g、200 g、210 g 和 220 g 等,还有精度为 100 mg、10 mg 等精度不同的电子天平。可根据实验的精度要求选择不同的电子天平。下面以 FA2204N 型电子天平为例(图1.46),简要说明电子天平的使用步骤:

(1)调节水平调节脚,使水泡位于水平仪中心。

(2)接通电源,预热。

(3)按一下"开机"键,经过短暂自检后,显示屏应显示"0.000 0 g"。如果显示不是"0.000 0 g",则要按一下"去皮/置零"键。

(4)将容器(如干燥后的烧杯)轻轻放在称盘上,天平显示容器质量,按"去皮"键,显示零,再置被称物于容器中,这时显示的是被称物的净重,待数字稳定后,即可读数,并记录称量结果。若用减量法称量时,首先置称量瓶于称盘中,"去皮"后,转移到容器,屏幕显示为负数,则其绝对值为试样质量。

(5)称量完毕,取下被称物,按一下"关机"键关闭天平。

注意:接通电源后应预热 180 min 后再打开面板开关。如天平长期(五天以上)不使用,应断开电源,每天

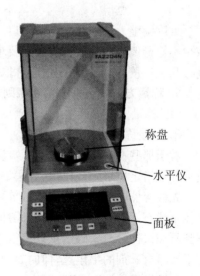

图 1.46　FA2204 型电子天平

称盘

水平仪

面板

连续使用不用关断电源,只需关闭显示开关即可,不需预热。

5. 天平的主要指标

(1) 灵敏性

天平的灵敏性通常用灵敏度来量度。天平的灵敏度是以载重改变 1 mg 引起天平指针偏移的格数来表示的,单位是"格/mg"。

天平的感量又叫分度值,它是使天平平衡位置在微分标尺上产生一格变化所需改变载重的毫克数,感量的单位是"mg/格"。

对于同一台天平,灵敏度与感量互为倒数关系,一般半自动分析天平的灵敏度为 10 格/mg,其感量则为 0.1 mg/格。

灵敏度是天平的重要性指标,随载重的增加而降低。天平经长期使用后,载重时两臂轻微变形下垂,以致臂的实际长度减小,同时梁的重心下移,灵敏度也会有所降低。

(2) 天平的准确性

天平的准确性是对于天平的不等臂性而言的。等臂天平的两臂理论上是等长的,但实际上稍有差别,因而影响称量的准确性,所产生的误差称为不等臂性偏差。

检查天平不等臂的步骤如下:

① 零点调节在"0.000 0 g"。

② 左右两盘各加最大载重的等重砝码,测其停点。如读数为"0.000 0 g",表示两臂等长;如读数为正,表示左臂偏长;如读数为负,则表示右臂偏长。

事实上,在一般的实验室中很难找到两个质量完全相等的等重砝码,因此检查天平不等臂时采用复称法(或称为换位称量法)称量。将两个标称值相同的砝码,放在两盘中,测得停点(e_1),然后将左、右两盘中的砝码交换,测得停点(e_2),则天平的不等臂偏差为

$$不等臂偏差 = (e_1 + e_2)/2$$

可以调整天平梁两端任一刀口的位置,使臂长相等(这必须由有经验的工作人员调整),减少不等臂偏差。一般分析天平要求不等臂偏差的绝对值不大于 0.4 mg。使用同一台天平进行几次称量时(例如用称量瓶称取试样),不等臂偏差大部分可以互相抵消。

6. 称量方法和天平的使用规则

(1) 称量方法

① 直接称量法

对于那些在空气中稳定且不吸湿的物质如金属等,可在表面皿上或硫酸纸上直接称取,也可称取指定质量的试样,其方法如下:

先称容器(如表面皿、硫酸纸等)并记录其质量和平衡点;再增加指定质量的砝码,在天平休止状态下,用牛角匙将试样添加在天平左盘的表面皿或硫酸纸中,半开天平进行试重,直到所加试样量与砝码质量只差很小时(通常为 10 mg 以内),便可开启天平。极小心地用左手持盛有试剂的牛角匙,伸向表面皿中心部位上方 2~3 cm 处,如图 1.47 所示,轻轻振动试样使试样慢慢添入,直至两次平衡点一致为止;然后将称得的试样倒入容器内,并用干净的干毛刷把沾附在表面皿或硫酸纸上的残留试样全部刷入容器,并将毛刷放在容器上轻轻敲柄,使沾在毛刷上的试样也尽可能落入容器内,盖上表面皿。

注意：称量时如果试样取得过多，只能弃去，不得放回原试样瓶中。这种称量方法准确度稍差，常用于工业分析中。

② 减量法

称取试样或基准试剂，一般采用减量法（又称递减法或差减法）。先取一洗净并烘干的称量瓶，用牛角匙取稍过量的试样于称量瓶中，在分析天平上准确称量，如图 1.48(a)所示。然后，将称量瓶置于准备盛放试样的容器上方，用右手将瓶盖轻轻打开，慢慢将称量瓶向下倾斜，用盖轻轻敲瓶口，小心地使试样落入容

图 1.47　直接称量法

器中，如图 1.48(b)所示，不要撒落在容器外。当倒出的试样接近所需量时，仍在容器上方，一面用盖子轻轻敲打称量瓶，一面将称量瓶慢慢竖起，使粘在瓶口内壁或边上的试样落入称

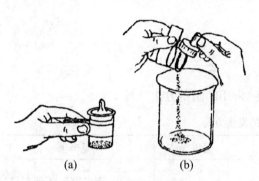

(a)　　　　(b)

图 1.48　递减称量法

量瓶或容器中，盖好瓶盖，再准确称量。两次质量之差，即为试样的质量。这种称样方法叫减量法。如果试样倒得过少，可以按上述操作补加，重新准确称量。

称好后将容器盖上表面皿，以免落入尘土等杂质。

称取一个试样，不宜反复多次倒出，这样易引起误差，对于吸湿强的试样更不宜如此。如果倒出的试样过多时，不能倒回称量瓶，只能将倒出的试样废弃，重新称取。如果同时要称取 2～3 份试样，可将所需量一次放入称量瓶中，连续称取。

(2) 分析天平的使用规则

分析天平是很精密和贵重的仪器，必须非常小心地使用，才能保证天平的灵敏度和准确度不至于降低。为了使天平不受损坏，使称量结果准确，在使用天平时必须严格遵守下列规则：

① 天平应放在适宜地点，远离化学实验室，以免受腐蚀性气体损害，最好另辟天平室。天平室应保持干燥，光线充足而不直射，温度变化不宜太大。天平台应坚固抗震，不要在靠近门窗和暖气处放置天平。天平一经调好，不得任意挪动位置。

② 天平箱内应十分清洁，放有干燥剂（如硅胶），并要定期更换，以保持天平箱内干燥。

③ 绝对不可使天平负载的质量超过限度。绝不能把过热或过冷的物体放在天平盘上。称量物的温度必须与天平温度相同。湿的或具有挥发腐蚀性气体的物体应放在密闭容器中，才能称量。

④ 打开升降枢时应缓慢小心，并注意光幕上标尺移动情况，如超过 10 mg 刻线时，应迅速关上升降枢，避免因天平梁猛烈倾斜而引起天平磨损。

⑤ 不需要看光幕时，升降枢应始终关闭，无论把物体或砝码放在盘上或取下来时，一定要预先关上升降枢。

⑥ 砝码必须用镊子夹取，除了砝码盒与天平盘外，不应放在任何其他地方。砝码应放

在盒内固定位置上。取放砝码后应随手关上砝码盒,砝码盒内应保持十分清洁。

⑦ 加减圈码时要轻缓,不要过快转动加圈码指数盘,致使圈码跳落或变位。

⑧ 所有称量结果必须即刻正确记录在记录本上。

⑨ 称量完毕后,一定要检查天平是否复原和清洁。称量者应负责维护。

⑩ 如发现天平有故障时,不要自己修理,立即告知教师。因分析天平是一种精密仪器,如果初学者随便调节,可能会引起更大的损坏。

第六节　制气和高压钢瓶

一、制气和高压钢瓶

实验中需用少量气体时,可以在实验中制备,常用的制备方法见表1.6。

表1.6　气体的发生方法

气体发生的方法	实验装置	适用气体	注意事项
加热试管中的固体制备气体		氧气、氮气等	① 管口略向下倾斜,以免管口冷凝水珠倒流到试管的灼烧处而使试管炸裂; ② 检查气密性
利用启普气体发生器制备气体		氢气、二氧化碳、硫化氢等	见启普气体发生器的使用方法
利用蒸馏烧瓶和分液漏斗的装置制备气体		一氧化碳、二氧化硫、氯气、氯化氢等	① 分液漏斗应插入液体(或一个小试管)内,否则漏斗中液体不易流下来; ② 必要时可微微加热; ③ 必要时可用三通玻璃管将蒸馏烧瓶支管与分液漏斗上口相通,防止蒸馏烧瓶内气体压力太大

续表

气体发生的方法	实验装置	适用气体	注意事项
钢瓶中直接获得气体		氮气、氧气、氢气、氨、二氧化碳、氯气、乙炔、空气等	

如果需要大量气体或者经常使用气体时,可以从压缩气体钢瓶中直接获得气体。高压钢瓶容积一般为 $40\sim60\,L$,最高工作压力为 $15\,MPa$,最低的也在 $0.6\,MPa$ 以上。为了避免各种钢瓶使用时发生混淆,常将钢瓶漆上不同的颜色,写明瓶内气体的名称,见表 1.7。

表 1.7 我国高压气体钢瓶常用的标记

气体类别	瓶身颜色	标字颜色	腰带颜色
氮气	黑色	黄色	棕色
氧气	天蓝色	黑色	
氢	深绿色	红色	
空气	黑色	白色	
氨	黄色	黑色	
二氧化碳	黑色	黄色	
氯	草绿色	白色	
乙炔	白色	红色	绿色
其他一切非可燃气体	红色	白色	
其他一切可燃气体	黑色	黄色	

由于高压钢瓶使用不当,会发生危险的爆炸事故,使用者必须注意以下事项:

(1) 钢瓶应存放在阴凉、干燥、远离热源(如阳光、暖气、炉火)的地方。盛可燃气体钢瓶必须与氧气瓶分开存放。

(2) 绝对不可使油或其他易燃物、有机物沾在气体钢瓶上(特别是气门嘴和减压器处)。也不得用棉、麻等物堵漏,以防燃烧引起事故。

(3) 使用钢瓶中的气体时,要用减压器(气压表)。可燃性气体钢瓶的气门是逆时针拧紧的,即螺纹是反扣的(如氢气、乙炔气)。非燃或助燃物气体钢瓶的气门是顺时针拧紧的,即螺纹是正扣的。各种气体的气压表不得混用。

(4) 钢瓶内气体绝不能全部用完,一定要保留 $0.05\,MPa$ 以上的残留压力(表压)。可燃性气体如乙炔应剩余 $0.2\sim0.3\,MPa$,氢气应保留 $2\,MPa$,以防重新充气时发生危险。

在实验室中常利用启普气体发生器制备氢气、二氧化碳、硫化氢等气体。

启普气体发生器是由一个葫芦状的玻璃容器和球形漏斗组成的(图1.49)。葫芦状的容器(由球体和半球体构成)底部有一液体出口,平常用玻璃塞(有的用橡皮塞)紧塞。球体的上部有一气体出口,与带有玻璃旋塞的导气管相连。

移动启普气体发生器时,应用两手握住球体下部,切勿只握住球形漏斗,以免葫芦状容器落下而打碎。

启普气体发生器不能受热,装在发生器内的固体必须是颗粒较大或块状的。使用启普发生器应注意以下几点:

(1) 装配。在球形漏斗颈和玻璃磨口处涂一薄层凡士林油,插好球形漏斗和玻璃旋塞,转动几次,使其严密。

(2) 检查气密性。开启旋塞,从球形漏斗口注水至充满半球体时,关闭旋塞。继续加水,待水从漏斗管上升到漏斗球体内,停止加水。在水面处做一记号,静置片刻,如水面不下降,证明不漏气,可以使用。

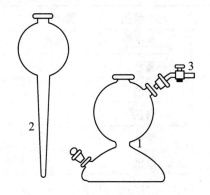 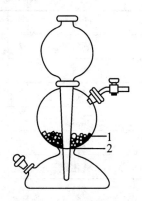

1—葫芦状容器; 2—球形漏斗; 3—旋塞导管　　　1—固体药品; 2—玻璃棉(或橡皮垫圈)

(a) 启普气体发生器分部图　　　　　　　　(b) 启普气体发生装置

图 1.49　启普气体发生器

(3) 加试剂。在葫芦状容器的球体下部先放些玻璃棉(或橡皮垫圈),然后由气体出口加入固体药品。玻璃棉(或橡皮垫圈)的作用是避免固体掉入半球底部。加入固体的量不宜过多,以不超过中间球体容积的 1/3 为宜,否则固液反应激烈,酸液很容易从导管冲出。再从球形漏斗加入适量稀酸(约 6 mol·L^{-1})。

(4) 发生气体。使用时打开旋塞,由于中间球体内压力降低,酸液即从底部通过狭缝进入中间球体与固体接触而产生气体。停止使用时,关闭旋塞,由于中间球体内产生的气体增大压力,就会将酸液压回到球形漏斗中,使固体与酸液不再接触而停止反应。下次再用时,只要打开旋塞即可,使用非常方便,还可通过调节旋塞来控制气体的流速。

(5) 添加或更换试剂。发生器中的酸液长久使用会变稀。换酸液时,可先用塞子将球形漏斗上口塞紧,然后把液体出口的塞子拔下,让废酸缓缓流出后,将葫芦状容器洗净,再塞紧塞子,向球形漏斗中加入酸液。需要更换或添加固体时,可先把导气管旋塞关好,让酸液压入半球体后,用塞子将球形漏斗口塞紧,再把装有玻璃旋塞的橡皮塞取下,更换或添加固体。

实验结束后,将废酸倒入废液缸内(或回收),剩下固体(如锌粒)倒出洗净回收。仪器洗涤后,在球形漏斗与球形容器连接处以及在液体出口和玻璃塞之间夹一纸条,以免时间过久,磨口粘结在一起而拔不出来。

二、气体的收集

常见气体收集方法如表 1.8 所示。

表 1.8　气体的收集方法

收集方法		实验装置	适用气体	注意事项
排水法收集		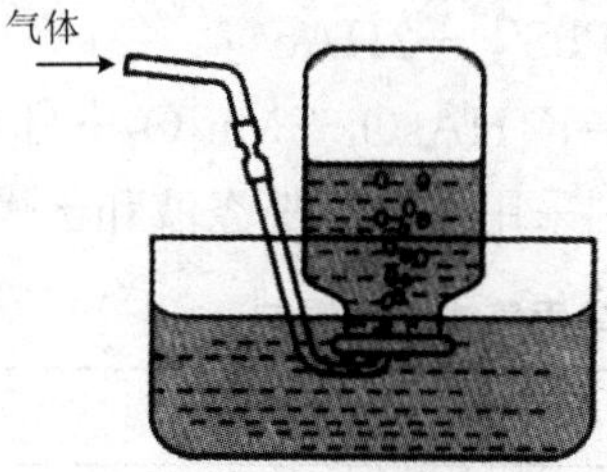 气体 →	难溶于水的气体,如氢气、氧气、氮气、一氧化氮、一氧化碳、甲烷、乙烯、乙炔等	① 集气瓶装满水,不应有气泡; ② 停止收集时,应先拔出导管(或移走水槽)后,才能移开灯具
排气集气法	瓶口向下,排气制取比空气轻的气体法	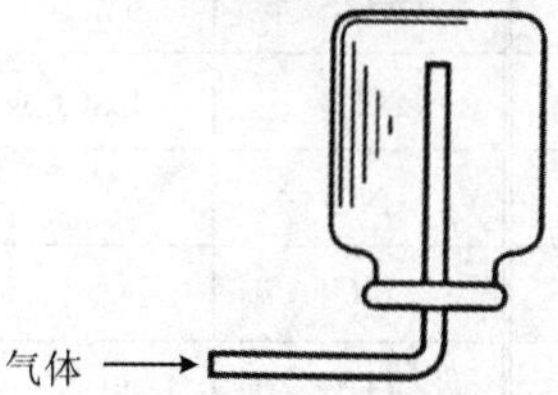 气体 →	比空气轻的气体,如氨等	① 集气导管应接近集气瓶底; ② 密度与空气接近或在空气中易氧化的气体不宜用排气法,如一氧化氮
	瓶口向上,排气制取比空气重的气体	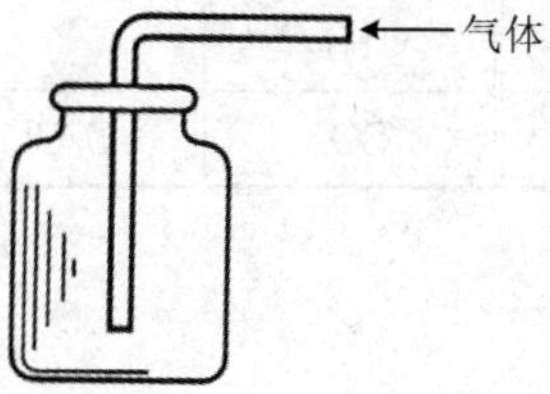 ← 气体	比空气重的气体、如氯化氢、氯气、二氧化碳、二氧化硫等	

三、气体的净化和干燥

实验室制备的气体常常带有酸雾和水汽。为了得到比较纯净的气体,酸雾可用水或玻璃棉除去;水汽可用浓硫酸、无水氯化钙或硅胶吸收。一般情况下使用如图 1.50 所示的洗气瓶、干燥塔、U 形管或干燥管。

用锌粒与酸作用制备氢气时,由于制备氢气的锌粒含有硫、砷等杂质,所以在气体发生过程中常夹杂有硫化氢、砷化氢等气体。硫化氢、砷化氢和酸雾可通过高锰酸钾溶液或醋酸

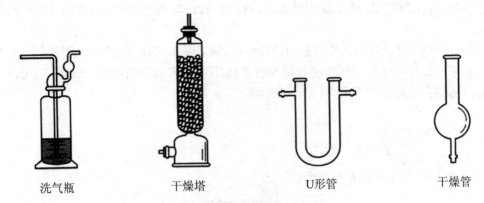

洗气瓶　　　　干燥塔　　　　U形管　　　　干燥管

图 1.50　常用净化、干燥气体仪器图

铅溶液除去,再通过无水氯化钙进行干燥。其化学反应方程式为

$$H_2S + Pb(Ac)_2 \longrightarrow PbS\downarrow + 2HAc$$

$$AsH_3 + 2KMnO_4 \longrightarrow K_2HAsO_4 + Mn_2O_3 + H_2O$$

不同性质的气体应根据具体情况,分别采用不同的洗涤液和干燥剂进行处理,见表1.9。

表 1.9　常用气体的干燥剂

气体	干燥剂	气体	干燥剂
H_2	$CaCl_2$、P_2O_5、H_2SO_4(浓)	H_2S	$CaCl_2$
O_2	同上	NH_3	CaO 或 CaO 同 KOH 混合
Cl_2	$CaCl_2$	NO	$Ca(NO_3)_2$
N_2	$CaCl_2$、P_2O_5、H_2SO_4(浓)	HCl	$CaCl_2$
O_3	$CaCl_2$	HBr	$CaCl_2$
CO	$CaCl_2$、P_2O_5、H_2SO_4(浓)	HI	CaI_2
CO_2	同上	SO_2	$CaCl_2$、P_2O_5、H_2SO_4(浓)

四、实验装置气密性的检查

要检查装置是不是漏气,可把导管的一端浸入水中,用手掌紧贴烧瓶或试管的外壁。如果装置不漏气,则烧瓶或试管里的空气受热膨胀,导管口有气泡冒出,见图1.51(a)。把手移开,过一会烧瓶或试管冷却,水就会沿管上升,形成一段水柱,见图1.51(b)。若此法现象不明显,可改用热水浸湿的毛巾温热烧瓶或试管的外壁,试验装置是否漏气。

可燃性气体达到燃点或是与其他气体混合可能会发生爆炸,因此要注意可燃性气体的稳定条件。表1.10列出了几种常见气体的燃点和与空气或氧气混合时的爆炸限度。

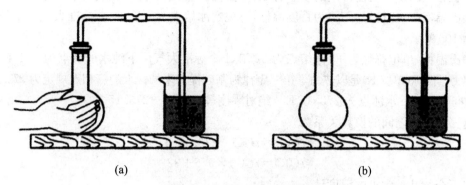

(a)   (b)

图 1.51　检查装置的气密性

表 1.10　可燃性气体的燃点和混合气体的爆炸范围(在 101.325 kPa 压力下)

气体(蒸气)	燃点/℃	混合物中爆炸限度(气体的体积分数/%)	
		与空气混合	与氧气混合
一氧化碳 CO	650	12.5～75	13～96
氢气 H_2	585	4.1～75	4.5～9.5
硫化氢 H_2S	260	4.3～45.4	
甲烷 CH_4	537	5.0～15	5～60
氨气 NH_3	650	15.7～27.4	14.8～79
乙醇 C_2H_5OH	558	4.0～18	

第七节　温度计和温度控制

一、温度计

(一) 温度与温标

温度是表征物体冷热程度的物理量。它不能直接测量,只能借助于测量物质和被测物质之间的热交换而导致测量物质某些物理特性(热膨胀、电阻、热电效应、热辐射)随冷热程度变化而呈单值变化的性质进行间接测量。测量温度的仪器就是温度计。常见的温度计主要有热膨胀式、热电阻式、热电效应式和热辐射式等。

温度的高低需要以一定的数值来表示,这就需要一定数值定义的规则和单位,温度标尺

（温标）就相应出现。目前常用的温标有三种：摄氏温标、华氏温标和热力学温标。

摄氏温标（单位符号为℃）为百度温标，它规定冰熔点为 0 ℃，1 个标准大气压下纯水的沸点为 100 ℃。

华氏温标（单位符号为℉）冰熔点为 32 ℉，1 个标准大气压下纯水的沸点为 212 ℉。

热力学温标（单位 K）是以热力学第二定律为基础提出来的。水的三相点规定为 273.16 K，1 个标准大气压下水冰点为 273.15 K。绝对零度等于摄氏−273.15 ℃。

这三种温标之间的换算关系为

$$t(℃) = t(K) - 273.15$$
$$t(℉) = t(℃) \times 9/5 + 32$$

以下介绍几种常见的温度计。

（二）温度计使用与选择

1. 热膨胀式温度计

（1）液体温度计

玻璃液体温度计是最常用的测温仪器，它是借助于液体的膨胀性质制成的温度计。制备液体温度计的液体可以是水银、酒精、煤油、甲苯、石油醚、戊烷等。用液体温度计通常可以测量−200～500 ℃的温度范围，但选用的液体不同，测量的温度范围也不同，如水银温度计测温范围一般为−35～500 ℃，若玻璃采用石英材料，并在温度计内充 80 个大气压的氮气，水银温度计的测温上限可以达到 800 ℃；酒精温度计的测温范围为−80～80 ℃。液体温度计的一般测量范围如表 1.11 所示。

表 1.11　各种液体温度计的使用范围

液体	使用范围/℃		液体	使用范围/℃	
	下限	上限		下限	上限
水银*	−35	800	甲苯	−80	100
酒精	−80	80	石油醚	−120	20
煤油	0	300	戊烷	−200	20

* 一般为−30～300 ℃。

（2）金属温度计

双金属温度计的传感元件是由两块具有不同膨胀系数的金属片牢固焊接而成的。两种金属片一种为低膨胀系数的因瓦钢（铁-镍合金），另一种是高膨胀系数的黄铜或镍合金。这两种金属片并排的焊在一起时，受热就会朝一个方向弯曲，受冷就会向另一个方向弯曲，通过一定的连接装置，带动指针在标尺上移动，从而指示温度。低温型双金属温度计测温范围为−80～80 ℃，高温型的测温范围为 0～500 ℃。

双金属温度计的特点是测温较准确、精度较高，机械结构、轻便、简单、价廉、牢固耐用，读数方便，测温传感器直径较小，因此双金属温度计一般都用于现场温度指示。双金属温度计的不足是测温范围有限,热响应速率慢,温度计必须深入被测介质的一定深度。和玻璃液体温度计一样,双金属温度计只能用于现场测量,信号不能远距离传输。

2. 电阻温度计

电阻温度计是利用物质(导体和半导体)的电阻值随温度变化而变化的特性制成的测温仪器。电阻温度计是由热电阻感温元件和显示仪表组成。常见的感温元件有铂电阻、铜电阻和半导体热敏电阻。显示仪表有动圈式仪表、平衡电桥和电位差计。目前,电阻温度计均可以和数字显示仪表配合使用,直接显示出温度的数值。

(1)普通电阻温度计

铂丝电阻温度计是最佳和最常用的电阻温度计,其测量范围一般为$-200\sim500$ ℃。其特点是精度高、稳定性好、性能可靠,但价格较高,而且不适合于测定高温的还原性介质。常用的铂电阻的型号为WZB,分度号为Pt50和Pt100。分度号为Pt50是指在0 ℃时铂电阻的电阻值为50 Ω,分度号为Pt100是指在0 ℃时铂电阻的电阻值为100 Ω。

铜丝电阻温度计的测温范围较窄,一般为$-150\sim180$ ℃。其优点是在测温范围内线性度好,电阻温度系数大,而且价格便宜,故在一般场合应用较广。其缺点是易氧化,而且由于铜的电阻率很低,制作温度传感器需要较长的芯线,因而外形较大,测温滞后现象较严重。常用的铜电阻的型号为WZG,分度号为Cu50和Cu100。

(2)热敏电阻温度计

热敏电阻温度计的传感器半导体热敏电阻,它是在锰、镍、钴、铜、铁、锌、钛、铝、镁等金属的氧化物中分别加入其他化合物制成的。半导体热敏电阻温度计的测量范围一般为$-150\sim350$ ℃。当温度变化间隔相同时,热敏电阻的电阻值变化约为铂电阻的10倍,因而热敏电阻可以做得很小(尖端可以小到0.5 mm),体积就很小,这样对温度变化响应迅速,故热敏电阻温度计可以用于高精度和高灵敏度的温度测量,而且适宜于在空间狭小的地方使用。热敏电阻的阻值较大,可以忽略引线、接线电阻和电源内阻,进行远距离温度测量。在超过最大允许值的温度下使用,热敏电阻温度计很容易老化,故一般应在规定的极限温度下使用。

3. 热电偶温度计

热电偶是工业上最常用的温度检测元件之一,它由感温元件热电偶和显示仪表组成。其优点是测量精度高,测定范围广(常用热电偶测温范围$-50\sim1\,600$ ℃,最低可达-269 ℃,最高可达$2\,800$ ℃),结构简单,使用方便,可以进行远距离温度测量。

热电偶的测温原理如下:

当两种不同成分的均质导体或半导体组成如图1.52所示闭合回路时,若将两个接点分别置于温度为T和T_0($T>T_0$)的热源中,在回路中就会产生热电势,回路中就有电流通过。这个现象就是热电效应。两种不同成分的均质导体或半导体的组合就是热电偶。每根单独的导体称为热电极。两个接点中,一端工作端(测量端或热端),如图中的T端,另一个称为自由端(参比端或冷端),如图中

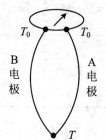

图1.52　热电偶的测温原理

的 T_0 端。

热电势由两部分组成,一是温差电势,另一个是接触电势。温差电势是指在同一导体的两端由于温度不同,导致电子从温度高的一端流向温度低的一端而产生的一种电势。接触电势是指当两种导体接触时,由于两者的电子密度不同,电子在两个方向上的扩散速率就不同,从而在两种导体之间形成的电位差。

热电偶两端产生的热电势与两种热电极的组成材料和热端温度 T、冷端温度 T_0 有关,而与热电偶的形状、大小、热电极丝的粗细长短及热电极的中间温度无关。因此,当热电极的组成和冷端温度 T_0 确定时,热电势就是热端温度 T 的单值函数。人们已经测出了不同热电偶的标准热电势 $E_{0\,{}^{\circ}\mathrm{C},\,t}$ 与温度 (t) 的关系曲线(冷端温度 0 ℃),可以从系统的热电势确定热端的温度(热电势-温度关系曲线)。这就是热电偶测温的基本依据。

在热电偶的任何位置引入第三根导线,只要这根导线的两端温度相同,热电偶的热电势不变。因此,可以在热电偶回路中引入测量显示仪表和导线,而可以不使系统的热电势引起误差。这为热电势值的测量、温度值的显示和热电势信号的远距离传输提供了依据。

表 1.12 列举了几种性能优良而应用较多的热电偶。

表 1.12　常见热电偶型号及特征

品种	分度号	使用温度/℃		优点	缺点
		长期	短期		
铂铑-铂	S	0~1 300	1 100	使用温度范围广,性能稳定,精度高,热电动势较大	价格贵,不宜在还原性气氛中使用
铂铑-铂铑	B	100~1 100	1 800	使用温度高,应用范围广,性能稳定,精度高,宜在氧化性和中性气氛中使用。冷端在 40 ℃ 以下时不需要修正	价格贵,热电动势小,不宜在还原性气氛中使用
镍铬-镍硅	K	0~1 100	1 300	热电动势大,线性关系好,精度较高,价格便宜,宜在还原性和中性气氛中使用	线质较硬,线径均匀性较差
镍铬-康铜	E	0~100	800	热电动势大,灵敏度高,价格便宜,宜在还原性和中性气氛中使用	负极易氧化,线质较硬,线径均匀性较差,使用温度范围低且窄
铜-康铜	T	−40~356	400	热电动势大,灵敏度高,价格便宜,宜在还原性气氛中使用。在 0~100 ℃ 范围内,可以作为二等标准仪器,准确度在 ±0.1 ℃	易氧化,使用温度范围低且窄

由于各种热电偶自身的特性(如物理、化学稳定性,热电效应大小)以及成本不同,使它们有不同的适用温度范围和测温环境。其中 K 类和 E 类热电偶应用最为广泛。在选用热电偶时,可以根据使用的环境和测温精度要求进行选择,必要时还可以查阅有关资料,参看表 1.13。

表 1.13　常用温度计的测温范围

温度计种类	测温范围/℃	温度计种类	测温范围/℃
标准水银温度计*	$-30\sim+300$	铂铑-铂铑热电偶	$100\sim1\,100$
普通水银温度计	$-30\sim+300$	镍铬-镍硅热电偶	$0\sim1\,100$
酒精温度计	$-80\sim+80$	镍铬-康铜热电偶	$0\sim100$
铂电阻温度计	$-260\sim+1\,100$	铜-康铜热电偶	$-40\sim356$

* 标准水银温度计从$-30\sim300$ ℃全套共 7 支(温度分段)。

二、温度的控制

在化学化工的实验研究及产品生产中,多数化学反应过程和单元操作都需要控制反应温度和操作温度,故温度的控制对科学研究和工业生产都十分重要。

1. 低温的控制

实验室控制低温的主要方式是采用恒温介质浴,介质一般有冰、冰盐、干冰、液氮、液氦等。此外也可以采用压缩机制冷的方法使体系维持在一定的低温下。这种方法应用方便,在低温控制中的应用越来越广。

2. 高温的控制

高温的控制方式可以采用"浴"法和直接加热法。"浴"法采用恒温介质浴(利用介质相变时温度恒定的特性)或恒温控制浴(使用其他控温方式使导热介质的温度恒定);直接加热法则是向控温系统直接用热源加热和控制。无论是"浴"法,还是直接加热法,热量提供方式大多为电加热,其温度控制的方式主要有三种:① 手动调节电压控温方式;② 继电器式控温方式;③ 精密自动控制方式。

第八节　沉淀分离提纯

一、沉淀

沉淀是发生化学反应时生成了不溶于反应物所在溶液的物质。事实上沉淀多为难溶物(20 ℃时溶解度<0.01 g)。在进行沉淀时,对于不同类型的沉淀,应采用不同的操作方法。

1. 晶形沉淀

将试样分解制成溶液,在适宜的条件下,加入适当的沉淀剂以进行沉淀。加沉淀剂时,右手持玻棒搅拌,左手拿滴管滴加沉淀剂,滴管口要接近液面,以免溶液溅出。在尽可能充分的搅拌下,勿使玻棒碰到烧杯壁或烧杯底,以免划损烧杯使沉淀附着在烧杯上。如果在热溶液中沉淀时,应在水浴或电热板上进行。沉淀剂加完后,还应检查沉淀是否完全,其方法是将溶液静置,待沉淀下沉后,于上层清液中加一滴沉淀剂,观察滴落处是否出现浑浊现象,如果不出现浑浊即表示已沉淀完全;如果有浑浊出现应再补加沉淀剂,如此检查直到沉淀完全。然后盖上表面皿,必要时放置陈化(将沉淀与母液一起放置若干小时)。

2. 无定形沉淀

此类沉淀,应当在较浓的热溶液中加入较浓的沉淀剂,在充分搅拌下,较快地加入沉淀剂,以进行沉淀。沉淀完全后,立即用热的蒸馏水冲洗,以减少杂质的吸附。不必陈化,待沉淀下沉后,即时进行过滤和洗涤,必要时进行再沉淀。

二、固液分离

固液分离一般有倾析法、过滤法和离心分离法 3 种。

1. 倾析法

当沉淀的结晶颗粒较大或比重较大,静置后容易沉降到容器的底部时,可用倾析法分离或洗涤,其操作如图 1.53 所示。将沉淀上部的溶液倾入另一容器中而使沉淀与溶液分离。如需洗涤沉淀时,只要向盛有沉淀的容器内加入少量洗涤液,将沉淀与洗涤液充分搅匀,静置,待沉淀沉降到容器的底部后,再用倾析法倾去溶液。如此反复操作两三次,即能将沉淀洗净。这种方法常用于定性分析中沉淀与母液的分离。

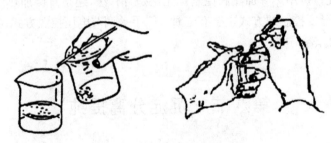

图 1.53　倾析法分离沉淀

2. 过滤法

过滤法是最常用的固液分离方法之一。当溶液和沉淀的混合物通过过滤器时,沉淀就留在滤纸上,溶液则通过过滤器而进入接收的容器中。过滤后所得的溶液叫做滤液。一般定性分析可用定性滤纸。在质量分析中,对于需要灼烧的沉淀常用定量滤纸过滤;对于过滤后只需烘干即可进行称量的沉淀,则可采用微孔玻璃漏斗或微孔玻璃坩埚过滤,而需要经过灼烧才能称量的沉淀则要用滤纸过滤后,放在坩埚中加热处理(见本讲五)。根据沉淀的性质采用不同的坩埚。一般常用瓷坩埚。常用的三种过滤方法有常压过滤、减压过滤和热过滤。

（1）常压过滤

先把滤纸折叠成四层，展开呈圆锥形，或根据漏斗的锥角折成适当的角度。然后把滤纸三层厚的紧贴漏斗的外层撕去一小角，使之与漏斗内壁更加密合，将滤纸放入漏斗时，滤纸边缘应略低于漏斗的边缘。用少量水将滤纸润湿，轻压滤纸赶走气泡。在过滤时要使漏斗颈内全部充满水，加快过滤速率。

过滤时要注意，漏斗要放在漏斗架或铁圈上，漏斗颈要靠在接收容器的内壁上；先转移溶液，后转移沉淀；转移溶液时，应用玻璃纸在三层滤纸处并用玻棒引流，每次转移量不能超过滤纸高度的 2/3，以免少量沉淀因毛细作用越过滤纸上沿（图 1.54）。

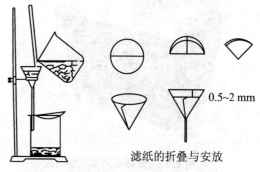

滤纸的折叠与安放

0.5~2 mm

图 1.54　常压法过滤

（2）减压过滤（抽滤）

减压过滤可缩短时间，把沉淀抽得比较干燥。它不适用于胶状沉淀和颗粒太细的沉淀的过滤。减压过滤装置由吸滤瓶、布氏漏斗或砂芯漏斗及真空泵组成（图 1.55）。也可在连接真空泵和吸滤瓶之间安装一个安全瓶，用以防止因关闭真空泵开关后瓶内压力改变而引起的循环水倒吸。特别强调在停止过滤时，应首先从吸滤瓶上拔掉橡皮管，然后关闭真空泵开关。过滤用的滤纸应比布氏漏斗的内径略小，要能把瓷孔全部覆盖。将滤纸放入并湿润后，打开真空泵开关，注意加入的溶液不要超过漏斗容积的 2/3。漏斗管的斜口要对着吸滤瓶的支管口，开始抽滤，过滤完后，继续减压抽滤，直至沉

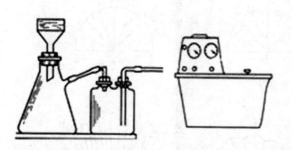

1—循环真空泵；　2—吸滤瓶；　3—布氏漏斗；　4—安全瓶

图 1.55　减压法过滤

淀抽干。洗涤沉淀时，应暂停抽滤。对于浓的强酸、强氧化性的溶液，可使用砂芯漏斗或砂心坩埚（图1.63）过滤。根据沉淀颗粒大小选用不同孔径的砂芯漏斗。砂芯漏斗不适用于强碱性溶液的过滤。循环水式真空泵如图 1.56 所示，抽滤时只要将抽滤瓶上导管接到泵的吸头上即可。真空泵面板上有开关、指示灯、真空度指示表，真空吸头Ⅰ、Ⅱ（可供两套过滤装置使用）。后板上有进出水的下口、上口。当按照规范正确操作时可不用加安全瓶。

（3）热过滤

过滤杂质时，当溶液中的溶质溶解度受温度影响较大时，为防止在过滤过程中留在滤纸上，就要趁热过滤。使用保温漏斗（图 1.57），它是一个用铜皮制作的双层漏斗。使用时在夹层中注入约 3/4 容积的水，安放在铁圈上，将玻璃三角漏斗连同伞形滤纸（如图 1.58 所示）放入其中，在支管端部加热，至水沸腾后过滤。在热滤的过程中漏斗和滤纸始终保持在

100 ℃左右。热过滤时一般不用玻璃棒引流,以免加速降温;接受滤液的容器内壁不要贴紧漏斗颈,以免滤液迅速冷却析出晶体,堵塞漏斗口。

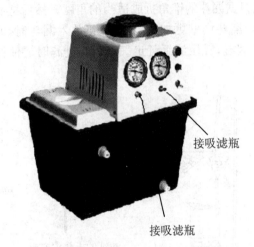

图 1.56　循环水式真空抽滤泵

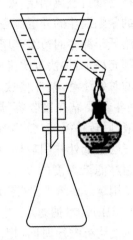

图 1.57　热过滤装置

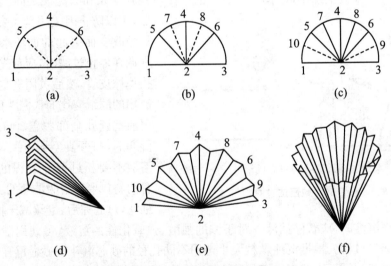

图 1.58　热过滤滤纸的折叠

3. 离心分离法

当沉淀量很少时,可以用离心分离法。实验室常用电动离心机(图 1.59)进行分离。将装有试样的离心试管放入离心机的套管中,套管底部先垫些棉花,为了使离心机旋转时保持平稳,几个离心试管应放在完全对称的位置,必要时在其对称位置一个装有等量水的离心试管,盖好盖子,开动离心机,先慢后快。关闭离心机时应逐步减速,不能强制其停止。取出离心试管,用毛细滴管将上层清液吸出(图 1.60)。

54

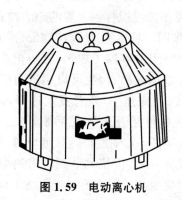

图 1.59　电动离心机

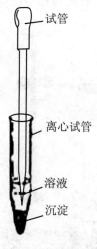

图 1.60　移取离心液

三、溶解与搅拌

1. 固体的溶解

加入溶剂溶解试样时应先把烧杯适当倾斜,然后把量筒靠近烧杯壁,让溶剂顺着烧杯壁慢慢流入;也可用玻璃棒引入,以防止杯内溶液溅出而损失。若固体颗粒太大,可在研钵中研细后溶解。对溶解时产生气体的试样,应先用少量水将其润湿成糊状,用表面皿盖好,再用滴管将溶剂逐滴加入,以防生成的气体将粉状物带出。对于需加热溶解的试样,要盖上表面皿,防止溶液剧烈沸腾而溅出。加热后要用蒸馏水冲洗表面皿和烧杯内壁,使水顺杯内壁流下。固体溶解时常用玻璃棒搅拌,使试样完全溶解。搅拌不能太猛烈,也不能使玻璃棒触及容器底部及器壁。若在试管中溶解固体,可用振荡的方法加速溶解。

2. 搅拌与搅拌器

(1) 搅拌是沉淀生成、固体溶解、有机制备实验中常用的基本操作。搅拌的目的是生成形状好的沉淀;使固体尽快溶解;使有机反应物混合得更均匀等。搅拌的方法有三种:人工搅拌、机械搅拌和磁力搅拌。通常沉淀的生成和溶解以及简单的、反应时间较短的,而且有机反应体系中放出的气体是无毒的制备实验可以用玻璃棒进行人工搅拌。用玻璃棒搅拌时应注意不要碰及烧杯壁和烧杯底部。

(2) 搅拌器

机械搅拌器主要由电动机和搅拌棒组成(图 1.61)。电动机是动力部分,固定在支架上。搅拌棒与电动机相连,当接通电源后,电动机就带动搅拌棒转动而进行搅拌。在有机合成实验中为了防止反应器

图 1.61　机械搅拌器

中的蒸气外逸，在搅拌棒与反应器之间安装密封器。搅拌棒有多种形状。现多采用市售的电动搅拌器。

温度传感器

磁子

图 1.62　磁力搅拌器

磁力搅拌器利用磁性物质同性相斥的特性，通过不断变换基座两端的极性来推动磁性搅拌子（磁子）转动（图 1.62），适用于液体恒温搅拌。一般的磁力搅拌器具有搅拌和加热两个作用。具体为：使反应物混合均匀，使温度均匀；当在一个密闭的容器中加热，要防止暴沸，例如在蒸馏过程中，可以加入沸石，也可以用磁力搅拌器；利用磁子搅拌可加快反应速率，或者蒸发速率，缩短时间。使用时首先检查配件是否齐全，然后装好夹具，把烧杯放在正中央，加入溶液，放入搅拌子，接通电源，打开电源开关；调节调速旋钮，由慢至快调节到所需速率，不允许从高速挡启动，以免搅拌子因不能同步而跳子；若需加热时，打开加热开关，调节加热温度；需控温时，将温度传感器插头插入仪器后板插座内，传感器探头插入试验溶液中，调准温控仪的设定温度即进入温度自动控制工作状态。使用恒温磁力搅拌器应注意，搅拌时发现搅拌子跳动或不搅拌时，应切断电源检查一下烧杯底是否平、位置是否正。磁力搅拌器型号很多，使用时应参阅说明书。

四、蒸发与结晶

1. 溶液的蒸发

蒸发是在蒸发皿中进行的。当溶液很稀且所制备的物质的溶解度又较大时，为了能从中析出该物质的晶体，必须通过加热，使溶剂不断蒸发，溶液不断浓缩。蒸发到一定程度时冷却，就可析出晶体。当物质溶解度较大时，必须蒸发到溶液表面出现晶膜时才能停止。当物质的溶解度较小或高温时溶解度较大的物质，不必蒸发到液面出现晶膜就可冷却。注意：加入蒸发皿中液体的量不得超过其容量的 2/3，以防液体溅出。如果液体量较多，可随水分的不断蒸发而添加液体。加热蒸发有直接加热和水浴加热法两种方式。

2. 结晶与重结晶

结晶是指从饱和溶液或气体中凝出具有一定的几何形状的固体（晶体）的过程。

大多数物质的溶液蒸发到一定浓度下冷却，就会析出溶质的晶体。晶体的颗粒大小与结晶条件有关。当溶液的浓度较高，溶质在水中的溶解度随温度下降而显著减小时，冷却得越快，析出的晶体就越细小，反之，就得到较大的结晶。搅拌溶液有利于细小晶体的生成，静置溶液有利于较大晶体的生成。若溶液容易发生过饱和现象，可以用搅拌、摩擦器壁或投入几粒小晶体等方法，使其形成结晶中心，过量的溶质便会全部结晶析出。

重结晶是使不纯物质通过重新结晶而获得纯化的过程。当第一次结晶所得物质的纯度不符合要求时,可将所得结晶重新溶于溶剂中,再进行上述操作,反复进行,称为重结晶。重结晶也是提纯固体物质常用的重要方法之一,它适用于溶解度随温度有显著变化的化合物,对于溶解度受温度影响很小的化合物则不适用。其操作是在加热条件下使被纯化的物质溶于一定量的水中,形成饱和溶液,趁热过滤,除去不溶性杂质,然后使滤液冷却,被纯化的物质即结晶析出,而杂质则留在母液中,过滤便得到较纯净的物质。

五、干燥与灼烧

1. 固体干燥

一般可将固体放在蒸发皿中用水浴或酒精灯加热烘干。对于重量法中用砂芯漏斗或砂心坩埚(图1.63)过滤得到的沉淀,可用恒温干燥箱(电烘箱)(图1.64)干燥,根据沉淀的性质在适当的温度下烘干,取出稍冷后,放入干燥器冷却至室温。有些带结晶水的晶体,可用有机溶剂洗涤后晾干。需要长时间保持干燥的固体,应放在干燥器内。

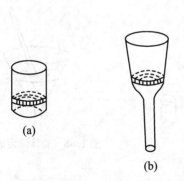

图1.63 玻璃砂心坩埚(a)和玻璃砂心漏斗(b)

图1.64 恒温干燥箱

干燥器是一种具有磨口盖子的厚质玻璃器皿,磨口上涂有一薄层凡士林,使其更好地密合。底部放适量的干燥剂,如变色硅胶、无水氯化钙等,中间放置一带孔瓷板,用来放置被干燥的物品。开启干燥器时,左手按住干燥器下部,右手握住盖上的圆顶,向前推开盖子,加盖时也应平推盖好。搬动干燥器时,应该用两手的拇指按住盖子,防止盖子滑落。温度很高的物体应稍冷却再放入干燥器内,放入后,要在短时间内打开盖子1~2次,以免冷却后盖子无法打开(图1.65)。

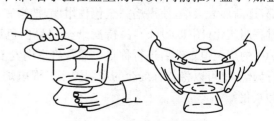

图1.65 干燥器的开启和移动

2. 沉淀的灼烧

在重量分析法中,用滤纸过滤的沉淀,通常放在坩埚中烘干、碳化、灼烧之后进行称量。

图 1.66 马弗炉(高温炉)

（1）坩埚的准备

将坩埚洗净、烘干,再用钴盐或铁盐溶液在坩埚及盖上写明编号,以便识别。然后置于马弗炉(图 1.66)中,在灼烧时的温度条件下预先将空坩埚灼至恒重,灼烧时间 15～30 min。将灼烧后的坩埚自然冷却放入干燥器中,冷却 30～40 min 至室温后称量,重复操作,直到恒重(最后两次称得质量之差小于 0.2 mg)。

（2）沉淀的包裹

用洁净的药铲或顶端扁圆的玻棒,将滤纸三层部分掀起两处,再用洁净的手指从翘起的滤纸下面将其取出,打开成半圆型,自右端 1/3 半径处向左折叠一次,再自上而下折一次,然后从右向左卷成小卷(图 1.67),最后将其放入已恒重的坩埚内,包裹层数较多的一面朝上,以便于碳化和灰化。若包裹胶体蓬松的沉淀,可在漏斗中用玻棒将滤纸周边挑起并向内折,把锥体的敞口封住,然后取出倒过来尖朝上放入坩埚中(见图 1.68)。

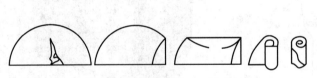

图 1.67 晶形沉淀的包裹

图 1.68 胶体沉淀的包裹

（3）沉淀的烘干、灼烧、称量

将装有沉淀的坩埚置于泥三角上用酒精喷灯加热,把埚盖半掩着倚于坩埚中(图 1.69(a))。将滤纸和沉淀烘干至滤纸全部碳化,注意只能冒烟,不能冒火,以免沉淀颗粒随火飞散而损失。碳化后可逐渐提高温度,把酒精喷灯置于坩埚底部,逐渐加大火焰,使火焰完全包住坩埚,把炭完全烧成灰,此过程叫灰化(图 1.69(b))。待滤纸全部呈白色后,移到高温炉中灼烧至恒重然后进行称量。通常将坩埚置于马弗炉中进行灼烧,也可以将装有沉淀的坩埚置于低温电炉上烘干、碳化和灰化。

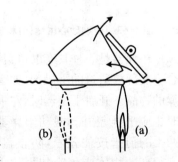

图 1.69 沉淀的烘干和灼烧

第九节　蒸馏、回流与分馏

蒸馏是分离和提纯液态有机化合物常用的方法之一。应用这一方法,不仅可将挥发性物质与不挥发性物质分离,还可以把沸点不同的物质进行分离。

所谓蒸馏就是将液态物质加热到沸腾变为蒸气,又将蒸气冷凝为液体这两个过程的联合操作。其过程是先使液体变成蒸气,然后再使蒸气冷凝并收集在另一容器中。蒸馏是重要的基本操作,必须熟练掌握。

沸点与外界压力有很密切的关系。当液态物质受热时,由于分子运动使其从液体表面逃逸出来,形成蒸气压。随着温度升高,蒸气压增大,待蒸气压和大气压或所给压力相等时,液体沸腾,这时的温度称为该液体的沸点。每种纯液态有机化合物均具有固定的沸点,但不能认为沸点一定的物质都是纯物质。因为某些有机化合物往往能与其他组分形成二元或三元恒沸混合物,它们也有一定的沸点。蒸气压与温度的变化关系如图 1.70 所示。

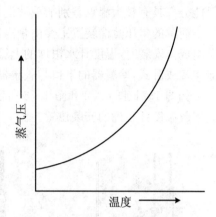

图 1.70　蒸气压与温度变化关系

对于液态有机化合物的分离和提纯来说,应用最广泛的方法是蒸馏,其中常压蒸馏、减压蒸馏、水气蒸馏和分馏被称为液态化合物分离和提纯的四大方法。

一、蒸馏

(一)常压蒸馏

常压蒸馏可以把挥发的液体与不挥发的物质分离开,也可以分离两种或两种以上沸点相差较大(至少 30 ℃以上)的液态混合物。

1. 原理

每种纯液态有机化合物在一定压力下均有固定的沸点。例如无水乙醇的沸点为 78.5 ℃(101.325 kPa)。必须指出:通常所说的液体的沸点都是指在一个大气压即 760 mmHg (101.325 kPa)时液体的沸腾温度。共沸混合物不能利用常压蒸馏方法将其各个组分分开,因为这种混合物加热至沸腾时,在气-液平衡体系中,气相组成与液相组成完全相同。

一种物质在不同温度下的饱和蒸气压变化是蒸馏分离的基础。如蒸馏沸点差别较大的液体时,沸点较低的先蒸出,沸点较高的随后蒸出,不挥发的留在蒸馏器内,这样可达到分离和提纯的目的。纯液态有机物在蒸馏过程中沸点范围很小(0.5~1 ℃),所以,可以利用蒸馏来测定沸点,如用量在 10 mL 以上叫常量法,此法用量较大,若试样不多时,可采用微量法蒸馏操作测定沸点。蒸馏的主要目的是可以分离液体混合物;提纯,除去不挥发的杂质;回收溶剂,或蒸出部分溶剂以浓缩溶液;测定化合物的沸点。

2. 装置

当液体样品被加热并转变成蒸气时,其中有一部分被冷凝而回到原来的蒸馏瓶中,而其余的被冷凝并转入收集容器中,前者叫回流液,后者叫馏出液。由于蒸馏是连续进行的,所以逸出的和保存在液体中的组成在慢慢地改变。作为一种纯化液体物质的方法,简单蒸馏只能分离具有较大沸点差别的液体混合物。

简单的常压蒸馏装置主要由带有侧管的蒸馏烧瓶、温度计、冷凝器、收集器和加热装置等组成。安装时,温度计水银球的上缘与蒸馏烧瓶支管的下缘平齐,蒸馏烧瓶的侧管与冷凝器连接成卧式,冷凝器的下口与收集器连接。

如图 1.71、图 1.72 和图 1.73 所示分别是用普通玻璃仪器和标准磨口仪器装配的蒸馏装置及温度计正确的安装位置。

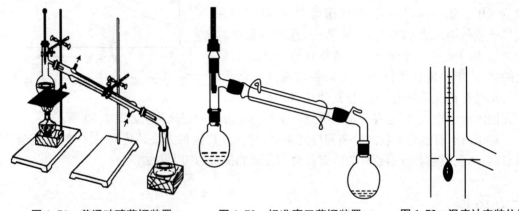

图 1.71　普通玻璃蒸馏装置　　　图 1.72　标准磨口蒸馏装置　　　图 1.73　温度计安装位置

除此之外,为满足实验方面的某些要求,还有其他的蒸馏装置,如图 1.74、图 1.75 和图 1.76 所示。

3. 注意事项

(1) 蒸馏之前,必须了解被蒸馏的化合物及其杂质的沸点和饱和蒸气压,以决定何时(即在什么温度时)收集纯馏出物。

(2) 要选择大小合适的蒸馏烧瓶。蒸馏高沸点物质时,由于易被冷凝,往往蒸气未到达蒸馏烧瓶的侧管处即已经被冷凝而滴回蒸馏瓶中。因此,应选用短颈蒸馏瓶或者采取保温措施,保证蒸馏顺利进行。

(3) 在液体装入烧瓶后和加热之前,必须在烧瓶内加入沸石。因为烧瓶的内表面很光滑,绝大多数液体加热时,容易发生过热现象,即在液体已经加热到或超过了其沸点温度,仍不沸腾。当继续加热时,液体会突然暴沸,冲入冷凝管中,或冲出瓶外造成损失,甚至造成着火事故! 致使蒸馏不能顺利进行。为了防止这种情况,需在加热前加入几粒沸石。沸石微孔中,吸附着一些空气,加热时就可以成为液体的汽化中心,避免液体暴沸。若已加热液体,发现未加沸石时,必须等烧瓶内的液体冷却到室温以后才可补加沸石,否则有发生急剧沸腾的危险。沸石只能使用一次,当液体冷却之后,原来加入的沸石即失去效果,所以继续蒸馏时,须加入新的沸石。在常压蒸馏中,具有多孔、不易碎、与蒸馏物质不发生化学反应的物质,均可用作沸石。常用的沸石是切成 1～2 mm 的素烧陶土或碎的瓷片。

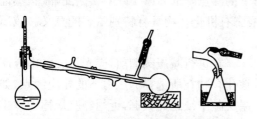

图 1.74　蒸出物易受潮分解的蒸馏装置

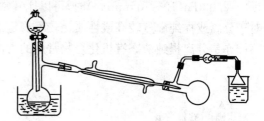

图 1.75　蒸馏时放出有毒气体的蒸馏装置

(4) 采用适当的热源,可控制好加热温度。可根据被蒸馏物质的沸点选择加热装置:被蒸馏液体的沸点在 80 ℃ 以下时,用热水浴加热;液体沸点在 80 ℃ 以上时,用砂浴或者用油浴加热;液体温度在 200 ℃ 以上时,用金属浴加热;现大多数用电热套,应注意由于加热不均匀造成局部过热,引起产品分解或蒸馏瓶破裂,且尽量不用明火加热。

(5) 冷凝管:一般来说,液体的沸点高于 130 ℃ 的用空气冷凝管,低于 130 ℃ 的用直形冷凝管,液体沸点很低时,可用蛇形冷凝

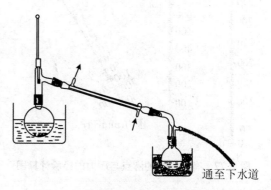

通至下水道

图 1.76　蒸出物易挥发、易燃的蒸馏装置

管。冷凝管下端侧管为进水口,用橡皮管接自来水龙头,上端为出水口套上橡皮管导入水槽中。上端的出水口应向上,才能保证套管内充满着水。

(6) 应当注意蒸馏装置不能成封闭系统。因为一旦在封闭系统中进行加热蒸馏,随着压力升高,会引起仪器破裂或爆炸。

(7) 铁夹不应夹得太紧或太松,以夹住仪器后,稍用力仪器能转动为宜,铁夹与玻璃物之间要垫有橡皮等软物质以防加热膨胀致使仪器破损。

(8) 蒸馏乙醚等低沸点有机溶剂时,特别要注意蒸馏速率不能太快,否则冷凝管不能将乙醚全部冷凝下来。因乙醚易燃,乙醚蒸气又比空气重,总是积聚在桌面附近,不易散去,如遇明火很易发生失火事故。应在冷凝管下端通过带支管的接引管侧口,连接橡皮管导入流动的水中,以便把挥发的乙醚蒸气带走。

(二) 减压蒸馏

减压蒸馏主要应用在高沸点(120 ℃ 以上)有机化合物的分离和提纯上。这些高沸点的

有机化合物(可以是液体,也可以是低熔点、高沸点的固体),在常压下进行蒸馏往往由于高温而分解或氧化。而在减压下进行蒸馏,相应地降低了有机化合物的沸点,从而可避免其在高温时分解或氧化现象的发生,达到分离和提纯的目的。

1. 原理

当蒸馏系统内部的压力减小后,其沸点便降低,许多有机化合物的沸点当压力降低到 1.3~2.0 kPa(10~15 mmHg)时,可以比其常压下的沸点降低 80~100 ℃。因此,减压蒸馏对于分离或提纯沸点较高或性质比较不稳定的液态有机化合物具有特别重要的意义。减压蒸馏亦是分离提纯液态有机化合物常用的方法。

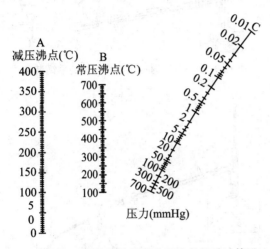

图 1.77 有机液体的沸点与压力的经验计算图

在进行减压蒸馏前,应先从文献中查阅该化合物在所选择的压力下的相应沸点,如果文献中缺乏此数据,可用经验规律大致推算,以供参考。图 1.77 为有机液体的沸点与压力的经验计算图。

例如,水杨酸乙酯常压下的沸点为 234 ℃,减压至 1 999 Pa(15 mmHg)时,沸点为多少度? 可在压力-沸点图中 B 线上找到 234 ℃,再在 C 线上找到 1 999 Pa(15 mmHg)的点,然后通过两点连一直线,该直线与 A 线的交点为 113 ℃,即水杨酸乙酯在 1 999 Pa (15 mmHg)时的沸点,约为 113 ℃。又如我们知道一个液体在常压下的沸点为 200 ℃,那么我们如用水泵蒸馏,水泵的压力为 30 mmHg,要知道其沸点,我们可将尺子通过 B 的 200 ℃点和 C 的 30 mmHg 点,便可看到尺子通过直线 A 的点为 100 ℃,即为这一液体将在 30 mmHg 真空度的水泵抽气下,在 100 ℃左右蒸出。

一般把压力范围划分为几个等级:

"粗"真空[1.333~100 kPa(10~760 mmHg)],一般可用水泵获得;

"次高"真空[0.133~133.3 Pa(0.001~1 mmHg)],可用油泵获得;

"高"真空[<0.133 Pa(<0.001 mmHg)],可用扩散泵获得。

2. 装置

减压蒸馏整个系统由克氏蒸馏烧瓶、冷凝管、收集器、抽气(真空泵)装置等部分组成。安装减压蒸馏装置时,应当注意装置是否密封,瓶塞必须选用品质良好的、比烧瓶的口径稍大的塞子。瓶塞的材料选择应当根据液体样品蒸气的性质来决定。如果蒸气对橡皮塞不会造成侵蚀时,使用橡皮塞容易保持密封。使用品质良好的磨砂器具时,也易于保持密封。装置安装完毕后,在开始蒸馏之前,必须对减压蒸馏装置进行密封检查。检查方法是通过系统的压力测量值的变化确认装置的密封,如果压力值没有变化,说明装置不漏气,然后才能进行减压蒸馏操作。图 1.78 为减压蒸馏装置示意图。

（1）克氏烧瓶 A。这种蒸馏烧瓶的主要优点是可以减少液体沸腾时由于暴沸或泡沫的发生而使液体溅入蒸馏烧瓶支管的现象发生。在减压蒸馏时，可在减压蒸馏烧瓶内插入毛细管 C，以防止暴沸现象的发生。毛细管距瓶底的距离为 $1 \sim 2$ mm。检查毛细管的方法是：将毛细管插入小试管的乙醚内，用洗耳球在玻璃管口轻轻一压，若毛细管能冒出一连串的细小气泡，像一条细线，即为合用；如果不冒气，表示毛细管闭塞了，不能用。玻璃管另一端应拉细一些或在玻璃管口套上一段橡皮管，用螺旋夹 D 夹住橡皮管，用于调节进入瓶中的空气量，否则，将会引入大量空气，达不到减压蒸馏的目的。有些化合物遇空气很易氧化，在减压时，可由毛细管通入氮气或二氧化碳。检查并确定蒸馏装置密闭不漏气后，将欲纯化的试剂加入烧瓶中，加入量为烧瓶容量的一半，然后将体系抽成减压状态，并开始加热，同时烧瓶浸入加热浴。注意务必使瓶内被蒸馏物质的液面低于加热浴的液面。特别是在蒸馏高沸点物质时，烧瓶应当尽量浸深一些。减压蒸馏时，常常由于存在低沸点溶剂而产生泡沫，需要在开始蒸馏时在低真空度条件下将这些低沸点溶剂蒸馏除去，然后再慢慢提高真空度。真空度的高低取决于装置内液体样品的蒸气压。馏出之前的冷却效果必须良好，否则难以提高系统的真空度。

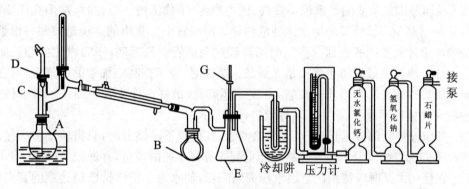

图 1.78　减压蒸馏装置示意图

（2）接收器 B。蒸馏少量物质或 150 ℃以上物质时，可用蒸馏烧瓶作接收器（切勿用三颈烧瓶）；蒸馏 150 ℃以下物质时，接收器前应连接冷凝管冷却。如果蒸馏不能中断或要分段接收馏出液时，则要采用多头接液管。

（3）吸收装置。吸收装置的作用是吸收对真空泵有损害的各种气体或蒸气，借以保护减压设备。吸收装置一般由下述几部分组成：

① 捕集管——用来冷凝水蒸气和一些易挥发性物质，捕集管外用冰-盐混合物冷却。

② 硅胶（或无水氯化钙）——用来吸收经冷却器后还未除净的残余水蒸气。

③ 氢氧化钠——用来吸收酸性蒸气。

④ 石蜡片干燥塔——用来吸收烃类气体。

（4）测压计。测压计作用是指示减压蒸馏系统内的压力，通常采用水银测压法。

（5）安全瓶 E。一般用吸滤瓶，壁厚耐压。安全瓶与减压泵和测压计相连，活塞 G 用来调节压力及放气。

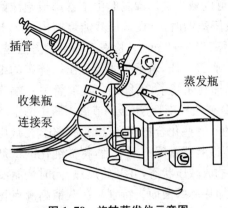

图 1.79　旋转蒸发仪示意图

插管

蒸发瓶

收集瓶
连接泵

（6）减压泵（抽气泵）。通常使用的有水泵和油泵。实验室常用循环水真空泵及旋转蒸发仪来进行减压蒸馏，如图 1.79 所示，其真空度很稳定，非常方便和实用。同时，由于蒸发器的不断旋转，蒸发面积大，加快了蒸发速率，不加沸石蒸发也不会暴沸。需要更高的真空度时，可使用油泵，其最高真空度可达到 0.01～0.000 1 mmHg，一般真空度为 0.5～0.05 mmHg。停止蒸馏时，应当停止加热，移开加热浴，待冷却后，缓缓解除系统真空，让空气进入装置内以恢复常压，然后关闭真空泵。

3. 注意事项

（1）在减压系统中切勿使用有裂缝的和薄壁的玻璃仪器。尤其不能使用不耐压的平底瓶（如锥形瓶），因为即使用水泵抽真空，装置外部面积受到的压力较高时，耐压的部分也可引起内向爆炸。

（2）减压蒸馏最重要的是系统不漏气、压力稳定、平稳沸腾。蒸馏时，常用克氏蒸馏头，其优点是可以避免因暴沸或产生泡沫使液体冲入冷凝管中。常用的方法是拉制一根细而软的毛细管尽量伸到蒸馏瓶底部。空气的细流经过毛细管引入瓶底，作为汽化中心。而在减压蒸馏中加入沸石一般对防止暴沸是无效的。蒸馏时，为了控制毛细管的进气量，可在露于瓶外的毛细玻璃管上套一段软橡皮管，并夹一螺旋夹，最好在橡皮管中插入一段细铁丝，以防因螺旋夹夹紧后不通气，或夹不紧导致进气量过大。

（3）蒸出液接收部分，通常使用多头接液管，在接收不同馏分时，只需转动多头接液管，即可接收不同沸点的馏分。在安装接收瓶前需先称每个瓶的质量，并做记录以便计算产量。

（4）在使用水泵时应特别注意因水压突然降低，使水泵不能维持已经达到的真空度，蒸馏系统中的真空度比该时水泵所产生的真空度高，因此，水会流入蒸馏系统沾污产品。为了防止这种情况的发生，需在水泵和蒸馏系统间安装安全瓶或使用循环水真空泵。

（5）使用油泵时，必须注意保护油泵，避免低沸点溶剂，特别是酸和水汽进入油泵。用油泵减压前须在常压或水泵减压下蒸除所有低沸点液体和水以及酸、碱性气体。同时，在蒸馏系统和油泵间需安装冷却阱和干燥塔，在干燥塔中，分别装入粒状氢氧化钠、粒状活性炭、块状石蜡及氯化钙等。在改进高真空蒸馏时，一般需要用水银或油扩散泵，其安装和操作方法可查阅有关资料。

（6）减压蒸馏时，可用水浴、油浴、空气浴等加热，浴温较蒸馏物沸点高 30 ℃ 以上。表 1.9、表 1.10 是几种有机物压力与沸点之间的关系。

表 1.9　两种压力条件下有机物的沸点

有机物	沸点/℃	
	101 325 Pa	1 600 Pa
乙酸	117.9	19.4
乙酰乙酸乙酯	180.4	71.0
苯胺	184.0	72.5
硝基苯	210.8	87.8

表 1.10　压力对有机物沸点的影响

压力/mmHg	水/℃	氯苯/℃	苯甲醛/℃	水杨酸乙酯/℃	甘油/℃	蒽/℃
760	100	132	179	234	290	354
50	38	54	95	139	204	225
30	30	43	84	127	192	207
25	26	39	79	124	188	201
20	22	34.5	75	119	182	194
15	17.5	29	69	113	175	186
10	11	22	62	105	167	175
5	1	10	50	95	156	159

（三）水蒸气蒸馏

水蒸气蒸馏是分离提纯有机化合物的重要方法,特别是在样品中存在大量的树脂状杂质时。水蒸气蒸馏常用于下列几种情况:

（1）某些沸点高的有机化合物,在常压下蒸馏虽可与副产品分离,但易将其破坏。

（2）混合物中含有大量树脂状杂质,采用蒸馏、萃取等方法都难于分离。

（3）从较多固体反应物中分离出被吸附的液体。

被提纯的物质必须具备以下条件:

（1）不溶或者微溶于水。

（2）在沸腾期间与水长时间共存不会发生化学变化。

（3）在 100 ℃左右条件下必须具有一定的蒸气压（至少 666.5 Pa（5 mmHg））。

水蒸气蒸馏也是另一种用于对热灵敏的样品制备和纯化的技术。它也可以用于热传递不好的液体样品。水蒸气蒸馏可以连续地将蒸气流过样品混合物,有时也可以直接加水进入烧瓶达到同样的目的。蒸气携带着气相中挥发性大的组分并且在蒸气混合物中这种挥发物质的浓缩与它们在蒸气混合物中的蒸气压相关。

水蒸气蒸馏技术非常温和,在蒸馏过程中被蒸馏的样品根本不会加热到比蒸气的温度还高。在过程结束时,蒸气和分离物质被冷凝。通常,它们是不混溶的,并且可形成两相而被分离。

1. 原理

根据道尔顿分压定律,两种互不相溶的液体混合物的蒸气压等于两液体单独存在时的蒸气压之和。因为当组成混合物的两液体的蒸气压之和等于大气压力时,混合物就开始沸腾（此时的温度为共沸点）,所以互不相溶的液体混合物的沸点,要比每一物质单独存在时的沸点低。

当有机物与水一起共热时,整个系统的蒸气压根据分压定律,应为各蒸气压之和,即可表示为

$$p = p(H_2O) + p_A$$

式中,p 为总蒸气压,$p(H_2O)$ 为水的蒸气压,p_A 为与水不相溶物质或难溶物质的蒸气压。当总蒸气压 p 与大气压相等时,则液体沸腾。显然,混合物的沸点低于任何一个组分的沸点,即有机物可在比其沸点低得多的温度,而且在低于 100 ℃ 的温度下随蒸气一起蒸馏出来,这样的操作叫做水蒸气蒸馏。例如在制备苯胺时(苯胺的沸点为 184.4 ℃),将水蒸气通往含苯胺的反应混合物中,当温度达到 98.4 ℃ 时,苯胺的蒸气压为 5 652.5 Pa,水的蒸气压为 95 427.5 Pa,两者总和接近大气压力,于是混合物沸腾,苯胺就随水蒸气一起蒸馏出来。

伴随水蒸气蒸馏出的有机物和水,两者的质量比 $[m_A/m(H_2O)]$ 等于两者的分压 $[p_A$ 和 $p(H_2O)]$ 分别和两者的相对分子质量(M_A 和 M_{H_2O})的乘积之比,因此在馏出液中有机物同水质量比可按下式计算:

$$\frac{m_A}{m_{H_2O}} = \frac{M_A \times p_A}{18 \times p(H_2O)}$$

因此,在不溶于水的有机物中进行水蒸气蒸馏时,在比该物质的沸点低得多的温度,而且比 100 ℃ 还要低的温度就可使该物质和水一起蒸馏出来。

2. 装置

水蒸气蒸馏装置如图 1.80(a)所示,包括水蒸气发生器、蒸馏部分、冷凝部分和接受器四个部分,有时用三口瓶代替圆底烧瓶更为方便,如图 1.80(b)所示。在水蒸气蒸馏装置图中,A 是水蒸气发生器。通常盛水量为其容积的 3/4 为宜,如果太满,沸腾时水将冲至烧瓶。安全玻璃管 B 几乎插到发生器 A 的底部。当容器内气压太大时,水可沿着玻璃管上升,以调节内压。如果系统发生阻塞,水便会从管的上口喷出,此时应检查导管是否被阻塞。

蒸馏部分通常是用 50 mL 以上的长颈圆底烧瓶。为了防止瓶中液体因跳溅而冲入冷凝管内,故将烧瓶的位置向发生器的方向倾斜 45°,瓶内液体不宜超过其容积的 1/3。蒸气导入管 E 的末端应弯曲,使之垂直地正对瓶底中央并伸到接近瓶底。蒸气导出管 F(弯角约 30°)的孔径最好比管 E 大一些,一端插入双孔木塞,露出约 5 mm,另一端和冷凝管连接。馏液通过接液管进入接收器 H,接收器外围可用冷水浴冷却。进行水蒸气蒸馏时,先将溶液(混合液或混有少量水的固体)置于 D 中,加热水蒸气发生器,直至接近沸腾后再将弹簧夹夹紧,使水蒸气均匀地进入圆底烧瓶。为了使蒸气不致在 D 中冷凝而积聚过多,必要时可在 D 下置一石棉网,用小火加热。必须控制加热速率,使蒸气能全部在冷凝管中冷凝下来。如果随水蒸气挥发的物质具有较高的熔点,在冷凝后易析出固体,则应调小冷凝水的流速,使它冷凝后仍然保持液态。假如已有固体析出,并且接近阻塞时,可暂时停止冷凝水的流通,甚至需要将冷凝水暂时放去,以使物质熔融后随水流入接受器里。万一冷凝管被阻塞,应立即停止蒸馏,并设法疏通(如用玻棒将阻塞的晶体捅出或用电吹风的热风吹化结晶,也可在冷凝管夹套中灌以热水使之熔出)。

在蒸馏需要中断或蒸馏完毕后一定要先打开螺旋夹连通大气,然后停止加热,否则 D 中的液体将会倒吸到 A 中。在蒸馏过程中,如发现安全管 B 中的水位迅速上升,则表示系统中发生了堵塞。此时应立即打开螺旋夹,然后移去热源。待排除堵塞后再继续进行水蒸气蒸馏。

如仅需 5 mL 以下水量就可以完成的水蒸气蒸馏,则可用简易水蒸气蒸馏装置,即将 5 mL 水加入烧瓶中,煮沸蒸馏也可达到很好的效果。对于需 5 mL 以上水量才能完成的水蒸气蒸馏,用常量水蒸气蒸馏的微缩装置即可。

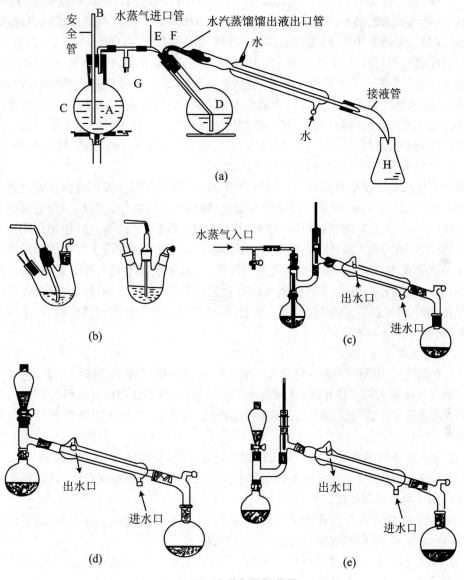

图 1.80　水蒸气蒸馏装置

少量物质的水蒸气蒸馏,可用克氏蒸馏瓶代替圆底烧瓶,如图 1.80(c)所示。这个装置为依序安装水蒸气发生器、圆底烧瓶、克氏蒸馏头、温度计、冷凝管、接引管和接收瓶。将待分离混合物转入烧瓶中,将 T 形管活塞打开,加热水蒸气发生器使水沸腾。当有水蒸气从 T 形管支口喷出时,将支管口关闭,使水蒸气通入烧瓶。连通冷却水,使混合蒸气能在冷凝管中迅速冷凝而流入接收瓶。馏出速率以 2 滴/秒为宜,通过调节火焰加以控制。当馏出液清亮透明、不再含有油状物时,即可停止蒸馏。先断开 T 形管支口,然后停止加热。将收集液转入分液漏斗,静置分层,除去水层,即得分离产物。

在蒸馏过程中,如由于水蒸气的冷凝而使烧瓶内液体量增加,以致超过烧瓶容积的 2/3 时,或者水蒸气蒸馏速率不快时,则将蒸馏部分隔石棉网加热之。但要注意瓶内蹦跳现象,如果蹦跳剧烈,则停止加热,以免发生意外。蒸馏速率为 2～3 滴/秒。

在蒸馏过程中,必须经常检查安全管中的水是否正常,有无倒吸现象,蒸馏部分混合物溅飞情况是否严重等。一旦发生不正常,应立即旋开螺旋夹,移去热源,找原因排故障,当故障排除后,才能继续蒸馏。如待蒸馏物的熔点高,冷凝后析出固体,则应调小冷凝水的流速或停止冷凝水流入,甚至将冷凝水放出,待物质熔化后再小心且缓慢地通入冷却水。

当馏出液澄清透明,不再含有油珠状的有机物时,即可打开弹簧夹,移去热源,停止蒸馏。馏出物和水的分离方法根据具体情况决定。

如果不用水蒸气发生器而采用一种更为简单的水蒸气蒸馏装置也可以正常地进行水蒸气蒸馏操作,如图 1.80(d)所示。其操作方法也很简单,先将待分离有机物和适量的水置于圆底烧瓶中,再投入几粒沸石,接通冷凝水、开始加热,保持平稳沸腾。其他操作同前面叙述相同,只是当烧瓶内的水经连续不断地蒸馏而减少时,可通过蒸馏头上配置的滴液漏斗补加水。如果依装置图 1.80(d)进行水蒸气蒸馏操作,容易使混合物溅入冷凝管,使分离纯化受到影响,那么采用图 1.80(e)来操作就可以有效地避免这个问题。不过,由于克氏蒸馏头弯管段较长,蒸气易冷凝,影响有效蒸馏。此时,可以用玻璃棉等绝热材料缠绕,以避免热量迅速散失,从而提高蒸馏效率。

3. 注意事项

(1) 水蒸气发生器中一定要配置安全管。可选用一根长玻璃管作安全管,管子下端要接近水蒸气发生器底部。使用时,注入的水不要过多,一般不要超出其容积的 2/3。

(2) 水蒸气发生器与烧瓶之间的连接管路应尽可能短,以减少水蒸气在导入过程中的热损耗。

(3) 导入水蒸气的玻璃管应尽量接近圆底烧瓶底部,以利提高蒸馏效率。

(4) 在蒸馏过程中,如果有较多的水蒸气因冷凝而积聚在圆底烧瓶中,可以用小火隔着石棉网在圆底烧瓶底部加热。

(5) 实验中,应经常注意观察安全管。如果其中的水柱出现不正常上升,应立即打开 T 形管,停止加热,找出原因,排除故障后再重新蒸馏。

(6) 停止蒸馏时,一定要先打开 T 形管,然后停止加热。如果先停止加热,水蒸气发生器因冷却而产生负压,会使烧瓶内的混合液发生倒吸。

二、回流

在有机化学实验中,回流操作常常用于加热煮沸液体一段时间而又不使反应物蒸气逸出的情况。由于许多有机化学反应需要使反应物在较长时间内保持沸腾才能完成,为了防止反应物以蒸气逸出,常在加热烧瓶上安装一个冷凝管,构成回流冷凝装置,使蒸气不断地在冷凝管中冷凝成液体,再返回到反应器中。

此外,为满足其他实验方面的要求,回流装置也常与其他装置相互结合使用。常用的回流装置如图 1.81 所示。

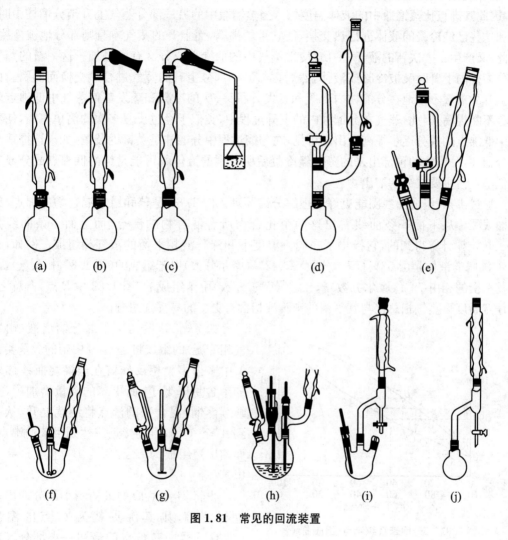

图 1.81　常见的回流装置

三、分馏

若要除去沸点与主体差别小于 30 ℃的杂质,则要采用分馏方法。分馏主要应用于分离两种或多种其沸点相近且互相混溶的液态有机化合物。

在蒸馏沸点比较接近的混合物时,各种物质的蒸气将同时蒸发,只不过低沸点的多一些,故难于达到分离和提纯的目的。在这种情况下,必须采用分馏的方法。实际上可以把分馏看成多次简单的蒸馏。分馏又叫精馏。

1. 原理

分馏是在分馏柱中进行的,在分馏过程中,被分馏的物质在蒸馏瓶中沸腾后,蒸气从圆底烧瓶蒸发进入分馏柱,在分馏柱中部分冷凝成液体。此液体中由于低沸点成分的含量较多,因此其沸点比蒸馏瓶中的液体温度低。当蒸馏瓶中的另一部分蒸气上升至分馏柱中时,便和这些已经冷凝的液体进行热交换,使它重新沸腾,而上升的蒸气本身则部分地被冷凝,因此,又产生了一次新的液-气平衡,使得蒸气中的低沸点成分又有所增加。这一新的蒸气在分馏柱内上升时又被冷凝成液体,然后再与另一部分上升的蒸气进行热交换而沸腾。由于上升的蒸气不断地在分馏柱内冷凝和蒸发,而每一次的冷凝和蒸发都使蒸气中低沸点的成分不断提高,因此,蒸气在分馏柱内的上升过程中,类似于经过反复多次的简单蒸馏,使蒸气中低沸点的成分逐步提高。由此可见,在分馏过程中分馏柱是关键的装置,如果选择适当的分馏柱,分馏柱的顶部出来的蒸气经冷凝后所得到的液体就可能是纯的低沸点成分或者是低沸点占主要成分的馏出物。

通过沸点-组成曲线图能更好地理解分馏原理。图 1.82 是苯和甲苯混合物的沸点-组成曲线图。从下面一条曲线看出这两个化合物所有混合物的沸点,而上面一条曲线是 Raoult 定律计算得到的,它指出了在同一温度下和沸腾液相平衡的蒸气相组成。例如,在 90 ℃沸腾的液体是由 58%(摩尔分数)苯、42%(摩尔分数)甲苯组成的(图 1.82 中 A 点),而与其平衡的相由 78%(摩尔分数)苯、22%(摩尔分数)甲苯组成的(图 1.82 中 B 点)。总之,在任意温度下蒸气相总比与其平衡的沸腾液相含有更多的易挥发组分。

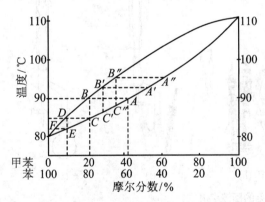

图 1.82　苯-甲苯系统沸点-组成曲线

如蒸馏 A,最初一小部分馏出液(由蒸气相冷凝)的组成将是 B,B 中苯的含量要比 A 中多得多。相反残留在蒸馏烧瓶液体中的苯含量降低了,而甲苯的含量增加了,如继续蒸馏,混合物的沸点将继续上升,从 A 到 A′至 A″等,直到接近或达到甲苯的沸点,而馏出液组成为 B 到 B′至 B″,直至最终为甲苯。

再将 B 点对应的最初一小部分馏出液进行蒸馏,则其沸点就为 C 点的温度(85 ℃);再收集 C 点的最初一小部分馏出液,则此馏出液的组成为 D 点组成。重复这一操作,从理论上来说可以得到少量的纯苯。收集残馏液,反复蒸馏也可得到少量的纯苯,显然这样处理是极其麻烦和费时的。

采用分馏的分离效果比蒸馏好得多。图 1.83 所示是甲醇-水混合物(1∶1)蒸馏和分馏曲线。

必须指出,当某两种或三种液体以一定比例混合,可组成具有固定沸点的混合物,将这种混合物加热至沸腾时,在气液平衡体系中,气相组成和液相组成一样,故不能使用分馏法将其分离出来,只能得到按一定比例组成的混合物,这种混合物称为共沸混合物或恒沸点混合物。共沸混合物的沸点若低于混合物中任一组分的沸点者称为低共沸混合物，也有高共沸混合物。所以，化合物在蒸馏前，必须仔细地用干燥剂除水。表 1.11 为一些常见的共沸混合物数据，有关共沸混合物的更全面数据可从化学手册中查到。

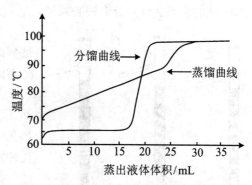

图 1.83 甲醇-水混合物(1∶1)的蒸馏和分馏曲线

影响分馏效率的因素有：

(1) 理论塔板数。分馏柱的分馏能力和效率，分别用"理论塔板数"和"理论塔板等效高度（HETP）"来表示。一个理论塔板数相当于一次简单的蒸馏。具有同样分馏能力的分馏柱，其长度不一定相等。例如：甲、乙两个分馏柱，它们的理论塔板数都是 20，甲的高度为 60 cm，乙的高度为 20 cm。显然，两者的理论塔板等效高度是不同的。因为理论塔板等效高度为

$$HETP=分馏柱高度/理论塔板数$$

表 1.11 一些常见的共沸混合物

共沸混合物	组分的沸点/℃	共沸混合物质量分数/%	共沸点/℃
乙醇	78.3	95.6	78.17
水	100.0	4.4	
乙酸乙酯	77.2	91.0	70.0
水	100.0	9.0	
乙醇	78.3	16.0	64.9
四氯化碳	76.5	84.0	
甲酸	100.7	22.6	107.3
水	100.0	77.4	

所以，甲分馏柱的理论塔板等效高度为 3 cm，而乙分馏柱的理论塔板等效高度为 1 cm。通过这个例子可以看出，分馏柱的理论塔板等效高度越低，其单位长度的分馏效率越高。分离一个理想的二组分混合物所需的理论塔板数与该两个组分的沸点差之间的关系见表 1.12。

表 1.12 二组分的沸点差与分离所需的理论塔板数

沸点差/℃	108	72	54	43	36	20	10	7	4	2
理论塔板数	1	2	3	4	5	10	20	30	50	100

(2) 回流比。在单位时间内，由柱顶冷凝返回瓶中液体的数量与蒸出物量之比为回流比。若全回流中每 10 滴收集 1 滴馏出液，则回流比为 9∶1。使用高效率的分馏柱，回流比可达 100∶1。

（3）柱的保温。许多分馏柱必须进行适当的保温，以便能始终维持温度平衡。

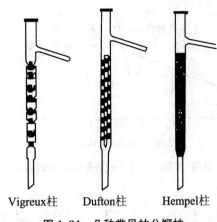

Vigreux柱　　Dufton柱　　Hempel柱

图 1.84　几种常见的分馏柱

（4）柱的选择。在进行分馏操作时，主要根据被分馏的试剂中主体与杂质的沸点差别及其沸点的高低范围选择分馏柱。如果两组分的沸点差在 100 ℃以上时，可以不使用分馏柱；如果沸点差在 25 ℃左右时，可选择普通的分馏柱；如果沸点差在 10 ℃左右时，需要使用精细的分馏柱。图 1.84 为几种常见的分馏柱。

（5）加热。分馏过程使用的加热源必须稳定，以保证加热温度稳定。只有严格控制和恒定的加热，才能保持所需要的回流比值。如果加热过快，会产生液泛现象，分馏效率也太差；如果加热太慢，分馏柱就只能起到回流冷凝的作用，根本蒸馏不出来任何东西。

此外，在分馏时，回流物和馏出物需要一个适当的比例，即回流比要适当，其值大体上与分馏柱的理论塔板数相等，这样，才能使分馏过程正常进行。

2. 装置

图 1.85 是简单分馏装置图。

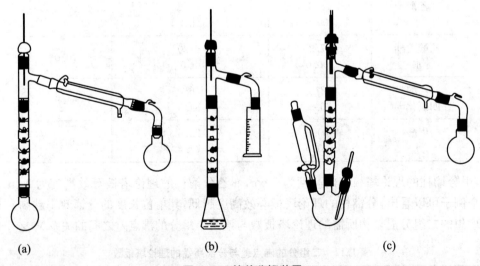

(a)　　　　　　　　(b)　　　　　　　　(c)

图 1.85　简单分馏装置

3. 注意事项

（1）分馏一定要缓慢进行，控制好恒定的蒸馏速率（1～2 滴/秒），可以得到比较好的分馏效果。

（2）要使有相当量的液体沿柱流回烧瓶中，要选择合适的回流比，使上升的气流和下降液体充分进行热交换，使易挥发组分尽量上升，难挥发组分尽量下降，分馏效果更好。

（3）必须尽量减少分馏柱的热量损失和波动。柱的外围可用石棉绳包住，这样可以减少柱内热量的散发，减少风和室温的影响，从而减少了热量的损失和波动，使得加热均匀，分馏操作可以平稳地进行。

第十节 萃 取 分 离

萃取是有机化学实验中用来提取或纯化有机化合物常用的重要操作之一。应用萃取可以从液体或固体混合物中提取出所需的物质，也可以用来洗去混合物中的少量杂质。通常称前者为"萃取"，称后者为"洗涤"。用萃取的方法可以从固体或液体混合物中提取出所需的物质来纯化有机化合物，用"洗涤"的方法洗去化合物中的少量杂质，所以洗涤也是一种萃取。

一、萃取原理

萃取是利用物质在两种不互溶（或微溶）溶剂中溶解度或分配比的不同来达到分离、提取或纯化目的一种操作。例如，将含有有机化合物的水溶液用有机溶剂萃取时，有机化合物就在两液相之间进行分配。

在一定温度下，有机物在两溶剂相 A 和 B（往往是有机相和水相）中 C_a 和 C_b 浓度之比 K 为一常数，即 $C_a/C_b = K$，也即所谓"分配定律"。K 为"分配系数"，它可近似地看作是此物质在两溶剂中的溶解度之比。

设在 V_0(mL) 水中溶解 m_0(g) 物质，用 V_1(mL) 与水不相溶的有机溶剂萃取。萃取后，有机溶剂中溶有 $(m_0 - m_1)$g 物质，水中剩下 m_1(g) 物质。则

$$K = \frac{(m_0 - m_1)/V_1}{m_1/V_0}, \quad m_1 = m_0 \frac{V_0/K}{V_0/K + V_1}$$

显然，K 愈大（即此物质在有机溶剂中溶解度与水中溶解度之比愈大），在水相中剩下的 m_1 愈小。除非分配系数 K 很大，只需萃取一次。但在实际操作中，除一次萃取法外，常采取多次萃取法。

当用一定量有机溶剂从水溶液中萃取有机物时，是一次萃取效果好，还是分几次萃取效果好呢？由上式可以类推出 n 次萃取后水中的剩余量 m_n 为

$$m_n = m_0 \left[\frac{V_0/K}{(V_0/K) + (V_1/n)} \right]^n$$

例如：100 mL 水中溶有正丁酸 4 g，在 15 ℃用 100 mL 苯来萃取，分配系数为 3。若采用一次萃取法，即 $n=1$，用 100 mL 苯一次萃取，则

$$m_1 = 4 \frac{100/3}{(100/3) + 100} = 1.0 \text{ g}$$

$$萃取效率 = \frac{4-1}{4} \times 100\% = 75\%$$

若用 100 mL 苯分三次萃取,每次用 33.33 mL 苯来萃取,即 $n=3$,则经过三次萃取后正丁酸在水溶液中的剩余量为

$$m_3 = 4\left[\frac{100/3}{(100/3)+(100/3)}\right]^3 = 0.5 \text{(g)}$$

$$萃取效率 = \frac{4-0.5}{4} \times 100\% = 87.5\%$$

显然,同一分量的溶剂,采用"多次少量"来萃取,其效率要比一次用全量溶剂来萃取的效率高。当然,萃取的次数不是无限度的,一般以萃取三次为宜。

另一类萃取剂的萃取原理是利用它能和被萃取物质起化学反应。这种萃取常用于从化合物中除去少量杂质或分离混合物。常用的这类萃取剂有:$50 \text{ g} \cdot \text{L}^{-1}$氢氧化钠、$50 \text{ g} \cdot \text{L}^{-1}$或 $100 \text{ g} \cdot \text{L}^{-1}$的碳酸钠、碳酸氢钠溶液、稀盐酸、稀硫酸和浓硫酸等。碱性萃取剂,可以从有机相中萃取出有机酸,或从有机溶剂(其中溶有有机物)中除去酸性杂质(成钠盐溶于水中)。反之,酸性萃取剂可以从混合物中萃取碱性物质或除去碱性杂质。浓硫酸可以从混合物中除去少量的不饱和烃、醇和醚等。

固体物质的萃取通常借助于索氏(Soxhlet)提取器,利用溶剂回流及虹吸原理,使固体有机物连续多次被纯溶剂萃取,萃取效率较高。

萃取溶剂的选择原则如下:

(1) 利用相似相溶原理,选择溶剂要对溶质有较大的溶解度。

(2) 沸点低。

(3) 黏度小。

(4) 表面张力大。

(5) 与被萃取液有一定密度差。

(6) 低毒性。

(7) 价格低。

(8) 化学稳定性好。

(9) 不与溶质发生反应。

二、萃取方法

1. 液-液萃取方法

在实验室中用得最多的是水溶液中物质的萃取。最常使用的萃取器皿为分液漏斗,使用前需在下部活塞上涂凡士林,然后于漏斗中放入水摇荡,检查两个塞子处是否漏水,确实不漏方可使用。

常用的分液漏斗有球形、锥形和梨形 3 种。在有机化学实验中,分液漏斗主要应用于:

（1）分离两种分层而不起反应的液体。

（2）从溶液中萃取某种成分。

（3）用水或碱或酸洗涤某种产品。

（4）用来滴加某种试剂（即代替滴液漏斗）。

分液漏斗的选择，一般比待处理液体体积大 1~2 倍。使用分液漏斗来萃取或洗涤液体，一般可按下述操作进行，效率较高。将水溶液倒入分液漏斗中，再加溶剂，塞紧塞子，如图 1.86(a) 所示，左、右手握住漏斗放平，前后振摇。开始时，振摇要慢。振摇几次后，把漏斗的上口向下倾斜，下部支管指向斜上方（朝向无人处），左手仍握在活塞支管处，用拇指和食指旋开活塞放气。

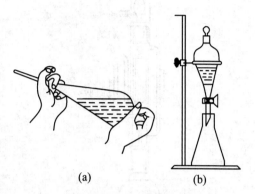

图 1.86　萃取装置(分液漏斗的使用)

经几次振摇和放气后，把漏斗架放在铁圈上静置，如图 1.86(b) 所示。待液体分层后，打开上口塞子，旋开活塞，将两层液体分开。下层液体由下部支管放出，上层液体由上口倒出。应注意哪一层为有机溶剂，可取少量任何一层液体于小试管中，加入几滴清水试验，如加水后分层，即为有机相，不分层说明是水相。

在萃取时，可利用"盐析效应"，即在水溶液中加入一定量的电解质（如氯化钠），以降低有机物在水中的溶解度，提高萃取效率。特别是当溶液呈碱性时，常常会产生乳化现象，这样很难将它们完全分离，所以要进行破乳，可加些酸。

2. 从固体中萃取物质方法

固体物质的萃取，通常是用长期浸渍法或采用脂肪提取器（索氏提取器），如图 1.87 所示。前者是靠溶剂长期的浸润溶解而将固体物质中所需的物质浸出来。这种方法虽然不需要任何特殊器皿，但效率不高，而且溶剂的需要量较大。实验室中常使用的是 Soxhlet 提取器（或用普通恒压筒形漏斗代替虹吸管的提取装置）和简易半微量提取器，用低沸点溶剂进行连续萃取。

在进行提取之前，先将滤纸卷成圆柱，其直径稍小于提取筒的内径，一端用线扎紧，或用滤纸筒装入研细的被提取的固体，轻轻压实，放入提取筒中。然后开始加热，使溶剂回流，待提取筒中的溶剂面超过虹吸管上端后，提取液自动流入加热瓶中，溶剂受热回流，循环不止，直至物质大部分提出后为止。一般需要数小时才能完成，提取液经浓缩或减浓缩后，将所得固体进行重结晶，即得纯品。

如果样品量少，可以用简易半微量提取器，如图 1.88 所示，把被提取固体放于折叠滤纸中，操作方便，效果也好。

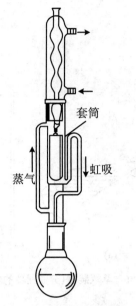

图 1.87　索氏(脂肪)提取器

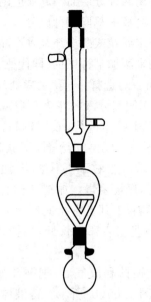

图 1.88　微型固-液萃取装置

第十一节　层 析 分 离

层析法又叫色谱法,是分离、提纯和鉴定混合物各组分的一种重要手段,是利用混合物各组分的物理化学性质的差异在两相间的分配比不同时进行的分离。其中一相是固定相,另一相是流动相。经典的层析分离法有薄层层析(薄层色谱)、柱层析(柱色谱)、纸层析(纸色谱)等。层析所用溶剂应与试样不起化学反应,并应用纯度较高的溶剂。通常用柱层析、纸层析或薄层层析分离有色物质时,可根据其色带进行区分,对有些无色物质,可在 245～365 nm 的紫外灯下检视。纸层析或薄层层析也可喷显色剂使之显色。薄层层析还可用加有荧光物质的薄层硅胶,采用荧光熄灭法检视。用纸层析进行定量测定时,可将色谱斑点部分剪下或挖取,用溶剂溶出该成分,再用分光光度法或比色法测定,也可用色谱扫描仪直接在纸或薄层板上测出。

(一) 薄层层析法

薄层层析(thin layer chromatography)常用 TLC 表示,是一种微量、快速而简单的分离方法,也是定性分析少量物质的一种很重要的实验技术,属固-液吸附层析。它兼备了柱层析和纸层析的优点,一方面适用于少量样品(小到几微克,甚至 0.01 μg)的分离;另一方面在制作薄层板时,把吸附层加厚加大,又可用来精制样品,此法特别适用于挥发性较小或较高温度易发生变化而不能用气相色谱分析的物质。此外,薄层层析法还可用来跟踪有机反应及进行柱层析之前的一种"预试"。

薄层层析是将吸附剂(固定相)均匀地铺在一块玻璃板表面上形成薄层(其厚度一般为$0.1\sim0.2\,\text{mm}$),在此薄层上进行色谱分离。由于混合物中的各个组分对吸附剂的吸附能力不同,当选择适当的溶剂(被称为展开剂,即流动相)流经吸附剂时,发生无数次吸附和解吸过程,吸附力弱的组分随流动相向前移动,吸附力强的组分滞留在后,由于各组分具有不同的移动速率,被流动相带到薄层板不同高度,最终得以在固定相薄层上分离。这一过程可以表示为

$$\text{化合物在固定相}\underset{}{\overset{K}{\rightleftharpoons}}\text{化合物在流动相}$$

平衡常数 K 的大小取决于化合物吸附能力的强弱。一个化合物愈强烈地被固定相吸附,K 值愈低,那么这个化合物随着流动相移动的距离就愈小。

薄层层析除了用于分离外,更主要的是通过与已知结构化合物相比较来鉴定少量有机物的组成。此外,薄层层析也经常用于寻找柱层析的最佳分离条件。

试样中各组分的分离效果可用它们比移植 R_f 的差来衡量。R_f 值是某组分的色谱斑点中心到原点的距离与溶剂前沿至原点的比值,即

$$R_f = \frac{a}{b}$$

图 1.89 为比移值 R_f 的计算示意图,R_f 值一般在 $0\sim1$ 之间,当实验条件严格控制时,每种化合物在选定的固定相和流动相体系中有特定的 R_f 值。R_f 值大表示组分的分配比大,易随溶剂流下。混合试样中,两组分的 R_f 相差越大,则它们的分离效果越好。

应用薄层层析进行分离鉴定的方法是将被分离鉴定的试样用毛细管点在薄层板的一端,样点干后放入盛有少量展开剂的器皿(层析缸或广口瓶)中展开,如图 1.90 所示。借吸附剂的毛细作用,展开剂携带着组分沿着薄层缓慢上升,由于各组分在展开剂中溶解能力和被吸附剂吸附的程度不同,其在薄层上升的高度亦不同,R_f 也不同。混合物中各组分可通过比较薄层板上斑点的位置或通过 R_f 的值的测定来进行鉴别。

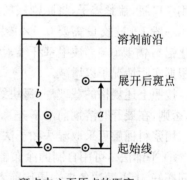

溶剂前沿

展开后斑点

起始线

a—斑点中心至原点的距离;
b—展开剂上升前沿至原点中心的距离

图 1.89　R_f 值计算示意图

如果各组分本身带有颜色,待薄层板干燥后会出现一系列的斑点;如果化合物本身不带颜色,那么可以用显色方法使之显色,如碘熏显色、喷显色剂或用荧光板在紫外线下显色等。

1. 吸附剂

最常用于 TLC 的吸附剂为硅胶和氧化铝两种。

(1) 硅胶:常用的商品薄层层析用的硅胶为

硅胶 H——不含黏合剂和其他添加剂的层析用硅胶。

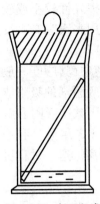

图 1.90 广口瓶式展开槽

硅胶 G——含煅烧过的石膏($CaSO_4 \cdot 1/2H_2O$)作黏合剂的层析用硅胶,标记 G 代表石膏。

硅胶 HF_{254}——含荧光物质层析用硅胶,可用于 254 nm 的紫外光下观察荧光。

硅胶 GF_{254}——含煅烧过的石膏、荧光物质的层析用硅胶。

(2)氧化铝:与硅胶相似,商品氧化铝也有 Al_2O_3-G、Al_2O_3-HF_{254}G、Al_2O_3-GF_{254}。其中最常用的为氧化铝 G 和硅胶 G。

2. 薄层板和浆料的制备

(1)制备薄层载片

如是新的玻璃板(厚约 2.5 mm),切割成 150 mm×30 mm×2.5 mm 或 100 mm×30 mm×2.5 mm 的载玻片,水洗,干燥。如果重新使用的载玻片,要用洗衣粉和水洗涤,用水淋洗,再用 50%甲醇溶液淋洗,然后让载玻片完全干燥。取用时应让手指接触载玻片的边缘,因为指印沾污载玻片的表面,将使吸附剂难于铺在载玻片上。

(2)制备浆料

容器:高型烧杯或带螺旋盖的广口瓶。

操作:制成的浆料要求均匀、不带团块、黏稠适当。为此,应将吸附剂慢慢地加至溶剂中,边加搅拌。如果将溶剂加至吸附剂中,常常会出现团块状现象。加料毕,剧烈搅拌。最好用广口瓶,盖紧盖子,将瓶剧烈摇动,保证充分混合。

一般 1 g 硅胶 G 需要 0.5%羧甲基纤维素钠(CMC)清液 3~4 mL 或约 3 mL 氯仿;1 g 氧化铝 G 需要 0.5%羧甲基纤维素钠清液约 2 mL。不同性质的吸附剂用溶剂量有所不同,应根据实际情况予以增减。

按照上述规格的载玻片,每块约用 1 g 硅胶 G,薄层的厚度为 0.25~1 mm,厚度尽量均匀,否则,在展开时溶剂前沿不齐。

用浆料铺层可采取湿法和干法,现介绍两种湿法:

① 平铺法。可用自制的涂布器涂布,如图 1.91 所示。将洗净的几块玻璃片在涂布器中间摆好,上下两边各夹一块比前者厚 0.25~1 mm 的玻璃板,将浆料倒入涂布器的槽中,然后将涂布器自左向右推去即可将浆料均匀铺于玻璃板上。若无涂布器,也可将浆料倒在

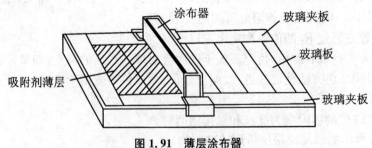

图 1.91 薄层涂布器

左边的玻璃板上,然后用边缘光滑的不锈钢尺或玻璃片将浆料自左向右刮平,即得一定厚度的薄层。

② 倾注法。将调好的浆料倒在玻璃板上,用手左右摇晃,使表面均匀光滑(必要时可于平台处让一端触台面另一端轻轻跌落数次并互换位置)。然后,把薄层板放于已校正水平面的平板上晾干。

(二)柱层析法

柱层析是以固体吸附剂为固定相,以有机溶剂或缓冲液为流动相构成柱的一种层析方法。图 1.92 是一般柱层析装置,在层析柱中装入作为固定相的吸附剂,混合物以溶液状态加在柱的顶端,由于固定相对各组分吸附能力不同,其组分按不同的速率被一个适当的溶剂通过柱子往下淋洗,形成若干个色带,如图 1.93 所示。选用合适溶剂洗脱时,已经分开的组分可以从柱下分别洗出收集,再逐个鉴定。对不易流出的组分,还可将柱吸干,将填料挤出后按色带分割开,再将带中的溶质用溶剂萃取。若是无色物质,可用紫外光照射,有些物质呈现荧光,以利检查。

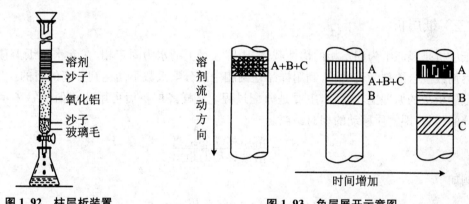

图 1.92　柱层析装置　　　　　图 1.93　色层展开示意图

选择吸附剂的首要条件是与被吸附物和展开剂均无化学反应。吸附能力与颗粒大小有关,颗粒太粗,流速快,分离效果不好,颗粒太细则流速慢,因此其颗粒应尽可能保持大小均匀,除另有规定外通常多采用直径为 0.07~0.15 mm 的颗粒。吸附剂的活性大小与其含水量有关,含水量越低,活性越高,吸附能力越弱。化合物的吸附能力与分子的极性有关,非极性化合物一般只有范德华力,较弱。极性有机化合物的相互作用较为重要,如偶极-偶极相互作用或某种直接的作用(配位作用、氢键或静电作用等),这几种相互作用的强度变化次序大致是:静电作用>配位作用>氢键>偶极-偶极>范德华力。

常用的吸附剂有氧化铝、硅胶、氧化镁、碳酸钙和活性炭等。实验室一般使用氧化铝或硅胶作吸附剂。市售的氧化铝分为中性、酸性和碱性三种。酸性氧化铝适用于分离酸性有机化合物;碱性氧化铝适用于分离碱性有机化合物;中性氧化铝适用于羰基化合物和酯类等中性物质的分离。市售的柱层析硅胶略带酸性。

吸附剂的填装方法有干法和湿法两种。干法:将吸附剂一次加入色谱管,振动管壁使其均匀下沉,然后沿管壁缓缓加入开始层析时使用的流动相,或将色谱管下端出口加活塞,加入适量的流动相,旋开活塞使流动相缓缓滴出,然后自管顶缓缓加入吸附剂,使其均匀地润湿下沉,在管内形成松紧适度的吸附层。如填装不紧密或留有气泡断层等现象,则会影响渗透速率和显色的均匀。操作过程中应保持有充分的流动相留在吸附层的上面。湿法:将吸附剂与流动相混合,搅拌以除去空气泡,徐徐倾入色谱管中,然后再加入流动相,将附着于管壁的吸附剂洗下,使色谱柱表面平整。待填装吸附剂所用流动相从色谱柱自然流下,液面将柱表面相平时,即加试样溶液。

试样的加入除另有规定外,一般将试样溶于层析时使用的流动相中,再沿色谱管壁缓缓加入。注意勿使吸附剂翻起。或将试样溶于适当的溶剂中,与少量吸附剂混匀,再使溶剂挥发去尽后使呈松散状;将混有试样的吸附剂加在已制备好的色谱柱上面。如试样在常用溶剂中不溶解,可将试样与适量的吸附剂在乳钵中研磨混匀后加入。

洗脱除另有规定外,通常按流动相洗脱能力大小,递增变换流动相的品种和比例,分别分步收集流出液,至流出液中所含成分显著减少或不再含有时,再改变流动相的品种和比例。操作过程中应保持有充分的流动相留在吸附层的上面。

(三) 纸层析

纸层析是以滤纸为固定相的惰性载体,吸附在纸上的水为固定相,在含水滤纸上移动的单一溶剂或混合溶剂为流动相,利用样品在两相中的分配系数不同达到分离的目的。

纸层析法的原理比较复杂,主要是分配过程。试样经层析后可用比移值(R_f)表示各组成成分的位置,即物质移动的相对距离。

$$R_f = \frac{\text{溶质移动的距离}}{\text{溶液移动的距离}}$$

例如

$$R_f(\text{化合物 A}) = \frac{3.0 \text{ cm}}{12 \text{ cm}} = 0.25$$

$$R_f(\text{化合物 B}) = \frac{8.4 \text{ cm}}{12 \text{ cm}} = 0.7$$

各种物质的 R_f 随要分离化合物的结构、滤纸的种类、溶剂、温度等不同而异。但在上述条件固定的情况下,R_f 对每一种化合物来说是一个特定数值。所以纸层析是一种简便的微量分析方法,它可以用来鉴定不同的化合物,还用于物质的分离及定量测定。

因为许多化合物是无色的,在层析后,需要在纸上喷某种显色剂,使化合物显色以确定移动距离。不同物质所用的显色剂是不同的,如氨基酸用茚三酮,生物碱用碘蒸气,有机酸用溴酚蓝等。除用化学方法外,也有用物理方法或生物方法来检定的。

由于影响比移值的因素较多,因此一般采用在相同实验条件下与对照物质对比以确定其异同。作为单体鉴别时,试样所显主色谱斑点的颜色(或荧光)与位置,应与对照(标准)样所显主色的谱斑点或供试品-对照品(1:1)混合所显的主色谱斑点相同。作为质量指标(纯度)检查时,可取一定量的试样,经展开后,按各单体的规定,检视其所显杂质色谱斑点的个数或呈色(或荧光)的强度。作为含量测定时,可将色谱斑点剪下洗脱后,再用适宜的方法测定,也可用色谱扫描仪测定。下行法所用色谱缸一般为圆形或长方形玻璃缸,缸上有磨口玻璃盖,应能密闭,盖上有孔,可插入分液漏斗,以加入流动相。在近缸顶端有一用支架架起的玻璃槽作为流动相的容器,槽内有一玻璃棒,用以支持色谱滤纸使其自然下垂,避免流动相沿滤纸与溶剂槽之间发生虹吸现象。

纸色谱在密闭的色谱缸中展开,式样有多种,图1.94是其中一种。

如图1.95所示,取适当的色谱滤纸按纤维长丝方向切成适当大小的纸条,离纸条上端适当的距离(使色谱纸上端能足够浸入溶剂槽内的流动相中,并使点样基线能在溶剂槽侧的玻璃支持棒下数厘米处)用铅笔划一点样基线,必要时色谱纸下端可切成锯齿形,以便于流动相滴下。将试样溶于适当的溶剂中,制成一定浓度的溶剂。用微量吸管或微量注射器吸取溶剂,点于点样基线上,溶液宜分次点加,每次点加后,待其自然干燥、低温烘干或经温热气流吹干。样点直径一般不超过0.5 cm,样点通常应为圆形。将点样后的色谱滤纸上端放在溶剂槽内,并用玻璃棒压住,使色谱纸通过槽侧玻璃支持棒自然下垂,点样基线在支持棒下数厘米处。色谱开始前,色谱缸内用各单体中所规定的溶剂的蒸气饱和,一般可在色谱缸底部放一装有流动相的平皿,或将浸有流动相的滤纸条附着在色谱缸的内壁上,放置一定时间。待溶剂挥发使缸内充满饱和蒸气,然后添加流动相,使浸没溶剂槽内滤纸,流动相即经毛细管作用沿滤纸移动进行展开至规定距离后,取出滤纸,标明流动相前沿位置,待流动相挥散后按规定方法检出色谱斑点。

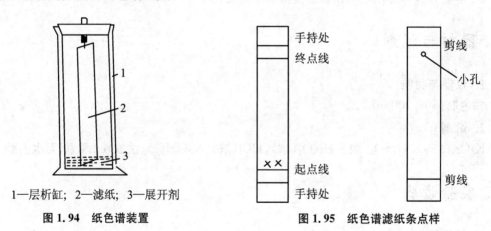

1—层析缸；2—滤纸；3—展开剂

图1.94　纸色谱装置

图1.95　纸色谱滤纸条点样

第二章　化学科学基本操作实验

实验一　实验用品认领及玻璃仪器的洗涤与干燥

一、实验目的

1. 学习基础化学实验规则和安全守则。
2. 领取并熟悉基础化学实验常用器材,包括其名称、规格、用途及其使用方法。
3. 学会并练习常用玻璃仪器的洗涤和干燥方法。

二、器材与试剂

1. 仪器与材料

棕色瓶($50\sim100$ mL)。

2. 试剂

$K_2Cr_2O_7(s)$、H_2SO_4(浓)、HNO_3(浓)、HCl(浓)、$NaOH(s)$、洗衣粉、丙酮、无水乙醇。

三、实验步骤

1. 认领器材

逐个认领实验室工作人员提供的仪器。基础化学实验常用仪器一套(见本实验后附的学生实验器材清单)。

2. 配制 $20\sim50$ mL 洗液

3. 清洗仪器

(1)用水、毛刷和洗衣粉将领取的仪器洗涤干净。

(2)移液管等用洗液清洗。

(3)特别难清洗的污垢可根据化学反应原理选择浓盐酸、浓硝酸、王水或洗液等。

4. 洗干净的仪器

用酒精灯烤干两支试管请老师检查。

练习：

① 绘制五个常用仪器的简易图,逐个写出它们的用途及使用时的注意事项。

② 绘制氯酸钾制氧气的成套装置图。

四、思考题

1. 烤干试管时,为什么试管口要略向下倾斜?

2. 用铬酸洗液洗涤仪器时,应注意哪些事项?

3. 怎样检查玻璃仪器是否已洗涤干净?

附注

学生实验器材清单

姓名_____ 班级_____ 实验桌号_____ 领用日期_____年_____月_____日

编号	名称	规格	单位	数量	备注
1	试管	13 mm×100 mm	支	10	
2	试管	15 mm×150 mm	支	10	
3	试管	18 mm×180 mm	支	2	
4	具支试管	15 mm×150 mm	支	1	
5	离心试管	10 mL	支	10	
6	烧杯	50 mL	只	2	使用烧杯时,个别实验根据需要的规
7	烧杯	100 mL	只	2	格和数量,用时发,用后回收
8	烧杯	250 mL	只	1	
9	烧杯	500 mL	只	1	
10	锥形瓶	50 mL	只	2	
11	锥形瓶	200 mL	只	1	
12	锥形瓶	250 mL	只	3	

13	蒸馏烧瓶	150 mL	只	1	用时发,用后回收
14	圆底烧瓶	500 mL	只	1	用时发,用后回收
15	平底烧瓶	500 mL	只	1	用时发,用后回收
16	容量瓶	100 mL	只	1	使用容量瓶时,个别实验根据需要的
17	容量瓶	250 mL	只	1	规格和数量,用时发,用后回收
18	酸式滴定管	50 mL	支	1	用时发,用后回收
19	碱式滴定管	50 mL	支	1	用时发,用后回收
20	量筒	10 mL	只	1	
21	量筒	100 mL	只	1	
22	移液管	25 mL	支	1	
23	吸量管	5 mL	支	1	
24	漏斗	75 mm	只	1	
25	布氏漏斗	50~75 mm	只	1	
26	吸滤瓶	250 mL	只	1	用时发,用后回收
27	分液漏斗	60 mm	只	1	
28	表面皿	80 mm	只	1	
29	表面皿	70 mm	只	1	
30	蒸发皿	50 mm	只	1	
31	称量瓶	25 mm	只	1	
32	酒精灯	250 mm	只	1	
33	温度计	100 ℃	支	1	
34	玻棒	120 mm	根	1	自制(玻璃工操作实验)
35	拉细的玻棒	100 mm	根	1	自制(玻璃工操作实验)
36	胶头滴管		支	2	自制(玻璃工操作实验)
37	瓷坩埚	25 mL	只	1	
38	铁坩埚	25 mL	只	1	
39	研钵	90 mm	只	1	

40	药匙		只	3	
41	镊子		把	1	
42	泥三角	小号	只	1	
43	铁夹		只	2	
44	铁圈		只	2	
45	十字夹		只	2	
46	螺旋夹		只	2	
47	石棉网		块	2	
48	铁架台		只	1	公用
49	三角架		只	1	公用
50	钻孔器		副	1	用时发,用后回收
51	三角锉		把	1	用时发,用后回收
52	圆锉		把	1	用时发,用后回收
53	砂轮		片	1	用时发,用后回收
54	试管架		只	1	
55	试管刷		只		公用（多种规格）
56	试管夹		只	1	
57	剪刀		把		公用
58	水槽		只	1	
59	锁及钥匙		套	1	
60	抹布		块	1	
61	棕色瓶	50 mL	只	1	盛洗液用

实验二 加热器的使用、玻璃工操作、塞子钻孔和试剂配制

一、实验目的

1. 了解实验室常用酒精喷灯的构造和原理,掌握正确的使用方法。
2. 学会玻璃管的截断、弯曲、拉制、熔光等基本操作。
3. 了解其他加热设备。

二、器材与试剂

1. 仪器与材料

量筒(10 mL,20 mL)、烧杯(100 mL)、酒精灯、酒精喷灯、石棉网、锉刀、捅针、玻璃管、玻璃棒、镊子。

2. 试剂

浓硫酸、酒精。

三、实验步骤

1. 玻璃管简单加工

(1) 锉痕

将玻璃管(或玻璃棒)平放在桌子边缘上,用左手在靠近要截断的部位按紧,右手拿三棱锉刀并让锉棱紧压在要截断的部位,适当用力向一个方向上锉出一道凹痕(图 2.1),凹痕应与玻璃管垂直,不能拉锯式地来回锉,避免切口不平。如果锉刀不锋利或玻璃管壁太厚(或者玻璃棒太粗),可以在同一凹痕、同一方向上再锉几下,这样才能保证折断后的玻璃管(或玻璃棒)截面平整。

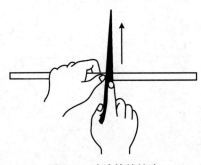

图 2.1 玻璃管的锉痕

(2) 截断

然后双手平持玻璃管(玻璃棒),凹痕向外(图2.2),两手用拇指在凹痕的背面轻轻外推,同时食指和拇指把玻璃管向外拉,两手轻轻一掰,玻璃管(玻璃棒)折为两断,长短根据自己的用途而定。因为玻璃不导热,6 cm 以上的长度都可加工。

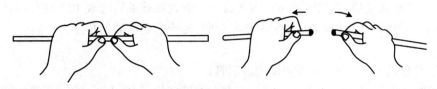

图 2.2　玻璃管的截断

（3）熔光

截断的玻璃管截面很锋利，容易割破手和橡皮管，且难以插入塞子的孔内，必须熔光，使之平滑。把截断面斜插入（45°左右）喷灯氧化焰中熔烧时，要缓慢地旋转玻璃管，使熔烧均匀，直至管口呈暗红色（图 2.3）。熔烧后的玻璃管应放在石棉网上冷却，这时的玻璃管口就变得光滑了。不要放在桌子上，以免烫坏桌面，因为 500 ℃以上才能观察到辐射热源，所以充分冷却前不要用手去摸，以免被烫伤。

练习：① 截取一根 ∅ 为 3～4 mm，长度为 130 mm 左右的玻璃棒，制作一根玻璃搅棒，并熔光。

② 截取一根 ∅ 为 5～7 mm，长度为 150 mm 左右的玻璃管，制作一根导气管，并熔光。

（4）玻璃管弯曲

玻璃无固定的熔点，加热到一定温度后逐渐变软，容易加工成所需要的形状。加工时，先用抹布把截下的玻璃管擦净。双手持玻璃管，把要弯曲的部位放入氧化焰中（若玻璃管内不干，则先在氧化焰中左右快速移动，预热，以除去水气。加工一般在喷灯上进行，如果用的是煤气灯，可罩上鱼尾罩，以增大玻璃管的受热面积）加热。在加

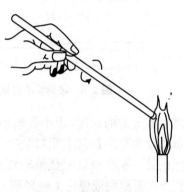

图 2.3　玻璃管的熔光

热过程中使玻璃管在火焰中缓慢而均匀地转动（图 2.4），同时双手微微向中间用力，当把玻璃管加热至发黄变软或在弯曲的部位管壁稍变厚时，由火焰中取出一次弯成所需角度（若用酒精灯加热则不必取出）。弯时两手在上方，玻璃管的弯曲部分在两手中间的下方，均匀向中间用力（图2.5）。弯好后，稍停片刻，再把它放在石棉网上冷却。弯得好的玻璃管，角度准确，里外均匀平滑，整个玻璃管在同一平面上。如果加热温度过高，玻璃太软，则弯曲时容易变形，不合要求，加热不够，则弯时容易折断，所以必须掌握好火候。

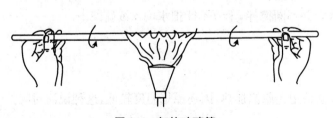

图 2.4　加热玻璃管

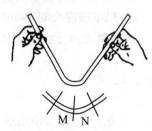

图 2.5　玻璃管弯曲

如果要弯小角度的玻璃管,不可一次弯成。一般先将玻璃管弯成120°左右,然后在弯曲部位的稍偏左处、再在稍偏右处,分别加热和弯曲,逐步达到所需的角度。

练习:

① 练习弯成120°、90°、60°等角度的玻璃管。

② 截取⌀为6~8 mm,长度为120 mm左右的玻璃管,制作120°、90°、60°导气管各一支。

(5) 玻璃管的拉细和滴管的制作

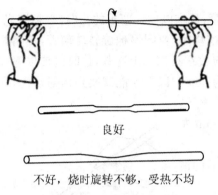

良好

不好,烧时旋转不够,受热不均

图2.6 玻璃管的拉细

拉细玻璃管的加热方法与玻璃管的弯曲基本一样,但加热时间要长一点,使玻璃管呈暗红色。这时玻璃管已足够软,故转动时要注意保持玻璃管呈水平,切勿扭曲。然后从火焰中取出,玻璃管沿水平方向边拉边来回转动(图2.6)。拉时先慢后快,拉到所需细度后,手持玻璃管的一端,让另一端下垂,待稍定型后,放在石棉网上冷却。要求拉成的细管和粗端的轴线在同一直线上。

截取⌀为6 mm,长为140 mm玻璃管1支,按上述步骤拉细(内径为1.5~2 mm)。根据尖嘴所需的长度,用小砂轮轻轻转一下,把截断的截面在酒精灯上稍微烧一下,使之熔光,再把粗的一端在喷灯上烧至暗红变软时,取出,垂直放在石棉网或瓷砖上轻轻压一下,或用锉刀柄(图2.7)插入管口转一圈,使管口变厚并略向外翻。冷却后,套上乳胶滴头即成滴管,要求从滴管中每滴出20滴水约1 mL。

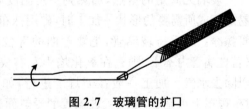

图2.7 玻璃管的扩口

练习:

① 截取⌀为6 mm,长为140 mm玻璃管一根,制作2根滴管。

② 截取⌀为4 mm,长为200 mm玻璃棒1根,制作2根一端拉细的玻璃棒。

2. 打一大小与上面制备的玻璃弯管配套的橡皮塞

从自己制备的玻管和滴管中,选出最好的拿给老师验收。

3. 用浓硫酸配制30 mL 2 mol·L⁻¹稀硫酸

注意事项:只能将浓硫酸倒入水中并不断搅拌,千万不能把水倒入浓硫酸中。

四、思考题

1. 有人说,实验中用小火加热,就是用还原焰加热,因还原焰温度较低,这种说法对吗?

2. 稀释浓硫酸时要注意什么?

3. 使用酒精灯和喷灯应注意什么?酒精喷灯的温度为什么比普通酒精灯高?

4. 使用喷灯烧玻璃管时,为什么必须将烧软的玻璃管移至火焰外再弯?

5. 塞子钻孔为什么要两面钻?

实验三　离子交换法制备纯水

一、目的要求

1. 了解离子交换法净化水的原理和方法。

2. 掌握水中一些离子的定性鉴定方法。

3. 学会使用电导率仪。

二、器材与试剂

1. 仪器与材料

电导率仪、交换柱。

2. 试剂

0.07% HCl、2 mol · L^{-1} NaOH、0.08% NaOH、0.25% NaCl、0.1 mol · L^{-1} $AgNO_3$、2 mol · L^{-1} HNO_3、1 mol · L^{-1} $BaCl_2$、2 mol · L^{-1} NH_3 · H_2O、0.01%铬黑 T、0.05%钙指示剂、强酸型阳离子交换树脂、强碱性阴离子交换树脂。

三、实验步骤

1. 新树脂的预处理(由预备实验完成)

(1) 强酸型树脂用饱和 NaCl 溶液浸泡一昼夜,用水漂洗至洗出液澄清无色后,用约为树脂 2/3 体积、0.07% 的 HCl 溶液浸泡 4 h。倾去 HCl 溶液,再用约为树脂 1/3 体积同浓度的 HCl 溶液浸泡 5 min。最后用纯水洗至 pH=5～6,备用。

(2) 强碱性树脂与强酸型树脂处理方法相同,只是用 0.08% 的 NaOH 溶液代替 HCl 溶液,最后用纯水洗至 pH=7～8。

2. 装柱

将 3 支交换柱底部的旋塞关闭,加入一定量纯水,再将少许玻璃棉推入交换柱下端(有的交换柱不需要),以防树脂漏出。然后用粗的滴管或小烧杯将处理好的树脂连同水一起加入交换柱中。如水过多,可打开底部的旋塞,将过多的水放出。但要注意,在整个交换实验中,水层始终要高出树脂层,树脂层中不得留有气泡,否则必须重装。在 3 支交换柱中分别加入阳离子交换树脂,阴离子交换树脂和阴、阳离子混合均匀的交换树脂(体积比为 2∶1),

控制好水流。按图 1.30 将 3 支交换柱用乳胶管串联起来。注意:各联结点必须紧密,不能漏气,乳胶管弯曲处(可用 90°玻璃导管)不能折死。

3. 离子交换

打开高位槽螺丝夹和混合柱底部的旋塞,使自来水流经阳柱、阴柱和混合柱,水流速率控制在 1 滴/2 s 左右。开始流出的 30 mL 水样弃去,然后用 3 只干净的烧杯分别收取从混合柱、阴柱和阳柱流出的水样各约 30 mL。将这三份水样连同自来水分别进行以下的水质实验。

为了减少实验器材装配时间,可采取以下措施:

(1) 稳压瓶可不用,阳离子交换柱适当抬高,用烧杯把自来水直接倒入阳离子交换柱中。

(2) 器材装配中不用导管,准备四个小烧杯,分别是自来水、阳离子水、阴离子水和混合离子水,按顺序把自来水倒进阳离子交换柱,阳离子交换柱流下来的水倒进阴离子交换柱,阴离子交换柱流下来的水倒进混合离子交换柱,最后分别收取水样做水质检测,如表 2.1 所示。

4. 水质检验

(1) 用电导率仪测定各份水样的电导率。

(2) Mg^{2+}:在 1 mL 水样中,加入 1 滴 2 mol·L^{-1} NH_3·H_2O 和少量 0.01% 铬黑 T,观察溶液是否显红色。

(3) 用钙指示剂检验 Ca^{2+}:游离的钙指示剂呈蓝色,在 pH>12 的碱性溶液中,它能与 Ca^{2+} 结合显红色。在此 pH 值时,Mg^{2+} 不干涉 Ca^{2+} 的检验,因为 pH>12 时,Mg^{2+} 已生成 $Mg(OH)_2$ 沉淀。

在 1 mL 水样中,加入 1 滴 2 mol·L^{-1} NaOH 和少量钙指示剂,观察溶液是否显红色。

(4) Cl^-:在 1 mL 水样中,加入 2 滴 0.1 mol·L^{-1} $AgNO_3$ 和 2 滴 2 mol·L^{-1} HNO_3,观察有无白色沉淀生成。

(5) SO_4^{2-}:在 1 mL 水样中,加入 2 滴 2 mol·L^{-1} HCl 和 2 滴 1 mol·L^{-1} $BaCl_2$ 溶液,观察现象,判断有无 SO_4^{2-}。

结果记录在表 2.1 中。

表 2.1 各水样水质检测结果记录

样品名称	检测项目				
	电导率/($\mu S·cm^{-1}$)	Mg^{2+}	Ca^{2+}	Cl^-	SO_4^{2-}
自来水					
阳离子交换柱出水					
阴离子交换柱出水					
混合离子交换柱出水					

5. 树脂的再生(由预备实验完成)

阴、阳离子交换树脂再生可直接在交换柱上进行,为了方便下一轮学生做实验时能从装柱开始,可采用如下方法再生:

(1) 阳离子交换树脂再生。将阳离子交换柱中的树脂倒在容器中,先用水漂洗一次,倾斜法倒去水,加入约为树脂2/3体积0.07％ HCl溶液,最后用纯水洗至pH＝5~6。

(2) 阴离子交换树脂再生。方法同阳离子树脂再生,只是用0.08％的NaOH溶液代替HCl溶液,最后洗至pH＝7~8。

(3) 混合树脂再生。混合树脂必须分离后才能再生。为此将混合柱内的树脂倒入容器中,加入适量0.25％ NaCl溶液,因阳离子树脂的密度比阴离子交换树脂的大,搅拌后阴离子交换树脂便浮在上层,用倾斜法将上层的阴离子交换树脂倒入另一容器中,重复操作直至阴、阳离子交换树脂完全分离为止。分离开的阴、阳离子交换树脂可分别与阳离子交换柱和阴离子交换柱的树脂一起再生。也有人用一定流速的水冲洗混合树脂,使混合树脂较好的分开。

四、思考题

1. 试述离子交换法净水的原理。

2. 为什么自来水经过阳离子交换柱、阴离子交换柱后,还要经过混合离子柱才能得到纯度较高的水?

3. 为什么可用水样的电导率来估计它的纯度? 某一水样测得的电导率很小,能否说明其纯度一定很高?

4. 如果进行适当长的交换时间,阳离子交换柱内原来的去离子水被自来水完全置换,这时阳离子交换柱中流出来的水的电导率高于自来水,为什么?

附注

电导率仪的使用

1. 基本原理

导体导电能力的大小,通常用电阻(R)或电导(G)表示。电导是电阻的倒数,关系式为

$$G = 1/R$$

式中,电阻的单位欧姆(Ω),电导的单位是西(门子)(S)。

导体的电阻与导体的长度L成正比,与面积A成反比

$$R \propto L/A$$

或

$$R = \rho L/A$$

式中,ρ 为电阻率,表示长度为 1 cm,截面积为 1 cm² 时的电阻,单位为 $\Omega \cdot$ cm。和金属导体一样,电解质水溶液体系也符合欧姆定律。当温度一定时,两极间溶液的电阻与两极间距离 L 成正比,与电极面积 A 成反比。对于电解质水溶液体系,常用电导和电导率表示其导电能力

$$G = \frac{1}{\rho} \cdot \frac{A}{L}$$

令

$$1/\rho = \kappa$$

则

$$G = \kappa \cdot A/L$$

式中,κ 是电阻率的倒数,称为电导率。它表示在相距 1 cm、面积为 1 cm² 的两极之间溶液的电导,其单位为 $S \cdot$ cm^{-1}。

在电导池中,电极距离和面积是一定的,所以对某一电极来说,L/A 是常数,常称其为电极常数或电导池常数($R = \rho L/A, \kappa = 1/\rho, G = 1/R$)。

令

$$K = L/A$$

则

$$G = \kappa A/L = \kappa \cdot 1/K$$

即

$$\kappa = K \cdot G$$

不同的电极,其电极常数 K 不同,因此测出同一溶液的电导 G 也就不同。通过上式换算成电导率 κ,由于 κ 的值与电极本身无关。因此用电导率可以比较溶液电导的大小。而电解质水溶液电导能力的大小正比于溶液中电解质含量。通过对电解质水溶液电导的测量可以测定水溶液中电解质的含量。

2. 使用方法

DDS-11A 型电导率仪是常用的电导率测量仪器。它除能测量一般液体的电导外,还能测量高纯水的电导率,被广泛用于水质检测、水中含盐量、大气中二氧化硫含量等的测定和电导滴定等。国产 DDS-11A 型电导率仪(图 2.8)。

使用说明:

(1) 按电导率仪使用说明书的规定选用电极,放在盛有待测溶液的烧杯中数分钟。

(2) 未打开电源开关前,观察表头指针是否为零。不指零,可调整表头螺丝使指针指零。

(3) 将"校正、测量"开关扳在"校正"位置。

(4) 打开电源开关,预热 5 min,调节"调正"旋钮使表针满刻度指示。

(5) 将"高周、低周"开关扳向低周位置。

(6) "量程"扳到最大挡,"校正、测量"开关扳到"测量"位置,选择量程由大至小,至可读出数值。

(7) 将电极夹夹紧电极胶木帽,固定在电极杆上。选取电极后,调节与之对应的电极

常数。

（8）再将电极插头插入电极插口内，紧固螺丝，将电极插入待测液中。

（9）再调节"调整"调节器旋钮使指针满刻度，然后将"校正、测量"开关扳至"测量"位置。读取表针指示数，再乘上量程选择开关所指的倍数，即为被测量溶液的实际电导率。将"校正、测量"开关再扳回"校正"位置，看指针是否满刻度。再扳回"测量"位置，重复测定一次，取其平均值。

（10）将"校正、测量"开关扳到"校正"位置，取出电极，用蒸馏水冲洗后，放回盒中。

（11）关闭电源，拔下插头。

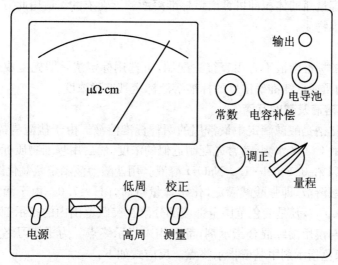

图2.8　DDS-11A型电导率仪示意图

实验四　滴定操作练习

一、实验目的

1. 掌握酸碱滴定管的使用方法。
2. 初步掌握滴定操作技术。
3. 练习使用甲基橙作指示剂准确判断终点的技能。
3. 学会标准溶液的配制方法。

二、实验原理

1. 配制标准溶液的方法

标准溶液是指已知准确浓度的溶液。标准溶液的配制方法通常有直接法和标定法(间接法)两种方法。

(1) 直接法

准确称取一定质量的物质经溶解后定量转移到容量瓶中,并稀释至刻度,摇匀。根据称取物质的质量和容量瓶的体积即可算出该标准溶液的准确浓度。适用此方法配制标准溶液的物质必须是基准物质。

(2) 标定法

大多数物质的标准溶液不宜用直接法配制,可选用标定法。即先配成近似所需浓度的溶液,再用基准物质或已知准确浓度的标准溶液标定其准确浓度。

2. 配制标准溶液及酸碱互滴

盐酸和氢氧化钠是酸碱滴定中最常用的两种标准溶液。由于盐酸易挥发,氢氧化钠固体易吸收空气中的 CO_2 和水蒸气,常先配制近似的浓度,然后用基准物质标定。本实验配制 $0.1\ mol \cdot L^{-1}$ HCl 和 $0.1\ mol \cdot L^{-1}$ NaOH 溶液。用盐酸溶液滴定氢氧化钠溶液,或用氢氧化钠溶液滴定盐酸溶液,即强酸碱滴定,化学计量点时,pH=7.0。由于滴定突跃范围比较大(pH=4.30~9.70),凡是变色范围全部或部分落在突跃范围内的指示剂,如甲基橙、甲基红、酚酞、甲基红与溴甲酚绿混合指示剂,都可用来指示终点。为了练习终点指示剂变色的判断技术,采用双色指示剂甲基橙指示终点。反应式如下:

$$HCl + NaOH = H_2O + NaCl$$

三、器材与试剂

1. 仪器与材料

台秤、量筒/杯(10 mL)、试剂瓶、酸式滴定管(50 mL)、碱式滴定管(50 mL)、锥形瓶(250 mL)。

2. 试剂

浓盐酸(AR)、NaOH(s)(AR)、甲基橙指示剂($2\ g \cdot L^{-1}$)。

四、实验步骤

1. 酸碱标准溶液的配制

(1) $0.1\ mol \cdot L^{-1}$ HCl 溶液的配制

用洁净的小量筒量取市售浓盐酸 4.5 mL,倒入 500 mL 试剂瓶中,加去离子水稀释至 500 mL 左右,盖上玻璃塞,摇匀。

（2）0.1 mol·L^{-1} NaOH 溶液的配制

用洁净的小烧杯于台秤上迅速称取 2 g NaOH(s)，加去离子水 50 mL 溶解，然后转移至 500 mL 聚乙烯试剂瓶中，加水稀释至 500 mL 左右，盖上橡皮塞，摇匀。

2. NaOH 溶液与 HCl 溶液的互滴操作练习

（1）试漏

分别取碱式滴定管和酸式滴定管，装满自来水（零刻度线以上），关闭活塞，放在滴定管架上直立 2 min，观察是否漏水，酸式管还应旋转 180°，再放置 2 min 试漏。

（2）洗涤

洗涤前，反复练习排气泡操作，特别是碱式滴定管的排气泡。按前述方法洗涤滴定管，洗净后，先用去离子水润洗 2～3 次（每次多少毫升？），然后用所配制的酸碱标准溶液分别润洗相应滴定管 2～3 次，每次用量 5～10 mL（注意不要装错酸碱滴定管），然后将酸碱溶液分别装入滴定管中至"0"刻度上，分别排除管尖的气泡，调整液面（右手持，"0.00"刻度以上部分，左手控制开关）至"0.00"刻度或零点稍下处，静置 1 min 后，精确读取滴定管内液面位置，并记录在报告本上。

3. 酸碱互滴

洗净酸式滴定管，经检漏、润洗、装液、静置等操作，备用。

取 250 mL 锥形瓶，洗净后放在碱式滴定管下，由滴定管放出约 20 mL NaOH 溶液于锥形瓶中（不需读数），加入 1～2 滴甲基橙指示剂，用 HCl 滴定。边滴边摇动锥形瓶，使溶液充分反应。待滴定近终点时，用去离子水冲洗在瓶壁上的酸或碱液，再继续逐滴或半滴滴定至溶液恰好由黄色转变为橙色，即为终点。若溶液为红色，则 HCl 过量，可用 NaOH 返滴定至黄色，再用 HCl 溶液滴定至橙色，反复进行，观察终点颜色变化，练习终点的控制。最后以 HCl 溶液滴定至橙色为终点。读取并记录 NaOH 溶液和 HCl 溶液的精确体积，计算 V_{NaOH}/V_{HCl}。平行 3～4 次，计算平均结果和相对平均偏差，要求相对平均偏差不大于 0.2%。

五、数据记录与处理

把上述实验数据记录在表 2.2 中。

表 2.2　数据记录表

名　称	1	2	3
NaOH 最后读数			
NaOH 最初读数			
NaOH 体积/mL			
HCl 最后读数			
HCl 最初读数			

续表

名　称	1	2	3
HCl 体积/mL			
V_{NaOH}/V_{HCl}			
平均值			
相对平均偏差			

六、思考题

1. 使用滴定管滴定待测液前,为什么需用待测液润洗内壁? 锥形瓶需要用待测液润洗吗?

2. 每次滴定前为什么必须将滴定管读数调至"零刻度"? 其读数范围是多少?

实验五　分析天平称量练习

一、实验目的

1. 认识全自动和半自动电光天平。
2. 熟悉分析天平的使用方法。
3. 掌握差减称量法的操作。
4. 学会实验数据读取和记录。

二、实验原理

利用称出和称入同一份试样质量的比较,练习差减称量法的操作,并考察称量的准确度。

三、器材与试剂

1. 仪器与材料
台秤、半(全)自动电光分析天平、称量瓶、小烧杯、药匙。
2. 试剂
$K_2Cr_2O_7(s)$。

四、实验步骤

1. 取两只已编号的小烧杯,先在台秤上粗称后在分析天平上准确称量,记下读数,小数点后保留四位小数。

2. 取一只称量瓶,加入多于 1.0 g $K_2Cr_2O_7$,粗称后在分析天平上准确称出称量瓶＋$K_2Cr_2O_7$ 的质量,记下读数。

3. 减去 0.4 g 圈码。

4. 将称量瓶中 $K_2Cr_2O_7$ 按规范动作小心转移(切勿洒落!)至小烧杯 1 中 0.4～0.6 g(试重,直到光标向砝码方向偏移,停止转移,准确称取称量瓶＋剩余 $K_2Cr_2O_7$ 的质量)。

5. 再按上述方法将称量瓶中 $K_2Cr_2O_7$ 小心转移至小烧杯 2 中约 0.5 g,称取称量瓶＋剩余 $K_2Cr_2O_7$ 的质量。

6. 分别准确称取(小烧杯 1＋$K_2Cr_2O_7$)和(小烧杯 2＋$K_2Cr_2O_7$)的质量。

7. 验证称量瓶转移出 $K_2Cr_2O_7$ 质量与小烧杯中增加的 $K_2Cr_2O_7$ 质量相比较(绝对误差小于±0.5 mg)。

五、数据记录与处理

将上述称量结果记录在表 2.3 中。

表 2.3　实验数据记录表

名　　称	1	2
称量瓶＋试样质量/g		
称量瓶＋剩余试样质量/g		
倾出试样质量/g		
小烧杯＋试样质量/g		
小烧杯质量/g		
称出试样质量/g		
绝对误差		

对于两次测定结果,相对平均偏差:$\bar{d}_r = \dfrac{x_1 - x_2}{\bar{x}} \times 100\%$。

六、思考题

1. 称量的方法有几种?什么情况下应用递减称量法?

2. 在称量过程中,加减砝码或取放物质时,应把天平梁托起,其主要目的是什么?

3. 分析天平的灵敏度越高,称量的准确度越高,这句话对吗?

4. 递减称量法称量过程中,转移试剂过多时能否用药匙取出放回称量瓶内?

5. 在称量试重过程中,若缩微标尺往右移动说明左盘重还是右盘重?

6. 称量时应记录至小数点几位?

实验六　二氧化碳相对分子质量的测定

一、实验目的

1. 了解气体相对密度法测定二氧化碳相对分子质量的原理和方法,进一步理解理想气体状态方程式和阿伏伽德罗定律。

2. 练习启普气体发生器的使用和气体净化操作,学会气压计的用法。

3. 了解电子分析天平的用法。

二、实验原理

根据阿伏伽德罗定律,同温、同压、同体积气体的物质的量相同,所以只要在相同温度和压力下,测定相同体积的两种气体的质量,若其中一种气体的相对分子质量为已知,即可求得另一种气体的相对分子质量。

本实验是把同体积的二氧化碳气体与空气(其平均相对分子质量为 28.97)的质量相比,这时,二氧化碳的相对分子质量可根据下式计算

$$M_{CO_2} = m_{CO_2}/m_{空气} \times 28.97$$

三、器材与试剂

1. 仪器与材料

电子分析天平、启普气体发生器、台秤、洗气瓶、90°玻璃导管、锥形瓶、橡皮塞、火柴。

2. 试剂

$NaHCO_3(s)$、饱和 $NaHCO_3$、浓硫酸、块状石灰石、6 mol·L^{-1} HCL。

四、实验步骤

取一个洁净而干燥的锥形瓶,选一个合适的软木塞(或橡皮塞)塞紧瓶口,在塞子上做一记号,以标出塞子塞入瓶口的位置。在分析天平上称量充满空气的锥形瓶和塞子的质量

m_1,准确到 0.000 1 g。

从启普发生器的气体(气流速率不宜太快)经过饱和 $NaHCO_3$ 溶液、浓硫酸洗涤和干燥后,导入锥形瓶内(图 2.9)。必须把导管插入瓶底,把瓶内的空气赶尽,等 1~2 min 后,缓慢取出导管,立即用塞子塞紧瓶口(注意:塞入塞子瓶口的位置应与上次一样)。

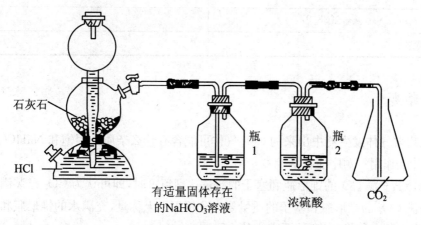

石灰石

HCl

瓶 1

瓶 2

CO_2

有适量固体存在的 $NaHCO_3$ 溶液

浓硫酸

图 2.9　二氧化碳制备装置

在分析天平上称量充满 CO_2 的锥形瓶和塞子的质量 m_2,重复通入 CO_2 气体与称量操作,直到前后两次的质量相差不超过 1 mg 为止。这时可认为瓶内的空气已完全被二氧化碳所排出(注:CO_2 气流要充足,则通气 1~2 min 即可,若气流不足,通的时间长了反而不易装满 CO_2)。

最后在瓶内装满水,塞紧塞子(注意塞子的位置要与前次一样),再在台秤上称量 m_3,称准至 0.1 g,从而求得水的质量计算出锥形瓶的容积 V。

记下实验时的室温和大气压。

五、数据记录与处理

在表 2.4 中记录并处理实验数据。

表 2.4　实验数据记录表

项目	数据
实验时的室温 T/K	
实验时的大气压 p/kPa	
充满空气的瓶和塞子质量 m_1/g	
充满 CO_2 的瓶和塞子质量 m_2/g	
充满水的瓶和塞子质量 m_3/g	
锥形瓶的容积 $V=(m_3-m_1)/1.00/mL$	

续表

项目	数据
瓶内空气质量 $m_{(空气)} = pVM_{(空气)}/RT/g$	
CO_2 气体质量 $m_{(CO_2)} = (m_2 - m_1) + m_{(空气)}$	
$M_{(CO_2)} = m_{(CO_2)}/m_{(空气)} \times 28.97$	
百分误差％	

六、思考题

1. 从启普气体发生器中出来的 CO_2 气体可能含有什么杂质？用饱和 $NaHCO_3$、浓硫酸净化各起什么作用？顺序能否颠倒？

2. 为什么充满 CO_2 的锥形瓶和塞子的质量达到恒重时，即可认为 CO_2 已装满？

3. 充满 CO_2 的锥形瓶和塞子的质量要在分析天平上称量，充满水的锥形瓶和塞子的质量则可以在台秤上称量，二者的要求为什么不同？

实验七　恒温槽装配及其性能测试

一、实验目的

1. 了解恒温槽的构造与恒温原理，初步掌握其装配和测试的基本技术。

2. 掌握 DTC-2A 型温度控制仪、HK-1A 玻璃恒温水槽的安装与使用。

二、实验原理

温度对许多物质的物理性质和化学性质有显著的影响，如物质的折光率、黏度、表面张力、化学反应的平衡常数和反应速率常数等，因此许多物理化学实验都要在恒温条件下进行。

恒温控制的原理可分两类：一类是利用物质的相平衡温度保持不变，处于相平衡的物质构成介质浴；另一类是利用电子调节系统对加热器或制冷器的工作状态进行自动调节，使被控体系处于设定的温度下。

化学实验中通常采用恒温槽对温度进行控制，恒温槽控温是利用电子调节系统，对加热器、制冷器进行自动调节。根据所控温度不同选用不同的介质：$-60 \sim 30\ ℃$ 用乙醇或乙醇水溶液;0～80 ℃用水(大于50 ℃时,常加一层石蜡防止水分蒸发);80～160 ℃用甘油或甘油水溶液;70～200 ℃用液体石蜡、硅油或汽缸润滑油。

本实验讨论的是一种常用的恒温水浴装置,如图2.10所示,主要由浴槽、加热器、搅拌器、温度计、感温元件、继电器等组成。它通过电子继电器对加热器的自动调节,来实现恒温目的。当恒温浴因热量向外扩散等原因使体系温度低于设定值时,继电器迫使加热器工作。当体系再次达到设定温度时,就自动停止加热。这样周而复始,就可

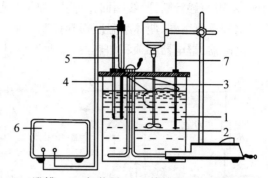

1—浴槽; 2—加热器; 3—搅拌器; 4—温度计;
5—感温元件; 6—恒温控制器; 7—贝克曼温度计

图2.10 恒温槽装置图

以使体系温度在一定范围内保持恒定。

浴槽通常采用的是玻璃材质,以便观察恒温介质的变化情况,大小和形式视需要而定。一般采用20 L的圆柱形玻璃槽。

加热器:通常采用电加热。要求体积小,导热性好,功率适当。加热器功率的选择,最好能使加热时间和停止加热时间各占一半。如20 L的水浴槽,一般采用250 W的加热器。

搅拌器:其作用是使槽体内液体介质温度均匀,减少介质的热惰性。搅拌器应与加热器、接触温度计接近,使加热的液体迅速搅拌均匀。

温度计:测量恒温浴的温度通常采用分度值为1/10 ℃的水银温度计;但测量恒温浴的灵敏度时应采用贝克曼温度计或分度值为1/100 ℃的温度计。

感温元件:它是恒温槽的感温中枢,是决定恒温程度的关键。一般采用水银接触温度计,又称导电表,构造如图2.11所示。其结构类似一般温度计。水银球9上部焊有金属丝,温度计上半部有另一金属丝,丝端6称为触针,两者通过引线接到继电器的线圈两端4、4'。温度计顶部有一磁性螺旋调节帽1,用来调节触针的高低,同时根据标铁5的位置可估读出设定温度值。当温度升高时,水银上升,升至触针时,接通继电器线圈回路,线圈产生磁场吸引继电器内加热回路中的弹簧片,使加热停止。当温度下

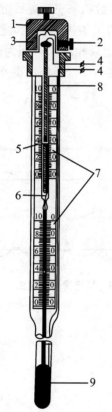

1—调节帽; 2—调节帽固定螺丝;
3—磁铁; 4—螺丝杆引出线;
4'—水银槽引出线; 5—标铁; 6—触针;
7—刻度板; 8—螺丝杆; 9—水银槽

图2.11 接触温度计的构造图

降时，水银与触针断开，线圈回路停止，弹簧片弹回接通加热回路，使加热继续，系统温度回升。这样反复工作，使体系温度得到控制。

继电器：继电器必须和加热器、接触温度计结合使用，才能起到控温作用。其工作原理如图 2.12 所示，当温度低于设定温度，Tr 断开，工作电压-Er 会通过晶体三极管使线圈 J 产生电流，从而产生磁场吸合弹簧片 K，使体系被加热；当温度等于设定温度时，Tr 会对晶体三极管短路，使 J 中无电流通过，这样弹簧片 K 就断开，停止加热，晶体二极管 D 是防止 J 产生的感应电流击穿三极管。

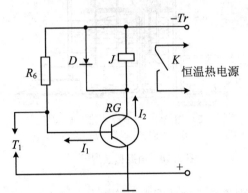

图 2.12　晶体管继电器工作示意图

衡量恒温水浴的品质好坏，可以用恒温水浴灵敏度来度量。通常以实测的最高温度与最低温度之差的一半数值来表示灵敏度。

测定恒温水浴灵敏度的方法，是在设定温度下，观察温度随时间变动情况。记录温度作为纵坐标，同时记录相应的时间为横坐标，绘制灵敏度曲线。T_S 为设定温度，波动最低温度为 T_1，最高温度为 T_2，则该恒温水浴的灵敏度为 $S = \pm \dfrac{T_2 - T_1}{2}$

良好恒温槽的灵敏度曲线应为如图 2.13(a) 的形式；图 2.13(b) 表示灵敏度稍差需要更换较灵敏的温度控制器；图 2.13(c) 表示加热器的功率太大，需更换较小功率的加热器；图 2.13(d) 表示加热器功率太小或浴槽散热太快。

除了上述的一般恒温槽，实验室中还有一种常用的超级恒温槽，其原理与上述相同，只是附有循环水泵。

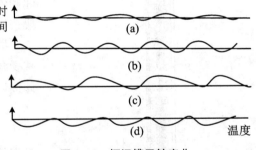

图 2.13　恒温槽灵敏度曲

三、器材和试剂

1. 仪器与材料
玻璃槽、电动搅拌器、电热管、DTC-2A 型控温仪、秒表。

2. 试剂
去离子水。

四、实验步骤

1. 在玻璃缸内加入 4/5 的去离子水,将电动搅拌器、电热管、DTC-2A 型控温仪安装连接好。经教师检查无误后接通电动搅拌器和 DTC-2A 型温度控制仪的电源开关并预热 5 min。

2. 打开电动搅拌器开关,逐步调整调速旋钮至合适位置(以不溅出水花为宜)。

3. 将 DTC-2A 型控温仪面板上的开关"测量/设定"拨至"设定"位置,调节"设定调节"旋钮至设定值(LED 显示)。再将"测量/设定"拨至"测量"位置,并将温度探头固定在相应的受控点。

4. 当加热指示灯闪烁时(测量温度小于设定值加热指示灯亮,表明加热回路在加热;当测量温度大于设定值加热指示灯灭,表明加热回路没有工作),每隔 2 min 记录一次温度,约测 60 min。

5. 将温度设定值提高 10 ℃,用同样的方法测恒温槽的灵敏度。

五、思考题

1. 根据测得的灵敏度曲线,对该恒温水浴性能进行评价。
2. 分析影响恒温水浴灵敏度的因素主要有哪些?
3. 可以采取哪些措施来提高恒温水浴的灵敏度?

实验八　硝酸钾的制备与提纯

一、实验目的

1. 观察验证盐类溶解度和温度的关系。
2. 利用物质溶解度随温度变化的差别,学习用转化法制备硝酸钾。
3. 熟悉溶解、减压抽滤操作,练习用重结晶法提纯物质。

二、实验原理

本实验是采用转化法由 $NaNO_3$ 和 KCl 来制备硝酸钾,其反应如下:

$$NaNO_3 + KCl \rightleftharpoons NaCl + KNO_3$$

该反应是可逆的,因此可以改变反应条件使反应向右进行。

表 2.5　$NaNO_3$、KCl、$NaCl$、KNO_3 在不同温度下的溶解度(g/100 g 水)

温度/℃　盐	0	10	20	30	40	60	80	100
KNO_3	13.3	20.9	31.6	45.8	63.9	110.0	169	246
KCl	27.6	31.0	34.0	37.0	40.0	45.5	51.1	56.7
$NaNO_3$	73	80	88	96	104	124	148	180
$NaCl$	35.7	35.8	36.0	36.3	36.6	37.3	38.4	39.8

三、器材与试剂

1. 仪器与材料

烧杯(50 mL、100 mL)、温度计(200 ℃)、循环水真空泵、吸滤瓶、布氏漏斗、台秤、石棉网、酒精灯、玻棒、量筒(10 mL、50 mL)、火柴、滤纸。

2. 试剂

氯化钾、硝酸钠(工业级或试剂级)、硝酸银(0.1 mol·L^{-1})。

四、实验步骤

1. 称取 11.5 g 硝酸钠和 10 g 氯化钾固体,倒入 100 mL 烧杯中,加入 20 mL 蒸馏水。

2. 将盛有原料的烧杯放在石棉网上用酒精灯加热,并不断搅拌,至杯内固体全溶,记下烧杯中液面的位置。当溶液沸腾时用温度计测溶液此时的温度,并记录。

3. 继续加热并不断搅拌溶液,当加热至杯内溶液剩下原有体积接近 2/3 时,已有氯化钠析出,趁热快速减压抽滤(冬季实验时,布氏漏斗倒扣在有沸腾水的水浴锅的孔中预热,抽滤瓶放在热水中预热,为什么?)。

4. 将滤液转移至 50 mL 烧杯中,并用 4 mL 热的蒸馏水分数次洗涤吸滤瓶,洗液转入盛滤液的烧杯中,记下此时烧杯中液面的位置。加热至滤液体积只剩原有体积的 3/4 时,冷却至室温,观察晶体状态。用减压抽滤把硝酸钾晶体尽量抽干,得到的产品为粗产品,称量。

5. 除留下 0.5 g 晶体供纯度检验外,按粗产品∶水＝2∶1(质量比)将粗产品溶于蒸馏水中,加热,搅拌,待晶体全部溶解后停止加热。待溶液冷却至室温(最好先让其自然冷却至较低温度时再用水冷,这样可得到颗粒较大的硝酸钾晶体),抽滤,称量,计算产率。

6. 分别取 0.5 g 的粗产品和重结晶得到的产品放入两个小烧杯中,各加入 20 mL 蒸馏水配成溶液,各取 1 mL 加入 100 mL 水,再取 1 mL 溶液分别滴入 0.1 mol·L^{-1} 硝酸银溶液 1~2 滴,观察现象,进行对比,重结晶后的产品溶液应为澄清。若重结晶后的产品中仍然检验出含氯离子,则产品应再次重结晶。

五、思考题

1. 何谓重结晶？本实验都涉及哪些基本操作？应注意什么？
2. 溶液沸腾后为什么温度高达 100 ℃以上？
3. 工业上为什么常选择冬季生产硝酸钾？

实验九　乙酰苯胺的纯制及其熔点的测定

一、实验目的

1. 了解重结晶提纯固态有机化合物的基本原理。
2. 学会用水重结晶纯制乙酰苯胺的方法。
3. 了解测定熔点的原理和意义，并掌握测定熔点的方法。

二、实验原理

　　重结晶是使不纯物质通过重新结晶而获得纯化的过程。固体有机物在溶剂中的溶解度一般随温度的升高而增大。把固体有机物溶解在热的溶剂中使之饱和，冷却时由于溶解度降低，有机物又重新析出晶体。利用溶剂对被提纯物质及杂质的溶解度不同，使被提纯物质从过饱和溶液中析出，让杂质全部或大部分留在溶液中，从而达到提纯的目的。

　　选择的溶剂必须符合的条件是① 溶剂不与重结晶的物质发生化学反应；② 在高温时，重结晶物质在溶剂中的溶解度较大，而低温时则较小；③ 杂质的溶解度很大或很小；④ 容易和重结晶物质分离。

　　固体化合物的熔点是极其重要的物理常数，纯净的固体有机化合物一般都有固定的熔点，所以熔点测定通常用来鉴定有机化合物的纯度和进行未知样的鉴定。熔点是固体有机化合物固液两态在大气压下达成平衡时的温度，固液两态之间的变化是非常敏锐的，自初熔至全熔（称为熔点距或熔程）温度不超过 1 ℃。加热纯有机化合物，当温度接近其熔点范围时，升温速率随时间变化约为恒定值，此时用加热时间对温度作图，如图 2.14 所示。

　　理解测定熔点的原理，可以从分析物质的蒸气压与温度的关系曲线入手。在图 2.15中，SM 表示一种物质固相的蒸气压与温度的关系，曲线 ML 表示液相的蒸气压与温度的关系。由于 SM 的变化大于 ML，两条曲线相交与 M，在交叉点 M 处，固液两相蒸气压一致，固液两相平衡共存，这时的温度（T）就是该物质的熔点。当最后一点固体溶化后，继续供热就使温度线性上升，这说明纯晶体物质具有固定和敏锐的熔点，因此在测定熔点过程中，要使熔化过程尽可能接近于两相平衡状态,当接近熔点时升温的速率不能快,必须密切注意加热情况,以每分钟上升约 1 ℃为宜。

当被测的晶体物质含有可熔性杂质时,根据 Raoult 定律,在一定压力和温度下,将导致溶液的蒸气压降低,因此所测化合物的熔点降低,熔程扩大。在图 2.15 中的 M'、L'固液两相交叉点 M'即代表含有杂质化合物达到熔点时的固液相平衡共存点,T_M'为含杂质时的熔点。

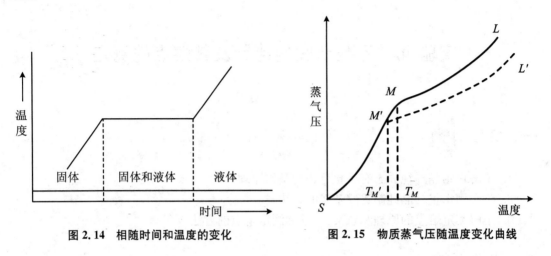

图 2.14　相随时间和温度的变化　　　　图 2.15　物质蒸气压随温度变化曲线

三、器材与试剂

1. 仪器与材料
循环水真空泵、抽滤瓶、布氏漏斗、锥形瓶、电热套、熔点管(自制)、表面皿、温度计、提勒(Thiele)管、载玻片、显微熔点测定仪。

2. 试剂
乙酰苯胺、浓硫酸等。

四、实验步骤

(一)乙酰苯胺的纯制

称取 3 g 乙酰苯胺,放在 250 mL 锥形瓶中,加入约 65 mL 纯水,加热至乙酰苯胺溶解。若不溶解,可适量添加 5 mL 热纯水,搅拌并加热至接近沸腾,使乙酰苯胺完全溶解。趁热减压过滤除去固体杂质(注意:① 布氏漏斗和抽滤瓶要预先预热,抽滤时抽滤瓶在恒温水槽中保温;② 减压抽滤时,先连接好抽滤装置,打开循环水真空泵开关,结束时,先解除压力,再关开关),滤液趁热转入锥形瓶,充分冷却后,有乙酰苯胺析出,减压抽滤,抽干后,放烘箱干燥充分,称重,计算回收率。测熔点。

用水进行重结晶时,往往会出现油珠,这是因为当温度高于 83 ℃时,未溶于水的但已熔化的乙酰苯胺形成另一液相所致,这时只要加入少量水或继续加热,此种现象即可消失。

乙酰苯胺在 100 mL 水中的溶解度是:20 ℃,0.46 g;25 ℃,0.56 g;50 ℃,0.84 g;80 ℃,3.45 g;100 ℃,5.50 g。

(二)乙酰苯胺熔点的测定

1. 毛细管法测定熔点

(1)测定熔点的装置,如图 2.16 所示。

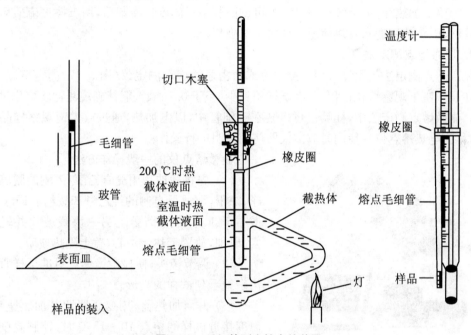

图 2.16　毛细管测定熔点的装置

(2)试样的填装。

将少许样品(乙酰苯胺)放于干净表面皿上,用玻璃棒将其研细并集成一堆。把毛细管开口一端垂直插入堆集的样品中,使一些样品进入管内,然后,把该毛细管垂直桌面轻轻上下振动,使样品进入管底,再用力在桌面上下振动,尽量使样品装得紧密。或将装有样品、管口向上的毛细管,放入长 50~60 cm 垂直桌面的玻璃管中,管下可垫一表面皿,使之从高处落于表面皿上,如此反复几次后,可把样品装实,样品高度 2~3 mm。熔点管外的样品粉末要擦干净以免污染热浴液体。装入的样品一定要研细、夯实,否则影响测定结果。

(3)熔点测定的方法。

按图 2.16 搭好装置,放入加热液(浓硫酸),用温度计水银球蘸取少量加热液,小心地将熔点管黏附于水银球壁上,或剪取一小段橡皮圈套在温度计和熔点管的上部。将黏附有熔点管的温度计小心地插入加热浴中,以小火在图示部位加热。开始时升温速率可以快些,当

107

传热液温度距离该化合物熔点 10～15 ℃时,调整火焰使每分钟上升 1～2 ℃,愈接近熔点,升温速率应愈缓慢,每分钟 0.2～0.3 ℃。为了保证有充分时间让热量由管外传至毛细管内使固体熔化,升温速率是准确测定熔点的关键;另一方面,观察者不可能同时观察温度计所示读数和试样的变化情况,只有缓慢加热才可使此项误差减小。记下试样开始塌落并有液相产生时(初熔)和固体完全消失时(全熔)的温度读数,即为该化合物的熔点距。要注意在加热过程中试样是否有萎缩、变色、发泡、升华、碳化等现象,均应如实记录。

测定熔点至少要有两次的重复数据。每一次测定必须用新的熔点管另装试样,不得将已测过熔点的熔点管冷却,使其中试样固化后再做第二次测定。因为有时某些化合物部分分解,有些经加热会转变为具有不同熔点的其他结晶形式。

一定要等加热液(浓硫酸)冷却后,方可倒回瓶中。温度计冷却后,用纸擦去硫酸后方可用水冲洗,以免硫酸遇水发热使温度计水银球破裂。

2. 显微熔点测定法

显微熔点测定法是用显微熔点测定仪或精密显微熔点测定仪(图 2.17)测定熔点,其实质是在显微镜下观察熔化过程,具有试样用量少(小于 0.1 mg)、能精确观测物质熔化过程等优点。显微熔点测定法中,样品也可以装在毛细管中,以电加热,通过放大镜观察样品熔融情况,称为电热熔点仪。使用时应按仪器使用说明进行操作。

显微熔点仪的一般操作方法:

(1) 先将载玻片用蘸有乙醇/丙酮的脱脂棉擦净、晾干,取适量自制的纯乙酰苯胺约0.1 mg 均匀散布于载玻片中部,盖上另一块载玻片并轻轻压实、研细,放置于热台中心,盖上隔热玻璃。

(2) 调节镜头,使显微镜焦点对准试样直至能清晰地看到试样的晶形。

(3) 开启加热器,用变压器调节加热速率,当温度接近试样的熔点 10～15 ℃时,控制温度上升的速率为每分钟 1～2 ℃。

图 2.17　显微熔点测定仪

(4) 当试样的结晶棱角开始变圆,有液滴出现是熔化的开始(初熔),结晶形状完全消失是熔化的完成(全熔),记下初熔和全熔的温度。此过程也可能会相伴产生其他现象,如晶形改变、变色等,不要误认为是初熔。

(5) 测定熔点后,停止加热,稍冷,用镊子取下载玻片,把散热器放在热台上,加快冷却,然后清洗载玻片,以备再用。

(6) 再进行测定时,待温度下降到熔点以下约 30 ℃时,取下金属散热板,换上另两片夹有试样的载玻片进行测定,共测三次,并记录。

(7) 全部测定结束,切断电源,将载玻片上的样品洗净,放到指定的位置,将仪器收拾妥当,填写使用记录。

五、思考题

1. 选择重结晶的溶剂需要符合什么条件?
2. 若样品研磨的不够细,所测有机物的熔点数据是否可靠?
3. 加热的快慢为什么会影响熔点测定的准确性? 在什么情况下可以快一些,而在什么情况下加热则要慢一些?
4. 可以使用第一次测定时已经熔化了的试样再做第二次测定吗? 为什么?

实验十　折射率和旋光度的测定

一、实验目的

1. 掌握有机化合物折射率测定的方法。
2. 掌握旋光性化合物旋光度的测定方法,学习比旋光度的计算。

二、实验原理

(一) 折射率

折射率又称为折光率,是物质的特性常数。固体、液体和气体都有折射率,尤其是液体化合物,记载更为普遍。对于液体有机化合物,折射率是重要的物理常数之一,是鉴定有机化合物纯度的标准之一,也是鉴定未知化合物的依据之一。

由于光在不同介质中的传播速率是不同的,所以光线从一个介质(A)进入另一个介质(B)时在界面上发生折射,即传播方向发生改变,这就是光的折射现象,如图 2.18 所示。

光线在空气中的速率($v_空$)与它在液体中的速率($v_液$)之比定义为该液体的折射率(n)

$$n = \frac{v_空}{v_液}$$

根据折射定律,波长一定的单色光,在确定的外界条件下,从一个介质进入另一个介质时,入射角 α 的正

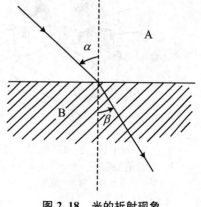

图 2.18　光的折射现象

弦与折射角 β 的正弦之比和这两个介质的折射率成反比,若介质为真空,则其折射率为 1,于是

$$n = \frac{\sin \alpha}{\sin \beta}$$

由此可见,一个介质的折射率,就是光线从真空进入这个介质时的入射角的正弦与折射角的正弦之比,这种折射率称为该介质的绝对折射率。空气的绝对折射率是 1.000 29,通常以空气作为标准。

某一物质的折射率随入射光线的波长、测定的温度、被测物质的结构等因素而变化,因此折射率的表示需要注明光线的波长 λ,测定的温度 t,常表示为 n_D^t,(D 表示以钠光灯的 D 线为光源,波长为 589.3 Å),通常温度升高 1 ℃,液态化合物的折射率降低($3.5 \times 10^{-4} \sim 5.5 \times 10^{-4}$)。手册和教材中化合物的折射率是在钠光线 20 ℃下测定的值。为了准确起见,一般折射仪应配有恒温装置,也可以通过下式换算

$$n = n_D^t + 0.000\ 45(t - 20)$$

用于测定液体化合物折射率的常用仪器是 Abbe(阿贝)折射仪,折射仪虽然是用自然光为光源,但用棱镜系统加以补偿,实际测得的仍为钠光 D 线的折射率。

1. Abbe 折射仪的构造

Abbe 折射仪的构造如图 2.19 所示,其主要组成部分是两块直角棱镜,上面一块是光滑的,下面的表面是磨砂的,可以开启。左面有一个镜筒和刻度盘,上面刻有 1.300 0~1.700 0 的格子;右面也有一个镜筒,是望远镜,用来观察折射情况,镜内装有消色散镜。光线由反射镜反射入下面的棱镜,以不同入射角射入两个棱镜之间的液层,然后再射到上面的棱镜的光滑的表面上,由于它的折射率很高,一部分光线可以再经折射进入空气而达到测量望远镜,

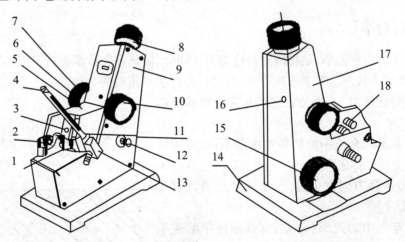

1—反射镜; 2—转轴; 3—遮光板; 4—温度计; 5—进光棱镜; 6—色散调节手轮;
7—色散值刻度圈; 8—目镜; 9—盖板; 10—手轮; 11—折射棱镜座; 12—照明刻度盘聚光镜;
13—温度计座; 14—底座; 15—刻度调节手轮; 16—小孔; 17—壳体; 18—恒温器接头

图 2.19　阿贝折光仪(单镜筒)

另一部分光线则发生全反射。调节螺旋以使测量望远镜中的视野如图 2.20 所示,即使明暗面的界线恰好落在"十"字交叉点上,从读数镜中读出折射率,记下读数。

2. Abbe 折射仪的校正

从仪器盒中取出仪器,置于清洁干净的台面上,装上温度计,并与超级恒温水浴相连,通入恒温水,恒温 20 ℃或 25 ℃。打开棱镜,滴入 1～2 滴丙酮于镜面上,合上棱镜促使难挥发的污物溢走,再打开棱镜,用丝巾或镜头纸轻轻擦拭镜面。

(1) 用重蒸馏水校正

打开棱镜,滴 1～2 滴重蒸馏水于镜面上,关紧棱镜,转动棱镜(刻度盘),使读数等于重蒸馏水的折射率($n_D^{20}=1.332\ 99$,$n_D^{25}=$ $1.332\ 5$),调节目镜中的视野为明暗面的界线正好与"十"字交叉点重合,若不重合,用特制的螺丝刀调整,使之重合,校正工作结束。

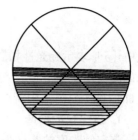

图 2.20　阿贝折光仪在临界角时目镜视野图

(2) 用标准折射玻璃块校正

将棱镜打开使成水平,用少许 1-溴代萘($n=1.66$)置于光滑的棱镜上,玻璃块就黏附于镜面上,使玻璃块直接对准反射镜,然后按上述操作进行即可。

3. Abbe 折射仪的维护

(1) Abbe 折射仪在使用前后,棱镜均需用丙酮或乙醚擦洗,并用丝巾或镜头纸擦净、干燥。

(2) 用完后,要放尽金属套中的恒温水,拆下温度计并放在纸套筒中,擦净仪器放入有干燥剂的箱内,箱子应放在干燥的空气流通的室内。

(3) 使用 Abbe 折射仪最重要的是保护好一对棱镜,不能用滴管或其他硬物碰及镜面,严禁腐蚀性液体、强酸、强碱和氟化物等的使用。

(4) 折射仪不能放在日光直射或靠近热源的地方,以免样品迅速蒸发。仪器应避免强烈振动或撞击,以防光学零件损伤及影响精度。

4. 折射率的读取

Abbe 折射仪所测折射率的范围在 1.300 0～1.700 0。如果在目镜中看不到半明半暗,而是畸形的,这是因为棱镜间未充满液体;若出现弧形光环,则可能是有光线未经过棱镜面而直接照射在聚光透镜上;若液体折射率不在 1.300 0～1.700 0 范围内,则 Abbe 折射仪不能测定,也调不到明暗面界线。

(二) 旋光度

某些有机物是手性分子,能使偏振光的振动平面旋转一定的角度,这个角度称为旋光度,具有这种性质的物质叫做光学活性物质(或旋光性物质)。使偏振光转动平面向左旋转的为左旋物质或左旋体;使偏振光转动平面向右旋转的为右旋物质或右旋体。

物质的旋光度随测定时溶液的质量浓度、温度、旋光管长度、所用光源的波长及溶剂等而改变。因此通常用比旋光度$[\alpha]_\lambda^t$ 来表示各物质的旋光性,比旋光度是物质的特性常数之

一,测定旋光度可以鉴定旋光性物质的纯度和含量

$$纯液体的比旋光度[\alpha]_\lambda^t = \frac{\alpha}{1 \times \rho}$$

$$溶液的比旋光度[\alpha]_\lambda^t = \frac{\alpha}{1 \times \rho_{样品}} \times 100$$

式中,$[\alpha]_\lambda^t$ 表示旋光性物质在 t ℃、光源的波长为 λ 时的比旋光度;t 为测定时的温度;λ 为光源的波长;α 为旋光度;ρ 为纯液体的密度;l 为旋光管的长度(单位 dm);$\rho_{样品}$ 为样品的质量浓度(即 100 mL 溶液中所含样品的质量,单位 g·mL^{-1})。

1. 旋光仪的构造

测定旋光度的器材叫旋光仪,常用的旋光仪为直接目测的旋光仪,如图 2.21 为旋光仪的外形图,图 2.22 是旋光仪的结构示意图。

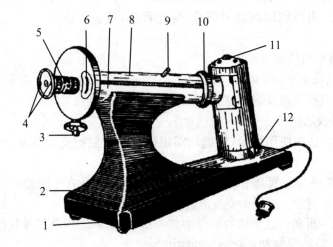

1—底座; 2—电源开关; 3—刻度盘转动手轮; 4—放大镜座;
5—视度调节螺旋; 6—度盘游标; 7—镜筒; 8—镜筒盖;
9—镜盖手柄; 10—镜盖连接圈; 11—灯罩; 12—灯座

图 2.21 旋光仪的外形图

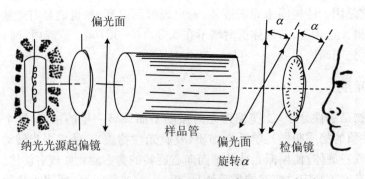

图 2.22 旋光仪结构示意图

光线从光源(单色光源,一般为钠光灯)经过起偏镜,再经过盛有旋光性物质的旋光管时,因为物质的旋光性致使偏振光不能通过第二个棱镜,必须转动检偏镜,才能通过。因此,要调节检偏镜进行配光,由标尺盘上转动的角度,可以指示出检偏镜的转动角度,即为该物质在此浓度时的旋光度。

2. 旋光仪零点的校正

在测定样品前,需要先校正旋光仪的零点。在旋光管中不放样品管,或放进充满蒸馏水的样品管,罩上盖子,开启钠光灯,将标尺盘调至零点左右,旋转粗动、微动手轮,使三分视界内Ⅰ和Ⅱ部分的亮度均匀一致,如图 2.23(a)所示,记下读数,重复操作五次,取平均值,这就是零点,在测量读数中应加上或减去这一数值。

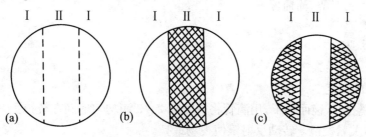

图 2.23   三分视界式旋光仪中旋光的观察

为了准确判断旋光度的大小,通常在视野中分出三分视界,如图 2.23 所示。当检偏镜的偏振面与通过棱镜的光的偏振面平行时,通过目镜可以看到图 2.23(c);当检偏镜的偏振面与起偏镜的偏振面平行时,可以看到图 2.23(b);只有当检偏镜的偏振面处于 $1/2\varphi$(半暗角)的角度时,可以看到图 2.23(a),这一位置作为零度。

3. 旋光度的读取

对于观察者来说,偏振面顺时针的旋转为向右,这样测得的是右旋,即($+\alpha$);偏振面逆时针的旋转为向左,这样测得的是左旋,即($-\alpha$)。注意,此时的 α 代表了 $\alpha \pm n \times 180°$ 的所有值,因为偏振面在旋光仪中旋转 α 度后,它所在的平面和从这个角度向左或向右旋转 n 个 180° 后所在平面完全重合,所以观察值为 α,实际角度可以是 $\alpha \pm n \times 180°$。如读数为 $+38°$,实际读数可以为 $+218°$、$+398°$ 或 $-142°$ 等。因此,在测定一个未知物时,至少要做改变浓度或样品管长度的测定。如果观察值为 $+38°$,在稀释 5 倍后,读数为 $+7.6°$,则此未知物的 α 应为 $7.6 \times 5 = 38°$。

旋光仪的读数方法:旋光仪的读数系统包括刻度盘及放大镜。仪器采用双游标读数,以消除刻度盘偏心差。刻度盘和检偏镜连在一起,由调节手轮控制,一起转动。检偏镜旋转的角度可以在刻度盘上读出。刻度盘为 360 格,每格为 1°,游标分 20 格,等于刻度盘 19 格,用游标读数数可读到 0.05°,如图 2.24 所示的读数为右旋

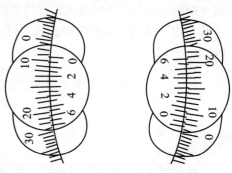

图 2.24   旋光仪刻度盘读数

$9.30°$。

实验室也有用自动数显旋光仪,该仪器采用光电检测器及晶体管自动显示装置,灵敏度高,对目测旋光仪难于分析的低旋光度样品也可以测定。

三、器材与试剂

1. 仪器与材料

Abbe 折射仪、超级恒温水浴、目测旋光仪、自动数显旋光仪等。

2. 试剂

乙醇、丙酮、乙二醇、葡萄糖等。

四、实验步骤

1. 折射率的测定

(1) 将棱镜打开,镜面擦干,用滴管将待测液 2～3 滴均匀地滴在棱镜上,要求液体无气泡并充满视场,关紧棱镜。转动反射镜使视场最亮。

(2) 转动棱镜(刻度盘),在目镜中观察到明暗面的界线或彩色光带,转动消色调节器,直至看到一个明晰的分界线。

(3) 再转动棱镜,使目镜中明暗面界线正好与"十"字交叉点重合,读取折射率。每个样品重复 2～3 次。

(4) 记录在温度 t 时测定的折射率,换算成 20 ℃时的折射率。

2. 旋光度的测定

(1) 准确称取 2.5 g 样品(如葡萄糖),放在 10 mL 的容量瓶中配成溶液。

(2) 选取长度适宜的样品管,用样品溶液清洗 2 次,再充满样品溶液,旋上螺帽至不漏水(螺帽不宜旋得过紧,否则会使玻璃片产生应力,影响读数),将样品管擦净,放进旋光管。

(3) 转动粗动、微动手轮,使三分视界内Ⅰ和Ⅱ部分的亮度均匀一致,从刻度盘上进行读数,此时的读数与零点的差值即该物质的旋光度。重复测量三次,取平均值。

(4) 测得旋光度后,根据溶液比旋光度的公式计算样品的比旋光度,然后再求得样品的光学纯度。

$$光学纯度 = \frac{样品的比旋光度}{纯物质的比旋光度} \times 100$$

五、思考题

1. 在使用 Abbe 折射仪及折射率测定时应注意哪些问题?

2. 在旋光度测定时应注意哪些问题?

实验十一　蒸馏及沸点的测定

一、实验目的

1. 了解测定沸点的原理和意义。
2. 学会并掌握常量法(即蒸馏法)测定沸点的方法。

二、器材与试剂

1. 仪器与材料
圆底烧瓶、蒸馏头、冷凝管、锥形瓶、尾接管、温度计、电热套等。
2. 试剂
无水乙醇。

三、实验步骤

1. 蒸馏装置的安装
实验室的蒸馏装置主要包括下列三个部分：
(1) 蒸馏瓶。圆底烧瓶和蒸馏头组成蒸馏烧瓶。液体在瓶内受热汽化,蒸气经蒸馏头支管进入冷凝管。
(2) 冷凝管。蒸气在冷凝管中冷凝成为液体。
(3) 接受器。常由尾接管和锥形瓶或圆底烧瓶组成,应与外界大气相通。

调整温度计的位置务使在蒸馏时水银球完全被蒸气所包围,才能正确地测得蒸气的温度。通常是使水银球的上缘恰好位于蒸馏烧瓶支管接口的下缘,使它们在同一水平线上。

按蒸馏装置图 1.72、图 1.73 安装仪器,其顺序一般是：自下而上,从左到右。整个装置要准确端正,横平竖直。无论从正面或侧面观察,全套仪器的轴线都要在同一平面内,铁架台都应整齐地放在仪器的背后。各个铁夹不要夹得太紧也不要太松,以免弄坏仪器。整套装置必须与大气相通,不能装成密闭装置,否则加热后会造成爆炸事故。

2. 蒸馏操作
(1) 加料。在圆底烧瓶中,加入蒸馏的液体(15 mL 无水乙醇)和几粒止暴剂(沸石),然后在蒸馏烧瓶口塞上带有温度计的塞子,再仔细检查一遍装置是否正确,各仪器之间的连接是否紧密,有没有漏气。
(2) 加热。加热前,先向冷凝管缓缓通入冷水,把上口流出的水引入水槽中。接着用电热套加热,注意调节电压,控制升温,以免蒸馏烧瓶因局部受热而破裂,慢慢升温,使之沸腾。进行蒸馏时调整电热套的电压,使馏出液速率以 1～2 滴/s 自接液尾接管滴下为宜。在蒸馏过程中,应使温度计水银球被冷凝的液滴润湿,此时温度计的读数就是所蒸馏液体的沸点。收集所需温度范围的馏出液。准备两个接收容器,因为在达到所需蒸出液体的沸点以前,常常会有一些沸点较低的液体先蒸出,这部分馏液称为"前馏分"。随着前馏分的蒸出,温度逐渐上升并趋于稳定,这时蒸出的就是较纯的物质,应立即更换一个洁净、干燥并已经称重的接收器,记下这部分液体开始馏出时和收集到最后一滴时得温度读数,即是该馏分的沸程(沸点范围)。

如果维持原来的加热程度,不再有馏出液蒸出而温度又突然下降时,就应停止蒸馏,即使杂质量很少,也不能蒸干。否则,可能会发生事故。

蒸馏完毕,先停止加热,后停止通水,拆卸仪器,其程序与装配时相反,即按次序取下接受器、尾液管、冷凝管和蒸馏烧瓶。

四、思考题

1. 蒸馏时加入沸石的作用是什么? 如果蒸馏前忘记加沸石,能否立即将沸石加至将近沸腾的液体中? 当重新蒸馏时,用过的沸石能否继续使用?
2. 为什么蒸馏时最好控制馏出液的速率为每秒 1～2 滴为宜?
3. 如果液体具有恒定的沸点,能否认为它是纯物质?

实验十二　分　　馏

一、实验目的

1. 了解分馏的原理和意义、分馏柱的种类和选用。
2. 掌握分馏操作方法。

二、器材与试剂

1. 仪器与材料
分馏柱、圆底烧瓶、蒸馏头、冷凝管、温度计、锥形瓶、电热套等。

2. 试剂
丙酮。

三、实验步骤

1. 丙酮-水混合物分馏

按简单分馏装置图 1.85(a)安装器材,并准备三个锥形瓶或小试管为接受器,分别注明 A、B、C,在 50 mL 圆底烧瓶内放置 10 mL 丙酮、10 mL 水及沸石开始缓慢加热,并尽可能精确地控制温度,使馏出液以 1～2 滴/s 的速率蒸出。

将初馏出液收集于锥形瓶 A,注意并记录柱顶温度及接收器的馏出液总体积。温度达 62 ℃换锥形瓶 B 接收,98 ℃用锥形瓶 C 接收,至蒸馏烧瓶中残馏液为 1～2 mL 时停止加热。记录三个馏分的体积(A:56～62 ℃;B:62～98 ℃;C:98～100 ℃),待分馏柱内液体流到烧瓶时测量并记录残馏液体积,以柱顶温度为纵坐标,馏出液体积为横坐标,将实验结果绘成温度-体积曲线,讨论分离效率。

2. 丙酮-水混合物蒸馏

为了比较蒸馏和分馏的分离效果,可将丙酮和水各 10 mL 的混合液放置 50 mL 圆底烧瓶中,重复步骤 1 的操作,按 1 中规定的温度范围收集 A′、B′、C′各馏分,在 1 所用的同一张纸上作温度-体积曲线。这样蒸馏和分馏所得到的曲线显示在同一图表上,便于对它们所得结果进行比较。图 2.25 中 a 为普通蒸馏曲线,可看出无论是丙酮还是水,都不能以纯净状态分离;b 为分馏曲线,可以看出分馏柱的作用,曲线转折点为丙酮和水的分离点,基本可将丙酮分离出。

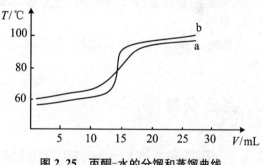

图 2.25　丙酮-水的分馏和蒸馏曲线

四、思考题

1. 分馏和蒸馏在原理及装置上有哪些异同? 如果是两种沸点很接近的液体组成的混合物能否用分馏来提纯呢?

2. 若加热太快,馏出液速率>1～2 滴/s,分馏分离两种液体的能力会显著下降,为什么?

3. 用分馏柱提纯液体时,为了取得较好的分离效果,为什么分馏柱必须保持回流液?

4. 在分离两种沸点相近的液体时,为什么装有填料的分馏柱比不装填料的效率高?

5. 什么叫共沸物? 为什么不能用分馏法分离共沸混合物?

6. 在分馏时通常用水浴或油浴加热,它比直接用火加热有什么优点?

实验十三　萃取及绿色植物叶绿素的提取

一、实验目的

1. 学习萃取法的基本原理和方法。
2. 掌握分液漏斗的使用方法。
3. 学习绿色植物叶色素的提取方法。

二、器材与试剂

1. 仪器与材料

分液漏斗、移液管、碱式滴定管、锥形瓶、研钵、绿色草叶等。

2. 试剂

冰醋酸、乙醚、酚酞、氢氧化钠、丙酮、石油醚（规格为 60～90 ℃）、无水硫酸钠、氯化钠等。

三、实验步骤

（一）用乙醚从醋酸水溶液中萃取醋酸

1. 一次萃取法

用移液管准确量取 5 mL 冰醋酸与水的混合液（冰醋酸与水以 1∶19 的体积比相混合），放入分漏斗中，用 15 mL 乙醚萃取。注意近旁不能有明火，以防引起火灾。加入乙醚后振摇。每隔几秒钟将漏斗倾斜（下端朝上），小心打开活塞，以平衡内外压力，重复操作 2～3 次，然后再用力振摇相当的时间，使乙醚与醋酸水溶液两不相溶的液体充分接触，提高萃取效率，振摇时间太短则影响萃取效率。

用铁架台固定好铁圈。将分液漏斗置于铁圈中，当溶液分成两层后，打开上口玻璃塞，小心旋开活塞，放下层水溶液于 50 mL 锥形瓶内，加入 2 滴酚酞水溶液作指示剂，用 0.2 mol·L^{-1} 标准氢氧化钠溶液滴定，记录用去氢氧化钠的体积 V_1。

2. 多次萃取法

准确量取 5 mL 冰醋酸与水的混合液于分液漏斗中，用 15 mL 乙醚分三次（每次用 5 mL）如上方法萃取，分去乙醚溶液，将水溶液再用乙醚萃取，分出乙醚溶液后，将第三次剩余的水溶液再用乙醚萃取。最后将用乙醚第三次萃取后的水溶液放入 50 mL 锥形瓶内，用

$0.2\,mol\cdot L^{-1}$标准氢氧化钠溶液滴定,记录用去氢氧化钠溶液的体积$V_{多}$。

比较上述两种不同萃取法所耗用的氢氧化钠溶液体积,计算萃取效率,可得出什么结论?

(二)绿色植物叶色素的提取

称取 2.5 g 绿色草叶,切碎,置于研钵中,加 15 mL 丙酮一起捣烂。过滤除去滤渣,滤液移至分液漏斗,加 10 mL 石油醚,为了防止乳状液的形成,可加入适当(5~10 mL)的饱和氯化钠溶液一起振摇、静置,分出水层后,用 20 mL 水洗涤绿色的溶液两次,然后分出有机层,用 0.5 g 无水硫酸钠干燥,得绿色植物叶色素提取液。

四、注意事项

1. 在使用分液漏斗前必须仔细检查。玻璃塞和活塞是否紧密配套;分液漏斗的玻璃塞和活塞有没有用棉线绑住。如有漏水现象,脱下活塞,用纸或干布擦净活塞孔道的内壁,用玻璃棒蘸涂少量凡士林,再插上活塞,逆时针旋转至透明时,即可使用。但不能把活塞上附有凡士林的分液漏斗放在烘箱内烘干。

2. 将漏斗放于固定在铁架上的铁圈中,关好活塞,将要萃取的水溶液和萃取剂依次从上口倒入漏斗中,分液漏斗中全部液体的总体积不得超过其容量得 3/4,塞紧塞子。

3. 待两层液体完全分开后,将分液漏斗置于铁圈中,进行分液。不能用手拿着分液漏斗的下端进行分液。上口玻璃塞打开后才能开启活塞,上层物从上口放出,下层物从下口放出。

4. 每次萃取要搞清楚上下层的意义;分液时一定要尽可能分离干净。有时在两相间可能出现一些絮状物,也应同时放去。

5. 分液漏斗使用后,应用水冲洗干净,玻璃塞和活塞用薄纸包裹后塞回去。

6. 乙醚是常用的萃取剂,但其最大的缺点是容易着火。用乙醚萃取时,应特别注意周围不要有明火。

7. 振荡时,用力要小、时间短、多摇多放气,否则,漏斗中蒸气压力大,液体会冲出造成事故。

8. 本实验可选择菠菜叶色素的提取,因地理环境、季节的差别,也可选用各种绿色菜叶或草本绿色植物的叶片。

9. 捣烂叶子的时间不宜过长,为 5~10 min,如丙酮挥发,可适量补加。

五、思考题

1. 影响萃取效率的因素有哪些? 如何选择萃取的溶剂?

2. 使用分液漏斗时要注意哪些事项?

3. 乙醚作为一种常用的萃取剂,其优缺点是什么?

4. 萃取和洗涤有何区别和联系？

5. 为了提高萃取效率,用同量的萃取剂一次萃取好,还是多次萃取好？

实验十四　薄　层　色　谱

一、实验目的

1. 学习薄层色谱的基本原理及应用。

2. 掌握倾注法制板与薄层色谱的实验操作。

二、器材与试剂

1. 仪器与材料

广口瓶或层析缸、载玻片、电热干燥箱、干燥器等。

2. 试剂

硅胶 GF_{254}、偶氮苯、苏丹黄、苏丹红、对羟基偶氮苯、邻硝基苯胺、对硝基苯胺、四氯化碳、羧甲基纤维素钠(CMC)、石油醚(规格为 60～90 ℃)、丙酮等。

三、实验步骤

1. 薄层色谱硅胶板的制备

薄层板制备的好坏是实验成败的关键,薄层应尽可能牢固、均匀,薄层厚度以 0.25～1 mm 为宜。铺板方法有平铺法和倾注法两种,本实验采用倾注法。

取 2.54 cm×7.62 cm 的载玻片 20 片,洗净后晾干用于制作薄层色谱硅胶板。

在 100 mL 烧杯中,放置 7.6 g 硅胶 GF_{254},逐渐加入 0.6% 羧甲基纤维素钠(CMC)水溶液 22 mL,用玻璃棒充分搅拌,调成均匀且没有空气泡的糊状。取洁净、晾干的载玻片,用一小药勺取糊状硅胶倾注在载玻片上。用食指和拇指拿住载玻片两端,前后左右轻轻摇晃,或用手指敲击未涂硅胶的一面,使流动的糊状硅胶均匀地铺在载玻片上,且表面光洁、平整,无气泡,把铺好的薄板室温水平放置晾干。使用前再放入烘箱内加热活化,调节电热干燥箱,缓慢升温至 110 ℃,保持恒温半小时,稍冷取出放在干燥器中备用。

2. 偶氮苯、苏丹黄和苏丹红的薄层色谱

取上述制好的薄层色谱硅胶板 1 片,在其下端离边沿 1 cm 处用软铅笔轻轻画一点样线,在上端 0.5～1 cm 处画一横线作为展开终点。用干燥的毛细管吸入样品,在点样线上,距左边 1/4、1/2、3/4 处分别垂直轻轻点 1% 的偶氮苯、1% 苏丹黄和 1% 苏丹红的四氯化碳

三个样点(样点的颜色较浅时,可重复点样)。

等样点晾干后,小心放入盛有约 0.5 cm 高的无水四氯化碳的广口瓶或层析缸中,盖好缸盖,四氯化碳作为展开剂从下往上移动,展开剂前沿升至上端展开终点处时取出,用铅笔在展开剂上升的前沿处画一记号。测量计算各色斑的 R_f 值。

3. 偶氮苯、对羟基偶氮苯混合物的分离

取一个制好的薄层色谱硅胶板,按上述方法点三个样(偶氮苯、对羟基偶氮苯及其混合样)。

展开剂:石油醚：丙酮体积比为 9∶2。

展开方式:置于广口瓶中上行展开。

显色:样品本身为有色物质,可直接观察,量出 R_f 值。

4. 邻硝基苯胺和对硝基苯胺混合物的分离

取一个制好的薄层色谱硅胶板,按上述方法点三个样(邻硝基苯胺、对硝基苯胺及其混合样)。

展开剂:石油醚：丙酮体积比为 9∶2。

展开方式:置于广口瓶中上行展开。

显色:样品本身为有色物质,可直接观察,量出 R_f 值。

四 、注意事项

1. 0.6％羧甲基纤维素钠(CMC)水溶液的配制方法:称取 6 g 羧甲基纤维素钠于 2 000 mL 烧杯中,加入 1 000 mL 蒸馏水,在搅拌下加热使其溶解均匀。冷却,静置数天,使不溶的羧甲基纤维素钠沉淀,小心倾出上层清液备用。

2. 点样位置应距离边缘 6 mm 以上,以免由于边缘效应而影响物质的分离效果,薄层板最好只点两个样,最多点三个样。同时注意在点样时避免把薄层穿孔,因此毛细管口一定要整齐。若薄层被毛细管穿孔,则展开后斑点的形状不正常。

3. 通常将样品溶于某种挥发性溶剂(如丙酮、甲醇、乙醚、乙酸乙酯、氯仿等)中,样品的用量对物质的分离效果有很大的影响,而所需样品的量与显色剂的灵敏度、吸附剂的种类和薄层的厚度均有关系。因此样品液的浓度要适宜,浓度太高易引起斑点太大或拖尾,浓度太低则引起斑点太大而不清楚,难以观察。通常用1％浓度的样品溶液点样为宜。

4. 点样时,点与点之间相距 1 cm 左右、斑点大小以直径 2 mm 为宜。

5. 展开剂液面一定要在点样线以下,不能超过点样线。

6. 取出薄层板后要立即在展开剂前沿划上记号,如不注意,等展开剂挥发后就无法确定展开剂上升的高度;也可先画出前沿,待展开剂到达时立即取出。晾干时溶剂仍可扩散一段距离,计算 R_f 值时不计算在内,所以晾干时一定要水平放置,防止出现这种情况。

7. 若层析样品为无色物质,在晾干后,要进行显色。常用的显色方法有:① 紫外灯显色。如果样品本身是发荧光的物质,可以把展开后的薄层板放在紫外灯下,在暗处可观察到这些荧光物质的亮点;如果样品本身不发荧光,可在制板时,在吸附剂中加入适量的荧光指示剂,或在制好的板上喷荧光指示剂,或用含荧光物质的层析用硅胶,如硅胶 HF_{254},待薄层板展开干燥后放于紫外灯下观察,可呈现颜色斑点。② 碘薰显色。将经展开并干燥后的薄层板,放入已加有碘晶体的干燥广口瓶内,盖上瓶盖,直到暗棕色的斑点足够明显时取出,立即用铅笔画出斑点的位置。由于碘易升华,薄层板在空气中放置一段时间,斑点即消失。此外,还可采用喷洒显色剂显色,如三氯化铁可以用于各种酚类化合物的显色,将三氯化铁水溶液喷洒到干燥的薄层板表面,酚类化合物可以显出特征颜色。

五、思考题

1. 制备薄层板时需要注意什么?
2. 点样时,样品浓度太高或太低有何影响?
3. 不同的吸附剂展开同样的样品混合物,样品展开顺序是否一致? 为什么?

实验十五　粗食盐的提纯

一、实验目的

1. 学习溶解、加热、过滤、蒸发、结晶、干燥等无机制备中的基本操作。
2. 提纯粗食盐。

二、实验原理

粗食盐中含有不溶性杂质(如尘、沙等)和可溶性杂质(主要是 Ca^{2+}、Mg^{2+}、K^+、SO_4^{2-}),不溶性杂质可用溶解和过滤的方法除去,可溶性杂质 SO_4^{2-}、Mg^{2+}、Ca^{2+} 可用下列反应除去:

SO_4^{2-}:加入 $BaCl_2$

$$Ba^{2+} + SO_4^{2-} = BaSO_4 \downarrow (白)$$

Mg^{2+}、Ca^{2+}:加入 $NaOH$ 与 Na_2CO_3

$$Mg^{2+} + 2OH^- = Mg(OH)_2 \downarrow (白)$$
$$Ca^{2+} + CO_3^{2-} = CaCO_3 \downarrow (白)$$

同时,加入的 Na_2CO_3 可将过量的 Ba^{2+} 除去

$$Ba^{2+} + CO_3^{2-} = BaCO_3 \downarrow (白)$$

溶液中过量的 $NaOH$ 和 Na_2CO_3 则可加入 HCl 中和。含量很少的可溶性杂质如 KCl,

在蒸发、浓缩和结晶过程中仍留在母液中,不会与 NaCl 同时结晶出来。

三、器材与试剂

1. 仪器与材料

循环水真空泵、烧杯、量筒、吸滤瓶、布氏漏斗、铁架台、石棉网、泥三角、酒精灯、台秤、蒸发皿、剪刀、滤纸、pH 试纸。

2. 试剂

$1 \ mol \cdot L^{-1} \ BaCl_2$、$1 \ mol \cdot L^{-1} \ Na_2CO_3$、$2 \ mol \cdot L^{-1} \ NaOH$、$2 \ mol \cdot L^{-1} \ HCl$、$2 \ mol \cdot L^{-1} \ H_2SO_4$、$0.5 \ mol \cdot L^{-1} \ (NH_4)_2C_2O_4$、镁试剂。

四、实验步骤

1. 粗食盐的提纯

(1) 在台秤上称取 8 g 粗食盐,放入小烧杯中,加 30 mL 水,加热搅拌使其溶解。溶解后,在搅拌下滴加 $1 \ mol \cdot L^{-1} \ BaCl_2$ 溶液(约 2 mL),使沉淀完全。为了检验沉淀是否完全,可将烧杯从石棉网上取下,待沉淀沉降后,在上层清液中加入 1~2 滴 $BaCl_2$ 溶液,观察清液中是否有浑浊现象。如无浑浊现象,则说明 SO_4^{2-} 已沉淀完全;如有浑浊现象则需继续加 $BaCl_2$ 溶液,直至上层清液在加入 1 滴 $BaCl_2$ 后不再产生浑浊为止。沉淀完全后继续加热 5 min,以使颗粒长大而易于沉降,抽滤(先开真空泵,吸紧滤纸后倒入含固体杂质的溶液)。

(2) 在滤液中加 1 mL 2 $mol \cdot L^{-1} \ NaOH$ 和 3 mL 1 $mol \cdot L^{-1} \ Na_2CO_3$ 溶液并加热至沸,待沉淀沉降后,于上层清液中滴加 Na_2CO_3 溶液。若不再产生浑浊,抽滤(先开真空泵,吸紧滤纸后倒入含固体杂质的溶液)。

(3) 在滤液中逐滴加入 2 $mol \cdot L^{-1} \ HCl$ 并用玻璃棒蘸取滤液滴在 pH 试纸上试验,直至溶液呈微酸性为止(pH 为 3~6)。

(4) 将溶液倒入蒸发皿中,用小火加热蒸发,浓缩至稀粥状稠液为止。切不可将溶液蒸干。

(5) 冷却后,抽滤(要先把含水的食盐在布氏漏斗上均匀铺开,然后开循环水真空泵,再将结晶放在蒸发皿中,在石棉网上用小火加热干燥。

(6) 冷却后称出产品质量,计算产率。

2. 产品检验

分别取 1 g 提纯后的 NaCl 和粗食盐,溶于 5 mL 蒸馏水中,用下列方法检验并比较它们的纯度:

(1) SO_4^{2-} 检验:取上述溶液各 1 mL,分别加 1 滴 1 $mol \cdot L^{-1} \ BaCl_2$ 溶液,观察有无白色 $BaSO_4$ 沉淀生成。

(2) Ca^{2+} 的检验:取上述溶液各 1 mL,分别加 2 滴 0.5 $mol \cdot L^{-1} \ (NH_4)_2C_2O_4$ 溶液,观

察有无白色 CaC_2O_4 沉淀生成。

（3）Mg^{2+} 的检验：取上述溶液各 1 mL，分别加入 2 滴 2 mol·L^{-1} NaOH 溶液，使溶液呈碱性（用 pH 试纸检验）。再分别加入 2～3 滴镁试剂，观察现象。

（4）Ba^{2+} 的检验：取上述溶液各 1 mL，分别加入 2 滴 2 mol·L^{-1} H_2SO_4 溶液观察有无白色沉淀 $BaSO_4$ 生成。

若提纯后的氯化钠溶液中在上述实验操作中均无浑浊现象出现，则表明纯度符合要求。

五、思考题

1. 在除 SO_4^{2-} 离子时，加入的沉淀剂 $BaCl_2$ 为何是过量的？
2. 如何检验 SO_4^{2-}、Ca^{2+}、Mg^{2+}、Ba^{2+} 等离子是否沉淀完全？
3. 为什么在蒸发结晶时不能蒸干？
4. 减压过滤操作中要注意什么？

实验十六 醋酸电离度和电离常数的测定

一、实验目的

1. 学习测定醋酸电离度和电离常数的基本原理和方法。
2. 学会酸度计的使用方法。
3. 巩固溶液的配制及容量瓶、移液管和滴定管的使用，学习溶液浓度的标定。

二、实验原理

弱电解质 HAc 在水溶液中存在下列电离平衡：

$$HAc(aq) \Longleftrightarrow H^+(aq) + Ac^-(aq)$$

其电离常数

$$K_{HAc}^{\ominus} = \frac{c\alpha^2}{1-\alpha}(c^{\ominus})^{-1} = \frac{c\alpha^2}{1-\alpha}$$

在一定温度下，用酸度计测一系列已知浓度的 HAc 溶液的 pH 值，根据 pH＝$-\lg c(H^+)$ 可求得各浓度 HAc 溶液对应的 $c(H^+)$，利用 $c(H^+)=c\alpha$，求得各对应的电离度 α 值，代入可得一系列对应的 $K^{\ominus}$ 值。取 α 及 $K^{\ominus}$ 的平均值，即得该温度下醋酸的电离常数 $K_{HAc}^{\ominus}$ 及电离度 α。

124

三、器材与试剂

1. 仪器与材料

酸度计、烧杯(100 mL)、酸式滴定管、碱式滴定管、pH 试纸。

2. 试剂

$0.1\ mol\cdot L^{-1}$ HAc、$0.1\ mol\cdot L^{-1}$ NaOH(已标定)、酚酞溶液、去离子水、$2\ mol\cdot L^{-1}$ NaOH。

四、实验步骤

1. 醋酸溶液浓度的标定

在 250 mL 锥形瓶中,从酸式滴定管中加入 25.00 mL 待标定的约 $0.1\ mol\cdot L^{-1}$ HAc 溶液,加入 2～3 滴酚酞溶液,用标准 NaOH 溶液滴定出现微红色摇动约 0.5 min 不再褪去为止。记下用去标准 NaOH 溶液的体积,重复做一次,填入表 2.6 中。

表 2.6　醋酸溶液浓度测定数据

滴定序号		Ⅰ	Ⅱ
所取 $0.1\ mol\cdot L^{-1}$ HAc 溶液体积/mL			
标准 NaOH 溶液的浓度/$(mol\cdot L^{-1})$			
标准 NaOH 溶液的体积/mL			
测得 HAc 溶液的浓度	测定值		
	平均值		

2. 配制不同浓度的醋酸溶液

(1) 取 5 只洗净烘干的 100 mL 小烧杯,依次编成 $1^{\#}$～$5^{\#}$。

(2) 从酸式滴定管中分别向 $1^{\#}$、$2^{\#}$、$3^{\#}$、$4^{\#}$、$5^{\#}$ 小烧杯中准确放入 3.00 mL、6.00 mL、12.00 mL、24.00 mL、48.00 mL 已准确标定过的 HAc 溶液。

(3) 用碱式滴定管分别向上述烧杯中依次准确放入 45.00 mL、42.00 mL、36.00 mL、24.00 mL、0.00 mL 的蒸馏水,并用玻璃棒将烧杯中溶液搅混均匀。

3. 醋酸溶液 pH 值的测定和数据处理

(1) 用酸度计分别依次测量 $1^{\#}$～$5^{\#}$ 小烧杯中醋酸溶液的 pH 值,每次测量前要用少量的待测溶液润洗电极 2～3 遍或用去离子水冲洗,然后用滤纸吸干,并如实正确记录测定数据(酸度计的使用方法见本实验附注)。

(2) 数据记录和处理:

醋酸溶液的原始浓度:$c(HAc)=$ _____ $mol\cdot L^{-1}$,室温 $=$ _____ ℃。

表 2.7 醋酸溶液浓度、pH、电离常数及电离度计算结果

编号	$V(HAc)/$ mL	$V(H_2O)/$ mL	$c(HAc)/$ $(mol \cdot L^{-1})$	pH	$c(H^+)/$ $(mol \cdot L^{-1})$	$\alpha/\%$	$K^{\ominus}(HAc)$
1#	3.00	45.00					
2#	6.00	42.00					
3#	12.00	36.00					
4#	24.00	24.00					
5#	48.00	0.00					

醋酸电离平衡常数平均值 $K^{\ominus}(HAc)$：

五、思考题

1. 在相同温度下，不同浓度的 HAc 溶液的电离度是否相同？电离常数是否相同？如果改变温度，电离常数会怎么变化？

2. "电离度愈大，酸度就愈大"是否正确，为什么？

3. 下列情况下能否用 $K^{\ominus}_{HAc} = c^2(H^+)/c(HAc)$ 求电离常数？

(1) 在 HAc 溶液中加入一定量的固体 NaAc（假设溶液的体积不变）；

(2) 在 HAc 溶液中加入一定量的固体 NaCl（假设溶液的体积不变）。

4. 烧杯是否必须烘干？

5. 如果搅拌结束后玻璃棒上带出了部分溶液对测定结果有无影响？

6. 使用酸度计的主要步骤有哪些？

附注

pHS‑3C 型酸度计的使用

酸度计（也称 pH 计）是用来测定溶液 pH 值的仪器。

(一) 基本原理

酸度计测 pH 值的方法是电位测定法，除用于测量溶液的酸度外，还可以测量电池电动势。酸度计主要由参比电极（饱和甘汞电极）、测量电极（玻璃电极）和精密电位计三部分组成。饱和甘汞电极（图 2.26（b））由金属汞、氯化亚汞和饱和氯化钾溶液组成，它的电极反应是

$$Hg_2Cl_2 + 2e \Longrightarrow 2Hg + 2Cl^-$$

饱和甘汞电极的电极电势不随溶液的 pH 值变化而变化，在一定温度和浓度下是一定

值,在 25 ℃时为 0.24 V。玻璃电极(图 2.26(a))的下端是一极薄玻璃球泡,由特殊的敏感玻璃膜构成。薄玻璃对氢离子有敏感作用,当它浸入被测溶液内,被测溶液的氢离子与电极玻璃球泡表面水化层进行离子交换,玻璃泡内层同样产生电极电势。由于内层氢离子浓度不变,而外层氢离子浓度在变化,因此,内外层的电势差也在变化,所以该电极的电势随待测溶液的 pH 值不同而改变。

$$\varphi_{玻} = \varphi_{玻}^{\ominus} + 0.059\,2\lg c(\mathrm{H^+}) = \varphi_{玻}^{\ominus} - 0.059\,2\mathrm{pH}$$

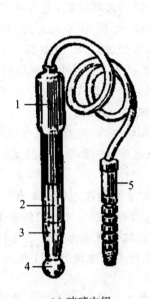

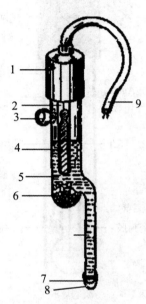

(a) 玻璃电极

1—胶木帽; 2—Ag/AgCl电极; 3—盐酸溶液;
4—玻璃膜电极; 5—电极插头

(b) 饱和甘汞电极

1—胶木帽; 2—铂丝; 3—小橡皮塞; 4—甘汞、
甘汞内部电极; 5—饱和KCl溶液; 6—KCl晶体;
7—陶瓷芯; 8—橡皮套; 9—电极引线

图 2.26　玻璃电极和甘汞电极

将玻璃电极和饱和甘汞电极一起插入被测溶液组成原电池,连接精密电位计,即可测得电池的电动势。在 25 ℃时

$$E = \varphi_{正} - \varphi_{负} = \varphi_{甘汞} - \varphi_{玻} = 0.24 - \varphi_{玻}^{\ominus} + 0.059\,2\mathrm{pH}$$

所以

$$\mathrm{pH} = \frac{E + \varphi_{玻}^{\ominus} - 0.24}{0.059\,2}$$

其中,$\varphi_{玻}^{\ominus}$ 可以由测定一个已知 pH 值的缓冲溶液的电动势求得。为了省去计算过程,酸度计把测得的电池电动势直接用 pH 刻度值(或数字)表示出来,因而从酸度计上可以直接读出溶液的 pH 值。

现在普遍使用的复合电极,操作方便,具体可见复合电极说明书。

1. 复合电极的构成

复合电极(图 2.27)实际是将玻璃电极和参比电极合并制成的。它以单一接头与 pH 计(精密电位计)连接,如常用一种以 Ag/AgCl 电极作参比电极的复合电极。

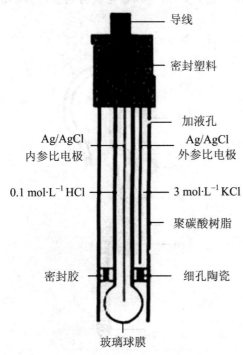

图 2.27 复合 pH 电极示意图

导线
密封塑料
加液孔
Ag/AgCl 内参比电极
Ag/AgCl 外参比电极
0.1 mol·L⁻¹ HCl
3 mol·L⁻¹ KCl
聚碳酸树脂
密封胶
细孔陶瓷
玻璃球膜

pH 复合电极主要由电极球泡、玻璃支持杆、内参比电极、内参比溶液、外壳、外参比电极、外参比溶液、液接界、电极帽、电极导线、插口等组成。

(1) 电极球泡(玻璃球膜)是由具有氢功能的锂玻璃熔融吹制而成,呈球形,膜厚 $0.1\sim0.2$ mm,电阻值 <250 MΩ(25 ℃)。

(2) 玻璃支持管是支持电极球泡的玻璃管体,由电绝缘性优良的铅玻璃制成,其膨胀系数应与电极球泡玻璃一致。

(3) 内参比电极为 Ag/AgCl 电极,主要作用是引出电极电势,要求其电势稳定,温度系数小。

(4) 内参比溶液是零电位 pH 为 7 的内参比溶液,是中性磷酸盐和氯化钾的混合溶液,玻璃电极与参比电极构成电池建立零电位的 pH 值,主要取决于内参比溶液的 pH 值及氯离子浓度。

(5) 电极壳是支持玻璃电极和液接界,盛放外参比溶液的壳体,通常由聚碳酸酯(PC)塑压成型或者玻璃制成。PC 塑料在有些溶剂中会溶解,如四氯化碳、三氯乙烯、四氢呋喃等,如果测试中含有以上溶剂,就会损坏电极外壳,此时应改用带玻璃外壳的 pH 复合电极。

(6) 外参比电极为 Ag/AgCl 电极,作用是提供与保持一个固定的参比电势,要求电位稳定,重现性好,温度系数小。

(7) 外参比溶液为 KCl 溶液或 KCl 凝胶电解质。

(8) 液接界是外参比溶液和被测溶液的连接部件,要求渗透量稳定,通常用砂芯的。

(9) 电极导线为低噪音金属屏蔽线,内芯与内参比电极连接,屏蔽层与外参比电极连接。

2. pH 复合电极的使用

(1) 球泡前端不应有气泡,如有气泡应用力甩去。

(2) 电极从浸泡瓶中取出后,应在去离子水中晃动并甩干,不要用纸巾擦拭球泡,否则由于静电感应电荷转移到玻璃膜上,会延长电势稳定的时间,更好的方法是使用被测溶液冲洗电极。

（3）pH 复合电极插入被测溶液后，要搅拌晃动几下再静止放置，这样会加快电极的响应。尤其使用塑壳 pH 复合电极时，搅拌晃动要厉害一些，因为球泡和塑壳之间会有一个小小的空腔，电极浸入溶液后有时空腔中的气体来不及排除会产生气泡，使球泡或液接界与溶液接触不良，因此必须用力搅拌晃动以排除气泡。

（4）在黏稠性试样中测试之后，电极必须用去离子水反复冲洗多次，以除去黏附在玻璃膜上的试样。有时还需先用其他溶剂洗去试样，再用水洗去溶剂，浸入浸泡液中活化。

（5）避免接触强酸强碱或腐蚀性溶液，如果测试此类溶液，应尽量减少浸入时间，用后仔细清洗干净。

（6）避免在无水乙醇、浓硫酸等脱水性介质中使用，它们会损坏球泡表面的水合凝胶层。

（7）塑壳 pH 复合电极的外壳材料是聚碳酸酯塑料（PC），PC 塑料在有些溶剂中会溶解，如四氯化碳、三氯乙烯、四氢呋喃等，如果测试中含有以上溶剂，就会损坏电极外壳，此时应改用玻璃外壳的 pH 复合电极。

3. pH 电极的清洗

球泡和液接界污染比较严重的情况时，可以先用以下溶剂清洗，再用去离子水洗去溶剂，最后将电极浸入浸泡液中活化。常用污染物清洗剂：无机金属氧化物用低于 $1\ mol\cdot L^{-1}$ 稀酸，有机油脂类物质用稀洗涤剂（弱酸性），树脂高分子物质用稀酒精、丙酮、乙醚，蛋白质血球沉淀物用酸性酶溶液，颜料类物质用稀漂白液、过氧化氢。

4. pH 电极的修复

pH 复合电极的"损坏"现象是敏感梯度降低、响应慢、读数重复性差，可能由以下三种因素引起：

（1）电极球泡和液接界受污染，可以用细的毛刷、棉花球或牙签等，仔细去除污物。有些塑壳 pH 电极头部的保护罩可以旋下，清洗就更方便了，如污染严重，可使用清洁剂清洗。

（2）外参比溶液受污染。对于可充式电极，可以配制新的 KCl 溶液，再加进去，注意第一、二次加进去时要再倒出来，以便将电极内腔洗净。

（3）将电极球泡用 $0.1\ mol\cdot L^{-1}$ 稀盐酸浸泡 24 h。用纯水洗净，再用电极浸泡溶液 24 h。如果钝化比较严重，也可将电极下端浸泡在 4‰氢氟酸溶液中 3～5 s（溶液配制：4 mL 氢氟酸用纯水稀释至 100 mL），用纯水洗净，然后在电极浸泡溶液中浸泡 24 h，使其恢复性能。

（二）pHS-3C 型 pH 计

pHS-3C 型 pH 计（图 2.28）是一台精密数字显示 pH 计。适用于测定水溶液的 pH 值和电池电动势，当然可求出电极电势。此外，还可配上适当的离子选择性电极，测出该电极的电极电势。测量范围：pH：0～14.00；mV：0～±1 999 mV（自动极性显示）；最小显示单位：pH 为 0.01，mV 为 1；温度补偿范围：0～60 ℃。

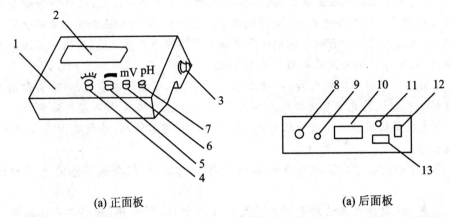

(a) 正面板　　　　　　　　　　　　　(a) 后面板

1—前面板；2—显示屏；3—电极梗插座；4—温度补偿调节旋钮；5—斜率补偿调节旋钮；
6—定位调节旋钮；7—选择旋钮(pH或mV)；8—测量电板插座；9—参比电极插座；
10—铭牌；11—保险丝；12—电源开关；13—电源插座

图 2.28　pHS－3C 型 pH 计

（三）操作步骤

1. 开机

（1）电源线插入电源插座 13。

（2）按下电源开关 12,电源接通后,预热 30 min。

（3）将电极梗插入电极梗插座 3,电极夹夹在电极梗上。拉下复合电极前端的电极套,将电极夹在电极夹上。

2. 标定

仪器使用前,要先标定。一般说来,仪器在连续使用时,每天要标定一次。

（1）在测量电极插座 8 处拔下短路插头。

（2）在测量电极插座 8 处插上复合电极。

（3）如不用复合电极,则在测量电极插座 8 处插上电极转换器的插头;玻璃电极插头插入转换器插座处;参比电极插头插入参比电极插座 9 处。

（4）把选择旋钮 7 调到 pH 挡。

（5）调节温度旋钮 4,使旋钮白线对准溶液温度值。

（6）把斜率调节旋钮 5 顺时针旋到底(即调到 100% 位置)。

（7）把清洗过的电极插入 pH=6.86 的缓冲溶液中。

（8）调节定位调节旋钮,使仪器显示读数与该缓冲溶液的 pH 位相一致(如 pH=6.86)。

（9）用蒸馏水清洗电极,再用 pH=4.00(或 pH=9.18)的标准缓冲溶液调节斜率旋钮到 pH=4.00(或 pH=9.18),重复(4)～(8)动作。

注意:经标定的仪器定位调节旋钮及斜率调节旋钮不应再有变动。

标定的缓冲溶液第一次应用 pH＝6.86 的溶液,第二次应接近被测溶液的值。如被测溶液为酸性,缓冲溶液应选 pH＝4.00;如被测溶液为碱性时,则选 pH＝9.18 的缓冲溶液。一般情况下,在 24 h 内仪器不需再标定。

3. 测量 pH 值

经标定过的仪器即可用来测量被测溶液。视被测溶液与标定溶液温度是否相同,测量步骤也会有所不同。

(1) 被测溶液与定位溶液温度相同时,测量步骤如下:

① 定位调节旋钮不变。

② 用蒸馏水清洗电极头部,用滤纸吸干。

③ 把电极浸入被测溶液中,用玻璃棒搅拌溶液,使溶液均匀,在显示屏上读出溶液的 pH 值。

(2) 被测溶液和定位溶液温度不同时,测量步骤如下:

① "定位"调节旋钮不变。

② 用蒸馏水清洗电极头部,用滤纸吸干。

③ 用温度计测出被测溶液的温度值。

④ 调节"温度"调节旋钮 4,使白线对准被测溶液的温度值。

⑤ 把电极插入被测溶液内,用玻璃棒搅拌溶液,使溶液均匀后,读出该溶液的 pH 值。

4. 测量电极电势(mV 值)

(1) 把适当的离子选择电极或金属电极和甘汞电极夹在电极架上。

(2) 用蒸馏水清洗电极头部,用滤纸吸干。

(3) 把电极转换器的插头插入仪器后部的测量电极插座内;把离子电极的插头插入转换器的插座内。

(4) 把甘汞电极的插头插入仪器后部的参比电极插座内。

(5) 把两种电极插在被测溶液内,将溶液搅拌均匀后,即可在显示屏上读出该离子选择电极的电极电势(mV 值),还可自动显示正负极性。

如果被测信号超出仪器的测定范围,或测量端开路时,显示屏会发出闪光,做超载报警。

(四) 仪器的维护

仪器的品质一半在于制造,一半在于维护,特别像酸度计一类的仪器,由于使用环境需经常接触化学药品,所以更需合理维护。

(1) 仪器的输入端(测量电极的插座)必须保持干燥清洁。仪器不用时,将短路插头插入插座,防止灰尘及水汽浸入。在环境湿度较高的场所使用时,应把电极插头用干净纱布擦干。

(2) 电极插座转换器为配用其他电极时使用,平时注意防潮、防震。

(3) 测量时,电极的引入导线保持静止,否则会引起测定不稳。

(4) 仪器采用了 MOS 集成电路,因此,在检修时应保证电烙铁有良好的接地。

(5) 用缓冲溶液标定仪器时,要保证缓冲溶液的可靠性,不能配错缓冲溶液,否则将导致测量结果产生误差。缓冲溶液用完后可按下列方法自行配制：

pH＝4.00 溶液：用 GR 邻苯二甲酸氢钾 10.21 g，溶解于 1 000 mL 的双蒸蒸馏水中。

pH＝6.86 溶液：用 GR 磷酸二氢钾 3.40 g、GR 磷酸氢二钠 3.55 g，溶解于 1 000 mL 的双蒸蒸馏水中。

pH＝9.18 溶液：用 GR 硼砂 3.81 g，溶解于 1 000 mL 的双蒸蒸馏水中。

（五）电极的使用及维护

（1）电极在测量前必须用已知 pH 值的标准缓冲溶液进行定位校准，已知 pH 值需可靠，而且测定值愈接近校准值愈好。

（2）取下电极套后，应避免电极的敏感玻璃泡与硬物接触，因为任何破损或擦毛都使电极失效。

（3）测量后，及时将电极保护套套上，套内应放少量补充液以保持电极球泡的湿润。

（4）复合电极的外参比补充液为 3 mol·L^{-1} 氯化钾溶液，补充液可以从电极上端小孔加入。

（5）电极的引出端必须保持清洁和干燥，绝对防止输出两端短路，否则将导致测量失误或失效。

（6）电极应与输入阻抗较高的酸度计（≥1.0×10^{12} Ω）配套，以使其保持良好的特性。

（7）电极避免长期浸在蒸馏水、蛋白质溶液和酸性氟化物溶液中。

（8）电极避免与有机硅油接触。

（9）电极经长期使用后，如发现斜率略有降低，可把电极下端浸泡在 4% HF（氢氟酸）中 3～5 s，用蒸馏水洗净，然后在 0.1 mol·L^{-1} 盐酸溶液中浸泡，使之复新。

（10）被测溶液中如含有易污染敏感球泡或被测液接近的物质而使电极钝化，会出现斜率降低现象，显示读数不准。如发生该现象，则应根据污染物质的性质，用适当溶液清洗，使电极复新。

注：选用清洗剂时，不能用四氯化碳、三氯乙烯、四氢呋喃等，能溶解聚碳酸树脂的清洗液。因为电极外壳是用聚碳酸树脂制成的，其溶解后极易污染敏感玻璃球泡，从而使电极失效。也不能用复合电极去测上述溶液。

（六）常见故障及其处理

pH 计常见故障及处理方法见表 2.8。

表 2.8　pH 计常见故障处理

故　障	原因及处理
电源接通，数字乱跳	短路插未插，应插上短路插或电极插头
定位能调到 pH＝6.86，但调不到 pH＝4.00	电极失效，更换电极
斜率调节不起作用	斜率电位器坏，更换斜率电位器

实验十七 化学反应速率与活化能的测定

一、实验目的

1. 掌握浓度、温度和催化剂对反应速率的影响。
2. 学习测定过二硫酸铵与碘化钾反应的反应速率的方法。
3. 利用实验数据会计算反应级数、反应速率常数和反应的活化能。

二、实验原理

水溶液中过二硫酸铵与碘化钾反应为

$$(NH_4)_2S_2O_8 + 3KI \Longrightarrow (NH_4)_2SO_4 + K_2SO_4 + KI_3$$

其离子反应式

$$S_2O_8^{2+} + 3I^- \Longrightarrow 2SO_4^{2-} + I_3^- \qquad ①$$

反应速率

$$r = kc^m(S_2O_8^{2-})c^n(I^-)$$

实验中测得的一定时间间隔(Δt)的平均速率 $\bar{r} = -\dfrac{c(S_2O_8^{2-})}{\Delta t}$ 近似等于 r。则

$$kc^m(S_2O_8^{2-})c^n(I^-) = -\frac{c(S_2O_8^{2-})}{\Delta t}$$

如何判定反应在 Δt 时间内 $\Delta c(S_2O_8^{2-})$ 的值呢？方法是在混合 $(NH_4)_2S_2O_8$ 和 KI 的同时，加入一定体积和已知浓度的 $Na_2S_2O_3$ 溶液和淀粉溶液，这样在反应进行的同时，还进行如下反应：

$$2S_2O_3^{2-} + I_3^- \Longrightarrow S_4O_6^{2-} + 3I^- \qquad ②$$

反应②是快反应，几乎瞬间完成，而反应①比反应②慢得多。因此，由反应①所产生的 I_3^- 离子立即与 $S_2O_3^{2-}$ 反应生成无色的 $S_4O_6^{2-}$ 和 I^- 离子，所以反应的初始阶段看不到碘与淀粉反应而显示的特有的蓝色。但当 $Na_2S_2O_3$ 耗尽，反应①仍在进行，这时所产生的 I_3^- 离子就与淀粉反应产生特殊的蓝色。蓝色出现则表明 $S_2O_3^{2-}$ 全部耗尽，所以在反应开始到蓝色出现的这一段时间（Δt）里，$Na_2S_2O_3$ 浓度的改变值就等于 $Na_2S_2O_3$ 的起始浓度。

再比较反应①和反应②可知，$S_2O_8^{2-}$ 减少的量为 $S_2O_3^{2-}$ 减少的量的一半，即

$$\Delta c(S_2O_8^{2-}) = \frac{c(S_2O_3^{2-})}{2}$$

实验中,通过改变反应物 $S_2O_8^{2-}$ 和 I^- 的初始浓度,测定消耗等量的 $S_2O_3^{2-}$ 物质的量浓度 $\Delta c(S_2O_8^{2-})$ 所需的不同的 Δt,从而求得反应速率。

对 $r=kc^m(S_2O_8^{2-})c^n(I^-)$ 两边取对数,得

$$\lg r = \lg k + m \lg c(S_2O_8^{2-}) + n \lg c(I^-)$$

则

$$\lg r = \lg k' + m \lg c(S_2O_8^{2-}) \text{ 或 } \lg r = \lg k' + n \lg c(I^-)$$

当 $c(I^-)$ 浓度不变时,以 $\lg r$ 对 $\lg c(S_2O_8^{2-})$ 作图,可得一直线,斜率即为 m;同理,当 $c(S_2O_8^{2-})$ 不变时,以 $\lg r$ 对 $\lg c(I^-)$ 作图,可求得 n,此反应的反应级数则为 $m+n$。将求得的 m 和 n 代入 $r=kc^m(S_2O_8^{2-})c^n(I^-)$ 即可求得反应速率常数 k。

根据阿仑尼乌斯公式

$$\lg k = \lg A - \frac{Ea}{2.303RT}$$

作 $\lg k$ 与 $1/T$ 图,斜率等于 $-\dfrac{Ea}{2.303R}=-\dfrac{Ea}{19.15}$,即可求得不同温度下的 Ea(单位为 $J \cdot mol^{-1}$)。

三、器材与试剂

1. 仪器与材料
小烧杯或小锥形瓶、秒表、温度计、酸式滴定管、碱式滴定管或吸量管。

2. 试剂
$0.20\ mol \cdot L^{-1}\ (NH_4)_2S_2O_8$、$0.20\ mol \cdot L^{-1}\ KI$、$0.010\ mol \cdot L^{-1}\ Na_2S_2O_3$、$0.20\ mol \cdot L^{-1}$ KNO_3、$0.20\ mol \cdot L^{-1}\ (NH_4)_2SO_4$、$0.20\ mol \cdot L^{-1}\ Cu(NO_3)_2$、$0.4\%$ 淀粉溶液。

四、实验步骤

1. 浓度对化学反应速率的影响
在室温条件下进行表 2.9 中编号 Ⅰ 的实验。用滴定管分别取 $10.00\ mL\ 0.20\ mol \cdot L^{-1}$ KI 溶液、$4.00\ mL\ 0.010\ mol \cdot L^{-1}\ Na_2S_2O_3$ 溶液和 $1.00\ mL\ 0.4\%$ 淀粉溶液,全部加入小烧杯或小锥形瓶中,混合均匀。然后用另一烧杯取 $10.00\ mL\ 0.20\ mol \cdot L^{-1}\ (NH_4)_2S_2O_8$ 溶液,迅速倒入上述混合溶液中,同时启动秒表,并不断搅动,仔细观察。当溶液刚出现蓝色时,立即按停秒表,记录反应时间和室温。用同样的方法按照表 2.9 的用量进行编号 Ⅱ、Ⅲ、Ⅳ、Ⅴ 的实验。

表 2.9　浓度对化学反应速率的影响

		I	II	III	IV	V
					室温＿＿＿＿＿℃	
实验编号		I	II	III	IV	V
试剂用量(mL)	过二硫酸铵	10.0	5.0	2.5	10.0	10.0
	碘化钾	10.0	10.0	10.0	5.0	2.5
	硫代硫酸钠	4.0	4.0	4.0	4.0	4.0
	淀粉	1.0	1.0	1.0	1.0	1.0
	硝酸钾	0.0	0.0	0.0	5.0	7.5
	硫酸铵	0.0	5.0	7.5	0.0	0.0
反应物的起始浓度 $(mol \cdot L^{-1})$	过二硫酸铵					
	碘化钾					
	硫代硫酸钠					
反应时间/s						
$\triangle c(S_2O_8^{2-})$						
反应速率 r						

注:加入硝酸钾和硫酸铵是为了使溶液的总体积及离子强度不变。

注意:① KI、$Na_2S_2O_3$、淀粉、KNO_3、$(NH_4)_2SO_4$ 可使用同一个小烧杯。②$(NH_4)_2S_2O_8$ 须单独使用一个小烧杯。$Na_2S_2O_3$、淀粉、KNO_3、$(NH_4)_2SO_4$ 混合均匀后,将$(NH_4)_2S_2O_8$ 溶液迅速倒入上述混合液中,同时启动秒表,并且搅拌。③ 溶液刚出现蓝色立即按停秒表,计时。

2. 温度对化学反应速率的影响

按表 2.9 中实验Ⅳ的试剂用量进行反应,反应温度分别取高于室温 10 ℃和高于室温 20 ℃,其实验编号分别为Ⅵ和Ⅶ:

表 2.10　温度对化学反应速率的影响

实验编号	IV	VI	VII
反应温度/℃			
反应时间/s			
反应速率 r			

3. 催化剂对化学反应速率的影响

按表 2.9 中实验Ⅳ的试剂用量进行反应,同时加入 1 滴 $0.20\ mol \cdot L^{-1}\ Cu(NO_3)_2$ 溶液,记录时间。

五、数据记录与反应级数、反应速率常数的求算

表 2.11　数据记录与反应级数、反应速率常数计算结果

实验编号	I	II	III	IV	V
$\lg r$					
$\lg c(S_2O_8^{2-})$					
$\lg c(I^-)$					
m					
n					
反应速率常数 k					
平均反应速率常数					

六、注意事项

1. $c(S_2O_8^{2-})$ 对反应速率有影响，实验时需快速加入。

2. $c(S_2O_3^{2-}) = \dfrac{4.0}{10.0+10.0+4.0+1.0} \times 0.01 = 0.001\,6\ (\text{mol} \cdot \text{L}^{-1})$

   $c(S_2O_8^{2-}) = \dfrac{1}{2} c(S_2O_3^{2-}) = 0.000\,8\ \text{mol} \cdot \text{L}^{-1}$

   $S_2O_3{}^{2-}$ 浓度小，$S_2O_8{}^{2-}$ 变化较小，所以 $r \approx \bar{r} = -\dfrac{c(S_2O_8^{2-})}{\Delta t}$。

3. 最好用恒温水浴，温度易于控制。

4. $(NH_4)_2S_2O_8$ 晶体久置易于分解，若配制的溶液 pH<3 则表明其已有分解

$$(NH_4)_2S_2O_8 + H_2O \longrightarrow NH_4HSO_4 + HNO_3 + H_2SO_4$$

而 $K_2S_2O_8$ 无此分解，但由于在室温下其饱和溶液的浓度达不到 $0.20\ \text{mol} \cdot \text{L}^{-1}$，所以不能代替之。

$(NH_4)_2S_2O_8$ 溶液要新配制的，KI 溶液要无色透明。如溶液中有少量 Cu^{2+}、Co^{2+}、Ni^{2+}、Fe^{3+} 等将对反应有催化作用，此时可用 EDTA 掩蔽之。

七、思考题

1. 下列操作对实验有何影响？

(1) 取用试剂的烧杯没有分开专用。

(2) 先加 $(NH_4)_2S_2O_8$ 溶液，最后加 KI 溶液。

(3) $(NH_4)_2S_2O_8$ 溶液慢慢加入 KI 等混合溶液中。

2. 为什么在实验Ⅱ、Ⅲ、Ⅳ、Ⅴ中,分别加入 KNO_3 或 $(NH_4)_2SO_4$ 溶液?

3. 每次实验的计时操作要注意什么?

4. 若不用 $S_2O_8^{2-}$,而用 I^- 或 I_3^- 的浓度变化表示反应速率,则反应速率常数 k 是否一样?

5. 化学反应的反应级数是怎样确定的? 用本实验的结果加以说明。

6. 用 Arrhenius 公式计算反应的活化能,并与作图法得到的值进行比较。

7. 用本实验研究浓度、温度、催化剂对反应速率的影响。

实验十八　电离平衡与沉淀平衡

一、实验目的

1. 理解弱酸与弱碱的电离平衡移动,认识盐类水解反应及其水解的平衡移动。
2. 学会缓冲溶液的配制方法和试验其性质。
3. 掌握沉淀生成、溶解及转化的条件及混合离子的分离方法。
4. 掌握离心分离操作和离心机的使用。

二、实验原理

1. 弱电解质在溶液中的电离平衡及其移动

$$HA(aq) \Longrightarrow H^+(aq) + A^-(aq)$$

$$K_{HAc}^{\ominus} = \frac{c\alpha^2}{1-\alpha}(C^{\ominus})^{-1} = \frac{c\alpha^2}{1-\alpha}$$

2. 同离子效应

在已建立平衡的弱电解质溶液中,加入与其含有相同离子的另一种强电解质时,会使弱电解质电离度降低的效应称为同离子效应。

3. 缓冲溶液

(1) 基本概念

在一定程度上能抵抗外加少量酸、碱或稀释,而保持溶液 pH 值基本不变的作用称为缓冲作用。具有缓冲作用的溶液称为缓冲溶液。

(2) 缓冲溶液组成及计算公式

缓冲溶液一般是由共轭酸碱对组成的,例如弱酸和弱酸盐,或弱碱和弱碱盐。

$$c(H^+) = K_a^{\ominus} \frac{c_{(弱酸)}/c^{\ominus}}{c_{(弱酸盐)}/c^{\ominus}}, \quad c(OH^-) = K_b^{\ominus} \frac{c_{(弱碱)}/c^{\ominus}}{c_{(弱碱盐)}/c^{\ominus}}$$

根据质子论

$$c(\text{H}^+) = K_a^\ominus \frac{c_{(\text{共轭酸})}/c^\ominus}{c_{(\text{共轭碱})}/c^\ominus}$$

4. 盐类的水解

盐类的水解是酸碱中和的逆反应,水解后溶液的酸碱性决定于盐的类型。

5. 难溶电解质的沉淀生成和溶解

根据溶度积规则可以判断沉淀的生成和溶解:溶度积 K_{sp} 与离子积 J 之间关系

$J > K_{sp}^\ominus$,过饱和状态,将有沉淀生成;

$J = K_{sp}^\ominus$,处于动态平衡;

$J < K_{sp}^\ominus$,不饱和状态,无沉淀析出。若有固体存在,沉淀溶解,直至达到平衡为止。

三、器材与试剂

1. 仪器与材料

离心机、离心试管、试管、广泛 pH 试纸、量筒、点滴板。

2. 试剂

$0.1\ \text{mol} \cdot \text{L}^{-1}$ HCl、$2.0\ \text{mol} \cdot \text{L}^{-1}$ HCl、$6\ \text{mol} \cdot \text{L}^{-1}$ HCl、$0.1\ \text{mol} \cdot \text{L}^{-1}$ HAc、$6.0\ \text{mol} \cdot \text{L}^{-1}$ HAc、Zn 粒、$0.1\ \text{mol} \cdot \text{L}^{-1}$ $\text{NH}_3 \cdot \text{H}_2\text{O}$、$2\ \text{mol} \cdot \text{L}^{-1}$ $\text{NH}_3 \cdot \text{H}_2\text{O}$、$\text{NH}_4\text{Ac(s)}$、$0.10\ \text{mol} \cdot \text{L}^{-1}$ NaAc、甲基橙、酚酞、铝试剂、$0.10\ \text{mol} \cdot \text{L}^{-1}$ HCl、$0.10\ \text{mol} \cdot \text{L}^{-1}$ NaOH、$0.10\ \text{mol} \cdot \text{L}^{-1}$ NH_4Cl、$1.0\ \text{mol} \cdot \text{L}^{-1}$ NH_4Cl、$0.10\ \text{mol} \cdot \text{L}^{-1}$ NH_4Ac、$0.10\ \text{mol} \cdot \text{L}^{-1}$ Na_3PO_4、$0.50\ \text{mo} \cdot \text{L}^{-1}$ FeCl_3、$6\ \text{mol} \cdot \text{L}^{-1}$ HNO_3、NaAc(s)、$0.5\ \text{mol} \cdot \text{L}^{-1}$ $\text{Al(NO}_3)_3$、$0.5\ \text{mol} \cdot \text{L}^{-1}$ NaHCO_3、$0.1\ \text{mol} \cdot \text{L}^{-1}$ $\text{Pb(NO}_3)_2$、$0.1\ \text{mol} \cdot \text{L}^{-1}$ KI、$0.001\ \text{mol} \cdot \text{L}^{-1}$ $\text{Pb(NO}_3)_2$、$0.001\ \text{mol} \cdot \text{L}^{-1}$ KI、PbI_2(饱和)、$0.1\ \text{mol} \cdot \text{L}^{-1}$ KI、Pb(Ac)_2(饱和)、$0.02\ \text{mol} \cdot \text{L}^{-1}$ KI、$\text{NaNO}_3\text{(s)}$、$0.1\ \text{mol} \cdot \text{L}^{-1}$ MgCl_2、$0.1\ \text{mol} \cdot \text{L}^{-1}$ $\text{Ca(NO}_3)_2$、$0.5\ \text{mol} \cdot \text{L}^{-1}$ $(\text{NH}_4)_2\text{C}_2\text{O}_4$、$0.1\ \text{mol} \cdot \text{L}^{-1}$ AgNO_3、$0.1\ \text{mol} \cdot \text{L}^{-1}$ Na_2S、$1\ \text{mol} \cdot \text{L}^{-1}$ NaCl、$0.5\ \text{mol} \cdot \text{L}^{-1}$ Na_2SO_4、$0.5\ \text{mol} \cdot \text{L}^{-1}$ K_2CrO_4、$0.1\ \text{mol} \cdot \text{L}^{-1}$ AgNO_3,Ag^+、Fe^{3+}、Al^{3+} 离子混合溶液一份。

四、实验步骤

1. 电离平衡

(1)强电解质和弱电解质

20 滴或自然捏一下滴管的橡皮滴头吸取溶液约 1 mL。

① 在 1 支试管内加 1 mL $0.1\ \text{mol} \cdot \text{L}^{-1}$ HCl 溶液,另 1 支试管内加 1 mL $0.1\ \text{mol} \cdot \text{L}^{-1}$ HAc 溶液,分别加 1 滴甲基橙,观察颜色变化,解释之。

② 在 1 支试管内加 1 mL $0.1\ \text{mol} \cdot \text{L}^{-1}$ HCl 溶液,另 1 支试管内加 1 mL $0.1\ \text{mol} \cdot \text{L}^{-1}$ HAc 溶液,分别加 1 颗 Zn 粒,观察反应速率有什么不同,解释之。

(2)同离子效应

① 分别测定 H_2O、$0.1\ mol \cdot L^{-1}$ HAc 和 $0.1\ mol \cdot L^{-1} NH_3 \cdot H_2O$ 溶液的 pH 值(pH 试纸)。

② 在盛有 $1\ mL\ 0.1\ mol \cdot L^{-1}$ HAc 溶液的试管中,加 1 滴甲基橙,观察颜色变化,再加 $NH_4Ac(s)$,观察溶液颜色变化,解释之。

③ 在盛有 $1\ mL\ 0.1\ mol \cdot L^{-1} NH_3 \cdot H_2O$ 溶液的试管中,加 1 滴酚酞,观察颜色变化,再加 $NH_4Ac(s)$,观察溶液颜色变化,解释之。

2. 缓冲溶液的配制和性质

(1) HAc 和 NaAc 缓冲溶液

① 用 $0.1\ mol \cdot L^{-1}$ HAc 溶液和 NaAc 固体配制 $10\ mL$ pH 为 4.50 的缓冲溶液 $10\ mL$。

② 把配制的缓冲溶液中加 2 滴甲基橙,平分到 4 支试管中。第一支加 3 滴 $0.10\ mol \cdot L^{-1}$ HCl,观察颜色是否变化,继续加 $0.10\ mol \cdot L^{-1}$ HCl,直到颜色显著变化,估算加入的量,解释之;第二支加 3 滴 $0.1\ mol \cdot L^{-1}$ NaOH 观察颜色是否变化,继续加 $0.10\ mol \cdot L^{-1}$ NaOH,直到颜色显著变化,估算加入的量,解释之;第三支加 $2\ mL$ 水;第四支是原溶液,与前三支比较。

③ 在 $5\ mL$ 去离子水中加 1 滴甲基橙,平分在 2 支试管中,一支加 3 滴 $0.10\ mol \cdot L^{-1}$ HCl,另一支加 3 滴 $0.10\ mol \cdot L^{-1}$ NaOH,观察颜色变化,解释之。

(2) $NH_3 \cdot H_2O$ 和 NH_4Cl 缓冲溶液

① 用 $5\ mL\ 0.10\ mol \cdot L^{-1} NH_3 \cdot H_2O$ 和 $5\ mL\ 0.10\ mol \cdot L^{-1} NH_4Cl$ 混合,加 2 滴酚酞平分在四支试管中,第一支加 3 滴 $0.10\ mol \cdot L^{-1}$ HCl,观察颜色是否变化,继续加 $0.10\ mol \cdot L^{-1}$ HCl,直到颜色显著变化,估算加入的量,解释之;第二支加 3 滴 $0.1\ mol \cdot L^{-1}$ NaOH 观察颜色是否变化,继续加 $0.10\ mol \cdot L^{-1}$ NaOH,直到颜色显著变化,估算加入的量,解释之;第三支加 $2\ mL$ 水;第四支是原溶液,与前三支比较。

② 在 $2.5\ mL$ 去离子水中加 1 滴酚酞,再加 3 滴 $0.10\ mol \cdot L^{-1}$ NaOH 溶液,观察颜色变化,解释之。

根据以上实验,总结缓冲溶液的性质。

3. 盐类的水解

(1) 用广泛 pH 试纸测下列溶液的 pH 值。

$0.10\ mol \cdot L^{-1} NH_4Cl$、$0.10\ mol \cdot L^{-1} NH_4Ac$、$0.10\ mol \cdot L^{-1}$ NaAc 和 $0.10\ mol \cdot L^{-1} Na_3PO_4$。

(2) 分别取 $3\ mL\ 0.50\ mol \cdot L^{-1} FeCl_3$ 溶液 2 份,一份加热沸腾,另一份加 3 滴 $6\ mol \cdot L^{-1} HNO_3$,比较二份之间的颜色有何区别,解释之。

(3) 取比绿豆小的 $SbCl_3$ 固体加 $2\ mL$ 去离子 H_2O,观察有何现象产生。用 pH 试纸测溶液的 pH 值。逐滴加入 $6\ mol \cdot L^{-1}$ HCl 至沉淀刚好消失,再逐滴加 H_2O 至有沉淀出现,解释之。

(4) 在 $1\ mL\ 0.50\ mol \cdot L^{-1} Al(NO_3)_3$ 溶液中,加 $1\ mL\ 0.5\ mol \cdot L^{-1} NaHCO_3$,离心分离,沉淀分成二份,一份沉淀逐滴加入 $0.10\ mol \cdot L^{-1}$ HCl 至溶解,另一份加 $0.10\ mol \cdot L^{-1}$

NaOH 至溶解,写出相关反应方程式。

4. 沉淀平衡

（1）沉淀的生成

在一支试管中加入 1 mL 0.1 mol·L^{-1} Pb(NO$_3$)$_2$ 溶液,然后加入 1 mL 0.1 mol·L^{-1} KI 溶液观察有无沉淀生成。

在另一支试管中加入 1 mL 0.001 mol·L^{-1} Pb(NO$_3$)$_2$ 溶液,然后加入 1 mL 0.001 mol·L^{-1} KI 溶液观察有无沉淀生成。试以溶度积原理解释以上的实验现象。

（2）同离子效应和盐效应

① 在 0.5 mL 饱和 PbI$_2$ 溶液中加 5 滴 0.1 mol·L^{-1} KI 溶液,观察有无沉淀生成。

② 2 滴饱和 Pb(Ac)$_2$ 溶液加 2 滴 0.02 mol·L^{-1} KI 溶液,再加 0.5 mL H$_2$O,再加适量 NaNO$_3$ 固体,直至沉淀溶解,解释之。

（3）沉淀的溶解和转化

① 在 2 支离心试管中各加入 0.5 mL 0.1 mol·L^{-1} MgCl$_2$溶液和数滴 2 mol·L^{-1}氨水溶液至沉淀生成,离心分离,在一支试管中加入几滴 2.0 mol·L^{-1} HCl,观察沉淀是否溶解,在另一支试管中加入数滴 1.0 mol·L^{-1} NH$_4$Cl 溶液,观察沉淀是否溶解。写出有关反应方程式,并解释每步实验现象。

② 在 1 mL 0.1 mol·L^{-1} Ca(NO$_3$)$_2$ 溶液中加 0.5 mL 0.5 mol·L^{-1} (NH$_4$)$_2$C$_2$O$_4$ 溶液,离心分离,沉淀分成二份,一份逐滴加 6 mol·L^{-1} HCl,另一份逐滴加 6 mol·L^{-1} HAc,观察沉淀溶解情况,解释之。

③ 在离心试管中加 5 滴 0.1 mol·L^{-1} AgNO$_3$ 和 3 滴 0.1 mol·L^{-1} Na$_2$S 溶液,沉淀离心分离,加 2 mL 6 mol·L^{-1} HNO$_3$ 并加热,观察沉淀溶解情况,写出有关反应方程式。

④ 在离心试管中加入 8 滴 0.1 mol·L^{-1} Pb(NO$_3$)$_2$ 和 5 滴 1 mol·L^{-1} NaCl,待沉淀完全后,离心分离,在 PbCl$_2$ 沉淀中加 6 滴 0.1 mol·L^{-1} KI 溶液和 5 滴去离子水,充分搅拌振荡待沉淀转化后,离心分离,按 PbCl$_2$ 沉淀的处理方式,依次加入 10 滴 0.5 mol·L^{-1} Na$_2$SO$_4$ 溶液,5 滴 0.5 mol·L^{-1} K$_2$CrO$_4$溶液、5 滴 0.1 mol·L^{-1} Na$_2$S 溶液,每加入一种新的溶液后,都必须充分搅拌振荡,观察沉淀的转化和颜色的变化。用上述生成物的溶度积常数或溶解度数据解释实验现象,总结沉淀转化的条件。

（4）分步沉淀

$$Ag^+ + Cl^- = AgCl\downarrow（白）$$
$$2Ag^+ + CrO_4^{2-} = Ag_2CrO_4\downarrow（砖红色）$$
$$K_{sp}^{\ominus}(AgCl) > K_{sp}^{\ominus}(Ag_2CrO_4),溶解度：S(AgCl) < S(Ag_2CrO_4)$$

用 10 滴 0.5 mol·L^{-1} K$_2$CrO$_4$ 加 5 滴 1 mol·L^{-1} NaCl 配制混合溶液,然后逐滴加入 0.1 mol·L^{-1} AgNO$_3$ 溶液,要不断地振荡,先生成白色沉淀,后成砖红色沉淀,为什么?

（5）沉淀法分离混合离子与鉴定（图 2.29）

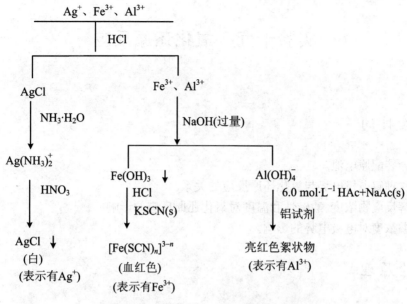

图 2.29　Ag^+、Fe^{3+}、Al^{3+} 混合离子的鉴定

五、思考题

1. 将 10 mL 0.1 mol·L^{-1} HAc 溶液加到 10 mL 0.2 mol·L^{-1} HCl 溶液中,所得溶液是否有缓冲作用? 这个溶液的 pH 值是多少?

2. 酸度、加热对盐类水解有何影响? 怎样配制 $FeCl_3$ 溶液?

3. 如何正确使用离心机?

4. 用滴管吸取沉淀上面的清液时,为什么要在试管外将胶头内空气排尽后再伸入清液中?

附注

性质实验报告的格式,见表 2.12。

表 2.12　性质实验报告的格式

实验内容	现象	化学反应式或解释
① 1 mL 0.1 mol·L^{-1} HCl+1 滴甲基橙; 1 mL 0.1 mol·L^{-1} HAc+1 滴甲基橙		
② 1 mL 0.1 mol·L^{-1} NH_3·H_2O+1 滴甲基橙, 再加 0.1 mol·L^{-1} HCl		

实验十九　氧化还原反应

一、实验目的

1. 学会装配原电池。
2. 加深理解电极电势与氧化还原反应的关系。
3. 了解反应物浓度、酸碱性和温度对氧化还原反应的影响。
4. 掌握浓度对电极电势的影响。

二、实验原理

参加反应的物质间有电子转移或偏移的化学反应称为氧化还原反应。在氧化还原反应中，还原剂失去电子被氧化，元素的氧化值增大；氧化剂得到电子被还原，元素的氧化值减小。物质的氧化还原能力的大小可以根据相应的电对电极电势的大小来判断。电极电势大的氧化型氧化能力强；电极电势小的还原型还原能力强。

根据电极电势的大小可以判断氧化还原反应的方向。当氧化剂电对的电极电势大于还原剂电对的电极电势时，即 $E = \varphi_+ - \varphi_- = \varphi_氧 - \varphi_还 > 0$ 时，反应能正向自发进行。当氧化剂电对和还原剂电对的标准电极电势相差较大时如（$>0.2\ V$），通常可以用标准电极电势判断反应的方向。

由电极反应的能斯特（Nernst）方程式可以看出浓度对电极势的影响，298.15 K 时

$$\varphi = \varphi^\ominus + \frac{0.059\,2\ V}{n} \lg \frac{c(氧化型)}{c(还原型)}$$

$c(氧化型)$包括参与氧化型反应的其他物质浓度，$c(还原型)$包括参与还原型反应的其他物质浓度。所以有 H^+ 和 OH^- 参与的反应，介质的酸碱性即 pH 值都会对电极电势产生影响，当 H^+ 和 OH^- 在电极反应中的方次数比较高，对电极电势影响就大。有时也影响反应的产物，例如，在酸性、中性和碱性溶液中，MnO_4^- 的还原产物分别为 Mn^{2+}、MnO_2 和 MnO_4^{2-}。

三、器材与试剂

1. 仪器和材料

电极（锌片、铜片、铁片或铁钉、碳棒）、导线、砂纸、试管、烧杯（100 mL、250 mL）、伏特计（或酸度计）、表面皿、U 形管、直流电源。

2. 试剂

浓 HCl、2 mol·L^{-1} HNO$_3$、6 mol·L^{-1} HAc、1 mol·L^{-1} H$_2$SO$_4$、NaOH(6 mol·L^{-1}、40%)、浓氨水、ZnSO$_4$(0.01 mol·L^{-1}、1 mol·L^{-1})、1 mol·L^{-1} CuSO$_4$、0.1 mol·L^{-1} KI、0.1 mol·L^{-1} KBr、0.1 mol·L^{-1} FeCl$_3$、0.1 mol·L^{-1} Fe$_2$(SO$_4$)$_3$、0.1 mol·L^{-1} FeSO$_4$、3% H$_2$O$_2$、0.1 mol·L^{-1} KIO$_3$、溴水、碘水、饱和氯水、饱和 KCl、CCl$_4$、酚酞指示剂、0.5% 淀粉溶液、0.1 mol·L^{-1} Na$_2$SO$_3$、0.01 mol·L^{-1} KMnO$_4$、NH$_4$F(s)、饱和食盐水。

四、实验步骤

1. 浓度对电极电势的影响

（1）往一只小烧杯中加入约 30 mL 1 mol·L^{-1} ZnSO$_4$ 溶液,在其中插入锌片,往另一只小烧杯中加入约 30 mL 1 mol·L^{-1} CuSO$_4$ 溶液,在其中插入铜片。用盐桥将二烧杯相连,组成一个原电池(图 2.30)。用导线将锌片和铜片分别与伏特计(或酸度计)的负极和正极相接,测量两极之间的电压(如果实验时水温接近零摄氏度,又不便升高温度,请用 0.5 mol·L^{-1} ZnSO$_4$ 和 0.5 mol·L^{-1} CuSO$_4$溶液)。

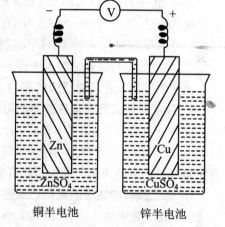

在 CuSO$_4$ 溶液中注入浓氨水直至生成的沉淀溶解为止,形成深蓝色溶液

$$Cu^{2+} + 4NH_3 \rightleftharpoons [Cu(NH_3)_4]^{2+}$$

测量电压,观察有何变化。

再于 ZnSO$_4$ 溶液中注入浓氨水直至生成的沉淀溶解为止

$$Zn^{2+} + 4NH_3 \rightleftharpoons [Zn(NH_3)_4]^{2+}$$

铜半电池　　　锌半电池

图 2.30　Cu/Zn 原电池

测量电压,观察又有什么变化,并利用能斯特方程式来解释实验现象。

盐桥用 U 形管装满饱和 KCl 溶液,两端用脱脂棉塞紧。

（2）自行设计并测定浓差电池的电动势,将实验值与计算值比较。

$$Zn \mid ZnSO_4(0.01 \text{ mol·L}^{-1}) \parallel ZnSO_4(1 \text{ mol·L}^{-1}) \mid Zn$$

2. 比较电对的电极电势大小

（1）在试管中加入 0.5 mL 0.1 mol·L^{-1} KI 溶液和 2 滴 0.1 mol·L^{-1} FeCl$_3$ 溶液。摇匀后加入 0.5 mL CCl$_4$,观察 CCl$_4$ 层颜色有无变化。

（2）用 0.1 mol·L^{-1} KBr 溶液代替 KI 溶液进行同样实验,观察现象。

（3）往两支试管中分别加入 3 滴碘水、溴水,然后加入约 0.5 mL 0.1 mol·L^{-1} FeSO$_4$ 溶液,摇匀后,加入 0.5 mL CCl$_4$,充分振荡,观察 CCl$_4$ 层有无变化。

根据以上实验结果,定性地比较 Br$_2$/Br$^-$、I$_2$/I$^-$ 和 Fe^{3+}/Fe^{2+} 三个电对的电极电势。

3. 酸度对氧化还原反应的影响

（1）酸度的影响

① 在 3 支均盛有 0.5 mL 0.1 mol·L^{-1} Na$_2$SO$_3$ 溶液的试管中,分别加入 0.5 mL 蒸馏水和 0.5 mL 1 mol·L^{-1} H$_2$SO$_4$ 溶液及 0.5 mL 6 mol·L^{-1} NaOH 溶液,混合均匀后,再各滴入 2 滴 0.01 mol·L^{-1} KMnO$_4$ 溶液,观察颜色的变化有何不同,写出反应式。

② 在试管中加入 0.5 mL 0.1 mol·L^{-1} KI 溶液和 2 滴 0.1 mol·L^{-1} KIO$_3$ 溶液,再滴加几滴淀粉溶液,混合后观察溶液的颜色有无变化。然后加 2～3 滴 1 mol·L^{-1} H$_2$SO$_4$ 溶液酸化混合液,观察有什么变化,最后滴加 2～3 滴 6 mol·L^{-1} NaOH 使混合液显碱性,再观察有什么变化。写出有关反应式。

（2）浓度的影响

① 往盛有 H$_2$O、CCl$_4$ 和 0.1 mol·L^{-1} Fe$_2$(SO$_4$)$_3$ 各 0.5 mL 的试管中加入 0.5 mL 0.1 mol·L^{-1} KI 溶液,振荡后观察 CCl$_4$ 层的颜色。

② 往盛有 H$_2$O、CCl$_4$ 和 0.1 mol·L^{-1} FeSO$_4$(试剂中可放入铁钉,防止空气中氧把亚铁氧化成三价铁)各 0.5 mL 的试管中,加入 0.5 mL 0.1 mol·L^{-1} KI 溶液,振荡后观察 CCl$_4$ 层的颜色。观察与上一步骤中 CCl$_4$ 层颜色有何区别。

③ 在实验①的试管中加入少许 NH$_4$F 固体,振荡,观察 CCl$_4$ 层颜色的变化。

说明浓度对氧化还原反应的影响。

4. 酸度对氧化还原反应速率的影响

在两支各盛 0.5 mL 0.1 mol·L^{-1} KBr 溶液的试管中,分别加入 0.5 mL 1 mol·L^{-1} H$_2$SO$_4$ 和 6 mol·L^{-1} HAc 溶液,然后各加入 2 滴 0.01 mol·L^{-1} KMnO$_4$ 溶液,观察 2 支试管中紫红色褪去的速率。分别写出有关反应方程试。

5. 氧化数居中物质的氧化还原性

（1）在试管中加入 0.5 mL 0.1 mol·L^{-1} KI 和 1 mol·L^{-1} H$_2$SO$_4$,再加入 1～2 滴 3‰ H$_2$O$_2$,观察试管中溶液颜色的变化。

（2）在试管中加入 2 滴 0.01 mol·L^{-1} KMnO$_4$ 溶液,再加入 3 滴 1 mol·L^{-1} H$_2$SO$_4$ 溶液,摇匀后滴加 2 滴 3‰ H$_2$O$_2$,观察溶液颜色的变化。

6. 电解食盐水

将饱和食盐水装入 U 形管中,以铁棒为阴极,炭棒为阳极,在 U 形管两端电极附近各滴入 2 滴酚酞溶液。接通 12 V 左右的直流电源。

接通电源后,两极将会出现什么现象? 电解产物是什么? 如何解释? 写出电解反应方程式。用湿的淀粉 KI 试纸放在阳极一边的管口,验证你的推论。

五、思考题

1. 从实验结果讨论氧化还原反应和哪些因素有关?

2. 什么是浓差电池? 根据能斯特方程计算本实验条件下的浓差电池的电动势。

3. 介质对 $KMnO_4$ 的氧化性有何影响？

4. H_2O_2 为什么既具有氧化性，又具有还原性？

实验二十　氢氧化镍溶度积的测定

一、实验目的

1. 掌握 pH 滴定法测定氢氧化物溶度积的原理和方法。
2. 了解难溶金属氢氧化物形成的 pH 值与金属离子浓度之间的关系。
3. 进一步了解酸度计的结构和基本原理，学会酸度计的使用方法。

二、实验原理

难溶盐的溶度积的测定可分为观察法和分析法。观察法是在一定温度下用两种分别含有难溶盐组分离子的已知浓度的溶液在搅拌下逐滴混合，当产生的沉淀不再消失时，根据形成沉淀时离子的浓度计算出难溶盐溶度积。这种方法简单易行，不需要复杂的仪器装置，但准确度不高，误差较大。分析法是采用分析化学的手段直接或间接测定难溶盐饱和溶液中各组分离子的浓度，再计算难溶盐的溶度积的方法。常用的方法有分光光度法、电导法、pH 滴定法等。

本实验是用 pH 滴定法测定 $Ni(OH)_2$ 饱和溶液中 Ni^{2+} 的浓度和溶液 pH，从而计算 $Ni(OH)_2$ 的溶度积。

$Ni(OH)_2$ 溶度积可用下式表示

$$a(Ni^{2+}) \times a^2(OH^-) = K_{sp}^\ominus \qquad ①$$

由于 $a(H^+) \times a(OH^-) = K_w^\ominus$，则 $a(Ni^{2+}) \times \left[\dfrac{K_w^\ominus}{a(H^+)}\right]^2 = K_{sp}^\ominus$。取对数

$$\lg a(Ni^{2+}) + 2\lg\left(\frac{K_w^\ominus}{a_{H^+}}\right) = \lg K_{sp}^\ominus$$

$$pH = 0.5\lg K_{sp}^\ominus - 0.5\lg a(Ni^{2+}) - \lg K_w^\ominus \qquad ②$$

式中，pH 是实验时需测定的值，$K_w^\ominus$ 水的离子积 1.0×10^{-14}，$a(Ni^{2+})$ 镍离子的活度。

用 NaOH 溶液滴定 $NiSO_4$ 稀溶液时，在 $Ni(OH)_2$ 沉淀前，碱只消耗于中和溶液的 H^+，溶液的 pH 增加很快；当 $Ni(OH)_2$ 开始沉淀时，加入的 NaOH 与 Ni^{2+} 结合生成难溶的 $Ni(OH)_2$，溶液的 pH 基本保持不变，直到金属离子沉淀接近完全；继续滴加碱使 pH 又很快升高。以 pH 对滴定消耗的 NaOH 的体积作图，得到如图 2.31 所示的 pH 滴定曲线。

滴定曲线的水平台阶相应的 pH 即为形成 $Ni(OH)_2$ 的 pH。开始沉淀时 $NiSO_4$ 的浓度

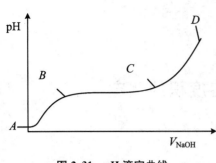

图 2.31　pH 滴定曲线

以 $Ni(OH)_2$ 析出到沉淀结束所消耗的 NaOH 的体积计算，即 $pH\text{-}V(NaOH)$ 图 2.32 中 BC 段是 NaOH 所消耗的体积，这样可按②式计算出 $Ni(OH)_2$ 的溶度积。

三、器材与试剂

1. 仪器与材料

酸度计、磁力搅拌器、复合电极、碱式滴定管。

2. 试剂

$1.0\ mol\cdot L^{-1}\ NiSO_4$、$0.1\ mol\cdot L^{-1}\ NaOH$ 标准溶液、邻苯二甲酸氢钾(s)、酚酞溶液。

四、实验内容

1. 酸度计的校正

见实验十六后的附注。

2. pH 值的测量

量取 1 mL $0.1\ mol\cdot L^{-1}\ NiSO_4$ 溶液置于 100 mL 的容量瓶中，稀释至刻度，倒入烧杯，复合电极插入 $NiSO_4$ 溶液中，在磁力搅拌（或玻棒搅拌）下，从 25 mL 碱式滴定管中滴入 $0.01\ mol\cdot L^{-1}\ NaOH$ 标准溶液。开始时，每次滴入约 0.2 mL，读一次溶液的 pH 和碱式滴定管中累计所消耗的 NaOH 体积，滴定时间间隔为 1～2 min，待溶液的 pH 不变，改为每次约 1 mL，继续滴加 $0.01\ mol\cdot L^{-1}\ NaOH$ 溶液，pH 再次上升，直至 $pH \approx 10$ 为止。

3. NaOH 标准溶液的标定

准确称取 0.4～0.5 g 邻苯二甲酸氢钾标定 NaOH 溶液的浓度。具体方法见本书《分析化学实验》部分。

4. 数据记录与处理

（1）数据记录

邻苯二甲酸氢钾质量_____　　NaOH 标准溶液浓度_____

表 2.13　pH 滴定曲线数据记录

滴入 NaOH 的体积									
pH									

表格可根据测定的数值多少而改变长度。

（2）数据处理

作 $pH\text{-}V(NaOH)$ 图，确定形成 $Ni(OH)_2$ 沉淀时溶液的 pH 和 $NiSO_4$ 的浓度，代入②式计算 $Ni(OH)_2$ 的 $K_{sp}^{\ominus}$。

五、思考题

1. 以 $NiSO_4$ 的浓度代替 $a(Ni^{2+})$ 计算 $K_{sp}^{\ominus}$ 对结果有何影响？
2. 如何计算开始形成 $Ni(OH)_2$ 沉淀时溶液中 Ni^{2+} 的浓度？
3. 试述用酸度计测定溶液 pH 值的操作时，应注意什么问题？

实验二十一　$I_3^- \rightleftharpoons I^- + I_2$ 平衡常数的测定

一、实验目的

1. 测定 $I_3^- \rightleftharpoons I^- + I_2$ 的平衡常数。
2. 加强对化学平衡、平衡常数的理解并了解平衡移动的原理。
3. 练习滴定操作。

二、实验原理

碘溶于碘化钾溶液中形成 I_3^- 离子，并建立下列平衡

$$I_3^- \rightleftharpoons I^- + I_2$$

温度一定时

$$K^{\ominus} = \frac{a(I^-)a(I_2)}{a(I_3^-)} = \frac{\gamma(I^-) \cdot \gamma(I_2)}{\gamma(I_3^-)} \cdot \frac{\dfrac{c(I^-)}{c^{\ominus}} \times \dfrac{c(I_2)}{c^{\ominus}}}{\dfrac{c(I_3^-)}{c^{\ominus}}}$$

稀溶液 $\dfrac{\gamma(I^-) \cdot \gamma(I_2)}{\gamma(I_3^-)} \approx 1$，则

$$K^{\ominus} \approx \frac{\dfrac{c(I^-)}{c^{\ominus}} \times \dfrac{c(I_2)}{c^{\ominus}}}{\dfrac{c(I_3^-)}{c^{\ominus}}} = \frac{c(I^-)c(I_2)}{c(I_3^-)}$$

为了测定平衡时的 $c(I^-)$、$c(I_2)$、$c(I_3^-)$，可用过量的固体碘与已知浓度的碘化钾溶液一起振荡，达平衡后，取上层清液，用标准的硫代硫酸钠溶液滴定

$$2Na_2S_2O_3 + I_2 =\!=\!= 2NaI + Na_2S_4O_6$$

由于溶液中存在着 $I_3^- \rightleftharpoons I^- + I_2$ 的平衡，所以上述滴定测到的是平衡时 I_2 和 I_3^- 的总浓度 c，则 $c = c(I_2) + c(I_3^-)$，$c(I_2)$ 可通过在相同的温度条件下，测定过量固体碘与水处于平

衡时,溶液中碘的浓度 c' 来代替。即

$$c' = c(I_2)$$

$$c(I_3^-) = c - c(I_2) = c - c'$$

又从 $I_3^- \rightleftharpoons I^- + I_2$ 的平衡可知,每形成一个 I_3^- 就需要一个 I^-,所以平衡时有

$$c(I^-) = c_0 - c(I_3^-)$$

式中 c_0 是碘化钾的起始浓度,将 $c(I_2)$、$c(I_3^-)$、$c(I^-)$ 代入平衡常数表达式中,就可求得此温度下的平衡常数。

三、器材与试剂

1. 仪器与材料

量筒、吸量管、移液管、碱式滴定管、碘量瓶、锥形瓶、洗耳球。

2. 试剂

$0.0100\ mol \cdot L^{-1}\ KI$、$0.0200\ mol \cdot L^{-1}\ KI$、$0.0050\ mol \cdot L^{-1}\ Na_2S_2O_3$(标准溶液)、$0.5\%$ 淀粉溶液、$I_2(s)$。

四、实验步骤

1. 在 3 个干燥的碘量瓶中(分别标上 1、2、3 号)各注入 80 mL $0.0100\ mol \cdot L^{-1}$ KI、80 mL $0.0200\ mol \cdot L^{-1}$ KI、200 mL 的蒸馏水,再在每瓶中各加入 0.5 g 研细的碘,盖好瓶塞。

2. 将上述 3 只瓶子在室温下震荡 30 min,然后静置 10 min,取上层清液进行滴定。

3. 用 10 mL 的移液管取 1 号瓶上层清液 2 份,分别注入 250 mL 的锥型瓶中,再加入 40 mL 蒸馏水,用标准 $Na_2S_2O_3$ 溶液滴定至淡黄色时,加入 2 mL 淀粉溶液,此时溶液呈蓝色,继续滴至蓝色刚刚消失。记下 $V(Na_2S_2O_3)$。同样方法滴定另一份样品。

用同样方法滴定 2 号瓶的上层清液。

4. 用 50 mL 移液管取 3 号瓶的上层清液 2 份,用标准 $Na_2S_2O_3$ 溶液滴定之,方法同上。

注:测定平衡常数严格地说应在恒温条件下进行。如使用恒温水浴测定 25 ℃时的反应平衡常数,其实验步骤变更如下:首先将恒温水浴的温度调至 25 ℃(± 0.5 ℃),然后将装有配好溶液的 3 只碘量瓶激烈振荡 15 min,再置于恒温水浴中。每隔 10 min 取出激烈振荡 $0.5 \sim 1$ min。三次振荡后,在水浴中静置 15 min。滴定步骤同前。

5. 记录数据于表 2.14 中并处理之。用 $Na_2S_2O_3$ 标准溶液滴定碘时,相应的碘的浓度计算方法如下:

对于 1、2 号瓶来说:$c = \dfrac{c(Na_2S_2O_3) \cdot V(Na_2S_2O_3)}{2V(KI-I_2)}$;

对于 3 号瓶来说:$c' = \dfrac{c(Na_2S_2O_3) \cdot V(Na_2S_2O_3)}{2V(H_2O-I_2)}$。

本实验测定 $K^\ominus$ 值在 $1.0 \times 10^{-3} \sim 2.0 \times 10^{-3}$ 范围内合格（25 ℃，文献值 $K^\ominus = 1.5 \times 10^{-3}$）。

表 2.14 平衡常数实验数据处理

瓶 号		1	2	3
取样体积 V(mL)				
$Na_2S_2O_3$ 溶液的用量/mL	I			
	II			
	平均			
$Na_2S_2O_3$ 溶液的浓度/(mol·L^{-1})				
$c(I_2)$ 与 $c(I_3^-)$ 的总浓度/(mol·L^{-1})				/
水溶液中碘的平均浓度/(mol·L^{-1})		/	/	
$c(I_2)$/(mol·L^{-1})				/
$c(I_3^-)$/(mol·L^{-1})				/
c_0/(mol·L^{-1})				/
$c(I^-)$/(mol·L^{-1})				/
$K^\ominus$				/
$K^\ominus$（平均值）				/

五、思考题

1. 本实验中，碘的用量是否要准确称取？为什么？

2. 出现下列情况，将会对本实验产生何种影响？

(1) 所取碘的量不够。

(2) 3 只碘量瓶没有充分振荡。

(3) 在吸取清液时，不注意将沉在溶液底部或悬在溶液表面的少量固体碘带入吸量管。

参 考 文 献

[1] 北京师范大学无机化学教研室. 无机化学实验[M]. 3 版. 北京：高等教育出版社，2001.

[2] 大连理工大学无机化学教研室. 无机化学实验[M]. 2 版. 北京：高等教育出版社，2006.

[3] 华中师范大学等四校. 分析化学实验[M]. 3 版. 北京：高等教育出版社，2001.

[4] 武汉大学. 分析化学实验[M]. 5 版. 北京：高等教育出版社，2011.

[5] 王伦，方宾. 化学实验[M]. 北京：高等教育出版社，2003.

[6] 邱金恒，孙尔康，吴强. 物理化学实验[M]. 北京：高等教育出版社，2010.

[7]　曾昭琼.有机化学实验[M].3版.北京:高等教育出版社,2000.

[8]　王玉良,陈华.有机化学实验[M].2版.北京:化学工业出版社,2009.

[9]　郭书好.有机化学实验[M].武汉:华中科技大学出版社,2008.

[10]　蔡会武,曲建林.有机化学实验[M].西安:西北工业大学出版社,2007.

[11]　李莉.有机化学实验[M].北京:石油工业出版社,2008.

[12]　徐国财.有机化学实验指导[M].合肥:安徽科学技术出版社,2006.

[13]　廖蓉苏,丁来欣.有机化学实验[M].北京:中国林业出版社,2004.

第三章　分析化学实验

本章涉及玻璃量器的校正、酸碱滴定法、络合滴定法、氧化还原滴定法、重量分析法及可见吸光光度法的 16 个实验。其中,实验五为设计性实验,实验十六为综合性实验,其余为验证性实验。"实验二、实验五至实验七、实验九至实验十一、实验十四和实验十六"10个实验为化学类本科专业必做实验,其余 6 个为选做,旨在认识分析天平和滴定管以及称量操作和滴定操作的基础上,学习常见定量滴定分析法,巩固常见定量仪器的操作技能,学习简单仪器分析方法(可见光区的光度分析方法),掌握常量组分的定量分析的基本知识、基本理论和操作技能及实验数据的处理,建立严格的"量"的概念,养成良好的实验习惯和严谨的科学作风。

实验一　容量器皿的校正

一、实验目的

1. 了解容量器皿校正的意义,学习容量器皿校正的方法。
2. 初步学会称量法校正滴定管以及三种量器之间的相对校正方法。

二、实验原理

滴定管、移液管和容量瓶是分析化学实验中最常用的玻璃量器,其刻度和标示容量都有一定的容量误差。经过使用后,其容积常会发生变化,实际容量误差与标示值不符。因此,在准确度要求较高的分析测试中,常需要对自己使用的一套量器进行校正,得出校正值,从而修正测定容量值。

量器校正的方法有两种,一种是称量法,另一种是量器之间相对校正法。

1. 称量校正法

用分析天平称量被校正容器中量入或量出的纯水的质量,根据实验温度下水的密度计算出量器的实际容积,得出 20 ℃时容量为 1 L 的玻璃容器的容积。

例如,某支 25 mL 移液管在 27 ℃放出的纯水质量为 24.912 g,查不同温度下水的密度

表,得到 27 ℃时水的密度为 995.69 g·mL^{-1},则该移液管在 20 ℃时的容积为

$$V_{20} = \frac{24.912\ g}{995.69\ g \cdot mL^{-1}} = 25.02\ mL$$

故这支移液管的校正值为 25.02 mL−25.00 mL=+0.02 mL。

注意:校正时务必正确,认真仔细进行操作,尽量减少校正误差。校正次数不得少于两次,两次平行值的偏差应不超过该量器的容量允差的 1/4,并取其平均值为校正值。

2. 相对校正法

当只要求两种容器直接有一定的比例关系时,可用相对校正法,特别是经常配套使用用的移液管和容量瓶。相对校正法的做法是:将要校正的容量瓶先洗净并倒立晾干,再用移液管移取相同标示体积的纯水放入该容量瓶,比较瓶颈处水的弯月面下缘是否和刻度线相切。若不相切,则在弯月面下缘重新作一标记线,使用时,两者配套时以此刻度线为准。

三、实验器材

分析天平、滴定管(50 mL)、容量瓶(100 mL)、移液管(25 mL)、碘量瓶(50 mL)。

四、实验步骤

1. 滴定管的校正

先测定实验时的水温。按容量器皿洗涤要求洗净碘量瓶,干燥。取若干个该碘量瓶(编号)用结实的纸条拿取放在分析天平上分别称重,读至 0.001 g 位,记录 m_0。

在按规定方法处理好的滴定管中盛装纯水,调至 0.00 mL 刻度处,从滴定管中放出 10.00 mL 至碘量瓶中,盖上瓶塞,称重,记录 m_1。按此法分别放出 0~20 mL、0~25 mL、0~30 mL、0~35 mL 于相应的碘量瓶中,分别称重,记录 m_2、m_3、m_4、m_5。计算出不同刻度下水的质量,分别除以实验温度下的水的密度,得到 20 ℃时水的实际体积 V_{20}。每个刻度校正实验平行两次,水的质量相差应小于 0.02 g。求出两次平行测定的平均值,以标示体积 V_0 为横坐标,以校正值($V_{20} - V_0$)为纵坐标,绘制滴定管校正曲线。

2. 移液管和容量瓶的相对校正

取 100 mL 容量瓶洗净并倒立晾干,用 25 mL 移液管移取纯水放入该容量瓶,共移取四次,观察容量瓶内水的弯月面下缘,若和原刻度线不相切,用胶带在瓶颈处水的弯月面下缘另作标记。

五、数据记录与处理

表 3.1　滴定管的校正表

V_0/mL	m(瓶+水)/g	m(瓶)/g	m(水)/g	室温下的水的密度 /(g·mL^{-1})	V_{20}/mL	$(V_{20}-V_0)$/mL 校正值
0.00~10.00						

六、思考题

1. 在实验中为什么要将碘量瓶干燥、容量瓶晾干？平时在使用容量瓶时要将其晾干吗？

2. 如何使用容量器皿的校正值？

3. 如何测试实验时的水温？

实验二　食用白醋中醋酸浓度的测定

一、实验目的

1. 了解基准物质邻苯二甲酸氢钾的性质及其应用

2. 掌握 NaOH 标准溶液的配制、标定的操作。

3. 掌握强碱滴定弱酸的反应原理及指示剂的选择。

4. 巩固分析天平操作,熟悉滴定操作方法,学习移液管和容量瓶等量器的正确使用。

二、实验原理

1. 食用白醋中的主要成分为醋酸,醋酸的 $K_a=1.8\times10^{-5}$,可用标准 NaOH 溶液直接滴定,滴定终点产物是醋酸钠,滴定突跃在碱性范围内,pH≈8.7,选用酚酞作指示剂。从而测得其中醋酸的含量。反应方程式为

$$HAc+NaOH =\!\!=\!\!= NaAc+H_2O$$

2. NaOH 标准溶液采用标定法。这是因为 NaOH 固体易吸收空气中的 CO_2 和水蒸气,

故只能选用标定法来配制。常用来标定碱标准溶液的基准物质有邻苯二甲酸氢钾、草酸等。本实验用基准物质邻苯二甲酸氢钾标定,滴定产物为邻苯二甲酸钠钾,滴定突跃在碱性范围内,pH≈9,用酚酞作指示剂。反应方程式为

$$\text{COOH} \atop \text{COOK} + NaOH = \text{COONa} \atop \text{COOK} + H_2O$$

三、器材与试剂

1. 仪器与材料

台秤、半(全)自动电光分析天平(或电子分析天平)、称量瓶、量筒(10 mL)、烧杯(500 mL)、聚氯乙烯试剂瓶(1 000 mL)、碱式滴定管(50 mL)、锥形瓶(250 mL)、移液管(25 mL)、容量瓶(250 mL)、电炉。

2. 试剂

NaOH(s)(AR)、酚酞指示剂(0.2%乙醇溶液)、食用白醋(市售)、邻苯二甲酸氢钾($KHC_8H_4O_4$)基准物质(烘干温度100～125 ℃)。

四、实验步骤

1. 0.1 mol·L⁻¹ NaOH 标准溶液的配制

用台秤称取4.0 g NaOH固体于500 mL烧杯中,加去离子水溶解,然后转移至试剂瓶(聚乙烯)中,用去离子水稀释至1 000 mL,充分摇匀,贴上标签(溶液名称、配制人姓名、配制日期),摇匀备用。

2. 0.1 mol·L⁻¹ NaOH 溶液的标定

准确称取邻苯二甲酸氢钾0.4～0.8 g三份,分别置于250 mL锥形瓶中,各加入30～40 mL热水溶解(或加纯水后温热),冷却后,加入3滴酚酞指示剂,用NaOH溶液滴定至溶液刚好由无色变为微红色且30 s内不褪,停止滴定。记录终点消耗的NaOH体积。根据所消耗NaOH溶液的体积,计算NaOH标准溶液的浓度。平行实验三次,计算三次结果的相对平均偏差。

3. 白醋中醋酸浓度的测定

移取25.00 mL食用白醋于250 mL容量瓶中,用去离子水稀释到刻度,摇匀。准确移取25.00 mL已稀释的白醋溶液于锥形瓶中,加20～30 mL去离子水,加入3滴酚酞指示剂,用NaOH标准溶液滴定至溶液刚好出现淡红色,并在30s内不褪,即为终点。根据所消耗NaOH溶液的体积,计算原市售白醋中醋酸的含量(g/100 mL)。平行实验三次,计算三次结果的相对平均偏差。

五、数据记录与处理

表 3.2　氢氧化钠溶液的标定

	1	2	3
称量瓶＋KHP 质量			
称量瓶＋剩余 KHP 质量			
KHP 质量 m/g			
NaOH 最后读数			
NaOH 最初读数			
NaOH 体积/mL			
计算公式	$c_{\text{NaOH}} = \dfrac{1\,000\,m(\text{KHP})}{V(\text{NaOH}) \cdot M(\text{KHP})}$		
NaOH 浓度 c/(mol·L^{-1})			
平均值			
相对平均偏差			

表 3.3　食醋中醋酸含量测定

	1	2	3
食用白醋体积 $V_{\text{试}}$/mL			
白醋定容体积 $V_{\text{容}}$/mL			
白醋移取体积 $V_{\text{移}}$/mL			
NaOH 最后读数			
NaOH 最初读数			
NaOH 体积/mL			
NaOH 浓度/(mol·L^{-1})			
计算公式	$\text{HAc}(\text{g/100 mL}) = \dfrac{(cV)(\text{NaOH})M(\text{HAc})}{1\,000\,V_{\text{试}} \cdot V_{\text{移}}/V_{\text{容}}} \times 100$		
HAc/(g/100 mL)			
平均值			
相对平均偏差			

六、思考题

1. 称取 NaOH 及 KHP 各用什么天平？为什么？

2. 已标定的 NaOH 在保存时，吸收了空气中的 CO_2，用它测定 HCl 溶液的浓度，若用酚酞作指示剂，对测定结果（HCl 溶液的浓度）产生何种影响（正误差、负误差、无影响）？改用甲基橙为指示剂，结果如何？

3. 测定食用白醋的醋酸含量，为什么选用酚酞作指示剂？能否用甲基橙或甲基红为指示剂？

4. 为什么酚酞变红须半分钟不褪色才为终点？半分钟后褪色是由什么引起的？

5. 实验中，需加入 30～40 mL 去离子水溶解 KHP，请问需要准确量取吗？量取的体积不准对滴定有影响吗？

附注

滴定分析基本技能训练
NaOH 标准溶液的标定及实验记录(GB/T601—2002)

（一）实验目的

1. 掌握 NaOH 标准溶液的标定方法。

2. 掌握分析天平的使用及掌握滴定基本操作。

3. 掌握分析数据的处理。

（二）实验原理

$$\text{苯环}\begin{array}{c}-COOH\\-COOK\end{array} +NaOH = \text{苯环}\begin{array}{c}-COOH\\-COOK\end{array} +H_2O$$

简写成：$KHP+NaOH = KNaP+H_2O$，$pH \approx 9$，选择酚酞（$pH=8\sim10$）。

在国家高级化学检验师的滴定分析基本技能训练之氢氧化钠标准溶液浓度测定检验操作现场测试中，常按国家标准 GB/T601-2002 来进行 NaOH 溶液的标定。一人需做四次平行实验，还要做空白值。滴定管的容积需进行校正，将室温下的体积进行温度补正到 20 ℃。例如：室温 15 ℃，滴定用去 25.00 mL HCl，换算成 20 ℃时的体积为

$$25.00+\frac{0.8\times25.00}{1\,000}=25.02\,(\text{mL})$$

温度补正值填写：+0.02。

最终 20 ℃标准溶液体积

$$V=\text{标准溶液体积}+\text{滴定管校正值}+\text{温度补正值}-\text{空白值}$$

（三）器材与试剂

1. 仪器与材料

分析天平、台秤、称量瓶、碱式滴定管（50 mL）、锥形瓶、电炉。

2. 试剂

NaOH 标准溶液（约 0.1 mol·L^{-1}）、邻苯二甲酸氢钾（KHC$_8$H$_4$O$_4$）基准物质（烘干温度 100～125 ℃）、酚酞（0.2％乙醇溶液）。

（四）实验步骤

1. 用电子分析天平（或分析天平）准确称取 0.7～0.8 g 已烘干的 KHP（邻苯二甲酸氢钾，$M=204.2$）四份于四只已编号的锥形瓶中，记下称量数据。

2. 将碱式滴定管洗净后，再用 NaOH 标准溶液洗 2～3 次，倒入 NaOH 标准溶液并调至零刻度（最好调至"0.00"），记下初读数。

3. 取一份 KHP 加入 60 mL 水溶解（若不溶可稍加热，冷却后），加入酚酞 2 滴，用 NaOH 标准溶液滴定至微红色，半分钟不褪色，即为终点，记下终点读数。

4. 平行实验四次。再取 60 mL 水作空白试验。

5. 计算 NaOH 标准溶液的浓度。

6. 测定结果判定。对测定结果判定，一人四平行测定结果极差的相对值不得大于重复性临界极差的相对值 0.15％；两人八平行测定结果极差的相对值不得大于重复性临界极差的相对值 0.18％。

（五）实验记录与处理

表 3.4　NaOH 标准溶液的标定及实验记录

测定次数	1	2	3	4
基准物质量 m/g				
标准溶液体积 V/mL				
滴定管校正值/mL				
标准溶液温度补正值/mL				
标准溶液体积（20 ℃）V_1/mL				
空白滴定溶液体积 V_2/mL				
消耗标准溶液体积（20 ℃）(V_1-V_2)/mL				
检验过程描述：				

依据标准　　GB/T601—2002

检验日期　　　　　　　　　　实验温度

滴定管编号＿＿＿＿＿＿＿＿＿＿＿　　检验状态＿＿＿＿＿＿＿＿＿＿＿＿

天平编号＿＿＿＿＿＿＿＿＿＿＿＿　　检验状态＿＿＿＿＿＿＿＿＿＿＿＿

1. 氢氧化钠标准溶液浓度计算公式：（注：邻苯二甲酸氢钾摩尔质量为 204.22 g·mol^{-1}）

   $c(mol \cdot L^{-1}) = $ ＿＿＿＿＿＿＿＿＿＿＿＿＿＿。

2. 氢氧化钠标准溶液浓度（mol·L^{-1}）：

   $c_1 = $＿＿＿＿＿＿；$c_2 = $＿＿＿＿＿＿；$c_3 = $＿＿＿＿＿＿；$c_4 = $＿＿＿＿＿＿；

   测定结果平均值：$c = $＿＿＿＿＿＿。

3. 测定结果判定（GB）。

4. 平行实验相对平均偏差计算与描述。

（六）思考题

1. 配制标准溶液应注意哪些问题？

2. 标准溶液在常温下一般保存多长时间？

3. 平行实验差值代表的是准确度还是精确度？

实验三　工业纯碱总碱度的测定

一、实验目的

1. 掌握 HCl 标准溶液的配制与标定。

2. 掌握用一种标准溶液标定另一种标准溶液的方法。

3. 掌握强酸滴定二元弱碱的过程、突跃范围及指示剂的选择。

4. 掌握定量转移操作的基本要点。

5. 巩固分析天平操作及移液管、容量瓶、酸式滴定管的操作。

二、实验原理

1. 工业纯碱的主要成分为 Na_2CO_3，还可能含有某些钠盐（如 NaOH 或 $NaHCO_3$ 及 NaCl）。欲测定其总碱度，常用 HCl 标准溶液滴定。根据滴定反应最终计量点的产物为饱和二氧化碳溶液，pH＝3.8，选用甲基橙为指示剂，结果以 Na_2O 的质量分数表示总碱度。

$$HCl + Na_2CO_3 \Longrightarrow H_2CO_3 + NaCl$$

2. 盐酸标准溶液采用间接配制法。常用于标定酸的基准物质有无水碳酸钠和硼砂，其浓度还可通过与已知准确浓度的 NaOH 标准溶液比较进行标定。可用实验二中所配已标定的 NaOH 溶液滴定盐酸，以确定盐酸的准确浓度。化学计量点时 pH＝7.00，选用甲基橙为指示剂。

三、器材与试剂

1. 仪器与材料

分析天平、称量瓶、酸式滴定管（50 mL）、移液管（20 mL、25 mL）、吸耳球、锥形瓶（250 mL）、量筒（10 mL）、烧杯、试剂瓶。

2. 试剂

浓盐酸（AR）、氢氧化钠标准溶液（已知准确浓度）、甲基橙指示剂（0.2%）、工业纯碱样品（可自制一定含量的碳酸钠）。

四、实验步骤

1. 0.1 mol·L⁻¹ HCl 标准溶液的配制

用量筒量取 4.5 mL 浓盐酸（约 12 mol·L⁻¹），倒入烧杯中，用去离子水稀释至 500 mL后，转移至试剂瓶中，充分摇匀，贴上标签，备用。

2. 0.1 mol·L⁻¹ HCl 标准溶液的标定

准确移取 25.00 mL 已标定的 NaOH 标准溶液于锥形瓶，加入 20～30 mL 水，加甲基橙指示剂 2 滴，摇匀，用待标定的 HCl 溶液滴定，至溶液恰由黄色变为橙色时为终点，记下读数。平行测定三次。计算 HCl 标准溶液的准确浓度和三次结果的相对平均偏差。

3. 总碱度的测定

准确称取纯碱样品 0.8～0.9 g 倾入小烧杯中，加少量水使其溶解。将溶液定量转入100 mL 容量瓶中，加水稀释到刻度，充分摇匀。平行移取试液 20.00 mL 3 份分别放入250 mL 锥形瓶中，加水约 25 mL，加入 2 滴甲基橙，用 HCl 标准溶液滴定由黄色恰变为橙色即为终点。记录 HCl 体积。平行测定三次。计算试样的总碱度（以氧化钠的质量分数表示）和三次结果的相对平均偏差。

五、数据记录与处理

表 3.5　盐酸浓度的标定

	1	2	3
NaOH 体积/mL			
NaOH 浓度/(mol·L⁻¹)			
HCl 最后读数			
HCl 最初读数			

续表

	1	2	3
HCl 体积/mL			
计算公式	$c(\text{HCl})=\dfrac{V(\text{NaOH})}{V(\text{HCl})}\times c(\text{NaOH})$		
HCl 浓度/(mol·L^{-1})			
平均值			
相对平均偏差			

表 3.6 总碱度的测定

	1	2	3
称量瓶＋试样质量			
称量瓶＋剩余试样质量			
试样质量 m/g			
试样定容体积 $V_容$/mL			
试样移取体积 $V_移$/mL			
HCl 终读数			
HCl 初读数			
HCl 体积/mL			
HCl 浓度/(mol·L^{-1})			
计算公式	$w(\text{Na}_2\text{O})=\dfrac{c(\text{HCl})V(\text{HCl})M(\text{Na}_2\text{O})}{2\,000mV_移/V_容}\times100$		
$w(\text{Na}_2\text{O})$			
平均值			
相对平均偏差			

六、思考题

1. 标准溶液的浓度应保留几位有效数字？

2. 在以 HCl 溶液滴定混合碱时，怎样使用甲基橙及酚酞两种指示剂来判断试样是由 $\text{NaOH}+\text{Na}_2\text{CO}_3$ 或 $\text{Na}_2\text{CO}_3+\text{NaHCO}_3$ 组成的？

3. 若工业纯碱样品含碳酸钠的质量分数约为 75％，其他成分为惰性杂质，请问采用 50 mL 滴定管时，应称取的试样的质量范围是多少？

4. 配制 500 mL 盐酸溶液时，使用哪些玻璃量器？写出名称和规格。

实验四　铵盐中氮含量的测定
——甲醛法

一、实验目的

1. 了解弱酸强化的基本原理。
2. 掌握甲醛法测定氨态氮的原理及操作方法。
3. 熟练掌握酸碱指示剂的选择原则。

二、实验原理

化肥中氮的含量是化肥质量的重要指标。对于无机肥料氯化铵和硫酸铵等强酸弱碱盐,其氮含量可用酸碱滴定法测定,但由于其质子酸 NH_4^+ 的酸性太弱($K_a = 5.6 \times 10^{-10}$),不能直接用 NaOH 标准溶液滴定,可通过加甲醛使其生成较强酸的方法进行间接滴定,从而测定此类铵盐中的氮含量。离子方程式为

$$4NH_4^+ + 6HCHO == (CH_2)_6N_4H^+ + 3H^+ + 6H_2O$$
$$(CH_2)_6N_4H^+ + 3H^+ + 4OH^- == (CH_2)_6N_4 + 4H_2O$$

用 NaOH 标准溶液滴定生成的酸,计量点产物为弱碱,$pH_{sp} \approx 9$,选择酚酞作指示剂。铵盐中常含游离酸,预先加 NaOH 中和(甲基红作指示剂)除去,甲醛易被空气中的 O_2 氧化生成甲酸,预先加 NaOH 中和除去(酚酞作指示剂)。

三、器材与试剂

1. 仪器与材料

分析天平、称量瓶、碱式滴定管(50 mL)、容量瓶(250 mL)、移液管(25 mL)、吸耳球、锥形瓶(250 mL)、量筒(25 mL)、烧杯。

2. 试剂

$(NH_4)_2SO_4$、甲醛(40%)、甲基红(0.2%)、酚酞(0.2%)、NaOH(0.1 mol·L^{-1})。

四、实验步骤

1. $(NH_4)_2SO_4$试样的配制

准确称取 1.5～1.6 g $(NH_4)_2SO_4$(若试样为试样 NH$_4$Cl 应称多少?)于小烧杯中,用适

量去离子水溶解,定量转移至 250 mL 容量瓶中,用水稀释至刻度,摇匀。

2. 甲醛溶液的处理

取原装甲醛(40%)溶液 12 mL 于小烧杯中,用水稀释一倍,加入 2 滴 0.2% 酚酞,用 0.1 mol·L^{-1} NaOH 标准溶液中和至甲醛溶液呈淡红色(不记读数)。思考这步操作的目的是什么?

3. 铵盐中氮含量的测定

移取试液 25.00 mL 放入 250 mL 锥形瓶中,加入 2 滴甲基红指示剂,溶液若为红色则小心滴加 0.1 mol·L^{-1} NaOH 溶液使溶液刚变成亮黄色(不记读数)。加入 8 mL 已中和过的 1∶1 甲醛溶液和 2 滴酚酞指示剂,摇匀,静置 1 min 后,用 0.1 mol·L^{-1} NaOH 标准溶液滴定至溶液由红色→亮黄色→微橙红色,持续半分钟不褪色即为终点,记下读数。平行测定三次。计算试样中的含氮量(用质量分数表示)和三次结果的相对平均偏差。

五、数据记录与处理

将实验结果记录于表 3.7 中。

表 3.7 氮含量的测量

称量瓶+$(NH_4)_2SO_4$ 质量			
称量瓶+剩余$(NH_4)_2SO_4$ 质量			
$(NH_4)_2SO_4$ 质量/g			
	1	2	3
$(NH_4)_2SO_4$ 定容体积 $V_容$/mL			
$(NH_4)_2SO_4$ 移取体积 $V_移$/mL			
NaOH 最后读数			
NaOH 最初读数			
NaOH 体积/mL			
NaOH 浓度/(mol·L^{-1})			
计算公式	$w(N)=\dfrac{(cV)_{NaOH}M_N}{1\,000m\cdot V_移/V_容}\times100$		
$w(N)$			
平均值			
相对平均偏差			

五、思考题

1. 为什么不能用 NaOH 直接滴定$(NH_4)_2SO_4$?

2. 为什么中和甲醛中的游离酸使用酚酞指示剂,而中和$(NH_4)_2SO_4$试样中的游离酸却使用甲基红指示剂?

3. 测定铵盐中的氮含量还可以用什么方法?

4. 碳酸氢铵中的含氮量能否用甲醛法测定?

实验五　酸碱滴定方案设计实验

一、实验目的

1. 培养学生查阅文献运用文献的能力。

2. 学习实验方案设计。

3. 综合运用酸碱滴定知识,掌握滴定分析的基本过程。

二、设计实验题目

1. 混合酸。某含有 HCl 和 NH_4Cl 的混合溶液,其 HCl 和 NH_4Cl 的浓度均约为 $0.1\,mol/L$,试设计一分析方案,分别测定它们的准确浓度。

2. 纯碱或烧碱各组分的分析。有一纯碱样品,其 Na_2CO_3 含量为 $70\%\sim75\%$,$NaHCO_3$ 在 $5\%\sim8\%$。试拟一分析方案,测定主产品 Na_2CO_3 和副产品 $NaHCO_3$ 的质量分数。

三、设计方案要求

1. 写出设计方法的原理(准确滴定的判别、分步滴定的判别、滴定剂的选择、计算计量点 pH、选择指示剂、分析结果的计算公式)。

2. 所需器材和试剂(用量、浓度、配制方法)。

3. 实验步骤(含标定、测定)。

4. 实验报告表格设计。

5. 讨论(注意事项、误差分析、体会)(实验后完成)。

6. 参考资料(作者、书(刊)名、出版社、年份、页码)。

四、过程安排

教师提前一周布置设计任务,学生选择题目拟订实验方案,交教师审阅后实施实验。

实验六 EDTA 标准溶液的配制与标定

一、实验目的

1. 了解 EDTA 标准溶液的配制方法和标定原理。
2. 理解置换滴定法提高终点变色敏锐性的原理。

二、实验原理

1. EDTA 溶液的配制

EDTA 酸难溶于水，通常使用其二钠盐配制标准溶液。市售 EDTA 二钠盐常含有 $0.3\%\sim0.5\%$ 的水分，且含有 EDTA 酸晶体。一级试剂需经过复杂的提纯过程才能得到。因此通常采用间接方法配制标准溶液。根据不同的测定对象，选择不同的基准试剂进行标定。

2. EDTA 溶液的标定

标定 EDTA 溶液常用的基准物有纯金属如锌、铅、铜、铁、镍等；金属氧化物或盐类如氧化锌、氧化铅、碳酸钙、硫酸镁、硫酸锌、硝酸铅等。标定 EDTA 溶液时，通常选用其中与被测物金属离子相同的物质作基准物。

采用 $CaCO_3$ 作基准物标定 EDTA，用钙指示剂确定终点，也可用铬黑 T(EBT) 作指示剂。但需在被测液中加入少量的 EDTA 镁盐或在未标定的 EDTA 溶液中加入少量饱和氯化镁，利用置换滴定法的原理来提高终点变色的敏锐性。滴定是在 $pH=10$ 氨缓冲溶液中进行的。

滴定前： $MgY+EBT(纯蓝色) \Longrightarrow Y+Mg\text{-}EBT(紫红色)$

滴定中： $Y+Ca \Longrightarrow CaY$

滴定终点： $Mg\text{-}EBT(紫红色)+Y \Longrightarrow MgY+EBT(纯蓝色)$

采用金属 Zn 或 ZnO 标定 EDTA 时，在 $pH=5\sim6$ 的缓冲溶液中，用二甲酚橙(XO)作指示剂。终点由紫红色变为黄色。

三、器材与试剂

1. 仪器与材料

台秤、分析天平、酸式滴定管、锥形瓶、移液管(25 mL)、容量瓶(250 mL)、烧杯、聚乙烯试剂瓶、量筒、表面皿。

2. 试剂

NaH$_2$Y·2H$_2$O(EDTA)(s)、CaCO$_3$(s)、HCl(1∶1)、三乙醇胺(1∶1)、NH$_3$/NH$_4$Cl 缓冲溶液(pH=10)、铬黑 T 指示剂(0.5 g·L^{-1})。

四、实验步骤

1. 0.02 mol·L^{-1} EDTA 标准溶液的配制

在台秤上称取 4.0 g EDTA 于烧杯中,用 200 mL 温水溶解,加 3 滴饱和 MgCl$_2$,稀释至 500 mL,转入聚乙烯试剂瓶中,摇匀,贴上标签。

2. 0.02 mol·L^{-1} EDTA 标准溶液的标定

准确称取 0.50~0.60 g CaCO$_3$,置于 100 mL 烧杯中,用少量水先润湿,盖上表面皿,慢慢滴加 HCl(1∶1)使固体全部溶解,过量至 5 mL,待其溶解后(加水 50 mL,微沸几分钟以除 CO$_2$),冷却后用少量水冲洗表面皿及烧杯内壁,小心按规定方法转入至容量瓶,多次用少量水冲洗烧杯内壁,洗涤液一同转入 250 mL 容量瓶中,最后用水稀释至刻度,摇匀。

移取 25.00 mL Ca^{2+} 溶液于锥形瓶中,加入 20 mL 氨性缓冲溶液,2~3 滴 EBT 指示剂。用 0.02 mol·L^{-1}EDTA 溶液滴定至溶液由紫红变为纯蓝色,即为终点。平行标定三次,计算 EDTA 溶液的准确浓度和相对平均偏差。

五、数据记录与处理

表 3.8 EDTA 标准溶液标定结果

	1	2	3
称量瓶+CaCO$_3$质量			
称量瓶+剩余 CaCO$_3$质量			
CaCO$_3$质量 m/g			
Ca^{2+} 定容体积 $V_容$/mL			
Ca^{2+} 移取体积 $V_移$/mL			
EDTA 最后读数			
EDTA 最初读数			
EDTA 体积/mL			
计算公式	$c_{EDTA}=\dfrac{1\,000m·V_移/V_容}{V_{EDTA}·M_{CaCO_3}}$		
EDTA 浓度/(mol·L^{-1})			
平均值			
相对平均偏差			

六、思考题

1. 配位滴定中为什么要加入缓冲溶液？本次实验是在什么缓冲溶液中进行的？为什么？

2. 用 Ca^{2+} 标准溶液标定 EDTA，用铬黑 T 作指示剂时，为什么标定前在 EDTA 中加入镁盐？这样是否影响以后分析？为什么？

3. 按题 2 方法（加入镁盐）测定钙的含量时能否在 pH 大于 13 时进行？为什么？

实验七　水的总硬度的测定

一、实验目的

1. 掌握水的总硬度的测定原理和方法。
2. 了解水的硬度的概念；知道镁硬、钙硬和总硬度。
3. 掌握络合滴定法中的直接滴定法。

二、实验原理

水的硬度的测定分为水的总硬度、镁硬、钙硬。水的总硬度是测定钙、镁总量，镁硬表示水中镁的含量，钙硬是测定钙的含量。水的总硬度包括暂时硬度和永久硬度。在水中以碳酸氢盐形式存在的钙盐和镁盐，加热能被分解，析出沉淀而除去，这类盐形成的硬度为暂时硬度；而钙、镁的硫酸盐、氯化物、硝酸盐等在加热时不能沉淀出，故为永久硬度。测定水的总硬度就是测定水中钙镁的总含量。

运用络合滴定法测定水的总硬度是在 pH＝10 的氨缓冲溶液下，用 EDTA 标准溶液滴定的。采用铬黑 T 作指示剂，水样中常含 Fe^{3+}、Al^{3+} 干扰滴定，测 Ca^{2+}、Mg^{2+} 总含量，需加三乙醇胺掩蔽（pH＜4）。

硬度表示方法有多种，我国目前主要有两种表示方法，一种是将所测得的钙、镁折算成 CaO 或 $CaCO_3$ 的质量，即用每升水中含有 CaO（$CaCO_3$）的毫克数表示，单位为 $mg \cdot L^{-1}$。另一种以度（°）计（称为德国度）：1 硬度单位表示 10 万份水中含 1 份 CaO（即每升水中含 10 mg CaO），$1° ＝ 10$ ppm CaO。我国生活饮用水卫生标准（GB5749—2006）规定以 $CaCO_3$ 计的硬度不得超过 450 $mg \cdot L^{-1}$。本实验以每升水含 $CaCO_3$ 的质量来表示总硬度。

水样中的钙、镁离子与铬黑 T 指示剂生成紫红色螯合物，其稳定常数小于钙、镁与 EDTA 形成螯合物的稳定常数，当 pH＝10（氨/氯化铵缓冲溶液）时，EDTA 先与钙离子反应，再与镁离子反应,滴定至终点时,溶液呈现铬黑 T 的纯蓝色。

$$滴定前: \quad MgY+EBT(纯蓝色) \rightleftharpoons Y+Mg\text{-}EBT(紫红色)$$

$$滴定中: \quad Y+Ca \rightleftharpoons CaY$$

$$Y+Mg \rightleftharpoons MgY$$

$$滴定终点: \quad Mg\text{-}EBT(紫红色)+Y \rightleftharpoons MgY+EBT(纯蓝色)$$

水样中常含 Fe^{3+}、Al^{3+} 等离子干扰滴定,测 Ca^{2+}、Mg^{2+} 含量时,加缓冲溶液前须加三乙醇胺掩蔽($pH<4$)。

三、器材与试剂

1. 仪器与材料

酸式滴定管、锥形瓶、移液管(100 mL)、烧杯。

2. 试剂

EDTA 标准溶液($0.02\ mol \cdot L^{-1}$)、三乙醇胺(1∶1)、NH_3/NH_4Cl 缓冲溶液($pH=10$)、HCl 溶液(1∶1)、铬黑 T(EBT)指示剂(0.05%)

四、实验步骤

用移液管移取水样 100.00 mL 于 250 mL 锥形瓶中,加入 1~2 滴 1∶1 HCl 溶液,煮沸数分钟除 CO_2 并冷却(水样中含钙、镁的碳酸氢盐较少时,此步可省略)。然后加入 5 mL 1∶1 三乙醇胺、5 mL 氨性缓冲溶液、3 滴铬黑 T(EBT)指示剂,立即用 $0.02\ mol \cdot L^{-1}$ EDTA 标准溶液滴定至溶液由紫红色变为纯蓝色,即为终点。平行测定三次。

五、数据记录与处理

将实验结果记录在表 3.9 中。

表 3.9　EDTA 测定水的总硬度结果

	1	2	3
水样体积/mL			
EDTA 浓度/(mol·L⁻¹)			
EDTA 最后读数			
EDTA 最初读数			
EDTA 体积/mL			
计算公式	$\dfrac{(cV)_{EDTA} \cdot M_{CaCO_3}}{V_{水样}} \times 1\,000$		

	1	2	3
$CaCO_3$ 的量/$(mg \cdot L^{-1})$			
平均值			
相对平均偏差			

六、思考题

1. 用 EDTA 法测定水的硬度时,主要存在哪些离子干扰? 如何消除?

2. 测定时加入三乙醇胺的作用是什么? 可否在加入缓冲溶液以后再加入三乙醇胺? 为什么?

3. 为什么测定前要加入少量盐酸并加热煮沸? 如省略此步骤可能会有什么影响?

实验八　石灰石、白云石中钙、镁含量的测定

一、实验目的

1. 掌握配位滴定法测定石灰石、白云石中钙、镁含量的原理和方法。

2. 了解用配位掩蔽和沉淀掩蔽提高配位滴定选择性的方法。

3. 进一步熟练滴定操作。

二、实验原理

石灰石的主要成分为 $CaCO_3$,同时还含有一定量的 $MgCO_3$、SiO_2、铁及铝等杂质。通常用酸溶解试样,采用配位滴定法测定钙、镁含量。

试样经酸溶解后,Ca^{2+}、Mg^{2+} 离子共存于溶液中。Fe^{3+}、Al^{3+} 等干扰离子,可用酒石酸钾钠或三乙醇胺掩蔽。调节溶液的酸度至 $pH \geqslant 12$,使 Mg^{2+} 生成氢氧化物沉淀,以钙指示剂指示终点,测定钙的含量。另取一份试液,用酒石酸钾钠或三乙醇胺将 Fe^{3+}、Al^{3+} 等干扰离子掩蔽后,调节 $pH \approx 10$ 时,以铬黑 T 为指示剂,用 EDTA 可直接测定溶液中钙和镁的总量。由总量减去钙的含量即得镁的含量。钙和镁的含量分别用氧化钙和氧化镁的质量分数表示。

三、器材与试剂

1. 仪器与材料

分析天平、移液管（25 mL）、称量瓶、酸式滴定管（50 mL）、容量瓶（250 mL）、移液管（25 mL）、吸耳球、锥形瓶、量筒、烧杯。

2. 试剂

EDTA 标准溶液（0.02 mol·L^{-1}，用 $CaCO_3$ 标定，指示剂为钙指示剂）、NaOH（6mol·L^{-1}）、HCl（1∶1）、三乙醇胺溶液（1∶1）、$NH_3·H_2O/NH_4Cl$ 缓冲溶液（pH=10）、钙指示剂（1%）、铬黑 T（EBT）指示剂（0.05%）、石灰石试样。

四、实验步骤

1. 试液的制备

准确称取石灰石 0.50～0.55 g 于 250 mL 烧杯中，加少量水湿润，盖上表面皿，滴加 6 mol·L^{-1} HCl 10 mL 至试样全部溶解。小火加热，作用停止后，冷却，转移到 250 mL 容量瓶中，稀释至刻度，摇匀。

2. 钙的测定

准确吸取试液 25.00 mL 于 250 mL 锥形瓶中，加水 20 mL 和三乙醇胺溶液 5 mL，摇匀。再加 NaOH 溶液 10 mL（pH=12～13），摇匀。放入钙指示剂 3 滴，用 0.02 mol·L^{-1}EDTA 标准溶液滴定至溶液由红色恰变蓝色，即达终点。计算试样中氧化钙的质量分数。平行三次，计算相对平均偏差。

3. 钙、镁总量的测定

准确吸取试液 25.00 mL 置于 250 mL 锥形瓶中，加水 20 mL，三乙醇胺 5 mL，再加 $NH_3·H_2O/NH_4Cl$ 缓冲溶液 20 mL（pH≈10），摇匀。最后加入铬黑 T 指示剂 3～4 滴，用 0.02 mol·L^{-1}EDTA 标准溶液滴定至溶液由红紫色恰变为纯蓝色，即达终点。计算钙、镁的总量，用差减法可算出 MgO 的质量分数。平行测定三次，计算相对平均偏差。

五、数据记录与处理表格

将实验结果记录于表 3.10 中。

表 3.10　EDTA 测定钙、镁含量结果

	1	2	3
称量瓶＋试样质量			
称量瓶＋剩余试样质量			

续表

	1	2	3
试样质量 m/g			
试样定容体积 $V_容$/mL			
试样移取体积 $V_移$/mL			
EDTA 最后读数（钙）			
EDTA 最初读数（钙）			
EDTA 体积（钙）/mL			
EDTA 浓度			
计算公式	$\omega(CaO)=\dfrac{c(EDTA)V(EDTA)\cdot M(CaO)}{1\,000m_试\cdot V_移/V_容}\times100\%$		
$\omega(CaO)$			
平均值			
相对平均偏差			
EDTA 最后读数（总）			
EDTA 最初读数（总）			
EDTA 体积（总）/mL			
计算公式	$\omega(MgO)=\dfrac{c(V_总-V_钙)(EDTA)\cdot M(MgO)}{1\,000m_试\cdot V_移/V_容}\times100\%$		
$\omega(MgO)$			
平均值			
相对平均偏差			

六、思考题

1. 用酸溶解石灰石试样时,怎样检查试样是否完全溶解?
2. 如何估算试样称量的质量?
3. 本实验中加入氨缓冲溶液和氢氧化钠溶液各起什么作用?

实验九 铋、铅混合液中 Bi^{3+}、Pb^{2+} 连续测定

一、实验目的

1. 了解 EDTA 滴定中的酸效应原理,更好地理解金属离子滴定的最低 pH 值的概念。
2. 掌握用 EDTA 进行连续滴定的方法。

二、实验原理

Bi^{3+}、Pb^{2+} 均能与 EDTA 形成稳定的 1:1 络合物,$\lg K$ 分别为 27.94 和 18.04。由于两者的 $\lg K$ 相差很大,故可利用酸效应原理,通过控制酸度,进行连续滴定。在 $pH \approx 1$ 时滴定 Bi^{3+},在 $pH \approx 5 \sim 6$ 时滴定 Pb^{2+}。

首先调节溶液的 $pH \approx 1$,以二甲酚橙为指示剂,Bi^{3+} 与指示剂形成紫红色络合物,用 EDTA 标液滴定 Bi^{3+}。当溶液由紫红色恰变为黄色,即为滴定 Bi^{3+} 的终点。

$$Bi^{3+} + H_2Y^{2-} \Longrightarrow BiY^- + 2H^+$$

然后,在滴定 Bi^{3+} 后的溶液中,加入六亚甲基四胺溶液,调节溶液 $pH = 5 \sim 6$,溶液呈现紫红色,用 EDTA 标液继续滴定。当溶液由紫红色恰转变为黄色时,即为滴定 Pb^{2+} 的终点。

$$Pb^{2+} + H_2Y^{2-} \Longrightarrow PbY^{2-} + 2H^+$$

三、器材与试剂

1. 仪器与材料

酸式滴定管(50 mL)、移液管(25 mL)、吸耳球、锥形瓶(250 mL)、量筒(10 mL)、烧杯、容量瓶。

2. 试剂

EDTA 标准溶液($0.02 \ mol \cdot L^{-1}$)、六亚甲基四胺溶液($200 \ g \cdot L^{-1}$)、二甲酚橙($2 \ g \cdot L^{-1}$)、HCl(1:1)、Bi^{3+} 和 Pb^{2+} 混合液(约 $0.015 \ mol \cdot L^{-1}$)。

四、实验步骤

用移液管移取 25.00 mL Bi^{3+} 和 Pb^{2+} 混合溶液 3 份于 250 mL 锥形瓶中,加入 2 滴二甲酚橙指示剂,用 EDTA 标液滴定。当溶液由紫红色恰变为黄色,即为 Bi^{3+} 的终点。根据消耗的 EDTA 体积 V_1,计算混合液中 Bi^{3+} 的含量(以 $g \cdot L^{-1}$ 表示)。

在滴定 Bi^{3+} 后的溶液中，继续加 10 mL 六亚甲基四胺溶液，溶液呈稳定的紫红色，此时溶液的 pH 为 5～6。用 EDTA 标准溶液滴定，当溶液由紫红色恰变为黄色，即为终点 V_2。根据滴定结果，计算混合液中 Pb^{2+} 的含量（以 $g \cdot L^{-1}$ 表示）。平行测定三次。

五、数据记录与处理

将实验结果记录于表 3.11 中。

表 3.11 EDTA 连续测定铋、铅混合液测定结果

	1	2	3
混合液体积/mL			
EDTA 读数(第二终点时)			
EDTA 读数(第一终点时)			
EDTA 最初读数			
EDTA 体积 V_1/mL			
EDTA 体积 V_2/mL			
EDTA 浓度/(mol·L^{-1})			
计算公式	$c(Bi^{3+}) = \dfrac{(cV_1)(EDTA)M(Bi)}{V(Bi^{3+})}$		
Bi^{3+} 含量/(g·L^{-1})			
平均值			
相对平均偏差			
计算公式	$c(Pb^{2+}) = \dfrac{(cV_2)(EDTA)M(Pb)}{V(Pb^{2+})}$		
Pb^{2+} 含量/(g·L^{-1})			
平均值			
相对平均偏差			

六、思考题

1. 描述连续滴定 Bi^{3+}、Pb^{2+} 过程中，锥形瓶中颜色变化的情形，以及颜色变化的原因。

2. 为什么不用 NaOH、NaAc 或 $NH_3 \cdot H_2O$，而要用六亚甲基四胺调节 pH 到 5～6？

3. 计算 EDTA 分别与 Bi^{3+}、Pb^{2+} 反应的最高酸度。解释为什么实验要在 pH≈1、pH≈5～6 的酸度下滴定.

4. 能否在 pH≈5～6 测定 Bi^{3+}、Pb^{2+} 总量？为什么？

实验十 铁盐中铁含量的测定
——重铬酸钾法

一、实验目的

1. 学会氧化还原滴定法中的预处理方法。
2. 掌握 $K_2Cr_2O_7$ 法测铁的原理和操作。
3. 了解二苯胺磺酸钠指示剂的作用原理。

二、实验原理

1. 有汞法

试样加入浓盐酸加热，趁热用 $SnCl_2$ 溶液将 Fe^{3+} 全部还原为 Fe^{2+}。过量的 $SnCl_2$ 用 $HgCl_2$ 除去，此时溶液中析出 Hg_2Cl_2 白色丝状沉淀，主要反应式为

$$2FeCl_4^- + SnCl_4^{2-} + 2Cl^- \Longrightarrow 2FeCl_4^{2-} + SnCl_6^{2-}$$
$$SnCl_4^{2-} + 2HgCl_2 \Longrightarrow SnCl_6^{2-} + Hg_2Cl_2 \downarrow$$

2. 无汞法

试样加入浓盐酸加热，趁热用 $SnCl_2$ 溶液将 Fe^{3+} 大部分还原为 Fe^{2+}。然后以钨酸钠作指示剂用三氯化钛还原至溶液呈蓝色，生成的钨蓝用重铬酸钾除去。预处理反应式为

$$2FeCl_4^- + SnCl_4^{2-} + 2Cl^- \Longrightarrow 2FeCl_4^{2-} + SnCl_6^{2-}$$
$$FeCl_4^- + TiCl_3 + Cl^- \Longrightarrow FeCl_4^{2-} + TiCl_4 \text{（钨蓝出现）}$$

为了增大滴定突跃范围，在预处理后的溶液中加入 H_2SO_4 和 H_3PO_4 混合酸，用水稀释，用二苯胺磺酸钠作指示剂，用 $K_2Cr_2O_7$ 标准溶液滴定至溶液由浅绿色（Cr^{3+} 的颜色）变为紫红色，即为终点。反应方程式为

$$Cr_2O_7^{2-} + 6Fe^{2+} + 14H^+ \Longrightarrow 2Cr^{3+} + 6Fe^{3+} + 7H_2O$$

H_3PO_4 与 Fe^{3+} 生成无色的 $Fe(HPO_4)_2^-$，使得 Fe^{3+}/Fe^{2+} 电对的条件电位降低，滴定突跃增大，指示剂可在突跃范围内变色。同时由于 $Fe(HPO_4)_2^-$ 的生成，可掩蔽滴定过程中生成的 Fe^{3+}（呈黄色，影响终点的观察），从而减少滴定误差。

三、器材与试剂

1. 仪器与材料

分析天平、称量瓶、酸式滴定管（50 mL）、容量瓶（250 mL）、移液管（25 mL）、吸耳球、

173

锥形瓶(250 mL)、量筒(25 mL)、烧杯。

2. 试剂

$SnCl_2$(5%)(5 g $SnCl_2 \cdot 2H_2O$ 溶于 50 mL 浓热 HCl 溶液中,加水稀释至 100 mL,并放入锡粒)、$TiCl_3$(1.5%,10 mL $TiCl_3$ 试剂加入 20 mL 1:1 HCl 和 70 mL 水)、浓 HCl、钨酸钠(25%)、二苯胺磺酸钠(0.2%)、$K_2Cr_2O_7$(AR)、硫磷混酸(将 150 mL 浓硫酸缓缓加入 700 mL 水中,冷却后加入 150 mL H_3PO_4,摇匀)。

四、实验步骤

1. 0.02 mol·L^{-1} $K_2Cr_2O_7$ 标准溶液的配制

准确称取 1.4~1.5 g $K_2Cr_2O_7$ 于小烧杯中,加水溶解后转移至 250 mL 容量瓶中,用水稀释至刻度,摇匀,计算 $K_2Cr_2O_7$ 的浓度。

2. 铁含量的测定

(1) 无汞法

移取样品溶液 25.00 mL 于 250 mL 锥形瓶中,加热至近沸,边摇动锥形瓶边慢慢滴加 $SnCl_2$ 溶液,还原至浅黄色,加水约 50 mL(冷却至约 50 ℃)。然后加钨酸钠指示剂 10 滴,用三氯化钛溶液还原至溶液呈蓝色,再滴加特稀重铬酸钾溶液(滴定剂用水稀释(1:9))氧化过量的三氯化钛至钨蓝色刚好消失。流水冷却至室温,加硫磷混酸 15 mL,以水稀释溶液体积至 150 mL 左右。加二苯胺磺酸钠指示剂 4 滴,用重铬酸钾标准溶液滴定至稳定的紫红色为终点。平行测定三次。

(2) 有汞法(不做)

移取样品溶液 25.00 mL 于 250 mL 锥形瓶中,加热至近沸,边摇动锥形瓶边慢慢滴加 $SnCl_2$ 溶液,直至溶液由深黄色变为近无色,过量 1 滴 $SnCl_2$,迅速用流水冷却,加蒸馏水 20 mL,立即加入 10 mL $HgCl_2$(此时应有白色丝状的沉淀生成,如果没有沉淀或沉淀黑色均需要重做),15 mL 硫磷混酸,最后用蒸馏水稀释至 150 mL,加二苯胺磺酸钠 4 滴,立即用 $K_2Cr_2O_7$ 标准溶液滴定至出现稳定的紫红色为终点。平行测定三次。

五、数据记录与处理

表 3.12　重铬酸钾标准溶液的配制

称量瓶+重铬酸钾质量	
称量瓶+剩余重铬酸钾质量	
重铬酸钾质量 m/g	
重铬酸钾定容体积/mL	
重铬酸钾浓度/(mol·L^{-1})	

表 3.13　铁盐中铁含量的测定

	1	2	3
移取铁盐体积			
相当于称取铁盐的质量 m/g			
$K_2Cr_2O_7$ 最后读数			
$K_2Cr_2O_7$ 最初读数			
$K_2Cr_2O_7$ 体积/mL			
计算公式	$w(\text{Fe})=\dfrac{6(cV)(K_2Cr_2O_7)M(\text{Fe})}{1\,000m}\times100$		
$w(\text{Fe})$			
平均值			
相对平均偏差			

六、思考题

1. $K_2Cr_2O_7$ 法测定铁矿石中的铁时,滴前为什么要加入硫磷混酸? 加入酸后为何要立即滴定?

2. 有汞法中用 $SnCl_2$ 还原 Fe^{3+} 时,为何要在加热条件下进行? 还原后为何要迅速冷却?

实验十一　铜盐中铜的测定

一、实验目的

1. 了解间接碘量法测定铜的方法和操作。

2. 掌握 $Na_2S_2O_3$ 标准溶液的配制和标定,了解 $Na_2S_2O_3$ 的特点。

二、实验原理

1. 间接碘量法测定铜

在弱酸性溶液中

$$2Cu^{2+}+4I^-\!=\!=\!=\!2CuI\!\downarrow+I_2$$

析出的 I_2 用 $Na_2S_2O_3$ 标准溶液滴定,以淀粉为指示剂,间接测得铜的含量,离子方程

式为

$$I_2 + 2S_2O_3^{2-} =\!=\!= 2I^- + S_4O_6^{2-}$$

由于 CuI 沉淀表面会吸附一些 I_2 使滴定终点不明显,近终点时加入少量 KSCN,使 CuI 沉淀转变成溶解度比 CuI 小得多的 CuSCN,释放出被 CuI 沉淀表面吸附的 I_2,离子方程式为

$$CuI + SCN^- =\!=\!= CuSCN + I^-$$

2. $Na_2S_2O_3$ 标准溶液的标定

用 $K_2Cr_2O_7$ 标准溶液标定 $Na_2S_2O_3$。离子方程式为

$$Cr_2O_7^{2-} + 6I^- + 14H^+ =\!=\!= 2Cr^{3+} + 3I_2 + 7H_2O$$

$$I_2 + 2S_2O_3^{2-} =\!=\!= 2I^- + S_4O_6^{2-}$$

三、器材与试剂

1. 仪器与材料

分析天平、碱式滴定管(50 mL)、碘量瓶(250 mL)、移液管(25 mL)、烧杯、试剂瓶(棕)。

2. 试剂

$K_2Cr_2O_7$(标准溶液)、KI($100\ g \cdot L^{-1}$)、$Na_2S_2O_3 \cdot 5H_2O(s)$、KSCN($100\ g \cdot L^{-1}$)、$H_2SO_4$、$CuSO_4 \cdot 5H_2O$、$Na_2CO_3(s)$、HCl($1:1$)。

四、实验步骤

1. $Na_2S_2O_3$ 溶液的配制

称取 6.5 g $Na_2S_2O_3 \cdot 5H_2O$ 于小烧杯中,加水溶解于煮沸后冷却的 250 mL 纯水中,加 0.05 g Na_2CO_3,保存在棕色试剂瓶中,摇匀,贴上标签,放置一周后,标定。

2. $Na_2S_2O_3$ 溶液的标定

用移液管移取 25.00 mL $K_2Cr_2O_7$ 溶液置于 250 mL 碘量瓶中,加入 6 mol·L^{-1} HCl 5 mL,10 mL $100\ g \cdot L^{-1}$ KI,摇匀后放置暗处 5 min。待反应完全后,用约 100 mL 水稀释。用 $Na_2S_2O_3$ 溶液滴定至浅黄绿色。加入 2 mL 淀粉溶液,继续滴定至溶液自蓝色变为灰绿色即为终点,平行标定三份。计算 $Na_2S_2O_3$ 的准确浓度和结果的相对标准偏差。

3. 铜含量的测定

准确移取 25.00 mL 试液,分别置于 250 mL 锥形瓶中,加水稀释至 100 mL,加 10 mL $100\ g \cdot L^{-1}$ KI,立即用 $Na_2S_2O_3$ 溶液滴定至浅黄色,加入 2 mL 淀粉溶液,继续滴定至浅蓝色,加 10 mL $100\ g \cdot L^{-1}$ KSCN 溶液,此时蓝色加深,继续滴定至溶液蓝色刚刚消失即为终点。平行测定三次。计算铜的质量分数和结果的相对标准偏差。

五、数据记录与处理

实验结果记录于表 3.14 中。

表 3.14 硫代硫酸钠溶液的标定

	1	2	3
$K_2Cr_2O_7$ 移取体积/mL			
重铬酸钾浓度/(mol·L^{-1})			
加入 KI(100g·L^{-1})毫升数/mL			
$Na_2S_2O_3$ 最后读数/mL			
$Na_2S_2O_3$ 最初读数/mL			
$Na_2S_2O_3$ 体积/mL			
计算公式	$C(Na_2S_2O_3)=\dfrac{6(cV)(K_2Cr_2O_7)}{V(Na_2S_2O_3)}$		
$C(Na_2S_2O_3)$/(mol·L^{-1})			
平均值			
相对平均偏差			

表 3.15 铜盐中铜含量的测定

	1	2	3
移取铜盐的毫升数			
相当于称取铜盐的质量 m/g			
加入 KI(100 g·L^{-1})毫升数/mL			
$Na_2S_2O_3$ 最后读数/mL			
$Na_2S_2O_3$ 最初读数/mL			
$Na_2S_2O_3$ 体积/mL			
浓度/(mol·L^{-1})			
计算公式	$w(Cu)=\dfrac{(cV)(Na_2S_2O_3)M(Cu)}{1\,000m}\times100$		
$w(Cu)$			
平均值			
相对平均偏差			

六、思考题

1. 硫代硫酸钠能否作基准物质？如何配制 $Na_2S_2O_3$ 溶液？能否先将硫代硫酸钠溶于水再煮沸之？为什么？

2. 用 $K_2Cr_2O_7$ 标定 $Na_2S_2O_3$ 时为什么加入碘化钾？为什么在暗处放 5 min？滴定时为

何要稀释?

3. 间接碘量法测定铜为什么要在弱酸性介质中进行?

4. 间接碘量法测定铜,在临近终点时加入 KSCN 溶液,为什么?

实验十二　化学耗氧量(COD)的测定

一、实验目的

1. 了解化学耗氧量(COD)的含义及测定方法。
2. 掌握高锰酸钾法滴定 COD 的原理及操作方法。
3. 了解重铬酸钾法测定 COD 的原理。

二、实验原理

化学耗氧量(COD)是度量水体受还原性物质(主要是有机物)污染程度的综合性指标。它是指水体中还原性物质所消耗的氧化剂的量,换算成以氧气的质量浓度($mg \cdot L^{-1}$)来表示。测定化学耗氧量的常用方法主要有高锰酸钾法和重铬酸钾法。现分别介绍高锰酸钾法和重铬酸钾法。本实验采用高锰酸钾法。

1. 高锰酸钾法

在酸性(或碱性)条件下,高锰酸钾具有很高的氧化性,水溶液中多数的有机物都可以氧化,反应过程相当复杂,其中的部分过程用下式表示

$$4MnO_4^- + 5C + 12H^+ === 4Mn^{2+} + 5CO_2 \uparrow + 6H_2O$$

$$2MnO_4^- + 5C_2O_4^{2-} + 16H^+ === 2Mn^{2+} + 10CO_2 \uparrow + 8H_2O$$

在水样中加入硫酸使呈酸性,然后加入一定量过量的高锰酸钾溶液,并在沸水浴中加热反应一定的时间。剩余的高锰酸钾加入过量草酸钠溶液还原,再用高锰酸钾溶液回滴过量的草酸钠至微红色为终点,通过计算求出 COD。使用于地表水、饮用水和生活污水 COD 的测定。

当水样中含有 Cl^- 量较高(大于 100 $mg \cdot L^{-1}$)时,会干扰测定,使结果偏高。可先在碱性溶液中氧化,然后再将溶液调成酸性,加入 $Na_2C_2O_4$,把 MnO_2 和过量的 $KMnO_4$ 还原,再用 $KMnO_4$ 滴至微红色终点,或在酸性溶液中加硫酸银除去氯离子。

若水样中含有 Fe^{2+}、H_2S(或 S^{2-})等还原性离子,也会干扰测定,可在冷的水样中直接用 $KMnO_4$ 滴定至微红色后,再进行 COD 测定。

市售 $KMnO_4$ 试剂中常含有少量 MnO_2 和其他杂质,它们可与高锰酸根反应而析出沉淀,且易受外界条件影响而发生分解,所以,$KMnO_4$ 标准溶液不能直接配制。常先配制稍浓于选定浓度的溶液加热微沸约 1 h,放置 2～3 天,再用微孔玻璃漏斗过滤,取滤液保存在棕

色试剂瓶中,放于暗处。需要时临时稀释和标定。标定 $KMnO_4$ 溶液常用 $Na_2C_2O_4$ 作基准物质,$Na_2C_2O_4$ 在 $105\sim110\ ℃$ 烘干约 $2\ h$ 后冷却即可使用。在 H_2SO_4 溶液中,加热到 $70\sim80\ ℃$,用 $KMnO_4$ 滴定 $Na_2C_2O_4$ 至粉红色。

2. 重铬酸钾法

在强酸性溶液中,一定量的重铬酸钾氧化水样中还原性物质,过量的重铬酸钾以试亚铁灵作指示剂,用硫酸亚铁铵溶液回滴。根据用量算出水样中还原性物质消耗的氧。重铬酸钾法适用于工业废水中 COD 的测定,记作 COD_{Cr}。

酸性重铬酸钾氧化性很强,加入硫酸银作催化剂时,可氧化大部分有机物。氯离子能被重铬酸盐氧化,并且能与硫酸银作用产生沉淀,影响测定结果,故在回流前向水样中加入硫酸汞,可消除氯离子干扰(氯离子含量低于 $2\ 000\ mg \cdot L^{-1}$)。

三、器材与试剂

1. 仪器与材料

分析天平、移液管($10\ mL$、$20\ mL$、$100\ mL$)、称量瓶、酸式滴定管($50\ mL$)、容量瓶($250\ mL$)、吸耳球、锥形瓶($250\ mL$)、量筒、烧杯、砂芯漏斗、抽滤瓶、循环水真空泵、电炉。

2. 试剂

$KMnO_4(s)(AR)$、$H_2SO_4(1:3)$、$Na_2C_2O_4$ 基准物质(s)(烘干温度 $105\sim110\ ℃$),$NaOH(10\%)$。

四、实验步骤

1. $KMnO_4$ 溶液($C(1/5KMnO_4)=0.01\ mol \cdot L^{-1}$)的配制

称取 $3.2\ g\ KMnO_4$ 溶于 $1\ L$ 水中,微沸 $20\ min$,在暗处放置一周,以"4"号砂芯漏斗过滤,保存于棕色瓶中,贴上标签。取配好的浓溶液 $50\ mL$ 用水稀至 $500\ mL$,储于棕色瓶中,摇匀后待标。

2. 高锰酸钾溶液的标定

准确称取 $0.15\sim0.20\ g$ 经烘干的基准 $Na_2C_2O_4$ 于 $100\ mL$ 烧杯中,以适量水溶解,加入 $1\ mL\ 1:3\ H_2SO_4$,定量转移至 $250\ mL$ 容量瓶,以水稀释至刻度,摇匀。移取 $20.00\ mL$ 溶液,加入 $5\ mL\ 1:3\ H_2SO_4$,加热至 $70\sim80\ ℃$,以待标的 $KMnO_4$ 溶液滴至微红色($30\ s$ 不变)为终点,注意开始滴定速率不能太快(下同)。平行三次,求出 $KMnO_4$ 溶液准确浓度和相对平均偏差。

3. 酸性溶液中测定 COD

用移液管取 $100\ mL$ 水样于锥形瓶中,$5\ mL\ 1:3\ H_2SO_4$,然后再移取 $10.00\ mL$ 高锰酸钾标准溶液。慢慢加热至沸腾后,再煮沸 $5\ min$(水样应为粉红色或红色,若为无色,则再加 $10.00\ mL$ 高锰酸钾标准滴溶液)。冷却至 $70\sim80\ ℃$,用移液管加 $10.00\ mL$ 草酸钠标准滴定溶液(溶液应呈无色,若呈红色,则再加 10.00 mL 草酸钠标准溶液)。用高锰酸钾标准溶液滴至粉红色(30 s 不变)为终点,同时做空白试验(以蒸馏水取代样品,按上述同样操作进行)。平行测三次。计算水样中的 COD 值和结果相对平均偏差。

4. 碱性溶液中测定 COD(适用于 Cl⁻ 大于 100 mg·L⁻¹ 水样)

移取水样适量,于 250 mL 锥形瓶中,用蒸馏水稀至 100 mL,加入 2 mL 10% NaOH,10.00 mL KMnO₄ 标准液,加热煮沸 10 min,加入 5 mL 1:3 H₂SO₄ 和 10.00 mL Na₂C₂O₄ 标准溶液,用 KMnO₄ 标准溶液滴至微红色为终点(30 s 不变)。

五、数据记录与处理

实验结果及处理记录在表 3.16、表 3.17 及表 3.18 中。

表 3.16　草酸钠溶液的配制

称量瓶+草酸钠质量/g	
称量瓶+剩余草酸钠质量/g	
草酸钠质量 m/g	
草酸钠定容体积/mL	
草酸钠的浓度/(mol·L⁻¹)	

表 3.17　高锰酸钾溶液的标定

	1	2	3
移取草酸钠溶液体积/mL			
KMnO₄ 最后读数/mL			
KMnO₄ 最初读数/mL			
KMnO₄ 体积/mL			
计算公式	$C(KMnO_4) = \dfrac{(5/2)(m/M)_{Na_2C_2O_4}}{V(KMnO_4)} \times \dfrac{V_{移}}{V_{容}} \times 1\,000$		
KMnO₄ 浓度/(mol·L⁻¹)			
平均值			
相对平均偏差			

表 3.18　水中 COD 的测定

	1	2	3
移取废水体积/mL			
移取 KMnO₄ 体积 V_1/mL			

续表

	1	2	3
移取 $Na_2C_2O_4$ 体积/mL			
$KMnO_4$ 最后读数/mL			
$KMnO_4$ 最初读数/mL			
$KMnO_4$ 体积 V_2/mL			
计算公式 $COD(O_2/(mg \cdot L^{-1}))$	$\dfrac{\left\{\dfrac{5}{4}\left[C(V_1+V_2)\right]_{[MnO_4]^-}-\dfrac{1}{2}(CV)_{[C_2O_4]^{2-}}\right\}\times 32.00\times 1\,000}{V_{水样}}$		
$KMnO_4$ 浓度/(mol $\cdot$ L^{-1})			
平均值			
相对平均偏差			

六、思考题

1. 什么是 COD？测定 COD 有什么意义？

2. 高锰酸钾溶液采用什么方法配制？能用直接配制法配制吗？

3. 本滴定实验的指示剂是什么？为什么终点微红色应保持 30 s？

4. 滴定的温度应在 70～80 ℃，过高或过低会有什么影响？

5. 开始滴定应缓慢进行，为什么？

6. 标定高锰酸钾溶液为什么在硫酸介质中进行？能否用硝酸或盐酸调节溶液酸度，为什么？

实验十三　可溶性钡盐中钡含量的测定

一、实验目的

1. 了解重量法测定钡的含量的原理和方法。

2. 掌握晶形沉淀的制备、过滤、洗涤、灼烧及恒重的基本操作技术。

二、实验原理

$BaSO_4$ 重量法既可用于测定 Ba^{2+} 的含量，也可用于测定 SO_4^{2-} 的含量。

181

称取一定量的 $BaCl_2 \cdot 2H_2O$,以水溶解,加稀 HCl 溶液酸化,加热至微沸,在不断搅动的条件下,慢慢地加入稀热的 H_2SO_4,Ba^{2+} 与 SO_4^{2-} 反应,形成晶形沉淀。沉淀经陈化、过滤、洗涤、烘干、碳化、灰化、灼烧后,以 $BaSO_4$ 形式称量。可求出 $BaCl_2 \cdot 2H_2O$ 中钡的含量。

由 Ba^{2+} 生成一系列微溶化合物中,以 $BaSO_4$ 溶解度最小,当过量沉淀剂存在时,溶解度大为减小,一般可以忽略不计。

用 $BaSO_4$ 重量法测定 Ba^{2+} 时,一般在 0.05 $mol \cdot L^{-1}$ 左右盐酸介质中,用稀 H_2SO_4 作沉淀剂。为了使 $BaSO_4$ 沉淀完全,沉淀剂 H_2SO_4 必须过量,过量 $50\% \sim 100\%$ 较适宜。

三、器材与试剂

1. 仪器与材料

瓷坩埚(2 个)、玻璃漏斗(2 个)、电热板、高温炉(马弗炉)、定量滤纸(慢速或中速)、烧杯(250 mL,2 个)、表面皿、搅棒。

2. 试剂

$BaCl_2 \cdot 2H_2O(s)$、H_2SO_4(1 $mol \cdot L^{-1}$、0.1 $mol \cdot L^{-1}$)、HCl(2 $mol \cdot L^{-1}$)、$AgNO_3$(0.1 $mol \cdot L^{-1}$)。

四、实验步骤

1. 称样及沉淀的制备

准确称取两份 $0.4 \sim 0.6$ g $BaCl_2 \cdot 2H_2O$ 试样,分别置于 250 mL 烧杯中,加入约 100 mL 水,3 mL 2 $mol \cdot L^{-1}$ HCl 溶液,搅拌溶解,加热至近沸。

另取 4 mL 1 $mol \cdot L^{-1}$ H_2SO_4 两份于两个 100 mL 烧杯中,加水 30 mL,加热至近沸,趁热将两份 H_2SO_4 溶液分别用小滴管逐滴地加入到两份热的钡盐溶液中,边滴边用玻璃棒不断搅拌,直至两份 H_2SO_4 溶液加完为止。待 $BaSO_4$ 沉淀下沉后,于上层清液中加入 1~2 滴 0.1 $mol \cdot L^{-1}$ H_2SO_4 溶液,仔细观察沉淀是否完全。沉淀完全后,盖上表面皿(切勿将玻璃棒拿出杯外),将沉淀放在沸腾的水浴上,陈化 30 min,其间要搅动几次(也可以放置过夜陈化)。

2. 沉淀的过滤和洗涤

用慢速或中速滤纸倾泻过滤。用稀 H_2SO_4(1 mL 1 $mol \cdot L^{-1}$ H_2SO_4 加 100 mL 水配成)洗涤沉淀 3~4 次,每次约 10 mL。然后将沉淀定量转移到滤纸上,用折叠滤纸时撕下的小片滤纸擦拭杯壁,并将此小片滤纸放于漏斗中,再用稀 H_2SO_4 洗涤 4~6 次,直至洗涤液中不含 Cl^- 为止(用 $AgNO_3$ 检验)。

3. 沉淀的灼烧和恒重

取两只洁净的瓷坩埚灼烧称量至恒重,记下坩埚质量,将折叠好的沉淀滤纸包好,经烘干、碳化、灰化后,在 $800 \sim 820$ ℃ 马弗炉中灼烧至恒重。

根据试样和沉淀质量计算 $BaCl_2 \cdot 2H_2O$ 中钡的质量分数。

五、实验记录与处理

实验结果记录于表 3.19 中。

表 3.19　钡含量的测定

	1	2
(称量瓶＋试样质量)/g		
(称量瓶＋剩余试样质量)/g		
试样质量/g		
(坩埚＋沉淀第一次质量)/g		
(坩埚＋沉淀第二次质量)/g		
坩埚第一次质量/g		
坩埚第二次质量/g		
沉淀质量/g		
钡的质量分数/%		
相对平均偏差		

六、思考题

1. 为什么要在稀热的 HCl 溶液中且不断搅拌条件下逐滴加入沉淀剂沉淀 $BaSO_4$？
2. 为什么要在热溶液中沉淀 $BaSO_4$，但要在冷却后才能过滤？
3. 什么是陈化？陈化有什么作用？

实验十四　邻二氮菲吸光光度法测定铁

一、实验目的

1. 学习选择波长等光度分析的实验条件。
2. 掌握用邻二氮菲分光光度法测定微量铁的原理和方法。
3. 掌握分光光度计和吸量管的操作方法。

二、实验原理

Fe^{2+} 在 pH＝2～9 时与邻二氮菲(phen)生成稳定的红色配合物,显色反应为

$$Fe^{2+} + 3phen = [Fe(phen)_3]^{2+} (\lambda_{max} = 510 \text{ nm}, \varepsilon_{max} = 1.1 \times 10^4)$$

根据朗伯-比耳定律:$A = \varepsilon bc$,配制一系列标准色阶,在选定的 λ_{max} 下,测各溶液的吸光度。以吸光度 A 对浓度 c 作图,可作出标准曲线(图3.1)。再测未知试样的吸光度,然后由标准曲线查得对应的浓度值,可得未知样的总铁含量。

测总铁时可先用盐酸羟胺将 Fe^{3+} 还原为 Fe^{2+},先加显色剂邻二氮菲,用 NaAc 控制溶液的酸度为 pH≈5,进行显色。

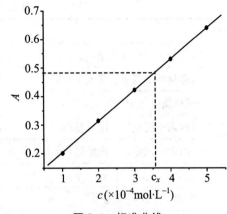

图 3.1　标准曲线

三、器材与试剂

1. 仪器与材料

722E 型分光光度计、分析天平、玻璃比色皿(1 cm)、容量瓶(50 mL)、吸量管(2 mL、5 mL)吸耳球、烧杯。

2. 试剂

$Fe(NH_4)_2(SO_4)_2 \cdot 6H_2O$、HCl(1∶1)、盐酸羟胺(10%)、NaAc(1 mol·L^{-1})、邻二氮菲(0.15%)、丙酮。

四、实验步骤

1. 100 mg·L^{-1}铁标准溶液配制

准确称取 $Fe(NH_4)_2(SO_4)_2 \cdot 6H_2O$ 0.702 0 g 于 100 mL 烧杯中,加入 80 mL 6 mol·L^{-1} HCl 溶液,溶解后定容至 1 L,摇匀,100 mg·L^{-1}铁标准溶液配制(可由实验室提供)。

2. 系列显色标准溶液的配制

取 8 个 50 mL 容量瓶,用吸量管分别移取 0.00 mL、0.50 mL、0.85 mL、1.00 mL、1.25 mL、1.50 mL、1.75 mL 铁标准溶液加入到 1～7 号容量瓶中,各加入 1 mL 盐酸羟胺,摇匀。然后再依次加入 2.0 mL 邻二氮菲、5 mL 醋酸钠溶液(加入试剂需初步混匀)。用去离子水稀释至刻度,充分摇匀。

3. 吸收曲线的制作和测量波长的选择

用吸量管移取铁储备液 0.0 mL 和 1.5 mL,分别注入 50 mL 容量瓶中,各加入 1 mL 盐

酸羟胺,2 mL 邻二氮菲,5 mL 醋酸钠,用纯水稀释到刻度,摇匀。放置 10 min 后,用 1 cm 比色皿,以空白试剂为参比液,在 440～550 nm 之间,每隔 10 nm 测一次吸光度。在坐标纸上以波长为横坐标,吸光度为纵坐标,绘制吸收曲线。在吸收曲线上选择最佳测定波长。

4. 标准曲线制作

在选定的波长下,用 1 cm 比色皿,以试剂空白为参比,测定系列溶液的吸光度。在坐标纸上以浓度 c 为横坐标,以吸光度 A 为纵坐标作图,得标准曲线 A-c 曲线。

5. 试样中铁含量的测定

准确移取适量未知铁样放入 8 号容量瓶中,按 2 中方法显色(此步与操作 2 同步),在相同条件下测量其吸光度。从标准曲线上查出 8 号容量瓶中铁的浓度,最后计算出原试液中铁的含量(用 mg·L^{-1}表示)。也可用 origin 软件处理数据,得出回归方程和线性相关系数。把未知液的 A 代入回归方程计算出结果。

五、数据记录与处理

实验结果记录于表 3.20 和表 3.21 中。

表 3.20　吸收曲线的绘制

铁浓度/($\mu g \cdot mL^{-1}$)												
波长/nm	440	450	460	470	480	490	500	510	520	530	540	550
吸光度 A												

表 3.21　标准曲线的绘制及计算

标准溶液序号	1	2	3	4	5	6	7	未知
铁标准溶液的体积/mL	0.00	0.50	0.75	1.00	1.25	1.50	1.75	
铁浓度/(mg·L^{-1})								
吸光度								
回归方程/相关系数								
未知试样中铁的含量/(mg·L^{-1})								

六、思考题

1. 在实验中,显色反应需加入哪些试剂? 加入这些试剂的目的是什么? 加入试剂的顺序能否任意改变? 为什么?

2. 用工作曲线法如何测定未知液浓度?

3. 怎样用吸光光度法测定水样中的全铁和亚铁的含量？试拟出一简单步骤。

附注

722E 型分光光度计简介

（一）构造

722E 可见分光光度计外形如图 3.2 所示。

（二）分光光度计的操作步骤

1. 仪器预热。将电源开关打开，预热仪器 20 min，使仪器读数稳定。

2. 调波长。根据实验要求，转动波长旋钮，使指针指示所需的单色光波长。

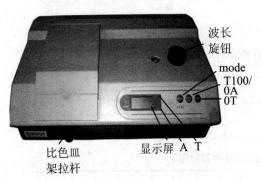

图 3.2　722E 型分光光度计

3. 调节仪器"0"点。按"显示模式"（mode），使显示模式为 T，将黑色挡光体放入比色皿架内，推入光路，按"0T"键，显示屏为"0.0"。

4. 调节 T＝100%。将盛蒸馏水（或空白溶液或纯溶剂）的比色皿放入比色皿架中的第一格内，待测溶液放在其他格内，把比色皿暗箱盖子轻轻盖上，按"T100/0A"键，使透光度 T＝100%（A＝0）。

5. 测定。按"显示模式"（mode），使显示模式为 A，轻轻拉动比色皿架拉杆，使有色溶液进入光路，显示屏的读数为该有色溶液的吸光度 A。记录数据。

6. 关机。实验完毕，关闭仪器开关，切断电源，将比色皿取出洗净，并将比色皿架及暗箱用软纸擦净。

（三）注意事项

1. 手持比色皿时，只能接触比色皿的毛玻璃面，禁止握比色皿的透光面，以免破坏透光面的质量。

2. 清洗比色皿时，一般先用水冲洗，再用蒸馏水洗净。如比色皿被有机物沾污，可用盐酸-乙醇混合洗涤液（1∶2）浸泡片刻，再用水冲洗。不能用碱溶液或氧化性强的洗涤液洗比色皿，以免损坏。也不能用毛刷清洗比色皿，以免损伤它的透光面。

3. 盛装溶液时，一定要用有色溶液润洗比色皿内壁 2～3 次，以免改变有色溶液的浓度，所盛溶液不宜过满，一般在 2/3 左右。另外，在测定系列溶液的吸光度时，通常都按由稀到浓的顺序测定，以减小测量误差。比色皿外壁的水用擦镜纸吸干，朝一个方向擦拭，以保证透光面的清洁透明。

4. 每次做完实验时,应立即洗净比色皿,并用丙酮润洗后自然晾干。

实验十五 水中亚硝氮的测定
——重氮化偶合光度法

一、实验目的

1. 学会用重氮化偶合光度法测定水中亚硝酸盐氮的方法。
2. 熟练掌握分光光度计的使用。

二、实验原理

亚硝氮($NO_2{}^- - N$)是氮循环的中间产物,在水循环过程中,可被氧化成硝酸盐,也可被还原成氨。亚硝酸盐可使人体正常的血红蛋白(低铁血红蛋白)氧化成为高铁血红蛋白,发生高铁血红蛋白症,失去血红蛋白在体内输送氧的能力,出现组织缺氧的症状。亚硝酸盐可于仲胺类反应生成具致癌性的亚硝胺类物质。

水中亚硝酸盐的测定方法通常采用重氮-偶联反应,生成紫红色偶氮染料。在弱酸性条件下,亚硝根与对氨基苯磺酸发生重氮化反应后,再与盐酸 N-(1-萘基)-乙二胺发生偶联反应生成紫红色偶氮染料,在波长 540 nm 处有最大吸收。

亚硝酸盐在水中可受微生物等作用而很不稳定,在采集后应尽快进行分析,必要时冷藏以抑制微生物的影响。

三、器材与试剂

1. 仪器与材料

722-E 型分光光度计、分析天平、玻璃比色皿(1 cm)、容量瓶(50 mL、100 mL、500 mL)、吸量管(2 mL、5 mL)吸耳球、烧杯。

2. 试剂

$NaNO_2$;$KAl(SO_4)_2 \cdot 12H_2O$;对氨基苯磺酸溶液(4 g·L^{-1}):称取 0.4 g 对氨基苯磺酸,溶于 1:6 盐酸中;配成 100 mL 溶液,贮于棕色瓶内,避光保存;盐酸 N-(1-萘基)-乙二胺溶液(NEDD)(2g·L^{-1}):称取 0.2 g NEDD,溶于 100 ml 纯水中,贮于棕色瓶内,放冰箱内保存,

可稳定数周,如变为深棕色,则应重配;氢氧化铝悬浮液的制备:称取 13 g $KAl(SO_4) \cdot 12H_2O$ 溶于 100 mL 纯水中,加热至 60 ℃,慢慢加入 6 mL 浓氨水使之沉淀,充分搅拌后,静置,弃去上清液,反复用纯水洗涤,用硝酸银检验至无氨离子为止加入 30 mL 纯水成悬浮液。

四、实验步骤

1. 配制亚硝酸盐氮标准溶液

称取 0.123 2 g 干燥 24 h 的亚硝酸钠($NaNO_2$)。溶于纯水中,并定量转入 500 mL 容量瓶,加水稀释至刻度并摇匀。此溶液亚硝酸盐氮浓度为 50 mg·L^{-1}。作为贮备溶液。临用前从中准确移取 5.00 mL,用纯水定容 100 mL,此溶液亚硝酸盐氮的浓度为 2.5 mg·L^{-1}。

2. 标准曲线的绘制

取 6 只 50 mL 容量瓶,准确移取亚硝酸盐氮标准溶液(2.5 mg·L^{-1})0.00 mL、0.50 mL、1.00 mL、1.50 mL、3.00 mL、3.50 mL 依次置于标有号码的容量瓶中,各加水 30 mL,然后分别加入 2 mL 对氨基苯磺酸,摇匀后放置 5 min,再加入 1 mL NEDD 溶液,用纯水稀释至刻度,立即混匀,放置 20 min。用 2 cm 比色皿,以 1 号容量瓶溶液(试剂空白)为参比,以 540 nm 为检测波长,测定标准系列的吸光度,作标准曲线(用 origin 软件处理)。

3. 水样的测定

取 40.00 mL 水样(若水样浑浊或色度较深,可先取 100 mL,加入 2 mL 氢氧化铝悬浮液,搅拌后静置数分钟,过滤),置于 50 mL 容量瓶中。按步骤 2 操作,根据所测吸光度,代入线性方程中计算出相应亚硝酸盐氮的浓度。最后计算出水样中亚硝酸盐氮的质量浓度(mg·L^{-1})。

五、数据记录与处理

表 3.22 水中亚硝氮的测定

标准溶液序号	1	2	3	4	5	6	7	未知
亚硝酸盐标准溶液的体积/mL	0.00	0.50	1.50	2.00	2.50	3.00	3.50	
标准溶液浓度/(mg·L^{-1})								
吸光度 A								
回归方程/相关系数								
未知试样中亚硝酸盐氮的含量/(mg·L^{-1})								

六、思考题

1. 为什么显色前需用氢氧化铝悬浮液处理水样?

2. 标准溶液系列的浓度范围选择的依据是什么？

实验十六　硫酸四氨合铜(Ⅱ)的制备及其组分分析

一、实验目的

1. 了解硫酸四氨合铜(Ⅱ)的制备步骤并掌握其组成的测定方法。
2. 学会综合运用所学知识解决实际问题。

二、实验原理

1. 硫酸四氨合铜(Ⅱ)的制备

硫酸四氨合铜($[Cu(NH_3)_4]SO_4$)常用作杀虫剂、媒染剂,在碱性镀铜中也常用作电镀液的主要成分,在工业上用途广泛。硫酸四氨合铜属中度稳定的绛蓝色晶体,常温下在空气中易与水和二氧化碳反应,生成铜的碱式盐,使晶体变成绿色的粉末。其制备的主要原理是

$$CuSO_4 + 4NH_3 + H_2O \longrightarrow [Cu(NH_3)_4]SO_4 \cdot H_2O$$

由于硫酸四氨合铜在加热时易失氨,所以其晶体的制备不宜选用蒸发浓缩等常规的方法。析出晶体采用方法:根据硫酸四氨合铜在乙醇中的溶解度远小于在水中的溶解度的性质。向硫酸铜溶液中加入浓氨水之后,再加入浓乙醇溶液使晶体析出。

2. 组分分析

① NH_3含量的测定

$$Cu(NH_3)_4SO_4 + 4HCl(过量) \longrightarrow CuSO_4 + 4NH_4Cl$$
$$HCl(剩余量) + NaOH \longrightarrow NaCl + H_2O$$

② SO_4^{2-}含量的测定

$$SO_4^{2-} + Ba^{2+} = BaSO_4 \downarrow$$

③ Cu^{2+}含量的测定:分光光度法。

三、器材与试剂

1. 仪器与材料

722E型分光光度计、分析天平、玻璃比色皿(1 cm)、容量瓶(50 mL、100 mL)、移液管(50 mL)、吸量管(2 mL、5 mL)、吸耳球、烧杯、循环水真空泵,抽滤瓶,布式漏斗,滴定管,表面皿,烘箱。

2. 试剂

$CuSO_4 \cdot 5H_2O$、浓氨水、乙醇(95％)、乙醚、盐酸、甲基橙、$NaOH$、$CuSO_4$、丙酮、滤纸。

四、实验步骤

1. 硫酸四铵合铜的制备

取 4 g $CuSO_4 \cdot 5H_2O$ 溶于 15 mL 水中,加入 8 mL 浓氨水,沿烧杯壁慢慢滴加 25 mL 95％的乙醇(此步操作不能快),然后盖上表面皿。静置析出晶体后,减压过滤,晶体用 1∶2 的乙醇与浓氨水的混合液 3～5 mL 洗涤,再用乙醇与浓氨水的混合液淋洗,得到的固体放在烧杯中,在 60 ℃左右烘干,称重,保存待用。

2. 硫酸四铵合铜的组成测定

(1) NH_3 的测定

在分析天平上称取 0.15～0.20 g 产品,放入锥形瓶,准确移取 50.00 mL 0.1 mol·L^{-1} 盐酸标准溶液,溶解样品,用 0.1 mol·L^{-1} $NaOH$ 标准溶液返滴定(用甲基橙作指示剂)

(2) Cu^{2+} 的测定

① 绘制工作曲线

准确移取标准 $CuSO_4$ 储备溶液(0.200 mol·L^{-1})1.00 mL、2.00 mL、3.00 mL、4.00 mL、5.00 mL 放入 50 mL 容量瓶中稀释至 50 mL,分别移取 10.00 mL,加入 10.00 mL 氨水溶液(2 mol·L^{-1}),混合后用 1 cm 比色皿在波长 λ 为 610 nm 的条件下,用 722 - E 型分光光度计测定溶液吸光度,以吸光度 A 对铜的浓度 $c(Cu^{2+})$ 作图。

② Cu^{2+} 含量的测定

标准称取 0.2 g 左右样品,用 10 mL 水溶解后,滴加 H_2SO_4(6 mol·L^{-1})至溶液从深蓝色变至蓝色(表示配合物已解离),定量转移到 100 mL 容量瓶中,稀释至刻度,摇匀。取出 10.00 mL,加入 10.00 mL 氨水(2 mol·L^{-1}),混合均匀后,在与标准系列相同的测量条件下测定吸光度。

根据测定得的吸光度,从工作曲线上找出相应的 Cu^{2+} 浓度,并计算 Cu^{2+} 含量。

(3) SO_4^{2-} 含量的测定

采用质量分析法(见本章实验十三)。

五、数据记录与处理

自行设计数据记录和结果计算公式表格,分别求出氨和铜的质量分数并确定铜氨配离子的配位数。

六、思考题

1. 试拟出测定硫酸四氨合铜中 SO_4^{2-} 含量的实验步骤。

2. 硫酸四氨合铜中 NH_3、Cu^{2+} 还可以用哪些方法测定?

参 考 文 献

[1] 武汉大学. 分析化学实验(上册)[M]. 5 版. 北京:高等教育出版社,2011.

[2] 华中师范大学,东北师范大学,陕西师范大学,等. 分析化学实验[M]. 3 版. 北京:高等教育出版社,2001.

[3] 武汉大学. 分析化学实验[M]. 4 版. 北京:高等教育出版社,2001.

[4] 南京大学. 无机及分析化学实验[M]. 4 版. 北京:高等教育出版社,2007.

[5] GB/T5750—2006. 生活饮用水标准检验方法[M]. 北京:中国标准出版社,2007.

[6] GB/T5749—2006. 生活饮用水卫生标准[M]. 北京:中国标准出版社,2007.

[7] 邓桂春. 分析化学实验[M]. 中国石化出版社有限公司,2011.

[8] 马忠革. 分析化学实验[M]. 北京:清华大学出版社,2011.

第四章　仪器分析实验

本章选编涉及光化学、电化学、色谱及色谱-质谱联用等 20 个实验。其中,实验三、六、十二、十四、十九、二十为综合设计或研究性实验,其余为验证性实验。按《高等学校化学类专业指导性专业规范》,紫外-可见分光光度、红外光谱、原子吸收光谱、分子荧光光谱、气相色谱法、高效液相色谱法、电位分析、伏安分析等部分需开设实验。化学类专业可以根据专业方向和特点从中选择,非化学类专业可根据自身专业方向和要求选择实验,不受以上限制。

实验内容选择主要是根据应用型本科院校的特点从分析方法的实用性、仪器的普及率和今后的发展趋势等方面考虑。与大部分教材相比,略去了有关物理常数测定的实验内容和极谱、经典发射光谱及库仑分析等已濒临淘汰或应用极少的方法,增加了氢化物原子荧光等实用性强、近些年发展迅速的分析方法。

仪器分析课程是化学化工类专业学生必修的专业课程,也是食品、生物学等专业的基础课程。仪器分析已广泛地用于生产、科研等诸多领域,是一门实践性和实用性很强的学科。仪器分析课程和实验的学习,对于培养学生打好专业基础,从事今后的工作和科研都具有十分重要的作用。

实验一　气相色谱法分析空气中的氧气、氮气含量

一、实验目的

1. 掌握归一化法定量的原理与方法。
2. 掌握 TCD 检测器的工作原理。
3. 了解填充柱气相色谱仪的操作技术。

二、实验原理

色谱法是根据试样组分在固定相和流动相间的溶解、吸附、分配、离子交换等方面的差异为依据进行混合物分离分析的一种方法。气相色谱法(GC)分析的对象是气体和可挥发

192

性的物质,对于永久性气体(H_2、O_2、N_2、CO_2、CO 及水蒸气等)的分析常采用气-固色谱法,其原理是利用固体吸附剂对样品中各组分吸附-解吸能力不同使组分分离。

热导池检测器(TCD)(图 4.1)是目前应用最广的通用型检测器,几乎对所有物质都有响应,其原理基于被测组分和载气具有不同的导热系数设计的。当被测组分与载气的导热系数不同时,它们的差异可以通过由 4 个等值电阻组成电桥来实现测量,只有载气通过时,电桥处于平衡状态,当载气带着被测组分通过热敏电阻时,电桥平衡被破坏,输出被测信号。载气与样品的导热系数相差越大,测定灵敏度越高。由于 H_2、He 比一般气体导热系数大了很多,使用 TCD 检测器时,用作载气灵敏度较高。

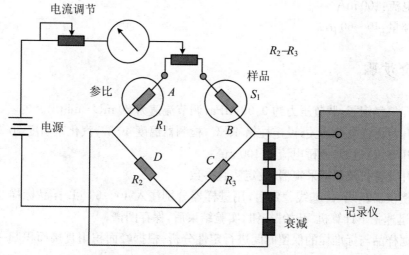

图 4.1　热导池检测器工作原理图

气相色谱定量分析有归一化法、内标法和外标法。归一化法是常用的色谱定量方法之一,该方法要求式样中的各个组分都能够得到完全分离,且所有组分都能流出色谱柱并显示色谱峰。i 物质的质量分数 w_i 的计算公式为

$$w_i = \frac{A_i f_i}{A_1 f_1 + A_2 f_2 + \cdots + A_n f_n} \times 100\%$$

式中,A 为峰面积,f 为各组分的相对校正因子。

若被测试样中各组分的相对校正因子相同或相近(如同系物),则 $f_i = 1$,此时该方法称为直接归一化法,否则称为修正归一化法。

三、仪器及试剂

1. 仪器与材料

(1) GC - 9800 气相色谱仪;CDMC - 21 色谱数据工作站。

(2) 色谱柱:长 2 m,内径 2 mm,不锈钢螺旋柱;固定相:TDX-01(60～80 目)。

(3) 氢气钢瓶(或氢气发生器)。

（4）微量进样器（100 μL）。

2. 试剂

氧气、氮气、空气。

四、实验条件

1. 柱箱温度：40 ℃；检测器温度：40 ℃；汽化室温度：70 ℃。

2. 载气：H_2；流量：20 mL·min^{-1}。

3. 桥电流：100 mA。

4. 进样量：40～60 μL。

五、实验步骤

1. 打开氢气钢瓶，调节压力约 0.08 MPa，调节流速为 20 mL·min^{-1}。

2. 打开色谱仪电源开关，设定柱箱 40 ℃，检测器温度 40 ℃，汽化室温度 70 ℃。

3. 打开 TCD 电源，调桥电流至 100 mA。

4. 打开计算机及数据采集器，设定实验参数。

5. 调整仪器基线，待基线稳定后，用进样器分别注入 40～60 μL 样品标样及混合气样品，进样后迅速摁下计算机"开始"按钮，实验结束后，保存图谱。

6. 根据样品与标准样的保留时间进行定性分析，根据峰面积用直接面积归一化法进行定量分析。

7. 实验结束，先关闭 TCD 桥流开关，随后关闭其他电源开关，待柱温降至室温，关闭载气钢瓶。

六、注意事项

1. 一定要先通载气，后打开热导池桥电流电源开关，以免烧坏 TCD 电阻丝！

2. 要时刻观察压力表，若压力下降（进样垫圈损坏，需更换）要立即关闭 TCD 开关，以免烧坏 TCD 电阻丝。

3. 仪器稳定后（40～60 min）进行样分析。

七、思考题

1. 说明归一化定量分析方法的特点及使用条件。

2. 使用归一化法定量时为什么要使用校正因子？

3. 使用 TCD 时为什么要"开机时先通气后通电，关机时先断电后断气"？

194

实验二　气相色谱法分析混合二甲苯

一、实验目的

1. 掌握归一化法的原理与方法。
2. 掌握 FID 检测器的工作原理。
3. 学习色谱操作技术。

二、实验原理

气相色谱是分析低沸点的有机混合物的有力工具,对于沸点低于 500 ℃以下、热稳定性好、相对分子量在 400 以下的物质,原则上均可以采用气相色谱法分析。对于有机混合物常采用气-液色谱法,其原理是利用样品在固定液中反复进行分配达到分离的目的。氢火焰离子化检测器(FID)(图 4.2)是以氢气和空气燃烧的火焰作为能源,利用含碳化合物在火焰中燃烧产生离子,在外加的电场作用下,使离子形成离子流,根据离子流产生的电信号强度,检测被色谱柱分离出的组分。FID 灵敏度高,稳定性好,线性范围宽,是气相色谱常用的检测器,对于有机物其灵敏度约高出 TCD 2 个数量级,适合于痕量有机物的检测。但是,它仅对含碳有机化合物有响应,对某些物质,如永久性气体不产生信号或者信号很弱。

归一化法是常用的色谱定量方法之一,该方法要求式样中的各个组分都能够得到完全分离,且所有组分都能流出色谱柱并显示色谱峰。第 i 个物质的质量分数 w_i 的计算公式为

$$w_i = \frac{A_i f_i}{A_1 f_1 + A_2 f_2 + \cdots + A_n f_n} \times 100\%$$

式中,A 为峰面积;f 为各组分的相对校正因子。

若被测试样中各组分的相对校正因子相同或相近(如同系物),则 $f_i=1$,此时该方法称为

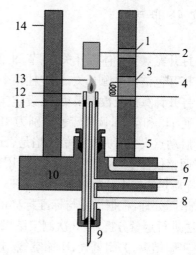

1—陶瓷绝缘体; 2—收集极; 3—陶瓷绝缘体;
4—极化极和点火线圈; 5—气体扩散器;
6—空气入口; 7—氢气入口; 8—补充气;
9—石英毛细管; 10—加热器; 11—绝缘体;
12—喷嘴; 13—火焰; 14—检测器筒体

图 4.2　氢火焰离子化检测器工作原理图

直接归一化法,否则称为修正归一化法。

三、仪器及试剂

1. 仪器

(1) GC-900 气相色谱仪,CDMC-21 色谱数据工作站。

(2) 色谱柱:SE-30 色谱柱。

(3) NHA-300 氮氢空一体机。

(4) 微量进样器(5 μL)。

2. 试剂

二甲苯、邻二甲苯、间二甲苯、对二甲苯混合溶液,均为分析纯试剂。

四、实验条件

1. 柱箱温度:70 ℃;检测器温度:150 ℃;汽化室温度:200 ℃。

2. 气体流速:载气(N_2):30 mL·min^{-1};燃气(H_2):45 mL·min^{-1};助燃气(空气):400 mL·min^{-1}。

3. 进样量:1 μL。

五、实验步骤

1. 打开氮氢空一体机开关,调节 N_2 流速至 30 mL·min^{-1}。

2. 打开色谱仪电源开关,设定柱箱 70 ℃,检测器温度 150 ℃,汽化室温度 200 ℃。

3. 打开计算机及数据采集器,设定实验参数。

4. 通 H_2 和空气,调节流速分别为 45 mL·min^{-1} 和 400 mL·min^{-1}。

5. 启动点火装置并检查氢火焰是否已点燃。

6. 调整仪器基线,待基线稳定后,用微量进样器分别注入 1 μL 样品标样及样品(重复 3 次),进样后迅速按下计算机"开始"按钮,实验结束后,保存图谱。

7. 谱图处理:根据样品与标准标样的保留时间进行定性分析,根据峰面积用直接面积归一化法进行定量分析,取 3 次测定结果平均值。

8. 实验结束,关闭氢气、压缩空气、电源,待柱温降至室温,关闭载气钢瓶。

六、注意事项

1. FID 在点火时,可以先通稍大于工作流量的氢气(有利于点火),火焰点燃后再调至工作流量。

2. 一定要通电后点火,先断氢气后断电。

七、思考题

1. 气相色谱有哪些定量分析方法？说明归一化定量分析法的特点及使用条件。
2. 说明 FID 检测器开机时一定要先通电后点火和关机时一定要先断氢气后断电源的原因。

实验三　毛细管柱气相色谱法分析白酒中的酯类含量

一、实验目的

1. 掌握外标法定量的原理与方法。
2. 掌握火焰离子化检测器的工作原理。
3. 了解毛细管柱气相色谱仪的操作技术。

二、实验原理

毛细管柱气相色谱法是用毛细管柱作为气相色谱柱的分析方法。毛细管柱(开管柱)是用石英拉制的空心管,管内壁被涂上固定液。由于毛细管柱相比大,渗透性好,可以制成数十米长,柱效远高于填充柱,分析速率快。毛细管柱的应用大大提高了气相色谱分析复杂物质的能力。由于毛细管柱管径细,柱容量小,允许进样量很小,样品很难准确加入,常采用分流进样方式将极少量的试样准确引入色谱柱,同时,为了减少微量组分柱后扩散,进入检测器发生突然减速,引起色谱峰展宽,降低检测器灵敏度,柱出口处需加一个尾吹气装置。

外标法可采用标准曲线法和单点校正法,标准曲线法是用纯物质配制一系列不同浓度的标准试样,在一定的色谱条件下,准确定量进样,测量峰面积(或峰高),绘制标准曲线。从标准曲线和被测物峰响应信号得出被测组分的含量。由于标准曲线法操作复杂,耗时长,因此,对于要求不是很高的样品测定,可采用单点校正法。单点校正法是先测定准确浓度的标准样峰面积(或峰高),再测定未知物的峰面积(或峰高),通过标准样浓度和二者的响应信号得出样品中组分的含量。其计算公式为:$c_x = c_s \cdot A_x / A_s$。

三、仪器与试剂

1. 仪器与材料

GC-900 气相色谱仪、FFAP 石英毛细管柱(Φ 0.25 mm $\times$ 30 m);CDMC-21 色谱数据

工作站、NHA-300 氮氢空一体机、微量进样器(5 μL)。

2. 试剂

己酸乙酯、乙酸乙酯、乙酸正戊酯、乙酸异戊酯、乙酸丙酯、乙酸丁酯、乙酸异丁酯、乳酸乙酯、异戊醇(以上均为分析纯试剂)、白酒。

四、实验条件

1. 柱箱温度:120 ℃;检测器温度:220 ℃;进样器温度:200 ℃。

2. 流速载气(N_2):1 mL·min^{-1};燃气(H_2):45 mL·min^{-1};助燃气(空气):400 mL·min^{-1};尾吹气(N_2):2 mL·min^{-1}。

3. 分流比:50∶1。

4. 进样量:0.5 μL。

五、实验步骤

1. 打开氮氢空一体机开关,调节 N_2 流速。

2. 打开色谱仪电源开关,设定柱箱 120 ℃,检测器温度 220 ℃,汽化室温度 200 ℃。

3. 打开计算机及数据采集器,设定实验参数。

4. 通 H_2 和空气,调节流速分别为 45 mL·min^{-1} 和 400 mL·min^{-1}。

5. 启动点火装置并检查氢火焰是否已点燃。

6. 调整仪器基线,待基线稳定后,用微量进样器分别准确注入 0.5 μL 样品标样及样品,进样后迅速按下计算机"开始"按钮,实验结束后,保存图谱。

7. 根据样品与标准标样的保留时间进行定性分析,根据峰面积用外标法(单点校正法)进行定量分析。

8. 实验结束,关闭氢气、压缩空气、电源,待柱温降至室温,关闭载气钢瓶。

六、思考题

1. 说明外标定量分析方法的特点。

2. 毛细管柱气相色谱法为什么有分流、尾吹装置?

3. 使用 FID 时为什么要"开机时先通电后通气,关机时先断气后断电"?

实验四　高效液相色谱柱效能的评价及基本操作

一、实验目的

1. 掌握高效液相色谱柱效能的评价方法。
2. 了解高效液相色谱的结构和工作原理。
3. 初步掌握高效液相色谱的基本操作。

二、实验原理

液相色谱是以液体为流动相的色谱方法,现代液相色谱采用高压输液系统输送流动相,分析速率快、分离效率高,故称高效液相色谱法(HPLC)。HPLC 测定的对象主要是高沸点、相对分子量大(大于 400)及热稳定差的化合物,这些物质约占有机物的 80%,是气相色谱难以分析的。目前,HPLC 已广泛地用于分析对生物学、医学上有重大意义的大分子物质,其应用范围已经远远超过气相色谱。

色谱柱是色谱仪的心脏,也是需要经常更换和选用的部件,因此,评价色谱柱是十分重要的。对色谱柱的评价可以检查整个色谱仪的工作状况是否正常。气相色谱中评价色谱柱的方法同样适合于高效液相色谱。其柱效的高低可以用理论塔板数来评价,理论塔板数越多表明色谱柱的分离效率越高。理论塔板数计算公式为

$$n = 5.54(t_R/W_{1/2})^2 = 16(t_R/W)^2$$

式中,t_R 为保留时间,$W_{1/2}$ 和 W 分别表示半峰宽和峰底宽,t_R、$W_{1/2}$、W 均可以实验测得。

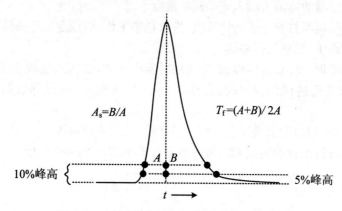

图 4.3　色谱峰不对称因子和拖尾因子的测量

实际得到的色谱峰峰形往往是不对称的,描述色谱峰不对称程度常用不对称因子(A_s)或拖尾因子(T_f)两个参数。一般来说,制药行业以拖尾因子作为评测标准,其他行业则多采用 A_s 来衡量峰形。A_s 和 T_f 的测定方法见示意图,A_s 为 10% 峰高测量的数据算的,$A_s = B/A$;T_f 为 5% 峰高测量的数据算的,$T_f = (A+B)/2A$。当 A_s 或 $T_f = 1$,峰完全对称,当色谱峰拖尾不严重时,当 $1 < A_s \leqslant 1.5$。峰型对称性差可能导致分离度差,定量不准确等问题。

三、仪器与试剂

1. 仪器与材料

Agilent 1200 HPLC、C_{18} 高效液相色谱柱(ODS)($\Phi 4.6\,mm \times 15\,cm$,填料粒度 $5\,\mu m$)、二极管阵列检测器(DAD)、微量进样器($25\,\mu L$)。

2. 试剂

无水甲醇、尿嘧啶、硝基苯、萘、芴,以上均为分析纯试剂,超纯水。

四、实验条件

流动相:甲醇与水体积比为 85:15,$1\,mL \cdot min^{-1}$;检测波长:254 nm;色谱柱温度:25 ℃;进样量:$10\,\mu L$。

五、实验步骤

1. 流动相的配制(甲醇、水分别需经 $0.45\,\mu m$ 有机膜、水相膜过滤后使用)。
2. 流动相脱气:将流动相置于超声波清洗器上脱气 15 min(本机配自动脱气装置,脱气过程省略)。
3. 标准溶液的配制:分别配制含尿嘧啶、硝基苯、萘、芴 $10\,\mu g \cdot mL^{-1}$ 的甲醇溶液。
4. 将带有过滤器的输液管插入流动相贮液瓶中。
5. 按仪器操作说明打开主机和计算机,进入色谱工作站,设定工作条件。
6. 启动色谱系统,调整仪器基线,待基线稳定。
7. 用进样器吸取 $10\,\mu L$ 的标准液,排出注射器中气泡,插入六通阀上进样孔,清洗几次后进样,将六通阀置于进样位置,仪器自动开始记录,实验完毕,保存数据文档,重复实验一次。
8. 实验结束后,用纯甲醇洗脱色谱柱及进样器,关闭主机电源。
9. 根据标准标样的保留时间和峰宽等数据评价 HPLC 的分析效能。

六、思考题

1. 液相色谱流动相为什么要经过滤、脱气处理?

2. 为什么要对色谱柱进行评价?

3. HPLC 为什么采用六通阀进样器?

实验五 高效液相色谱法测定可乐中的咖啡因含量

一、实验目的

1. 学习高效液相色谱的基本操作,理解反相 HPLC 的原理和应用。
2. 掌握标准曲线定量分析方法。
3. 掌握 UV 检测器的工作原理及应用范围。

二、实验原理

高效液相色谱有多种分离模式,主要有液-液分配色谱、液-固吸附色谱、离子交换色谱以及凝胶色谱等几种类型。在液-液分配色谱中,组分在色谱柱上的保留程度取决于它们在固定相和流动相之间的分配系数,液-液分配色谱固定相易流失,现已被化学键合相色谱所替代。与气相色谱相比,高效液相色谱流动相是液体,选择余地大,且流动相参与固定相对组分的竞争,为了避免固定相流失,固定相和流动相极性要相差大。若固定液为极性,流动相为非极性称正相色谱,反之则称反相色谱。由于 H_2O、甲醇等试剂使用方便,价格便宜,测定对象范围广,因此,反相色谱应用最为普及。

大多数有机物均有紫外吸收,紫外检测器是 HPLC 最常用的检测器,近些年出现了紫外二极管阵列检测器(DAD),它可以瞬间测定物质的整个光谱数据,还可以获得三维图谱,是HPLC 较理想的检测器。

外标法是高效液相色谱常用的定量分析方法,其方法和光度分析一样,用纯物质配制一系列不同浓度的标准试样,在一定的色谱条件下,准确定量进样,测量峰面积(或峰高),绘制标准曲线。从标准曲线和被测物峰响应信号得出被测组分的含量。现代色谱几乎都采用阀进样器。最常用的是六通阀进样器,其定量体积由定量管确定,耐高压,重复性好,操作方便。

三、仪器与试剂

1. 仪器与材料

Agilent 1200 HPLC、C_{18} 高效液相色谱柱(Φ4.6 mm×15 cm,填料粒度 5 μm)、二极管阵列检测器(DAD)、微量进样器(25 μL)。

2. 试剂

无水甲醇、咖啡因(均为分析纯试剂)、市售可乐、超纯水。

四、实验条件

流动相:甲醇与水体积比为 60∶40,1 mL·min^{-1};检测波长:254 nm;色谱柱温度:25 ℃;进样量:10 μL。

五、实验步骤

1. 流动相的配制(甲醇、水需分别经 0.45 μm 有机膜、水相膜过滤后使用)。

2. 流动相脱气:将流动相置于超声波清洗器上脱气 15 min(本机配自动脱气装置,脱气过程省略)。

3. 标准溶液的配制:分别配制含咖啡因 20 μg·mL^{-1}、40 μg·mL^{-1}、80 μg·mL^{-1}、160 μg·mL^{-1}、320 μg·mL^{-1}的甲醇溶液。

4. 将带有过滤器的输液管插入流动相贮液瓶中。

5. 按仪器操作说明打开主机和计算机,进入色谱工作站,设定工作条件。

6. 启动色谱系统,调整仪器基线,待基线稳定。

7. 用进样器吸取 10 μL 的系列标准液及样品,排出注射器中气泡,插入六通阀上进样孔,清洗几次后进样,将六通阀置于进样位置,仪器自动开始采集数据,实验完毕,保存数据文档。

8. 将约 20 mL 市售可乐试样置于 25 mL 容量瓶中,置于超声波清洗器上脱气 15 min,用进样器吸取 10 μL 按上述方法进样,记录和保留色谱数据。

9. 实验结束后,用纯甲醇洗脱色谱柱及进样器,关闭主机电源。

10. 谱图处理:由标准溶液浓度和峰面积制作标准曲线,得出线性方程和相关系数,计算可乐中咖啡因的含量。

六、思考题

1. 分析标准曲线法定量的影响因素有哪些?
2. HPLC 常用的检测器有哪几种?
3. DAD 检测器适合于分析哪些种类的物质?

实验六 离子色谱法分析自来水中的阴离子含量

一、实验目的

1. 了解离子色谱仪的基本构造和原理,学习仪器的基本操作。
2. 学习用阴离子交换色谱法分析无机阴离子的方法。

二、实验原理

高效液相色谱有多种分离模式,主要有液-液分配色谱、液-固吸附色谱、离子交换色谱以及凝胶色谱等几种类型。离子交换色谱是以离子性物质为分析主要对象的液相色谱法,它与普通液相色谱的不同之处在于使用离子交换剂固定相和电导检测器。离子色谱(IC)是由离子交换色谱派生出来的一种分离方法。由于离子交换色谱分离无机离子时,采用电导检测器,被测离子的信号被强电解质流动相淹没而无法测量。1975 年,Small 提出在离子交换柱后加一根抑制柱,抑制柱中装有与分离柱电荷相反的离子交换树脂。当流动相和样品通过抑制柱后,高背景流动相转变为低背景,同时,样品检测的灵敏度提高。由于抑制柱要定期再生,现代 IC 中,多采用在离子交换柱后接抑制器来实现以上目的。

离子色谱法灵敏度高,分析速率快,能实现多种离子同时分离,IC 适合于对混合无机阴、阳离子进行定性定量分析,还可以分析有机阴离子(有机酸、有机磺酸盐和有机磷酸盐)和有机阳离子(胺、吡啶等)。一些非离子物质,将它们转换成离子后也可以用 IC 分析。

自来水中主要含 Cl^-、NO_3^- 和 SO_4^{2-} 等常见无机阴离子,这些离子在一般的阴离子交换柱上均能得到很好的分离。通过比较标准物和样品的色谱保留时间可以进行定性分析,定量分析可以采用外标法,配制系列混合离子标准溶液,得到标准曲线,通过样品峰面积(或峰高)及标准曲线对多种离子进行定量分析;或通过单点校正法进行定量分析。

三、仪器与试剂

1. 仪器与材料

CIC‐100 型离子色谱仪(青岛盛瀚色谱技术有限公司)、色谱数据工作站、真空泵、移液管、容量瓶等。

2. 试剂

Na_2CO_3、$NaHCO_3$、NaF、KCl、$NaNO_2$、NaH_2PO_4、KBr、$NaNO_3$、Na_2SO_4,均为优级纯(溶液配制使用超纯水)。

四、实验步骤

1. 打开主机电源、气液分离器及计算机电源。预热 10~15 min 打开色谱工作站。

2. 配淋洗液及标准溶液配制:配制 $0.24\ mol \cdot L^{-1}$ Na_2CO_3、$0.30\ mol \cdot L^{-1}$ $NaHCO_3$ 各 100 mL,分别取几毫升溶液稀释到 1 000 mL,配成淋洗液。

标准贮备液($1\ 000\ \mu g \cdot mL^{-1}$):$F^-$、$Cl^-$、$NO_2^-$、$Br^-$、$NO_3^-$、$H_2PO_4^-$、$SO_4^{2-}$ 各 100 mL。

混合标准溶液($\mu g \cdot mL^{-1}$):$F(2)$、$Cl(3)$、$NO_2(5)$、$Br^-(10)$、$NO_3(10)$、$H_2PO_4^-(10)$、$SO_4^{2-}(10)$。

将混合标准溶液按 2、5、20、50 倍稀释成标准系列,或准确移取一定体积混合标准溶液稀释成用作单点校正的标准溶液。

溶液配制及实验用水均使用超纯水,溶液使用前需进行脱气处理。

3. 将吸管放入淋洗液中,开启泵,接色谱柱。

4. 打开电流旋钮(抑制器)调节电流至 70 ± 5 mA,启动系统,调基线直至稳定。

5. 设定仪器参数,依次输入组分浓度,组分名称。

6. 用水和样品清洗进样阀各 3 次,按浓度由低到高依次分析标准系列(或分析单点校正标准溶液),最后分析样品,逐个保存色谱图。

7. 在色谱工作站界面进行谱图处理,调出标准系列文档并处理,得到各种离子保留时间和标准曲线,存为模板。调出样品文档,引入模板,进行定量计算,得到样品中各种离子的含量。

8. 实验完毕,关闭电流,逐步调小流量,用淋洗液清洗 7~8 min,关闭泵,拆下色谱柱,用两通管重新连好,将吸管放入水中,重新开启泵,用水清洗 20 min 后,关闭主机电源及计算机电源。

六、注意事项

1. 流动相瓶中滤头要注意始终处于液面以下,防止将溶液吸干。

2. 对泵的维护:

(1) 每次仪器使用前后,均需通水 20 min,用于清洗泵和整个流路。

(2) 仪器需定期(约一周)通水,以除去泵中少量微生物。

3. 对色谱柱的维护:

(1) 样品中固体悬浮物、有机物和重金属是影响色谱柱柱效的三个重要因素。进入色谱柱的样品,均需要对其进行前处理,处理方法见说明书。

(2) 实验操作完毕,色谱柱用淋洗液清洗后密封保存。

4. 对抑制器的维护:

通阴离子淋洗液时将电流旋钮打开,阴离子检测完成,关闭泵以前将电流旋钮关闭。

七、思考题

1. 为什么离子色谱测定阴离子时要使用抑制器?
2. 离子色谱适合于哪些物质分析? 它有什么优势?

实验七　氟离子选择性电极测定水中氟离子的含量

一、实验目的

1. 掌握离子选择电极法测定的原理、方法及实验操作。
2. 学习直接电位法测定氟离子浓度的方法。

二、实验原理

氟离子选择电极是晶体膜电极。它的敏感膜是由难溶盐 LaF_3 单晶(掺杂 EuF_2)薄片制成,电极管内装有 $0.1\ mol \cdot L^{-1}$ NaF 和 $0.1\ mol \cdot L^{-1}$ NaCl 组成的内充液,浸入一根 Ag/AgCl 内参比电极。测定时,氟电极为指示电极,饱和甘汞电极(SCE)为参比电极和含氟试液组成下列电池

氟离子选择电极|F⁻ 试液‖饱和甘汞电极

在一定的实验条件下,氟电极的膜电位与 F⁻ 活度的关系符合 Nernst 公式,即

$$E = K - \frac{2.303RT}{F} \lg a_{F^-}$$

原电池的电动势为

$$E_{电池} = E(SCE) - E(F) = E(SCE) - K + \frac{2.303RT}{F} \lg a_{F^-}$$

$$= K + \frac{2.303RT}{F} \lg a_{F^-}$$

可见,电池的电动势与 F⁻ 的浓度的对数呈线性关系。

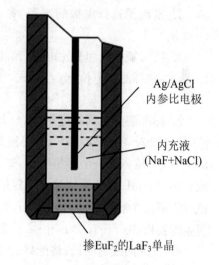

Ag/AgCl
内参比电极

内充液
(NaF+NaCl)

掺EuF₂的LaF₃单晶

图 4.4　氟离子选择性电极构造

电位分析可采用标准曲线法、一次标准加入和连续标准加入法等方法定量分析。标准曲线法简单、快速、准确,便于样品批量分析。将离子选择性电极与参比电极插入一系列已知的标准溶液中,测出相应的电动势,得到标准曲线,用同样的方法测定试样溶液的 E 值,由

标准曲线线性方程得到被测溶液的浓度。在分析测定组分较复杂的样品体系时,采用标准加入法更为方便、准确。

氟离子选择电极使用需 pH 在 5~6 之间,测量时须保持标准溶液和被测溶液的离子强度基本一致,以保证测定结果的准确。实验过程中,需要用总离子强度调节缓冲溶液(TISAB)来控制酸度、保持一定的离子强度和消除干扰离子 Fe^{3+}、Al^{3+} 等对测定的影响。

三、仪器与试剂

1. 仪器与材料

SX3805 离子计、PF–1 型氟电极、饱和甘汞电极、电磁搅拌器、塑料烧杯、容量瓶、吸量管等。

2. 试剂

(1) TISAB 溶液:称取氯化钠 58 g,柠檬酸钠 12 g,溶于 600 mL 去离子水中,再加入冰醋酸 57 mL,用 40% 的 NaOH 溶液调节 pH 至 5.0~5.5,然后加去离子水稀释至总体积为 1 L。

(2) NaF 标准贮备液($0.100 \ mol \cdot L^{-1}$)。

四、实验步骤

1. 氟离子选择电极的准备:氟电极使用前应在 $10^{-3} \ mol \cdot L^{-1}$ NaF 溶液中浸泡活化 1~2 h。

2. 接入氟电极和参比电极,预热仪器约 20 min,将电极插入去离子水中,调节仪器至测 F^- 模式,选择测量电位(mV)方式,用去离子水清洗电极,测量其电位与去离子水相接近(约 $-300 \ mV$)。

3. 标准溶液系列的配制:取 5 个 50 mL 容量瓶,在第一个容量瓶中加入 5 mL TISAB 溶液,其余加入 4.5 mL TISAB 溶液。用 5 mL 移液管吸取 5.0 mL NaF 标准贮备液($0.1 \ mol \cdot L^{-1}$)放入第一个容量瓶中,加去离子水至刻度,摇匀即为 $1.0 \times 10^{-2} \ mol \cdot L^{-1}$ F^- 溶液。再用 5 mL 移液管从第一个容量瓶中吸取 5.0 mL 刚配好的 $1.0 \times 10^{-2} \ mol \cdot L^{-1}$ F^- 溶液放入第二个容量瓶中,加去离子水至刻度,摇匀即为 $1.0 \times 10^{-3} \ mol \cdot L^{-1}$ F^- 溶液。依此类推配制出 10^{-2}~$10^{-6} \ mol \cdot L^{-1}$ F^- 溶液。

4. 校准曲线的测绘:将配好的一系列溶液分别倒入洗净并干燥的 50 mL 塑料烧杯中,放入搅拌子,插入氟离子选择电极和饱和甘汞电极,在电磁搅拌器上搅拌 2~3 min,静置 1 min,记下 mV 值,按由稀至浓顺序测量,记下 mV 值。

5. 试样中氟离子含量的测定:准确移取水样 25 mL 于 50 mL 容量瓶中,加入 5 mL TISAB,用去离子水稀释至刻度,摇匀。同上操作,记下 mV 值。

6. 结束工作:关闭电源。将氟电极清洗至与起始空白值电位相近,风干保存。

五、结果处理

1. 以测得的电位值 $E(mV)$ 为纵坐标，以 pF 为横坐标，利用 Excel 或 Origin 等作图软件进行一元线性回归，得标准曲线线性方程、相关系数。

2. 将水样测定结果代入线性方程，求出溶液中 F^- 的浓度，再根据稀释倍数求得试样中 F^- 的浓度。

六、注意事项

1. 电极长期不用，应清洗至空白电势值后，风干保存。

2. 为防止晶片内侧附着气泡而使电路不通，在电极第一次使用前或测量后，可让晶片朝下，轻击电极杆，以排除晶片上可能附着的气泡。

3. 制标准曲线时，测定一系列标准溶液后，应将电极清洗至原空白电位值，然后再测定其他未知试液的电位值。

七、思考题

1. 总离子强度调节缓冲溶液(TISAB)包括哪些组分？加入的目的是什么？

2. 如何保护和使用氟离子选择性电极？

实验八 循环伏安法判断电极过程

一、实验目的

1. 掌握循环伏安法测定电极反应参数的基本原理。

2. 学习电化学分析系统的使用。

二、实验原理

循环伏安法(CV)是重要的电分析化学研究方法之一，在电化学、无机化学、有机化学、生物化学等研究领域得到了广泛应用，具有仪器简单、操作方便、谱图解析直观等特点。在研究某一未知体系时，常是首选的实验方法。

循环伏安法是将线性扫描电压施加在电极上，从起始电压 U_1，沿某一方向扫描到终止电压U_2后,再以同样的速率反方向扫至起始电压,完成一次循环,得到电流-电压关系曲线,由电流-电压关系曲线可以判断电极反应的可逆性,还可以研究电极反应过程、电极吸附现象等。为了研究需要,有时需要对测量体系进行多次循环扫描。一台现代伏安仪具有多种功能,可方便地进行一次或多次循环,任意变换扫描电压范围和扫描速率。

对于可逆的电极反应,循环伏安图的上下两条曲线是对称的,阳极峰电流(i_{pa})和阴极峰电流(i_{pc})电流之比为1,即:$i_{pa}/i_{pc} \approx 1$。

阴极与阳极峰电位之差应为

$$\Delta E_p = E_{pa} - E_{pc} = \frac{56.5}{n}(\text{mV}) \quad (25\ ℃)$$

这些关系式可以用于判别一个简单的电极反应是否可逆。

事实上,ΔE_p与实验条件有关,其值在$55 \sim 65$ mV时,即可判断该电极反应是可逆的。若电极反应不可逆,则无上述关系。

在实际工作中,当使用SCE作参比电极,则电解池的iR降不能忽略,即不可用外加电压U代替φ_w。此时要准确测定伏安电极电位,必须想办法克服iR降。通常的做法是使用三电极系统,如图4.5所示。

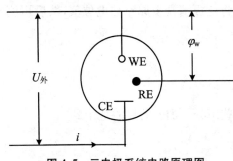

图4.5 三电极系统电路原理图

由工作电极(WE)、参比电极(RE)、对电极/辅助电极(CE)组成三电极系统。

伏安电流i可以从回路WE-CE中测得,工作电极电位可由高阻抗回路WE-RE中获得(因阻抗高,此回路无明显电流通过)。现代伏安仪多采用三电极系统。

对可逆体系的正向峰电流i_p为

$$i_p = 2.69 \times 10^5 n^{3/2} A D^{1/2} v^{1/2} c$$

式中,i_p为峰电流(A);n为电子转移数;A为电极面积(cm^2);D为扩散系数($\text{cm}^2 \cdot \text{s}^{-1}$);$v$为扫描速率($\text{V} \cdot \text{s}^{-1}$);$c$为浓度($\text{mol} \cdot \text{L}^{-1}$)。可见,峰电流$i_p$与$v^{1/2}$成正比。

三、仪器和试剂

1. 仪器与材料

LK2005A型电化学工作站、玻碳圆盘电极、铂棒电极、饱和甘汞电极、电解池、容量瓶、吸量管、烧杯等。

2. 试剂

1.0×10^{-2} mol $\cdot$ L^{-1} $K_3[Fe(CN)_6]$、1 mol $\cdot$ L^{-1} KCl、1.0×10^{-2} mol $\cdot$ L^{-1} 抗坏血酸、0.5 mol $\cdot$ L^{-1} H_2SO_4。

四、实验步骤

1. 仪器的安装与调试

以玻碳电极为工作电极,饱和甘汞电极为参比电极,铂棒为辅助电极,分别接入电化学工作站插口组成三电极测量系统。开启仪器开关及计算机,运行控制程序,仪器自检后,调试完毕。

2. 玻碳电极的预处理

将玻碳电极用氧化铝粉末抛光成镜面,用超声清洗器清洗 3 min,用蒸馏水冲洗干净,在电解池中加入约 20 mL 0.5 mol·L^{-1} H$_2$SO$_4$ 溶液,选择"线性扫描技术-循环伏安法",对玻碳电极进行电化学清洗。

参数设定:起始电位为$+1.1$ V;终止电位为-1.2 V;扫描速率为 200 mV·s^{-1};循环次数暂定为 10;等待时间为 2 s。

在扫描过程中注意观察循环伏安图的变化,直至循环伏安图呈现稳定的背景电流曲线时即可停止扫描,取出玻碳电极,用蒸馏水冲洗干净。

3. 铁氰化钾的电化学行为

取 10 mL 1.0×10^{-2} mol·L^{-1} K$_3$[Fe(CN)$_6$]溶液加入 25 mL 容量瓶中,再加入 1.0 mol·L^{-1} KCl 溶液 10 mL,用蒸馏水稀释至刻度,摇匀。将配制好的铁氰化钾溶液加入电解池中,进行循环伏安法扫描,记录循环伏安图。

参数设定:起始电位为$+0.5$ V;终止电位为-0.1 V;扫描速率为 50 mV·s^{-1};扫描次数 1;等待时间为 2 s。

改变扫描速率分别为 20 mV·s^{-1}、50 mV·s^{-1}、100 mV·s^{-1}、150 mV·s^{-1}、200 mV·s^{-1},重复上述实验,记录循环伏安图。

将扫描速率设定为 100 mV·s^{-1},电位范围同上,设定扫描次数为 5 次,启动实验,记录循环伏安图。

4. 抗坏血酸的电化学行为

取 5 mL 1.0×10^{-2} mol·L^{-1}抗坏血酸溶液加入 25 mL 容量瓶中,再加入 0.5 mol·L^{-1} H$_2$SO$_4$ 溶液 10 mL,用蒸馏水稀释至刻度,摇匀。将配制好的抗坏血酸溶液加入电解池中,进行循环伏安法扫描,记录循环伏安图。

参数设定:起始电位为 0 V;终止电位为 0.8 V;扫描速率为 100 mV·s^{-1};扫描次数 1;等待时间为 2 s。启动实验,记录循环伏安图。

改变扫描速率分别为 20 mV·s^{-1}、50 mV·s^{-1}、100 mV·s^{-1}、150 mV·s^{-1}、200 mV·s^{-1},重复上述实验,记录循环伏安图。

将扫描速率设定为 100 mV·s^{-1},电位范围同上,扫描次数为 5 次,启动实验,记录循环伏安图。

5. 结束工作

退出主控程序,关闭工作站电源及计算机电源,断开电极引线,用蒸馏水清洗电极及电解池。

五、实验数据及结果

1. 铁氰化钾的电化学行为

由循环伏安图得出 ΔE_p、n、$E^{0'}$ 值，比较 i_{pa} 和 i_{pc}，判断铁氰化钾电极反应的可逆性，写出电极反应方程式。利用 Excel 或 Origin 软件以 i_{pa} 对 $v^{1/2}$ 和 i_{pc} 对 $v^{1/2}$ 进行一元线性回归，得到线性方程及相关系数，说明 i_{pa} 与 $v^{1/2}$ 的关系。

2. 抗坏血酸($C_8H_8O_6$)的电化学行为

根据循环伏安图说明抗坏血酸电极反应的机理，写出电极反应方程式。利用 Excel 或 Origin 软件以 i_{pa} 对 $v^{1/2}$ 和 i_{pc} 对 $v^{1/2}$ 进行一元线性回归，得到线性方程及相关系数，说明 i_{pa} 与 $v^{1/2}$ 的关系。

六、思考题

1. 如何判别电极反应是否可逆？
2. 伏安法为什么要采用三电极系统测量？

实验九　微分脉冲阳极溶出伏安法测定水样中铅、镉的含量

一、实验目的

1. 掌握阳极溶出伏安法的基本原理。
2. 了解电化学系统溶出伏安法实验操作方法。
3. 学习一次标准加入定量分析的方法。

二、实验原理

溶出伏安法是一种将富集和测定结合在一起的电化学分析方法。阳极溶出伏安法是将待测组分在恒定电位下电解富集在电极上，再使电位由负到正扫描，使电沉积的金属以离子状态进入溶液，形成电流峰。在一定条件下，电流的峰值与待测组分的浓度成正比，据此可以对该离子定量分析。溶出伏安法不需要贵重仪器，操作方便，可以对多种元素同时进行定

量分析,结合现代伏安技术,测定离子浓度可达 10^{-11} mol·L^{-1},是一种很有用的高灵敏的分析方法。溶出伏安法已广泛应用于环境科学、卫生检验、生物化学、生物医学以及食品分析等领域中痕量组分的测定。

溶出伏安法分为两步:第一步是预电解,第二步是溶出。该法测定铅、镉离子,以汞作为工作电极测定效果较好。悬汞电极测定重现性好,但直接使用金属汞制作电极对操作人员健康危害很大。与悬汞电极相比,采用预镀汞膜无需使用金属汞,操作相对安全,且汞膜电极面积大,电沉积效率高。由于汞毒性大,近些年也有使用预镀铋膜作为工作电极的报道。

富集分化学计量法和非化学计量法。非化学计量法无需使溶液中离子全部富集,分析速率快,故常被采用。为了使富集部分的量与溶液总量之间维持恒定的比例关系,实验条件需严格保持一致。为了提高富集效率,富集时,溶液需进行搅拌。对于可逆反应,溶出电流受扩散过程控制,因此,测定溶出曲线时需使溶液处在静止状态。

微分脉冲技术是在线性扫描的直流电压上叠加一小振幅的矩形脉冲电压,通过在脉冲电压加入之前和脉冲电压结束之前进行两次测量,有效的消除干扰电流的影响,得到峰电流信号。目前,微分脉冲是伏安法中灵敏度最高,噪声水平最低的一种方法。

当需准确分析个别试样时,采用一次标准加入法简便、快捷。

一次标准加入法计算公式为

$$c_x = \frac{c_s V_s h_x}{H(V_x + V_s) - h_x V_x}$$

式中,c_x、V_x 和 h_x 为被测溶液的浓度、体积和峰高;c_s、V_s 和 H 为加入标准液的浓度、体积和峰高。

三、仪器和试剂

1. 仪器与材料

LK2005A 型电化学工作站;三电极系统:玻璃碳电极,铂棒辅助电极,Ag/AgCl 参比电极;高纯 N_2;吸量管;烧杯等。

2. 试剂

铅标准液(10 μg·mL^{-1})、镉标准液(10 μg·mL^{-1})、硝酸汞溶液(5×10^{-3} mol·L^{-1})、0.1 mol·L^{-1} HAc/NaAc 溶液(pH=5.5)、硫酸(0.5 mol·L^{-1}),实验用水为超纯水。

四、实验步骤

1. 仪器的安装与调试

以玻璃碳电极为工作电极,Ag/AgCl 电极为参比电极,铂棒为辅助电极分别接入电化学工作站插口组成三电极测量系统。开启仪器开关及计算机,运行控制程序,仪器自检通过后,调试完毕。

2. 汞膜电极的准备

（1）电极的清洗

将玻碳电极用氧化铝粉末抛光成镜面，用超声清洗后，在 $0.5\ mol \cdot L^{-1}\ H_2SO_4$ 溶液中，选择"线性扫描技术-循环伏安法"，对玻碳电极进行电化学清洗。参数设定：起始电位 $+1.1\ V$；终止电位 $-1.2\ V$；扫描速率 $200\ mV \cdot s^{-1}$。

（2）镀汞膜

将处理好的玻碳电极、参比电极及对电极放入盛有 $5 \times 10^{-3}\ mol \cdot L^{-1}\ Hg(NO_3)_2$ 溶液的小烧杯中，使玻碳工作电极处于磁子正上方 $1\ cm$ 左右，采用"恒电流技术"中的"单电流阶跃计时电位法"，通 N_2 除氧后，搅拌中镀汞膜。参数设定：阶跃电流 $-0.000\ 035\ A$；采样时间 $0.01\ s$；采样点数 $30\ 000$。

3. 铅、镉的测定

（1）测量参数设定：选择"脉冲技术-差分脉冲阳极溶出伏安法"，设定如下参数：初始电位 $-1.1\ V$；沉积电位 $-1.1\ V$；终止电位 $0\ V$；电位增量 $0.008\ V$；脉冲幅度 $0.09\ V$；脉冲宽度 $0.15\ V$；脉冲间隔 $0.2\ s$；平衡时间 $30\ s$；沉积时间 $300\ s$。

（2）移取水样 $20\ mL$，$HAc/NaAc\ 5\ mL$ 于洗净干燥的小烧杯中，放入磁子。将三电极插入烧杯中，启动开关测量，搅拌中富集，富集结束后，立刻停止搅拌，待溶出实验结束后，记录各个峰的峰电位和峰值。

（3）准确加入 $0.4\ mL$ 铅和 $0.3\ mL$ 镉使用液，搅拌均匀后重复以上实验。

（4）运用仪器数据处理软件，选择标准加入法，输入样品体积、加入标液浓度、体积及电流值等实验数据，得出水样中铅、镉的浓度。

重复（2）～（4）实验内容一次，取两次测定结果的平均值，根据稀释倍数计算水样中铅和镉浓度。

4. 结束工作

退出主控程序，关闭工作站电源及计算机电源，断开电极引线，用水清洗电极及电解池。

五、思考题

1. 结合本实验说明阳极溶出伏安法的基本原理。
2. 为什么溶出伏安法有较高的灵敏度？
3. 为什么富集时需要搅拌，溶出时不能搅拌？
4. 为什么实验富集条件需严格控制？

实验十　电感耦合等离子发射光谱法测定水中铜、锰、铬的含量

一、实验目的

1. 了解 ICP－AES 全谱直读光谱仪测量原理。
2. 学习 ICP－AES 基本操作及同时测定多种元素的方法。
3. 熟悉仪器的结构与使用方法。

二、实验原理

原子发射光谱法（AES）是根据处于激发态的待测元素原子回到基态时发射的特征谱线对待测元素进行分析的方法。原子发射光谱法分析过程主要有激发、分光和检测三步。由激发光源提供能量使样品蒸发、解离、激发，产生光辐射，利用光谱仪器将被测物质发射的光分解，形成光谱，最后利用光电器件检测光谱，根据测得的光谱波长对试样进行定性分析，根据发射光强度进行定量测定。

原子发射光谱技术的发展主要取决于激发光技术的改进。早期的以电弧和火花为光源的发射光谱仪重复性差，测量误差大，操作麻烦。20 世纪 70 年代，原子发射光谱进入了等离子光源时代。电感耦合等离子发射光谱（ICP－AES）具有灵敏度高、选择性好、操作简便、精度高及线性范围宽等特点，可用于高、中、低含量的 70 多种元素的同时测定。尽管原子吸收光谱法（AAS）有很多优点，但就其分析速率而言，单元素的逐个测定总是比不过多元素的同时测定，且 AAS 测定的线性范围远不及 ICP－AES。因此，ICP－AES 是目前痕量元素定量分析重要的方法之一，已广泛地应用于地质、冶金、化工、食品、环境保护、材料科学等领域。

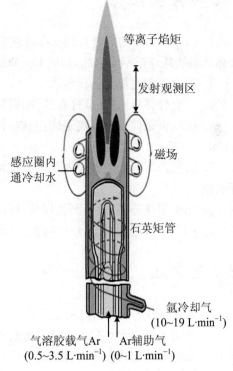

等离子焰矩

发射观测区

磁场

感应圈内通冷却水

石英矩管

氩冷却气
（10~19 L·min⁻¹）

气溶胶载气Ar　　Ar辅助气
（0.5~3.5 L·min⁻¹）（0~1 L·min⁻¹）

图 4.6　ICP 矩形成原理示意图

213

光谱定量分析主要是根据谱线强度与被测元素浓度的关系来进行的。当条件一定时，谱线强度 I 与被测元素浓度 c 有如下经验关系式

$$I = ac^b$$

式中，a 为常数，与试样组成、试样的蒸发、激发过程等有关；b 为自吸系数（$b \leqslant 1$），b 随浓度 c 增加而减小，当浓度很小无自吸时，$b=1$。在经典光源中，自吸比较显著，而在等离子体光源中，在很宽的浓度范围内 $b=1$，即：$I=ac$。

ICP - AES 一般采用溶液样品，常采用酸溶解法。溶样时应尽量采用 HNO_3 或 HCl 处理样品，避免使用硫酸或高氯酸等黏度大的浓酸。

三、仪器与试剂

1. 仪器与材料
全谱直读型等离子体光谱仪、氩气钢瓶、容量瓶、移液管等。

2. 试剂
Cu、Mn、Cr 标准贮备液（$1\,000\ \mu g \cdot mL^{-1}$），用时稀释成适当浓度的操作使用液。溶液配制及实验用水使用二次蒸馏水或超纯水。

四、实验步骤

1. Cu、Mn、Cr 的混合系列标准溶液配制：移取各元素贮备液配成混合标准溶液，再将混合标准溶液稀释至不同倍数，制成 Cu、Mn、Cr 标准系列溶液。

2. 接通高频电源光谱仪电源。

3. 开启计算机，进入软件系统，编辑分析程序，设定测定条件。

4. 按以下条件点燃等离子体：光谱功率 1 200 W，冷却气（Ar）18 L·min^{-1}，辅助气 0.5 L·min^{-1}，载气（中心通道）0.5 L·min^{-1}。

5. 由低浓度至高浓度吸入系列标准溶液，得到 Cu、Mn、Cr 的光谱数据及标准曲线，保存文档。

6. 用水清洗样品管后，测量样品，得出样品中 Cu、Mn、Cr 含量。

7. 用水清洗进样系统，依次降低高压，熄灭等离子体，再关冷却氩气，最后关闭计算机。

五、思考题

1. ICP - AES 的分析对象是什么？

2. 全谱直读 ICP - AES 在样品分析中有何优势？

3. 在同时测定样品中高含量和低含量的元素时，应如何选择分析线？

实验十一 原子吸收光谱法测定自来水中钙、镁的含量

一、实验目的

1. 掌握原子吸收光谱法的基本原理。
2. 了解原子吸收分光光度计的基本构造及使用方法。
3. 掌握标准曲线法定量测定钙、镁含量的方法。

二、实验原理

原子吸收光谱法(AAS)也称原子吸收分光光度法。该法灵敏度高,选择性好,分析精确度高,仪器简单,操作方便,可测定的元素达 70 多个。是痕量元素(大多是金属元素)定量分析重要的方法之一,已广泛地应用于地质、冶金、化工、食品、环境保护、材料科学等领域。

原子吸收光谱法是基于待测元素基态原子蒸气对其原子特征辐射选择性吸收建立起来的元素定量分析的方法。当某待测原子发射的特定波长的光通过原子蒸气时,被待测原子蒸气选择性吸收,吸光度与蒸气相中该元素的基态原子数目成正比,当实验条件一定时,蒸气相中的基态原子数目与试样中该元素的浓度成正比。即

$$A = \lg I_0/I = KLc$$

式中,A 为吸光度;I_0、I 分别为入射光和透过光强度;L 为原子吸收层厚度;c 为被测元素浓度。

在微量或痕量分析中,需了解测量的灵敏度和检出限,它们是评价分析方法与分析仪器的重要指标。火焰原子吸收常用特征浓度 c_0 来表征灵敏度,特征浓度定义为能产生 1‰吸收信号时所对应的被测元素的浓度。检出限($D.L.$)定义为能产生的信号为空白值的标准差 3 倍时元素的浓度或质量。数学表达式为

$$c_0 = \frac{\rho \times 0.004\,4}{A}; \quad D.L. = \frac{\rho \times 3\sigma}{A}$$

式中,ρ 为试液质量浓度($\mu g \cdot mL^{-1}$);A 为吸光度;ρ/A 为曲线方程斜率的倒数;$\sigma(S.D.)$ 为空白值的标准偏差(10 次以上连续测量)。

三、仪器与试剂

1. 仪器与材料

WFX-130 原子吸收分光光度计,钙、镁空心阴极灯;空气压缩机,乙炔钢瓶,容量瓶、移

液管等。

2. 试剂

$MgO(GR)$、$CaCO_3(GR)$、$HCl(GR)$，溶液配制和实验用水为二次蒸馏水或超纯水。

(1) 钙标准贮备液($1\,000\ \mu g \cdot mL^{-1}$)，称 $0.624\,8$ g $CaCO_3$ 用盐酸溶解，定容至 250 mL。

(2) 镁标准贮备液($1\,000\ \mu g \cdot mL^{-1}$)，称 $0.414\,5$ g MgO 用盐酸溶解，定容至 250 mL。

(3) 钙标准使用液($100\ \mu g \cdot mL^{-1}$)。

(4) 镁标准使用液($10\ \mu g \cdot mL^{-1}$)。

(5) 钙系列标准液：$2.0\ \mu g \cdot mL^{-1}$、$4.0\ \mu g \cdot mL^{-1}$、$6.0\ \mu g \cdot mL^{-1}$、$8.0\ \mu g \cdot mL^{-1}$、$10.0\ \mu g \cdot mL^{-1}$(移取 1.0 mL、2.0 mL、3.0 mL、4.0 mL、5.0 mL 钙标准使用液于 50 mL 容量瓶中)。

(6) 镁系列标准液：$0.1\ \mu g \cdot mL^{-1}$、$0.2\ \mu g \cdot mL^{-1}$、$0.3\ \mu g \cdot mL^{-1}$、$0.4\ \mu g \cdot mL^{-1}$、$1.5\ \mu g \cdot mL^{-1}$(移取 0.5 mL、1.0 mL、1.5 mL、2.0 mL、2.5 mL 镁标准使用液于 50 mL 容量瓶中)。

(7) 测钙样品：移取 5 mL 水样稀释至 50 mL。

(8) 测镁样品：移取 1 mL 水样稀释至 50 mL。

四、实验条件

实验条件如表 4.1 所示。

表 4.1

	钙	镁
吸收线波长	422.7 nm	285.2 nm
空心阴极灯电流	2 mA	2 mA
光谱带宽	0.4 nm	0.4 nm
燃烧器高度	6 mm	6 mm
空气流量	$6.5\ L \cdot min^{-1}$	$6.5\ L \cdot min^{-1}$
乙炔流量	$1.7\ L \cdot min^{-1}$	$1.5\ L \cdot min^{-1}$

五、实验步骤

1. 接通主机电源，分别开启主机、计算机，进入应用程序，预热元素灯。

2. 配制系列标准溶液及样品液。

3. 编辑分析方法，设定工作曲线参数及实验条件。

4. 装入样品表，进入测试界面，设置测量波长，调节仪器增益，使主光束达到能量平衡。

5. 检查排水管水封，打开空气压缩机，调节空气流量(0.3 MPa)，再打开乙炔钢瓶开关，调节乙炔流量(0.09 MPa),点火。

6. 将吸管插入水中,清洗数分钟后,用空白调零,按浓度由稀到浓的次序测量标准系列溶液,清洗进样管后,测量未知试样。

7. 测量结束,保存文件,用水清洗管道数分钟后,依次关闭乙炔气、空气压缩机和仪器。

六、思考题

1. 原子吸收光谱法为什么要使用锐线光源?

2. 原子吸收分光光度计与紫外可见分光光度计在结构上有哪些不同? 为什么?

3. 原子吸收光谱法的特征浓度的定义及其意义? 如何得到测定的检出限?

4. 从安全上考虑,在操作时应注意什么问题?

实验十二 原子吸收光谱法测定人发中铜、锌的含量
——标准加入法

一、实验目的

1. 学习样品的非完全消化技术。

2. 掌握采用标准加入法进行定量分析的方法。

3. 进一步熟悉原子吸收分光光度计的使用方法。

二、实验原理

Zn 是生物体必需的微量元素。Zn、Cu 广泛分布于有机体组织中,有着重要的生理功能。Zn 和 Cu 的测定不仅是土壤肥力和植物营养的常测项目,也是人和动物营养诊断的常测项目。从毛发中 Zn、Cu 含量可以判断 Zn、Cu 营养的正常与否,测定人发中 Zn、Cu 含量是医院常用的诊断手段。

如果试样中基体成分不能准确知道,或是十分复杂,采用标准曲线法定量易产生系统误差,导致测定结果不准确。这时,采用标准加入法定量分析较为适宜。

标准加入法有一次标准加入和连续标准加入法两种。连续标准测定结果更加准确,在 AAS 分析中常被采用。分取几份等量的被测试液,分别加入不同量的被测元素的标准溶液,其中一份不加,最后稀释至相同体积,使加入的标准溶液浓度为 0、ρ_0、$2\rho_0$、$3\rho_0$…,然后分别测定它们的吸光度,绘制吸光度对浓度的校准曲线(图 4.7),再将该曲线外推至与浓度轴相交。交点至坐标原点的距离 ρ_x 即是被测元素经稀释后的浓度。

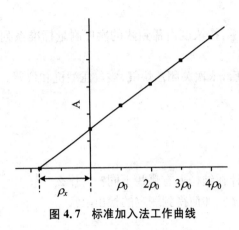

图 4.7 标准加入法工作曲线

在使用标准加入法时应注意：

(1) 为了得到较为准确的外推结果，至少要配制四种不同比例加入量的待测元素标准溶液，以提高测量准确度。

(2) 绘制的工作曲线斜率不能太小，否则外延后将引入较大误差。

(3) 本法能消除基体效应带来的干扰，但不能消除背景吸收带来的干扰。

(4) 待测元素的浓度与对应的吸光度应呈线性关系，即绘制工作曲线应呈直线，而且当 c_x 不存在时，工作曲线应该通过零点。

AAS分析通常是溶液进样，被测物质需预先处理为溶液。分解样品最常用的方法是用酸溶解和碱溶解，近年来微波溶样法得到广泛的应用。有机试样样品处理主要有干法灰化和湿法消解两种，传统的样品处理方法需 3～6 h，不能满足样品快速分析的要求。近些年，有采用非完全消化方法处理人发样品的报道，方法是以浓硝酸、高氯酸、过氧化氢等试剂在低温下处理发样，待样品完全转为溶液后加入乳化剂，制成分析溶液。样品处理时间仅需要十几分钟。非完全消化法是一种简便、有效的有机样品处理技术，适合样品的快速分析。

三、仪器与试剂

1. 仪器与材料

WFX-130 原子吸收分光光度计，铜、锌空心阴极灯，空气压缩机，乙炔钢瓶，调温电炉，容量瓶，移液管等。

2. 试剂

金属铜（GR）、金属锌（GR）、浓盐酸（GR）、浓硝酸（GR）、OP乳化剂、十二烷基苯磺酸钠，溶液配制和实验用水为二次蒸馏水或超纯水。

(1) Cu 标准贮备液（1 000 $\mu g \cdot mL^{-1}$）

准确称取 0.100 0 g 金属铜置于 100 mL 烧杯中，加入 1∶1 硝酸 20 mL，加热至完全溶解，蒸至小体积，冷却，加入硝酸 5 mL，加水煮沸溶解盐类，冷却后定容至 100 mL。

(2) Zn 标准贮备液（1 000 $\mu g \cdot mL^{-1}$）

准确称取 0.100 0 g 金属锌置于 100 mL 烧杯中，加入 1∶1 盐酸 20 mL，加热至完全溶解，蒸至小体积，冷却，加入盐酸 5 mL，加水煮沸溶解盐类，冷却后定容至 100 mL。

(3) Cu 的工作标准溶液（10 $\mu g \cdot mL^{-1}$）

吸取 0.5 mL Cu 的贮备标准液于 50 mL 容量瓶中，用 1% HNO_3 稀释并定容。

(4) Zn 的工作标准溶液（50 $\mu g\ mL^{-1}$）

吸取 2.5 mL Zn 的贮备标准液于 50 mL 容量瓶中，用 1% HCl 稀释并定容。

四、实验条件

实验条件如表4.2所示。

表 4.2

	铜	锌
吸收线波长	324.7 nm	213.9 nm
空心阴极灯电流	2 mA	2 mA
光谱带宽	0.4 nm	0.4 nm
燃烧器高度	6 mm	6 mm
空气流量	6.5 L·min^{-1}	6.5 L·min^{-1}
乙炔流量	1.0 L·min^{-1}	1.0 L·min^{-1}

五、操作步骤

1. 样品的采集与处理

用不锈钢剪刀取 1~2 g 枕部距发根 1~3 cm 处的发样,剪碎至 1 cm 左右,先用沸水煮 3 min,清除头皮屑等杂物,后用 0.5% 十二烷基磺酸钠浸泡且煮沸 20 min,反复用去离子水(温热)洗至清亮,然后在 80 ℃ 烘干备用。

准确称取 1 g 左右处理后的发样于小烧杯中,加入浓硝酸 5 mL,控制炉温在 130 ℃ 以下,反应 7~8 min 后,边摇动烧杯边滴加过氧化氢 2 mL,反应至溶液呈透明黄棕色,趁热加入 OP 乳化剂 3.0 mL,摇匀,转入 25 mL 容量瓶中,以水定容,可获得一均匀的样品液,用于测定 Zn,全程制备样品空白。

准确称取 1.5 g 左右处理后的发样,按上述条件按比例加入相应试剂,制备测定 Cu 的样品液及样品空白。

2. 标准系列溶液的配制

(1) Cu 标准系列溶液的配制

取五只 10 mL 容量瓶中,分别准确加入 3 mL Cu 样品液,再加入 0 mL、0.20 mL、0.40 mL、0.60 mL、0.80 mL Cu 工作标准溶液(10 μg·mL^{-1}),加水稀释至刻度,摇匀。该标准溶液系列加入 Cu 的浓度分别为 0 μg·mL^{-1}、0.20 μg·mL^{-1}、0.40 μg·mL^{-1}、0.60 μg·mL^{-1}、0.80 μg·mL^{-1}。

(2) Zn 标准系列溶液的配制

取五只 50 mL 容量瓶中,根据样品中锌的大致含量分别准确加入一定量的样品液(1~3 mL),再加入 0 mL、0.15 mL、0.30 mL、0.45 mL、0.60 mL Zn 工作标准溶液(50 μg mL^{-1}),加水稀释至刻度,摇匀。该标准溶液系列加入 Zn 的浓度分别为 0 μg·mL^{-1}、

$0.15\ \mu g \cdot mL^{-1}$、$0.30\ \mu g \cdot mL^{-1}$、$0.45\ \mu g \cdot mL^{-1}$、$0.60\ \mu g \cdot mL^{-1}$。

3. 测量

(1) 接通主机电源,分别开启主机、计算机,进入应用程序,预热元素灯。

(2) 编辑分析方法,选择"标准加入法",设定工作曲线参数及实验条件。

(3) 进入测试界面,设置测量波长,调节仪器增益,使主光束达到能量平衡。

(4) 检查排水管水封,打开空气压缩机,调节空气流量(0.3 MPa),再打开乙炔钢瓶开关,调节乙炔流量(0.09 MPa),点火。

(5) 将吸管插入水中,清洗数分钟后,用样品空白调零,按浓度由稀到浓的次序测量加标系列标准溶液(每个样品测定后需用水清洗管道,避免管中离子浓度过大),得出未知试样浓度。

(6) 测量结束,保存文件,用水清洗管道数分钟后,依次关闭乙炔气、空气压缩机和仪器。

五、思考题

1. 什么情况下宜采用标准加入法进行定量分析? 它有什么特点?

2. 有机样品的预处理可采用哪些方法? 这些方法各有什么特点?

实验十三　石墨炉原子吸收光谱法测定水样中的痕量铅

一、实验目的

1. 理解石墨炉原子吸收光谱法的原理。

2. 了解石墨炉原子吸收光谱法的操作技术。

3. 熟悉石墨炉原子吸收光谱法的应用。

二、实验原理

在原子吸收光谱法中,原子化方法有火焰法、非火焰法和其他原子化方法。其中,火焰法和非火焰法中的石墨炉原子法应用最为普及。火焰原子化简单、快速、稳定,适合于元素的常规分析。火焰法致命弱点是燃气和助燃气将试样大量稀释,基态原子在吸收区停留时间短,因而灵敏度受到限制。石墨炉原子化法(GFA)采用石墨炉使石墨管在短时间内快速升至 2 000 ℃以上的高温,让管内试样中的待测元素分解形成气态基态原子,基态原子吸收其共振线,吸收强度与含量成正比,可进行定量分析。

石墨炉原子吸收法克服了火焰法原子化效率低的缺点,绝对灵敏度较火焰法高 1～3 个数量级,特别适合元素的痕量分析。试样用量小,并可直接测定固体试样。但仪器较复杂、背景吸收干扰较大,精度较差。

石墨炉原子化器的工作程序可分为干燥、灰化、原子化和除残渣 4 个阶段。干燥:把样品转化成干燥的固体,除去溶剂防样品溅射;灰化:使基体和有机物尽量挥发除去;原子化:待测物化合物分解为基态原子;除残渣:高温去残渣,净化,以消除记忆效应。

铅是对人体有害的元素之一,当样品中铅含量很低时,火焰原子吸收法测定灵敏度很难满足,采用石墨炉原子吸收光谱法测定较为适宜。

三、仪器与试剂

1. 仪器与材料

石墨炉原子吸收分光光度计、铅空心阴极灯、氩气钢瓶、容量瓶、移液管等。

2. 试剂

铅标准贮备液($1\,000\,\mu g \cdot mL^{-1}$):准确称取 1.598 g 无水硝酸铅于 100 mL 烧杯中,用 0.2%硝酸稀释并定容至 1 L,摇匀。铅标准使用液($0.5\,\mu g \cdot mL^{-1}$):由标准贮备液用 0.2%硝酸稀释而成。溶液配制为二次蒸馏水或超纯水。

四、实验条件

分析线波长:283.3 nm;

灯电流:3 mA;

狭缝宽度:0.2 nm;

干燥温度和时间:80～120 ℃,30 s;

灰化温度和时间:600 ℃,10 s;

原子化温度和时间:2 100 ℃,5 s;

清洗温度和时间:2 600 ℃,5 s;

进样量:20 μL。

五、实验步骤

1. 标准系列溶液的配制:在 5 个 50 mL 容量瓶中分别加入 1.00 mL、2.00 mL、3.00 mL、4.00 mL、5.00 mL 铅标准使用液($0.5\,\mu g \cdot mL^{-1}$)溶液用 0.2%硝酸稀释至刻度,摇匀。系列标准溶液铅浓度分别为:$10\,ng \cdot mL^{-1}$、$20\,ng \cdot mL^{-1}$、$30\,ng \cdot mL^{-1}$、$40\,ng \cdot mL^{-1}$、$50\,ng \cdot mL^{-1}$。

2. 分别开启主机、计算机,进入应用程序,预热元素灯。

3. 编辑分析方法,设定工作曲线参数及实验条件。

4. 进入测试界面,设置测量波长,调节仪器增益,使主光束达到能量平衡。

5. 开启冷却水和保护气体氩气开关。

6. 用微量注射器依次吸取标准溶液和样品液 20 μL 注入石墨管中，启动测量程序，测出吸收值，保存文档。

7. 实验结束时，按操作要求，关好气源、水源和电源开关。

六、思考题

1. 比较火焰和非火焰原子吸收光谱法的优缺点。
2. 为什么非火焰原子吸收光谱法比火焰灵敏度高？
3. 说明石墨炉原子吸收光谱法的应用。

实验十四　氢化物-原子荧光法测定水样中砷含量

一、实验目的

1. 了解氢化物-原子荧光法的基本原理及定量分析的方法。
2. 学习氢化物-原子荧光光谱仪的使用。
3. 了解氢化物-原子荧光法的特点和应用。

二、实验原理

在一定条件下，气态原子吸收辐射光后，本身被激发成激发态原子，处于激发态上的原子不稳定，跃迁到基态或低激发态时，以光子的形式释放出多余的能量，根据所产生的原子荧光的强度即可进行物质组成的测定，该方法称为原子荧光分析法（AFS）。

在一定条件工作下，原子荧光强度 I_f 与被测物浓度 c 呈正比，即 $I_f = Kc$。

利用硼氢化物作还原剂，使分析元素转化成共价氢化物，利用氩气将其带入原子化器，进行原子荧光分析，这种方法称氢化物-原子荧光法（HG-AFS）。以砷为例，氢化物发生反应过程可表示为

$$AsCl_3 + 4NaBH_4 + HCl + 8H_2O = AsH_3 + 4NaCl + 4HBO_2 + 13H_2$$

AsH_3 在 200 ℃分解析出自由 As 原子。

五价砷不能被硼氢化物还原，要测定样品中总砷含量，样品需经酸消解或提取后，用硫脲和抗坏血酸将样品中的五价砷还原为三价砷，再用 HG-AFS 法测定砷含量，所得结果为样品中总砷含量。

HG-AFS 可测元素浓度多在 $10^{-8} \sim 10^{-10}$ 范围内，灵敏度很高，线性范围宽（可达三个

数量级),可与多种流动注射技术联用,宜于实现自动化,并可同时测定双元素。可测 Hg、As、Sb、Bi、Sn、Se、Ge、Te、Pb、Cd、Zn 等 11 种元素,虽然测定元素不多,但它们作为敏感元素,在许多领域都是不可缺少的分析项目。与 HG‐AAS 和 HG‐ICP‐AES 相比,HG‐AFS 更具有特点,目前,HG‐AFS 测定 As、Pb、Hg、Se 等元素已成为食品、环境、医药和轻工业产品中的部颁和国家测试标准方法。

三、仪器与试剂

1. 仪器与材料

PF‐6 非色散原子荧光分光光度计(北京普析通用)、砷空心阴极灯、氩气钢瓶。

2. 试剂

(1) As(Ⅲ)标准储备液(1 000 μg · mL^{-1})。

(2) As(Ⅲ)标准使用液(10 ng · mL^{-1})。

(3) 20 g · L^{-1} KBH$_4$ 溶液:将 20 g KBH$_4$ 溶于 1. 0 L 5g · L^{-1} KOH 水溶液中,用时现配。

(4) 载液:2% HCl 溶液。

(5) 10%硫脲和 10%抗坏血酸混合试剂:称取 10 g 硫脲加约 80 mL 水,加热溶解,待冷却后加入 10 g 抗坏血酸,加水至 100 mL。

四、实验条件

1. 测量参数:读数时间:12 s;延迟时间:2 s;读数方式:峰面积;测量方法:标准曲线法。

2. 进样设置:空白判别值(IF):3;载液一次进样量:1. 5 mL;载液二次进样量:1. 5 mL;样品进样量:1. 0 mL。

3. 载气与温度设置:载气流量:300 mL · min^{-1};屏蔽气流量:600 mL · min^{-1};石英炉温度:200 ℃;原子化炉高度:8 mm;点火方式:点火。

4. 负高压灯电流设置:负高压:280 V;A(B、C)道主灯电流:30 mA;A(B、C)道辅灯电流:30 mA。

五、实验步骤

1. 样品的处理:取 10. 00 mL 水样放入 25 mL 容量瓶中,加 1. 0 mL 10%硫脲和 10%抗坏血酸试剂,再加 0. 50 mL 浓盐酸,用水稀释至刻度混匀,同时制备样品空白,放置 30 min 后测定。

2. 开启氩气(0. 25 MPa),开启主机、计算机,进入检测程序,仪器自检。

3. 待主气、辅气稳定后,设定仪器参数。选择"标样浓度"为"自动稀释",选择"自动进样"方式测量。设定标样浓度 10 ng,系列标准溶液浓度为:1 ng · mL^{-1}、2 ng · mL^{-1}、

$4\ ng \cdot mL^{-1}$、$8\ ng \cdot mL^{-1}$、$10\ ng \cdot mL^{-1}$,设定标样、样品杯位。

4. 测量:将载液及测量溶液放入设定位置,清洗样品管 3 次,蠕动泵自动开启,逐步打开管压缩器。清洗完毕,将进样管放入还原剂管瓶中,点击点火按钮,选择自动测量,仪器自动分析标准系列及样品。

5. 测试完毕,依次关闭主机和氩气。

6. 处理数据,得到标准曲线和样品浓度。

六、思考题

1. 氢化物原子荧光法分析有何特点? 它可以测定哪些元素?

2. 样品处理时,为什么要加硫脲和抗坏血酸试剂?

实验十五　有机化合物的紫外吸收光谱及溶剂效应

一、实验目的

1. 了解有机化合物结构与紫外吸收光谱之间的关系。

2. 理解溶剂极性对有机化合物紫外吸收光谱的影响。

3. 学习紫外-可见分光光度计的测定光谱的方法。

二、实验原理

紫外-可见吸收光谱法(UV-vis)是基于分子内电子跃迁产生的吸收光谱进行分析的一种方法。其波长范围为 $200 \sim 800$ nm。其中 $200 \sim 400$ nm 为近紫外区,$400 \sim 800$ nm 为可见光区。紫外吸收光谱法是有机化合物定性分析中的重要辅助工具。

有机化合物的紫外-可见吸收光谱取决于有机化合物的分子结构。与紫外-可见吸收光谱有关的电子跃迁主要有 $n \rightarrow \sigma^*$、$\pi \rightarrow \pi^*$、$n \rightarrow \pi^*$ 等形式,其中 $\pi \rightarrow \pi^*$、$n \rightarrow \pi^*$ 最为重要。产生此两类跃迁的化合物分子均含有 π 键,因此,紫外-可见吸收光谱法分析对象主要是含有不饱和基团的有机化合物。能引起 $\pi \rightarrow \pi^*$、$n \rightarrow \pi^*$ 跃迁的基团称生色团,如:C=C、C=O、N=N、N=O 等,能使生色团向长波方向位移的杂原子基团称助色团,如:—OH、—OR、—Cl、—Br、—I 等。另外,能产生电荷迁移跃迁的无机配合物也是 UV-vis 的分析对象。

影响有机化合物紫外吸收光谱的因素有内因和外因两方面:内因是指有机化合物结构,主要是共轭体系的电子结构,随共轭体系增大,吸收带红移,吸收强度增大;外因是指测定条件,如溶剂效应等。所谓溶剂效应是指溶剂极性、酸碱性的影响,使溶质吸收峰的波长、强度

224

以及形状发生不同程度的变化。

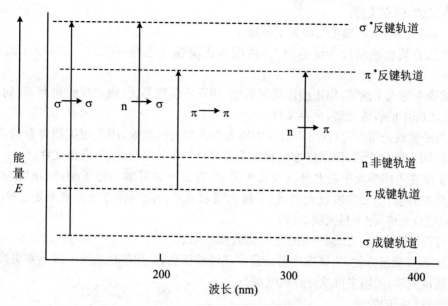

图 4.8　电子跃迁能级示意图

　　溶剂的极性对吸收光谱波长、吸收强度和精细结构等均产生影响。通常,随溶剂极性增加,$\pi \rightarrow \pi^*$产生的吸收带红移、$n \rightarrow \pi^*$产生的吸收带蓝移;随溶剂极性增加精细结构变得不明显,甚至消失。因此,在测定紫外可见吸收光谱时,应注明在何种溶剂中测定,选择参比溶液需和样品溶液一致。

三、仪器与试剂

1. 仪器与材料
Cary 100 Scan 紫外可见分光光度计(美国,Varian)、石英吸收池 2 只。
2. 试剂
苯、苯酚、丁酮、乙醇、正庚烷、苯酚的正庚烷、乙醇溶液(约 1 mg·mL^{-1})。

四、实验步骤

　　1. 接通主机电源,确认吸收池无任何物品,关闭样品室盖,开启计算机和主机,仪器自检。

　　2. 选择"光谱扫描"方式进入测试界面,设定测量参数。

　　3. 苯的吸收光谱测定:

　　(1) 苯蒸气吸收光谱的测定

　　取 2 只石英比色皿放入比色池,在 200～350 nm 范围校正基线。在 1 只石英比色皿中加入 2 滴苯,加盖,用手心温热吸收池底部,在 200～350 nm 范围内进行波长扫描,得到苯蒸气的吸收光谱,保存文件。

(2) 苯在正庚烷、乙醇中吸收光谱测定

取 2 只石英比色皿放入比色池,分别倒入正庚烷或乙醇,在 200～350 nm 范围校正基线。

在试管中加入 1 滴苯,用正庚烷稀释数倍,用正庚烷作参比,测定吸收光谱,以同样方法测定苯在乙醇中的吸收光谱,保存文件。

4. 苯酚吸收光谱测定:在另一试管中加入少许苯酚标准液,用正庚烷稀释数倍,用正庚烷作参比,测定吸收光谱,以同样方法测定苯酚在乙醇中的吸收光谱,保存文件。

5. 丁酮在不同溶液中最大吸收波长的测定:在另一试管加一滴丁酮,用正庚烷稀释数倍,用正庚烷作参比,测定吸收光谱,记下最大吸收波长。以同样方法分别测定丁酮在乙醇及水中的吸收光谱,记下最大吸收波长。

6. 打开保存文档,记录实验条件、光谱数据及图谱。

注意:为了测量方便,测试次序要注意。基线校正后,所用参比溶液一般不要更换。

7. 测试完毕,关闭主机及计算机电源。

8. 实验数据的处理:

(1) 指出苯蒸气光谱中吸收带的归属,比较苯蒸气、苯在正庚烷中的光谱,解释光谱差异原因。

(2) 比较苯、苯酚在正庚烷中的光谱,解释光谱差异原因。

(3) 比较苯酚在正庚烷、乙醇中的光谱,解释光谱差异原因。

(4) 比较丁酮在正庚烷、乙醇、水中的 λ_{max} 并解释原因。

五、思考题

1. 苯的紫外光谱有几个吸收带? 各有什么特点? 本实验所使用的仪器可以全部测量出来吗?

2. 根据丁酮在不同溶剂中的 λ_{max},判断该紫外吸收光谱属哪一类电子跃迁产生?

3. 溶剂极性对有机物的光谱会产生哪些影响?

实验十六　紫外分光光度法测定废水中苯酚的含量

一、实验目的

1. 掌握紫外-可见分光光度定量分析的原理。

2. 掌握紫外-可见分光光度定量分析的基本操作方法。

3. 进一步熟悉紫外-可见分光光度计的使用。

二、实验原理

紫外-可见吸收光谱法(UV-vis)最重要的用途是化合物的定量分析。紫外-可见光谱法灵敏度高、准确度好、操作简便、仪器价格便宜,是一种应用极为广泛的分析测试方法。许多药物都有紫外特征吸收,我国药典中有各种药物的最大吸收波长和吸光系数数据,UV-vis也是许多药物定量分析的标准方法。紫外-可见光谱法不仅可以测定有机物,通过显色反应还可以高灵敏的检测数十种元素。

许多化合物在紫外区具有特征吸收,吸光度与浓度的关系符合朗伯-比尔定律,选择适合的测定波长可以进行化合物的定量分析。在定量分析时,要注意选择合适的波长、参比溶液和测量条件。

常用的紫外-可见分光光度计有单光束和双光束两种。单光束仪器价格便宜,操作方便,但不能进行波长扫描,适合于常规分析。双光束仪器克服了单光束仪器由于光源不稳引起的误差,并且可以方便地对全波段进行扫描,使用更为方便。

芳香族化合物在紫外均有特征吸收,在近紫外可观测到两个吸收带,在 200 nm 附近的强吸收带和 230~300 nm 的中等强度吸收带。苯酚在中性或酸性介质中 λ_{max} 为 210 nm 和 272 nm,在碱性溶剂中,苯酚失去质子,吸收峰 λ_{max} 位移至 235 nm 和 288 nm,可以视样品含量和干扰情况选择不同的介质环境和波长定量分析。当干扰较为严重时,还可以用差值分光光度法测定,以提高测定的选择性。方法是用苯酚的中性溶液作参比,测定苯酚碱性溶液,利用两种光谱的差值光谱定量分析。

三、仪器与试剂

1. 仪器与试剂

Cary 100 Scan 紫外可见分光光度计(Varian)、石英吸收池 2 只。

2. 试剂

苯酚贮备液($1\ mg \cdot mL^{-1}$)、KOH($1\ mol \cdot L^{-1}$)、HCl($1\ mol \cdot L^{-1}$)。

四、实验步骤

1. 接通主机电源,开启计算机和主机。

2. 选择"光谱扫描"方式进入测试界面,设定测量参数。

3. 苯酚溶液吸收曲线测定:移取 0.5 mL 苯酚贮备液三份置于 25 mL 容量瓶中,一份用水定容,另两份分别加 1 mL HCl 和 1 mL KOH 用水定容。在 200~350 nm 范围内进行波长扫描,保存数据。

移取一定量的样品同上操作,得到样品在水、HCl 和 KOH 介质中的光谱。

4. 样品定量分析:

(1) 分析波长和溶液介质的选择

根据苯酚和样品在不同介质中的光谱,分析样品干扰情况,选择适宜的分析波长和测定介质。

(2) 系列标准溶液及样品溶液的配制

通过标准溶液浓度和吸光度值,计算后拟定系列标准溶液的浓度(控制吸光度 A 在 $0.2\sim0.8$,标准系列 5 个点为宜)。根据稀释后样品吸光度确定样品稀释倍数。

取若干 25 mL 容量瓶,配制系列标准溶液及样品溶液。

(3) 选择"定量分析"方式进入测试界面,设定测量参数,输入标准系列浓度及样品稀释倍数,用水作参比,调零后按浓度由稀到浓的次序测量标准系列溶液,最后测量未知试样,得出未知液浓度。

5. 打开保存文档,记录实验条件、光谱数据及图谱。

6. 测试完毕,关闭主机及计算机电源。

五、思考题

1. 简述利用紫外吸收光谱进行定量分析的基本步骤。

2. 测定实际样品中苯酚含量应注意哪些问题? 本实验是如何选择测定波长和控制测量条件的?

3. 在实际工作中如何拟定系列标准溶液的浓度?

实验十七　分子荧光法测定罗丹明 B 的含量

一、实验目的

1. 理解荧光分光光度法的基本原理。
2. 学习分子荧光分光光度计的使用方法。
3. 掌握分子荧光法定量分析方法。

二、实验原理

基态分子吸收一定的能量,跃迁到激发态,激发态分子以辐射的形式释放能量返回基态,便产生了分子发光。当处于第一激发单重态的分子以辐射的形式释放能量返回基态,就产生荧光发射。

荧光分析法灵敏度高(比吸收光谱法高 2～3 个数量级)，选择性好，线性范围宽，仪器简单，操作方便，是一种应用性较广的分析方法。

荧光的产生与分子结构有关，具有共轭双键体系及刚性平面结构的分子易产生荧光。绝大多数能发荧光的物质为含芳香烃或杂环的化合物，它们是荧光光谱分析的主要对象。

在低浓度时，荧光强度 I_f 与溶液浓度的关系为

$$I_f = 2.3\varphi_f I_0 \kappa b c$$

式中，φ_f 为荧光效率；I_0 为强度；b 为液槽厚度；c 为浓度。

当入射光波长 λ、强度 I_0 和液槽厚度 b 一定时，上式为 $I_f = Kc$，荧光强度与浓度成正比，可用标准曲线法进行定量分析。

任何荧光(磷光)物质都具有激发光谱和发射光谱两种特征光谱。如果固定荧光激发波长，在长波区域扫描光谱，可以得到荧光发射光谱，即荧光光谱；如果固定荧光发射波长，在短波区域扫描光谱，可以得到荧光发射光谱。对于未知化合物，要寻找激发波长，可以先测定紫外-可见吸收光谱，通常化合物的荧光激发光谱与紫外-可见吸收光谱相近。

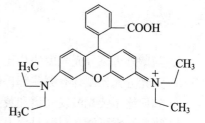

罗丹明 B 为碱性红色染料，长期服用会致癌，国家严令禁止将罗丹明 B 用作食品添加剂。罗丹明 B 是含有多个共轭双键的刚性平面结构分子，具有很强的荧光，在水中的结构式如图 4.9 所示。

图 4.9　罗丹明 B 分子结构

用荧光分析法测定样品中的罗丹明 B，其灵敏度和选择性均优于吸光光度法。

三、仪器与试剂

1. 仪器与材料
Cary Eclipse 型分子荧光分光光度计(Varian)、石英样品池 1 只、容量瓶、吸量管等。

2. 试剂
(1) 罗丹明 B 储备液($100\ \mu g \cdot mL^{-1}$)。
(2) 罗丹明 B 使用液($1.0\ \mu g \cdot mL^{-1}$)。

四、实验步骤

1. 接通主机电源，确认吸收池无任何物品，关闭样品室盖，开启计算机和主机，仪器自检。

2. 系列标准溶液及未知试样的配制。

取 5 只 25 mL 的容量瓶，分别加入 0.5 mL、1.0 mL、1.5 mL、2.0 mL、2.5 mL 罗丹明 B 使用液($1.0\ \mu g \cdot mL^{-1}$)，用蒸馏水稀释至刻度，配成系列标准溶液。浓度分别为 0.02

$\mu g \cdot mL^{-1}$、$0.04\ \mu g \cdot mL^{-1}$、$0.06\ \mu g \cdot mL^{-1}$、$0.08\ \mu g \cdot mL^{-1}$、$0.10\ \mu g \cdot mL^{-1}$。移取一定量未知样品,用水定容至 25 mL。

3. 测定荧光激发光谱和发射光谱。

选择"光谱扫描"方式进入测试界面,设定测量参数。取一罗丹明 B 标准溶液,将激发波长 λ_{ex} 固定在 550 nm,在 560~620 nm 范围内扫描荧光发射光谱,得最大发射波长 λ_{em}。再将发射波长固定在最大发射波长,在 500~570 nm 范围内扫描激发光谱,获得最大激发波长 λ_{ex},保存文档。

4. 标准曲线的绘制。

选择"定量分析"方式进入测试界面,设定测量参数,输入系列标准溶液浓度及样品信息。将激发波长固定在最大激发波长,荧光发射波长固定在最大发射波长处,测定系列标准溶液及样品的荧光发射强度,得标准曲线,保存文档。

5. 测试完毕,关闭主机及计算机电源。

五、思考题

1. 与紫外可见分光光度法相比分子荧光法分析有什么特点?
2. 荧光分光光度计有哪些部件组成?
3. 如何绘制荧光激发光谱和荧光发射光谱?
4. 哪些因素可能会对罗丹明 B 荧光产生影响?

实验十八　红外光谱法分析有机化合物结构

一、实验目的

1. 了解红外吸收光谱仪器的结构、原理及基本操作方法。
2. 掌握用压片法制作固体试样晶片的方法。
3. 了解用红外吸收光谱法对有机化合物的定性分析。

二、实验原理

红外光谱法主要用于对物质化学组成进行分析,用红外光谱可以推断有机化合物结构,根据吸收强度可以进行定量分析。红外光谱是研究分子振动和转动信息的分子光谱,几乎所有的有机化合物都可以用红外光谱法研究,当具有红外活性的化合物受到红外光辐射时,化合物中某个化学键的振动或转动频率与红外光频率相等,就会吸收辐射,分子振动和转动能级从基态跃迁到激发态,使相应频率的光强度减弱,分子中不同的化学键振动频率不同,会吸收不同频率的红外光,检测并记录透过光强度与波数或波长的关系曲线,就可得到红外光谱。

分子振动伴随转动能级跃迁大多在中红外区($4\,000\sim400\ cm^{-1}$),红外光谱多在此波数区间进行检测。其中,$4\,000\sim1\,350\ cm^{-1}$区域称为基团特征频率区(也称官能团区),主要用于分析有机化合物分子中的原子基团及其在分子中的相对位置。$1\,350\sim650\ cm^{-1}$区域称为指纹区,化合物结构上的微小差异会使这一区域的谱峰产生明显差异,犹如人的指纹因人而异一样,此区域主要价值在于表示整个分子特征。因此,在相同的条件下测定化合物和样品红外吸收光谱,可以对化合物进行定性分析。

傅里叶变换红外光谱仪是 20 世纪 70 年代后发展起来的,它具有扫描速率快、光通量大、分辨率高、光谱范围宽等特点,主要由红外光源、迈克尔逊干涉仪、检测器、计算机等部分组成。其原理是红外辐射经迈克尔逊干涉仪变为干涉光,通过试样和检测器后得到含试样信息的干涉图,由计算机采集,再经傅里叶变换处理,得到红外光谱。

红外光谱的试样可以是液体、固体或气体,一般要求:

(1) 试样应该是单一组分的纯物质,多组分试样应在测定前尽量预先分离提纯,否则各组分光谱相互重叠,难于判断。

(2) 试样中不应含有游离水。水本身有红外吸收,且会侵蚀吸收池的盐窗。

(3) 试样的浓度和测试厚度应选择适当,以使光谱图中的大多数吸收峰的透射比处于 10%～80%范围内。

红外光谱制样的方法主要有:

(1) 液体池法

沸点低于 100 ℃的样品可采用液体池法制样。选择不同的垫片尺寸可以调节液池的厚度,对于一些吸收很强的样品,可用适当的溶剂配成稀溶液进行测定。

(2) 液膜法

沸点高于 100 ℃或黏稠的样品可采用液膜法制样。方法是将样品直接滴在两片盐片之间,使之形成液膜。

(3) 石蜡糊法

将干燥的试样研细,与液体石蜡或全氟代烃混合,调成糊状,夹在盐片中测定。

(4) 压片法

将 $0.5\sim2$ mg 试样与 $100\sim200$ mg 纯 KBr 研细均匀,置于模具中,用压片装置压成透明的薄片后测定。试样和 KBr 都应经干燥处理,研磨粒度最好小于 $2\ \mu m$,以避免散射光对测定的干扰。

(5) 薄膜法

薄膜法多用于高分子化合物的测定。可将它们直接加热熔融后涂制或压制成膜。也可将试样溶解在低沸点的易挥发溶剂中,涂在盐片上,待溶剂挥发后成膜测定。

此外,气体样品可在气体进样槽中测定。

三、仪器与试剂

1. 仪器与材料

Ncolet 6700 FT - IR、DF - 4B 压片机、玛瑙研钵、模具等。

2. 试剂

溴化钾(光谱纯)、无水乙醇(分析纯)、样品(分子式 $C_7H_6O_3$)。

四、实验步骤

1. 按说明书启动仪器并设定仪器工作条件。

2. 取 300 mg 左右干燥后的溴化钾于干净的玛瑙研钵中研细,取出约一半粉末压片(压力 1.5~2.0 MPa)。

3. 启动仪器,测定并扣除背景。

4. 取 1 mg 左右固体样品加入盛有剩余溴化钾的研钵中研磨、混匀后压片。

5. 启动仪器,测定样品红外光谱谱图,保存并打印图谱,供谱图解析。

6. 按操作要求关机。

7. 谱图解析:在测定的红外光谱图中,标明主要吸收峰的归属;写出解析谱图过程;根据样品分子式确定样品可能的化学结构。

五、思考题

1. 红外吸收光谱室为什么要求湿度、温度基本恒定?

2. 为什么要扣除背景?

实验十九　气相色谱-质谱联用定性鉴定混合溶剂的成分

一、实验目的

1. 了解 GC - MS 的基本原理及硬件接口。

2. 学习利用 GC - MS 定性鉴定挥发性有机混合物的方法。

3. 学习质谱标准谱库的检索方法。

二、实验原理

质谱法(MS)主要用于有机物的定性鉴定和结构分析,但不能直接测定混合物;色谱法分离效率高,定量简便,但对组分定性能力较差。利用质谱仪作为色谱的检测器,既发挥了色谱的高分离能力,又发挥了质谱法的高鉴别能力的特点。色谱-质谱联用仪是近年发展最迅速的仪器之一,它主要用于对复杂有机混合物的快速分离和定性定量分析。色谱-质谱联用分气相色谱-质谱联用(GC-MS)和液相色谱-质谱联用(LC-MS)两类,其中,GC-MS发展较早,技术较为成熟,应用比较普及。目前,GC-MS已广泛应用于化工、石油、食品、药物及环境监测等领域,成为有机混合物定性定量分析的重要手段。

实现GC-MS联用的主要困难是接口装置,因为色谱柱出口是常压,而质谱仪要求在高真空下工作,所以两者连接需要一个接口传输样品。早期的GC-MS曾使用过各种连接器作为接口,现在多数GC-MS联用仪器已经不需要使用这些复杂的接口装置。因为GC普遍使用毛细管柱,GC-MS多采用将毛细管直接插入质谱仪离子源的直接连接方式,接口仅仅是一段传输线,因为毛细管载气流量比填充柱小得多,不会破坏质谱仪真空(如图4.10)。

GC-MS色谱部分和一般色谱仪基本相同,质谱仪部分是GC-MS的核心部分,其基本组成包括离子源、质量分析器、检测器和真空系统等。在GC-MS中,质谱仪离子源常采用电子轰击源(EI),也可以选配其他离子源,以获得更多的信息,质量分析器多采用四极滤质器,也有使用离子阱或飞行时间分析器的,检测器主要使用电子倍增管。

混合物样品在色谱柱中被分离为单一组分,依次进入质谱仪的离子源被电离成具有不同m/z的离子,经电、磁场将具有不同m/z的离子分离,按照m/z由小到大的顺序依次到达接收器产生电信号并被记录,得到各组分相应的质谱图(棒图),根据质谱图可采用谱库检索法或解析谱图法分别对各组分进行定性分析。

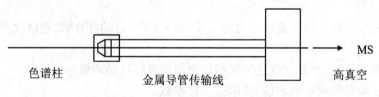

色谱柱　　　　　金属导管传输线　　　　　　　高真空　　　MS

图4.10　GC-MS直接插入式接口

GC-MS提供的信息为总离子色谱图(TIC)。样品连续进入离子源并被连续电离,产生离子进入质量分析器。质量分析器每扫描一次(如1 s),检测器就得到一个完整的质谱并送入计算机存储。由于样品浓度随时间变化,因此得到的质谱峰强度也随时间变化。如果某一组分通过色谱柱的时间为10 s,计算机会得到这个组分不同浓度下的10张质谱图,同时会将每张质谱图所有的离子强度相加得到总离子强度。这些随时间变化的总离子强度所描绘的曲线就是总离子色谱图。总离子色谱图中每个峰代表一个组分,其外形和色谱图相近,只要色谱柱相同,样品出峰顺序就相同。其差别在于,总离子色谱图所用的检测器是质谱仪,而一般色谱图所用的检测器是氢焰、热导等。两种色谱图中各成分的校正因子不同。

233

由总离子色谱图可以得到任何一个组分的质谱图,并可以根据色谱峰面积进行定量分析。由质谱图可以得到化合物的结构信息,可以通过谱库检索进行定性分析。

GC-MS 中一般采用 He 作载气,主要因为 He 难电离,不会因气流不稳影响色谱图基线,另外,He 分子量小,易于与其他组分分子分离,谱图简单。

GC-MS 分析的样品应该是 GC 工作温度下能汽化的样品。样品中应避免大量水的存在,浓度应该与仪器灵敏度相匹配。对不满足要求的样品要进行预处理。

三、仪器及试剂

1. 仪器与材料
GC-MS 2010 PLUS(日本岛津)。

2. 试剂
正己烷、正庚烷、苯、甲苯、氯苯,均为分析纯试剂。

四、实验条件

1. 色谱条件:RT_X:毛细管柱,$\Phi 0.25$ mm$\times 60$ m;Tc:45 ℃保持 5 min,以 10 ℃·min^{-1}升温到 250 ℃,保持 1 min;载气为氦气;分流比为 30~50:1,线速率为 25 cm·s^{-1},流量为 1 mL·min^{-1};Tj 为 200 ℃;进样量:1 μL。

2. EI 电离源:温度为 200 ℃,70 eV;接口温度为 200 ℃;系统真空度为 4×10^{-4} Pa;m/z 扫描范围为 30~300;无溶剂延迟。

五、实验步骤

1. 打开氦气钢瓶并调整输出压力为 0.6~0.9 MPa,启动计算机、色谱仪及质谱仪,建立通讯联系。

2. 启动真空系统,至真空度达到仪器规定值后进行仪器调整。

3. 按照实验条件设定色谱仪、质谱仪工作参数。

4. 仪器完成准备后,进样并按下程序启动开关。

5. 观察测试过程,当总离子色谱图(TIC)组分峰全部流出后,停止扫描。

6. 对 TIC 图中的各组分进行谱库检索,打印各组分质谱图和检索结果。

六、数据处理及谱图解析

将分析结果归纳汇总后填入表 4.3 中。

表 4.3　GC - MS 定性鉴定混合溶剂结果

序号	保留时间(min)	相对分子质量	化合物名称	分子式
1				
2				
3				
4				
5				

七、思考题

1. GC - MS 中,GC、MS 的主要作用分别是什么?
2. GC - MS 适合于分析什么种类的样品?
3. MS 的 TIC 图有什么用处? TIC 图与 GC 图一样吗?

实验二十　毛细管区带电泳法分离测定苯的衍生物

一、实验目的

1. 理解毛细管电泳法的基本原理。
2. 熟悉毛细管电泳仪的结构和基本操作方法。
3. 了解影响毛细管电泳分离的主要参数,学会利用毛细管电泳仪分离不同物质。

二、实验原理

　　毛细管电泳又称高效毛细管电泳(CE)是 20 世纪 80 年代发展起来的一种仪器分析方法。施加电压 30 kV,将溶有被分析物质的缓冲液放在两个小瓶中,在两个瓶中放置极细的毛细管两端,当将高电压施于毛细管两端时,由于电泳和电渗的共同作用,对液体中离子或荷电粒子进行高效、快速地分离。现在,HPCE 已广泛应用于氨基酸、蛋白质、多肽、低聚核苷酸、DNA 等生物分子分离分析,药物分析,临床分析,无机离子分析,有机分子分析,糖和低聚糖分析及高聚物和粒子的分离分析。人类基因组工程中 DNA 的分离是用毛细管电泳仪进行的。

　　毛细管电泳仪包括高电压源、毛细管、紫外检测器及计算机处理数据装置。另有两个供毛细管两端插入而又可和电源相连的缓冲液池(图 4.11)。

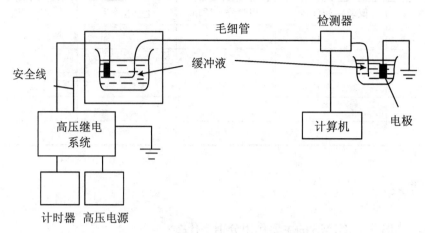

图 4.11　毛细管电泳仪工作原理图

　　毛细管由石英材料做成,内径一般为 $25\sim100\ \mu m$,外壁涂有聚酰亚胺涂层,使毛细管具有弹性并抗折;工作时两端浸入进口缓冲液和出口缓冲液中;高压电源为可调的高压($0\sim\pm30\ kV$)直流电源,一般工作电流 $200\ \mu A$ 以下;紫外检测器检测窗口即为剥去涂层的一段毛细管,使之呈透明状态;两个铂电极与高压电源相连,分别插入缓冲液瓶;数据记录和处理装置为装有化学工作站的计算机。

　　CE 系统中,离子在缓冲液中的电泳迁移速率(V_{ep})与电场强度(E)和电泳淌度(μ_{ep})呈正比

$$V_{ep} = \mu_{ep} \cdot E$$

其中电泳淌度又称迁移率,为溶质离子在一定电场(包括缓冲液系统)作用下,在一定时间间隔内移动的距离。

　　CE 所用的石英毛细管柱在 pH>3 情况下,与溶液接触时,其内表面带有负电,可在溶液中产生过剩的正电荷,与管壁所带负电荷平衡,形成双电层。在高电压作用下,双电层中的水合阳离子会引起流体朝负极方向移动,此现象称为电渗。粒子在毛细管内电解质中的迁移速率等于电泳和电渗流(EOF)两种速率的矢量和

$$\boldsymbol{V} = \boldsymbol{V}_{ep} + \boldsymbol{V}_{eo} = (\mu_{ep} + \mu_{eo}) \cdot E$$

　　正离子的运动方向和 EOF 一致,故最先流出,中性粒子的迁移速率与 EOF 一致,负离子的运动方向和 EOF 相反,将在中性离子之后流出。一般情况下 $\boldsymbol{V}_{eo}>\boldsymbol{V}_{ep}$,就可以使各种离子由于迁移速率的不同而实现分离。电渗流是毛细管电泳分析中的一个重要参数,受很多因素影响,通常电渗流随缓冲溶液浓度的降低、pH 的升高、电流加大或柱温升高而增大,通过改变条件控制电渗淌度在毛细管电泳法中非常重要。测定电渗流可用中性物质(二甲基亚砜、β-萘酚、丙酮等)作标记物。

　　对羟基苯甲酸、水杨酸(邻羟基苯甲酸)的 pKa_1、pKa_2 分别为 4.57、9.46 和 2.98、13.6,当电泳缓冲液的 pH 为 9 左右时,二者所带电荷电量不同,选择硼砂配制缓冲溶液,能使二

者很好地进行分离。本实验采用二甲亚砜作为电渗标记,测定电渗淌度。

三、仪器与试剂

1. 仪器与材料

Agilent CE G1600A 毛细管电泳仪,石英毛细管柱;二极管阵列检测器(DAD),检测波长:200～600 nm;超声波清洗器;PHS-3C 数字酸度计,可换膜过滤器(0.45 μm 过滤膜);20 mL 一次性注射器;吸量管、移液器等。

2. 试剂

NaOH(1 mol·L^{-1})、硼砂缓冲溶液(20 mmol·L^{-1})、水杨酸、对羟基苯甲酸、二甲亚砜,以上试剂均为分析纯。溶液配制和实验用水均为超纯水,溶液使用前需进行超声波脱气处理。

四、实验条件

温度:25 ℃;进样:压力 30 mbar,时间 5 s;电压:25 kV;检测波长:214 nm;毛细管参数:50/41.5 cm×50 μm。

五、实验步骤

1. 接通主机电源,分别开启主机、计算机,进入应用程序,进行仪器初始化。

2. 溶液的配制。

(1) 电渗标记物溶液和水杨酸、对羟基苯甲酸贮备液的配制:

取 1 mL 二甲亚砜加水定容至 250 mL 作为电渗标记物;取水杨酸、对羟基苯甲酸 10.0 mg 溶解后定容至 10 mL,配成 1 mg·mL^{-1} 贮备液。

(2) 混合标样的配制:

分别移取 4 mL 二甲亚砜水溶液、1 mL 水杨酸、2 mL 对羟基苯甲酸于 10 mL 的容量瓶中定容,得到含水杨酸、对羟基苯甲酸浓度分别为 100 μg·mL^{-1}、200 μg·mL^{-1} 的混合标样。

3. 设定毛细管冲洗方法和测定程序。

毛细管冲洗方法程序设定如下:NaOH 溶液 10 min,超纯水 5 min,硼砂缓冲溶液 5 min。取名"冲洗"。编写测定程序,取名为"标准溶液"和"样品"。

4. 样品编号与放置。

取与样品盘配套的样品管,分别移入 400 μL NaOH、硼砂缓冲溶液、混合标样和水,300 μL 未知液和 200 μL 二甲亚砜水溶液。将样品管放入样品盘设定位置。

5. 样品测定。

选择方法"冲洗"后,点击"开始",仪器按设定程序清洗毛细管。清洗完毕,分别选择方法"标准溶液"和"样品",点击"开始",仪器按设定程序自动测试标准溶液及样品。每种方法运行两次。实验结束,保存文档。

    6. 完成实验以后,用水冲洗毛细管 10 min。

    7. 调出实验数据文档,进行数据处理,最后关闭程序、主机和计算机电源。

五、数据处理

    1. 根据电泳的原理,分析判断混合标样中 3 个峰各自的归属,找出未知浓度混合样品中与标样迁移时间一致的峰。

    2. 记录标样中两种物质与二甲亚砜的峰面积比,根据已知浓度的相对峰面积与未知物质相对峰面积之比求出未知混合样品中两个组分的浓度。

    3. 计算电渗流标记物的淌度,计算各个组分的表观淌度和有效淌度。

    4. 算出两次测定的精密度(时间、峰高、峰面积、相对峰面积),并进行讨论。

六、注意事项

    1. 不允许用手操作仪器的样品盘。

    2. 仪器若在一星期内不用,毛细管需要用水冲过后再用空气冲干。短时间不用可用水与甲醇混合液冲洗。

七、思考题

    1. 比较毛细管电泳与高效液相色谱分离的原理和应用。

    2. 与经典电泳相比,毛细管电泳为什么要使用毛细管和高压?

参 考 文 献

[1]　陈培榕,李景虹,邓勃. 现代仪器分析实验与技术[M]. 2 版. 北京:清华大学出版社,2006.

[2]　苏克曼,张济新. 仪器分析实验[M]. 2 版. 北京:高等教育出版社,2005.

[3]　杨万龙,李文友. 仪器分析实验[M]. 北京:科学出版社,2008.

[4]　孙毓庆. 分析化学实验[M]. 北京:科学出版社,2008.

[5]　华中师范大学,东北师范大学,陕西师范大学,等. 分析化学实验[M]. 3 版. 北京:高等教育出版社,2001.

[6]　朱明华,胡坪. 仪器分析[M]. 4 版. 北京:高等教育出版社,2008.

[7]　北京大学化学系. 仪器分析教程[M]. 北京:北京大学出版社,1997.

［8］ 武汉大学.分析化学(下册)[M].2版.北京:高等教育出版社,2007.

［9］ 李安模,魏继中.原子吸收及原子荧光光谱分析[M].北京:科学出版社,2000.

［10］ 辛仁轩.等离子体发射光谱分析[M].北京:化学工业出版社,2005.

［11］ 盛龙生.色谱质谱联用技术[M].北京:化学工业出版社,2006.

第五章 有机化学实验

有机化学实验是以有机化学理论为基础,以各类有机物的性质、合成和典型有机化学反应为实验对象,以掌握实验技术和方法并以此为指导解决化学实际问题为教学目的。为适应应用型人才培养的需要,将验证性实验一至二十、综合性实验二十一至二十七、设计性与研究性实验二十八至三十三进行贯通;选择有广泛应用背景的化合物和天然产物进行合成、鉴定以及提取和分析;引入光化学、微波化学、相转移催化、无溶剂合成、仿生合成、"小量化"等实验。全面训练有机化学实验的新技术、新方法,以满足有机实验绿色化的新要求。

实验一 烃类性质及鉴定

一、实验目的

1. 验证烷、烯、炔和芳香烃主要的化学性质。
2. 掌握烯、炔和芳香烃的鉴别方法。

二、实验原理

烷烃较稳定。在光或加热的条件下,可以发生游离基型的卤代反应。烯、炔都是不饱和烃,都比较容易发生加成和氧化反应。链端炔还可以生成炔化物。芳香烃易取代,难加成,难氧化。

1. 溴-四氯化碳试验:不饱和烃可和溴发生加成反应,使其褪色。

2. 稀高锰酸钾溶液试验:不饱和烃可和稀高锰酸钾酸性溶液反应,使其褪色,生成黑褐色的二氧化锰沉淀。可用来鉴别不饱和烃。

3. 炔氢试验:链端炔上的氢,有酸性,能被某些金属离子(Ag^+、Cu^+)取代,生成金属炔化物沉淀。可用来鉴别链端炔烃。

4. 芳香烃取代试验:卤代、硝化、氧化。

三、器材与试剂

1. 仪器与材料
试管、烧杯、蒸馏烧瓶、恒压滴液漏斗、洗气瓶、电热套等。

2. 试剂
液体石蜡、溴、四氯化碳、高锰酸钾、环己烯、碳化钙、硫酸铜、氯化钠、硝酸银、氢氧化钠、氨水、氯化亚铜、苯、甲苯、萘、铁粉、浓硝酸、浓硫酸等。

四、实验步骤

1. 烷烃的性质
(1) 卤代反应:取 2 支干燥试管,分别加 1 mL 液体石蜡,再分别加 3 滴 3%溴的四氯化碳溶液。摇动试管,使其混合均匀。把一试管(加塞)放入暗处;另一试管放在阳光下或日光灯下,半小时后观察二者颜色变化有何区别,并解释之。

(2) 氧化反应:取 1 支试管加 1 mL 液体石蜡和 4 滴 5 g·L^{-1}高锰酸钾溶液、4 滴 10%稀硫酸溶液,摇动试管,观察溶液的颜色变化?

2. 烯烃的性质
(1) 加成反应:取 1 支试管加 1 mL 环己烯和 3~8 滴 3%溴的四氯化碳溶液。摇动试管,观察溶液的颜色变化。用环己烷重复上述实验,有什么不同?

(2) 氧化反应:取 1 支试管加 1 mL 环己烯和 4 滴 5 g·L^{-1}高锰酸钾溶液、4 滴 10%稀硫酸溶液,摇动试管,观察溶液的颜色变化。

3. 乙炔的制备与性质
(1) 制备:按图 5.1 安装器材。在 250 mL 干燥的蒸馏烧瓶中,放入少许干净的黄沙,平铺于瓶底,小心地放入块状碳化钙 6 g,瓶口装一个恒压漏斗。蒸馏烧瓶的支管连接盛有饱和硫酸铜溶液的洗气瓶。把 15 mL 饱和食盐水倒入恒压漏斗中,小心地旋开活塞使食盐水慢慢地滴入蒸馏烧瓶中,即有乙炔生成。注意控制乙炔生成的速率!

(2) 与卤素反应:将乙炔通入盛 0.5 mL 1%溴的四氯化碳溶液的试管中,观察有什么现象?

(3) 氧化反应:将乙炔通入盛 1 mL 1 g·L^{-1}高锰酸钾溶液及 0.5 mL 10%稀硫酸的试管中,观察有什么现象?

(4) 乙炔银的生成:取 0.3 mL 50 g·L^{-1}硝酸银溶液,加入 1 滴 100 g·L^{-1}氢氧化钠溶液,再滴入 2%氨水,边滴边摇,直到生成的沉淀恰好溶解,得到澄清的硝酸银氨溶液。通入乙炔气体,观察溶液有什么变化? 有何沉淀生成?

(5) 乙炔亚铜的生成:将乙炔通入氯化亚铜氨溶液中,观察有没有沉淀生成,沉淀的颜色如何,和乙炔银是否相同。

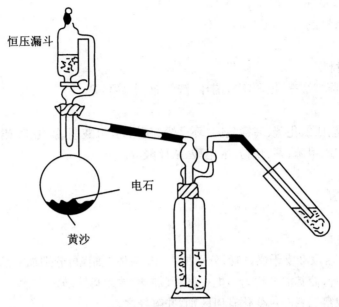

图 5.1　制备乙炔的装置

4. 芳香烃的性质

（1）溴代反应：取 4 支干燥洁净的试管，编号。在 1、2 两支试管中各加 10 滴苯；3、4 两支试管中各加 10 滴甲苯。然后在 4 只试管中分别加 3 滴 20% 溴的四氯化碳溶液，摇动试管。混合均匀后，在试管 2、4 中各加少量铁粉。将 4 支试管放在沸水中加热几分钟，观察现象。

（2）硝化反应：在干燥的大试管中加入 3 mL 浓硝酸，在冷却下逐滴加入 4 mL 浓硫酸，冷却振荡，然后将混酸分成两份。分别加 2 mL 苯、甲苯，充分振荡。水浴（60 ℃ 以下）数分钟，再分别倾入 10 mL 冷水中，观察生成物的颜色，并注意有无特殊气味产生。

（3）氧化反应：取 3 支干净试管，各加 5 滴 5 g·L^{-1} 高锰酸钾溶液和 5 滴 25% 稀硫酸溶液。然后分别加 10 滴苯、甲苯和 0.1 g 萘，用力振摇，在 50～60 ℃ 水浴中加热 3～5 min，观察现象。

五、注意事项

1. 性质试验必须注意比较现象的差异，及时记录有关实验现象。

2. 试剂的用量应按要求使用，不可随意增加，以防现象不准，而且污染环境。

3. 乙炔银和乙炔铜沉淀在干燥下均有爆炸性，实验完毕后，要及时加稀盐酸或稀硝酸分解，才能倒入指定的废液缸。

4. 氯化亚铜氨溶液的配制：取 1 g 氯化亚铜加 1～2 mL 浓氨水和 10 mL 水，用力摇动后，静置片刻，倾出溶液，并投入一块铜片或一根铜丝，贮存备用。

六、思考题

1. 甲苯的卤代、硝化等反应为什么比苯容易进行？
2. 根据所做实验,用化学方法区别下列各组化合物:
(1) 环己基乙烷、环己基乙烯、环己基乙炔。
(2) 1-苯基丁烷、2-甲基-2-苯基丙烷。

实验二　含氧有机物性质及鉴定(Ⅰ)

一、实验目的

1. 验证醇、酚、醚的主要化学性质。
2. 掌握醇、酚、醚的鉴别方法。

二、实验原理

醇、酚、醚都是烃的含氧衍生物,其结构中都含有碳氧单键。醇、酚的结构中都含有羟基。但醇中的羟基与烃基相连,酚中羟基与芳环相连,醚中氧和两个烃基相连,因此它们的性质存在差异。

1. 醇

醇的官能团是羟基。它可以发生碳氧键和氧氢键两种断裂,α-碳上的氢活泼,易被氧化。

(1) 碳氧键断裂。醇羟基的反应活性:烯丙基型、苄基型>3°>2°>1°。羟基可被卤素取代,可发生消除反应。其中卢卡斯试剂可用于区别伯、仲、叔醇。

(2) 氢氧键断裂。醇可与金属钠、钾、镁等反应,发生酯化反应。

(3) 伯醇氧化为醛或酸。仲醇氧化为酮。叔醇在碱性条件下抗氧化。

(4) 多元醇(邻二醇类)反应。与新生成的氢氧化铜反应,显蓝色。可用来区别一元醇和多元醇。邻二醇还可用高碘酸来检验。

2. 酚

酚的鉴定可以氢氧化钠试验、溴水试验、三氯化铁试验来进行。其中,不同的酚与三价铁离子生成不同颜色的络合物。

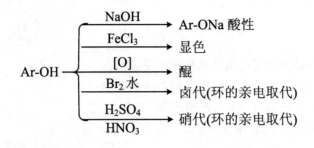

蓝色　深绿色　蓝紫色　暗绿色结晶　紫色结晶　绿色结晶

3. 醚

（1）生成锌盐。

（2）在酸性试剂（如氢碘酸）作用下发生醚键断裂。

三、器材与试剂

1. 仪器与材料

烧杯、试管、电热套等。

2. 试剂

无水乙醇、金属钠、酚酞、正丁醇、仲丁醇、叔丁醇、异丙醇、乙二醇、甘油、卢卡斯试剂（盐酸-氯化锌试剂）、高锰酸钾、氢氧化钠、硫酸铜、苯酚、对苯二酚、1,2,3-苯三酚、饱和溴水、苯、浓硫酸、浓硝酸、碳酸钠、三氯化铁、碘化钾、乙醚、浓盐酸、pH试纸等。

四、实验步骤

1. 醇的性质

（1）醇钠的生成及水解：在干燥的试管中，加入1 mL无水乙醇，然后将表面新鲜的金属钠一小粒投入试管中，观察现象。有什么气体放出？等金属钠完全消失后，向试管中加水2 mL，滴加酚酞指示剂，解释观察到的现象。

（2）醇与卢卡斯试剂的作用：在3支干燥的试管中，分别加入0.5 mL正丁醇、仲丁醇和叔丁醇，每个试管中各加入2 mL卢卡斯试剂，立即用塞子将管口塞住，充分振荡后静置，温度最好保持在26～27 ℃，注意最初5 min及1 h后混合物的变化，记录混合物变浑浊和出现分层的时间。

（3）醇的氧化：向盛有 1 mL 无水乙醇的试管中滴加 2 滴 10 g·L^{-1}高锰酸钾溶液，充分振荡后将试管置于水浴中微热，观察溶液颜色的变化。以异丙醇和叔丁醇做同样的实验，其结果如何？

（4）多元醇与氢氧化铜的作用：用 6 mL 50 g·L^{-1}氢氧化钠及 10 滴 100 g·L^{-1}硫酸铜溶液，配置成新鲜的氢氧化铜，然后一分为二，取 5 滴多元醇样品（乙二醇、甘油）分别滴入新鲜的氢氧化铜中，观察现象。

2. 酚的性质

（1）酚的弱酸性：在试管中加酚（苯酚、对苯二酚）试样 0.1 g，逐渐加水，使之溶解。用 pH 试纸测试其弱酸性。然后逐滴加入 100 g·L^{-1}氢氧化钠至全溶。再加入 10%盐酸使之呈酸性，有何现象发生？为什么？

（2）三氯化铁试验：在试管中加入 0.5 mL 10 g·L^{-1}试样酚（苯酚、对苯二酚和1,2,3-苯三酚）溶液和稀乙醇溶液。再加入 10 g·L^{-1}三氯化铁水溶液 1～2 滴，摇一会儿，观察所显示的颜色。

（3）苯酚与溴水作用：取苯酚饱和水溶液 2 滴，用水稀释至 2 mL，逐滴滴入饱和溴水，当溶液中开始析出白色沉淀转变为淡黄色时，即停止滴加，然后将混合物煮沸 1～2 min，以除去过量的溴，冷却后又有沉淀析出，再在混合物中滴入 10 g·L^{-1}碘化钾溶液 5 滴及 1 mL 苯，用力振荡，沉淀溶于苯中，析出的碘使苯层呈紫色，观察现象。

（4）苯酚的氧化：取苯酚的饱和水溶液 3 mL 置于试管中，加 50 g·L^{-1}碳酸钠溶液 0.5 mL 及 5 g·L^{-1}高锰酸钾溶液 1 mL，振荡，观察现象。

3. 醚的性质

醚的锌盐：取 2 支干燥试管，一支加入 2 mL 浓硫酸，另一支加入 2 mL 浓盐酸。将两支试管都放入冰水中冷却至 0 ℃，在每支试管里小心加入 1 mL 预先量好并已冷却的乙醚。加乙醚时，要分几次加入，并时而摇动试管，保持冷却。试嗅一嗅所得的均匀溶液是否有乙醚味？

将上面两支试管里的液体分别小心倾入另外两支各盛有 5 mL 冷水和一块冰的试管里，倾倒时也要加以摇动和冷却。此时是否有乙醚的气味出现？水层上是否有乙醚层？小心加入几滴 100 g·L^{-1}氢氧化钠，中和掉一部分酸，观察乙醚层是否增多。

五、注意事项

1. 醇钠的生成反应，如果反应停止后溶液中仍有残余的钠，应该先用镊子将钠取出放在酒精中破坏，然后加水，否则，金属钠遇水，反应剧烈，不但影响实验结果，而且不安全。

2. 卢卡斯试剂又称盐酸-氯化锌试剂（配制方法：将 34 g 熔化过的无水氯化锌溶于 23 mL 浓盐酸中，同时冷却以防氯化氢逸出，约得 35 mL 溶液，放冷后，存于玻璃瓶中，塞紧），此试剂可用作各类醇的鉴别和比较，含 6 个以下的低级醇均可以与卢卡斯试剂反应，作用后生成不溶性的氯代烷，使反应液出现浑浊，静止后分层明显。

3. 酚类或含有酚羟基的化合物，大多数能与三氯化铁溶液反应，产生各种特有的颜色，产生颜色的原因主要是由于生成了解离度很大的酚铁盐。加入酸、酒精或过量的三氯化铁溶液,均能减少酚铁盐的解离度,有颜色的阴离子浓度也就相应降低,反应液的颜色就将褪去。

4. 苯酚与溴水作用,生成微溶于水的 2,4,6-三溴苯酚白色沉淀。滴加过量溴水,则白色的三溴苯酚就转化为淡黄色的难溶于水的四溴化物。该四溴化物易溶于苯,它能氧化氢碘酸,本身则又被还原成三溴苯酚。

5. 醚可以作为一个碱,与浓硫酸或路易斯酸作用形成锌盐。锌盐可溶解于过量的浓酸中。加水稀释,锌盐又分解为原来的醚和酸。若中和掉酸,则增加锌盐的分解程度。乙醚在稀盐酸中的溶解度要比它在水中或稀硫酸中的溶解度大得多。

6. 生成锌盐时有热量放出,为了使乙醚不因受热而逸出,所以要保持冷却。

六、思考题

1. 用两种不同的化学方法鉴别:1-丁醇、2-丁醇和 2-甲基 2-丙醇。
2. 对 1,2-丙二醇和 1,3-丙二醇用两种不同的化学方法鉴别。
3. 用简便的化学方法区别下列化合物:甲苯、苯甲醚、苯酚、1-苯基乙醇。

实验三　含氧有机物性质及鉴定(Ⅱ)

一、实验目的

1. 验证醛、酮、羧酸及其衍生物的化学性质。
2. 掌握鉴别醛、酮、羧酸及其衍生物的化学方法。

二、实验原理

1. 醛、酮的亲核反应

醛、酮中都含有羰基官能团,由于氧的电负性较大,使得羰基双键电子云向氧偏移,结果羰基碳带有正电,有利于亲核试剂的进攻,所以醛、酮易发生亲核加成反应。但由于电子效应和空间效应的影响,羰基发生亲核加成的速率不同,有的甚至不能发生反应。

(1) 与 2,4-二硝基苯肼的加成-消除反应,反应通式为

$$C=O + O_2N-\underset{NO_2}{\underset{|}{\bigcirc}}-NHNH_2 \xrightarrow{-H_2O} O_2N-\underset{NO_2}{\underset{|}{\bigcirc}}-NHN=C$$

所有醛、酮均有此反应,这是鉴定醛、酮主要的化学方法。

（2）与亚硫酸氢钠的加成，反应通式为

$$\begin{array}{c} R \\ (R')H \end{array}C{=}O + NaHSO_3 \rightleftharpoons \begin{array}{c} R \quad OH \\ C \\ (R')H \quad SO_3Na \end{array}$$

产物为白色结晶沉淀，发生反应的有醛、甲基酮和八个碳以下的环酮。由于加成产物与稀盐酸或稀碳酸钠溶液共热，分解为原来的醛和酮，因此该反应可用来鉴定和纯化醛或甲基酮。

$$\begin{array}{c} OH \\ C \\ SO_3Na \end{array} \left\{ \begin{array}{l} \xrightarrow{稀HCl} \quad C{=}O + NaCl + SO_2\uparrow + H_2O \\ \\ \xrightarrow{Na_2CO_3} \quad C{=}O + Na_2SO_3 + CO_2\uparrow + H_2O \end{array} \right.$$

2. 醛、酮 α-H 的活泼性——碘仿试验

$$RCOCH_3 + I_2 + NaOH \longrightarrow RCOONa + CHI_3\downarrow (黄)$$
$$\downarrow H^+$$
$$RCOOH$$

碘仿是黄色晶体，不溶于水，具有特殊的气味。所以碘仿反应常用来鉴定甲基醛、酮。由于次碘酸钠有氧化性，对于具有 $CH_3CH(OH)$—结构的醇，可被氧化为甲基酮（CH_3CO—）结构，也可发生碘仿反应。

3. 醛、酮的区别

（1）与品红醛试剂（Schiff 试剂）反应

品红醛试剂又叫 Schiff 试剂。品红是一种红色染料，通入二氧化硫于其溶液中则得无色的品红醛试剂。品红醛试剂与醛类作用，显紫红色，且很灵敏；酮类不与品红醛试剂反应，因此品红醛试剂是实验室检验甲醛和其他醛及区别醛、酮常用而简单的方法。

$$\begin{array}{l} 甲醛 \\ 其他醛 \end{array} \Big\} + 品红醛试剂 \longrightarrow 显紫红色 \xrightarrow{浓硫酸} \left\{ \begin{array}{l} 所显的颜色不消失 \longrightarrow 甲醛 \\ 所显的颜色褪去 \longrightarrow 其他醛 \end{array} \right.$$

（2）与托伦（Tollen）试剂反应

Tollen 试剂的主要成分是银氨络离子。酮一般不发生此反应，可以区别醛、酮，反应方程式为

$$RCHO + Ag(NH_3)_2OH \xrightarrow{\triangle} RCOO^-NH_4^+ + Ag\downarrow + NH_3 + H_2O$$

（3）与斐林（Fehling）试剂反应

Fehling 试剂由两部分组成：甲液为硫酸铜溶液，乙液为酒石酸钠的氢氧化钠溶液。反应方程式为

$$RCHO + 2Cu^+ + 5OH^- \xrightarrow{\triangle} RCOO^- + Cu_2O\downarrow + 3H_2O$$
$$\quad\quad\quad\quad 络离子 \quad\quad\quad\quad\quad\quad\quad\quad\quad 砖红色$$

甲醛还原性较强,常进一步将氧化亚铜还原成暗红色的金属铜或铜镜。芳香醛和各种酮都不能起 Fehling 反应。因此可用于检验脂肪族醛的存在。

4. 羧酸的性质

(1) 酸性:羧酸官能团—COOH 有酸性,可与氢氧化钠、碳酸钠等反应。甲酸的 pKa 为 3.77;草酸的 pKa_1 为 1.46,pKa_2 为 4.40;乙酸的 pKa 为 4.76;碳酸的 pKa 为 6.5。由于羧酸的酸性比碳酸酸性强,因此可分解碳酸盐。

$$RCOOH + NaOH \longrightarrow RCOONa + H_2O$$

$$RCOOH + Na_2CO_3 \longrightarrow RCOONa + CO_2 \uparrow + H_2O$$

$$RCOOH + MgO \longrightarrow (RCOO)_2Mg + H_2O$$

$$CH_3COOH + CH_3CH_2OH \underset{回流}{\overset{浓硫酸}{\rightleftharpoons}} CH_3COOC_2H_5 + H_2O$$

(2) 酯化:羧酸的羧基被其他基团取代的化合物称为羧酸衍生物。羧酸与醇反应称为酯化反应。

5. 羧酸衍生物的水解、醇解和氨解

羧酸衍生物官能团—COOL 可以水解成酸—COOH;醇解成酯—COOR;氨解成酰胺—COONH₂。

(1) 水解

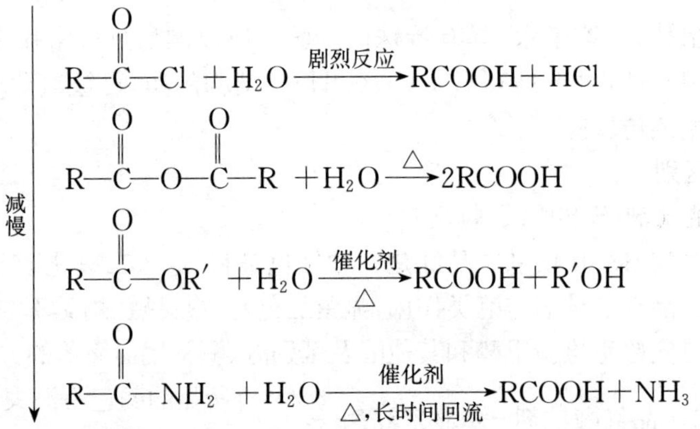

(2) 醇解

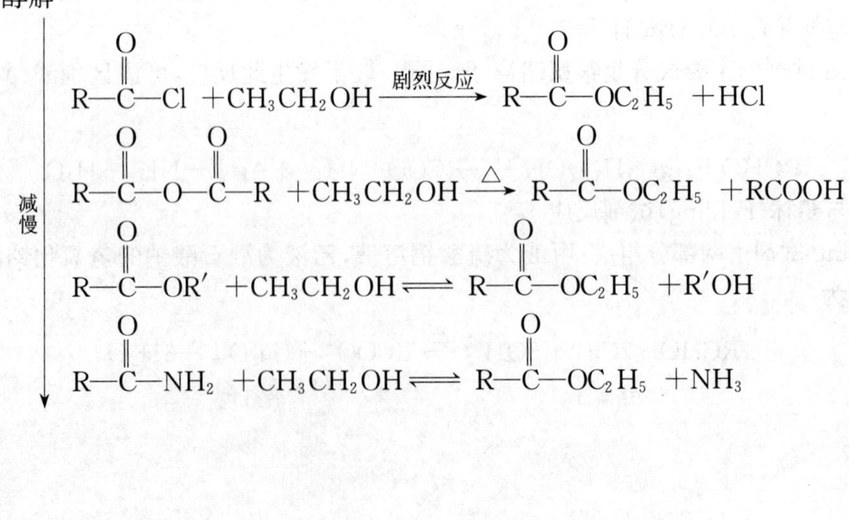

（3）氨解

$$
\overset{\quad O\quad}{\underset{}{R-\overset{\|}{C}-Cl}} + NH_3 \longrightarrow \overset{\quad O\quad}{\underset{}{R-\overset{\|}{C}-NH_2}} + NH_4Cl
$$

$$
\overset{\quad O\quad\quad\quad O\quad}{\underset{}{R-\overset{\|}{C}-O-\overset{\|}{C}-R}} + 2NH_3 \overset{\triangle}{\longrightarrow} 2\overset{\quad O\quad}{\underset{}{R-\overset{\|}{C}-NH_2}}
$$

$$
\overset{\quad O\quad}{\underset{}{R-\overset{\|}{C}-OR'}} + NH_3 \overset{\triangle}{\longrightarrow} \overset{\quad O\quad}{\underset{}{R-\overset{\|}{C}-NH_2}} + R'OH
$$

$$
\overset{\quad O\quad}{\underset{}{R-\overset{\|}{C}-NH_2}} + R'NH_2(过量) \overset{\triangle}{\longrightarrow} \overset{\quad O\quad}{\underset{}{R-\overset{\|}{C}-NHR'}} + NH_3
$$

三、器材与试剂

1. 仪器与材料

试管、烧杯、电热套等。

2. 试剂

2,4-二硝基苯肼、乙醇、甲醛、丁醛、丙酮、苯甲醛、二苯酮、3-戊酮、饱和亚硫酸氢钠、氢氧化钠、碘-碘化钾溶液、异丙醇、丁醇、苯乙酮、二氧六环、硝酸银、氨水、品红醛试剂、斐林试剂A(硫酸铜溶液)、斐林试剂B(酒石酸钠的氢氧化钠溶液)、甲酸、乙酸、草酸、刚果红试纸、苯甲酸、盐酸、乙酰氯、乙酸酐、乙酰胺、红色石蕊试纸、乙酸乙酯、浓硫酸、冰醋酸等。

四、实验步骤

1. 醛酮的加成(加成-消除)反应

（1）与 2,4-二硝基苯肼反应

在 4 支干燥试管中,各加入 1 mL 2,4-二硝基苯肼试剂,然后分别滴加 1～2 滴丁醛、丙酮、苯甲醛、二苯酮(若试样为固体,则先向试管中加入 10 mg 试样,滴 1～2 滴乙醇使之溶解,再与 2,4-二硝基苯肼作用),摇匀后静置片刻,观察结晶的颜色(若无沉淀析出,微热30 s,摇匀后静置冷却,再观察之)。

（2）与饱和亚硫酸氢钠的加成

在 4 支干燥试管中分别加入新配制的饱和亚硫酸氢钠溶液 2 mL,再分别滴加苯甲醛、丁醛、丙酮、3-戊酮各 1～2 mL,用力振摇后置于冰水中冷却数分钟,若无沉淀可加 2～3 mL 乙醇并摇匀,静置 20～30 min。观察比较沉淀析出的相对速率。

2. 碘仿试验(醛、酮 α-H 的活泼性)

在 5 支干燥试管中分别加入 1 mL 蒸馏水和 3～4 滴丁醛、丙酮、乙醇、异丙醇、3-戊酮(若试样不溶于水,则加入几滴二氧六环使之溶解),再分别滴加 1 mL 100 g·L⁻¹氢氧化钠,然后滴加碘-碘化钾溶液至溶液呈浅黄色(边滴边摇);继续振荡,溶液的浅黄色逐渐消失,随之析出浅黄色沉淀。若未发生沉淀或出现白色乳汁液,可将试管放在 $50 \sim 60$ ℃水浴中温热几分钟(若溶液变成无色,应补加几滴碘-碘化钾溶液),观察现象。

3. 醛、酮的区别

(1) Schiff 试验

在 3 支干燥试管中分别加入 1 mL 品红醛试剂(Schiff 试剂),分别滴加 2 滴甲醛、丁醛、丙酮,振荡摇匀,放置数分钟。然后分别向显紫红色溶液的试管中逐滴加入浓硫酸,边滴边摇。观察溶液颜色的变化。

(2) Tollen 试验

在 2 支十分洁净的干燥试管中分别加入 1 mL Tollen 试剂(用 1 mL 50 g·L^{-1}硝酸银溶液,1 滴 100 g·L^{-1}的氢氧化钠溶液,振荡下滴加 2%稀氨水配制),然后分别加入 6~8 滴丁醛、丙酮,摇匀后静置数分钟,若无变化可将试管放在 $50 \sim 60$ ℃水浴中温热几分钟。观察银镜的生成。

(3) Fehling 试验

在 3 支干燥试管中分别加入菲林 A 和菲林 B 溶液各 0.5 mL,振荡摇匀后分别加 8~10 滴丁醛、苯甲醛、丙酮,振荡摇匀后置于沸水中加热 3~5 min。注意观察颜色的变化。

4. 羧酸的性质

(1) 酸性的试验

将甲酸、乙酸各 5 滴及草酸 0.2 g 分别溶于 2 mL 水中。然后用洗净的玻璃棒分别蘸取相应的酸液在同一条刚果红试纸上画线。比较各线条颜色的深浅,得出酸性的强弱。

(2) 成盐反应

取 0.2 g 苯甲酸晶体放入盛有 1 mL 水的试管中,加入 100 g·L^{-1}氢氧化钠溶液数滴,振荡并观察现象。接着再加数滴 100 g·L^{-1}盐酸,振荡并观察所发生的现象。

5. 羧酸衍生物与水的作用

(1) 酰氯与水的作用

在试管中加 1 mL 蒸馏水,再加入 3 滴乙酰氯,观察现象。试管是否发热? 反应结束后,加入 1~2 滴 20 g·L^{-1}硝酸银溶液。有何现象?

(2) 酸酐与水的作用

在试管中加 1 mL 蒸馏水,再加入 3 滴乙酸酐。乙酸酐是否溶解? 把试管略微加热,可嗅到什么气味? 解释其现象。

(3) 酯的水解

在 3 支干净试管中,各加入 1 mL 乙酸乙酯和 1 mL 水。在第 2 支试管中加入 3 滴 100 g·L^{-1}硫酸;在第 3 支试管中加入 3 滴 200 g·L^{-1}氢氧化钠溶液,摇动试管。观察 3 支试管中酯层消失的相对快慢。

(4) 酰胺的水解

① 碱性水解

取 0.1 g 乙酰胺和 1 mL 200 g·L^{-1}氢氧化钠溶液一起放入一小试管中,混合均匀并用小火加热至沸腾。用湿润的红色石蕊试纸在试管口检验所产生的气体的性质。

② 酸性水解

取 0.1 g 乙酰胺和 2 mL 100 g·L⁻¹硫酸溶液一起放入一小试管中,混合均匀,沸水浴加热沸腾 2 min,注意有醋酸味产生。放冷并加入 200 g·L⁻¹氢氧化钠溶液至反应液呈碱性,再次加热,用湿润的红色石蕊试纸检验所产生的气体的性质。

五、注意事项

1. 取用试剂时要看清标签和使用的剂量。

2. Tollen 试验所用的试管最好依次用温热浓硝酸、水、蒸馏水洗净,使产生的银镜光亮。

3. 乙酰氯的水解和醇解反应都很剧烈,滴加时要小心,以免液体溅出。

4. 刚果红试纸适用于作酸性物质的指示剂,变色范围 pH 为 3~5。刚果红与弱酸作用变蓝黑色,与强酸作用显稳定的蓝色,遇碱则又变红。

5. 2,4-二硝基苯肼试剂的配制:取 2,4-二硝基苯肼 3 g,溶于 15 mL 浓硫酸,将此酸性溶液慢慢加入 70 mL 95％乙醇中,再加蒸馏水稀释到 100 mL,过滤。取滤液保存于棕色试剂瓶中。

6. 碘-碘化钾溶液的配制:2 g 碘和 5 g 碘化钾溶于 100 mL 水中。

7. 品红醛试剂的配制:溶解 0.2 g 对品红盐酸盐于 100 mL 热水中,冷却后,加入 2 g 亚硫酸氢钠和 2 mL 浓盐酸,最后用蒸馏水稀释到 200 mL。

8. 斐林试剂的配制:斐林试剂 A:溶解 3.5 g 五水硫酸铜晶体于 100 mL 水中,浑浊时过滤。斐林试剂 B:溶解酒石酸钾钠晶体 17 g 于 15~20 mL 热水中,加入 20 mL 20％的氢氧化钠,稀释至 100 mL。此两种溶液要分别贮藏,使用时取等量混合。

六、思考题

1. 当用 Tollen 试剂与醛类反应制备银镜时,应注意什么?

2. 如何用简单的化学方法鉴定下列化合物?

(1) 2-己醇、3-己醇、环己酮。

(2) 甲醛、丁醛、苯甲醛。

(3) 苯甲酸、对甲苯酚、苄醇。

实验四　天然有机物性质及鉴定

一、实验目的

1. 验证糖、氨基酸、蛋白质等天然有机化合物的化学性质。
2. 掌握糖类、氨基酸和蛋白质的鉴定方法。

二、实验原理

1. 糖

糖类化合物也称为碳水化合物,从结构上看是多羟基醛(醛糖)、多羟基酮(酮糖)及其缩合物,根据能否水解通常分为单糖、低聚糖和多糖;根据其性质又分为还原性糖和非还原性糖,可以用多种方法区别醛糖、酮糖和多糖。

(1) 与 Fehing 试剂反应

$$
\begin{array}{c}
\text{CHO} \\
\text{H} \!-\! \text{OH} \\
\text{HO} \!-\! \text{H} \\
\text{H} \!-\! \text{OH} \\
\text{H} \!-\! \text{OH} \\
\text{CH}_2\text{OH}
\end{array}
+ \text{Cu(OH)}_2 \longrightarrow
\begin{array}{c}
\text{COOH} \\
\text{H} \!-\! \text{OH} \\
\text{HO} \!-\! \text{H} \\
\text{H} \!-\! \text{OH} \\
\text{H} \!-\! \text{OH} \\
\text{CH}_2\text{OH}
\end{array}
+ \text{Cu}_2\text{O} \downarrow
\begin{array}{c}\text{砖红色}\end{array}
$$

葡萄糖、果糖、麦芽糖等还原性糖均可发生此反应。

(2) 与 Tollen 试剂反应

$$
\begin{array}{c}
\text{CHO} \\
\text{H} \!-\! \text{OH} \\
\text{HO} \!-\! \text{H} \\
\text{H} \!-\! \text{OH} \\
\text{H} \!-\! \text{OH} \\
\text{CH}_2\text{OH}
\end{array}
+ \text{Ag(NH}_3)_2{}^+ \longrightarrow
\begin{array}{c}
\text{COOH} \\
\text{H} \!-\! \text{OH} \\
\text{HO} \!-\! \text{H} \\
\text{H} \!-\! \text{OH} \\
\text{H} \!-\! \text{OH} \\
\text{CH}_2\text{OH}
\end{array}
+ \text{Ag} \downarrow
$$

葡萄糖、果糖、麦芽糖等还原性糖均可发生此反应。

(3) 糖的显色反应

① 莫利施(Molish)反应

在浓硫酸存在下,糖与 α-萘酚作用生成紫色环。

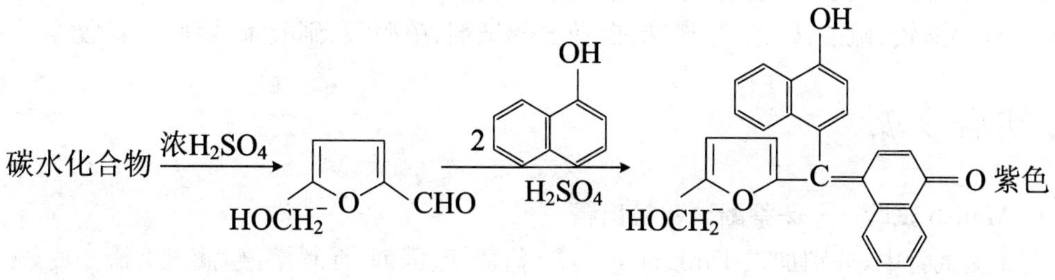

② Selivanov 反应

酮糖在浓 HCl 存在下与间苯二酚反应,很快生成鲜红色沉淀。而醛糖在同样条件下两分钟内不显色,由此可以区别醛糖和酮糖。

(4) 糖脎的生成反应

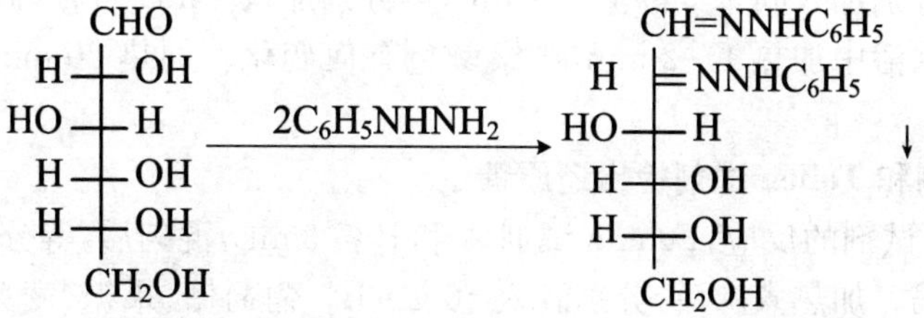

糖脎是不溶于水的黄色结晶,不同的糖脎晶形不同,在反应中生成的速率也不同。例如:果糖成脎快于葡萄糖。因此可以根据糖脎的晶形及生成时间来鉴定糖。糖的差向异构体可生成同一个脎。

(5) 淀粉的碘试验。

淀粉遇碘显蓝色,可用于鉴定碘的存在。螺旋状空穴正好与碘的直径相匹配,允许碘分子进入空穴中,形成复合物而显色。淀粉-碘包合物(蓝色),加热解除吸附,则蓝色褪去。

2. 氨基酸和蛋白质

α-氨基酸是组成蛋白质的基础。绝大多数 α-氨基酸都含有手性碳原子,有旋光性。α-氨基酸是两性化合物,具有等电点。

蛋白质是一种含氮生物高分子,在酸、碱存在下,或受酶的作用,水解成相对分子量较小的胨、脒、多肽等,它们水解的最终产物为各种氨基酸。蛋白质与水所形成的亲水胶体,在各种不同因素的影响下,如重金属盐、生物碱沉淀剂的存在下,容易析出沉淀。蛋白质还能发生二缩脲、黄蛋白、茚三酮等颜色反应,有助于对蛋白质的鉴别。

三、器材与试剂

1. 仪器与材料

试管、烧杯、电热套、低倍显微镜(80~100 倍)等。

2. 试剂

α-萘酚、95%乙醇、浓硫酸、葡萄糖、果糖、麦芽糖、蔗糖、间苯二酚、Fehing 试剂 A 和 B、硝酸银、氢氧化钠、氨水、苯肼盐酸盐、醋酸钠、浓盐酸、淀粉、碘-碘化钾溶液、清蛋白溶液、硫酸铜、碱性醋酸铅、硫酸铵、乙酸、苦味酸、茚三酮试剂、浓硝酸、硝酸汞试剂、酪氨酸等。

四、实验步骤

1. Molish 试验——α-萘酚试验检出糖

在 3 支试管中,分别加入 1 mL 50 g·L^{-1}葡萄糖、蔗糖、淀粉溶液,滴入 2 滴 100 g·L^{-1} α-萘酚的 95％乙醇溶液,混匀后,将试管倾斜 45°角,沿试管壁慢慢加入 1 mL 浓硫酸(勿摇动),硫酸在下层,试液在上层,若两层交界处出现紫色环,表示溶液含有糖类化合物。若数分钟内无颜色,可在水溶液中温热 3～5 min,再观察结果如何。

2. 间苯二酚试验

取 2 支试管,分别加入间苯二酚溶液 2 mL,再分别加入 1 mL 50 g·L^{-1}的果糖、葡萄糖溶液。混匀,于沸水浴中加热 1～2 min,观察颜色有何变化。加热 20 min 后,再观察,解释为什么?

3. Fehing 试剂和 Tollen 试剂检出还原糖

(1) 与 Fehing 试剂的反应:Fehing 试剂 A 和 B 各 3 mL,混匀后,等分为 5 份分别置于 5 支试管中,标明号码。加热煮沸后,分别滴入 50 g·L^{-1}葡萄糖、果糖、麦芽糖、蔗糖、淀粉溶液 0.5 mL,观察并比较结果,注意颜色变化及有无沉淀析出。

(2) 与 Tollen 试剂反应:取 5 支干净的试管,标明号码。另取一支大试管加入 10 mL 50 g·L^{-1}硝酸银溶液,2～3 滴 100 g·L^{-1}的氢氧化钠溶液,振荡下滴加稀氨水(1 mL 浓氨水用 9 mL 水稀释),直到析出的氧化银沉淀恰好溶解为止,此即为 Tollen 试剂。将此 Tollen 试剂等分为 5 份,分别加入上述 5 支试管中,再分别加入 50 g·L^{-1}葡萄糖、果糖、麦芽糖、蔗糖、淀粉溶液 0.5 mL,将 5 支试管放在 60～80 ℃热水浴中加热几分钟。观察并比较结果,解释为什么?

4. 糖脎的生成

在试管中分别加入 1 mL 50 g·L^{-1}葡萄糖、果糖、麦芽糖、蔗糖,再加入 0.5 mL 100 g·L^{-1}苯肼盐酸盐溶液和 0.5 mL 150 g·L^{-1}醋酸钠溶液,在沸水浴中加热并不断振摇,比较生成糖脎结晶的速率,记录成脎的时间,并在低倍显微镜(80～100 倍)下观察各糖脎的晶型。

5. 淀粉碘的试验和酸性水解

(1) 胶体淀粉溶液的配制:用 7.5 mL 冷水和 0.5 g 淀粉充分混合成一均匀的悬浮物,勿使块状物存在。将此悬浮物倒入 67 mL 沸水中,继续加热几分钟即得到胶淀粉溶液,留着做下面试验。

(2) 碘试验:向 1 mL 胶淀粉溶液中加入 9 mL 水,充分混合,向此稀溶液中加入 2 滴碘-碘化钾溶液。此时溶液中大约含有万分之七的淀粉,由于淀粉与碘生成分子复合物而呈蓝色。将此蓝色溶液每次稀释 10 倍(即每次用 1 mL 溶液加 9 mL 水),直至蓝色溶液变得很浅,粗略地推测此时溶液中的淀粉浓度大约是百万分之几。也就是说,当淀粉的浓度在百万分之几的浓度时,仍能给出碘试验的正性结果。将碘试验呈正性结果的溶液加热,结果如何? 放冷后,蓝色是否再现? 请解释之。

(3) 淀粉用酸水解:在 100 mL 小烧杯中,加入 30 mL 胶淀粉溶液,加 4~5 滴浓盐酸。在水浴上加热,每隔 5 min 取少量液体作碘试验,直到不再起碘反应为止(约 30 min)。先用 100 g·L^{-1}氢氧化钠溶液中和,再用 Tollen 试剂试验。观察有何现象,解释之。

6. 蛋白质沉淀

(1) 用重金属盐沉淀蛋白质:取 2 支试管,标明号码,各盛 1 mL 清蛋白溶液,分别加入饱和硫酸铜、碱性醋酸铅 2~3 滴,观察有无蛋白质沉淀析出。

(2) 蛋白质的可逆沉淀:取 2 mL 清蛋白溶液,放在试管里,加入同体积的饱和硫酸铵溶液,将混合物稍加振荡,析出蛋白质沉淀使溶液变浑或呈絮状沉淀。将 1 mL 浑浊的液体倾入另一支试管中,加入 1~3 mL 水振荡时,蛋白质沉淀是否溶解?

(3) 苦味酸沉淀蛋白质:在试管中加入 1 mL 清蛋白溶液及数滴 50 g·L^{-1}乙酸溶液,再加入 5~10 滴饱和苦味酸溶液,直至沉淀产生。该沉淀反应最好在弱酸溶液中进行。

7. 蛋白质的颜色反应

(1) 与茚三酮反应:在试管里加入鸡蛋白溶液 1 mL,再滴加茚三酮试剂 2~3 滴,在沸水中加热 10~15 min,观察有什么现象出现?

(2) 黄蛋白反应:于试管里加入 1~2 mL 清蛋白溶液和 1 mL 浓硝酸,此时呈现出白色沉淀或浑浊。在灯焰上加热至沸,此时溶液和沉淀是否都呈黄色? 有时由于煮沸使析出的沉淀水解,而使沉淀全部或部分溶解,溶液的黄色是否变化?

(3) 二缩脲反应:在试管中加入 10 滴蛋白质溶液和 15~20 滴 100 g·L^{-1}氢氧化钠溶液,混合均匀后,再加入 3~5 滴 50 g·L^{-1}硫酸铜溶液,边加边摇动,观察有何现象产生。

(4) 蛋白质与硝酸汞试剂作用:取 2 mL 清蛋白溶液放入试管中,加硝酸汞试剂 2~3 滴,现象如何? 小心加热。此时原先析出的白色絮状是否聚集成块状? 是否显砖红色(有时溶液也呈红色)? 用酪氨酸重复上述过程,现象如何?

五、注意事项

1. Molish 反应很灵敏,如操作不慎,甚至将滤纸毛或碎片落于试管中,都会得到正性结果,但正性结果不一定都是糖。例如甲酸、丙酮、草酸、葡萄糖酸、没食子酸、苯三酚与 α-萘酚试剂也能生成有色环,但负性结果肯定不是糖。

2. 间苯二酚溶液的配制:0.01 g 间苯二酚溶于 10 mL 浓盐酸和 10 mL 水,混匀即成。

3. 酮糖与间苯二酚溶液生成鲜红色沉淀。它溶于酒精呈鲜红色,但加热过久葡萄糖、麦芽糖、蔗糖也是呈正性反应。这是因为麦芽糖或蔗糖在酸性介质中水解,分别生成葡萄糖或葡萄糖和果糖。葡萄糖浓度高时,在酸存在下能部分地转变呈果糖。本试验应注意的是盐酸和葡萄糖浓度不要超过 120 g·L^{-1},观察颜色反应时,加热不要超过 20 min。

4. 各种糖脎的颜色、熔点(或分解温度)、糖脎析出时间不同,如表 5.1 所示。

5. 重金属在浓度很小时就能沉淀蛋白质,与蛋白质形成不溶于水的类似盐的化合物。因此蛋白质是许多重金属中毒时的解毒剂。用重金属沉淀蛋白质和蛋白质加热沉淀均是不可逆的。

表 5.1　糖脎的物理性质及析出的时间

糖的名称	析出糖脎所需的时间/min	糖脎颜色	糖脎的熔点（或分解温度）/℃
果糖	2	深黄色结晶	204
葡萄糖	4～5	深黄色结晶	204
麦芽糖	冷后析出	—	—
蔗糖	30（转化生成）	黄色结晶	—

6. 碱金属和镁盐在相当高的浓度下能使很多蛋白质从它们的溶液中沉淀出来（盐析作用）。硫酸铵具有特别显著的盐析作用。不论在弱酸性溶液中还是中性溶液中都能使蛋白质沉淀。其他的盐需要使溶液呈酸性反应才能盐析完全。蛋白质被碱金属和镁盐沉淀没有变性作用。所以这种沉淀（盐析）作用是可逆的，所析出的沉淀在加水时又溶解于溶液中，即又恢复原蛋白质。

7. 黄蛋白反应显示蛋白质的分子中含有单独的或并合的芳香环，即含有 α-氨基-β-苯丙酸、酪氨酸、色氨酸等残基。这些芳香环与硝酸起硝化作用，生成多硝基化合物，结果显黄色。他们在碱性溶液中变成橙色是由于生成深颜色的阴离子所致。

8. 任何蛋白质或其水解中间产物均有二缩脲反应。这表明蛋白质或其水解中间产物均含有肽键。在蛋白质水解产物中，二缩脲反应的颜色与肽键数有关，如表 5.2 所示。

表 5.2　二缩脲反应的颜色及肽键数

蛋白质水解中间产物	肽键数目	所显颜色
缩二氨基酸	1	蓝色
缩三氨基酸	2	紫色
缩四氨基酸	3	红色

蛋白质在二缩脲反应中常显紫色，这显示缩三氨基酸的残基在蛋白质分子中较多。显色反应是由于生成了铜的配合物。操作过程中应防止加入过多的铜盐。否则生成过多的氢氧化铜。有碍紫色或红色的观察。

9. 只有组成中含有酚羟基的蛋白质，才能与硝酸汞试剂显砖红色。在氨基酸中只有酪氨酸含有酚羟基，所以凡能与硝酸汞试剂显砖红色的蛋白质，其组成中必有酪氨酸残基。硝酸汞试剂也叫 Millon 试剂。其配制为：将 1 g 金属汞溶液 2 mL 浓硝酸中，用两倍水稀释，放置过夜，过滤即得。它主要含有汞或亚汞的硝酸盐和亚硝酸盐，此外还含有过量的硝酸和少量的亚硝酸。

10. 取用试剂时要看清标签和使用的剂量。观察现象要细致。

六、思考题

1. 蔗糖属于非还原性糖,但是当蔗糖与 Tollen 试剂长时间共热时,也会发生阳性反应。试解释之。

2. 用化学方法鉴定葡萄糖、果糖、麦芽糖、乳糖、纤维二糖、淀粉和纤维素,判断它们哪些是还原糖? 哪些是非还原糖?

3. 用间苯二酚反应来区别酮糖和醛酮,在实验操作中要注意什么?

4. 在蛋白质的二缩脲反应中,为什么要控制硫酸铜溶液的加入量? 过量的硫酸铜会导致什么结果?

实验五　环己烯的制备

一、实验目的

1. 学习以酸催化环己醇脱水制备环己烯的原理和方法。
2. 掌握分馏基本操作。
3. 学习低沸点易燃液体化合物的蒸馏等操作。

二、实验原理

以醇为原料在酸催化下发生 β 消除反应是制备烯烃的重要方法之一。实验室中通常用浓硫酸或浓磷酸催化环己醇脱水制备环己烯。

$$\bigcirc\!\!-OH \underset{}{\overset{H_3PO_4}{\rightleftharpoons}} \bigcirc + H_2O$$

该反应是可逆的,生成的烯烃在同样条件下能够发生水合反应,因此为了促使反应完成,必须不断地将反应生成的低沸点烯烃蒸出来。由于高浓度的酸会导致烯烃的聚合、分子间的失水及碳化,故常伴有副产物的生成。若采用硫酸氢钠作催化剂,可避免使用腐蚀性强的浓硫酸和腐蚀性强、成本较高的浓磷酸,并可减少副反应,这也是绿色化学的具体体现。

三、器材与试剂

1. 仪器与材料

圆底烧瓶、蒸馏头、冷凝管、锥形瓶、尾接管、温度计、分液漏斗、电热套、Abbe 折射仪等。

2. 试剂

环己醇、浓磷酸、氯化钠、无水氯化钙、碳酸钠、硫酸氢钠、溴的四氯化碳溶液、高锰酸钾等。

四、实验步骤

1. 合成反应

在 50 mL 干燥的圆底烧瓶中,加 6 g(6.3 mL,0.060 mol)环己醇、2.5 mL 浓磷酸(或 3 g 硫酸氢钠)和几粒沸石,充分振摇使混合均匀。按简单分馏装置图 1.85(a)装配器材。接上冷凝管,用锥形瓶作接受器,外用冰水冷却。将烧瓶在电热套上用小火慢慢加热,控制加热使分馏柱上端的温度不要超过 73 ℃,馏液为带水的浑浊液(环己烯-水)。至无液体蒸出时,可升高加热温度,当烧瓶中只剩下很少残液并出现阵阵白雾(温度在 85～90 ℃)时,即可停止蒸馏。时间约需 40 min。

2. 分离纯化

将馏出液用少许氯化钠饱和,然后加入约 3 mL 5%的碳酸钠溶液中和微量的酸(pH 约为 7)。将液体转入分液漏斗中,振摇(注意放气)后静置分层,打开上口玻璃塞,再将活塞缓缓旋开,下层水层从分液漏斗的下口放出,有机层(产物)从分液漏斗上口倒入一干燥的锥形瓶中,用适量无水氯化钙干燥。待溶液清亮透明后,小心滗入干燥的圆底烧瓶中,投入几粒沸石,粗环己烯在水浴上进行蒸馏。收集 80～85 ℃的馏分于一已称量的干燥小锥形瓶中。称重(产量约 3 g),计算产率。

纯环己烯为无色透明液体,沸点 83 ℃,$d_4^{20}=0.810\ 2$,$n_D^{20}=1.446\ 5$。

3. 产品鉴定

(1) 产品外观。

(2) 溴的四氯化碳溶液试验、高锰酸钾溶液试验。

(3) 折射率测定。

五、注意事项

1. 仪器要干燥。投料时应先投环己醇,再投浓磷酸;加磷酸后一定要摇匀后再加热,否则在加热过程中可能会局部碳化(环己醇黏度大,尤其低温时量筒内的环己醇很难倒净,会影响产率,最好称重)。

2. 该反应是可逆的,故本实验采用分馏装置,在反应过程中将产物从反应体系中分离出来,推动反应向正反应方向移动,提高产率。

3. 反应时,控制柱顶温度不要超过 90 ℃。加热一段时间后,再逐渐蒸出产物,调节滴加速率,保持反应速率大于蒸出速率,使产物以共沸物(环己烯-水)的形式分出反应体系,又不夹带原料环己醇,保证分馏的顺利进行。表 5.3 为环己烯、环己醇和水组成的共沸混合物。

4. 反应终点的判断可参考下面几个参数：(1) 反应进行 40 min 左右；(2) 分馏出的环己烯-水共沸物达到理论值；(3) 反应瓶中出现白雾（磷酸失水所致）；(4) 柱顶温度升到 85 ℃以上。

表 5.3　环己烯、环己醇和水组成的共沸混合物

共沸混合物	沸点/℃		共沸混合物的组成/%
	组分	共沸物	
环己醇	161.5	97.8	～20.0
水	100.0		～80.0
环己烯	83.0	70.8	90.0
水	100.0		10.0
环己醇	161.5	64.9	30.5
环己烯	83.0		69.5

5. 水层应尽可能分离完全，否则将增加无水氯化钙的用量，使产物更多地被干燥剂吸附而导致损失，同时干燥要放置一定的时间，而且用无水氯化钙干燥还可除去少量的环己醇。

6. 计算产率的方法。在有机制备中，产率的计算式为

$$产率 = \frac{实际产量}{理论产量} \times 100\%$$

理论产量是指根据反应方程式，原料全部转变为产物的数量（即假定在分离、纯化过程中没有损失）。实际产量是指实验中得到纯品的数量。

六、思考题

1. 为什么在制备中要控制分馏柱顶端温度不超过 90 ℃？
2. 在粗制的环己醇中加入精盐，使水层饱和的目的是什么？
3. 为什么可以用硫酸氢钠代替浓磷酸或浓硫酸？

实验六　叔丁基氯的制备

一、实验目的

1. 学习以浓盐酸、叔丁醇为原料制备叔丁基氯的原理和方法。
2. 进一步巩固蒸馏的基本操作和分液漏斗的使用方法。

二、实验原理

叔丁基氯也称 2-甲基-2-氯丙烷或叔氯丁烷。它的制备可以叔丁醇为原料与氯化氢作用,也可以异丁烯为原料与氯化氢加成。而醇与氢卤酸在酸催化下发生亲核取代反应是合成卤代烃的重要方法之一。本实验采用叔丁醇和浓盐酸反应,无需加热可直接制备叔丁基氯,不像一级醇或二级醇那样与氯化氢反应时需要催化剂,可见叔醇在亲核取代反应中的活性。

$$\underset{\underset{CH_3}{|}}{\overset{\overset{CH_3}{|}}{H_3C-C-OH}} +HCl \longrightarrow \underset{\underset{CH_3}{|}}{\overset{\overset{CH_3}{|}}{H_3C-C-Cl}} +H_2O$$

三、器材与试剂

1. 仪器与材料
圆底烧瓶、蒸馏头、冷凝管、锥形瓶、尾接管、温度计、电热套、分液漏斗、Abbe 折射仪等。

2. 试剂
叔丁醇、浓盐酸、碳酸氢钠、无水氯化钙、硝酸银、乙醇等。

四、实验步骤

1. 合成反应
在 50 mL 圆底烧瓶中,放置 4 mL(3.2 g,0.042 mol)叔丁醇和 10.5 mL 浓盐酸。不断振荡约 15 min 后,转入分液漏斗中,静置。

2. 分离纯化
待明显分层后,分去下层水层。有机层分别用水、5‰碳酸氢钠溶液、水各 2.5 mL 洗涤,将上层有机层转入锥形瓶中,用适量无水氯化钙干燥。干燥后的产品倒入干燥的圆底烧瓶中,加入沸石,接受瓶置于冰水浴中。电热套加热水浴上蒸馏收集 50～51 ℃馏分。称重(产量约 3 g),计算产率。

纯叔丁基氯为无色液体,沸点 51 ℃,$d_4^{20}=0.840$,$n_D^{20}=1.387\,7$。

3. 产品鉴定
(1) 产品外观。
(2) 硝酸银乙醇溶液试验。
(3) 折射率测定。

五、注意事项

1. 叔丁醇凝固点为 25 ℃,温度较低时呈固态,需在温热水中熔化后取用。
2. 用 5％碳酸氢钠溶液洗涤时,只需轻轻振荡几下,并注意及时放气。
3. 洗涤时注意上下层的意义。
4. 精制时所用的仪器要干燥,水浴要从冷水开始加热。

六、思考题

1. 从机理的角度讨论叔醇在酸催化下发生亲核取代反应为什么比较容易?
2. 在洗涤粗产品时,若碳酸氢钠溶液浓度过高,洗涤时间过长,将对产物有何影响? 为什么?

实验七　无水乙醇的制备

一、实验目的

1. 学习实验室用氧化钙制备无水乙醇的方法。
2. 掌握无水回流、无水蒸馏等常规无水操作。

二、实验原理

无水乙醇是实验室常用的无水溶剂,可用氧化钙与 95％的乙醇反应脱去其中的水,再通过无水蒸馏操作制得无水乙醇,所得的无水乙醇相当于市售 99.5％的无水乙醇。若需要绝对无水乙醇,还需进一步处理。

$$CaO + H_2O = Ca(OH)_2$$

三、器材与试剂

1. 仪器与材料
圆底烧瓶、蒸馏头、冷凝管、锥形瓶、尾接管、干燥管、电热套等。
2. 试剂
95％乙醇、氧化钙、无水氯化钙、无水硫酸铜或高锰酸钾等。

四、实验步骤

1. 回流加热除水

在 50 mL 圆底烧瓶中,加入 20 mL 95％乙醇,慢慢放入 8 g 小颗粒状的生石灰,加沸石。按图 1.81(b)装上回流冷凝管,冷凝管上端接装有无水氯化钙的干燥管。加热回流 1.5～2 h。

2. 蒸馏

回流完毕改为带干燥的蒸馏装置,如图 1.74 所示,将干燥的锥形瓶作接受器,接引管支口上接装有无水氯化钙的干燥管,加热蒸馏。蒸出无水乙醇,计算回收率。放到密封性好的干燥试剂瓶中保存。

3. 产品鉴定

(1) 产品外观。

(2) 用干燥试管加少许无水硫酸铜或高锰酸钾检验蒸馏制得的无水乙醇,用 95％乙醇作对比实验,比较实验结果。

五、注意事项

1. 实验所用仪器要干燥,并注意实验过程避免水分的浸入。

2. 控制回流温度。

3. 装有氯化钙干燥管的两端要用棉花塞住,防止氯化钙漏出。但棉花不能塞得太紧,氯化钙要粒状,否则容易形成封闭系统而导致暴沸。

4. 蒸馏与回流时都要加沸石。

六、思考题

1. 本实验除水的原理是什么?

2. 实验的关键是什么?

实验八　三苯甲醇的制备

一、实验目的

1. 了解格利雅(Grignard)试剂的制备、应用和进行格利雅反应的条件。

2. 理解格利雅试剂与羰基化合物发生亲核加成反应的基本原理。

3. 掌握无水无氧操作技术。

4. 学习带有机械搅拌的回流、低沸点易燃液体蒸馏、水蒸气蒸馏及减压抽滤等操作。

二、实验原理

格利雅(Grignard)试剂是有机合成中应用最广泛的金属有机试剂。其化学性质很活泼,可以与醛、酮、酯、酸酐、酰卤、腈等多种化合物发生亲核加成反应,常用于制备醇、醛、酮、羧酸及各种烃类。

用格利雅试剂制备三苯甲醇可以采用两种方法。方法一:由苯甲酸乙酯与两分子格利雅试剂苯基溴化镁反应。方法二:由二苯甲酮与一分子格利雅试剂苯基溴化镁反应。本实验采用方法一制备三苯甲醇。

主反应:

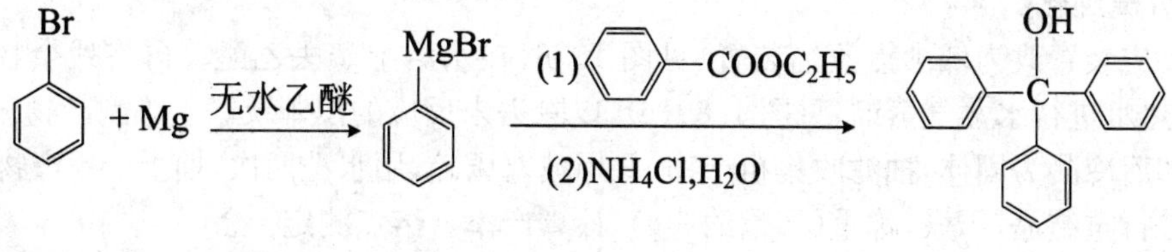

副反应:

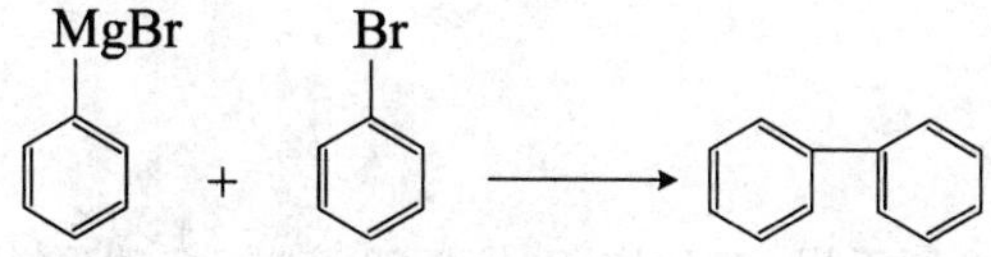

三苯甲醇是一种重要的化工原料和医药中间体,可转化为三苯基氯甲烷应用于多种精细化学产品(如三苯甲基的多糖类衍生物)合成中。

三、器材与试剂

1. 仪器与材料

三颈烧瓶、球形冷凝管、恒压滴液漏斗、电动搅拌器、干燥管、锥形瓶、蒸馏头、尾接管、分液漏斗、抽滤瓶、布氏漏斗、循环水真空泵、电热套、熔点测定仪等。

2. 试剂

溴苯、镁屑、苯甲酸甲酯、无水乙醚、无水氯化钙、氯化铵、碘、乙醇等。

四、实验步骤

1. 苯基溴化镁(格利雅试剂)的制备

如图 1.81(g)所示,在 250 mL 三颈烧瓶上分别装配电动搅拌器、球形冷凝管及恒压滴液漏斗,在冷凝管上口连接无水氯化钙干燥管。瓶内加入 1.5 g(0.062 mol)镁屑及一小粒碘,在恒压滴液漏斗中混合 10 g(6.7 mL,0.064 mol)溴苯及 30 mL 无水乙醚。先将 1/4 的混合液滴入烧瓶中,数分钟后即见镁屑表面有气泡产生,溶液轻微浑浊,碘的颜色开始消失表明反应已经开始。若不发生反应(无变化),可用水浴温热。反应开始后开动电动搅拌器缓慢搅拌,缓缓滴入其余的溴苯与乙醚溶液,控制滴加速率保持溶液呈微沸状态,加毕,在水浴上继续回流 0.5 h,使镁屑完全作用。

2. 苯基溴化镁与苯甲酸乙酯反应制备三苯甲醇

将三颈烧瓶置于冷水浴中,在搅拌下由恒压滴液漏斗滴加 4 g(3.8 mL,0.026 mol)苯甲酸乙酯溶于 10 mL 无水乙醚的溶液,控制滴加速率保持反应平稳地进行。滴加完毕后,将反应混合物在水浴上回流 0.5 h,使反应进行完全。将反应瓶改为冷水浴冷却,在搅拌下由恒压滴液漏斗慢慢滴加由 7.5 g 氯化铵配成的饱和水溶液(约需 28 mL 水),分解加成产物。这时可以观察到反应物明显地分为两层。

3. 分离纯化

将反应装置改为低沸点蒸馏装置,见图 1.76,在水浴上蒸去乙醚。再将残余物中加入 100 mL 热水进行水蒸气蒸馏,见图 1.80(e),以除去未反应的溴苯及联苯等副产物。瓶中剩余物冷却后冷凝为固体,抽滤收集粗产物,并用玻塞压碎,用水洗两次,抽干。粗产物用 80% 的乙醇进行重结晶,干燥,称重(产量约 3 g),计算产率。熔点测定。

纯三苯甲醇为无色片状晶体,熔点 164.2 ℃。

五、注意事项

1. 使用仪器及试剂必须干燥:三颈烧瓶、恒压滴液漏斗、球形冷凝管、干燥管、量筒等要预先烘干;乙醚经金属钠处理放置一周成无水乙醚。

2. 镁屑不宜长期放置。如长期放置,镁屑表面常有一层氧化膜,可采用下法除之:用 5%盐酸溶液作用数分钟后,依次用水、乙醇、乙醚洗涤。抽干后置于干燥器内备用。也可用镁条代替镁屑,用时用细砂纸将其擦亮,剪成小段。

3. 制备格利雅试剂的仪器尽可能进行干燥,有时作为补救和进一步措施,清除仪器所形成的水化膜,可将已加入镁屑和碘粒的三颈烧瓶在石棉网上用小火小心加热几分钟,使之彻底干燥。

4. 碘可引发反应,但碘不能加多,否则碘颜色无法消失,得到产品为棕红色,也易产生偶合副反应。

5. 由于制备格利雅试剂时放热易产生偶合等副反应,故滴加溴苯与乙醚混合液时需控制滴加速率,并不断振摇。制备好的格利雅试剂是呈浑浊有色溶液,若为澄清可能瓶中进水没制备好。

6. 滴入苯甲酸乙酯后,应注意反应液颜色变化:由原色→玫瑰红→橙色→原色,此步是关键。若无颜色变化,此实验很可能已失败,需重做。

7. 饱和氯化铵溶液溶解三苯甲醇加成产物时,若产生氢氧化镁沉淀太多,可加几毫升稀盐酸以溶解产生的絮状氢氧化镁沉淀,或者在后面水蒸气蒸馏时(有大量水时),滴加几滴浓盐酸以溶解呈白色沉淀的氢氧化镁沉淀,否则溶液很难蒸至澄清。

8. 水蒸气蒸馏是分离和纯化有机物的常用方法之一,尤其是在反应产物中有大量树脂状物质的情况下,效果较一般蒸馏或重结晶为好。水蒸气蒸馏时注意要将安全玻管、导气管插入瓶底,撤火前先将连接两个导气管的胶管拆开,以防倒吸。

六、思考题

1. 本实验有哪些可能的副反应? 如何避免?
2. 本实验中溴苯加得太快或一次加入有什么不好?

实验九 正丁醚的制备

一、实验目的

1. 掌握醇分子间脱水制醚的反应原理和方法。
2. 学习使用分水器的实验操作。

二、实验原理

正丁醚的合成通常由正丁醇在浓硫酸的作用下发生分子间脱水即亲核取代反应而制得。该反应为可逆反应,在有水生成的可逆反应中,常利用分水器将水移出反应体系,从而达到提高产率的目的。其反应式为

主反应:

$$2CH_3CH_2CH_2CH_2OH \underset{}{\overset{H_2SO_4,134\sim135\ ℃}{\rightleftharpoons}} CH_3CH_2CH_2CH_2OCH_2CH_2CH_2CH_3 + H_2O$$

副反应:

$$CH_3CH_2CH_2CH_2OH \xrightarrow{H_2SO_4,>135\ ℃} CH_4CH_2CH{=\!\!=}CH_2 + H_2O$$

三、器材与试剂

1. 仪器与材料

三颈烧瓶、圆底烧瓶、蒸馏头、冷凝管、锥形瓶、尾接管、温度计、分液漏斗、电热套、Abbe折射仪等。

2. 试剂

正丁醇、浓硫酸、无水氯化钙等。

四、实验步骤

1. 合成反应

50 mL 三颈烧瓶中加入 8.0 mL(6.4 g，0.087 mol)正丁醇，将 1.1 mL 浓硫酸慢慢加入并摇荡烧瓶，使混合均匀，加入几粒沸石。其装置见图 1.81(i)，在烧瓶口上装分水器和温度计，分水器上端再连一回流冷凝管。分水器事先加入一定量的水($V-1$) mL，加热保持回流 1 h。随着反应的进行，分水器中的水层不断增加，反应液的温度也逐渐上升。当分水器中的水层超出支管而流回烧瓶，烧瓶中反应液温度达 135 ℃ 左右时，表明反应已基本完成，停止加热（如果反应时间过长，溶液会变黑并有大量副产物丁烯生成）。

2. 分离纯化

待反应物稍冷，把混合物连同分水器里的水一起倒入盛 13 mL 水的分液漏斗中，充分振摇，分离出水层。粗产物用 8 mL 50% 的硫酸分两次洗涤，再用 5 mL 水洗涤，分出有机层，最后用适量无水氯化钙干燥。干燥后的粗产物倒入 50 mL 圆底烧瓶中进行蒸馏，收集 139～142 ℃ 的馏分。称量（产量约 2.5 g），计算产率。进行折射率测定。

纯正丁醚为无色液体，沸点为 142.4 ℃，$d_4^{20}=0.770\,4$，$n_D^{20}=1.399\,2$。

五、注意事项

1. 加料时，正丁醇和浓硫酸如不充分摇动混匀，造成局部过浓，加热后易使反应溶液变黑。

2. 醇转变成醚如果是定量进行的话，那么反应中生成的水可以定量地算出，按反应式计算，理论脱水量不到 1 g，但是实际分出水的体积要略大于理论计算量，因为有单分子脱水的副产物生成。本实验就是根据理论计算出生成水的体积，然后由装满水的分水器中给予扣除。

3. 本实验利用共沸混合物蒸馏方法将反应生成的水不断从反应体系中除去。共沸混合物冷凝后，在分水器中分层，上层主要是正丁醇和正丁醚，下层主要是水。当反应生成的水正好充满分水器，并将蒸出又冷凝后的正丁醇正好溢流返回到反应瓶中，即达到自动分离指示反应完全的目的。表 5.4 为正丁醇、正丁醚和水组成的共沸混合物。

表 5.4 正丁醇、正丁醚和水组成的共沸混合物组成

共沸混合物		沸点/℃	组成/%		
			正丁醚	正丁醇	水
二元	正丁醇-水	93.0		55.5	45.5
	正丁醚-水	94.1	66.6		33.4
	正丁醇-正丁醚	117.6	17.5	82.5	
三元	正丁醇-正丁醚-水	90.6	35.5	34.6	29.9

4. 反应开始回流时,因为有共沸物的存在,温度不可能马上达到 135 ℃。但随着水被蒸出,温度逐渐升高,最后达到 135 ℃以上,即应停止加热。如果温度升得太高,反应溶液会碳化变黑,并有大量副产物丁烯生成。

5. 正丁醇能溶于 50%硫酸,而正丁醚溶解很少。若加 50%硫酸不分层,可加少量的水。

六、思考题

1. 本实验用 50%硫酸洗涤粗产品,为什么不用浓硫酸洗涤粗产品?
2. 反应结束为什么要将混合物倒入 13 mL 水中? 各步洗涤目的是什么?

实验十 汽油添加剂甲基叔丁基醚的制备

一、实验目的

1. 掌握不同醇分子间脱水合成醚的反应原理和方法。
2. 进一步掌握分馏柱的使用。
3. 了解甲基叔丁基醚的用途。

二、实验原理

甲基叔丁基醚是优良的汽油高辛烷值添加剂和抗爆剂,与汽油可以任意比例互溶而不发生分层现象,与汽油组分调和时,有良好的调和效应。甲基叔丁基醚化学性质稳定,含氧量相对较高,能够显著改善汽车尾气排放,降低尾气中一氧化碳的含量。而且燃烧效率高,可以抑制臭氧的生成。它可以替代四乙基铅作抗爆剂,生产无铅汽油。现在约有 95%的甲基叔丁基醚用作辛烷值提高剂和汽油中含氧剂。甲基叔丁基醚的合成可由甲醇和叔丁醇在酸催化下发生亲核取代反应即分子间脱水而制得。

主反应:

$$CH_3OH + HO-C(CH_3)_3 \xrightarrow{15\%H_2SO_4} CH_3O-C(CH_3)_3 + H_2O$$

副反应:

$$HO-C(CH_3)_3 \xrightarrow{H^+} (CH_3)_2=CH_2 + H_2O$$

三、器材与试剂

1. 仪器与材料
三颈烧瓶、圆底烧瓶、蒸馏头、冷凝管、锥形瓶、尾接管、分馏柱、温度计、分液漏斗、电热套、Abbe 折射仪等。

2. 试剂
甲醇、叔丁醇、浓硫酸、无水碳酸钠、金属钠等。

四、实验步骤

1. 合成反应
在 250 mL 三颈烧瓶的中口装配一支分馏柱，一个侧口装一支插到接近瓶底的温度计，另一侧口用塞子塞住，分馏柱顶上装有温度计，其支管依次连接冷凝管、尾接管和接受器，参见图 1.85(c)。尾接管的支管接一根长橡皮管，通到水槽的下水管中。接受器用冰水浴冷却。

仪器安装好后，在烧瓶中加入 90 mL 15% 硫酸、20 mL(16 g，0.50 mol) 甲醇和 25 mL 90% 叔丁醇[用 18.5 g(23.7 mL，0.25 mol) 叔丁醇，加入 2 mL 水，配成 90% 的叔丁醇约 25 mL]，混合均匀。投入几粒沸石，加热。

2. 分离
当烧瓶中的液温到达 75~80 ℃时，产物便慢慢地被分馏出来。仔细地调整加热量，使得分馏柱顶的蒸气温度保持在 51 ± 2 ℃，每分钟约收集 0.5~0.7 mL 溜出液。当分馏柱顶的温度明显波动时，停止分馏。全部分馏时间约 1.5 h，共收集粗产物 27 mL 左右。

3. 纯化
将溜出液移入分液漏斗中，用水多次洗涤，每次用 5 mL 水。为了除去其中所含的醇，需要重复洗涤 4~5 次。当醇被除掉后，醚层清澈透明。分出醚层，用少量无水碳酸钠干燥。将醚转移到干燥的回流装置中，加入 0.5~1 g 金属钠，加热回流 0.5~1 h。最后将回流装置改装为蒸馏装置，接受器用冰水浴冷却，蒸出甲基叔丁基醚，收集 54~56 ℃馏分。称重(产量约 10 g)，计算产率。

纯甲基叔丁基醚为无色透明液体，沸点为 55.2 ℃，$d_4^{20}=0.740\,5$，$n_D^{20}=1.368\,9$。

4. 产品鉴定
(1) 产品外观。

(2) 浓硫酸法检验醚：用干燥试管加约 20 mg 醚，然后加 1 mL 浓硫酸，在 40~50 ℃水浴中温热数分钟，若醚完全溶解而不碳化，则较纯。

(3) 折射率测定。

五、注意事项

1. 甲醇的沸点为 64.7 ℃,叔丁醇的沸点为 82.6 ℃。叔丁醇与水的共沸物(含醇88.3%)的沸点为 79.9 ℃,所以分馏时温度应尽量控制在 51 ℃左右(是醚和水的共沸物),不超过 53 ℃为宜。

2. 分馏后期,馏出速率大大减慢,此时略微调节加热温度的大小,柱顶温度会随之大幅度地波动。这说明反应瓶中的甲基叔丁基醚已基本蒸出。此时反应瓶中的温度大约升至95 ℃,即可停止分馏。

3. 用水多次洗涤粗产品时,洗涤至所加水的体积在洗涤后不再增加为止。

六、思考题

1. 醚化反应时为何用 15%硫酸? 用浓硫酸行不行?
2. 分馏时柱顶温度高了会有什么不利?

附注

制备甲基叔丁基醚的简单方法

在 250 mL 的圆底烧瓶上装配一分馏柱,分馏柱顶端装上温度计,在其支管依次连接冷凝管、尾接管和接受器,参见图 1.85(a)。尾接管的支管接一根长橡皮管,通到水槽的下水管中。接受器用冰水浴冷却。

将 70 mL 15%硫酸、16 mL(12.6 g,0.40 mol)甲醇和 19 mL(14.7 g,0.20 mol)叔丁醇加到圆底烧瓶中,振摇使之混合均匀。投入几粒沸石,小火加热,使得分馏柱顶的蒸气温度保持在 51±2 ℃,收集 49~53 ℃的馏分。

将收集液转入分液漏斗,依次用水、10%亚硫酸钠水溶液、水洗涤,以除去醚层中的醇和可能有的过氧化物。当醇洗净时,醚层显得清澈透明。然后,用无水碳酸钠干燥,蒸馏、收集53~56 ℃的馏分。该馏分即为甲基叔丁基醚。

实验十一　抗氧剂 2-叔丁基对苯二酚的制备

一、实验目的

1. 学习利用弗列德尔-克拉夫茨(Friedel‐Crafts)反应制备 2-叔丁基对苯二酚的原理和方法。

2. 进一步学习和掌握带电动搅拌的回流、水蒸气蒸馏、减压抽滤等操作技术。

3. 了解 2-叔丁基对苯二酚的用途。

二、实验原理

芳香族化合物在酸性催化剂存在下发生芳环上的氢被烷基或酰基取代的反应称为 Friedel‐Crafts 反应,该反应在有机合成上被广泛地应用。

本实验以对苯二酚为原料,以叔丁醇为烷基化试剂,磷酸为催化剂,经 Friedel‐Crafts 烷基化反应生成 2-叔丁基对苯二酚(TBHQ)。由于使用叔丁醇为烷基化试剂,应选用质子酸作催化剂,考虑到对苯二酚易氧化,选用磷酸为催化剂,同时控制反应温度,防止高温氧化加剧,也可减少叔丁醇发生脱水反应。

$$\text{HO}\!-\!\!\langle\ \rangle\!\!-\!\text{OH} + (\text{CH}_3)_3\text{COH} \xrightarrow[90\sim95\,^\circ\text{C}]{\text{磷酸,甲苯}} \text{HO}\!-\!\!\langle\ \rangle\!\!-\!\text{OH} \overset{\text{C(CH}_3)_3}{} + \text{H}_2\text{O}$$

TBHQ 是一种广泛使用的食品抗氧剂;它还可与甲基化试剂作用,合成另一种抗氧化剂 BHA(即 2-叔丁基-4-甲氧基苯酚或 3-叔丁基-4-甲氧基苯酚)。

三、器材与试剂

1. 仪器与材料

三颈烧瓶、恒压滴液漏斗、冷凝管、温度计、二口接管、电动搅拌器(或磁力搅拌器)、锥形瓶、尾接管、分液漏斗、抽滤瓶、布氏漏斗、循环水真空泵、电热套、熔点测定仪等。

2. 试剂

对苯二酚、叔丁醇、浓磷酸、甲苯、三氯化铁、溴水等。

四、实验步骤

1. 合成反应

在 100 mL 三颈烧瓶上安装恒压滴液漏斗、回流冷凝管、温度计和电动搅拌器(或磁力搅拌器),见图 1.81(h)。在三颈烧瓶中加入 4.0 g(0.036 mol)对苯二酚、15 mL 浓磷酸和 15 mL 甲苯。恒压滴液漏斗中加入 3.5 mL(2.67 g,0.036 mol)叔丁醇。冷凝管中通入冷水,启动搅拌器,加热反应物,待瓶内温度升至 90 ℃时开始从滴液漏斗缓慢滴入叔丁醇,约 40 min 滴完,控制反应温度在 90~95 ℃之间,并继续保温搅拌至固体物完全溶解,约 15 min(从滴加叔丁醇开始计时,约需 1 h),停止加热和搅拌。

2. 分离纯化

趁热将反应液转移至分液漏斗中,分去磷酸层。然后把有机层转移至三颈烧瓶中,加入 45 mL 水,进行水蒸气蒸馏,除去甲苯和没有完全反应的对苯二酚,直至没有油状物蒸出为止。把残留的混合物趁热抽滤,滤去少量不溶或难溶于热水的副产物,弃去不溶物。滤液静置后有白色晶体析出,将滤液和白色沉淀趁热转移至 100 mL 烧杯中,静置让其自然冷却,最后用冷水浴充分冷却使晶体完全析出,抽滤,晶体用少量冷水淋洗两次,抽干后取出结晶物,放入表面皿中,用红外灯干燥至恒重,得无色闪亮的细粒状或针状晶体。称重(产量约 3.5 g),计算产率。

纯 2-叔丁基对苯二酚为无色针状或片状晶体,熔点为 129 ℃。

3. 产品鉴定

(1) 产品外观。

(2) 熔点测定。

(3) 酚的化学检验:三氯化铁试验、溴水试验或高锰酸钾试验。

五、注意事项

1. 应严格控制反应温度,温度过低则反应速率太慢,温度过高则会导致二取代或多取代等副反应发生。

2. 对苯二酚在磷酸中的溶解度大于在甲苯中的溶解度,滴入叔丁醇后,在磷酸的催化下,叔丁醇与对苯二酚反应,生成 2-叔丁基对苯二酚,而 2-叔丁基对苯二酚在甲苯中的溶解度大于在磷酸中的溶解度,因此产物一旦形成随即大部分溶入甲苯中,从而减少其继续与叔丁醇反应而生成二取代或多取代产物的机会。

3. 对苯二酚不溶于甲苯,而 2-叔丁基对苯二酚溶于甲苯,因此,当固体物质对苯二酚完全溶解时,可以认为反应结束。

六、思考题

1. 根据物质的溶解性,解释本实验为什么可以在甲苯-磷酸的两相溶液中进行。
2. 本实验的副产物有哪些? 如何克服?
3. 水蒸气蒸馏时,如何判断终点? 其目的何在?

实验十二　二亚苄基丙酮的制备

一、实验目的

1. 掌握利用羟醛缩合反应增长碳链的原理。
2. 学习利用反应物的投料比控制反应产物的方法。

二、实验原理

　　具有 α 氢的醛、酮在稀酸或稀碱催化下发生分子间缩合反应生成 β 羟基醛、酮,若提高反应温度则进一步失水生成 α,β 不饱和醛、酮。该反应称作羟醛缩合(或醇醛缩合)反应。它是合成 α,β-不饱和羰基化合物的重要方法,也是有机合成中增长碳链的重要方法之一。在氢氧化钠-乙醇水溶液中,用一个芳香醛和一个脂肪族的醛、酮进行交叉缩合反应,得到产率很高的 α,β 不饱和醛、酮,该反应称为克莱森-施密特(Claisen - Schmidt)反应,其实质与羟醛缩合一样,都是羰基的亲核加成反应。本实验通过控制反应物配比的方法,得到所需的产物,即将苯甲醛与丙酮以 2∶1 的物质的量比在氢氧化钠-乙醇水溶液中室温下反应,得到二亚苄基丙酮。

$$2C_6H_5CHO + CH_3COCH_3 \xrightarrow[-2H_2O]{OH^-} C_6H_5CH=CHCOCH=CHC_6H_5$$

　　此反应条件有利于二亚苄基丙酮的形成,因产物生成后就从反应介质中沉淀出来,而反应物和中间产物——亚苄基丙酮都溶于稀乙醇中,有利于反应进行完全。

三、器材与试剂

1. 仪器与材料
锥形瓶、磁力搅拌器、抽滤瓶、布氏漏斗、循环水真空泵、电热套等。

2. 试剂

苯甲醛、丙酮、95％乙醇、氢氧化钠、冰醋酸、无水乙醇、溴的四氯化碳溶液、2,4-二硝基苯肼等。

四、实验步骤

1. 合成反应

将 2.7 mL(2.8 g,0.026 mol)新蒸馏的苯甲醛、1.0 mL 丙酮(0.80 g,0.013 mol),20 mL 95％乙醇和 25 mL 10％氢氧化钠在电磁搅拌下依次加入 100 mL 锥形瓶中。继续搅拌 20 min。

2. 分离纯化

混合液抽滤,用水洗涤,抽干水分。在烧杯中用 0.5 mL 冰醋酸和 13 mL 95％乙醇配成混合液浸泡洗涤(约 5 min),抽滤,水洗,抽干。将固体移到 100 mL 锥形瓶中,用无水乙醇(约 13 mL)进行重结晶(颜色不好可加少量活性炭脱色),用冰水冷到 0 ℃(约 10 min)。抽滤,干燥,称重(产量约 2 g),计算产率。

纯二苄叉丙酮为淡黄色片状晶体,熔点 113 ℃(分解)。

3. 产品鉴定

(1) 产品外观。

(2) 溴的四氯化碳溶液试验、2,4-二硝基苯肼试验。

五、注意事项

1. 注意电磁搅拌器的安装与使用,收好转子。

2. 苯甲醛要新蒸馏的,因为苯甲醛易被氧化,会含有苯甲酸,将明显地影响二亚苄基丙酮的产率。

3. 试剂的用量要准确,若丙酮过量则生成亚苄基丙酮。

4. 反应温度高于 30 ℃或低于 15 ℃均对反应不利。

5. 氢氧化钠必须除尽,否则重结晶很困难。

6. 烘干温度应控制在 50～60 ℃,以免产品熔化或分解。

六、思考题

1. 本实验中可能会产生哪些副反应?

2. 若碱的浓度偏高对反应有何影响?

实验十三　呋喃甲醇和呋喃甲酸的制备

一、实验目的

1. 学习呋喃甲醛在浓碱条件下进行反应的原理。
2. 掌握用坎尼扎罗(Cannizzaro)反应制备相应醇和酸的方法。

二、实验原理

在浓的强碱作用下,不含 α-氢的醛类可以发生分子自身氧化还原反应,一分子醛被氧化成酸,而另一分子醛则被还原为醇,此反应称为坎尼查罗(Cannizzaro)反应。反应实质是羰基的亲核加成。反应中,通常使用 50% 的浓碱,其中碱的物质的量比醛的物质的量多一倍以上,否则反应不完全,未反应的醛与生成的醇混在一起,通过一般蒸馏很难分离。

以呋喃甲醛(糠醛)为原料,通过坎尼查罗反应可制得相应的呋喃甲醇和呋喃甲酸。

三、器材与试剂

1. 仪器与材料
烧杯、温度计、锥形瓶、分液漏斗、圆底烧瓶、蒸馏头、水冷凝管、空气冷凝管、尾接管、抽滤瓶、布氏漏斗、循环水真空泵、电热套、熔点测定仪等。

2. 试剂
氢氧化钠、呋喃甲醛、乙醚、无水硫酸镁、盐酸、刚果红试纸、托伦试剂等。

四、实验步骤

1. 呋喃甲醇的制备
在 100 mL 烧杯中加入 6.6 mL(7.6 g,0.08 mol)新蒸馏的呋喃甲醛,并用冰水冷却至

5 ℃;另取 3.2 g 氢氧化钠溶于 5.0 mL 水中,冷却。在搅拌下由滴管慢慢将氢氧化钠水溶液滴加于呋喃甲醛中。滴加过程必须保持反应混合物温度在 8～12 ℃之间,加完后,保持此温度继续搅拌 20 min,得一奶黄色浆状物。搅拌下加入 10 mL 水(不可多加)使固体完全溶解,此时溶液呈暗红色。将溶液转入分液漏斗中,分别用 15 mL 乙醚、10 mL 乙醚和 5 mL 乙醚依次萃取,合并萃取液(醚层,注意:水溶液勿丢弃)。向合并萃取液中加入约 1.5 g 无水硫酸镁干燥(塞紧,静置),水浴蒸馏除去乙醚,然后换空气冷凝管蒸馏出呋喃甲醇,收集 169～172 ℃的馏分,称重(产量约 2.3 g),计算产率。

纯呋喃甲醇为无色透明液体,沸点为 171 ℃,$d_4^{20}=1.129\ 6$,$n_D^{20}=1.486\ 9$。

2. 呋喃甲酸的制备

经乙醚萃取后的水溶液(主要含呋喃甲酸钠),用约 14 mL 1:1 盐酸酸化,调至 pH 为 2～3,析出晶体。充分冷却,抽滤,少量水洗 1～2 次,得粗产品。粗产品用约 30 mL 水重结晶,抽滤,干燥。称重(产量约 2.5 g),计算产率。

纯呋喃甲酸为白色针状结晶,熔点为 133～134 ℃。

3. 产品鉴定

(1) 产品外观。

(2) 呋喃甲酸熔点测定。

(3) 托伦试剂检验呋喃甲醇中是否含有呋喃甲醛。

五、注意事项

1. 反应开始时很剧烈,同时大量放热,溶液颜色变暗,若反应温度高于 12 ℃,则反应温度极易升高,难以控制,致使反应物变成深红色。若温度低于 8 ℃,则反应速率过慢,可能积累一些氢氧化钠,反应一旦发生,就会过于猛烈而使温度迅速升高,增加副反应,影响产量及纯度。

2. 由于氧化还原反应是在两相间进行的,因此必须充分搅拌。加完氢氧化钠后,若反应液已变得黏稠而无法搅拌,就不需继续搅拌即可进行后续操作。

3. 酸要加够,以保证 pH=2～3,使呋喃甲酸充分游离出来,这是影响呋喃甲酸产率的关键。

六、思考题

1. 呋喃甲醛为什么要使用新鲜的? 长期放置的呋喃甲醛含有什么杂质? 若不先除去,对本实验有何影响?

2. 酸化为什么是影响呋喃甲酸产率的关键?

3. 本实验根据什么原理来分离呋喃甲酸和呋喃甲醇?

附注

苯甲醛制备苯甲醇和苯甲酸

本实验也可用苯甲醛为原料制备苯甲醇和苯甲酸,其反应式为

$$2C_6H_5CHO+NaOH \longrightarrow C_6H_5COONa+C_6H_5CH_2OH$$
$$C_6H_5COONa+HCl \longrightarrow C_6H_5COOH+NaCl$$

实验步骤为:

1. 合成反应

在 125 mL 锥形瓶中,加 9 g(0.225 mol)氢氧化钠,9 mL 水,振荡成溶液。冷至室温,振荡下分批加入 10 mL(10.4 g,0.10 mol)新蒸馏的苯甲醛,每次约 3 mL,每加一次,都塞紧瓶塞,用力振荡(充分振荡是关键),若反应温度过高,可用冷水冷却。最后得白色糊状物,塞紧瓶塞,放置过夜(24 h)。

2. 分离纯化得苯甲醇

在反应物中加约 30 mL 水,微热,搅拌,使之溶解,若不溶,补加少量水。冷却后置于分液漏斗中,每次用 8 mL 乙醚萃取,共萃取水层 3 次(萃取苯甲醇),水层保留。醚层依次用饱和亚硫酸氢钠、10%碳酸钠、水各 5 mL 洗涤,用无水硫酸镁干燥。水浴回收乙醚,改用空气冷凝管蒸馏,收集 198~204 ℃馏分,称重(产量约 3.5 g),计算产率。

纯苯甲醇为无色液体,沸点为 204.7 ℃,$d_4^{20}=1.045$,$n_D^{20}=1.540\,35$。

3. 酸化得苯甲酸

将水层慢慢加到约 30 mL 浓盐酸、30 mL 水和 20 g 碎冰的混合物中,酸化使刚果红试纸变蓝(酸化要彻底),冷却析出苯甲酸,抽滤,用少许水洗涤,抽干。将粗产品用水重结晶,抽滤,干燥,称重(产量约 4 g),计算产率。

纯苯甲酸为无色针状晶体,熔点 122.4 ℃。

实验十四 肉桂酸的制备

一、实验目的

1. 学习通过柏琴(Perkin)反应制备肉桂酸的原理。
2. 掌握制备肉桂酸的操作方法。

276

二、实验原理

肉桂酸是生产冠心病药物"心可安"的重要中间体。其酯类衍生物是配制香精和食品香料的重要原料。它在农用塑料和感光树脂等精细化工产品的生产中也有着广泛的应用。

肉桂酸的合成是利用柏琴(Perkin)反应,将芳醛和一种羧酸酐混合后,在相应羧酸盐存在下加热,发生缩合反应,再脱水生成目标产物。本实验以苯甲醛和乙酸酐为原料,用碳酸钾代替乙酸钠,可以缩短反应时间。

$$\text{(CHO)} + (CH_3CO_2)_2O \xrightarrow[150\sim170\,℃]{K_2CO_3} \text{(CH=CHCOOH)} + CH_3COOH$$

三、器材与试剂

1. 仪器与材料

三颈烧瓶、圆底烧瓶、蒸馏头、尾接管、空气冷凝管、温度计、锥形瓶、电热套、布氏漏斗、抽滤瓶、循环水真空泵、熔点测定仪等。

2. 试剂

苯甲醛、无水碳酸钾、无水碳酸钠、乙酸酐、浓盐酸、活性炭、刚果红试纸、高锰酸钾等。

四、实验步骤

1. 合成反应

在 100 mL 三颈烧瓶中加入 1.5 mL(1.56 g,0.015 mol)新蒸馏的苯甲醛,4 mL(4.32 g,0.042 mol)新蒸馏的乙酸酐以及 2.2 g(0.015 mol)研细的无水碳酸钾,振荡使其混合均匀。三颈烧瓶中间口接上回流冷凝管,侧口装上温度计,另一口用塞子塞上。用电热套加热使其回流,反应液始终保持在 150~170 ℃,回流 0.5 h,由于有二氧化碳放出,初期有泡沫产生。

2. 分离纯化

冷却,取下三颈烧瓶,向其中加入 25 mL 水,5.0 g 碳酸钠,摇动烧瓶使固体溶解,保证所有的肉桂酸转变为钠盐。然后连接水蒸气蒸馏装置进行水蒸气蒸馏,蒸出未反应完的苯甲醛。要尽可能地使蒸气产生速率快,水蒸气蒸馏蒸到馏出液中无油珠为止。

将反应液转移至干净的 250 mL 烧杯中,慢慢地用浓盐酸进行酸化至明显的酸性(大约用 12.5 mL 浓盐酸,刚果红试纸变蓝)。然后进行冷却至肉桂酸充分结晶之后进行减压抽滤。晶体用少量冷水洗涤,将水分彻底抽干,粗产品用 5∶1 的水-乙醇重结晶,抽滤,干燥,称重(产量约 1.5 g),计算产率。

肉桂酸有顺反异构体,通常制得的是其反式异构体,为白色单斜结晶,熔点 133 ℃。

3. 产品鉴定

(1) 产品外观。

（2）高锰酸钾试验、碳酸钠试验。

（3）熔点测定。

五、注意事项

1. Perkin 反应所用器材必须彻底干燥（包括量取苯甲醛和乙酸酐的量筒）。

2. 可以用无水碳酸钾和无水醋酸钾作为缩合剂，但是不能用无水碳酸钠。回流时加热强度不能太大，否则会把乙酸酐蒸出。

3. 进行酸化时要慢慢加入浓盐酸，一定不要加入太快，以免产品冲出烧杯造成产品损失。肉桂酸要结晶彻底，进行冷过滤，不能用太多水洗涤产品。

六、思考题

1. 用酸酸化时，能否用浓硫酸？

2. 具有何种结构的醛能进行 Perkin 反应？

3. 用水蒸气蒸馏除去什么？为什么能用水蒸气蒸馏法纯化产品？

实验十五　乙酸乙酯的制备

一、实验目的

1. 学习从有机酸合成酯的原理，了解酯化反应的特点。

2. 掌握合成酯的操作方法。

3. 了解酯类化合物用途。

二、实验原理

羧酸与醇发生酯化反应是制备酯的主要途径，酯化反应的特点是速率慢、历程复杂、可逆平衡、酸性催化。以浓硫酸为催化剂，乙酸和乙醇生成乙酸乙酯的反应为

$$CH_3COOH+CH_3CH_2OH \underset{回流}{\overset{浓硫酸}{\rightleftharpoons}} CH_3COOC_2H_5+H_2O$$

酯广泛存在于自然界中，在人类日常生活中的用途很广，许多酯有愉快的香味，常被用作食用香精和香料。更有趣的是有的酯是某些昆虫信息素的主要成分。酯与医学也有密切关系，许多药物都属于酯类，如普鲁卡因、穿心莲内酯及大环内酯类抗生素等。

三、器材与试剂

1. 仪器与材料
圆底烧瓶、蒸馏头、冷凝管、锥形瓶、尾接管、温度计、电热套、分液漏斗、Abbe 折射仪等。

2. 试剂
无水乙醇、冰醋酸、浓硫酸、碳酸钠、氯化钠、氯化钙、无水硫酸镁等。

四、实验步骤

1. 合成反应
在 50 mL 圆底烧瓶中加入 9.5 mL(7.5 g,0.16 mol)无水乙醇和 6 mL(6.3 g,0.10 mol)冰醋酸,再小心加入 2.5 mL 浓硫酸,混匀后,加入沸石,装上冷凝管。小心加热反应瓶,控制回流温度,缓慢回流 30 min。

2. 分离纯化
经回流后的混合物,除产物外,还有没有反应完的乙醇、乙酸和少量副产物,如乙醚、亚硫酸等。冷却后,将回流装置改成蒸馏装置,接收瓶用冷水冷却,蒸馏直到馏出液体积约为反应物总体积的 1/2(约 9 mL)为止。

将馏出液倒入分液漏斗中,慢慢加入饱和碳酸钠溶液,小心振荡洗涤,并不时地缓缓放出二氧化碳气体。用石蕊试纸检验直到酯层不显酸性为止,从分液漏斗下口分出水溶液。有机层用约 5 mL 的饱和氯化钠溶液洗去多余的碱。再用 5 mL 的饱和氯化钙溶液洗去没有反应的醇。最后用 5 mL 水洗一次,分去下层水层。酯层从分液漏斗上口倒入干燥的锥形瓶中,再加入适量无水硫酸镁进行干燥。

干燥好的酯层转入 50 mL 干燥的圆底烧瓶中,在水浴上进行蒸馏,收集 73～78 ℃的馏分。称重(产量约 4 g),计算产率。进行折光率测定。

纯乙酸乙酯为无色而有香味的液体,沸点为 77 ℃,$d_4^{20} = 0.900\,3$,$n_D^{20} = 1.372\,3$。

五、注意事项

1. 在馏出液中除酯和水外,还含有少量未反应的乙醇和乙酸,也含有副产物乙醚。故必须用碱除去其中的酸,并用饱和氯化钙除去未反应的醇。否则会影响到酯的产率。

2. 饱和氯化钙溶液使过量的乙醇形成醇化物溶于水中被分出。在洗涤时每步必须分净再进行下一步洗涤,以防止沉淀析出影响分离。

3. 当有机层用碳酸钠洗过后,若紧接着就用氯化钙溶液洗涤,有可能产生絮状碳酸钙沉淀,使进一步分离变成困难,故在两步操作间必须用水洗一下。由于乙酸乙酯在水中有一定的溶解度,为了尽可能减少由此而造成的损失,所以实际上用饱和食盐水来进行水洗。

4. 乙酸乙酯、乙醇和水可组成共沸混合物。因此,有机层中的乙醇不除净或干燥不够时，由于形成低沸点共沸混合物，会影响酯的产率。表5.5为乙酸乙酯、乙醇和水组成的共沸混合物。

表5.5　乙酸乙酯、乙醇和水共沸混合物组成

沸点/℃	质量分数/%		
	乙酸乙酯	乙醇	水
70.2	82.6	8.4	9.0
70.4	91.9	—	8.1
71.8	69.0	31.0	—

六、思考题

1. 酯化反应有什么特点？在实验中如何使酯化反应尽量向生成物方向进行？
2. 实验中为什么采用乙醇过量？
3. 蒸出的粗乙酸乙酯中主要含有哪些杂质？如何除去？

实验十六　乙酰乙酸乙酯的制备

一、实验目的

1. 掌握克莱森（Claisen）缩合制备乙酰乙酸乙酯的原理和方法。
2. 掌握无水操作及减压蒸馏操作。

二、实验原理

通过Claisen（克莱森）缩合反应，将两分子具有α-氢的酯在醇钠的催化下制得β-酮酸酯。乙酸乙酯在碱的催化下即可合成乙酰乙酸乙酯。

$$CH_3COOC_2H_5 \underset{}{\overset{NaOC_2H_5}{\rightleftharpoons}} CH_3COCH_2COOC_2H_5 + C_2H_5OH$$

由于酯的酸性很弱，在进行这类反应时，首先必须选择一个强度适当的碱和溶剂。通常是以乙酸乙酯及金属钠为原料，并以过量的酯为溶剂，利用酯中含有的微量醇（1%～2%）与金属钠反应来生成醇钠，随着反应的进行，由于醇的不断生成，反应就能不断地进行下去，直至金属钠消耗完毕。

三、器材与试剂

1. 仪器与材料

圆底烧瓶、蒸馏头、克氏蒸馏瓶、冷凝管、干燥管、锥形瓶、尾接管、抽滤瓶、布氏漏斗、循环水真空泵、表面皿、分液漏斗、电热套、温度计、Abbe 折射仪等。

2. 试剂

乙酸乙酯、金属钠、二甲苯、苯、醋酸、氯化钠、无水硫酸钠、无水氯化钙、2,4-二硝基苯肼、三氯化铁、溴水等。

四、实验步骤

1. 熔钠处理

在表面皿上迅速将 2.5 g(0.11 mol)金属钠切成薄片,立即放入带有无水氯化钙干燥管的回流瓶中(内装 12.5 mL 二甲苯),加热熔之,塞住瓶口振摇使之成为钠珠。

2. 合成反应

倾出二甲苯,迅速加入 27.5 mL(24.6 g,0.28 mol)乙酸乙酯,装上带有无水氯化钙干燥管回流冷凝管,反应立即开始,并有氢气逸出。若反应慢可温热,当激烈反应过后,将反应瓶温热,保持反应液微沸(反应液温度 150～170 ℃),回流约 1.5 h 至钠基本消失,得橘红色溶液,有时析出黄白色沉淀(均为烯醇盐)。稍冷,加 50% 醋酸(约需 15 mL)至反应液呈弱酸性(pH=5～6),固体溶完为止。

3. 分离纯化

反应液转入分液漏斗,加等体积饱和氯化钠溶液,振摇,静置,分出乙酰乙酸乙酯层,水层用苯萃取。合并乙酰乙酸乙酯层和萃取液,用无水硫酸钠干燥。水浴蒸去苯和未反应的乙酸乙酯,剩余物移至 25 mL 克氏蒸馏瓶,减压蒸馏,见图 1.78,收集 90～95 ℃/5.33 kPa 的馏分。称重(产量 5～6 g,按金属钠计算),计算产率。

纯乙酰乙酸乙酯沸点为 180.4 ℃(分解),$d_4^{20}=1.021\,3$,$n_D^{20}=1.419\,2$。

4. 产品鉴定

(1) 产品外观。

(2) 三氯化铁溶液试验和溴水试验。

(3) 2,4-二硝基苯肼试验。

(4) 折射率测定。

五、注意事项

1. 本实验要求无水操作,乙酸乙酯要精制,必须绝对无水。严禁金属钠与水接触,钠珠的制作过程中间一定不能停,且要来回振摇,不要转动。

2. 振摇时要注意安全,用手套或干布包裹住瓶颈。

3. 一般要求金属钠全部消耗,但有极少量不影响进一步操作,但酸化时要小心操作。

4. 酸化时,若 pH 已达 5~6 而固体未完全溶解,可加水使其溶解。

5. 乙酰乙酸乙酯常压蒸馏很易分解,产生"去水乙酸",为棕黄色固体,因此采用减压蒸馏收集产品。不同压强下乙酰乙酸乙酯的沸点如表 5.6 所示。

表 5.6　不同压强下乙酰乙酸乙酯的沸点

压强/kPa(mmHg)	101.3 (760)	10.67 (80)	8.00 (60)	5.33 (40)	4.0 (30)	2.67 (20)	2.40 (18)	1.90 (14)	1.60 (12)
沸点/℃	181	100	97	92	88	92	78	74	71

六、思考题

1. 所用仪器未经干燥处理,对反应有何影响?

2. 加入饱和食盐水的目的是什么?

3. 乙酰乙酸乙酯沸点并不高,为什么要用减压蒸馏的方式?

附注

相转移催化法制备乙酰乙酸乙酯

本实验可采用相转移催化法进行实验条件的改进,方法如下:

在干燥的 100 mL 三颈烧瓶中加入乙酸乙酯 24.5 mL(22 g,0.25 mol)、氢氧化钠 5 g (0.125 mol)和三乙基苄基氯化铵(TEBA)0.25 g,安装回流冷凝管(上口安装无水氯化钙干燥管)、电动搅拌器,如图 1.81(f)。水浴加热,搅拌,沸腾回流约 2 h,停止加热和搅拌,冷却至室温,缓慢滴加 50% 乙酸,使呈弱酸性,用精盐饱和,分液。用 20 mL 乙酸乙酯提取水层中的酯,并入原酯层。酯层用 5% 碳酸钠溶液洗至中性,用无水碳酸钾干燥酯层,在常压下蒸出乙酸乙酯,最后减压蒸馏蒸出乙酰乙酸乙酯(92~96 ℃/5.9 kPa),产量约 3.9 g。

采用此方法的优点在于:一方面,使用氢氧化钠代替金属钠,使操作变得既简单又安全;另一方面,用 TEBA 作相转移催化剂,可使反应时间缩短 2 h,且收率与原来基本相当,乙酰乙酸乙酯的沸点及折射率与文献一致。

实验十七　固化剂内次甲基四氢苯二甲酸酐的制备

一、实验目的

1. 学习双烯合成反应(Diels－Alder 反应)的原理及在合成环状化合物中的应用。
2. 通过环戊二烯和马来酸酐的双烯合成(Diels－Alder 反应)验证环加成反应。

二、反应原理

环戊二烯和马来酸酐在室温下发生 Diels－Alder 反应,主要生成内次甲基四氢苯二甲酸酐(即内型-5-降冰片烯-顺-2,3-二酸酐),水解后得到相应的二元酸。

内次甲基四氢苯二甲酸酐常用于硬化玻璃的固化剂,橡胶软化剂的中间体,塑料、钢丝、搪瓷、树脂等表面活性剂、杀虫剂等。

三、器材与试剂

1. 仪器与材料
圆底烧瓶、温度计、锥形瓶、电热套、抽滤瓶、布氏漏斗、循环水真空泵等。

2. 试剂
马来酸酐、乙酸乙酯、石油醚(沸程 60～90 ℃)、环戊二烯、高锰酸钾、溴的四氯化碳溶液等。

四、实验步骤

1. 内次甲基四氢苯二甲酸酐的制备

在 50 mL 干燥的圆底烧瓶中加入 2 g(0.020 mol)马来酸酐,用 7 mL 乙酸乙酯在水浴上加热溶解,再加入 7 mL 石油醚。混合均匀,稍冷后(不得析出结晶),往此溶液中加入 2 mL(1.6 g,0.024 mol)新蒸馏的环戊二烯,振荡反应瓶,直到放热反应完全。加成物为一白色固体。抽滤、干燥、称重(产量约 2 g),计算产率。

纯内次甲基四氢苯二甲酸酐为无色或白色有光泽的正交结晶,熔点 164~165 ℃。

2. 产物水解实验

取 1 g 上述产物于锥形瓶中,加 15 mL 蒸馏水,加热至沸腾,振荡直至固体全部溶解,之后自行冷却,必要时摩擦瓶壁促使结晶,结晶完全后,抽滤得白色棱柱状晶体,干燥,得其二元酸,熔点 180~182 ℃。

3. 产品鉴定

(1) 产品外观。

(2) 高锰酸钾或溴的四氯化碳溶液试验确定产物仍保留双键。

(3) 酸性试验。

五、注意事项

1. 环戊二烯在室温下易二聚,生成环戊二烯的二聚体,使用前要解聚。由于环戊二烯与其二聚体在二聚体的熔点 170 ℃时能建立起一个平衡,因此,纯净的环戊二烯可经二聚体的解聚、分馏而获得。即用分馏的方法,通过加热到 170 ℃以上使二聚体解聚,但要控制分馏头的温度不超过 45 ℃,收集 40~45 ℃的馏分,接受瓶用冰水冷却。

2. 马来酸酐如放置过久,需要重结晶。其方法为:称 10 g 马来酸酐加 15 mL 三氯甲烷,煮沸数分钟,趁热过滤,滤液放冷,即得纯净的马来酸酐。抽滤,置于干燥器中晾干。其熔点为 60 ℃。

3. 环戊二烯与马来酸酐的加成反应要在无水条件下进行,否则产物内次甲基四氢苯二甲酸酐容易水解为相应的二羧酸,因此所用仪器和试剂必须干燥。

4. 经抽滤分出的固体产物往往要在真空干燥器内进一步干燥,因为产物在空气中吸收水分发生部分水解,同时对熔点的测定也造成困难。

六、思考题

1. 环戊二烯二聚体解聚时要注意什么?为什么要解聚?

2. 写出下列反应的产物:

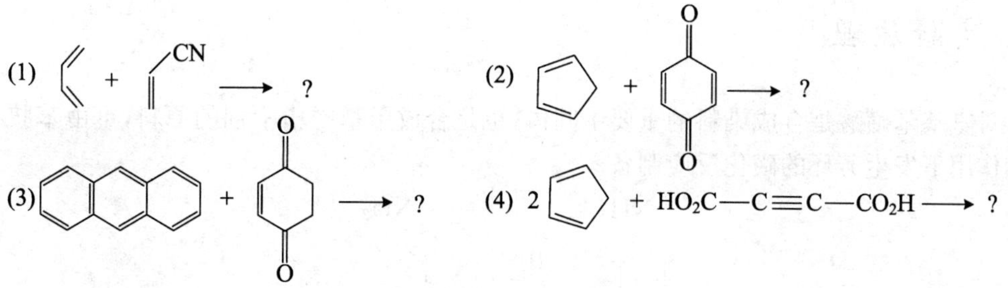

(1)
(2)
(3)
(4)

附注

蒽与马来酸酐的双烯合成

本实验也可以用蒽代替环戊二烯,反应式为

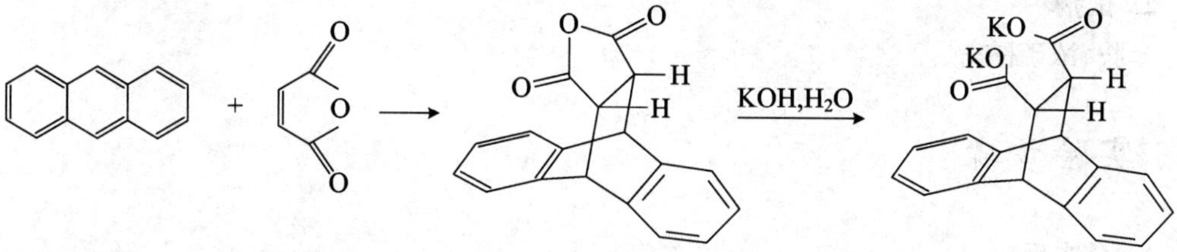

蒽与马来酸酐加成的实验步骤为:

在 50 mL 干燥的圆底烧瓶中加入 2 g(0.011 mol)纯蒽、1 g(0.010 mol)马来酸酐和 25 mL 无水二甲苯,连接回流冷凝管,加热回流 25 min。将液面的边缘上析出的晶体振荡下去,再继续加热 5 min,停止加热。当不回流时趁热经一预热过的布氏漏斗热滤。滤液放冷,抽滤分出固体产物,在真空干燥器内干燥(防止产物在空气中吸水发生部分水解,也影响熔点的测定),称重(产量约 2 g),计算产率。产品的熔点为 262~263 ℃(分解)。

实验十八　染料中间体对氨基苯磺酸的制备

一、实验目的

1. 学习由苯胺制备氨基苯磺酸的原理和方法。
2. 为指示剂甲基橙和染料酸性橙Ⅱ的制备提供原料。

二、实验原理

对氨基苯磺酸是合成染料的重要中间体,也是合成甲基橙指示剂的原料,可由苯胺在硫酸的作用下发生芳环的磺化反应制备。

三、器材与试剂

1. 仪器与材料

三颈烧瓶、温度计、电热套、吸滤瓶、布氏漏斗、循环水真空泵等。

2. 试剂

苯胺、浓硫酸等。

四、实验步骤

1. 合成反应

在 50 mL 的三颈烧瓶内加入 5 mL(5.1 g,0.055 mol)苯胺,安装回流冷凝管和温度计,温度计应插入液面以下。小心缓慢地加入 9 mL 浓硫酸,将三颈烧瓶的瓶口塞紧。用油浴缓慢加热反应混合物至 170~180 ℃,回流 2~2.5 h。

2. 分离纯化

将反应混合物冷至 50 ℃,在玻璃棒搅拌下,将其倒入盛有 50 mL 冰水的烧杯中。抽滤,少量冷水洗涤。用热水重结晶,必要时需脱色。结晶时的母液减压下脱溶,浓缩后结晶,抽滤,洗涤,必要时脱色。得到第二部分的产品。将第二次得到的产品的颜色与第一次得到的产品进行比较,合并两次的产品,称重(产量约 5.5~6 g),计算产率。

对氨基苯磺酸是一种盐,为白色、灰白色粉末,在空气中吸收水分后变为白色结晶,见光变色。没有固定的熔点,不必测定熔点,温度达到 280~290 ℃将碳化。

3. 避光保存,留作后续实验

五、注意事项

1. 酸性溶液中苯胺易质子化而成为一间位定位基,本实验中苯胺磺化反应发生在对位是由三方面因素决定的,如下:

286

（1）在高温下苯胺与浓硫酸反应生成磺酰苯胺。

（2）磺酰氨基是一个邻、对位定位基。

（3）由于磺酰氨基的位阻效应，使邻位产物很少，所以 170~180 ℃时苯胺磺化生成对磺酰氨基苯磺酸，后者在酸性条件下水解得到对氨基苯磺酸。

2. 反应温度需控制在 170~180 ℃，大于 190 ℃将生成黑色黏稠状物质。

3. 低于 50 ℃时反应混合物将变得黏稠和固化，使其不易从烧杯中倒出。

4. 对氨基苯磺酸在水中的溶解度是：6.678 g/100 mL，100 ℃；1.08 g/100 mL，20 ℃。由于 20 ℃时对氨基苯磺酸在水中有一定的溶解度，故需对结晶时的母液进行减压脱溶，浓缩等操作。

六、思考题

1. 为什么对氨基苯磺酸较易溶于水而不溶于苯和乙醚？

2. 写出本实验中苯胺磺化的反应机理。

实验十九 指示剂甲基橙的制备

一、实验目的

1. 学习通过重氮化反应和偶合反应制备偶氮指示剂的原理。

2. 掌握指示剂甲基橙的制备方法。

3. 学习低温反应的操作技巧。

二、实验原理

甲基橙是指示剂，它是由对氨基苯磺重氮盐与 N,N-二甲基苯胺的醋酸盐，在弱酸介质中偶合得到的。偶合先得到的是红色的酸性甲基橙，称为酸性黄，在碱性中酸性黄转变为甲基橙的钠盐，即甲基橙。

1. 重氮化反应

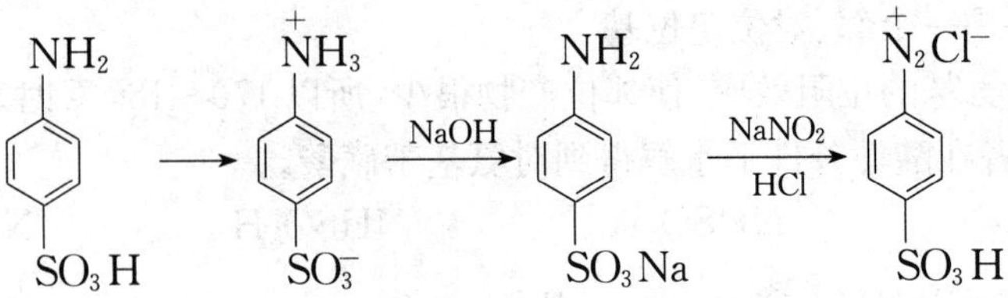

2. 偶合反应

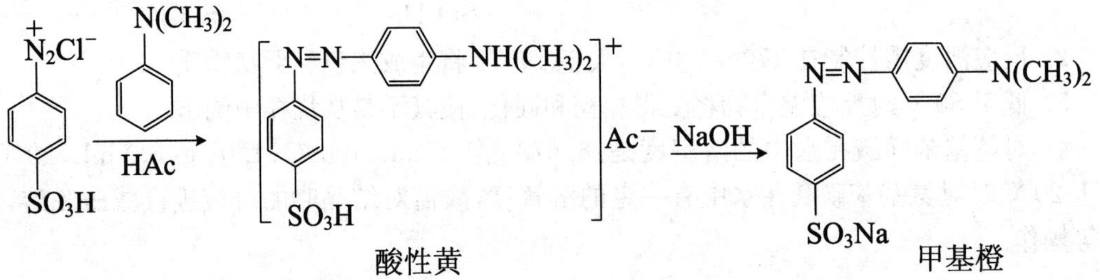

在掌握甲基橙制备方法的基础上,有利于学习通过重氮化、偶合反应制备各种偶氮染料的方法。

三、器材与试剂

1. 仪器与材料

烧杯、小试管、温度计、电热套、抽滤瓶、布氏漏斗、循环水真空泵等。

2. 试剂

对氨基苯磺酸、氢氧化钠、亚硝酸钠、浓盐酸、冰醋酸、N,N-二甲基苯胺、乙醚、氯化钠、碳酸钠等。

四、实验步骤

(一)甲基橙的制备

1. 重氮化反应制备重氮盐

在 50 mL 烧杯中,加 1 g(0.005 8 mol)对氨基苯磺酸,5 mL 5%氢氧化钠溶液,热水浴中温热使之溶解。冷至室温后(最好用冰水浴冷却至 5 ℃以下),加 0.4 g(0.005 8 mol)亚硝酸钠,溶解。搅拌下将混合物分批滴入装有 6.5 mL 冰冷的水和 1.3 mL 浓盐酸的烧杯中,使温度保持在 5 ℃以下(重氮盐为细粒状白色沉淀)。在冰浴中放置 15 min,使重氮化反应完全。

2. 偶合反应制备甲基橙

在另一烧杯中将 0.7 mL(0.67 g,0.005 5 mol)N,N-二甲基苯胺溶于 0.5 mL 冰醋酸中,

不断搅拌下将此溶液慢慢加到上述重氮盐溶液中,继续搅拌 10 min,使反应完全。慢慢加入 8 mL 10%氢氧化钠溶液(此时反应液为碱性),反应物呈橙色甲基橙粒状沉淀析出。将反应物在沸水浴上加热 5 min,沉淀溶解,稍冷,置冰浴中冷却,抽滤,用饱和氯化钠冲洗烧杯两次,每次 5 mL,并用此冲洗液洗涤产品,抽干。粗产品用 30 mL 热水重结晶。待结晶析出完全,抽滤,用少量乙醚洗涤,得片状结晶。干燥,称重(产量约 1.2 g),计算产率。

3. 产品鉴定

(1) 产品外观。

(2) 变色性质试验。溶解少许产品,加几滴稀盐酸,然后用稀氢氧化钠中和,观察颜色变化。

五、注意事项

1. 对氨基苯磺酸为两性化合物,酸性强于碱性,能形成酸性的内盐。它能与碱作用成盐,难与酸作用成盐,所以不溶于酸。但重氮化反应要在酸性溶液中进行,因此进行重氮化时,首先将对氨基苯磺酸与碱作用变成水溶性较大的钠盐。

2. 重氮化过程中,应不断搅拌,避免局部过热,使重氮化反应完全,副反应减少。制得的重氮盐水溶液不宜放置过久,要及时地用于下一步的合成。

3. 应严格控制温度,反应温度若高于 5 ℃,生成的重氮盐易水解为酚,降低产率,导致失败。

4. 避免亚硝酸钠过量。过量的亚硝酸会促进重氮盐分解,亚硝酸能起氧化和亚硝化作用,很容易与下一步反应所加入的化合物起作用。

5. 重结晶操作要迅速,否则由于产物呈碱性,在温度高时易变质,颜色变深。

6. 用乙醇和乙醚洗涤的目的是使其迅速干燥,湿的甲基橙受日光照射,颜色会变深。

六、思考题

1. 制备重氮盐为什么要维持 0～5 ℃的低温,温度高有何不良影响?

2. 重氮化为什么要在强酸条件下进行? 偶合反应为什么要在弱酸条件下进行?

3. N,N-二甲基苯胺与重氮盐偶合为什么总是在氨基的对位上发生?

实验二十　染料酸性橙 II 的制备和织物的染色

一、实验目的

1. 进一步学习芳香伯胺重氮化反应和偶合反应的原理。

2. 掌握染料酸性橙Ⅱ的制备方法。

3. 了解织物的染色方法。

二、实验原理

酸性橙Ⅱ即对-(2-羟基-1-萘偶氮)苯磺酸钠,是一种酸性橙色染料,对丝织物有较好的染色效果。酸性橙还在皮革、造纸、橡胶、塑料、涂料、化妆品、木材加工中作为酸性水溶液染料。纯品可用作指示剂和细胞质着色剂。它是由对氨基苯磺酸重氮盐与 β-萘酚在弱碱性介质中偶联得到的。反应式为

$$H_2N\text{—}\underset{}{\bigcirc}\text{—}SO_3H + NaOH \longrightarrow H_2N\text{—}\underset{}{\bigcirc}\text{—}SO_3Na + H_2O$$

$$H_2N\text{—}\underset{}{\bigcirc}\text{—}SO_3Na + NaNO_2 + H_2SO_4 \xrightarrow{0\sim5\,^{\circ}\text{C}} \left[NaO_3S\text{—}\underset{}{\bigcirc}\text{—}N_2\right]^{+}HSO_4^{-}$$

三、器材与试剂

1. 仪器与材料

烧杯、温度计、电热套、抽滤瓶、布氏漏斗、循环水真空泵等。

2. 试剂

对氨基苯磺酸、氢氧化钠、亚硝酸钠、浓硫酸、β-萘酚、碘化钾淀粉试纸、氯化钠、碳酸钠、硫酸钠、乙醇、乙醚等;各种类型纤维或织物(如纯涤纶、棉、蚕丝、羊毛等)。

四、实验步骤

1. 重氮化反应制备重氮盐

将 0.9 g(0.005 2 mol)对氨基苯磺酸置于 50 mL 小烧杯中,加入 5% 氢氧化钠溶液 5 mL,温热至溶解,放冷至室温,再加入 4 mL 10% 亚硝酸钠溶液,搅拌均匀,然后置于冰盐浴中冷却至 5 ℃,在不断搅拌下滴加由 0.8 mL 浓硫酸和 10 mL 水配成的溶液,控制滴加速率,勿使温度超过 10 ℃,加完后再搅拌 5 min。用碘化钾淀粉试纸检验亚硝酸钠是否过量或不足,如过量则加尿素分解,如不足则需补加亚硝酸钠。此时有重氮盐细小晶体析出。将重氮盐置于冰浴中冷却备用。

2. 偶合反应制备酸性橙 Ⅱ

于 100 mL 烧杯中放入 0.76 g(0.005 2 mol)β-萘酚和 10 mL 5%氢氧化钠溶液,搅拌加热至全溶后,用冰冷却至 5~10 ℃,若此时溶液变浑浊,可适当补加碱溶液使之溶解成清液为止。

将在冰浴中冷却的重氮盐用 10%碳酸钠溶液中和到弱酸性(pH 为 6,需 10%碳酸钠溶液 8~10 mL),然后分批将重氮盐加到 β-萘酚溶液中,搅拌并控制加入速率,注意温度始终不超过 10 ℃,而且始终保持在碱性介质中反应,必要时可补加碱液,使 pH 值为 8~9,加完后再继续搅拌 5 min,析出橙色沉淀,然后加热至沉淀全部溶解(40~50 ℃),用冰冷却至沉淀全部析出,如不析出沉淀,可加少量固体氯化钠盐析。抽干,依次用滴管滴加少量(1~2 mL)水(或 15%氯化钠溶液)、乙醇、乙醚洗涤沉淀物,再抽干后于红外灯下干燥,称重(产量约 1.3 g),计算产率。酸性橙 Ⅱ 是红橙色固体,溶于水呈橙红色,溶于醇呈橙色,溶于硫酸溶液中呈品红色。

3. 织物的染色

在 250 mL 烧杯中加入 150 mL 水、5 mL 15%硫酸钠溶液和 2 滴浓硫酸,加热到 40~50 ℃后,加入 0.2 g 酸性橙 Ⅱ,搅拌使之全溶。

将各种类型纤维或织物(如纯涤纶、棉、蚕丝、羊毛等)放入染浴内,加热染浴到 90~95 ℃,在此条件下染色 5~10 min,然后将织物捞出置于烧杯中,用自来水冲洗至水中不含颜色。取出织物,夹于滤纸间吸干水分,在红外灯下展平干燥,比较染料对织物的染色效果,说明染料适合染何种类型纤维或织物。

五、注意事项

1. 重氮化反应要严格控制在低温下进行。但苯环上有强间位定位基的伯芳胺,如对氨基苯磺酸,重氮化反应温度可在 15 ℃以下进行。这种重氮盐在 10 ℃可置于暗处 2~3 h 不分解。

2. 重氮化反应接近终点时,应经常用碘化钾淀粉试纸检验,若试纸不变蓝色,表示重氮化反应还未到终点,还需补加亚硝酸钠;若碘化钾淀粉试纸已显蓝色,表示亚硝酸钠已过量,这是因为存在下列反应:$2HNO_2 + 2KI + 2H^+ \longrightarrow I_2 + 2NO + 2H_2O + 2K^+$,析出的碘使淀粉变蓝。这时应加少量尿素以除去过量的亚硝酸:$H_2NCONH_2 + 2HNO_2 \longrightarrow CO_2 + 2N_2 + 3H_2O$,加尿素水溶液时,也应逐滴加入,直到碘化钾淀粉试纸不变蓝为止。

3. 偶合反应中,介质的酸碱性对反应影响很大。与酚类偶合宜在中性或弱碱性介质中进行,酚在碱性溶液中形成酚盐,酚盐易离解成负离子,由于 p-π 共轭效应,邻位电子云密度增加,反应易于进行。

4. 酸性橙 Ⅱ 在水中溶解度较大,不宜用过多水洗涤,改用 15%氯化钠水溶液洗涤可减少损失。用水洗涤后,应尽量抽干,再用少量乙醇、乙醚洗涤,可促使产物迅速干燥。

六、思考题

1. 为什么重氮化时,首先把对氨基苯磺酸变成钠盐?
2. 为什么要用碘化钾淀粉试纸检验反应的终点,亚硝酸钠过量有何影响?

实验二十一　食用香料苯甲酸乙酯的制备

一、实验目的

1. 掌握苯甲酸乙酯的制备方法。
2. 进一步学习分水器的使用和带水剂的选择。

二、实验原理

苯甲酸和醇在浓硫酸催化下发生酯化反应生成苯甲酸乙酯。

$$C_6H_5COOH + CH_3CH_2OH \underset{\text{回流}}{\overset{\text{浓硫酸}}{\rightleftharpoons}} C_6H_5COOC_2H_5 + H_2O$$

苯甲酸乙酯略似依兰油香气,具有较强的水果和冬青油香气,香味柔和略带甜味。因其毒性小,美国食用香料制造者协会将它认定为可食用的安全物质,我国 GB2760286 也将其规定为可普遍使用的食用香料,应用在冰淇淋、焙烤类食品、布丁、软饮料、香烟及酒类等加香产品中。

三、器材与试剂

1. 仪器与材料

圆底烧瓶、蒸馏头、冷凝管、分水器、空气冷凝管、锥形瓶、尾接管、分液漏斗、温度计、电热套、Abbe 折射仪、红外光谱仪等。

2. 试剂

苯甲酸、无水乙醇、浓硫酸、环己烷、碳酸钠、无水氯化钙、乙醚等。

四、实验步骤

1. 合成反应

于 100 mL 圆底烧瓶中加入 6.1 g(0.050 mol)苯甲酸,13 mL(0.22 mol)95%乙醇,10 mL 环己烷及 2 mL 浓硫酸,摇匀,加沸石,再装上分水器,如图 1.81(j)。从分水器上端加环己烷至分水器支管处,再在分水器上端接一回流冷凝管。水浴上加热至回流,开始时回流速率要慢些,否则会形成液泛。随着回流的进行,分水器中分为两层。逐渐分出下层液体至总体积约 15 mL,即可停止加热。继续用水浴加热,使多余的环己烷和乙醇蒸至分水器中,若已充满可从分水器中放出。

2. 分离纯化

将瓶中残液倒入盛有 20 mL 冷水的烧杯中,在搅拌下分批加入固体碳酸钠粉末中和至无二氧化碳气体产生,用 pH 试纸检验呈中性。用分液漏斗分出粗产物,水层用 10 mL 乙醚萃取。合并醚层和粗产物,用无水氯化钙干燥。干燥后,先用水浴蒸去乙醚(33～36 ℃),然后换空气冷凝管加热蒸馏,收集 210～213 ℃馏分。称重(产量约 5.5 g),计算产率。

纯苯甲酸乙酯为无色透明液体,沸点为 211～213 ℃,$d_4^{20}=1.0648$,$n_D^{20}=1.5001$。

3. 产品鉴定

(1) 产品外观。

(2) 折射率测定。

(3) 红外光谱测定。

五、注意事项

1. 此实验采用共沸混合物去水的方法进行。水-乙醇-环己烷三元共沸混合物的共沸点为 62.6 ℃,其中含水 4.8%、醇 19.7%、环己烷 75.5%。根据理论计算,生成的水(包括 95%乙醇的含水量)约 1.5 g(分出的 15 mL 液体经长时间静置可得 1.5 mL 水)。

2. 为了便于观察水层的分出,在分水器中加入带水剂环己烷至支管口。

3. 当多余的环己烷和乙醇充满分水器时,可由活塞放出,注意放时要移去明火。

4. 加碳酸钠粉末除去硫酸和苯甲酸时,要分批加入,否则反应过于剧烈,产生大量的泡沫而使液体溢出。碱不要过量,否则产生浑浊,影响萃取分离。

5. 酯层需呈中性,否则有酸性或碱性存在时,酯在蒸馏时会发生分解反应。

6. 若粗产品中含有絮状物难以分层,可直接用适量的乙醚萃取。

六、思考题

1. 为什么用水浴加热回流? 反应开始时回流速率为什么要慢?

2. 加碳酸钠的作用是什么?

3. 在萃取和分液时,两相之间有时出现絮状物或乳浊液,难以分层,如何解决?

附注

制备苯甲酸乙酯的简单方法

在 50 mL 圆底烧瓶中加入 3 g(0.024 mol)苯甲酸,9 mL(7.1 g,0.15 mol)无水乙醇,1 mL 浓硫酸,摇匀,加沸石。水浴加热回流 1 h 左右,改为蒸馏装置,蒸出乙醇,控制温度在 77~79 ℃。当温度突然下降时即结束,将瓶中残液倒入盛有 10 mL 冷水的烧杯中,在搅拌下分批加入固体碳酸钠粉末中和至无二氧化碳气体产生,用 pH 试纸检验呈中性。分出粗产物,水层用 5 mL 乙醚萃取。合并醚层和粗产物,用无水氯化钙干燥。用水浴蒸去乙醚,然后换空气冷凝管加热蒸馏,收集 210~213 ℃ 馏分。称重(产量约 2.5 g),计算产率。

此法关键操作是反应后蒸出的乙醇不可过多,因为过多地蒸出乙醇会使反应平衡向左移动,苯甲酸大量析出,同时产生游离态硫酸,会使反应液迅速变黑,几乎得不到产物。此种情况通常发生在 85~90 ℃ 之间,故应控制蒸气温度不超过 82 ℃。

实验二十二　对硝基苯胺的多步合成

一、实验目的

1. 学习由苯胺通过多步合成对硝基苯胺的原理。
2. 掌握由苯胺经乙酰化、硝化和水解各过程的操作方法。

二、实验原理

1. 苯胺的酰基化

胺的酰化在有机合成中有着重要的作用。作为一种保护措施,一级和二级芳胺在合成中通常被转化为它们的乙酰基衍生物以降低胺对氧化剂的敏感性,使其不被反应试剂破坏;同时氨基酰化后降低了氨基在亲电取代反应中的活性和定位能力,使反应由多元取代变为有用的一元取代,由于乙酰基的空间位阻,往往选择性地生成对位取代物。由于苯胺易氧化,直接硝化导致副反应增多,产率低,因此由苯胺合成对硝基苯胺不能一步完成。

芳胺的酰化可通过酰氯、酸酐或与冰醋酸加热来进行。使用冰醋酸具有试剂易得,价格便宜等优点,但需要较长的反应时间。酸酐一般来说是比酰氯更好的酰化试剂。用游离胺与纯乙酸酐进行酰化时,常伴有二乙酰胺副产物的生成。但如果在醋酸-醋酸钠的缓冲溶液中进行酰化,由于酸酐的水解速率比酰化速率慢得多,可以得到高纯度的产物。但这一方法不适合于硝基苯和其他碱性很弱的芳胺的酰化。

$$\langle\!\!\!\bigcirc\!\!\!\rangle-NH_2 + CH_3COOH \longrightarrow \langle\!\!\!\bigcirc\!\!\!\rangle-NHCOCH_3 + H_2O$$

2. 乙酰苯胺的硝化

芳香族硝基化合物一般由芳香族化合物直接硝化制得。根据被硝化物的活性,可以利用稀硝酸、浓硝酸或浓硝酸与浓硫酸的混合酸来进行硝化。芳香化合物的硝化是亲电取代反应,反应是放热反应。加入硫酸的目的是为了产生硝酰正离子,提高反应的产率。乙酰苯胺上带有强的活化基团,因此反应活性很大,反应要控制较低的反应温度,否则会产生一些副产物。

主反应:

$$\langle\!\!\!\bigcirc\!\!\!\rangle-NHCOCH_3 + HNO_3 \xrightarrow{H_2SO_4} O_2N-\langle\!\!\!\bigcirc\!\!\!\rangle-NHCOCH_3 + H_2O$$

副反应:

$$\langle\!\!\!\bigcirc\!\!\!\rangle-NHCOCH_3 + H_2O \xrightarrow{H_2SO_4} \langle\!\!\!\bigcirc\!\!\!\rangle-NH_2 + CH_3COOH$$

$$\langle\!\!\!\bigcirc\!\!\!\rangle-NHCOCH_3 + HNO_3 \xrightarrow{H_2SO_4} \langle\!\!\!\overset{\displaystyle NO_2}{\bigcirc}\!\!\!\rangle-NHCOCH_3 + H_2O$$

3. 酰胺的水解

酰胺通过酸性或碱性催化可发生水解反应得到胺。本实验是用硫酸催化使对硝基乙酰苯胺酰胺发生水解反应得对硝基苯胺。

$$O_2N-\langle\!\!\!\bigcirc\!\!\!\rangle-NHCOCH_3 + H_2O \xrightarrow{H_2SO_4} O_2N-\langle\!\!\!\bigcirc\!\!\!\rangle-NH_2 + CH_3COOH$$

对硝基苯胺是重要的有机合成中间体,广泛应用于染料、农药、医药及橡胶工业中。它是各种直接染料、酸性染料、分散染料及颜料的中间体;是多种农药、兽药和医药的中间体;是合成防老剂、光稳定剂、显影剂的原料;也可用于生产对苯二胺、抗氧化剂和防腐剂等。

三、器材与试剂

1. 仪器与材料

圆底烧瓶、电热套、温度计、分馏柱、循环水真空泵、抽滤瓶、布氏漏斗、锥形瓶、熔点测定仪、红外光谱仪等。

2. 试剂

苯胺、冰醋酸、浓硫酸、浓硝酸、95％乙醇、氢氧化钠等。

四、实验步骤

1. 乙酰苯胺的制备

在 50 mL 圆底烧瓶中,加入 10 mL(10.2 g,0.11 mol)新蒸馏的苯胺、15 mL(15.75 g, 0.26 mol)冰醋酸及少许锌粉(约 0.1 g)。装上一分馏柱,其上端装温度计,如图 1.85(a)所示。将圆底烧瓶在电热套上加热,使反应物保持微沸约 15 min。逐渐升高温度,当温度计读数达到 100 ℃ 左右时,支管即有液体流出。维持温度在 105 ℃ 反应 1 h,生成的水及大部分醋酸已被蒸出,此时温度计读数下降,表示反应已经完成。在搅拌下趁热将反应物倒入 250 mL 冷水中,冷却后抽滤,用冷水洗涤粗产品。粗产品用 250~300 mL 水重结晶,烘干。称重(产量约 10 g),计算产率。

纯乙酰苯胺为无色片状晶体,熔点 114.3 ℃。

2. 对硝基乙酰苯胺的制备

在 100 mL 锥形瓶内,放入 5 g(0.037 mol)乙酰苯胺和 5 mL 冰醋酸。用冷水冷却,一边摇动锥形瓶,一边慢慢地加入 10 mL 浓硫酸。乙酰苯胺逐渐溶解。将所得溶液放在冰浴中冷却到 0~2 ℃。

在冰浴中用 2.2 mL(0.032 mol)浓硝酸和 1.4 mL 浓硫酸配制混酸。一边摇动锥形瓶(加塞),一边用吸管慢慢地滴加此混酸,保持反应温度不超过 5 ℃。从冰浴中取出锥形瓶,在室温下放置 30 min,间歇摇荡之。在搅拌下把反应混合物以细流慢慢地倒入 20 mL 水和 20 g 碎冰的混合物中,对硝基乙酰苯胺立刻成固体析出。放置约 10 min,减压过滤,用冷水洗两次,尽量挤压掉粗产物中的酸液,用冰水洗涤三次,每次用 10 mL。将粗产物放入一个盛 20 mL 水的烧杯中,在不断搅拌下分次加入碳酸钠粉末,直到混合液对酚酞试纸显碱性(pH=10 左右)。将反应混合物加热至沸腾,这时对硝基乙酰苯胺不水解,而邻硝基乙酰苯胺则水解为邻硝基苯胺。混合物冷却到 50 ℃ 时,迅速减压过滤,尽量挤压掉溶于碱液中的邻硝基苯胺,再用水洗涤并挤压去水分,将得到的对硝基乙酰苯胺放在空气中晾干。称重(产量约 4 g),计算产率。

纯对硝基乙酰苯胺为白色柱状晶体,熔点 215~216 ℃。

3. 对硝基苯胺的制备

在 50 mL 圆底烧瓶中放入 4 g(0.022 mol)对硝基乙酰苯胺和 20 mL 70% 硫酸,投入沸石,装上回流冷凝管,加热回流 10~20 min(可取 1 mL 反应液加到 2~3 mL 水中,如溶液仍清澈透明,表示水解反应已完全)。将透明的热溶液倒入 100 mL 冷水中。加入过量的 20% 氢氧化钠溶液(pH=8 左右),使对硝基苯胺沉淀下来。冷却后减压过滤。滤饼用冷水洗去碱液后,在水中进行重结晶(重结晶的溶剂用量为:1 g/50 mL)。烘干,称重(产量约 2.3 g),计算产率。

纯对硝基苯胺为淡黄色针状晶体,熔点 148.5 ℃,易升华。

4. 产品鉴定

(1)产品外观。

（2）红外光谱测定。

五、注意事项

1. 苯胺最好用新蒸馏的。

2. 锌粉的作用是防止苯胺在反应过程中氧化，但不能加过多，否则在后处理过程中会出现不溶于水的氢氧化锌。

3. 苯胺的乙酰化必须使用分馏装置，并维持反应温度在 $100\sim110\ ℃$ 之间。

4. 乙酰苯胺在 100 mL 水中的溶解度是：$25\ ℃，0.563\ g；80\ ℃，3.5\ g；100\ ℃，5.5\ g$。本实验重结晶的用量，最好使溶液在 $80\ ℃$ 左右为饱和状态。

5. 乙酰苯胺可以在低温下溶解于浓硫酸里，但速率较慢，加入冰醋酸可加速其溶解。醋酸的作用一是作溶剂，二是防止乙酰苯胺或对硝基乙酰苯水解。

6. 硝化反应是一放热的反应，因此温度的控制对该反应至关重要，反应的温度控制不好，副反应明显，产生大量的有色气体。滴加混酸的速率太快，此反应的温度超过 $5\ ℃$。乙酰苯胺与混酸在 $5\ ℃$ 下作用，主要产物是对硝基乙酰苯胺；在 $40\ ℃$ 则生成约 25% 的邻硝基乙酰苯胺。

7. 抽滤得到粗对硝基乙酰苯胺后要用冷水洗涤两次，而且彻底压干，以彻底除去反应体系的混酸。否则对后续的碱化反应产生影响。

8. 70% 硫酸的配制方法：在搅拌下把 4 份（体积）浓硫酸小心地以细流加到 3 份（体积）冷水中。酸不仅是催化剂，同时也是反应试剂，它与水解所产生的胺形成铵盐溶于水溶液中，所以酸的量至少与酰胺等摩尔。通常为了迅速、完全水解，要投入 $6\sim7$ 倍的酸量。

六、思考题

1. 对硝基苯胺是否可以用苯胺直接硝化来制备？为什么？

2. 苯胺乙酰化反应时为什么控制温度在 $105\ ℃$ 左右？

实验二十三　安息香的辅酶催化制备

一、实验目的

1. 学习安息香缩合反应及维生素 B_1 催化的反应机理。

2. 掌握以维生素 B_1 为催化剂合成安息香（苯偶姻）的方法。

3. 了解生物辅酶催化的意义。

二、实验原理

安息香又称苯偶姻、二苯乙醇酮,可作为药物和润湿剂的原料,还可用作生产聚酯的催化剂。安息香由两分子苯甲醛在热的氰化钾或氰化钠的乙醇溶液中通过安息香缩合反应而成

由于使用剧毒的氰化物为催化剂,极不方便。本实验使用生物辅酶维生素 B_1(又称硫胺素)代替氰化物催化安息香缩合反应。维生素 B_1 的结构为

该法不仅反应条件温和,且收率较高,无毒性,是一种环境友好的合成方法。

三、器材与试剂

1. 仪器与材料

圆底烧瓶、冷凝管、循环水真空泵、电热套、抽滤瓶、布氏漏斗、温度计、熔点测定仪、红外光谱仪等。

2. 试剂

苯甲醛、维生素 B_1(硫胺素)、95%乙醇、氢氧化钠等。

四、实验步骤

1. 合成反应

在 50 mL 圆底烧瓶中加入 0.8 g 维生素 B_1(0.002 5 mol)、1.8 mL 去离子水和 7.5 mL 95%乙醇,并置于冰水中。取 2.5 mL 10%氢氧化钠于一支试管中,也置于冰水中。将冰透的氢氧化钠逐滴加入到反应瓶中,再加 5 mL(5.2 g,0.049 mol)新蒸馏的苯甲醛,投完原料后,调节反应液 pH=9~10(最好是用精密 pH 试纸调到 9.4~9.6)。加沸石,装上回流冷凝管,在 60~75 ℃水浴中缓慢反应约 1 h(间歇摇动反应瓶),后期可调温到 80~90 ℃,并注意保持反应液 pH=9~10(必要时用 10%氢氧化钠调节,pH 不能超过 10)。

2. 分离纯化

反应结束,冷至室温,冰水浴中完全结晶,抽滤,用 20 mL 水洗涤两次,抽干。粗产物用

95％乙醇重结晶,必要时用活性炭脱色,干燥,称重(产量约 3 g),计算产率。

纯安息香为白色针状结晶,熔点 134～136 ℃。

3. 产品鉴定

(1) 产品外观。

(2) 熔点测定。

(3) 红外光谱测定。

五、注意事项

1. 应使用新开瓶的或原密封、保管好的(放在冰箱中保存)维生素 B_1,以保证维生素 B_1 的质量。

2. 维生素 B_1 和氢氧化钠在反应前一定要用冰水充分冷透,否则维生素 B_1 在碱性条件下受热易开环,导致实验失败。

3. 维生素 B_1 醇水溶液加碱时必须在冰浴冷却和搅拌下慢慢加入,加热时也不要过于激烈。

4. 苯甲醛不能含有苯甲酸,量取速率要快。

5. 冷却不能太快,否则产物呈油状,要重新加热再慢慢结晶,必要时用玻璃棒摩擦瓶壁诱发结晶。

6. 安息香在沸腾的 95％乙醇中的溶解度 12～14 g/100 mL。

六、思考题

1. 为什么要向维生素 B_1 的溶液中加入 10％的氢氧化钠溶液?

2. 为什么加入苯甲醛后反应液的 pH＝9～10? pH 过高和过低有什么影响?

实验二十四　苯频哪醇的光化学制备

一、实验目的

1. 掌握光化学合成苯频哪醇的原理。

2. 了解有机光化学合成方法。

二、实验原理

在紫外光辐射下,二苯甲酮分子结构中羰基氧上非成键电子易从基态 S_0 被激发跃迁到最低未占有能级,从第一激发单线态 S_1 转变为第一激发三线态 T_1,从而发生化学反应。T_1 态的二苯甲酮为双自由基,从 2-丙醇中羟甲基上夺取一个质子形成二苯羟基自由基,通过二聚合形成苯频哪醇。反应方程式为

除光化学反应外,苯频哪醇也可以采用由二苯甲酮在镁汞齐或金属镁和碘的混合物(即二碘化镁)作用下发生双分子还原进行制备。

三、器材与试剂

1. 仪器与材料
试管、烧杯、玻璃塞、抽滤瓶、布氏漏斗、循环水真空泵、熔点测定仪、红外光谱等。
2. 试剂
二苯甲酮、异丙醇、冰乙酸等。

四、实验步骤

1. 合成反应
在一支 10 mL 试管中加入 1 g 二苯甲酮(0.005 5 mol)和 6 mL(4.71 g, 0.094 mol)异丙醇,水浴加热使二苯甲酮溶解,向试管中滴加一滴冰乙酸,充分振荡后再补加异丙醇至试管口,以使反应在无空气条件下进行。用玻璃塞将试管塞住,置于烧杯中,暴露在太阳光或日光灯下一周。试管内有大量无色晶体析出。

2. 分离纯化
将试管在冰浴中冷却使晶体析出完全,抽滤,用少量异丙醇洗涤晶体,再抽干,得苯频哪醇粗品。粗品用少量冰乙酸作溶剂进行重结晶。干燥后,称重(产量约 0.8 g),计算产率。
纯苯频哪醇为无色单斜晶体,熔点为 184~186 ℃。

3. 产品鉴定
(1) 产品外观。
(2) 新制氢氧化铜鉴定邻二醇。
(3) 熔点测定。

（4）红外光谱测定。

五、注意事项

1. 二苯甲酮，熔点 48～49 ℃，沸点 305 ℃，难溶于水，易溶于有机溶剂。
2. 加入冰乙酸以消除玻璃材质的碱性对反应的影响，因为苯频哪醇在痕量碱作用下即会变为二苯甲醇和二苯甲酮。
3. 反应的完全程度与光辐射的强度和时间有关。

六、思考题

1. 为什么要在用于反应的试管中装满异丙醇？
2. 为何要加入冰乙酸消除玻璃容器材质的碱性反应的影响？

实验二十五　无溶剂合成 2,4-二苯基乙酰乙酸乙酯

一、实验目的

1. 了解无溶剂有机合成的意义。
2. 掌握无溶剂合成 2,4-二苯基乙酰乙酸乙酯的原理和方法。

二、实验原理

无溶剂有机合成是绿色化学中的一个新概念、新方法。由于反应过程完全不用溶剂，彻底克服了反应过程中溶剂对环境造成的污染；不用溶剂，有利于降低生产成本。无溶剂合成为反应提供了与传统溶剂不同的反应环境，有可能使反应的选择性、转化率得到提高，可使产物的分离提纯过程变得较容易进行。

2,4-二苯基乙酰乙酸乙酯可用苯乙酸乙酯在叔丁醇钾的存在下，通过克莱森（Claisen）缩合反应制得。

三、器材与试剂

1. 仪器与材料

圆底烧瓶、冷凝管、刮勺、电热套、旋转蒸发仪、抽滤瓶、布氏漏斗、循环水真空泵、熔点测定仪、红外光谱等。

2. 试剂

苯乙酸乙酯、叔丁醇钾、盐酸、乙醚、无水硫酸镁、戊烷、己烷等。

四、实验步骤

1. 2,4-二苯基乙酰乙酸乙酯的合成

在 25 mL 的圆底烧瓶中加入 1.6 g(0.014 mol)叔丁醇钾和 3.2 mL(3.3 g,0.020 mol)苯乙酸乙酯,用刮勺剧烈搅拌使其混匀。装上回流冷凝管,在预热至 100 ℃ 的水浴或蒸气浴条件下反应 0.5 h。反应混合物被冷至室温后,用约 15 mL 1 mol 的 HCl 慢慢中和。用 15 mL 的乙醚萃取 2 次后,合并有机层,然后用无水硫酸镁干燥。溶剂经旋转蒸发除去,残余油状物加入 7 mL 冷的戊烷研制后生成一白色固体。用热的己烷重结晶,得到 2,4-二苯基乙酰乙酸乙酯,称重(产量约 2.3 g),计算产率。

纯 2,4-二苯基乙酰乙酸乙酯熔点为 75~78 ℃。

2. 产品鉴定

（1）产品外观。

（2）熔点测定。

（3）红外光谱测定。

五、注意事项

1. 无水操作是本实验的关键。
2. 注意使用旋转蒸发仪减压蒸馏的要求,安全操作。

六、思考题

1. 无溶剂有机合成有何意义?
2. 本实验中能否用金属钠代替叔丁醇钾?

实验二十六　茶叶中咖啡因的提取及鉴定

一、实验目的

1. 掌握从茶叶中提取咖啡因的原理和方法。
2. 了解微波萃取在生物提取中的意义。
3. 学会升华法提取纯咖啡因的基本操作。
4. 学习生物碱的鉴定方法。

二、实验原理

植物中的生物碱常以盐（能溶解于水或醇）或游离碱（能溶于有机溶剂）的状态存在。因此可根据生物碱与这些杂质在溶剂中的不同溶解度及不同的化学性质而加以分离。

茶叶中的生物碱均为黄嘌呤的衍生物，有咖啡因、茶碱、可可豆碱等，其中以咖啡因含量最多，为 1%～5%。咖啡因弱碱性，易溶于氯仿（12.5%）、水（2%）、乙醇（2%）等。利用其溶解性可顺利将其从茶叶中提取出。咖啡因具有强心、兴奋、利尿等药理功能，是常见的中枢神经兴奋剂。

咖啡因　　　　　　　茶碱　　　　　　　可可碱

含结晶水的咖啡因是无臭、味苦的白色结晶，100 ℃时即失去结晶水，并开始升华，120 ℃时升华相当显著，至 178 ℃时升华很快。无水咖啡因的熔点为 234.5 ℃，因此可用升华的方法提纯咖啡因粗品。

咖啡因可用微波萃取法提取，也可用传统的索式提取法从茶叶中提取。利用咖啡因易溶于乙醇、易升华等特点，以 95%乙醇作溶剂，通过微波萃取或索氏提取器（或回流）进行提取，然后浓缩、焙炒而得粗制咖啡因，再通过升华法提取得到纯咖啡因。通常红茶中含咖啡因 3.2%，绿茶中含咖啡因 2.5%，本实验可以选用红茶末。

三、器材与试剂

1. 仪器与材料

索氏提取器、碘量瓶、温度计、玻璃漏斗、分液漏斗、滤纸筒、圆底烧瓶、蒸馏头、冷凝管、锥形瓶、尾接管、蒸发皿、电炉、酒精喷灯、电热套、点滴板、喷雾器、微波萃取仪、紫外光谱仪、红外光谱仪等。

2. 试剂

95％乙醇、生石灰粉、酸性碘-碘化钾试剂、红茶叶末或绿茶叶末等。

四、实验步骤

（一）索氏萃取法提取咖啡因

1. 溶剂抽提

称取红茶叶末 7 g，置于合适的滤纸筒中，然后放入索氏提取器内。取 60 mL 95％乙醇于圆底烧瓶中，加入沸石，按图 1.87 安装好回流提取装置，水浴加热。连续回流提取 2 h 左右，控制回流速率，一般 2 h 内虹吸 8～10 次。直至提取液颜色较淡，当溶液刚好虹吸回流至烧瓶中时，即可停止加热。

2. 浓缩提取液

将提取液冷却后用水浴蒸馏装置，蒸出提取液中的大部分乙醇（可回收利用），提取液的残液为 5～8 mL。将残液倒入蒸发皿，并用蒸出的乙醇对蒸馏烧瓶稍加洗涤，洗液一并倒入蒸发皿中。

3. 升华法提取咖啡因

在上述蒸发皿中加 2.5 g 生石灰粉，不断搅拌，并将其置于水蒸气浴上蒸干溶剂。将蒸发皿移至石棉网上，用小火加热，不断焙炒至干。若残留少量水分，则会在下一步升华开始时漏斗壁上呈现水珠。如有此现象，则应撤去火源，迅速擦去水珠。如图 5.2 所示，取一张稍大一些的圆形滤纸，罩在大小适宜的玻璃漏斗上，刺上小孔且孔刺向上，再盖在蒸发皿上，漏斗颈部塞入少许棉花。用小火慢慢加热升华，当有棕色油状物在玻璃漏斗壁上生成时，立刻停止加热，冷却，收集滤纸上的咖啡因晶体。残渣经充分搅拌后，用略大的火再升华 1～2 次，合并数次升华的产物，称重，产量为 30～40 mg。

咖啡因为白色针状或粉状固体，熔点为 237 ℃。

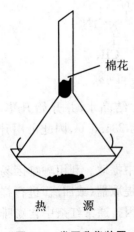

棉花

热　源

图 5.2　常压升华装置

（二）微波萃取法提取咖啡因

称取研细的红茶末 10 g，置于 250 mL 圆底烧瓶中，加入 120 mL 95％的乙醇，加入沸石。将烧瓶放于微波炉中，调节功率约 320 W，辐射 50～60 s，以不使溶液暴沸冲出为原则，取出冷却。重复上述步骤 3～4 次（注意：在进行下一次微波辐射前要先冷却），过滤，去除红茶末。提取液的浓缩及升华提取咖啡因等操作方法同上。产量为 70～80 mg。

（三）提取液的定性实验

取提取液两滴于干燥的白色点滴板上，喷上酸性碘-碘化钾试剂，可见到棕色为咖啡因，红紫色为茶碱，蓝紫色为可可碱。

（四）咖啡因的光谱分析

将所得咖啡因做紫外光谱和红外光谱测定，解析谱图。

五、注意事项

1. 生石灰起中和作用，以除去丹宁酸等酸性物质。

2. 脂肪提取器是利用溶剂回流和虹吸原理，使固体物质连续不断地被溶剂所萃取的器材。溶剂沸腾时，其蒸气通过侧管上升，被冷凝管冷凝成液体，滴入套筒中，浸润固体物质，使之溶于溶剂中，当套筒内溶剂液面超过虹吸管的最高处时，即发生虹吸，流入烧瓶中。通过反复的回流和虹吸，从而将被提取物质富集在烧瓶中。脂肪提取器为配套仪器，其任一部件损坏将会导致整套器材的报废，特别是虹吸管极易折断，所以在安装仪器和实验过程中需特别小心。

3. 用滤纸包茶叶末时要严实，防止茶叶末漏出堵塞虹吸管；滤纸包大小要合适，滤纸筒既要紧贴器壁，又要能方便取放。被提取物高度不能超过虹吸管，否则被提取物不能被溶剂充分浸泡，影响提取效果。被提取物也不能漏出滤纸筒，以免堵塞虹吸管。

4. 放入索氏提取器内的滤纸筒的大小要紧贴器壁，高度不要超过索氏提取器的虹吸管。

5. 滤液冷却后若浑浊，可用水稀释后再萃取。当套筒内萃取液色浅时，即可停止萃取。

6. 浓缩萃取液时不可蒸得太干，以防转移损失。否则因残液很黏而难于转移，造成损失。

7. 升华操作直接影响到产物的质量与产量，升华的关键是控制温度，若温度过高，将导致被烘物冒烟碳化，或产物变黄，造成损失。

8. 微波萃取法比其他方法所需的实验时间可缩短 2 h 左右。

六、思考题

1. 比较索氏提取法和微波萃取法提取咖啡因的效率。
2. 升华前加入生石灰起什么作用?

实验二十七　黄连中黄连素的提取、分离和鉴定

一、实验目的

1. 学习从黄连中提取黄连素的原理和方法。
2. 进一步学习天然药物成分分析的基本方法。

二、实验原理

黄连为多年生草本植物,为我国名产药材之一。其根茎中含有多种生物碱,如小檗碱(黄连素)、甲基黄连碱、棕榈碱、非洲防己碱等。黄连素的质量分数在 $4\%\sim10\%$。其他如黄柏、三颗针、伏牛花、白屈菜、南天竹等植物均可作为提取黄连素的原料,但以黄柏与黄连含量最高。黄连素又叫小檗碱,是一种具有多种功效的常用中药,临床上是一种抗菌消炎药,并有降低血清胆固醇的作用。近期研究发现,黄连素还具有降血糖、抗心律失常等功效。

黄连素是黄色针状晶体,存在 3 种互变异构体,自然界中,黄连素主要以季铵碱式存在。

季铵型　　　　　　　　醇胺型　　　　　　　　醛型

黄连素可溶于乙醇,也溶于热水,难溶于乙醚、苯等,因此可以用适当的溶剂将有效成分溶解后提取出来。本实验用乙醇作为提取黄连素的溶剂,然后加入盐酸,使其成为盐酸盐晶体析出。

三、器材与试剂

1. 仪器与材料

圆底烧瓶、回流冷凝管(或索式提取器)、锥形瓶、抽滤瓶、布氏漏斗、循环水真空泵、旋转蒸发仪、紫外光谱仪、红外光谱仪等。

2. 试剂

95%乙醇、浓盐酸、乙酸、丙酮、石灰乳、黄连(中药店有售)等。

四、实验步骤

1. 溶剂抽提

称取 5 g 黄连,切碎,在研钵中捣碎、磨细后放入 100 mL 圆底烧瓶中,加入 50 mL 95%乙醇,安装球形冷凝管,用水浴加热回流 30 min,再静置浸泡 1 h。减压抽滤,滤渣重复上述操作处理两次(后两次提取可适当减少乙醇用量和缩短浸泡时间)。合并三次所得滤液即黄连素提取液。上述过程可用索式提取器所代替。

2. 分离纯化

将提取液倒入 250 mL 圆底烧瓶中,用旋转蒸发仪在循环水真空泵减压下蒸馏回收乙醇。当烧瓶内残留液呈棕红色糖浆状时,可停止蒸馏(不可蒸干)。再向烧瓶内加入 15～20 mL 1%乙酸溶液,加热溶解,趁热抽滤以除去不溶物。滤液转入锥形瓶,向滤液中滴加浓盐酸,直至溶液浑浊为止(约需 5 mL)。在冰浴中放置冷却,即有黄色针状体的黄连素盐酸盐析出。减压抽滤,结晶用冰水洗涤 2 次,再用丙酮洗涤一次。烘干(注意在 220 ℃左右熔化),称重,约得黄连素粗品 0.5 g。

将黄连素盐酸盐加热水至刚好溶解,煮沸,用石灰乳调节 pH 为 8.5～9.8,冷却后滤去杂质。滤液继续冷至室温,即有游离的黄连素黄色针状晶体析出,减压过滤。将结晶置于烘箱内,于 50～60 ℃干燥,其熔点 145 ℃。

3. 鉴定与表征

(1) 产品外观。

(2) 紫外光谱测定。

(3) 红外光谱测定。

五、注意事项

1. 黄连可磨成粉末,切成片状,或刨成丝状,主要由其提取方法而定。一般采用粉状,过筛,这样处理提取较完全,但有些麻烦。

2. 为减少提取时间,可采用脂肪提取器,且效果更佳。

3. 烘干温度不宜太高,否则产品颜色加深,变为棕色。

4. 如要更纯的小檗碱,除重(多次)结晶外,也可用色谱法分离、提纯。

六、思考题

1. 黄连素为何种生物碱类的化合物? 用哪种化学方法可以鉴定?
2. 黄连素的提取方法是根据黄连素的什么性质来设计的? 常用的方法有哪几种?
3. 黄连素的紫外光谱和红外光谱有何特征?

实验二十八 乙酸丁酯合成实验条件研究

一、实验目的

1. 了解实验条件研究的意义和方法。
2. 研究不同的催化剂、催化剂用量和反应物配比等对反应产率的影响。

二、实验原理

酯化反应是一个典型的可逆反应。反应物酸、醇的结构及配料比,催化剂,温度等对酯化反应均有影响,而且它又是一个典型酸催化反应。常用的催化剂是浓硫酸,浓硫酸作催化剂的缺点是选择性差、存在氧化性和碳化作用,产品质量不高,且浓硫酸的腐蚀性强,污染严重。针对这种情况,以氯化铁、强酸性阳离子交换树脂、固体超强酸等物质作催化剂代替浓硫酸的合成方法相继出现。乙酸和丁醇反应制备乙酸丁酯反应为

$$CH_3COOH + CH_3CH_2CH_2CH_2OH \underset{}{\overset{酸}{\rightleftharpoons}} CH_3COOCH_2CH_2CH_2CH_3 + H_2O$$

三、器材和试剂

1. 仪器与材料
圆底烧瓶、蒸馏头、冷凝管、锥形瓶、尾接管、电热套、分液漏斗、分水器、Abbe 折射仪等。
2. 试剂
正丁醇、冰醋酸、浓硫酸、碳酸钠、浓磷酸、无水硫酸镁等。

四、实验步骤

1. 合成反应

在 50 mL 圆底烧瓶中加入 5.8 mL(4.7 g,0.063 mol)正丁醇和 4.5 mL(4.7 g, 0.079 mol)冰醋酸,再小心地边摇边加入 2 滴浓硫酸,混匀后加入沸石,装上球形冷凝管和分水器,如图 1.81(j)所示,分水器中先加入(V−1.3)mL 的水。小心加热反应瓶,缓慢回流,反应液温度由 95 ℃ 升至 117 ℃,当分水器中的水完全充满为均相时,反应完全,停止加热。

2. 分离纯化

将反应液转入分液漏斗中,分别用 5 mL 水、5 mL 10% 碳酸钠、5 mL 水洗涤。将有机层倒入锥形瓶中,用无水硫酸镁干燥。后将其倾倒入 50 mL 的蒸馏瓶中,加沸石,蒸馏,收集 124~127 ℃ 的分馏,称重(产量约 4.5 g),计算产率。测折射率。

纯乙酸正丁酯为无色液体,沸点 126 ℃,$d_4^{20}=0.882\ 5$,$n_D^{20}=1.395\ 1$。

五、注意事项

1. 浓硫酸只需很少量,若多则丁醇被氧化和碳化的量增多。

2. 根据分出的总水量可粗略估算酯化反应完成的程度。

3. 乙酸丁酯、丁醇和水可组成共沸混合物,乙酸丁酯-水的共沸点为 90.2 ℃,丁醇-水的共沸点为 93 ℃,乙酸丁酯-丁醇的共沸点为 117.6 ℃,乙酸丁酯-丁醇-水的共沸点为 90.7 ℃。

六、实验条件研究

1. 用不同量的催化剂,如浓硫酸 0.5 mL、浓硫酸 5 滴、浓磷酸 3 mL 做对照试验。

2. 当醇、酸物质的量之比为 1:1 和 1:1.15 时进行研究试验。

3. 用不同种类的催化剂如路易斯酸、固体超强酸等做比较试验。

七、思考题

1. 实验条件研究的意义是什么?

2. 撰写实验研究报告。

实验二十九　正溴丁烷合成方法及实验条件研究

一、实验目的

1. 掌握制备正溴丁烷的原理与方法;掌握带有吸收有害气体装置的回流加热操作方法。

2. 了解常规加热和微波加热方法对合成正溴丁烷的产率影响。

3. 了解微波辐射在有机合成中的应用。

二、实验原理

将微波技术应用于有机合成是从 1986 年开始的,该技术能使有机反应速率提高数百倍甚至上千倍,具有反应速率快、选择性好、产率高、副反应少等特点。近年来微波技术发展非常迅速,至于微波加速反应的原理,目前说法不一。较普遍的看法是,极性分子能很快吸收微波能量,能量吸收的速率随介电常数改变而改变。极性分子接受微波辐射能量后,通过分子偶极以每秒十亿次的高速旋转产生热效应从而加速反应进行。

利用正丁醇与溴化氢发生亲核取代反应制备正溴丁烷的反应式如下:

主反应:

$$NaBr + H_2SO_4 \longrightarrow HBr + NaHSO_4$$

$$n\text{-}C_4H_9OH + HBr \Longleftrightarrow n\text{-}C_4H_9OH + H_2O$$

副反应:

$$CH_3CH_2CH_2CH_2OH \xrightarrow{\text{浓硫酸/加热}} CH_3CH_2CH_2{=}CH_2 + CH_3CH{=}CHCH_3 + H_2O$$

$$2CH_3CH_2CH_2CH_2OH \xrightarrow{\text{浓硫酸/加热}} CH_3CH_2CH_2CH_2OCH_2CH_2CH_2CH_3 + H_2O$$

三、器材与试剂

1. 仪器与材料

二口圆底烧瓶、冷凝管、微波合成仪、圆底烧瓶、蒸馏头、冷凝管、锥形瓶、尾接管、分液漏斗、温度计、导气管、小玻璃漏斗、电热套、Abbe 折射仪等。

2. 试剂

浓硫酸、正丁醇、溴化钠、碳酸氢钠、无水氯化钙等。

四、实验步骤

（一）常规加热合成法

1. 合成反应

在圆底烧瓶中加入 5 mL 水，再慢慢加入 6 mL(0.11 mol)浓硫酸，混合均匀并冷至室温后，再依次加入 3.8 mL(3.1 g, 0.04 mol)正丁醇和 5 g(0.05 mol)研细的溴化钠，充分振荡后加入几粒沸石。以电热套为热源，安装回流装置，回流冷凝管上端接一溴化氢吸收装置，如图 1.81(c)所示，用 5% 氢氧化钠溶液作吸收液。加热，以保持沸腾而又平稳回流，并摇动烧瓶促使反应完成。沸腾后保持回流 30 min 左右。

2. 分离纯化

将反应物冷却，拆去回流冷凝管及气体吸收装置。再加入几粒沸石，改为蒸馏装置，蒸出粗产物，至无油滴蒸出时停止蒸馏(注意判断粗产物是否蒸完)，洗涤粗产物。将馏出液移至分液漏斗中，加入 5 mL 的水洗涤，静置分层后，将产物转入另一干燥的分液漏斗中，用 2.5 mL 的浓硫酸洗涤，尽量分去硫酸层。有机相依次用 5 mL 水、饱和碳酸氢钠溶液和水洗涤。将产物转入干燥的锥形瓶中，加入适量的无水氯化钙干燥，间歇摇动锥形瓶，直到液体清亮为止。将干燥的产品转入 50 mL 蒸馏烧瓶中，投入 1~2 粒沸石，蒸馏，收集 99~103 ℃ 的馏分。称量(产量约 2.5 g)，计算产率。测折光率。

纯正溴丁烷为无色透明液体，沸点为 101.6 ℃，$n_D^{20}=1.440\,1$，$d_4^{20}=1.270$。

（二）微波加热合成法

1. 合成反应

在 100 mL 二口圆底烧瓶中加入 5 mL 水，并小心分批加入 6 mL 浓硫酸，充分摇动混合物后冷至室温。再依次加入 3.8 mL 正丁醇、5 g 研细的溴化钠，摇振后加入几粒沸石，放入微波合成仪中，装上回流冷凝管，冷凝管上口连一气体吸收装置，用 5% 氢氧化钠溶液作吸收液，设置反应温度 90 ℃，在微波功率为 350 W 下辐射 2 min。

2. 分离纯化

分离纯化方法同常规加热合成法。纯化后称量，计算产率，测折光率。

五、注意事项

1. 投料时应严格按加水──→加浓硫酸(加浓硫酸时要少量多次，边加边摇边冷却)──→冷至室温──→加正丁醇──→加溴化钠──→混合均匀的顺序。

2. 加溴化钠时尽量使其不要留在瓶壁上，尤其是烧瓶磨口处。

3. 气体吸收装置用于吸收反应中逸出的溴化氢气体，安装时必须使漏斗尽可能接近水面，但漏斗边缘不可浸入水面，以防倒吸。

4. 回流时要控温,保持回流平稳进行。

5. 正溴丁烷必须蒸完,否则会影响产率,这可从以下几个方面判断:

(1) 溜出液是否由浑浊变为澄清。

(2) 反应瓶上层油层是否消失。

(3) 取一试管收集几滴溜出液,加水振摇,观察有无油珠出现。

6. 洗涤粗产物时,注意正确判断产物的上下层关系,分液要彻底。

六、实验方法及条件研究

1. 分别以常规加热和微波加热方法合成正溴丁烷。

2. 研究微波辐射功率、辐射时间对合成正溴丁烷产率的影响。

七、思考题

1. 为什么要安装气体吸收装置,主要吸收什么气体?

2. 反应后的粗产物中含有哪些杂质? 各步洗涤的目的何在?

3. 为什么用饱和碳酸氢钠水溶液洗酸以前,要先用水洗涤?

4. 撰写实验研究报告。

实验三十　解热镇痛药阿司匹林合成方法及实验条件研究

一、实验目的

1. 掌握制备阿司匹林(乙酰水杨酸)的原理和方法。

2. 比较常规加热和微波加热方法对合成阿司匹林产率的影响。

3. 进一步了解微波辐射在有机合成中的应用。

二、实验原理

阿司匹林(aspirin)即乙酰水杨酸,是由 1897 年德国拜耳公司成功地合成出来的,这是世界上首次人工合成出来的具有药用价值的有机化合物。它是一种非常受欢迎的通用药物,具有镇痛、退热及抗风湿等功效。有关报道表明,阿司匹林能抑制诱发心脏病和中风的血液凝块的形成,有助于防止血栓症和中风。

乙酰水杨酸是由水杨酸(邻羟基苯甲酸)与乙酸酐发生酯化反应而制得,反应式为

$$\underset{\text{OH}}{\overset{\text{COOH}}{\bigcirc}} + (CH_3CO)_2O \xrightarrow[\text{加热}]{H^+} \underset{\underset{O}{\overset{|}{OCCH_3}}}{\overset{COOH}{\bigcirc}} + CH_3COOH$$

乙酰水杨酸是一种具有双官能团的化合物,一个是酚羟基,一个是羧基,羧基和羟基都可以发生酯化,而且还可以形成分子内氢键,但是氢键的形成阻碍了酰化和酯化反应的发生。

三、器材与试剂

1. 仪器与材料

锥形瓶、微波合成仪、布氏漏斗、抽滤瓶、循环水真空泵、电热套等。

2. 试剂

水杨酸、乙酸酐、无水碳酸钠、浓硫酸、95％乙醇、三氯化铁等。

四、实验步骤

(一)常规加热合成法

在 100 mL 干燥的锥形瓶中加 3.2 g(0.023 mol)干燥的水杨酸、5 mL(5.4 g,0.053 mol)乙酸酐和 5 滴浓硫酸,充分振摇使固体溶解。在水浴上加热,保持瓶内温度在 70 ℃左右,并时加振摇,维持 15 min。反应结束后,稍冷却,加入蒸馏水 50 mL,搅拌,冰水冷却,使完全结晶。抽滤,水洗,干燥,得乙酰水杨酸粗产品。将粗产品用 95％乙醇∶水为 1∶2 的混合液 15 mL 重结晶,干燥,得白色晶体,称重(产量约 3 g),计算产率。

纯乙酰水杨酸为白色针状结晶,熔点为 136 ℃。

(二)产品鉴定

1. 产品外观。

2. 采用水杨酸和乙酰水杨酸与 $100\ g \cdot L^{-1}$ 三氯化铁溶液反应的对照试验,以确定产物中是否有水杨酸存在。

(三)微波加热合成法

在 100 mL 干燥的锥形瓶中加入 3.2 g(0.023 mol)干燥的水杨酸、5 mL(5.4 g,0.053 mol)乙酸酐和 0.2 g 无水碳酸钠,混匀。插上装有玻璃珠的小漏斗,置于微波炉中心。在微波功率为 280 W 下辐射 1 min,反应结束后,进行分离提纯、鉴定等操作同常规加热合成法。

五、注意事项

1. 仪器要全部干燥,试剂也要经干燥处理。乙酸酐要使用新蒸馏的,收集 $139\sim140\ ℃$ 的馏分。

2. 乙酰水杨酸是一个双官能团的化合物,反应温度应控制在 $70\ ℃$ 左右,以防副产物生成。

3. 乙酰水杨酸受热后易发生分解,分解温度为 $128\sim135\ ℃$。因此重结晶时不宜长时间加热,要控制水温,干燥采取自然晾干。

六、实验方法及条件研究

1. 分别以不同的方法合成阿司匹林。
2. 研究微波辐射功率、辐射时间对合成阿司匹林产率的影响。

七、思考题

1. 在阿司匹林的制备中,硫酸的作用是什么?
2. 阿司匹林中最可能存在的杂质是什么? 如何检验其存在?
3. 撰写实验研究报告。

实验三十一　增塑剂柠檬酸三丁酯的合成研究

一、实验原理

目前工业上常用的增塑剂是邻苯二甲酸酯类,因其可诱发致癌,国外已严格控制使用,我国也制定了相关法规,将逐步淘汰其在食品包装材料、医药器具、玩具中的使用。柠檬酸三丁酯(TBC)是一种新型无毒塑料增塑剂,因具有相溶性好、增塑效率高、无毒不易挥发、耐候性强等特点而备受关注,成为首选替代邻苯二甲酸酯类的绿色环保产品。随着人们环保意识的增强以及环保法规的日益完善,开发生产柠檬酸三丁酯具有极好的发展前景。

柠檬酸与丁醇的酯化反应是一可逆反应,醇、酸的结构,配料比,催化剂的种类和用量以及反应温度都会影响反应平衡、反应速率和反应转化率,亦影响柠檬酸分子内脱水及产品的色泽。要得到高收率的浅色酯,需要某一廉价的反应物过量,需要较高效的催化剂作用,需要控制较低的合适的反应温度。

二、实验步骤

在装有搅拌器、温度计、分水器的三口烧瓶中,加入一定量的柠檬酸和正丁醇。微热搅拌至全溶后,冷却至室温测 pH 值。加入催化剂,电动搅拌保持微沸回流反应约 3 h(根据分水器的水分计算酯化率)。分水器中无水产生后停止加热,冷却,需要时过滤除去催化剂。滤液进行常压蒸馏,先蒸出 121 ℃的前馏分(为正丁醇),将剩余液体用碳酸钠溶液洗至无二氧化碳气体止,用温水洗涤,再用饱和食盐水洗至中性,然后转入锥形瓶中,用适量的无水硫酸镁干燥后,减压蒸馏,收集 169～170 ℃/133 Pa 馏分,得无色透明液体。

三、设计研究问题

查阅资料、设计方案,研究:

1. 不同催化剂及催化剂的用量对酯化率的影响。
2. 醇、酸物质的量之比,反应时间,反应温度对酯化率的影响。
3. 带水剂的种类对酯化率的影响。

四、撰写研究论文

将研究结果以论文的形式表达出来。

实验三十二　乙酰苯胺类止痛药物的微波辐射合成研究

一、实验原理

微波辐射可以加快有机反应速率,大大缩短反应时间,提高合成效率。设计分别以苯胺、4-乙氧基苯胺、4-羟基苯胺为反应物,以乙酸酐为酰化剂,进行胺的酰基化反应。利用微波辐射技术制备相应的乙酰苯胺、非那西汀和醋氨酚等乙酰苯胺类止痛药。

$$X-\!\!\left\langle\;\right\rangle\!\!-NH_2 + \begin{array}{c} H_3C-C \\ H_3C-C \end{array}\!\!\begin{array}{c} O \\ O \\ O \end{array} \longrightarrow X-\!\!\left\langle\;\right\rangle\!\!-NHCOCH_3 + CH_3COOH$$

$$(X=\;—H、—OCH_2CH_3、—OH)$$

二、设计研究问题

查阅资料、设计方案，研究：

1. 采用微波辐射合成乙酰苯胺类止痛药的方法，以及产品的鉴定方法。
2. 确定最佳反应物物质的量之比。
3. 确定最佳微波辐射功率和辐射时间。

三、撰写研究论文

将研究结果以论文形式表达出来。

实验三十三　菊花茶总黄酮的提取方法研究

一、实验原理

本实验以滁菊为研究对象。滁菊是安徽省滁州市的地方特色植物。滁菊具有散风清热、清肝明目的功能，主要用于治疗风热感冒、头痛眩晕、目赤肿痛、眼目昏花，主要成分为挥发油、黄酮类、氨基酸、菊苷、绿原酸及微量维生素 B_1 等。挥发油主要含龙脑、樟脑、菊油环酮等。黄酮类主要是木樨草素-7-葡萄糖苷、大波斯菊苷、刺槐苷等。现代药理研究表明，菊花挥发油解热、总黄酮降压是其散风清热、平肝明目的药理学基础之一。因此，挥发油和总黄酮是其发挥药效作用的主要有效成分。

二、设计研究问题

以滁菊总黄酮含量为指标，查阅资料、设计方案，研究滁菊总黄酮提取的方法和条件，并测定其含量。

1. 滁菊总黄酮提取方法的研究。
2. 提取液的选择、浓度、用量和提取时间等对滁菊总黄酮提取的影响，探讨最佳工艺条件。
3. 滁菊总黄酮含量的测定。

三、撰写研究论文

将研究结果以论文的形式表达出来。

参 考 文 献

[1]　王伦,方宾. 化学实验(上、下册)[M]. 北京:高等教育出版社,2003.

[2]　曾昭琼. 有机化学实验[M]. 3版. 北京:高等教育出版社,2000.

[3]　高占先. 有机化学实验[M]. 4版. 北京:高等教育出版社,2004.

[4]　丁长江. 有机化学实验[M]. 北京:科学出版社,2006.

[5]　彭新华. 大学化学实验2:合成实验与技术[M]. 北京:化学工业出版社,2007.

[6]　薛思佳,季萍. 有机化学实验(英-汉双语版)[M]. 4版. 北京:科学出版社,2007.

[7]　周文富. 有机化学实验与实训[M]. 厦门:厦门大学出版社,2006.

[8]　王玉良,陈华. 有机化学实验[M]. 2版. 北京:化学工业出版社,2009.

[9]　崔玉. 有机化学实验[M]. 北京:科学出版社,2009.

[10]　李秋荣,等. 有机化学及实验[M]. 北京:化学工业出版社,2009.

[11]　关烨第,等. 小量-半微量有机化学实验[M]. 北京:北京大学出版社,1999.

[12]　李英俊,孙淑琴. 半微量有机化学实验[M]. 北京:化学工业出版社,2005.

[13]　杨新斌,钟国清,曾仁权. 微波辐射合成乙酰水杨酸的研究[J]. 精细石油化工,2003,4:17-18.

[14]　常慧,杨建男. 微波辐射快速合成阿司匹林[J]. 化工中间体,2000,22(5):41-44.

[15]　薛焰,郭立玮,沈静,等. 超临界萃取与溶剂法联用提取滁菊有效成分的工艺研究[J]. 南京中医药大学学报,2004,20(2):102-103.

[16]　卫强,彭如玉,钱纪伟. 均匀设计法提取滁菊花总黄酮的工艺研究[J]. 中兽医医药杂志,2007,6:36-37.

第六章　物理化学实验

本章选编的实验涉及热力学、相平衡、化学平衡、界面现象、化学动力学、电化学、胶体化学等,共 21 个。其中,实验一至实验十六为验证性实验、实验十七至实验二十一为综合性或研究性实验,其他为选做实验。主要目的是通过这些实验的开设,培养学生运用物理学原理与方法研究和解决化学问题的能力与水平,为生物质能量测量、甲醛气敏材料开发、高性能锂离子电池材料制备、电沉积方法制备太阳能薄膜电池、二氧化钛的光催化性能表征等应用型专业实验以及学生后续毕业论文(设计)、考研与就业奠定了坚实基础。

实验一　蔗糖化学反应热效应的实验测定

一、实验目的

1. 掌握热效应概念及由恒容热效应 Q_V 求化学反应热效应 $\Delta_r H_m$ 的计算方法。
2. 了解氧弹式量热计构造、使用方法和主要部件的作用。
3. 掌握氧弹式量热计原理和实验技术。
4. 理解并掌握雷诺图解法校正温差的原因和方法。

二、实验原理

在封闭体系、定压无其他功条件下进行的化学反应,当反应终态温度和反应始态温度相同时,体系与环境交换的热叫化学反应热效应,用 $\Delta_r H_m$ 表示。

一定量物质在氧弹式量热计中完全燃烧[C→CO_2(g);H→H_2O(l);S→SO_2(g)(有水时生成 H_2SO_4);N→NO_2(g)(有水时生成 HNO_3)]时的热效应称为恒容热 Q_V(单位是J·g^{-1},如苯甲酸的恒容热为 $-26\,472$ J·g^{-1})。

氧弹内放入 W g 样品充入氧气,安置于盛有定量水($W_水$)的容器中完全燃烧,放出的热量传给水及器材,使它们的温度上升,这时有

$$-W_样 Q_V - l \cdot Q_l = (W_水 C_水 + C_计)\Delta T$$

式中，$W_{样}$ 是样品的质量；l、Q_l 是引燃用铁丝燃烧掉长度和单位长度燃烧热（$Q_l = -2.9$ J·cm^{-1}）；$W_水$、$C_水$ 是以水作为测量介质时水的质量和比热；$C_{计}$ 为热量计（包括内水桶、氧弹、测温器件、搅拌器）的热容（J·K^{-1}），是动态值。每次实验必须用已知燃烧热的物质放在量热计中燃烧，通过测其始、终温度差 ΔT，按上式求 $C_{计}$。

氧弹中气体压力较低，可以看作理想气体。Q_V 与定压燃烧热 Q_p 和 $\Delta_r H_m$ 的关系为

$$\Delta_r H_m = \frac{\Delta_r H}{\xi} = \frac{Q_p}{\xi} = \frac{Q_V + \Delta n(g)RT}{\xi}$$

蔗糖完全氧化的化学反应方程式为

$$C_{12}H_{22}O_{11}(s) + 12O_2(g) \longrightarrow 12CO_2(g) + 11H_2O(l)$$

实验测出 Q_V，即可求得定压燃烧热 Q_p，进而取出蔗糖完全氧化的化学反应热效应 $\Delta_r H_m$。

氧弹式量热计的主要部件和构造见图 6.1 和图 6.2。

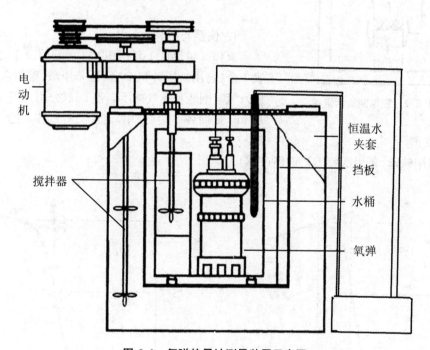

图 6.1　氧弹热量计测量装置示意图

由于外筒温度与内筒温度在实验过程中不能保持一致，实验体系与环境之间发生热交换也无法完全避免，所以对始、末温度差 ΔT 的影响，需用雷诺温度校正图校正（图 6.3）。具体方法是：称适量待测物质，使燃烧后水温升高 1.5～2.0 ℃。预先调节水温低于室温 0.5～1.0 ℃。然后将燃烧前后历次观察到的水温对时间作图，其曲线关系如图 6.3 所示的 $FHIDG$ 线。图中 H 相当于开始燃烧之点，D 为观察到的最高温度读数点，作室温平行线 JI 交折线于 I，过 I 点作横轴垂线 ab，然后将 FH 线和 GD 线外延交 ab 线 A、C 两点，A 点与 C 点所表示的温度差即为欲求的温度升高 ΔT。图中 AA' 为开始燃烧到温度上升至室温

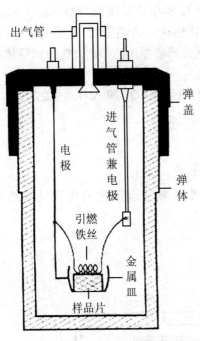

图 6.2 氧弹剖面示意图

出气管

弹盖

弹体

电极

进气管兼电极

引燃铁丝

金属皿

样品片

这一段时间 Δt_1 内，由环境辐射进来和搅拌引进的能量而造成体系温度的升高，必须扣除。CC' 为温度由室温升高到最高点 D 这一段时间 Δt_2 内，体系向环境辐射出能量而造成体系温度的降低，因此需要添加上。由此可见，AC 两点的温差是较客观地表示了由于样品燃烧促使量热计温度升高的数值。

有时量热计的绝热情况良好，热漏小，而搅拌器功率大，不断引进的能量使得燃烧后的最高点不出现(图 6.3(b))。这种情况下 ΔT 仍然可以按照同样方法校正。

三、器材与试剂

1. 仪器与材料

氧弹式量热计 1 套；温度计(0~50 ℃) 1 支；万用电表 1 个(公用)；压片机 2 台(压苯甲酸、蔗糖各 1 个，公用)；氧气钢瓶和氧气减压阀各 1 只(公用)；用 3 000 mL、10 mL 量筒各 1 个(公用)；直尺、剪刀各 1 把。

2. 试剂

引燃用铁丝、苯甲酸(AR)、蔗糖(AR)。

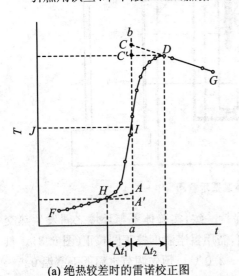

(a) 绝热较差时的雷诺校正图

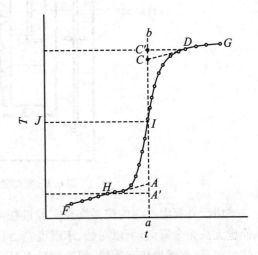

(b) 绝热良好时的雷诺校正图

图 6.3 雷诺温度校正图

四、实验步骤

（一）热量计热容量 $C_卡$ 的测定

1. 样品压片，装置氧弹

将洁净、干燥坩埚称至 0.1 mg，称取已干燥的苯甲酸 0.95 g 压成片并称准至 0.1 mg 后放人坩埚中。截取约 15 cm 燃烧丝，中间绕 4～5 个小圈放在样品中间，另两端分别绕在电极的下端。量取 5 mL 去离子水放入弹筒，然后放上弹头并旋紧，用万用表测得电阻约 6 Ω。

2. 充氧气

将进气管缓慢地通入氧气直到弹内压力为 1.0～1.5 MPa，再用万用表测得电阻约 6 Ω。

3. 安装并连接各部件

按图 6.1 连接各部件后将电源打开，将充有氧气的氧弹放入热量计内筒中，加入已被调节到低于室温约 1 ℃的 3 kg 自来水于水桶内（称准到 0.5 g，水应淹到氧弹进气阀高度的 2/3 处）。插好电极帽后先用数字式精密温差测量仪的测温探头插入恒温水夹套中测出环境温度（即雷诺校正图中的 J 点），然后将其插入内筒（不得接触内筒壁），开启搅拌。

（1）点火并测量

经教师检查无误后开启搅拌器电源，每隔 1 min 读取温度 1 次，15 min 后按下点火键点火。点火成功后仍每隔 0.5 min 读取温度 1 次，直到两次读数差值小于 0.005 ℃后，再改为每隔 1 min 读取温度 1 次，继续 15 min 后停止实验。

（2）拆卸并归位

取出氧弹，缓慢松开氧弹放气阀，在 1 min 左右后放尽气体。拧开并取下氧弹盖，量出未燃尽的燃烧丝长度，洗涤并擦干氧弹内外，清理归位待用。

（二）蔗糖燃烧反应热的测定

称取 1.5 g 蔗糖代替苯甲酸，重复上述实验。

五、注意事项

1. 待测样品需干燥，受潮样品不易燃烧且称量有误。

2. 在样品燃烧丝接入电路之前，一定要将控制器电源开关打开，否则脉冲电流会将刚接入回路的样品点燃，导致实验失败。

3. 有些精密的测定，需对实验用的氧气中所含氮气的燃烧值作校正。为此，可预先在氧弹中加入 5 mL 去离子水，燃烧后将生成的稀硝酸倒出，再用少量去离子水洗涤氧弹内壁，一并收集到 150 mL 锥形瓶中。煮沸片刻，用酚酞作指示剂，以 0.100 mol·L^{-1} 的 NaOH 溶液标定。每毫升碱液相当于 5.98 J 的热量，计算 $C_卡$ 时应从总的燃烧热中扣除。

六、实验数据记录及处理

1. 苯甲酸

（1）时间-温度数据。

（2）质量：_____ g；铁丝长：_____ cm；水：_____ g。

表 6.1　苯甲酸化学反应热效应测定实验数据

时间	温度	时间	温度	时间	温度	时间	温度

（3）雷诺温度校正图及 ΔT。

（4）$C_卡$。

2. 蔗糖

（1）时间-温度数据。

（2）质量：_____ g；铁丝长：_____ cm；水：_____ g。

表 6.2　蔗糖化学反应热效应测定实验数据

时间	温度	时间	温度	时间	温度	时间	温度

（3）雷诺温度校正图及 ΔT。

（4）计算 Q_V，Q_p，$\Delta_r H_m$。

七、思考题

1. 本实验中，哪些是体系？哪些是环境？实验过程中有无热交换？这些热交换对实验结果有何影响？如何消除？

2. 实验中，哪些因素容易造成误差？如果要提高实验的准确度，应从哪几个方面考虑？

实验二 液体饱和蒸气压和摩尔汽化热的测定

一、实验目的

1. 掌握纯液体饱和蒸气压的定义和气液两相平衡的概念。
2. 掌握纯液体饱和蒸气压和温度关系的克拉贝龙-克劳修斯方程及物质摩尔汽化热的求算方法。
3. 学习真空实验技术,学会用等压计测定不同温度下液体饱和蒸气压的方法。

二、实验原理

在一定的温度下,真空密闭容器内的液体能很快和它的蒸气相建立动态平衡,即蒸气分子向液面凝结和液体中分子从表面逃逸的速率相等。此时液面上的蒸气压力就是液体在此温度下的饱和蒸气压。纯液体的饱和蒸气压与液体的本性(分子大小、结构、形状)和温度、外压有关。其值是物质重要的物性参数,对研究气-液相变基础理论、相变热力学具有重要意义,在热物理、化学物理及热力学、石油化工、分离与提纯、冶金、材料科学与工程等领域都具有广泛应用。

当外压不大时,纯液体的蒸气压与温度的关系可用克拉贝龙-克劳修斯方程式描述为

$$\frac{d\ln\left(\frac{p}{p^{\ominus}}\right)}{dT} = \frac{\Delta H_m}{RT^2}$$

式中,p 为液体在温度 T 时的饱和蒸气压(Pa),T 为热力学温度(K),ΔH_m 为液体摩尔汽化热(J·mol^{-1}),R 为气体常数。如果温度变化的范围不大,ΔH_m 可视为常数,将上式积分可得

$$\ln\frac{p}{p^{\ominus}} = -\frac{\Delta H_m}{RT} + C$$

式中 C 为积分常数。由上式可见,若在一定温度范围内,测定不同温度下的饱和蒸气压,以 $\ln\frac{p}{p^{\ominus}}$ 对 $\frac{1}{T}$ 作图,可得一直线,直线的斜率为 $-\frac{\Delta H_m}{R}$,而由斜率可求出实验温度范围内液体的摩尔汽化热 ΔH_m。

当液体的蒸气压与外界压力相等时,液体便沸腾。外压不同时,液体的沸点也不同。我们把液体的蒸气压等于 101.325 kPa 时的沸腾温度定义为液体的正常沸点。从图中也可求得该液体的正常沸点。

测量物质的饱和蒸气压常用的方法有动态法和静态法。本实验采用静态法测定乙醇的饱和蒸气压,即将待测物质放在一个密闭体系中,在不同的温度下,直接测量蒸气压或在不同外压下测定液体相应的沸点。要求体系内无杂质气体,一般适用于蒸气压较大的液体。通常用平衡管(又称等位计)进行测定。平衡管由一个球管 A 与一个 U 形管 B 连接而成(图6.4),待测物质置于球管 A 内,U 形管 B 中放置待测液体。将平衡管和抽气系统、压力计连接,在一定温度下,当 U 形管中的液面在同一水平时,表明 U 形管两臂液面上方的压力相等,记下此时的温度和压力,则压力计的示值就是该温度下液体的饱和蒸气压,或者说,所测温度就是该压力下的沸点。可见,利用平衡管可以获得并保持体系中为纯试样的饱和蒸气,U 形管中的液体起液封和平衡指示作用。其实验装置简图见图6.4 和图6.5。

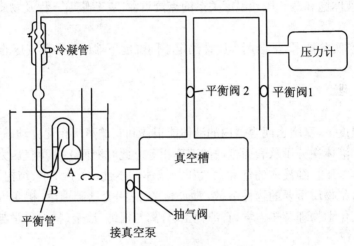

图6.4 玻璃恒温水浴系统装置图

A 为球管;B 为 U 形管

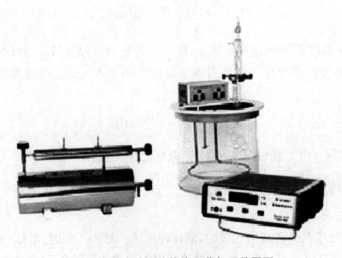

图6.5 静态法测液体饱和蒸气压装置图

三、器材与试剂

1. 仪器与材料

DP－AF 精密数字(真空)压力计 1 台、SYP－3 玻璃恒温水浴 1 套、平衡管(带冷凝管) 1 支、不锈钢缓冲真空槽 1 台、循环水真空泵及附件 1 套。

2. 试剂

乙醇(AR)。

四、实验步骤

1. 装样、连接各部件

将平衡管内装入适量待测液体乙醇。A 球管装至 2/3 体积左右,U 形管两边各装 1/2 体积,然后按图装好各部分。如图 6.4 所示(各个接头处用短而厚的橡皮管连接,然后再用石蜡密封好,此步骤实验室已装好)。

2. 压力计调零

打开 DP－AF 精密数字压力计电源关闭,预热 5 min,同时按下"复位键"、"单位"调至 "kPa"。关闭平衡阀 2,打开平衡阀 1,按下压力计面板上的采零键,使示值为零(大气压被视为零值。大气压由实验室压力计获得,系统显示的负值加上大气压就是系统的蒸气压)。

3. 检查系统气密性

关闭与大气相通的阀 1,打开阀 2 和进(抽)气阀使系统与真空泵相通,开动真空泵,抽气减压至压力计显示－99～－98 kPa 时(2～3 min),关闭进气阀(此时真空泵不关)。若压力计示数下降值小于 0.01 kPa·s^{-1},则表明系统不漏气,否则应逐段检查,消除漏气的原因。

4. 排除球管上方空间内的空气

打开进(抽)气阀,继续抽气减压使气泡一个一个地逸出至液体轻微沸腾,此时 A、B 弯管内的空气不断随蒸气逸出(若气泡成串冲出沸腾不止,可以打开阀 1,使少许空气进入),如此 3～4 min 空气被排除干净后,关闭平衡阀 2 和进(抽)气阀,拔除进(抽)气胶管后关闭真空泵(防止循环水倒吸入胶管)。

5. 饱和蒸气压的测定

(1) 打开恒温槽开关,当水温升至 40 ℃、液体沸腾时,缓慢打开阀 1,放入少许空气使 U 形管中左右侧两边的液面平齐时,关闭阀 1,记录温度和压力。

(2) 打开平衡阀 2,使实验负压读数稳定后关闭阀 2。温度升高 2 ℃,液体沸腾时,缓慢打开阀 1,放入少许空气使 U 型管中左右侧两边液面平齐时,关闭阀 1,记录温度和压力。重复上述操作,测 8 组数据后,关闭所有电源,打开阀 1、2 和进(抽)气阀使系统与大气相通。整理好装置(但不要拆装置)待下组实验之用。

五、实验数据记录及处理

室温:_____℃;大气压:_____kPa。

表 6.3　液体饱和蒸气压和摩尔汽化热测定数据记录表

次数	1	2	3	4	5	6	7	8
$t/℃$								
p/kPa								
$\ln\dfrac{p}{p^{\ominus}}$								
$\dfrac{1}{T}$								

绘制 $\ln\dfrac{p}{p^{\ominus}}-\dfrac{1}{T}$ 图,求液体的摩尔汽化热及正常沸点。

六、注意事项

1. 等压计 A 球液面上空气必须排除干净,因为若混有空气,则测定结果便是乙醇与空气混合气体的总压力而不是乙醇的饱和蒸气压。检查方法:连续两次排空气后压力计读数小于 0.1 kPa。

2. 要防止被测液体过热,以免对测定饱和蒸气压带来影响,因此不要加热太快,以免液体蒸发太快而来不及冷凝,冲到冷凝管上端 T 形管处。

七、思考题

1. 实验要想得到准确的实验结果,其关键操作是哪一步?

2. 怎样判断球管液面上空的空气被排净? 若未被驱除干净,对实验结果有何影响?

3. 如何防止 U 形管中的液体倒灌入球管 A 中? 若倒灌时带入空气,实验结果有何变化?

4. 试分析引起本实验误差的因素有哪些?

实验三　完全互溶双液系的气-液平衡相图测绘

一、实验目的

1. 绘制常压下环己烷-乙醇双液系的 T-X 图,并找出最低恒沸点和最低恒沸混合物的组成。

2. 学会阿贝折光仪的使用,以及利用折射率确定溶液的组成。

二、实验原理

在大气压下,完全互溶双液系的沸点-组成相图有理想溶液、无恒沸点溶液、最低恒沸点溶液和最高恒沸点溶液四种情形(图 6.6)。

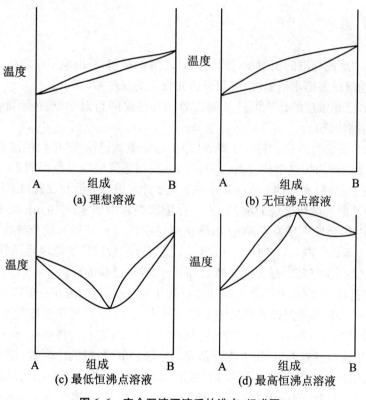

图 6.6　完全互溶双液系的沸点-组成图

环己烷-乙醇体系沸点-组成图与乙醇-水体系沸点-组成图相似,同属有最低恒沸点情形。其相图可通过阿贝折光仪测定不同组成样品体系在沸点温度时气-液相的折射率,由折射率-组成工作曲线(或方程)得相应的组成来绘制。

三、器材与试剂

1. 仪器与材料

阿贝折光仪 1 台、沸点仪 1 套、恒温槽 1 台、0.1 刻度水银温度计(0~100 ℃)2 支、带磨口塞子的小样品管(2 mL)16 支、移液管(2 mL)2 支、胶头滴管 2 个、50 mL 烧杯 10 只(公用)、50 mL 量筒 10 只(公用)。

2. 试剂

无水乙醇(AR);环己烷(AR)、二次蒸馏水;在样品瓶中依次加入环己烷 10 mL、20 mL、30 mL、40 mL、50 mL、60 mL、70 mL、80 mL、90 mL 和乙醇 90 mL、80 mL、70 mL、60 mL、50 mL、40 mL、30 mL、20 mL、20 mL 已知浓度的标准溶液(按纯样品的密度,换算成摩尔分数)各 9 份;环己烷物质的量分数约为 0.05、0.15、0.30、0.45、0.55、0.65、0.80、0.95 的环己烷-乙醇溶液样品。

四、实验步骤

1. 测已知浓度的标准的折射率,作环己烷-乙醇的折射率-组成工作曲线。

(1) 调节超级恒温槽水浴温度,使阿贝折光仪上的温度为(25±0.1)℃。

(2) 依次测已知浓度的标准溶液及纯乙醇和环己烷的折射率(棱镜不能触及硬物如滴管,擦拭棱镜用擦镜纸)。

2. 按图 6.7 安装沸点仪。将一干燥、洁净的磁子放入已洗涤、干燥的沸点仪内,按图安装在实验室特制的磁力加热电热套内(250 mL,只可覆盖圆底烧瓶底部的 1/5);一支温度计插入待测液离圆底烧瓶底部约 0.5 cm,另一支温度计水银球上沿与支管口下沿相齐。

3. 测定纯乙醇和纯环己烷的沸点。(1) 在圆底烧瓶中加入约 40 mL 无水乙醇,打开并调节冷凝水和电热套加热开关或旋钮(加热速率控制在"3~5"挡),使蒸气在冷凝管中回流的高度保持在 1.5 cm 左右。待 3~5 min 上、下温度计数都趋于稳定后,测得该溶液沸点。(2) 回收无水乙醇,洗涤并干燥圆底烧瓶后,同法测纯环己烷的沸点。

4. 测定环己烷-乙醇系列样品溶液的沸点和相互平衡的气、液相折射率。(1) 按浓度由低到高顺序取 40 mL 事先配好的样品溶液加入沸点仪中,打开并调节冷凝水和电热套加热开关或旋钮,使蒸气在冷凝管中回流的高度保持在 1.5 cm 左右。待 3~5 min,上、下温度计示数趋于稳定后读取沸点温度,旋上支管活塞,收集 1 mL 左右的冷凝液,停止加热;用移液管取 1 mL 左右的气、液相液体分别储存在带磨口塞子的小样品管中;最后用滴管取尽沸点仪中的测定液,放回原试剂瓶中供下组其他同学使用。(2) 在沸点仪中再加入 40 mL 新待测液,用上述同样方法依次测定(更换溶液时,务必用滴管取尽沸点仪中的测定液,以免带来误差）。（3）待全部样品溶液及其对应的气、液相样品取完后，集中测定其折射率（调恒温槽温度使阿贝折光仪温度显示值为 25 ℃。调节阿贝折光仪右侧手轮在"十"字线处界面清晰，界面模糊调墨镜下前面的白色消色散旋轮消除。25 ℃时蒸馏水、乙醇、环己烷的 n_D 分别为 1.332 50、1.359 35、1.423 38）。

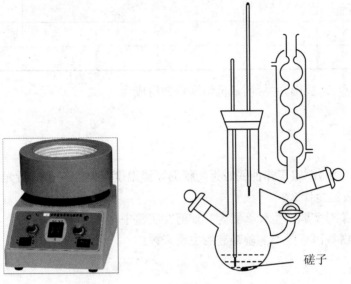

磋子

图 6.7　沸点仪

五、实验数据记录及处理

1. 将实验中测得的折射率-组成数据列入表 6.4 中，并绘制工作曲线。获取组成和折射率间的函数关系式。

2. 将实验中测得的沸点-折射率数据记录在表 6.4 中，从工作曲线上查得（或通过组成和折射率间函数关系计算出）相应的组成，从而获得沸点与组成的关系（25 ℃时该函数关系为 $x = 104.27 n_D^2 - 274.6 n_D + 180.6$）。

室温：_____℃；大气压：_____Pa；纯乙醇沸点：_____℃；纯环己烷沸点：_____℃。

表 6.4　折射率、沸点组成数据记录表

序号	沸点/℃	液相		气相	
		n_D	$x_{环己烷}$	n_D	$y_{环己烷}$
1					
2					
3					
4					

序号	沸点/℃	液相		气相	
		n_D	$x_{环己烷}$	n_D	$y_{环己烷}$
5					
6					
7					
8					

3. 绘制沸点-组成图,并标明最低恒沸点和组成。

六、思考题

1. 在该实验中,测定工作曲线时折光仪的恒温温度与测定样品时折光仪的恒温温度是否需要保持一致? 为什么?

2. 过热现象对实验产生什么影响? 如何在实验中尽可能避免?

3. 试估计哪些因素是本实验误差的主要来源?

实验四 二组分固-液平衡相图测绘

一、实验目的

1. 掌握热分析法测绘 Sn – Bi 二组分固-液平衡相图的原理和方法。
2. 学会 JX – 3DA 型金属相图测试仪的使用方法。

二、实验原理

测绘二组分固-液平衡相图常用的实验方法是热分析法,其原理是将一种金属或合金熔融后,使之均匀冷却,每隔一定时间记录一次温度。作温度与时间关系图,得到的曲线叫步冷曲线。当熔融体系在均匀冷却过程中无相变化时,其温度将连续均匀下降得到一光滑的冷却曲线;当体系内发生相变时,因体系产生的凝固热与自然冷却时体系放出的热量相抵偿,冷却曲线会出现转折或水平线段。转折点或水平线段所对应的温度,即为该组成合金的相变温度。利用冷却曲线所得到的一系列组成和所对应的相变温度数据,以横轴表示混合物的组成,纵轴上标出开始出现相变的温度,把这些点连接起来,就可绘出相图。二元简单

330

低共熔体系的冷却曲线具有图 6.8 所示的形状。

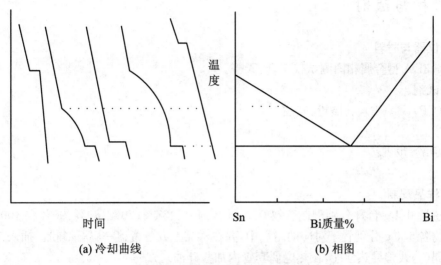

(a) 冷却曲线　　　　　　　　　　　　　(b) 相图

图 6.8　根据步冷曲线绘制相图

用热分析法测绘相图时,被测体系必须时时处于或接近相平衡状态,因此必须保证冷却速率足够慢才能得到较好的效果(常用调压变压器或设置一定的保温功率控制电炉的冷却速率为 6～8 ℃·min^{-1},冷却速率是实验成败的关键)。此外,在冷却过程中,一个新的固相出现以前,常常发生过冷现象,轻微过冷则有利于测量相变温度;但严重过冷现象,却会使折点发生起伏,使相变温度的确定产生困难。遇此情况,可延长 dc 线与 ab 线相交,交点 e 即为转折点温度(见图 6.9)。

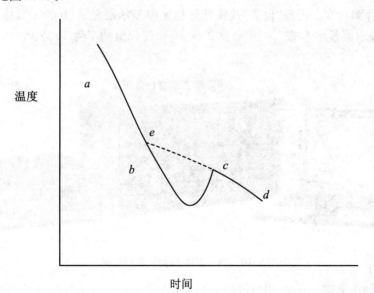

图 6.9　有过冷现象时的步冷曲线

三、器材与试剂

1. 仪器与材料
JX-3DA 型金属相图测试仪 1 套、天平。

2. 试剂
Sn(CP)、Bi(CP)、石墨粉、硅油。

四、实验步骤

1. 样品配制
用感量 0.1 g 台秤分别配制含铋 0%、20%、40%、58%、70%、80%、90% 和 100% 的铋、锡混合物各 100 g 分别置于对应的坩埚中,并在样品上方各覆盖一层石墨粉。插入对应编号的热电偶(为改善导热性能,在热电偶套管内加些硅油)。

2. 测绘步冷曲线
(1) 按图 6.10 连接好各部件。打开电源开关,预热 10 min。

(2) 设置参数。将加热选择开关打到"1"挡("1"挡 1#、2#、3#、4# 样品管同时加热,"2"挡 5#、6#、7#、8# 样品管同时加热,"3"挡 9#、10# 样品管同时加热)。

① 设置目标温度。按"设置"按钮,"状态"灯亮,加热速率显示器显示"**a**",按加热按钮直到出现"**a** 0000",按"+1"或"−1"使加热速率显示器显示 3,按"×10"一次扩大 10 倍,至目标温度为 300 ℃。

② 设置保温功率。再按"设置"按钮使加热速率显示器显示"**b** 0000",按"+1"或"−1"使加热速率显示器显示 5,按"×10"一次扩大 10 倍使保温功率为 50 W。

图 6.10　JX-3DA 型金属相图测试仪

③ 设置加热速率。再按"设置"按钮使加热速率显示器显示"**c** 0000",按"+1"或"−1"使加热速率显示器显示加热速率为 20 ℃ · min⁻¹。

④按"设置"按钮,"状态"灯灭,设置结束,按"加热"按钮,加热指示灯亮,加热器开始工作。

(3) 当加热指示灯灭(样品已熔化)时,按下"保温"按钮保温 15 min 使样品组分趋于一致,同时打开"四通道金属相图. exe"软件,点击"参数设置"(可将实验时间、温度设置宽些,如时间设定 80 min、最高温度 400 ℃、最低温度为 100 ℃,以便完整记录实验过程),打开"串口 1",点击"开始实验"按钮(起好文件名和保存的位置)实验开始(红—1#、绿—2#、蓝—3#、紫—4#)。按下"停止"按钮,系统降温。当各样品管温度下降到最低共熔点 130 ℃ 以下(如 125 ℃)时,将开关打到"2"挡,用上述同样方法测量 5#、6#、7#、8#样品的步冷曲线。

(4) 实验结束,打开风扇使装置冷却至室温。整理、打扫实验台面,关闭电源。

五、实验数据记录及处理

1. 打开"四通道金属相图. exe"软件,调出保存的步冷曲线,据拐点、平台出现的温度和时间的大致位置,设置"参数设置"值(时间、开始和结束温度),找出每个样品步冷曲线的准确的拐点和平台对应的温度填入表 6.5。

表 6.5　各步冷曲线拐点和平台对应的温度

$w_{(Bi)}/\%$	0	20	40	58	70	80	90	100
转折点温度/℃								
平台点温度/℃								

2. 在坐标纸上,以温度为纵坐标,Bi 的质量分数为横坐标,绘出 Sn - Bi 二组分固-液平衡相图。

六、注意事项

1. 用电炉加热样品时,温度要适当,温度过高样品易氧化变质;温度过低或加热时间不够则样品没有全部熔化,测不出步冷曲线转折点。

2. 热电偶热端应插到样品中心部位,在套管内注入少量的硅油,将热电偶浸入油中,以改善其导热情况。搅拌时勿使热端离开样品,金属熔化后常使热电偶玻璃套管浮起,这些因素都会导致测温点变动,必须消除。

3. 合金样品有两个转折点,必须待第二个转折点测完后方可停止实验,否则须重新测定。

4. 所有样品管的位置不可移动。

七、思考题

1. 步冷曲线各段的斜率和水平段的长短与哪些因素有关?

2. 根据实验结果讨论各步冷曲线的降温速率控制是否得当？应如何改进？

注：Sn 的熔点 232 ℃，Bi 的熔点 273 ℃，Sn－Bi 的最低熔点约 130 ℃，ω(Bi)质量分数为 58%。

实验五　溶液化学反应平衡常数 $K^\ominus$ 的实验测定

一、实验目的

1. 掌握用分光光度计测配合反应平衡常数的方法。
2. 了解 $K^\ominus$ 与反应物起始浓度的关系。

二、实验原理

Fe^{3+} 离子与 SCN$^-$ 离子在溶液中可生成一系列的络离子，并共存于同一个平衡体系中。当 SCN$^-$ 离子的浓度增加时，Fe^{3+} 离子与 SCN$^-$ 离子生成的络合物的组成发生如下改变：

$$Fe^{3+} \underset{-SCN^-}{\overset{SCN^-}{\rightleftharpoons}} Fe(SCN)^{2+} \underset{-SCN^-}{\overset{SCN^-}{\rightleftharpoons}} Fe(SCN)_2^+$$

$$Fe(SCN)_2^+ \underset{-SCN^-}{\overset{SCN^-}{\rightleftharpoons}} Fe(SCN)_3 \underset{-SCN^-}{\overset{SCN^-}{\rightleftharpoons}} Fe(SCN)_4^-$$

$$Fe(SCN)_4^- \underset{-SCN^-}{\overset{SCN^-}{\rightleftharpoons}} Fe(SCN)_5^{2-} \underset{-SCN^-}{\overset{SCN^-}{\rightleftharpoons}} Fe(SCN)_6^{3-}$$

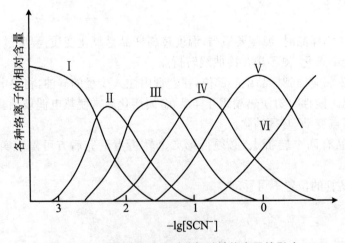

图 6.11　硫氰酸根浓度对硫氰酸铁络离子的影响

而这些不同的络离子颜色也不同。由图 6.11 可知,当 Fe^{3+} 离子与浓度很低的 SCN^- 离子 (一般应小于 $5\times10^{-3}\,mol\cdot dm^{-3}$)络合时,只进行如下反应:

$$Fe^{3+} + SCN^- \Longrightarrow Fe(SCN)^{2+}$$

即反应被控制在仅仅生成最简单的 $Fe(SCN)^{2+}$ 络离子。其标准平衡常数

$$K^{\ominus} = \frac{c(Fe(SCN)^{2+})/C^{\ominus}}{c(Fe^{3+})/C^{\ominus}c(SCN^-)/C^{\ominus}}$$

根据朗伯-比尔定律,吸光度与溶液中 $Fe(SCN)^{2+}$ 络离子浓度成正比

$$A = \lg\frac{I_0}{I} = KL\,c[Fe(SCN)^{2+}]$$

式中,A 为吸光度,K 为常数,L 为液层厚度。借助于分光光度计测定溶液的吸光度,可计算出平衡时 $Fe(SCN)^{2+}$ 络离子的浓度以及 Fe^{3+} 离子和 SCN^- 离子的浓度,从而求出该反应的平衡常数 $K^{\ominus}$。

(1) Fe^{3+} 离子在水溶液中存在下列水解平衡

$$Fe^{3+} + SCN^- \underset{k_{-1}}{\overset{k_1}{\rightleftharpoons}} Fe(SCN)^{2+}$$

$$Fe^{3+} + H_2O \underset{快}{\overset{K_2}{\rightleftharpoons}} FeOH^{2+} + H^+$$

$$FeOH^{2+} + SCN^- \underset{k_{-3}}{\overset{k_3}{\rightleftharpoons}} FeOHSCN^+$$

$$FeOHSCN^+ + H^+ \underset{快}{\overset{K_4}{\rightleftharpoons}} FeSCN^{2+} + H_2O$$

达平衡时

$$\frac{c(Fe(SCN)^{2+})/C^{\ominus}}{[c(Fe^{3+})/C^{\ominus}]\cdot[c(SCN^-)/C^{\ominus}]} = \left(k_1 + \frac{K_2k_3}{c(H^+)_{平}}\right)\bigg/\left(k_{-1} + \frac{k_{-3}}{K_4\,c(H^+)_{平}}\right) = K^{\ominus}$$

$K^{\ominus}$ 与酸度有关。依此,各实验溶液的 pH 值必须相同。

(2) 溶液中离子反应的平衡常数受离子强度影响较大,因此,各被测溶液的离子强度 $I = \sum_i m_i Z_i^2/2$ 必须保持一致。

(3) Cl^-、PO_4^{3-} 等多种阴离子可与 Fe^{3+} 离子络合,使 $Fe(SCN)^{2+}$ 络离子浓度降低,溶液颜色减弱甚至完全消失。因此,实验中必须设法避免 Cl^-、PO_4^{3-} 等阴离子的干扰。

三、器材与试剂

1. 仪器与材料

分光光度计 1 台(带自制恒温夹套)、超级恒温槽 1 台、50 mL 容量瓶 4 只、10 mL 移液管 1 支、25 mL 移液管 1 支。

2. 试剂

$1\times10^{-3}\,mol\cdot dm^{-3}$ NH_4SCN(需准确标定);$0.1\,mol\cdot dm^{-3}$ $FeNH_4(SO_4)_2$(需准确标定 Fe^{3+} 浓度,并加 HNO_3 使溶液的 H^+ 浓度为 $0.1\,mol\cdot dm^{-3}$);$1\,mol\cdot dm^{-3}$ HNO_3;

$1 \text{ mol} \cdot \text{dm}^{-3} \text{ KNO}_3$。

四、实验步骤

1. 将恒温夹套与恒温槽连接后放入分光光度计的暗盒中。将恒温水调到(25 ± 0.1) ℃。恒温夹套如图 6.12 所示。

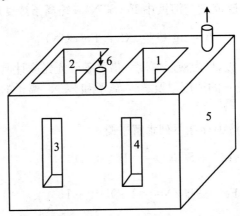

1,2—比色皿槽; 3,4—透光窗; 5—恒温水套; 6,7—恒温循环出入口

图 6.12　恒温夹套示意图

2. 取 4 个 50 mL 的容量瓶,编成 $1^{\#}$、$2^{\#}$、$3^{\#}$、$4^{\#}$。配制离子强度为 0.7,氢离子浓度为 0.15 mol $\cdot$ dm^{-3},SCN$^-$ 离子浓度为 2×10^{-4} mol $\cdot$ dm^{-3},Fe^{3+} 离子浓度分别为 5×10^{-2} mol $\cdot$ dm^{-3}、1×10^{-2} mol $\cdot$ dm^{-3}、5×10^{-3} mol $\cdot$ dm^{-3}、2×10^{-3} mol $\cdot$ dm^{-3} 的 4 种溶液,先计算出所需的标准溶液量,填写表 6.6。

表 6.6　不同测试样品溶液的配比

容量瓶编号	$V(\text{NH}_4\text{SCN})/\text{mL}$	$V(\text{FeNH}_4(\text{SO}_4^{2-})_2)/\text{mL}$	$V(\text{HNO}_3)/\text{mL}$	$V(\text{KNO}_3)/\text{mL}$
$1^{\#}$	10	25	5	5
$2^{\#}$	10	5	7	23
$3^{\#}$	10	2.5	7.25	25.24
$4^{\#}$	10	1.0	7.40	26.59

根据计算结果,配制 4 种溶液,置于恒温槽中恒温。

3. 用分光光度计测量样品溶液的吸光度。

(1) 打开电源开关预热 20 min,调节工作波长为 460 nm。

(2) 调节"MODE"键使仪器呈"透射比 T"方式,将挡光体插入比色器架、调节"％T"键使仪器透光率为零;取出挡光体,调节"100％T"键使仪器透光率为 100.00％。

（3）调节"MODE"键使其呈"吸光度 A"方式，用蒸馏水调"吸光度 OA"键使器材吸光度为零。

（4）取少量恒温的 $1^{\#}$ 溶液洗比色皿二次，并把其注入（80％）比色皿中、置于夹套中恒温 5 min，然后准确测量溶液的吸光度。更换溶液测定三次，取其平均值；用同样的方法测量 $2^{\#}$、$3^{\#}$、$4^{\#}$ 号溶液的吸光度。

五、实验数据记录及处理

将测得的数据填于表 6.7，并计算出平衡常数 $K^{\ominus}$ 值。

表 6.7　不同测试样品浓度及吸光度

容量瓶编号	$c_0(Fe^{3+})$	$c_0(SCN^-)$	吸光度	吸光度比	$c(Fe(SCN)^{2+})$	$c(Fe^{3+})$	$c(SCN^-)$	$K^{\ominus}$
$1^{\#}$								
$2^{\#}$								
$3^{\#}$								
$4^{\#}$								

注：表中浓度单位均为 $mol \cdot dm^{-3}$。

$$
\begin{array}{ccccc}
\text{按} & Fe^{3+} & + & SCN^- & \Longrightarrow & Fe(SCN)^{2+} \\
& c_0(Fe^{3+}) & & c_0(SCN^-) & & 0 \\
& c_0(Fe^{3+})-c[Fe(SCN)^{2+}] & & c_0(SCN^-)-c[Fe(SCN)^{2+}] & & c[Fe(SCN)^{2+}]
\end{array}
$$

对于 $1^{\#}$ 容量瓶，Fe^{3+} 离子与 SCN^- 离子反应达平衡时，可认为 SCN^- 离子全部消耗，平衡时硫氰合铁离子的浓度 $c[Fe(SCN)^{2+}]$ 等于开始时硫氰酸根离子的浓度

$$c[Fe(SCN)^{2+}] = c_0[SCN^-] = 2 \times 10^{-4} \ mol \cdot dm^{-3}$$

以 $1^{\#}$ 溶液的吸光度为基准，则对应于 $2^{\#}$、$3^{\#}$、$4^{\#}$ 溶液的吸光度可求出各吸光度比，而 $2^{\#}$、$3^{\#}$、$4^{\#}$ 各溶液中 $c[Fe(SCN)^{2+}]$、$c(SCN^-)$、$c(Fe^{3+})$ 可分别按下式求得

$$c[Fe(SCN)^{2+}] = \text{吸光度比} \cdot c[Fe(SCN)^{2+}]_{1\#} = \text{吸光度比} \cdot c_0(SCN^-)$$

$$c(Fe^{3+}) = c_0(Fe^{3+}) - c[Fe(SCN)^{2+}]$$

$$c(SCN^-) = c_0(SCN^-) - c[Fe(SCN)^{2+}]$$

六、注意事项

1. 使用分光光度计时，先接通电源，预热 20 min。为了延长光电管的寿命，在不测定数值时，应打开暗盒盖。

2. 使用比色皿时，应注意溶液不要装得太满，溶液约为 80％ 即可。注意比色皿上白色箭头的方向，指向光路方向。

3. 温度影响反应平衡常数,实验时体系应始终恒温。
4. 实验用水最好是二次蒸馏水。

七、思考题

1. 如果 Fe^{3+}、SCN^- 离子浓度较大,则不能按下式计算 $K^\ominus$ 值,为什么?

$$K^\ominus = \frac{c[Fe(SCN)^{2+}]/C^\ominus}{[c(Fe^{3+})]/[C^\ominus \cdot c(SCN^-)/C^\ominus]}$$

2. 为什么可用 $c[Fe(SCN)^{2+}] = $ 吸光度比 $\cdot c_0(SCN^-)$ 来计算 $c[Fe(SCN)^{2+}]$?

实验六　固体比表面的固液吸附法测定

一、实验目的

1. 用溶液吸附法测定活性炭的比表面。
2. 了解溶液吸附法测定比表面的基本原理。

二、实验原理

比表面是指单位质量(或单位体积)的物质所具有的表面积,其数值与分散粒子的大小有关,是衡量材料吸附、催化、气敏等性能的重要指标。固体比表面常用的测定方法有溶液吸附法和 BET 低温吸附法等,其中溶液吸附法器材简单、操作方便。本实验用亚甲基蓝水溶液吸附法测定活性炭的比表面。

活性炭对亚甲基蓝的吸附,在一定的浓度范围内是单分子层吸附,符合朗缪尔(Langmuir)吸附等温式。

根据朗缪尔单分子层吸附理论,当亚甲基蓝与活性炭达到饱和吸附时,吸附与脱附处于动态平衡。这时亚甲基蓝分子铺满整个活性粒子表面而不留下空位。此时吸附剂(活性炭)的比表面可按下式计算:

$$S_{比} = 2.45 \times 10^6 \frac{(w_{始} - w_{平})V_{溶液}}{W}$$

式中,$S_{比}$ 为吸附剂活性炭的比表面积($m^2 \cdot kg^{-1}$),$w_{始}$、$w_{平}$ 分别为原始液和平衡液中吸附质亚甲基蓝的浓度($kg \cdot m^{-3}$),$V_{溶液}$ 为吸附质亚甲基蓝的溶液的加入量(m^3),W 为吸附剂活性炭的质量(kg),2.45×10^6 为 1 kg 亚甲基蓝可覆盖活性炭样品的面积($m^2 \cdot kg^{-1}$)。

本实验用分光光度计测溶液浓度 $w_{始}$ 和 $w_{平}$。根据郎伯-比尔定律,当入射光为一定波

长的单色光时,某溶液的吸光度与溶液厚度和溶液中有色物质的浓度成正比

$$A = \lg \frac{I_0}{I} = KLw$$

式中,A 为吸光度,K 为常数,L 为液层厚度,w 为样品溶液的浓度。

实验首先测定一系列已知浓度的亚甲基蓝溶液的吸光度,绘出 A-w 工作曲线,然后测定亚甲基蓝原始液及平衡液的吸光度,再在 A-w 曲线上查得对应的浓度值,代入上式计算附剂活性炭的比表面积。或者利用浓度与吸光度数据进行多项式拟合,获得函数关系式,进而由吸光度的实验值计算出相应的浓度。

三、器材与试剂

1. 仪器与材料

722 分光光度计 1 套,振荡器 1 台,电子天平 1 台,离心机 1 台,移液管 0.5 mL、20 mL 各 1 支,磨口三角烧瓶 100 mL 3 只,容量瓶 100 mL 9 只。

2. 试剂

亚甲基蓝原始溶液 1.5 g·dm^{-3}、亚甲基蓝标准溶液 0.1 g·dm^{-3}、颗粒活性炭。

四、实验步骤

(一)不同浓度样品溶液的制备

1. 溶液吸附

取 100 mL 磨口三角烧瓶 3 只,分别准确称取活化过的活性炭约 0.100 0 g,再加入 40 mL($V_{溶液}$)浓度为 1.5 g·dm^{-3} 左右的亚甲基蓝原始溶液,塞上磨口塞子,然后放在振荡器上振荡 3 h。

2. 配制亚甲基蓝标准溶液

用移液管分别量取 2 mL、4 mL、6 mL、8 mL、10 mL 浓度为 0.1 g·dm^{-3} 的标准亚甲蓝溶液于 100 mL 容量瓶中,用蒸馏水稀释至刻度,即得浓度分别为 2 mg·dm^{-3}、4 mg·dm^{-3}、6 mg·dm^{-3}、8 mg·dm^{-3}、10 mg·dm^{-3} 的标准溶液。

3. 稀释原始液和平衡液

量取浓度为 1.5 g·dm^{-3} 的原始液 0.5 mL 放入 100 mL 容量瓶中,稀释至刻度。样品振荡 3 h 后,取平衡液 5 mL 放入离心管中,用离心机旋转 5 min(离心机转速为 3 000 rpm),得到澄清的上层溶液。取 0.5 mL 澄清液放入 100 mL 容量瓶中,并用蒸馏水稀释到刻度。

(二)用分光光度计测定不同浓度样品溶液的吸光度

在 665 nm 工作波长下,依次分别测定 2 mg·dm^{-3}、4 mg·dm^{-3}、6 mg·dm^{-3}、8 mg·dm^{-3}、10 mg·dm^{-3} 标准溶液以及稀释后的原始液和平衡液的吸光度。

五、实验数据记录及处理

1. 不同浓度样品溶液的吸光度,列入表 6.8 中。

表 6.8　不同测试样品浓度及吸光度

溶液/(mg · dm^{-3})	2	4	6	8	10	原始液	平衡液
吸光度							

2. 作 A-w 工作曲线,或获得 w-A 的多项式。

3. 求亚甲基蓝原始液和平衡液的浓度 $w_{始}$、$w_{平}$。

注:从 A-w 工作曲线上查得或利用拟合公式计算出对应的浓度,然后乘以稀释倍数 200,即得 $w_{始}$ 和 $w_{平}$。

4. 计算比表面积并求其平均值。

六、注意事项

1. 标准溶液的浓度要准确配制,原始液及吸附平衡后溶液的浓度都应选择适当的范围,本实验原始溶液的浓度为 $1.5\,g \cdot dm^{-3}$ 左右,平衡溶液的浓度不小于 $1\,g \cdot dm^{-3}$。

2. 活性炭颗粒要均匀,且三份称重应尽量接近。

3. 为达到吸附饱和振荡时间要充足,一般不应小于 $3\,h$。

七、思考题

1. 比表面积的测定与温度、吸附质的浓度、吸附剂颗粒、吸附时间等有什么关系?

2. 用分光光度计测定亚甲基蓝水溶液的浓度时,为什么还要将溶液再稀释到 $mg \cdot dm^{-3}$ 级浓度才进行测量?

实验七　电导率法测定水溶性表面活性剂的 CMC

一、实验目的

1. 了解表面活性的特性及胶束形成原理。

2. 学会用电导法测定十二烷基硫酸钠的临界胶束浓度。

3. 掌握 DDS-12A 电导率仪的测试技术。

二、实验原理

少量物质就能显著改变溶剂表面物理化学性质（如表面张力降低）的物质称为表面活性剂。这类分子具有明显的"两亲"结构，即存在亲溶剂部分和疏溶剂部分。水溶液中，这一类分子既含有亲油的足够长的（大于 10 个碳原子）烷基，又含有亲水的极性基团（或离子化的），如肥皂和各种合成洗涤剂等。表面活性剂按化学结构可分为三类：阴离子型表面活性剂，如羧酸盐（肥皂 $C_{17}H_{35}COONa$）、烷基硫酸盐［十二烷基硫酸钠 $CH_3(CH_2)_{11}SO_4Na$］、烷基磺酸盐［十二烷基苯磺酸钠 $CH_3(CH_2)_{11}C_6H_5SO_3Na$］等；阳离子型表面活性剂，主要是胺盐，如十六烷基三甲基溴化胺、十二烷基二甲基叔胺［$RN(CH_3)_2HCl$］和十二烷基二甲基氯化胺［$RN(CH_3)_2Cl$］；非离子型表面活性剂，如聚氧乙烯类［$R-O-(CH_2CH_2O)_nH$］。

表面活性剂溶入水中后，为使自己成为溶液中的稳定分子，有可能采取两种途径：一是把亲水基留在水中，亲油基伸向空气或油相；二是让表面活性剂的亲油基团相互靠在一起，以减少亲油基与水的接触面积。前者就是表面活性分子吸附在表面上，其结果是降低界面张力，形成定向排列的单分子膜，后者形成胶束（图 6.13）。

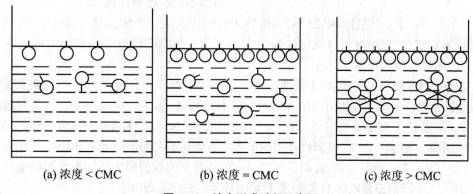

(a) 浓度 < CMC   (b) 浓度 = CMC   (c) 浓度 > CMC

图 6.13 胶束形成过程示意图

由于胶束的亲水基方向朝外，与水分子相互吸引，使表面活性剂能稳定地溶于水中。表面活性物质在水中形成胶束所需的最低浓度称为临界胶束浓度，以 CMC(critical micelle concentration)表示。CMC 不是一定值，具有较窄的浓度范围。在 CMC 点上，溶液的结构改变导致其物理及化学性质（如表面张力、电导率、渗透压、浊度、光学性质等）与浓度的关系曲线出现明显转折（图 6.14）。

这个现象是测定 CMC 的实验依据，也是表面活性剂的一个重要特征。因为 CMC 越小，则表示该表面活性剂形成胶束所需浓度越低，达到表面吸附的浓度越低。因而改变表面性质起到润湿、乳化、增溶和起泡等作用所需的浓度也越低。因此，表面活性剂的大量研究工作都与各种体系 CMC 的测定有关。

本实验利用 DDS-12A 型电导率仪测定不同浓度的十二烷基苯磺酸钠水溶液的电导率

（或摩尔电导率），并作电导率（或摩尔电导率）与浓度的关系图，从图中的转折点即可求得临界胶束浓度。

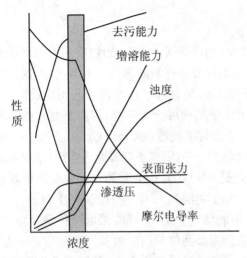

图 6.14　十二烷基硫酸钠水溶液的物理性质和浓度的关系

三、器材与试剂

1. 仪器与材料
DDS - 12A 电导率仪（附 $K=1.0$ 电极）1 台、电导池 1 只、超级恒温槽 1 套。

2. 试剂
$10.00\ mol \cdot dm^{-3}$ KCl、十二烷基硫酸钠溶液（AR）。

四、实验步骤

1. 电导池常数 l/A 标定
（1）将恒温槽温度调至$(25.0\pm0.1)℃$，使恒温水流经电导池夹层。

（2）按"ON/OFF"键打开电源开关，按"MODE"进入电导率测试状态（S 态），按"SET"键后，按"▲"或"▼"使电导电极规格常数为 $K=1.0$，再按"SET"键完成电导电极规格常数设置（此时电极常数闪烁显示）。

（3）倾去电导池中去离子水（电导池不用时，应把铂黑电极浸在去离子水中，以免干燥致使表面发生改变），将电导池和铂电极用少量的 KCl 标准溶液（如 $10.00\ mol \cdot dm^{-3}$，每升溶液含 KCl 0.743 65 g；25 ℃时 $\kappa_{KCl}=1\ 408\ \mu S \cdot cm^{-1}$）洗涤 2～3 次后，装入 $10.00\ mol \cdot dm^{-3}$ KCl 溶液，恒温 5 min。按"▲"或"▼"使器材显示的电导率数值与 $10.00\ mol \cdot dm^{-3}$KCl 标准溶液的电导率 $\kappa_{KCl}=1\ 408\ \mu S \cdot cm^{-1}$ 一致，此时显示屏下方闪烁显示的数值即为所用电导池的电导池常数 l/A；按"MODE"键设置电导池常数（器材呈电导率测试状态即 S 态）。

2. 十二烷基硫酸钠溶液的配制与电导率的测量
（1）取已在 80 ℃下烘干 3 h 的十二烷基硫酸钠，用电导水分别配制 0.002、0.004、0.006、0.008、0.009、0.010、0.012 0 的十二烷基硫酸钠溶液各 100 mL。

（2）倒去 KCl 溶液，用水洗涤并用待测液（从稀到高）清洗电导电极和测试管，加入待测液，恒温 5 min 后测其电导率。

3. 测量水的电导率实验结束后用去离子水洗净电导池和电极，并测量所用水的电导率。

五、实验数据记录与处理

1. 将不同浓度下测得的电导率列入表 6.9 中。

室温：_____℃；实验温度：_____℃。

表 6.9　不同浓度十二烷基硫酸钠的电导率

$c/(\text{mol} \cdot \text{L}^{-1})$	0.002	0.004	0.006	0.008	0.009	0.010	0.012	0.014	0.016	0.018	0.020
$\kappa/(\text{S} \cdot \text{m}^{-1})$											

2. 作电导率(或摩尔电导率)与浓度的关系图。

3. 从图中转折点出找出临界胶束浓度 CMC(40 ℃时，$C_{12}H_{25}SO_4Na$ 的 CMC 为 8.7×10^{-3} mol/L)。

实验八　最大气泡压力法测定溶液的表面张力

一、实验目的

1. 用最大气泡法测定不同浓度正丁醇溶液的表面张力，计算溶液表面吸附量、被吸附分子的截面积和吸附层厚度。

2. 掌握最大气泡法测定溶液表面张力的原理和技术。

二、实验原理

一定温度下纯液体的表面张力 σ 为定值，当加入溶质形成溶液时，表面张力发生变化，其变化的大小取决于溶质的性质和加入量的多少。在恒定的温度和恒压下，体系的吉布斯自由能变化为$(dG)_{T,p} = \sigma dA + Ad\sigma$。溶液体系有自发降低表面积和表面张力倾向。因此当溶质能降低溶剂的表面张力时，表面层中溶质的浓度比溶液内部大；反之，溶质使溶剂的表面张力升高时，它在表面层中的浓度比内部的浓度低，这种表面浓度与内部浓度不同的现象叫做溶液的表面吸附。在一定温度和压力下的稀溶液，溶质的吸附量与溶液的表面张力及溶液的浓度之间的关系遵守吉布斯(Gibbs)吸附等温式表达为

$$\Gamma = -\frac{C}{RT} \left(\frac{\partial \sigma}{\partial C} \right)_T$$

式中，Γ 为溶质在表层的吸附量，σ 为表面张力，C 为吸附达到平衡时溶质在介质中的浓度。当 $\left(\frac{\partial \sigma}{\partial C} \right)_T < 0$ 时，$\Gamma > 0$ 称为正吸附；当 $\left(\frac{\partial \sigma}{\partial C} \right)_T > 0$ 时，$\Gamma < 0$ 称为负吸附。吉布斯吸附等温式应用范围很广，但上述形式仅适用于稀溶液。

被吸附的表面活性物质分子在界面层中的排列，取决于它在液层中的浓度。当界面上被吸附分子的浓度增大时，它的排列方式也在改变，最后，当浓度足够大时，被吸附分子盖住了所有界面的位置，形成饱和吸附层。这样的吸附层是单分子层，随着表面活性物质的分子

在界面上愈紧密排列,此界面的表面张力愈减小。

以 σ 对 C 作图,得到 σ-C 曲线。在曲线上任选一点 a 作切线,即可得到该点所对应浓度的斜率 $\left(\dfrac{\partial \sigma}{\partial C}\right)_T$,从而求出不同浓度下的吸附量 Γ。

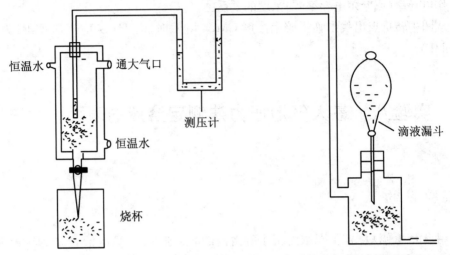

图 6.15　最大气泡法测溶液表面张力装置图

将 Langmuir 吸附公式 $\Gamma = \Gamma_\infty \dfrac{a_B C}{1 + a_B C}$($\Gamma_\infty$ 为饱和吸附量,即表面被吸附物铺满一层分子时的吸附量)线性化,即

$$\frac{C}{\Gamma} = \frac{C}{\Gamma_\infty} + \frac{1}{a_B \Gamma_\infty}$$

以 C/Γ 对 C 作图,得一直线,该直线的斜率为 $1/\Gamma_\infty$。由所求得的 Γ_∞ 代入 $A_{截} = \dfrac{1}{\Gamma_\infty N_A}$ 可求得被吸附分子的截面积(N_A 为阿伏伽德罗常数)。若已知溶质的密度 ρ,分子量 M,就可计算出吸附层厚度 $\delta = \dfrac{\Gamma_\infty M}{\rho}$。

σ 的最大气泡法测定原理:毛细管插入测定管待测液体中,液柱上升一定高度。当滴液漏斗向下滴液时,体系压力增加,与大气压力产生压力差 Δp。液柱下降以液泡逸出毛细管口呈半球状(此时气泡的曲率半径最小并等于毛细管半径)时压力差最大(见图 6.15),此时

$$\Delta p_m = p_{体系} - p_{大气} = \frac{2\sigma}{R} = \rho g \Delta h_{U形管}$$

实验时,用已知表面张力的纯水标定后再测定不同浓度样品溶液

$$\Delta p_{H_2O} = \frac{2\sigma_{H_2O}}{R} = \rho_{H_2O} g \Delta h_{H_2O}$$

$$\Delta p_{样品} = \frac{2\sigma_{样品}}{R} = \rho_{样品} g \Delta h_{样品}$$

$$\sigma_{样品} = \frac{\Delta p_{样品}}{\Delta p_{H_2O}} \sigma_{H_2O}$$

三、器材与试剂

1. 仪器与材料

最大泡压法表面张力仪 1 套、超级恒温槽（配温度计）1 套、烧杯（500 mL）1 只、移液管。

2. 试剂

正丁醇（AR）、蒸馏水。

四、实验步骤

1. 器材准备与检漏

将表面张力仪容器和毛细管先用洗液洗净，再依次用自来水和蒸馏水漂洗，烘干后按图连接好。将水注入滴液漏斗中。在测量管中加入适量蒸馏水，通过测定管下端活塞调节液面使之与毛细管尖端平面相切。然后关紧活塞，再打开滴液漏斗活塞，使体系内的压力增加，当压力计指示一定压差时，关闭活塞。若 2～3 min 内压力计压差不变，则说明体系不漏气，可以进行实验。

2. 标定

打开滴液漏斗活塞，调节滴液速率，使气泡由毛细管尖端成单泡逸出，且每个气泡形成的时间为 10～20 s。若形成时间太短，则吸附平衡就来不及在气泡表面建立起来，测得的表面张力也不能反映该浓度真正的表面张力值。记录压力计的最高读数，连续读取三次，取其平均值。

3. 表面张力随溶液浓度变化的测定

在上述体系中，用量筒分别量取适量 0.02 mol · L^{-1}、0.05 mol · L^{-1}、0.1 mol · L^{-1}、0.15 mol · L^{-1}、0.20 mol · L^{-1}、0.25 mol · L^{-1}、0.30 mol · L^{-1}、0.35 mol · L^{-1}、0.40 mol · L^{-1}、0.45 mol · L^{-1}正丁醇水溶液加入毛细管中，调节液面与毛细管端相切，同步骤 2 方法测出各样品溶液的最大压力差。

五、注意事项

1. 器材系统不能漏气。
2. 所用毛细管必须干净、干燥，应保持垂直，其管口刚好与液面相切。
3. 读取压力计的压差时，应取气泡单个逸出时的最大压力差。

六、实验数据记录及处理

室温：＿＿＿℃；实验温度：＿＿＿℃；大气压：＿＿＿kPa；25 ℃时纯水的 σ：＿＿＿℃。

表 6.10　不同浓度下液体表面张力测定

$C/(\text{mol} \cdot \text{L}^{-1})$	0.02	0.05	0.10	0.15	0.20	0.25	0.30	0.35	0.40	0.45
Δp_m										
$\sigma/(\text{N} \cdot \text{m}^{-1})$										
$(\partial \sigma / \partial C)_T$										
Γ										
C/Γ										

1. 绘制 σ-C 等温线,求 $\left(\dfrac{\partial}{\partial C}\right)_T$。

2. 并求出 Γ 和 C/Γ。

3. 绘制 C/Γ-C 线,求 Γ_∞ 并计算 A 和 δ。

七、思考题

1. 毛细管尖端为何必须调节得恰与液面相切? 若不相切会对实验有何影响?

2. 最大气泡法测定表面张力时为什么要读最大压力差? 如果气泡逸出得很快,或几个气泡一起出,对实验结果有无影响?

实验九　旋光度法测定蔗糖转化反应的速率常数和活化能

一、实验目的

1. 了解蔗糖转化反应体系中各物质浓度与旋光度之间的关系。

2. 测定蔗糖转化反应的速率常数和半衰期。

3. 了解旋光仪的构造和使用方法。

二、实验原理

蔗糖转化反应方程为

$$C_{12}H_{22}O_{11} + H_2O \longrightarrow C_6H_{12}O_6 + C_6H_{12}O_6$$

蔗糖　　　　　　　　葡萄糖　　果糖

为使水解反应加速,常以酸为催化剂,故反应在酸性介质中进行。由于反应中水是大量的,可以认为整个反应中水的浓度基本是恒定的,H^+是催化剂,其浓度也是固定的。所以,此反应为准一级反应。其动力学方程和半衰期公式为

$$\ln \frac{C_{蔗糖,0}}{C_{蔗糖}} = kt , \quad t_{1/2} = \frac{\ln 2}{k}$$

$C_{蔗糖,0}$、$C_{蔗糖}$可通过旋光仪测反应体系旋光度 α 来求。

α 与体系中所含旋光性物质的旋光能力、浓度、溶剂的性质、样品管长度、光源波长及温度等因素有关,关系式为

$$\alpha = lC[\alpha]_D^t$$

式中,$[\alpha]_D^t$ 为反映物质旋光能力的比旋光度;t 为实验温度,℃;D 为旋光仪所用的钠光源波长(即 589 nm);α 为旋光度;l 为样品管长度,m;C 为浓度,$kg \cdot m^{-3}$。

当其他条件不变时,旋光度 α 与浓度 C 成正比。即

$$\alpha = KC$$

式中 K 是一个与物质旋光能力、溶剂性质、样品管长度、光源波长、温度等因素有关的常数。

蔗糖的比旋光度 $[\alpha]_D^t = 66.6°$,葡萄糖 $[\alpha]_D^t = 52.5°$,果糖 $[\alpha]_D^t = -91.9°$。随水解反应的进行,右旋角不断减小,最后经过零点变成左旋,直至蔗糖完全转化,左旋度达最大值 α_∞。

$$C_{12}H_{22}O_{11} + H_2O \longrightarrow C_6H_{12}O_6 + C_6H_{12}O_6$$

$t=0$ 　　$C_{蔗糖,0}$

$t=t$ 　　$C_{蔗糖,0}-x$ 　　　　　x 　　　　x

$t=\infty$ 　　0 　　　　　　$C_{蔗糖,0}$ 　　$C_{蔗糖,0}$

$$\alpha_0 = K_{蔗糖}C_{蔗糖,0} + \alpha_E$$

$$\alpha_t = K_{蔗糖}(C_{蔗糖,0}-x) + K_{葡萄糖}x + K_{果糖}x + \alpha_E$$

$$\alpha_\infty = K_{葡萄糖}C_{蔗糖,0} + K_{果糖}C_{果糖,0} + \alpha_E$$

则

$$\alpha_t - \alpha_0 = (K_{葡萄糖} + K_{果糖} - K_{蔗糖})x$$

$$\alpha_\infty - \alpha_0 = (K_{葡萄糖} + K_{果糖} - K_{蔗糖})C_{蔗糖,0}$$

有

$$\frac{\alpha_t - \alpha_0}{\alpha_\infty - \alpha_0} = \frac{x}{C_{蔗糖,0}}$$

即

$$\frac{\alpha_0 - \alpha_t}{\alpha_0 - \alpha_\infty} = \frac{x}{C_{蔗糖,0}}$$

$$x = \frac{\alpha_0 - \alpha_t}{\alpha_0 - \alpha_\infty}C_{蔗糖,0}$$

动力学方程 $\ln \dfrac{C_{蔗糖,0}}{C_{蔗糖}} = kt$ 变为

$$\ln \frac{C_{蔗糖,0}}{C_{蔗糖,0} - \dfrac{\alpha_0 - \alpha_t}{\alpha_0 - \alpha_\infty}C_{蔗糖,0}} = kt$$

$$\ln \frac{\alpha_0 - \alpha_\infty}{\alpha_t - \alpha_\infty} = kt$$

$$\ln(\alpha_t - \alpha_\infty) = -kt + \ln(\alpha_0 - \alpha_\infty)$$

以 $\ln(\alpha_t - \alpha_\infty)$ 对 t 作图为一直线,由该直线的斜率即可求得反应速率常数 k。升高温度测得另一温度下的 k,代入下式

$$\ln \frac{k_2}{k_1} = \frac{E_a(T_2 - T_1)}{RT_1 T_2}$$

即可求出该反应的 E_a。

三、器材与试剂

1. 仪器与材料

旋光仪 1 台、恒温旋光管 1 只、超级恒温槽 1 套、天平 1 台、秒表 1 块、烧杯(250 mL) 1 个、移液管(25 mL)2 支、带塞三角瓶(150 mL)2 只、100 mL 容量瓶(1 个)。

2. 药品

HCl 溶液(4 mol·dm^{-3})、蔗糖(AR)。

四、实验步骤

1. 连续实验装置

将恒温槽调节到(25.0±0.1)℃恒温,然后在恒温旋光管(图 6.16)中接上恒温水。

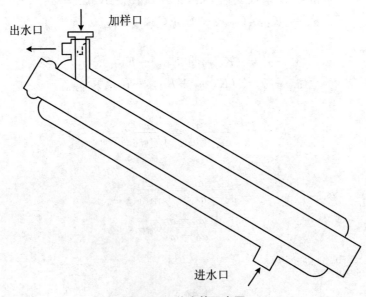

图 6.16　旋光管示意图

2. 旋光仪零点校正

洗净恒温旋光管,将管子一端的盖子旋紧,向管内注入蒸馏水,把玻璃片盖好,最好使管内无气泡存在。再旋紧套盖,防止漏水。用吸水纸擦净旋光管,再用擦镜纸将管两端的玻璃片擦净。放入旋光仪中盖上槽盖,打开光源,按下"read"键,出现的读数即为水的旋光度值,按下"清零"键即可。

3. 蔗糖水解过程中 α_t 的测定

在用天平称取 20 g 蔗糖置于烧杯中,加 100 mL 蒸馏水配成溶液(若溶液浑浊则需过滤);用移液管取 25 mL 蔗糖溶液置于 100 mL 带塞三角瓶中,移取 25 mL 4mol·dm^{-3} HCl 溶液于另一 100 mL 带塞三角瓶中,一起放入恒温槽内;恒温 10～15 min 后,取出两只三角瓶,将 HCl 迅速倒入蔗糖中并记时,来回倒 3～4 次,使之均匀后,立即用反应液荡洗旋光管两次,将反应液装满旋光管(操作与装蒸馏水相同)。装好、擦净立刻置于旋光仪中,盖上槽盖,测量不同时间 t 对应溶液的旋光度 α_t(荡洗和装样只能用去一半的反应液);反应开始后 2 min 内测出第一个数据,以后每 2 min 读一次。20 min 后,反应物浓度降低,反应速率变慢,改为每 5 min 读一次,一直测到反应时间为 60 min 为止(测定时要迅速准确,当将三分视野暗度调节相同后,先记下时间,再读取旋光度)。期间,将剩余的另一半反应液置于 50～60 ℃ 的公用水浴内温热待用。

4. α_∞ 的测定

将已在 50～60 ℃ 的公用水浴内温热 40 min 的反应液取出,然后冷却至实验温度。按上述操作,在 10～15 min 内,读取 5～7 个旋光度数据。如在测量误差范围内,则其平均值可认为是 α_∞。

将恒温槽调节到(30.0±0.1) ℃,按实验步骤 3、4 测定 30.0 ℃时的 α_t 和 α_∞。

五、注意事项

1. 装样品时,旋光管管盖旋至不漏液体即可,不要用力过猛,以免压碎玻璃片。

2. 在测定 α_∞ 时,通过加热使反应速率加快转化完全。但加热温度不要超过 60 ℃,否则发生副反应(生成二糖)而使溶液变黄。

3. 由于酸对器材有腐蚀,操作时应特别注意,避免酸液滴漏到器材上。实验结束后必须将旋光管洗净。

4. 旋光仪中的钠光灯不宜长时间开启,测量间隔较长时应熄灭,以免损坏。

六、实验数据记录及处理

1. 将实验数据记录于表 6.11 中。

室温:_____ ℃;大气压:_____ Pa;反应温度:_____ ℃;盐酸浓度:_____;
α_∞:_____。

表 6.11 蔗糖转化反应中旋光度数据记录表

反应时间/min	α_t	$\alpha_t - \alpha_\infty$	$\ln(\alpha_t - \alpha_\infty)$

2. 以 $\ln(\alpha_t - \alpha_\infty)$ 对 t 作图,由所得直线的斜率求出反应速率常数 k。
3. 计算蔗糖转化反应的半衰期 $t_{1/2}$。
4. 由两个温度测得的 k 计算反应的活化能。

七、思考题

1. 实验中,为什么用蒸馏水来校正旋光仪的零点? 在蔗糖转化反应过程中,所测的旋光度 α_t 是否需要零点校正? 为什么?
2. 蔗糖溶液为什么可粗略配制?
3. 蔗糖的转化速率和哪些因素有关?

实验十 乙酸乙酯皂化反应速率常数、半衰期和活化能的实验测定

一、实验目的

1. 学会用电导率仪测定乙酸乙酯皂化反应进程中的电导率。
2. 求出二级反应速率常数和半衰期。
3. 计算反应的活化能。

二、实验原理

乙酸乙酯皂化反应是个二级反应,当乙酸乙酯与氢氧化钠溶液的起始浓度相同时有

$$CH_3COOC_2H_5 + OH^- \longrightarrow CH_3COO^- + C_2H_5OH$$

$t=0(\xi=0)$	$C_{A,0}$	$C_{A,0}$	0	0
$t=t(\xi)$	$C_{A,0}-x$	$C_{A,0}-x$	x	x
$t=\infty$	0	0	$C_{A,0}$	$C_{A,0}$

$CH_3COOC_2H_5$、C_2H_5OH 不导电,只有 OH^-、Na^+ 和 CH_3COO^- 导电。由于反应体系是很稀的水溶液,可认为 CH_3COONa 是全部电离的,因此,反应前后 Na^+ 的浓度不变(离子

方程式中不出现）。随着反应的进行，仅仅是导电能力很强的 OH^- 离子逐渐被导电能力弱的 CH_3COO^- 离子所取代，致使溶液的电导率逐渐减小。因而，随着反应的进行，反应体系的电导率 κ_t 将逐渐变小。

初始时刻、任意时刻以及反应完成后体系的电导率分别是：

$$\kappa_0 = \kappa_E + k_{OH^-} C_{A,0}$$

$$\kappa_t = \kappa_E + k_{OH^-} (C_{A,0} - x) + k_{CH_3COO^-} x$$

$$\kappa_\infty = \kappa_E + k_{CH_3COO^-} C_{A,0}$$

则

$$\kappa_t - \kappa_0 = (k_{CH_3COO^-} - k_{OH^-}) x, \quad \kappa_\infty - \kappa_0 = (k_{CH_3COO^-} - k_{OH^-}) C_{A,0}$$

$$x = C_{A,0} \frac{\kappa_t - \kappa_0}{\kappa_\infty - \kappa_0}$$

代入 $\dfrac{1}{C_{A,0}} - \dfrac{1}{C_A} = k_2 t$，有 $\dfrac{\kappa_0 - \kappa_t}{C_{A,0}(\kappa_t - \kappa_\infty)} = kt$，即

$$\kappa_t = \frac{1}{kC_{A,0}} \cdot \frac{\kappa_0 - \kappa_t}{t} + \kappa_\infty$$

以 κ_t 对 $\dfrac{\kappa_0 - \kappa_t}{t}$ 作图，得一条直线，线的斜率为 $\dfrac{1}{kC_{A,0}}$，由此求出 k。半衰期 $t_{1/2} = \dfrac{1}{kC_{A,0}}$。如果知道不同温度下的反应速率常数 k_{T_2}、k_{T_1}，根据 Arrhenius 公式

$$\ln \frac{k_{T_2}}{k_{T_1}} = \frac{E_a}{R} \left(\frac{T_2 - T_1}{T_1 T_2} \right)$$

可计算出该反应的活化能 E_a。

三、器材与试剂

1. 仪器与材料

电导率仪（附 DJS-1 型铂黑电极）1 台、电导池 1 只、超级恒温槽 1 套、停表 1 只、移液管（25 mL）1 只、移液管（1 mL、10 mL）各 1 只、容量瓶（100 mL）1 个、磨口三角瓶（100 mL）1 个。

2. 试剂

NaOH 溶液（0.020 0 mol·dm^{-3}）、KCl 溶液（10.00 mol·m^{-3}）、乙酸乙酯（AR）、去离子水。

四、实验步骤

1. 溶液配制

配制与 NaOH 准确浓度（约 0.020 0 mol·dm^{-3}）相等的乙酸乙酯溶液。其方法是：利用室温下乙酸乙酯的密度，计算出配制 100 mL 0.020 0 mol·dm^{-3}（与 NaOH 准确浓度相同）的乙酸乙酯水溶液所需的乙酸乙酯的体积 V（约 0.195 mL），然后用 1 mL 移液管吸取 V mL 乙酸乙

酯注入 100 mL 容量瓶中,稀释至刻度,即为 0.020 0 mol·dm⁻³的乙酸乙酯水溶液。

2. 电导池常数 l/A 的标定

(1) 将恒温槽温度调至(25.0±0.1)℃,按图 6.17 所示使恒温水流经电导池夹层。

(2) 倾去电导池中去离子水(电导池不用时,应把铂黑电极浸在去离子水中,以免干燥致使表面发生改变),将电导池和合适的电导电极($K=1.0,200\sim2\ 000\ \mu S\cdot cm^{-1}$)用去离子水洗涤后并用少量的 $10.00\ mol\cdot m^{-3}$ KCl(每升溶液含 KCl $0.7436\ 5\ g$;25 ℃时 $\kappa_{KCl}=1\ 408\ \mu S\cdot cm^{-1}$)溶液洗涤 $2\sim3$ 次后,装入 $10.00\ mol\cdot m^{-3}$ KCl 溶液恒温 10 min:① 按"MODE"键使器材呈"S"态(电导率测量)、按"▲"或"▼"温度设定为 25 ℃;② 按"SET"键,通过"▲"或"▼"确定电极规格常数为 $K=1.0$ 使电极常数闪烁显示;③ 按"▲"或"▼"使器材显示的电导率与标准溶液的相同($1\ 408\ \mu S\cdot cm^{-1}$),这时闪烁显示的就是该电极的电极常数。

(3) 再按"SET"键电极常数设置结束,再按"MODE"键进入电导率测量状态。

3. 不同反应时刻电导率 κ_t 的测定

如图 6.17 所示,用移液管移取 10 mL $0.020\ 0\ mol\cdot dm^{-3}$的 $CH_3COOC_2H_5$ 放入干燥洁净的双管电导池的 A 管,用另一只移液管取 10 mL $0.020\ 0\ mol\cdot dm^{-3}$的 NaOH 放入双管电导池的注射管中。恒温 15 min 后,推动注射器推杆,同时启动停表,作为反应的开始时间,迅速将溶液混合均匀,并使溶液盖过电极上沿约 2 cm 以上。每隔 2 min 读取一次电导率 κ_t,直至电导率值基本不变(需 $40\sim60$ min)。

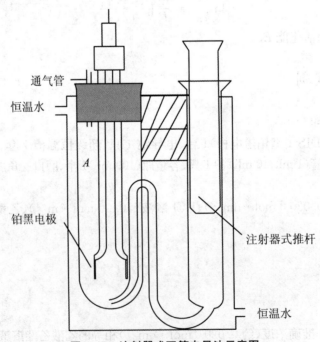

通气管
恒温水
A
铂黑电极
注射器式推杆
恒温水

图 6.17 注射器式双管电导池示意图

4. 起始反应体系电导率 κ_0 的测定

用去离子水洗净并吹干双管电导池。在干燥的 100 mL 磨口三角瓶中,用移液管加入 25 mL 0.020 0 mol · dm^{-3} 的 NaOH 溶液和同数量的去离子水。混合均匀后,倒出少量溶液洗涤电导池 A 管和电极,然后将剩余溶液倒入电导池 A 管(盖过电极上沿约 2 cm),恒温约 15 min,并轻轻摇动数次,测定溶液电导率,直至不变为止,此数值即为 25 ℃下的 κ_0。

5. 另一温度下 κ_0 和 κ_t 的测定

(1) 调节恒温槽温度为(35.0±0.1)℃。待 4 步骤溶液中的温度恒定 15 min 后,轻轻摇动数次,测定溶液电导率,直至不变为止,此数值即为反应体系在另一温度下的 κ_0。

(2) 用去离子水洗净并吹干双管电导池。重复上述 3 步骤,测定反应在另一温度下的 κ_t。实验结束后,关闭电源。用去离子水洗净双管电导池并取出电极置于去离子水中保存待用。

五、实验数据记录及处理

1. 将 $t,\kappa_t,(\kappa_t-\kappa_0)/t$ 数据列表。

室温:_____℃;大气压:_____Pa;κ_0(25 ℃):_____℃;κ_0(35 ℃):_____。

表 6.12　不同反应时刻及温度下电导率的测定

t/min	κ_t		$(\kappa_t-\kappa_0)/t$	
	35 ℃	25 ℃	35 ℃	25 ℃
2				
4				
6				
8				
10				
12				
14				
16				
18				

2. 使用 Excel 或 Origin 等软件对两个温度下的 κ_t 对 $(\kappa_t-\kappa_0)/t$ 作图。

3. 拟合出直线的斜率,计算各温度下的速率常数 k 和反应半衰期 $t_{1/2}$。

4. 由两温度下的速率常数,按 Arrhenius 公式,计算乙酸乙酯皂化反应的活化能。

六、注意事项

1. 本实验需用去离子水,并避免接触空气及灰尘杂质落入。

2. 配好的 NaOH 溶液要防止空气中的 CO_2 气体进入。

3. 乙酸乙酯溶液和 NaOH 溶液浓度必须相同。

4. 乙酸乙酯溶液需临时配制,配制时动作要迅速,以减少挥发损失。

七、思考题

1. 为什么可以认为 $0.020\ 0\ mol \cdot dm^{-3}$ NaOH 溶液的电导率就是 κ_0?

2. 如果 NaOH 和乙酸乙酯溶液为浓溶液,能否用此法求 k 值? 为什么?

实验十一　分光光度法测定蔗糖酶的米氏常数

一、实验目的

1. 学会用分光度计法测定蔗糖酶的米氏常数 K_M 和最大反应速率 u_{max}。

2. 了解底物浓度与酶反应速率之间的关系。

3. 掌握分光光度计的使用方法。

二、实验原理

生物体内产生的具有催化活性的蛋白质,它能表现出特异的催化功能,因此叫生物催化剂。酶具有高效性和高度选择性。酶催化反应一般在常温、常压下进行。

在酶催化反应中,底物浓度远远超过酶的浓度。在指定的实验条件下,酶的浓度一定时,总反应速率随底物浓度的增加而增大。当底物浓度大大过量时,底物的浓度不再影响反应速率,反应速率达到最大。

Michaelis 应用酶反应过程中形成中间络合物的学说,导出了米氏方程,给出了酶反应速率和底物浓度的关系

$$\nu = \frac{\nu_{max} \cdot C_s}{K_M + C_s}$$

米氏常数 K_M 是反应速率达到最大值一半时的底物浓度。通过测定不同底物浓度时的酶反应速率,就可以获得 K_M 和 ν_{max}。为了准确求得这两个值,将米氏方程求倒数,得如下直线方程

$$\frac{1}{\nu} = \frac{K_M}{\nu_{max}} \cdot \frac{1}{C_s} + \frac{1}{\nu_{max}}$$

以 $1/\nu$ 为纵坐标,$1/C_s$ 为横坐标作图,所得直线的截距是 $1/\nu_{max}$,斜率是 K_M/ν_{max},直线与横

坐标的交点为$-1/K_M$。

　　本实验用的蔗糖酶是一种水解酶,它能使蔗糖水解成葡萄糖和果糖。该反应的速率可以用单位时间内葡萄糖浓度的增加来表示。葡萄糖与3,5-二硝基水杨酸共热后被还原成棕红色的氨基化合物,在一定浓度范围内,葡萄糖的量和棕红色物质颜色深浅程度成一定的比例关系,因此可以用分光光度计来测定反应在单位时间内生成葡萄糖的量,从而计算出反应速率。实验测量不同底物(蔗糖)浓度C_s的相应反应速率ν,就可用作图法或线性拟合计算出米氏常数K_M值。

三、器材与试剂

1. 仪器与材料

　　高速离心机1台、分光光度计1台、恒温水浴1套、比色管(25 mL)9支、移液管(1 mL)10支、移液管(2 mL)4支、试管(10 mL)10支。

2. 试剂

　　3,5-二硝基水杨酸(即DNS)、$0.1\ mol \cdot dm^{-3}$醋酸缓冲溶液、蔗糖酶溶液、蔗糖(AR)、葡萄糖(AR)。

四、实验步骤

1. 蔗糖酶的制取

　　在50 mL的锥形瓶中加入鲜酵母10 g,醋酸钠0.8 g,搅拌15～20 min后使块团溶化,加入1.5 mL甲苯。用软木塞将瓶口塞住,摇动10 min,放入37 ℃的恒温箱中保温60 h。取出后加入1.6 mL的$4\ mol \cdot L^{-1}$的醋酸和5 mL水,使pH为4.5左右,混合物以$3\ 000\ r \cdot min^{-1}$的离心速度离心几小时,混合物形成三层,将中层移出,注入试管中,即得粗制酶液。

2. 溶液配制

　　(1) 1‰葡萄糖标准液($1\ mg \cdot mL^{-1}$):先在90 ℃下将葡萄糖烘1 h,然后准确称取1 g于100 mL烧杯中,用少量蒸馏水溶解后,定量移至1 000 mL容量瓶中。

　　(2) 3,5-二硝基水杨酸试剂(即DNS):6.3 g和262 mL的$2\ mol \cdot L^{-1}$NaOH加到酒石酸钾钠的热溶液中(182 g酒石酸钾钠溶于500 mL水中),再加5 d重蒸酚和5 g亚硫酸钠,微热搅拌溶解,冷却后加蒸馏水定容至1 000 mL,贮于棕色瓶中备用。

　　(3) $0.1\ mol \cdot L^{-1}$的蔗糖液:准确称取34.2 g蔗糖溶解后定容至1 000 mL容量瓶中。

3. 蔗糖标准曲线的制作

　　在9个50 mL的容量瓶中,加入不同量0.1‰葡萄糖标准液及蒸馏水,得到一系列不同浓度的葡萄糖溶液。分别吸取不同浓度的葡萄糖溶液1.0 mL注入9支试管内,另取1支试管加入1.0 mL蒸馏水,然后在每支试管中加入1.5 mL DNS试剂。混合均匀,在沸水浴中加热5 min后,取出以冷水冷却,每支内注入蒸馏水2.5 mL,摇匀。在分光光度计上用540 nm波长测定其吸光度。由测定结果作出标准曲线。

4. 蔗糖酶米氏常数 K_M 的测定

在 9 支试管中分别加入 $0.1\,mol \cdot L^{-1}$ 蔗糖溶液、醋酸缓冲溶液，总体积达 $2\,mL$，在 $35\,℃$ 水浴中预热。另取预先制备的酶液在 $35\,℃$ 水浴中保温 $10\,h$，依次向试管中加入稀释过的酶液各 $2.0\,mL$，充分作用 $5\,min$ 后，按次序加入 $0.5\,mL$ $2\,mol \cdot L^{-1}$ NaOH 的溶液，摇匀，令酶反应中止。测定时，从每支试管中吸取 $0.5\,mL$ 酶反应液加入装有 $1.5\,mL$ DNS 试剂的 $25\,mL$ 比色管中，加入蒸馏水，在沸水中加热 $5\,min$ 后冷却，用蒸馏水稀至刻度，摇匀，用 $540\,nm$ 波长测定其吸光度。

五、实验数据记录及处理

由各反应测得的吸光度值，在葡萄糖标准曲线上查出对应的葡萄糖浓度。结合反应时间计算其反应速率，将对应的底物(蔗糖)浓度 C_s，一并用表格形式列出。将 $\dfrac{1}{u}$ 对 $\dfrac{1}{C_s}$ 作图，以直线斜率和截距求出 K_M 和 ν_{max}。

六、思考题

1. 为什么测定酶的米氏常数要采用初始速率法？
2. 试讨论本实验中米氏常数的测定结果与底物浓度、反应温度和酸度的关系？

实验十二 难溶盐溶度积和醋酸解离常数的测定

一、实验目的

1. 通过溶液电导率测定求弱电解质电离常数 K_a 和难溶盐 K_{sp}。
2. 掌握 DDS‑12A 型电导率仪测定溶液电导率的原理和技术。

二、实验原理

1. G、κ、Λ_m 和 Λ_m^∞ 概念

将待测溶液放入电导池(图 6.18)内，溶液电导 G、电导率 κ、两电极间距与电极面积之比 $\dfrac{l}{A}$(电导池常数)之间的关系为 $\kappa = G\dfrac{l}{A}$($G = \dfrac{1}{R}$，单位为 S 或 Ω^{-1}，κ 的物理意义是在两平行而相距 $1\,m$，面积均为 $1\,m^2$ 的两电极间电解质溶液所具有的电导，单位为 $S \cdot m^{-1}$)。

溶液的摩尔电导率是指把含有 1 mol 电解质的溶液置于相距为 1 m 的两平行板电极之间的电导,以 Λ_m 表示,其单位用 SI 单位制可表示为 $S \cdot m^2 \cdot mol^{-1}$,与电导率的关系为 $\Lambda_m = \kappa/C$(C 为该溶液的浓度,单位为 mol·m^{-3})。无限稀释溶液的摩尔电导率称为无限稀释摩尔电导率 Λ_m^∞,可由 Kohlrausch 离子独立移动定律求出($\Lambda_m^\infty = \nu_+ \Lambda_{m,+}^\infty + \nu_- \Lambda_{m,-}^\infty$)。

2. 弱电解质电离常数的测定

AB 型弱电解质在溶液中电离达到平衡时,电离平衡常数 K_a 与原始浓度 C 和电离度 α 有以下关系 $K_a = \dfrac{\alpha^2 (C/C^\ominus)}{1-\alpha}$。对 HAc 等弱电解质有

$$\alpha = \Lambda_m / \Lambda_m^\infty, \quad K_a = \frac{\Lambda_m^2 (C/C^\ominus)}{\Lambda_m^\infty (\Lambda_m^\infty - \Lambda_m)}$$

则

$$(C/C^\ominus)\Lambda_m = (\Lambda_m^\infty)^2 K_a \frac{1}{\Lambda_m} - \Lambda_m^\infty K_a$$

以 $(C/C^\ominus)\Lambda_m$ 对 $1/\Lambda_m$ 作图,其直线的斜率为 $(\Lambda_m^\infty)^2 K_a$,已知 Λ_m^∞,可求 K_a。

3. 难溶盐溶度积 K_{sp} 的测定

对 $BaSO_4$ 微溶盐饱和溶液来说,有

$$BaSO_4 \Longrightarrow Ba^{2+} + SO_4^{2-}$$

$$K_{sp} = \left[\frac{C(Ba^{2+})}{C^\ominus} \right] \left[\frac{C(SO_4^{2-})}{C^\ominus} \right]$$

由于微溶盐的溶解度很小,饱和溶液的浓度很低,可以认为是无限稀释溶液。Λ_m 可以认为就是 $\Lambda_{m,BaSO_4}^\infty = \Lambda_{m,Ba^{2+}}^\infty + \Lambda_{m,SO_4^{2-}}^\infty$。

C 为饱和溶液中微溶盐的溶解[$C = C(Ba^{2+}) = C(SO_4^{2-})$],则

$$\Lambda_{m,BaSO_4}^\infty = \frac{\kappa(BaSO_4)}{C(BaSO_4)} [\kappa(BaSO_4) \text{ 是纯微溶盐 } BaSO_4 \text{ 的电导率}]$$

在实验中所测定的饱和溶液的电导率值为盐 $BaSO_4$ 与水的电导率之和

$$\kappa_{溶液} = \kappa(H_2O) + \kappa(BaSO_4)$$

这样,整个实验可由测得的微溶盐 $BaSO_4$ 饱和溶液的电导率,求出 $\kappa(BaSO_4)$,再求溶解度 $C = C(Ba^{2+}) = C(SO_4^{2-})$,进而求得 K_{sp}。

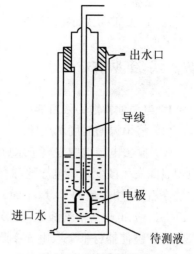

图 6.18　电导池示意图

三、器材与试剂

1. 仪器与材料

电导率仪 1 台、恒温槽 1 套、电导池 1 只、电导电极 1 只、容量瓶(100 mL)5 只、移液管(10 mL、50 mL)各 1 只、烧杯(100 mL、150 mL)各 1 只、洗瓶 1 只、吸耳球 1 只。

2. 试剂

10.00 mol·L^{-1} KCl 溶液、1 000.0 mol·L^{-1} HAc 溶液、BaSO$_4$（AR）。

四、实验步骤

1. 电导池常数 l/A 标定

（1）将恒温槽温度调至（25.0±0.1）℃，按图 6.18 所示使恒温水流经电导池夹层。

（2）倾去电导池中去离子水（电导池不用时，应把铂黑电极浸在去离子水中，以免干燥致使表面发生改变），将电导池和合适的电导电极（$K=1.0$，200～2 000 μS·cm^{-1}）用去离子水洗涤后，并用少量的 10.00 mol·L^{-1} KCl（每升溶液含 KCl 0.743 65 g；25 ℃时 κ(KCl)=1 408 μS·cm^{-1}）溶液洗涤 2～3 次后，装入 10.00 mol·L^{-1} KCl 溶液恒温 10 min：① 按"MODE"键使器材呈"S"（电导率测量）、按"▲"或"▼"温度设定为 25 ℃；② 按"SET"键，通过"▲"或"▼"确定电极规格常数为 $K=1.0$，使电极常数闪烁显示；③ 按"▲"或"▼"使器材显示的电导率与标准溶液的相同（1 408 μS·cm^{-1}），这时闪烁显示的就是该电极的电极常数。

（3）再按"SET"键，电极常数设置结束，再按"MODE"键进入电导率测量状态。

2. 测定去离子水的电导率

倾去电导池中的 KCl 溶液，用电导水洗净电导池和铂电极，然后注入去离子水，恒温后测其电导（率）值，重复测定三次。

3. 测 HAc 电离常数 K_a

（1）在 100 mL 容量瓶中配制浓度为 20.0 mol·L^{-1}、40.0 mol·L^{-1}、60.0 mol·L^{-1}、80.0 mol·L^{-1}、100.0 mol·L^{-1} 的溶液 5 份。

（2）测定 HAc 溶液的电导率。倾去电导池中去离子水，将电导池和铂电极用少量待测 HAc 溶液洗涤 2～3 次，最后注入待测 HAc 溶液。恒温后，用电导率仪测其电导率，每种浓度重复测定三次。

按照浓度由小到大的顺序，测定各种不同浓度 HAc 溶液的电导率。

4. BaSO$_4$ 溶度积 K_{sp}的测定

取约 1 g BaSO$_4$，加入约 80 mL 去离子水，煮沸 3～5 min，静置片刻后倾掉上层清液、再加去离子水、煮沸、再倾掉清液，连续进行 5 次。第四次和第五次的清液分别放入电导池恒温 15 min 后测其电导率。若两次电导率值相近，则表明 BaSO$_4$ 中的杂质已清除干净，清液即为饱和 BaSO$_4$ 溶液。

实验完毕后仍将电极浸在去离子水中。

五、注意事项

1. 实验中温度要恒定，测量必须在同一温度下进行。恒温槽的温度要控制在（25.0±

0.1)℃。

　　2. 每次测定前,都必须将电导电极及电导池洗涤干净,以免影响测定结果。

六、实验数据记录及处理

　　1. 醋酸溶液的电离常数,数据列入表 6.13 中。

　　HAc 原始浓度:_____ mol·L^{-1};大气压:_____ kPa;室温:_____ mol·L^{-1}℃;实验温度:_____ ℃。

表 6.13　醋酸电离常数测定

$C/(mol·L^{-1})$	$k/(S·m^{-1})$	Λ_m	Λ_m^{-1}	$(C/C^\ominus)\Lambda_m$	K_a

　　2. 以 $(C/C^\ominus)\Lambda_m$ 对 $1/\Lambda_m$ 作图应得一直线,直线的斜率为 $(\Lambda_m^\infty)^2 K_a$,由此求得 K_a,并与上述结果进行比较。

　　3. $BaSO_4$ 的 K_{sp} 测定。

　　去离子水的电导率:_____ $S·m^{-1}$。

表 6.14　$BaSO_4$ 溶度积测定

$\kappa_{溶液}/(S·m^{-1})$	$\kappa_{BaSO_4}/(S·m^{-1})$	$C/(mol·L^{-1})$	K_{sp}

七、思考问题

　　1. 为什么要测电导池常数? 如何得到该常数?

　　2. 测电导率时为什么要恒温? 实验中测电导池常数和溶液电导率,温度是否要一致?

实验十三 离子迁移数的测定

一、实验目的

1. 掌握希托夫法测定电解质溶液中离子迁移数的基本原理和操作方法。
2. 掌握库仑计的使用。
3. 测定 $CuSO_4$ 溶液中 Cu^{2+} 和 SO_4^{2-} 的迁移数。

二、实验原理

在电场的作用下,即通电于电解质溶液,在溶液中则发生离子迁移现象,正离子向阴极移动,负离子向阳极移动。正、负离子共同承担导电任务,致使电解质溶液能导电,由于正负离子移动的速率不同,因此它们对任务分担的比例也不同,某一种离子迁移的电量与通过溶液总电量之比称为该离子的迁移数。

迁移数定义

$$t_+ = \frac{I_+}{I_+ + I_-}; \quad t_- = \frac{I_-}{I_+ + I_-}$$

式中 I_+、I_- 分别为正、负离子所负担的迁移的电量,t_+ 及 t_- 为相应离子的迁移数,图 6.19 给出了离子迁移示意图。

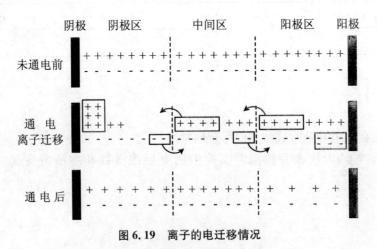

图 6.19 离子的电迁移情况

离子迁移数可以直接测定,方法有希托夫法、界面移动法和电动势法等。用希托夫法测定 $CuSO_4$ 溶液中 Cu^{2+} 和 SO_4^{2-} 的迁移数时,在溶液中间区浓度不变的条件下,分析通电前原溶液及通电后阳极区(或阴极区)溶液的浓度,比较等质量溶剂所含 MA 的量,可计算出通电后迁移出阳极区(或阴极区)的 MA 的量。通过溶液的总电量 Q 由串联在电路中的电量计测定,可算出 t_+ 和 t_-。

在迁移管中,两电极均为 Cu 电极,其中放 $CuSO_4$ 溶液。通电时,溶液中的 Cu^{2+} 在阴极上发生还原,而在阳极上金属银溶解生成 Cu^{2+}。因此,通电时一方面阳极区有 Cu^{2+} 迁移出,另一方面电极上 Cu 溶解生成 Cu^{2+},因而有

$$n_{迁} = n_{原} + n_{电} - n_{后}$$

$$t(C_u^{2+}) = \frac{n_{迁}}{n_{电}}, \quad t(SO_4^{2-}) = 1 - t(C_u^{2+})$$

式中,$n_{迁}$ 表示迁移出阳极区的电荷量,$n_{原}$ 表示通电前阳极区所含的电荷量,$n_{后}$ 表示通电后阳极区所含 Cu^{2+} 的量。$n_{电}$ 表示通电时阳极上 Cu 溶解(转变为 Cu^{2+})的量,等于铜电量计阴极上析出铜的量的 2 倍,可以看出希托夫法测定离子的迁移数至少需要以下两个假定:

(1) 电的输送者只是电解质的离子,溶剂水不导电。这一点与实际情况接近。

(2) 不考虑离子水化现象。

实际上,正、负离子所带水量不一定相同,因此电极区电解质浓度的改变,部分是由于水迁移所引起的,这种不考虑离子水化现象所测得的迁移数称为希托夫迁移数。

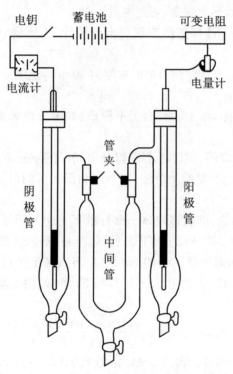

图 6.20　希托夫法测定离子迁移数装置图

361

三、器材与试剂

1. 仪器与材料

迁移管 1 套、铜电极 2 只、离子迁移数测定仪 1 台、铜电量计 1 台、分析天平 1 台、碱式滴定管(250 mL)1 只、碘量瓶(100 mL)1 只、碘量瓶(250 mL)1 只、移液管(20 mL)3 只。

2. 试剂

KI 溶液(10%)、淀粉指示剂(0.5%)、硫代硫酸钠溶液(0.12 mol·L^{-1})、$K_2Cr_2O_7$ 溶液(0.015 mol·L^{-1})、H_2SO_4(2 mol·L^{-1})、硫酸铜溶液(0.05 mol·L^{-1})、KSCN 溶液(10%)、HCl 溶液(4mol·L^{-1})。

四、实验步骤

1. 水洗干净迁移管,然后用 0.05 mol·L^{-1} 的 $CuSO_4$ 溶液洗净迁移管,并安装到迁移管固定架上。电极表面若有氧化层,用细砂纸打磨。

2. 将铜电量计中阴极铜片取下,先用细砂纸磨光,除去表面氧化层,用蒸馏水洗净,用乙醇淋洗并吹干,在分析天平上称重,装入电量计中。

3. 连接好迁移管、离子迁移数测定仪和铜电量计(注意铜电量计中的阴、阳极切勿接错)。

4. 接通电源,按下"稳流"键,调节电流强度为 20 mA,连续通电 90 min。

5. 滴定 $Na_2S_2O_3$ 溶液。

6. 取 3 个碘量瓶,洗净,烘干,冷却,天平称重(如用分析天平称则不能带盖称,防止加入溶液后称量时超出量程)。

7. 停止通电后,迅速取阴、阳极区溶液以及中间区溶液称重,滴定(从迁移管中取溶液时电极需要稍稍打开,尽量不要搅动溶液,阴极区和阳极区的溶液需要同时放出,防止中间区溶液的浓度改变)。

$Na_2S_2O_3$ 标准液的滴定:准确移取 20 mL 标准 $K_2Cr_2O_7$ 溶液于 250 mL 的碘量瓶中,加入 4 mL 6 mol·L^{-1} 的 HCl 溶液,8 mL 10% 的 KI 溶液,摇匀后放在暗处 5 min,待反应完全后,加入 80 mL 蒸馏水,立即用待滴定的 $Na_2S_2O_3$ 溶液滴定至近终点,即溶液呈淡黄色,加入 0.5% 的淀粉指示剂 1 mL(大约 10 滴),继续用 $Na_2S_2O_3$ 溶液滴定至溶液呈现亮绿色为终点。

$$c(Na_2S_2O_3) = \frac{c(K_2Cr_2O_7)V(K_2Cr_2O_7)}{V(Na_2S_2O_3)}$$

$CuSO_4$ 溶液的滴定:每 10 mL $CuSO_4$ 溶液(约 10.03 g),加入 1 mL 2 mol·L^{-1} 的 H_2SO_4 溶液,加入 3 mL 10% 的 KI 溶液,塞好瓶盖,振荡,置暗处 5~10 min,以 $Na_2S_2O_3$ 标准溶液滴定至溶液呈淡黄色,然后加入 1 mL 淀粉指示剂(指示剂不用加倍),继续滴定至浅蓝色,再加入 2.5 mL 10% 的 KSCN 溶液,充分摇匀(蓝色加深),继续滴定至蓝色恰好消失

（呈砖红色）为终点。

五、注意事项

1. 实验中的铜电极必须是纯度为 99.999％的电解铜。

2. 实验过程中凡是能引起溶液扩散、搅动等发生的因素必须避免。电极阴、阳极的位置能对调；迁移数管及电极不能有气泡；两极上的电流密度不能太大。

3. 使用电泳仪的直流电源设备要注意接上或断开外电源时，器材的开关应处在闭合的位置。

4. 本实验由铜库仑计的增重计算电量，因此称量及前处理都很重要，需仔细进行。

六、数据记录及处理

室温：_____℃，大气压：_____ kPa，水的饱和蒸气压：_____ mL。

气体库仑计读数：终：_____，始：_____，气体体积：_____ mL。

阴极区溶液重：烧杯加溶液重：_____ g，空烧杯重：_____ g。

1. 从中间区分析结果得到每克水中所含的硫酸铜克数。

$$硫酸铜的克数 = 滴定中间部的体积 \times 硫代硫酸钠的浓度 \times 159.6$$

$$水的克数 = 溶液克数 - 硫酸铜的克数$$

由于中间部溶液的浓度在通电前后保持不变，因此，该值为原硫酸铜溶液的浓度，通过计算该值可以得到通电前后阴极部和阳极部硫酸铜溶液中所含的硫酸铜质量（g）。

2. 通过阳极区溶液的滴定结果，得到通电后阳极区溶液中所含的硫酸铜的质量（g），并得到阳极区所含的水量，从而求出通电前阳极区溶液中所含的硫酸铜质量（g），最后得到 $n_{后}$ 和 $n_{前}$。

3. 由电量计中阴极铜片的增量，算出通入的总电量，即

$$铜片的增量 / 铜的摩尔质量 = n_{电}$$

4. 代入公式得到离子的迁移数。

5. 计算阴极区离子的迁移数，与阳极区的计算结果进行比较、分析。

七、思考题

1. 通过电量计阴极的电流密度为什么不能太大？

2. 通电前后中部区溶液的浓度改变，须重做实验，为什么？

3. 在通电情况相同时，希托夫管的容积是大好还是小好？

4. 如以阳极区电解质溶液的浓度计算 $t(\mathrm{Cu}^{2+})$，应如何进行？

实验十四　Fe(OH)₃溶胶制备及其 ζ 电势的测量

一、实验目的

　1. 学会制备和纯化 $Fe(OH)_3$ 溶胶。
　2. 掌握电泳法测定 $Fe(OH)_3$ 溶胶电动电势的原理和方法。

二、实验原理

　　溶胶的制备方法可分为分散法和凝聚法。分散法是用适当方法把较大的物质颗粒变为胶体大小的质点；凝聚法是先制成难溶物的分子(或离子)的过饱和溶液，再使之相互结合成胶体粒子而得到溶胶。$Fe(OH)_3$ 溶胶的制备就是采用凝聚法即通过化学反应使生成物呈过饱和状态，然后粒子再结合成溶胶。

　　制成的胶体体系中常有其他杂质存在，而影响其稳定性，因此必须纯化。常用的纯化方法是半透膜渗析法。

　　在胶体分散体系中，由于胶体本身的电离或胶粒对某些离子的选择性吸附，使胶粒的表面带有一定的电荷。在外电场作用下，胶粒向异性电极定向泳动，这种胶粒向正极或负极移动的现象称为电泳。荷电的胶粒与分散介质间的电势差称为电动电势，用符号 ζ 表示。

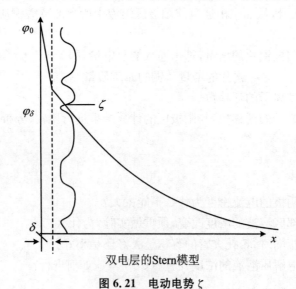

双电层的Stern模型

图 6.21　电动电势 ζ

电动电势的大小直接影响胶粒在电场中的移动速率。原则上,任何一种胶体的电动现象都可以用来测定电动电势,其中最方便的是用电泳现象中的宏观法来测定,也就是通过观察溶胶与另一种不含胶粒的导电液体的界面在电场中移动速率来测定电动电势。电动电势 ζ 与胶粒的性质、介质成分及胶体的浓度有关。在指定条件下,ζ 的数值可根据亥姆霍兹方程式计算

$$\zeta = \frac{K\eta u}{\varepsilon_r \varepsilon_0 H}$$

式中,K 为与胶粒形状有关的常数(对于球形胶粒 $K=1.5$,棒形胶粒 $K=1.0$,在实验中均按棒形粒子看待);η 为介质的黏度($25\ ^{\circ}\text{C}$,$0.890\ 3\times 10^{-3}\ \text{Pa·s}$);$u=l/t$ 为电泳速率(m·s^{-1});ε_r 为介质的相对介电常数[水的 $\varepsilon_r=80.0-0.4(T-293)$];$\varepsilon_0$ 为真空介电常数($\varepsilon_0=8.854\times 10^{-12}\ \text{C·N}^{-1}\text{·m}^{-1}$);$H=E/L$ 为电位梯度(V·m^{-1}),即单位长度上的电位差。

三、器材与试剂

1. 仪器与材料

DYJ 电泳实验装置 1 台、电导率仪 1 台、超级恒温槽 1 台、万用电炉 1 台、秒表 1 块、铂电极 2 只、锥形瓶(250 mL)1 只、烧杯(800 mL、250 mL、100 mL)各 1 个、容量瓶(100 mL)1 只、滴管 2 支。

2. 药品

火棉胶、$FeCl_3$(10%)溶液、KCNS(1%)溶液、$AgNO_3$(1%)溶液、0.1 mol·dm³ HCl 溶液。

四、实验步骤

1. Fe(OH)₃ 溶胶的制备及纯化

(1) 半透膜的制备

在一个内壁洁净、干燥的 250 mL 锥形瓶中,加入约 10 mL 火棉胶液,小心转动锥形瓶,使火棉胶液粘附在锥形瓶内壁上形成均匀薄层,倾出多余的火棉胶于回收瓶中。此时锥形瓶仍需倒置,并不断旋转,待剩余的火棉胶流尽,使瓶中的乙醚蒸发至已闻不出气味为止(此时用手轻触火棉胶膜,已不粘手)。然后再往瓶中注满水(若乙醚未蒸发完全,加水过早,则半透膜发白),浸泡 10 min。倒出瓶中的水,小心用手分开膜与瓶壁之间隙。慢慢注水于夹层中,使膜脱离瓶壁,轻轻取出,在膜袋中注入水,观察有否漏洞,如有小漏洞,可将此洞周围擦干,用玻璃棒蘸取火棉胶补之。制好的半透膜不用时,要浸放在蒸馏水中。

(2) 用水解法制备 Fe(OH)₃ 溶胶

在 250 mL 烧杯中,加入 100 mL 蒸馏水,加热至沸,慢慢滴入 5 mL(10%)$FeCl_3$ 溶液,并不断搅拌,加毕继续保持沸腾 5 min,即可得到红棕色的 Fe(OH)₃ 溶胶。其结构式可表示为 $\{[\text{Fe(OH)}_3]_m n\text{FeO}^+ (n-x)\text{Cl}^-\}^{x+} x\text{Cl}^-$。在胶体体系中存在过量的 H^+、Cl^- 等离子需要除去。

（3）用热渗析法纯化 Fe(OH)$_3$ 溶胶

将冷至 50 ℃的 40 mL Fe(OH)$_3$ 溶胶,注入半透膜内用线拴住袋口,置于 800 mL 的清洁烧杯中,杯中加蒸馏水约 300 mL,维持温度在 50 ℃左右,进行渗析。约 10 min 换一次蒸馏水,渗析 10 次后,取出 1 mL 渗析水,分别用 1% AgNO$_3$ 及 1% KCNS 溶液检查是否存在 Cl$^-$ 及 Fe^{3+},如果仍存在,应继续换水渗析,直到检查不出为止,将纯化过的 Fe(OH)$_3$ 溶胶移入一清洁干燥的 100 mL 小烧杯中待用。

2. 配制 HCl 溶液

调节恒温槽温度为(25.0±0.1) ℃,用电导率仪测定 Fe(OH)$_3$ 溶胶在 25 ℃时的电导率,然后配制电导率与之相同的 HCl 溶液。方法是根据 25 ℃时 HCl 电导率-浓度关系(表 6.15),用内插法求算与该电导率对应的 HCl 浓度,并在 100 mL 容量瓶中配制该浓度的 HCl 溶液。

表 6.15　25 ℃下,HCl 溶液浓度与 κ 的关系

$C/(\text{mol} \cdot \text{L}^{-1})$	0.000 5	0.001	0.005	0.01	0.02
$\kappa/(\text{mS} \cdot \text{cm})$	0.211 27	0.421 15	2.077 95	4.118	8.140 8

由上面数据回归的电导率计算浓度的公式为:$C=0.002\,5\kappa-6.3\times10^{-5}$。

3. 装置器材

关闭图 6.22 中干净 U 形电泳管底部活塞,加入 10~15 mL 与胶体溶液电导率相同的稀 HCl 溶液。将铂电极插入 U 形管,铂电极应保持垂直。将渗析好的 Fe(OH)$_3$ 溶胶加入到与 U 形管相连的侧管中,轻轻打开活塞,使 Fe(OH)$_3$ 溶胶缓慢流入 U 形管,并保持两液相间的界面清晰。加入溶胶量使得液相界面高出 U 形管刻度 2 cm 以上,且两极须浸入 HCl 溶液液面下,记下胶体液面的高度位置。

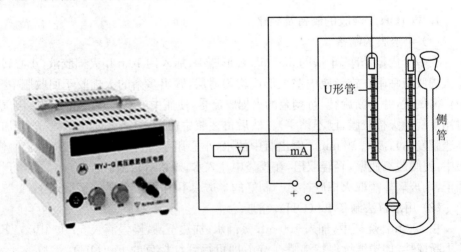

图 6.22　电泳器材装置图

4. 测定溶胶电泳速率

经教师检查后,打开直流稳压电源,调节电压为 40 V 后,迅速接通电极,并记时,约 30 min 后断开电源。记下准确的通电时间 t 和溶胶面上升的距离 l。从伏特计上读取电压 E,并且量取两极之间的距离 L(两极片中点间的中线距离)。

实验结束后,拆除线路。用自来水洗电泳管多次,最后用蒸馏水洗一次。

五、注意事项

1. 在制备半透膜时,一定要使整个锥形瓶的内壁上均匀地附着一层火棉胶液。在取出半透膜时,一定要借助水的浮力将膜托出。

2. 制备 $Fe(OH)_3$ 溶胶时,$FeCl_3$ 一定要逐滴加入,并不断搅拌。

3. 纯化 $Fe(OH)_3$ 溶胶时,换水后要渗析一段时间再检查 Fe^{3+} 及 Cl^- 的存在。

4. 量取两电极的距离时,要沿电泳管的中心线量取。

六、实验数据记录及处理

1. 将实验数据记录于表 6.16 中。

温度:_____℃;大气压:_____Pa;外加电压 E:_____V;两极间 L:_____m。

表 6.16　$Fe(OH)_3$ 溶胶电势的测量

界面移动距 l/m	
所用时间 t/s	
电泳速率 $u/m \cdot s^{-1}$	

2. 计算 ζ 电势。

七、思考题

1. 本实验中所用的稀盐酸溶液的电导为什么必须和所测溶胶的电导率相等或尽量接近?

2. 电泳的速率与哪些因素有关?

3. 在电泳测定中如不用辅助液体,把两电极直接插入溶胶中会发生什么现象?

实验十五 电池电动势的测定及其应用

一、实验目的

1. 学会电极和盐桥的制备方法。
2. 掌握可逆电池电动势的测量原理和电位差计的操作技术。
3. 通过电池电动势测定求 $\Delta_r G_m$、$\Delta_r S_m$ 和 $\Delta_r H_m$。

二、实验原理

满足"反应可逆(电池电极反应可逆)和能量可逆(充放电电流无限小)及电池中无不可逆液接界"的电池叫可逆电池。可逆电池的电动势可看作是正、负两个电极的电势之差($E=\varphi_+ -\varphi_-$),有很多重要的用处。如

$$Ag(s)\text{-}AgCl(s)\mid KCl(0.100\ 0\ mol \cdot kg^{-1}) \parallel AgNO_3(0.100\ 0\ mol \cdot kg^{-1})\mid Ag(s)$$

银电极反应:　　　　　　$Ag^+ + e \longrightarrow Ag$

银-氯化银电极反应:　　$Ag + Cl^- \longrightarrow AgCl + e$

总的电池反应为:　　　　$Ag^+ + Cl^- = \!\!=\!\!= AgCl(s)$

定温定压下

$$\Delta_r G_m = - ZFE$$

$$\Delta_r S_m = ZF \left(\frac{\partial E}{\partial T}\right)_p$$

$$\Delta_r H_m = - ZFE + ZFT \left(\frac{\partial E}{\partial T}\right)_p$$

式中,F 为法拉弟(Farady)常数,Z 为电极反应式中电子的计量系数的最小公倍数,$\left(\frac{\partial E}{\partial T}\right)_p$ 是电池的温度系数,可通过不同温度下(20 ℃、25 ℃、30 ℃、35 ℃、40 ℃、45 ℃、50 ℃)电动势的测定,作 E-T 图,从曲线斜率可求得。

实际测量中,电极必须可逆,测电动势必须用电位差计,有液接电势的必须用正负离子迁移数接近的"盐桥"来消除。

三、器材与试剂

1. 仪器与材料

电位差计 1 台、直流复射式检流计 1 台、精密稳压电源(或蓄电池)1 台、标准电池 1 只、

368

银丝(长 10 cm,直径 1 mm)2 根、铂电极 1 只、毫安表 1 只、滑线电阻 1 只、盐桥 1 只、超级恒温槽 1 台、恒温夹套烧杯 2 只、烧杯(50 ml)1 只。

2. 试剂

KCl ($0.100\ 0\ mol \cdot kg^{-1}$)、$AgNO_3$ ($0.100\ 0\ mol \cdot kg^{-1}$)、HCl ($1\ mol \cdot dm^{-3}$)、$3\ mol \cdot dm^{-3}$ HNO_3、琼脂(C. P.)、饱和 KNO_3 溶液、蒸馏水。

四、实验步骤

1. 电极和盐桥的制备

(1) 银电极的制备

取一直径 1 mm 的纯银丝,先用丙酮洗去表面的油污,在 $3\ mol \cdot L^{-1}$ HNO_3 溶液中侵蚀以下,再用蒸馏水洗净、擦干,然后浸入 $0.100\ 0\ mol \cdot kg^{-1}$ $AgNO_3$ 溶液(约 3 cm)作为本次实验用的银电极。

(2) Ag-AgCl 电极制备

取一直径 1 mm 的纯银丝,先用丙酮洗去表面的油污,在 $3\ mol \cdot L^{-1}$ HNO_3 溶液中侵蚀一下,再用蒸馏水洗净、擦干。插入 $1\ mol \cdot dm^{-3}$ HCl 溶液中(约 3 cm)作为正极,以 Pt 电极作负极,电镀,控制电流为 2 mA 左右,镀 30 min,得呈紫褐色的 Ag/AgCl 电极。用蒸馏水洗净电极表面,擦干,插入 $0.100\ 0\ mol \cdot kg^{-1}$ KCl 溶液中,作为本次实验用的 Ag/AgCl 电极。复合电极的制备电路图如图 6.23 所示。

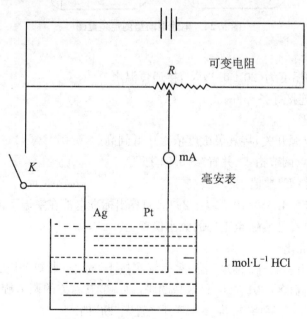

图 6.23　Ag/AgCl 复合电极制备电路图

（3）盐桥制备

称取 1 g 琼脂放入 50 mL 饱和 KNO_3 溶液中，浸泡片刻，再缓慢加热至沸腾，待琼脂全部溶解后稍冷，将洗净的盐桥管插入琼脂溶液中，从管的上口将溶液吸满（管中不能有气泡），保持此充满状态冷却到室温，即凝固成冻胶固定在管内。取出擦净备用。

2. 电池组装

如图 6.24 所示，组装电池。

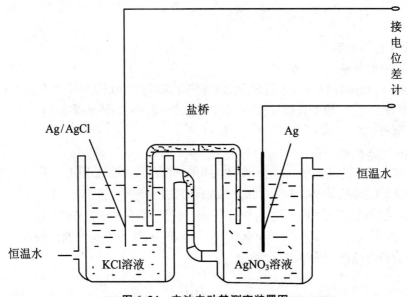

图 6.24　电池电动势测定装置图

3. 电动势测定

（1）调节恒温槽温度为（20±0.1）℃，接通恒温水。

（2）按图 6.24 连接好各部件。

① "检流计"调零

先打开 220 V 电源开关，将其灵敏度依次从低到高（×0.01、×0.1、×1 挡），用"零点调节"旋钮分别进行零点调节指零、并置"×0.01 挡"。

② 温度补偿调整 E_s 数值

据 $E_s = 1.018\,45 - 4.05 \times 10^{-5}(T - 293.15)$ 算出标准电池在室温下的电动势大小，并在电位差计上调节温度补偿旋钮至正确的大小位置上。

③ 工作电流标准化

将"标准/未知"开关置于"标准"挡，然后依次按下"标准/未知"开关下方的"粗"、"细"钮，依灵敏度从低到高（×0.01、×0.1、×1）顺序，再调节其右方的调节旋钮直至"检流计"指零、并置"×0.01 挡"。然后将"标准/未知"开关置于"断"挡。

④ 测定 E

将"标准/未知"开关置于"未知"挡，依灵敏度从低到高（×0.01、×0.1、×1）顺序，调节六个读数盘使"检流计"指零,此时六个读数盘的示数之和即为所测电池的 E。

（3）用(2)法分别测定 25 ℃、30 ℃、35 ℃、40 ℃、45 ℃、50 ℃下的电池电动势。

五、注意事项

1. 制备电极时,防止将正负极接错,并严格控制电镀电流。

2. 为保证所测电池电动势的正确,必须严格遵守电位差计的正确使用方法。当数值稳定在 ± 0.1 mV 之内时即可认为电池已达到平衡。

六、实验数据记录及处理

1. 数据记录。

室温:_____ ℃。并将相关数据记入表 6.17 中。

表 6.17　不同温度下电池电动势

$T/℃$	20	25	30	35	40	45	50
E/V							

2. 作 E-T 曲线,求出 25 ℃下的 $\left(\dfrac{\partial E}{\partial T}\right)_p$ 和 $\Delta_r G_m$、$\Delta_r S_m$、$\Delta_r H_m$。

七、思考题

1. 电位差计、标准电池、检流计及工作电池各有什么作用? 如何保护及正确使用?
2. 若电池的极性接反了,有什么后果?
3. 盐桥有什么作用? 选作盐桥的物质应具备什么条件?

实验十六　线性电位扫描法测定镍的钝化行为

一、实验目的

1. 了解金属钝化行为的原理和测量方法。
2. 掌握用线性电位扫描法测定金属镍在酸性溶液中的阳极极化曲线和钝化行为。

二、实验原理

1. 金属的钝化

金属的阳极过程是指金属作为阳极时在一定的外电势下发生的阳极溶解过程,如 $M \longrightarrow M^{n+} + ne$。此过程只有在电极电势正于其热力学电势时才能发生。阳极的溶解速率随电位变正而逐渐增大,这是正常的阳极溶出,但当阳极电势正到某一数值时,其溶解速率达到最大值,此后阳极溶解速率随电势变正反而大幅度降低,这种现象称为金属的钝化现象。

2. 极化曲线的测定(恒电位法)

恒电位法就是将研究电极依次恒定在不同的数值上,然后测量对应于各电位下的电流。极化曲线的测量应尽可能接近体系稳态。稳态体系指被研究体系的极化电流、电极电势、电极表面状态等基本上不随时间而改变。在实际测量中,常用的控制电位测量方法有以下两种:

(1) 静态法:将电极电势恒定在某一数值,测定相应的稳定电流值,如此逐点地测量一系列各个电极电势下的稳定电流值,以获得完整的极化曲线。对某些体系,达到稳态可能需要很长时间,为节省时间,提高测量重现性,往往人们自行规定每次电势恒定的时间。

(2) 动态法:控制电极电势以较慢的速率连续地改变(扫描),并测量对应电位下的瞬时电流值,以瞬时电流与对应的电极电势作图,获得整个的极化曲线。一般来说,电极表面建立稳态的速率愈慢,则电位扫描速率也应愈慢。因此对不同的电极体系,扫描速率也不相同。为测得稳态极化曲线,人们通常依次减小扫描速率测定若干条极化曲线,当测至极化曲线不再明显变化时,可确定此扫描速率下测得的极化曲线即为稳态极化曲线。同样,为节省时间,对于那些只是为了比较不同因素对电极过程影响的极化曲线,则选取适当的扫描速率绘制准稳态极化曲线就可以了。

上述两种方法都已经获得了广泛应用,尤其是动态法,由于可以自动测绘,扫描速率可控制一定,因而测量结果重现性好,特别适用于对比实验。用动态法测量金属的阳极极化曲线时,对于大多数金属均可得到如图 6.25 所示的形式。

① AB 段为活性溶解区,此时金属进行正常的阳极溶解,阳极电流随电势的变化符合塔菲尔公式。

② BC 段为过渡钝化区,电势达到 B 点时,电流为最大值,此时的电流称为钝化电流,所对应的电势称为临界电势或钝化电势。电势过 B 电后,金属开始钝化,起溶解速率不断降低并过渡到钝化状态。

③ CD 段为稳定钝化区,在该区域中金属的溶解速率基本上不随电势而改变。此时的电流称为钝态金属的稳定溶解电流。

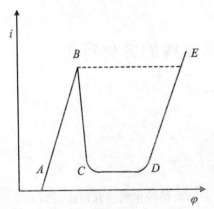

图 6.25　金属的阳极钝化曲线

④ DE 段为过钝化区，D 点之后阳极电流又重新随电势的正移而增大，此时可能是高价金属离子的产生；也可能是水的电解而析出 O_2；还可能是两者同时出现。

三、器材与试剂

1. 仪器与材料

CHI 电化学分析仪、计算机、盐桥、辅助电极、参比电极。

2. 试剂

0.5 cm 镍盘、0.1 mol·L^{-1} H_2SO_4 溶液、KCl 溶液。

四、实验步骤

分别测量 Ni 在 0.1 mol·L^{-1} H_2SO_4、0.1 mol·L^{-1} H_2SO_4＋0.01 mol·L^{-1} KCl，0.1 mol·L^{-1} H_2SO_4＋0.4mol·L^{-1} KCl 和 0.1 mol·L^{-1} H_2SO_4＋0.1 mol·L^{-1} KCl 溶液中的阳极极化曲线。

1. 打开器材和计算机的电源开关，预热 10 min。研究电极用 06♯金相砂纸打磨后，用重蒸馏水冲洗干净，擦干后放入已洗净并装有 0.1 mol·L^{-1} H_2SO_4 溶液的电解池中。分别装好辅助电极和参比电极，并按图 6.26 接好测量线路。

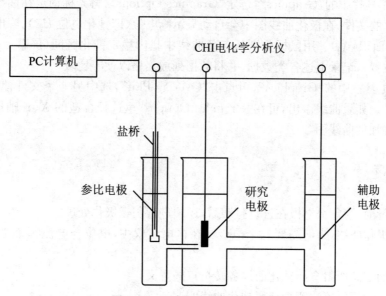

图 6.26 三电极测量装置示意图

2. 通过计算机使 CHI 电化学分析仪进入 Windows 工作界面；在工具栏里选中"Control"，此时屏幕上显示一系列命令菜单，再选中"Open Circuit Potential"，数秒钟后屏幕上即显示开路电位值；在工具栏里点击"T"（实验技术），再选中"Linear Sweep Voltamme-

try";然后在工具栏里选中"参数设定",在需设定参数的对话框里分别输入：

初始电位(init E)：设定为先前所测得的开路电位-0.1 V；

终止电位(final E)：设为 1.4 V；

扫描速率(scan rate)：0.01 V；

采样间隔(sample interval)：0.001 V；

初始电位下的极化时间(quiet time)：300 s；

电流灵敏度(sensitivity)：设为 0.001 A(10^{-3} A)。

设定参数后,点击"OK",再点击工具栏中的"运行"键,此时器材开始运行,屏幕即时显示极化时间值(即在初始电位下阴极极化)；300 s 后扫描开始,屏幕显示电流随电位的变化曲线；扫描结束后点击工具栏中的"Graphics",再点击"Graph Options",在对话框中分别填入电极面积和所用的参比电极及必要的注解,并将实验结果存盘。

3. 在原有的溶液中分别添加 KCl 使之成为 0.1 mol · L^{-1} H$_2$SO$_4$ + 0.01 mol · L^{-1} KCl, 0.1 mol · L^{-1} H$_2$SO$_4$ + 0.4 mol · L^{-1} KCl 和 0.1 mol · L^{-1} H$_2$SO$_4$ + 0.1 mol · L^{-1} KCl 溶液,重复上述步骤进行测量。每次测量前必须用金相砂纸打磨工作电极并清洗干净。

五、数据记录及处理

1. 打开工具栏中的"Graphics",选定"Graphics Options",将光标锁定在曲线轨迹中,分别打开已保存的文件,在极化曲线图中会自动显示峰电位(即钝化电位 $E_钝$)、峰电流(即钝化电流 $i_钝$)和峰面积(A_h)。用鼠标分别从各条曲线中找出稳定钝化区间(屏幕上会即时显示光标的坐标位置),记录上述各类数据,并将数据列成表格以便于比较。

2. 点击工具栏中的"Graphics",再点击"Overlay Plot",选中另 3 个文件使 4 条曲线叠加在一张图中。如果曲线溢出,可在"Graphics Options"里选择合适的 X、Y 轴量程再作图,然后打印已叠加的曲线图。

六、思考题

1. 在测量前,为什么电极在进行打磨后,还须进行阴极极化处理？

2. 测定极化曲线,为何需要三个电极？在恒电位仪中,电位与电流哪个是自变量？哪个是因变量？

3. 试说明实验所得金属钝化曲线各转折点的意义。

4. 是否可用恒电流法测量金属钝化曲线？

实验十七　CuInSe$_2$薄膜的电沉积法制备

一、实验目的

1. 了解电沉积的工作原理。
2. 掌握三电极法制备合金材料的具体操作。

二、实验原理

电沉积制备 CIS 薄膜是一种用特定的电解法(即电流流过电解液所产生的化学变化),在电极上沉积 CIS 薄膜的工艺,即利用阳离子和阴离子在电场作用下发生不同的氧化还原反应而在基体材料上电沉积出所需的 CIS 薄膜。

越活泼的金属,其电极电位(还原电位)越负。由于规定了氢标准电极的电位为零,所以比氢活泼的金属,其电极电位值为负,活泼性小于氢的金属的电极电位为正。

当有电流流过电极时,电极会发生极化,阳极电位越来越正,阴极电位越来越负。任何金属离子,在阴极电位足够负的条件下,原则上都应该或可能在电极上还原,也即发生金属沉积。还原电位更正的物质优先被还原,暂时稳定了电极的电位。金属离子的浓度也会对其在阴极的沉积速率有影响,与简单金属离子相比,络合物金属离子在电极上发生还原反应要困难一些。此外溶液中存在的阴离子,对金属离子在阴极上的还原也有显著影响。例如溶液中含氯离子时,几乎在所有情况下均能提高金属离子在阴极上的还原速率,SO_4^{2-}、OH^- 等的存在也有类似作用。

电沉积合金薄膜需要两个条件:① 在几种元素中,至少有一种能够独立沉积;② 几种元素的沉积电位必须十分接近,或者能够通过络合剂的作用做到这一点。在正常情况下,沉积电位最正的元素将优先沉积出来。

要 Cu、In、Se 三种元素共沉积,必须使它们的沉积电位尽可能接近或相等。而共沉积 CIS 薄膜的条件首先要考虑 Cu、In、Se 三种元素各自电沉积的基本电化学反应。

$$Cu^{2+} + 2e \Longleftrightarrow Cu, \varphi = 0.34 + 0.029\,5\log[\alpha(Cu^{2+})/\alpha(Cu)]$$

$$In^{3+} + 3e \Longleftrightarrow In, \varphi = -0.34 + 0.019\,7\log[\alpha(In^{3+})/\alpha(In)]$$

$$HSeO_2^- + 4H^+ + 4e + OH^- \Longleftrightarrow H_2SeO_3 + 4H^+ + 4e \Longleftrightarrow Se + 3H_2O$$

$$\varphi = 0.74 + 0.014\,8\log[\alpha(HSeO_2^-)/\alpha(Se)] - 0.044\,3\,pH$$

上述三个公式分别为根据能斯特方程由标准电极电位计算得到的溶液中 Cu^{2+}/Cu、In^{3+}/In 和 $HSeO_2^+/Se$ 电极的实际电位,其中 φ 是实际电极电位(相对于标准氢电极),

$\alpha(Cu^{2+})$、$\alpha(In^{3+})$ 和 $\alpha(HSeO_2^-)$ 是溶液中各个离子的活度,Cu^{2+}/Cu、In^{3+}/In 和 $HSeO_2^+/Se$ 的标准电极电位分别为 $0.34\ V$、$-0.34\ V$ 和 $0.74\ V$。可以看出 Cu^{2+}/Cu 和 $HSeO_2^+/Se$ 的标准电极电位比 In^{3+}/In 的高,所以要使 Cu、In、Se 三种元素共沉积,就必须适当选择 Cu^{2+}、In^{3+}、$HSeO_2^+$ 的浓度以及调整溶液的 pH 值,以使它们的沉积电位接近,从而达到共沉积结晶的目的。然而实验研究表明,仅仅依靠调节浓度和 pH 值是很困难的。图 6.27 是酸性条件下 Cu、In、Se 共沉积的电化学相图。

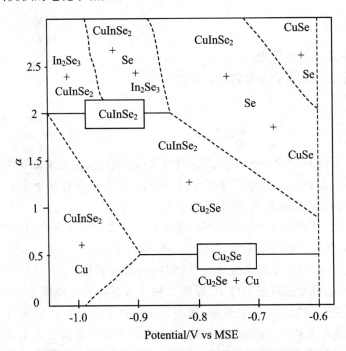

图 6.27 酸性条件下,Cu、In、Se 共沉积的电化学相图

最常用的方法是通过形成络合物来调节溶液中各离子的活度,所以采用络合剂是均衡元素共沉积电位最重要的方法。金属离子的络合过程会使其电位漂移向更加负(或惰性较小)的数值。漂移程度取决于络合剂浓度和络合能量(用络合常数来衡量)。最有效的络合剂是氰化物,它能与稳定性不同的许多金属形成络合物。氰化物与铜所形成的络合物极为稳定,因而,虽然溶液中金属铜离子的浓度高,但实际上其中的自由铜离子的浓度仍足够低,使 Cu^{2+}/Cu 的沉积电位变为几乎和 In^{3+}/In 一样负。而 In 虽然也被氰化物络合了,但其络合物比 Cu 的氰化络合物弱得多,对 In^{3+}/In 的沉积电位影响也比较小。这样经过络合物的调节作用,使 Cu^{2+}/Cu 和 In^{3+}/In 的电极电位比较接近,因而 Cu 及 In 都能容易地在氰化物溶液中形成共沉积。利用这种现象可使这三种元素的沉积电位更加接近,从而实现电沉积 CIS 薄膜。不过氰化物有毒,所以本实验中我们采用了无毒、环保的络合剂——柠檬酸钠。

1. 影响电沉积法制备 CIS 薄膜的因素

(1)电流和电压的影响

不同的薄膜材料必须在一定范围的电压和电流条件下才能获得。但是沉积过程中,随着沉积时间的变化,电流和电压均会相应变化:恒电流沉积时,电压逐渐升高;恒电压沉积时,电流逐渐减小。本实验中我们采用恒电位法电沉积制备 CIS 薄膜。

(2) 电解质溶液浓度的影响

电解质溶液浓度直接影响沉积膜的表面形貌、组成、结构均匀性、厚度及其性能。已有研究初步表明,电解质溶液的浓度减小通常导致粉状或树枝状层膜的形成,影响薄膜的附着力和电学性能。为了避免这个问题,可以通过向电解质溶液中加入合适的化学成分改变沉积电位。电解液中各种金属的浓度对膜的成分有直接影响,但金属的比例未必与薄膜设定组成相同。但电解溶液中金属的比例愈高,膜中它们的比例也愈高。

(3) 温度

温度会影响迁移率、扩散率,并常常对络合物的机制和稳定性有影响,还可能使添加剂分解。温度的提高一般将增加膜内惰性较强金属成分的含量,其影响与搅拌大致相同。但是由于温度改变时会造成一些间接的影响,如改变了络合物溶液的组成等,故情况稍微复杂些。通常沉积温度保持在室温条件下,为 20~25 ℃。

(4) 电流密度

一般来说,反应时电流密度不宜过大,过大会使金属离子析出速率过快,而使沉积物疏松,特别当有氧气同时析出时,析出物呈海绵状,或一边析出一遍脱落。但也不能太小,否则电解时间过长,影响效率,有时候甚至会沉积不上。通常,电流密度有一个范围,当电流在该范围内时,沉积出来的膜是满意的。

(5) 搅拌

为达到合适的沉积速率,需要采用搅拌。搅拌一般将增加膜内惰性较强金属成分的比例,故其作用与电流密度的影响相反。由于阴极面上加入了新鲜的溶液,并减小阴极膜厚度,采用搅拌将抵消阴极膜内惰性较强金属成分的快速消耗。

(6) 溶液的 pH 值

溶液的 pH 值对电解析出物的物理性质有影响。pH 值大时,阴极上析出的金属有可能被溶液中的溶解氧所氧化,从而降低了析出物的纯度。另外许多金属在 pH 值大的环境中易形成氢氧化物沉淀。pH 值小时,在酸性条件下电解,析出金属时可能伴有氢气产生,使电镀层呈海绵状。溶液的 pH 值对化学反应和成膜反应都有较大的影响,通常只有在一定的pH 值范围内,才能形成特定结构的膜材料。在调整沉积物的物理特性问题上,pH 值比其他因素更加重要。最佳 pH 值一般由试验确定,电解液的 pH 值一般在 1.5~2.0 之间。

(7) 析氢的影响

在大多数电解液中,阴极上除了金属的沉积外,总是或多或少有氢气析出,一般都是有害的,这在实验过程中应尽量避免。因为在阴极析氢时,其中一部分以原子氢的状态掺入到基体金属和镀层中,使金属和镀层的韧性下降而变脆。在某些情况下,阴极的氢气泡在整个电镀过程中,滞留在一个部位不脱落,就会在该处形成空洞。如果气泡在阴极表面产生周期性的滞留与脱落,就会造成镀层的麻点。在氢气析出时,基体金属表面裂纹和微孔等处会会集一定的吸附氢。当周围介质温度升高时,往往因膨胀而产生一种压力,使镀层鼓泡。所以在电沉积过程中一定要调节好沉积电位,避免氢气的析出而影响 CIS 薄膜的沉积质量。

三、器材与试剂

1. 仪器与材料

晶体管恒电位仪、计算机、盐桥、辅助电极、参比电极、石墨电极、聚四氟乙烯电镀槽。

2. 试剂

硫酸铜、锡酸、硫酸钠、硫酸铟、硫酸、无水乙醇、硝酸、丙酮。

四、实验步骤

1. 配制含硫酸铜、锡酸、硫酸铟的浓度分别为 $3\ \text{mmol} \cdot \text{L}^{-1}$、$6\ \text{mmol} \cdot \text{L}^{-1}$、$4\ \text{mmol} \cdot \text{L}^{-1}$ 的混合溶液，加入硫酸钠作为支撑电解质，利用硫酸调节溶液的 pH 值为 2 的电镀液 250 mL。同时将铜箔分别利用丙酮、硝酸、乙醇润洗，然后留作备用。

2. 使用圆柱形的，由聚氟乙烯材料制的电镀槽。槽底与槽身像螺栓与螺母一样连接。槽底中心是金属导体片，通过它向外引一根导线与电位仪上的阴极连接，金属导体向内在其上面放铜箔基体，槽底与槽身拧紧成电镀槽，如图 6.28 所示。

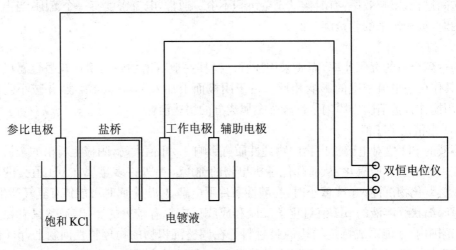

图 6.28 三电极电沉积系统示意图

3. 将配置好的电镀液倒入电镀槽，放入磁子，将电镀槽放入盛有一定体积水的烧杯中，置于带磁力搅拌的恒温槽中，设置水浴温度。

4. 将石墨阳极插入电镀槽中（注意不能碰到磁子）。检查各接触点是否接触良好。

5. 将电位仪上的"工作电源"控制按钮从"关"调至"自然"挡，此时电位显示为"$-0.63\ \text{V}$"，电流显示为"0.000"；再将按钮调至"极化"挡，通过"恒电流粗调"和"恒电流细调"将电流调至计算好的电流。从将按钮调至"极化"开始电沉积已经开始。

6. 观察到电镀槽里的铜箔基体上有物质沉积。30 min 后，将"工作电源"控制按钮从

"极化"挡调至"自然"挡,此时电流显示为"0.000";断开电位仪上的阴极接触点,将电镀槽从恒温槽中拿出,电镀液倒入干净的烧杯再用,取出磁子,拧开槽底与槽身,将电极片取出。

7. 将得到的电极片用无水乙醇清洗干净,干燥后放入干燥器备用。

8. 同时改变沉积的电压,比较不同电压对薄膜的组成的影响。

五、实验数据记录及处理

1. 将实验数据记录于表 6.18 中。

表 6.18　电沉积制备 CIS 薄膜数据记录表

	溶液配方				pH	温度/℃	时间/h	电流/mA
Cu-In-Se 薄膜	$HSeO_3$	$NaSO_4$	$CuSO_4$	$In_2(SO_4)_3$				

2. 对所获得的薄膜样品进行 X-射线衍射表征。

六、思考题

1. 比较不同电压对样品组成的影响?
2. 比较不同溶液的组成对样品组成的影响?

实验十八　煤的发热量的测定

一、实验目的

1. 掌握煤的发热量的氧弹热量测定法。

2. 了解发热量的相关概念——弹筒发热量、恒容高位发热量、恒容低位发热量和恒压低位发热量,以及他们之间的换算。

二、实验原理

发热量是衡量燃料品质的一项重要指标,掌握热值测定的计算方法,可为各行各业综合利用能源、节约能源、价格核算提供依据。

煤的发热量的测定就是设法测定一定量试样在完全燃烧时放出的热量。基本方法与蔗糖化学反应热测量相似。不同之处主要是需事先在氧弹内装约 10 mL 去离子水,空气风干的煤样(粒度小于 0.02 mm)需用已知燃烧热的擦镜纸包紧、充入的氧气量稍多(2.8~3.0 MPa,充氧时间为 15 s)。

能量守恒关系为

$$-W_{样} Q_{b} - l \cdot Q_{l} - W_{纸} Q_{纸} = (W_{水} C_{水} + C_{计})\Delta T$$

式中,$W_{纸}$ 和 $Q_{纸}$ 是擦镜纸的质量和燃烧热;Q_{b}(b 为 bomb 弹符号)是试样($W_{样}$)在恒容氧弹中的发热量,对苯甲酸来说就是 $-264\,72\ \mathrm{J} \cdot \mathrm{g}^{-1}$(用苯甲酸标定热量计热容 $C_{计}$ 时,由于样品是在压片机上压片不用擦镜纸包,所以上式左边第三项为零)。对煤等燃料品质试样就是弹筒发热量 $Q_{b,ad}$(ad 是空气干燥基 air dried basis 的缩写符号,单位 $\mathrm{J} \cdot \mathrm{g}^{-1}$),燃烧产物是 CO_2(g),H_2SO_4(aq),HNO_3(aq),H_2O(l)和固态灰分。即煤的弹筒发热量 $Q_{b,ad}$,则

$$Q_{b,ad} = -\frac{(W_{水} C_{水} + C_{计})\Delta T + l \cdot Q_{l} + W_{纸} Q_{纸}}{W_{样}}$$

由于煤在空气中燃烧,煤中的氮、硫、氢呈氮气、SO_2(g)、CO_2(g)逸出,煤中的水和氢都呈 H_2O(g)逸出,而在弹筒中燃烧则分别生成硝酸、硫酸和液态水放出热量。因此,煤的弹筒发热量 $Q_{b,ad}$ 要比煤在空气中燃烧产生的热量高。为了能与煤在工业锅炉中燃烧产生的实际热量相比较,引入恒容高位发热量 $Q_{gr,v,ad}$、恒容低位发热量 $Q_{net,v,ad}$ 和恒压低位发热量 $Q_{net,v,ad}$。

煤的恒容高位发热量 $Q_{gr,v,ad}$ 是指弹筒发热量 $Q_{b,ad}$ 减去硫酸校正热和硝酸生成热后得到的发热量[燃烧产物是 N_2(g)、SO_2(g)、CO_2(g)、液态水和固态灰分],公式是

$$Q_{gr,v,ad} = Q_{b,ad} - [94.1 w_{ad}(S_b) + \alpha Q_{b,ad}]$$

式中,$w_{ad}(S_b) = 1.6\left(\dfrac{c \cdot V}{W_{煤}} - \dfrac{\alpha Q_{b,ad}}{60}\right)$($c$ 为 NaOH 溶液的物质的量浓度 $\mathrm{mol} \cdot \mathrm{L}^{-1}$,$V$ 为滴定消耗的 NaOH 溶液的体积 mL)是由弹筒洗液测得煤的含硫量(质量分数%);94.1 为空气干燥基煤样中每 1%硫的校正值(单位 J);α 是硝酸生成热校正系数。当

$Q_{b,ad} \leqslant 16.7\ \mathrm{MJ} \cdot \mathrm{kg}^{-1}$ 时,$\alpha = 0.001\,0$

$16.7\ \mathrm{MJ} \cdot \mathrm{kg}^{-1} < Q_{b,ad} \leqslant 25.1\ \mathrm{MJ} \cdot \mathrm{kg}^{-1}$ 时,$\alpha = 0.001\,2$

$Q_{b,ad} > 25.10\ \mathrm{MJ} \cdot \mathrm{kg}^{-1}$ 时,$\alpha = 0.001\,6$

煤的恒容低位发热量 $Q_{net,v,ad}$ 是指恒容高位发热量 $Q_{gr,v,ad}$ 减去水(煤中原有的水和煤中氢燃烧生成的水)的汽化热后的发热量[燃烧产物是 N_2(g)、SO_2(g)、CO_2(g)、H_2O(g)和固态灰分]。计算公式是

$$Q_{net,v,ad} = [Q_{gr,v,ad} - 206\,w_{ad}(H)]\frac{100 - M_{ar}}{100 - M_{ad}} - 23 M_{ar}$$

式中,$w_{ad}(H)$ 是空气干燥基煤样中氢的质量分数%,M_{ad} 是空气干燥基煤样中水分的质量分数%,M_{ar}(as received basis 的缩写符号,以收到状态的煤为基准,煤炭运销、物料衡算、热平衡时常用)是收到基煤样中水分的质量分数。

由弹筒发热量 $Q_{b,ad}$ 算出的 $Q_{gr,v,ad}$、$Q_{net,v,ad}$ 都属于恒容状态,在工业燃烧中则是恒压状

态,严格说,工业计算中应使用恒压低位发热量 $Q_{net,p,ad}$。计算公式是

$$Q_{net,p,ad} = \left[Q_{gr,v,ad} - 212w_{ad}(H) - 0.80w_{ad}(O) - w_{ad}(N) \right] \frac{100 - M_{ar}}{100 - M_{ad}} - 24.4M_{ar}$$

式中,$w_{ad}(O)$是空气干燥基煤样中氧的质量分数%,$w_{ad}(N)$是空气干燥基煤样中氮的质量分数%。

三、器材与试剂

1. 仪器与材料

氧弹式量热计1套、温度计(0~50 ℃)1支;万用电表1个(公用);压片机2台(压苯甲酸和煤样;公用);氧气钢瓶和氧气减压阀各1只(公用);量筒3 000 mL、10 mL各1个(公用);直尺、剪刀各1把;擦镜纸;引燃用铁丝;振动磨样机(0.2 mm以下,几十秒)或手锤和钢乳钵;制样筛(方孔:25 mm、13 mm、6 mm、3 mm、1 mm、0.2 mm)。

2. 试剂

苯甲酸(AR),空气干燥基煤样(粒度小于0.02 mm),甲基橙指示剂。

四、实验步骤

(一) 热量计热容量 $C_卡$ 的测定

1. 样品压片,装置氧弹

将洁净、干燥坩埚称至称准0.1 mg,称取已干燥的苯甲酸0.95 g压成片并称准至0.1 mg后放入坩埚中。截取约15 cm燃烧丝,中间绕4~5个小圈放在样品中间,另两端分别绕在电极下端,放上弹头并旋紧,用万用表测电阻约6 Ω。

2. 充氧气

将进气管缓慢地通入氧气直到弹内压力为1.0~1.5 MPa,再用万用表测电阻约6 Ω。

(1) 安装并连接各部件

按线路图连接各部件后将电源打开。将充有氧气的氧弹放入热量计内筒中,加入已被调节到低于室温约1 ℃的自来水3 kg于盛水桶内(称准到0.5 g,水应淹到氧弹进气阀高度的2/3处),插好电极帽,先用数字式精密温差测量仪的测温探头插入恒温水夹套中测出环境温度(即雷诺校正图中的J点),然后将其插入内筒(不得接触内筒壁)。

(2) 点火并测量

经教师检查无误后开启电源,搅拌器。每隔1 min读取温度1次,15 min后按下点火键点火。点火成功后每隔0.5 min读取温度1次,直到两次读数差值小于0.005 ℃后,再改为每隔1 min读取温度1次,继续15 min后停止实验。

(3) 拆卸并归位

取出氧弹,缓慢松开氧弹放气阀,在1 min左右放尽气体。拧开并取下氧弹盖,量出未

燃尽的燃烧丝长度。洗涤并擦干氧弹内外并清理归位待用。

(二) 煤的弹筒发热量 $Q_{b,ad}$ 的测定

1. 煤样制备

在粉碎成 0.2 mm 的煤样之前用磁铁将煤样中的铁屑吸去，再粉碎到全部通过 0.2 mm 筛子，并使之达到空气干燥状态（在盘中摊薄，50 ℃下连续干燥 1 h，质量变化小于 0.1% 为止），装入试样瓶待用。

2. 称样与装置氧弹

称取已用干燥空气干燥的煤试样 0.9～1.1 g，用擦镜纸包紧并称准至 0.1 mg 后放入坩埚中，截取约 15 cm 燃烧丝、中间绕 4～5 个小圈放在样品中间，另两端分别绕在电极下端，弹筒中加 10 mL 去离子水。放上弹头并旋紧，用万用表测电阻约 6 Ω。

3. 充氧气

将进气管缓慢地通入氧气直到弹内压力为 2.8～3.0 MPa（充气时间不少于 15 s），再用万用表测电阻约 6 Ω。

4. 安装并连接各部件

步骤同（一）。

5. 点火并测量

步骤同（一）。

6. 拆卸、收集弹筒洗液

取出内筒和氧弹，缓慢松开氧弹放气阀并用导管把废气引入装有适量 NaOH 标准溶液的三角瓶中，放气过程不少于 1 min，拧开并取下氧弹盖，观察试样，如有燃烧不完全则实验作废。用去离子水冲洗弹筒各部分，把全部洗液都收集在三角瓶中。

7. 测定弹筒洗液中的酸

将上述洗液煮沸 1～2 min，取下冷却后，以甲基橙为指示剂，用 0.1 mol·mL^{-1} NaOH 溶液滴定到终点。记下 NaOH 溶液的总消耗量 V(mL)。

8. 量出未燃燃烧丝长度，整理归位

量出未燃尽的燃烧丝长度，倒掉内筒水、擦干氧弹内外并清理归位待用。

五、注意事项

1. 待测样品需干燥，受潮样品不易燃烧且称量有误。

2. 在样品燃烧丝接入电路之前，一定要将控制器电源开关打开。否则脉冲电流会将刚接入回路的样品点燃，导致实验失败。

六、实验数据记录及处理

1. 苯甲酸

(1) 质量：＿＿＿＿＿g；铁丝长：＿＿＿＿＿cm；水：＿＿＿＿＿g。

(2) 时间-温度数据。

表 6.19　测定苯甲酸燃烧时间-温度记录表

时间	温度	时间	温度	时间	温度	时间	温度

(3) 雷诺温度校正图及 ΔT

(4) $C_卡$

2. 煤样

(1) 质量＿＿＿＿＿g；擦镜纸＿＿＿＿＿g；铁丝长：＿＿＿＿＿cm；水＿＿＿＿＿g。

(2) 时间-温度数据。

表 6.20　煤样燃烧测发热量 $Q_{b,ad}$ 时间-温度数据

时间	温度	时间	温度	时间	温度	时间	温度

(3) 雷诺温度校正图及 ΔT。

(4) 求煤的 $Q_{b,ad}$，并由相关公式计算煤的 $Q_{gr,v,ad}$，$Q_{net,v,ad}$ 和 $Q_{net,p,ad}$。

七、思考题

1. 测煤的发热量时，在氧弹中加入 10 mL 去离子水的目的是什么？

2. 本实验中,哪些是体系? 哪些是环境? 实验过程中有无热交换? 这些热交换对实验结果有何影响? 如何消除?

3. 实验中,哪些因素容易造成误差? 如果要提高实验的准确度应从哪几个方面考虑?

实验十九　综合热分析实验

一、实验目的

1. 了解示差扫描量热(DSC)和热重(TG)分析的原理和影响测量准确度的因素。

2. 学会 SDT Q600 分析仪器的实验操作。

3. 掌握根据试样 $Zn(OH)_2$ 的 DSC-TG 谱图,确定物质外推起始温度、峰顶温度、热焓和失重百分率的方法。

4. 掌握由 DSC-TGA 实验数据绘制 Origin 图技术。

二、实验原理

物质在加热过程中发生的晶型转变、熔化、升华、挥发、还原、分解、脱水或降解、化合等物理化学变化,常伴随着热量和质量的变化。在程序温度控制下通过测量物质质量随温度的变化,研究材料(金属、矿物质、陶瓷和玻璃)的相转变与反应温度,融化热与反应热,材料的热稳定性、分解动力学、产品寿命估算等,揭示物质性质的内在变化。

示差扫描量热(DSC)分析是在恒定升温速率下,测量物质的热功率随温度的变化。刚开始加热时,试样和参比物以相同的温度升温,试样没有热效应,DSC 曲线为平直的直线(当试样含水时曲线向下)。当温度上升到试样[$Zn(OH)_2$]分解温度时,由于试样 $Zn(OH)_2$ 分解需要吸热,于是 DSC 曲线向下出现一个吸热峰,当试样 $Zn(OH)_2$ 全部分解后,加于试样的热能再使试样温度升高,直到等于参比物的温度而回到基线位置。

DSC 曲线上热效应对应的峰的峰形、位置、面积等受被测物质的化学性质及质量、热传导率、比热、坩埚材质、粒度、填充度、气氛和升温速率等因素的影响。DSC 曲线峰的外推起始温度可以表征某一特定物质的物理化学变化所对应的温度,由其可同时确定物质的变化温度和热焓两种信息。因为曲线峰的外推起始温度要比峰顶温度所受的影响小得多。

热重(TG)分析是在恒定升温速率下,测量物质的质量随温度的变化。刚开始加热时,试样未达分解温度时,TG 曲线上为一平直的直线(当试样含水时曲线向下)。当温度上升到试样 $Zn(OH)_2$ 分解温度时,试样 $Zn(OH)_2$ 分解失水,TG 曲线迅速下降表现为明显的失重,直到试样 $Zn(OH)_2$ 全部分解后变成 ZnO 而恒重。与 DSC 相似,TG 曲线上的失重峰亦受被测物质的化学性质及质量、热传导率、比热、坩埚材质、粒度、填充度、气氛和升温速率等

因素的影响。由于

$$Zn(OH)_2 \Longrightarrow ZnO + H_2O$$

其理论失重率为 $26.08\%(18/69)$ 与实际测定的失重率(分解前质量减去恒重时的质量再与分解前质量的比)比较,可结合 DSC 曲线共同确定某物质的物理化学变化所对应的温度。能同时决定样品在一给定的温度扫描或时间历程下热熔与质量的改变。因此,本实验室 SDT Q600(图 6.29)可以同时测量样品的热熔、变化温度和质量变化三种信息。测试样品为非挥发性固体且不少于 10 mg。

图 6.29　SDT Q600 热分析仪

三、器材与试剂

1. 器材和材料

SDT Q600 分析仪 1 套、超纯(99.999%)N_2、钢瓶、减压阀;镊子、药匙各 1 把;90 μL 陶瓷坩埚 2 个。

2. 试剂

氧化铝(AR)、$Zn(OH)_2$(AR)(10~20 mg)。

四、实验步骤

1. 开机

(1) 确认 N_2 打开,压力为 0.1 MPa 左右。

(2) 打开 UPS 电源开关(面板上开关),打开仪器开关:由 O→I 状态。仪器通电,进入启动界面,进入彩色界面,有温度显示,打开电脑。

(3) 进入 TA Instrument Explorer,应该显示出 SDTQ600-0666 器材,双击进入实验界面。如果没有 SDT Q600-0666 仪器或仪器有⊘(红色,是 STOP 标记)。先执行 Refresh views(图标⟳)执行刷新,看图标是否正常。如果没有改变,检查控制面板→网络连接→本地连接,TCP/IP 协议属性内 IP 地址设置,再重新启动电脑。

(4) 开机后待机 15 min 左右,开始实验。

2. 测量

(1) 加 2 只 90 μL 陶瓷空坩埚,去皮

TA 仪器显示屏上 Control,按"▲"、"▼"或快捷键"川"显示 FURNACE,按"Apply"打开炉子,在 Beam 上放 2 只 90 μL 的陶瓷坩埚空盘(在坩埚与杆盘接触部位放少许 Al_2O_3 粉以防坩埚与杆盘粘连而损坏热电偶杆),在热电偶杆不动时,按 Apply 关上炉子,按(♀♀)去皮,按"Apply"显示"Tare",出现"Stand by"(待机)(在软件和器材触摸屏上均可)。

(2) 打开炉子、加样品

去皮完成,按"▲"、"▼"或快捷键"川"显示"FURNACE",按"Apply"打开炉子,推上接样盘,用镊子小心将外侧样品坩埚取下、移出,装入 1/4 坩埚体积的样品。待热电偶杆不动时,按"Apply"关上炉子。

(3) 设置实验参数

程序/TA Q Series Advantage

Summary Page:

Mode:SDT Standard

Test:Ramp(或自定义)

Sample Name:R-ZnOH

Pam Type:Alumina

点击"🖰"建立文件名 C/TA/Data/SDT/data(与前面文件名一致)

Procedure Page:

温度范围:室温(当前温度)→600 ℃

升温速率:20 ℃·min^{-1} ramp

Advance parameters:Date sampling interal:0.5 s·pt^{-1}(1 pt=0.568 261 dm^3)

Post:Ⅴ Air cool to 35 ℃ OK (实验结束后吹空气冷却到 35 ℃)

Note:Sample:Nitrogen   Flow:100 mL·min^{-1}

→Apply

→Start(软件右下方适时显示实验状况)

开始实验测试。等实验结束并让 SDT 冷却到＜35 ℃

→Experiment/Sequence/Save(文件名与开始起的一样,放在同一文件夹中)。

3. 关机

(1) 待炉温降到室温,按"Apply"打开炉子,取出坩埚。再按"Apply"使炉子处在关闭状

态,准备关机。

(2)关闭并保持其他已打开的文件或程序,点击 Control/Shutdown Instrument/确认。软件自动退出,仪器显示界面自动退出其彩色界面,直到出现"可以安全关机"。

(3)手动关闭仪器后面电源,关闭 UPS。

(4)关闭 N_2 及其他气源。

五、实验数据记录及处理

1. 用 DSC-TG 分析软件分析实验数据,给出物质的外推起始温度、峰顶温度、热熔和失重百分率

(1)点击程序中的"Universal Analyze"按钮,进入分析软件,打开文件(如 R-ZnOH),在实验数据曲线空白处右击"Signals"→Y_1 选 Weight(%)、Y_2 选 Heat Flow(w·g^{-1})→OK 得图 6.30。

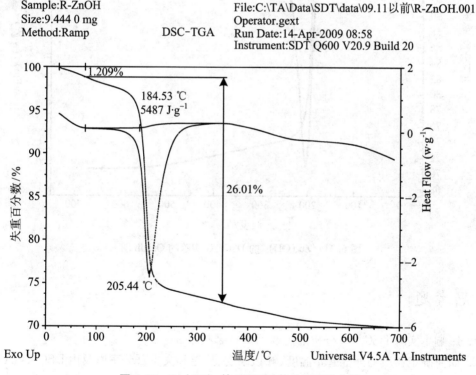

Sample:R-ZnOH
Size:9.444 0 mg
Method:Ramp DSC-TGA

File:C:\TA\Data\SDT\data\09.11以前\R-ZnOH.001
Operator.gext
Run Date:14-Apr-2009 08:58
Instrument:SDT Q600 V20.9 Build 20

1.209%

184.53 ℃
5487 J·g^{-1}

26.01%

205.44 ℃

Exo Up 温度/℃ Universal V4.5A TA Instruments

图 6.30 Zn(OH)₂ 的 DSC-TG 热分析实验曲线

(2)利用 Peak integre(Peak 积分)得试样 Zn(OH)₂ 的外推起始温度为 184.53 ℃。熔变为 -37.86 kJ·mol^{-1}。失重为 26.1%,与理论失重 26.08%非常接近。

2. 由 DSC-TG 实验数据绘制 Origin 图

(1)将 TA 数据变成".txt"

打开 TA 热分析软件/File/打开选中的文件/Analyze/Macro/export TA Date to Spreadsheet→OK，将文件的扩展名选为".txt"，选好保持的地方/OK→Y_1 选 Weight(%)、Y2 选为 Heat Flow(w/g)，OK。

（2）将 TA 的".txt"变成".xle"数据

将 TA".txt"数据选中 Copy 变成".xle"数据（删除不需要的时间数据），并起好文件名保存好。

（3）打开 Origin 软件/File/Open Excel/点击并打开需处理的.xle"文件，选中 Open as Origin Worksheet/OK，即将热分析数据导入 Origin，选中数据/Plot/Line＋Symbol Special Line/Symbol，点击 Double—Y（双 Y 轴），得图 6.31。

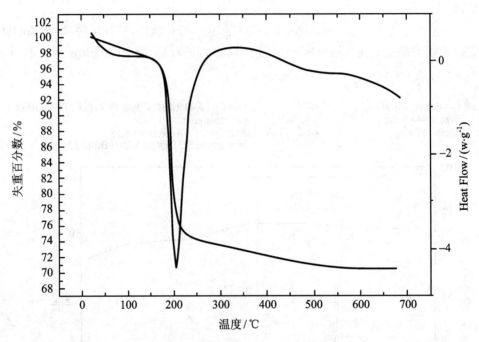

图 6.31　Zn (OH)₂ 的 DSC-TG 实验的 Origin 图

六、思考题

1. 影响本实验 DSC-TG 分析的主要因素有哪些？

2. 如何确定物质的外推起始温度、峰顶温度、热熔和失重百分率以及由 DSC-TGA 数据绘制 Origin 图？

3. 据 $CaC_2O_4 \cdot H_2O$ 的 DSC-TG 图（图 6.32），确定各温度下所对应的变化并说明理由。

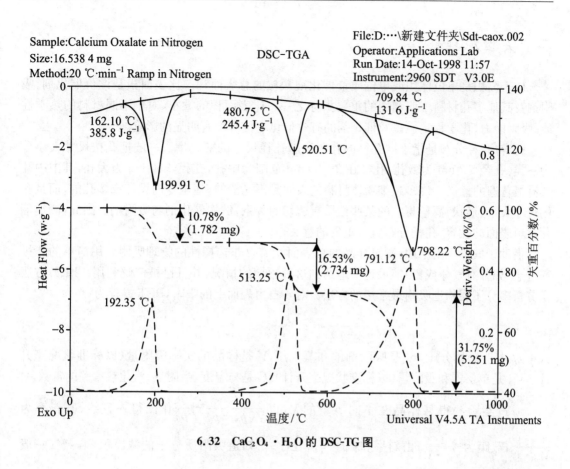

6.32 CaC₂O₄·H₂O 的 DSC-TG 图

实验二十 固体催化剂的比表面积及孔径分布测定

一、实验目的

1. 了解固体催化剂的比表面积和孔径。

2. 用美国 Micromeritics 公司的 Gemini V2.00 物理吸附测试仪测定多孔材料的比表面积和孔径分布。

3. 了解测试原理和测试技术。

二、实验原理

比表面积是单位体积或单位质量催化剂颗粒的总表面积。比表面积是评价催化剂、吸附剂及其他多孔材料工业利用的重要指标之一。比表面积的大小,对于不同材料的热学性质、吸附能力、化学稳定性以及催化剂的有效催化空位等均有明显的影响。

孔容、孔径分布是指不同孔径的孔容积随孔径尺寸的变化率。一般把孔按尺寸大小分为三类:孔径≤2 nm 为微孔,孔径在 2～50 nm 范围为中孔,孔径≥50 nm 为大孔,其中中孔具有最普遍的意义。许多超细粉体材料的表面是不光滑的,甚至专门设计成多孔的,而且孔的尺寸大小、形状、数量与它的某些性质有密切的关系,例如催化剂与吸附剂。因此,测定催化材料表面的孔容、孔径分布具有重要的意义。

借助于气体吸附原理,测定样品的总表面积需要非选择性的物理吸附。用简单的非极性分子(如稀有气体或氮)能最近似地达到这种预期的情况,并且已被广泛利用。BET 方法是分析多分子层物理吸附最常用的方法。对于自由表面上的吸附,BET 方程为

$$\frac{p}{V(p_0 - p)} = \frac{1}{V_m \cdot C} + \frac{C-1}{V_m \cdot C}\left(\frac{p}{p_0}\right)$$

式中,p 是吸附质分压,p_0 是吸附剂饱和蒸气压,V 是样品的实际吸附量(以标准状况毫升计),V_m 是单层饱和吸附量(以标准状况毫升计),C 是与温度、吸附热、汽化热有关的常数。

通过实验测得某样品在不同 p 下的 V,以 $\frac{p}{V(p_0 - p)}$ 对 $\frac{p}{p_0}$ 作图得一直线,其斜率为 $\frac{C-1}{V_m \cdot C}$,截距为 $\frac{1}{V_m \cdot C}$,由斜率和截距可算出 V_m。知道吸附质分子的截面积 σ_B,氮气一般取 $0.16 \ nm^2$/分子即可由 $A_{比} = \frac{V_m N_A \sigma_A}{22\,400\,W}$($W$ 是吸附剂的质量,单位 g,$22\,400$ 是标准状况下 1 mol 吸附质的体积,单位 mL)计算出被测样品比表面积。理论和实践表明,p/p_0 在 $0.05～0.35$ 范围内,BET 方程与实际吸附过程相吻合,图形线性也很好,因此实际测试过程中选点需在此范围内。实验精度为 ±5%。样品需制备成粉末(20～60 目),用量为 10 mg 以上。

三、器材与试剂

1. 仪器与材料
美国 Micromeritics 公司 Gemini V2380 全自动比表面积及孔隙分析仪见图 6.33。

2. 试剂
100 mg 以上粉体样品。

四、实验步骤

1. 准备工作

（1）打开氮气、氦气钢瓶；检查氮气、氦气瓶压力值在 0.1～0.15 MPa 范围内。

（2）注意分析杜瓦瓶中液氮位置。

2. 开机

（1）开外围设备包括电脑、打印机等等。

（2）开主机电源、泵。

（3）打开应用软件。

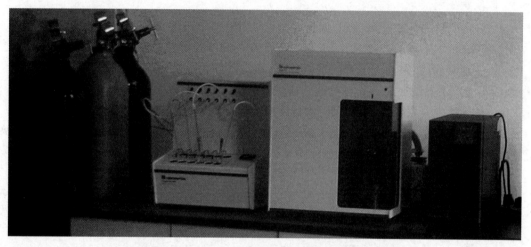

图 6.33　Gemini V2380 全自动比表面积及孔隙分析仪

3. 脱气

脱气有两种方法：真空法脱气和流动法脱气。样品（0.1 mg～100 g，常用 100 mg 左右）称完后，先常温脱气 5 min，再放到加热地方，升温脱气。升到所需温度（一般 300 ℃），开始手动计时（1 h）。温度越高所需时间相对越短。

4. 测试样品操作步骤

做样之前先做 p_0，一定要装两根空管，可以一天做一次。长时间未开机，多做几次 p_0，等 p_0 稳定后再做样。

（1）处理样品（必要时先烘干），称量，A＝空管质量，B＝脱气前样品质量。

（2）脱气，先常温脱气 5 min，再放到加热地方，升温脱气。升到所需温度（一般到 300 ℃），开始手动计时（1 h）。

（3）脱气结束后降温。称管加样品质量 C，与空管质量比较，$C-A$＝脱气后样品实际质量。

（4）建立样品文件，File/Open/Sample information file/Ok/Yes，然后选择 Replace all，

391

再选中(比如:NSA-STSA.SMP)文件,一般只需改动样品信息(Sample information)和样品质量(Mass),最后保存(Save)。

(5) 再把样品管装到分析端口。

(6) 倒液氮,注意液位离瓶口 2 cm 左右。然后再放置在升降台上。

(7) 点击 Unit/Ample analysis 进行分析,点击 Browse 选择被选文件。

(8) 结束后,选 Report/Start report,打开文件报告,分析数据。

(9) 清洗样品管,在下一次使用前确保样品管干燥。

(10) 关机。先退出软件,关电脑,关主机,关泵。

五、注意事项

1. 分析时将深色安全罩关闭,保证安全。

2. 升降机下不要放杂物。

3. 注意泵油,如果油液下降到最低刻度(正常刻度为 1/2~2/3),应加油(由于消耗少,一到两年内几乎不用加油)。

4. 杜瓦瓶中会累积冰,累积到一定程度将冰融化倒掉,清洗杜瓦瓶。

5. 仪器如果短时间不用,不用关机,保持内部管路的真空度。如果长时间关机或更换气瓶,重新接好管路后再次开机前应先手动抽真空数小时,要多抽几次。

实验二十一　扫描电镜样品的制备及电镜观察

一、实验目的

1. 了解扫描电子显微镜的结构及工作原理,通过实际样品的制备与观察,明确扫描电镜的用途。

2. 了解扫描电镜样品的制备方法及电镜观察的操作步骤。

3. 利用二次电子像对样品进行表面形貌衬度观察及粒径测量。

4. 了解背散射电子像的应用。

二、扫描电镜工作原理与结构

扫描电镜具有景深大、图像立体感强、放大倍数范围大且连续可调、分辨率高、样品室空间大且制备简单等特点,是进行样品表面研究的有效工具。扫描电镜利用从电子枪阴极发出的电子束,经聚光镜及物镜会聚成极细的电子束(0.000 25~25 μm),在扫描线圈的作用下，电子束在样品表面扫描，激发出反映试样形貌、结构和组成的各种信息，如二次电子、背散射电子、阴极发光、特征 X 射线、吸收电子等信号。其中，二次电子和背散射电子信号是最常用的两种信号，尤其是二次电子，它是被入射电子所激发出来的样品原子中的外层电子，主要产生于样品表面以下 5～10 nm 的区域，其产生率主要取决于样品的形貌和成分。通常所说的扫描电镜像指的就是二次电子像，它是研究样品表面形貌的最有用的电子信号。检测二次电子的检测器的探头是一个闪烁体，当电子打到闪烁体上时，就在其中产生光，这种光被光导管传送到光电倍增管，光信号即被转变成电流信号，再经前置放大及视频放大，电流信号转变成电压信号，作为视频信号去调制高分辨显示器的亮度，因此显示器上这一点的亮度与电子束打在样品上那一点的二次电子发射强度相对应。由于样品上各点形貌等各异，其二次电子发射强度不同，因此显示器屏上对应的点的亮度也不同，在显示器屏幕光栅上的图像就是电子束在样品上所扫描区域的放大形貌像。图像中亮点对应于样品表面上突起部分，暗点表示凹的部分或背向接收器的阴影部分。二次电子信号的强度与原子序数没有明确关系，但对微区刻面相对于入射电子束的位向却十分敏感。二次电子像分辨率比较高，所以适用于显示形貌衬度。

原子序数衬度是利用对样品表层微区原子序数或化学成分变化敏感的物理信号，如背散射电子、吸收电子等作为调制信号而形成的一种能反映微区化学成分差别的像衬度。背散射电子像是用背散射电子探头取出背散射电子信号而成的像，它的分辨率和像的质量虽不如二次电子像，立体感也差，但它可以得到样品中大致的成分分布值。实验证明，在实验条件相同的情况下，背散射电子信号的强度随原子序数增大而增大。在样品表层平均原子序数较大的区域，产生的背散射信号强度较高，背散射电子像中相应的区域显示较亮的衬度；而样品表层平均原子序数较小的区域则显示较暗的衬度。由此可见，背散射电子像中不同区域衬度的差别，实际上反映了样品相应不同区域平均原子序数的差异，据此可定性分析样品微区的化学成分分布。原子序数衬度适合于研究钢与合金的共晶组织，以及各种界面附近的元素扩散。

图 6.34 为 JEOL JSM-6510LV 扫描电镜。扫描电镜的基本结构可分为六大部分：电子光学系统、扫描系统、信号检测放大系统、图像显示和记录系统、真空系统和电源及控制系统。

（1）电子光学系统，其作用为获得扫描电子束，作为使样品产生各种物理信号的激发源。由电子枪、电磁聚光镜、光阑、样品室等部件组成。为了获得较高的信号强度和扫描像，扫描电子束应具有较高的亮度和尽可能小的束斑直径。

（2）偏转系统，其作用为使电子束产生横向偏转。主要包括用于形成光栅状扫描的扫描系统，以及使样品上的电子束间断性消隐或截断的偏转系统。

（3）信号检测放大系统，其作用为收集（探测）样品在入射电子束作用下产生的各种物理信号，并进行放大。不同的物理信号要用不同类型的收集系统（探测器）。如二次电子、背散射电子和透射电子的信号都可采用闪烁计数器来进行检测。闪烁计数器是由闪烁体、光导管、光电倍增管组成，具有低噪声、宽频带（$10\sim10^6$ Hz）、高增益等特点。信号电子进入闪烁体后即引起电离，当离子和自由电子复合后就产生可见光。可见光信号通过光导管送入光电倍增器,光信号经放大后又转化成电流信号输出,电流信号经视频放大器放大后就成为调制信号。

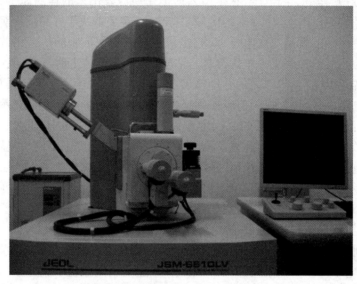

图 6.34　JEOL JSM-6510LV 扫描电镜

(4) 图像显示和记录系统,其作用为将信号检测放大系统所输出的调制信号转换为能显示在阴极射线管荧光屏上的图像,以供观察或记录。由荧光屏、照相机、计算机等组成。

(5) 电源系统,为扫描电子显微镜各部分提供所需的电源。由稳压、稳流及相应的安全保护电路组成。

(6) 真空系统,确保电子光学系统正常工作,防止样品污染,保证灯丝的工作寿命,防止极间放电等。由真空泵等组成。

三、器材与样品制备

1. 器材:EOLJSM-6510LV 扫描电子显微镜。

2. 样品制备:如果是干燥的粉末,可先在样品台上固定导电胶,然后将粉末直接撒在导电胶表面,抖去或用洗耳球吹去松散的颗粒;如果样品不导电则需在其表面进行喷金处理,以保证样品台的导电性;如果样品是悬浮液体,可将液体先滴在载玻片上,待溶剂挥发后,涂好导电胶再喷金;如果是含水或含有挥发性物质的样品,必须先除去水分或挥发性物质,再喷金观察。

喷金方法现在普遍使用的是离子镀膜法,性能稳定,导电性好。镀膜颗粒较细的金、铂、金-钯等材料作为金属镀膜。将其装在上方的阴极上,样品放在下方的阳极上,抽真空到 $10\sim1$ mmHg 时,在两电极间加直流电压,电子从负偏压的靶中放射出来,在飞向阳极的途中与残余气体分子相撞产生离子和额外电子,在距靶面一定距离处呈现辉光放电现象。电离出的正离子飞向阴极靶,靶中那些已获得足够能量的靶原子,断开与周围原子的键合,从原靶面被溅射出来,飞向阳极,以漫散的形式覆盖在样品表面。镀膜厚度一般控制在 $10\sim20$ nm。

四、实验步骤

1. 开机

(1)开机前先确认房间温度为 $15\sim25$ ℃。检查扩散泵油是否正常,若偏少则加油,若正常,则可打开电源总开关。

(2)开机顺序:先开冷却水,将冷却水电源按钮置于 I 的位置,观察并确认冷却水温度为 (20 ± 2) ℃。再开扫描电镜主机,把钥匙插入主电源开关,并转到 START,然后松手,这时钥匙自行转到 I,电源供给真空系统,启动机器。约 15 s 后开启计算机,打开桌面上的 SEM 操作系统。

2. 更换样品

(1)点击 VENT 按钮,待系统放气完毕后跳出样品台选择及高度设置窗口,选择好合适的样品台及高度设置后关闭该窗口,打开样品室,将制备好的样品固定于样品台上。

(2)点击 Stage 按钮,再点击 SNS Capture 按钮,对样品台进行拍照(以备观测过程中样品导航用)。

(3)点击 EVAC 按钮,开始抽真空,抽到要求的真空度后,Ready 灯亮起即可点击 HTOFF 按钮,加高压开始进行观测工作。

3. 观察样品

(1)在图像显示窗口点击工作电压,选择合适的工作电压值,如 20 kV。

(2)利用导航系统,找到参照样品(ZnO),设置电镜的工作距离(WD10),光斑大小(SS30),再进行合轴、消像散等,将电镜调整至最佳观测状态。合轴操作:物理合轴,如在 10 000 倍下调整焦距得到清晰的图像,然后点击 Wobble 按钮,调节物镜光阑的 X 及 Y 精细调节钮,直至图像不出现上下或左右的晃动为止。软件合轴,保持 SS30 条件下,点击 Filament Adjustment 按钮,调节 Tilt X,Tilt Y,使图像亮度最大,然后把电子束移至无样品处,将 SS 调节至 90,此时图像变白,按自动 ACB,然后拖动 Shift X 与 Shift Y,让图像亮点处于视野正中位置。然后将 Spot Size 调到 30,再继续调整,如此反复 $2\sim3$ 次。在合轴及焦距调整均正确的情况下,如图像仍不清晰,可分别通过调整 STIGMA X 和 STIGMA Y 来消除 X 及 Y 方向上的像散,使图像清晰。

(3)转动样品台找到待观测的样品,调整放大倍数从最小慢慢增大,寻找要观察的视域,在高于要观察倍数 $3\sim4$ 倍率下仔细调整焦距,调节亮度、对比度(高倍调焦,低倍观察),直到获得最满意的图像,按 SCAN4 或 PHOTO 拍照记录。

(4)利用系统软件对样品进行粒径测量。

(5)将得到的图片保存在对应的文件夹中。

4. 关机

（1）点击 HTON 按钮关闭高压，然后点击 VENT 按钮放气，取出样品台。

（2）再点击 EVAC 按钮，抽真空至 Ready 灯亮，然后依次关闭 SEM 操作程序、电脑、扫描电镜主机。

（3）15 min 后关闭冷却水电源，最后关闭总电源。

五、注意事项

1. 开机前，先开冷却水。

2. 装样品台时确保其位置正确，抽真空前先进行拍照。

3. 合轴过程至少进行两次，确保观察效果。

4. 关闭主机 15 min 后再关冷却水。

六、思考题

1. 样品制备过程中为什么要用洗耳球吹去多余的粉末？

2. 对样品进行喷金处理的目的是什么？

3. 为什么关闭主机 15 min 后再关冷却水？

参 考 文 献

[1] 余小岚. 微机控制燃烧热测定仪的研究[J]. 大学化学，2002，17(2):39 - 40.

[2] 李震. 氧弹式量热法测燃烧热实验的改进[J]. 大学化学，2001，16(4):36 - 38.

[3] 孙越. 燃烧热测定实验研究[J]. 大学化学，2001，16(1):51 - 52.

[4] 丛欢. 介绍改进的恒沸点仪[J]. 大学化学，2007，22(2):45 - 48.

[5] 钟爱国. 沸点仪加热装置的改进[J]. 大学化学，2003，18(4):54.

[6] 刘一品. 双液系的气液平衡相图实验装置的改进[J]. 大学化学，2003，18(6):46.

[7] 石秋之. 对双液系相图体系选择的改进[J]. 大学化学，1996，11(4):36.

[8] 庄志萍. 溶液表面张力测定实验的改进[J]. 大学化学，2003，18(3):54 - 55.

[9] 贡学东. 最大气泡法测溶液表面张力的改进[J]. 大学化学，2004，19(5):37 - 38.

[10] 黄波. 溶液表面吸附实验数据的计算机非线性拟合法处理[J]. 大学化学，2002，17(3):51 - 52.

[11] 傅献彩，沈文霞，姚天扬. 物理化学:下册[M]. 4 版. 北京:高等教育出版社，2005.

[12] 复旦大学. 物理化学实验[M]. 3 版. 北京:高等教育出版社，2004.

[13] 李智慧，杨秀檀，朱志昂. 关于电动电势(ζ电势)计算公式的讨论[J]. 大学化学，1998，

13(5):48 - 50.

[14]　朱银慧. 煤化学[M]. 北京:化学工业出版社,2005.

[15]　陈君丽. 材料专业基础化学实验[M]. 2 版. 北京,中国标准出版社,2007.

[16]　邱金恒,孙尔康,吴强. 物理化学实验[M]. 北京:高等教育出版社,2010.

[17]　武汉大学. 物理化学实验[M]. 2 版. 武汉:武汉大学出版社,2012.

第七章 结构化学实验

结构化学实验是以培养学生理解和掌握物质结构与性能间存在的紧密关系为目的的。包含"磁化率、偶极矩、摩尔折射度测量和 XRD 衍射分析"四个实验。其中,磁化率(实验一)、偶极矩(实验二)和摩尔折射度(实验三)为化学类本科专业必做,XRD 衍射分析(实验四)为选做。如果摩尔折射度(实验三)实验不单独开设,则需要在偶极矩实验部分对其进行适当补充。

实验一 磁化率的测定

一、实验目的

1. 掌握古埃(Gouy)法测定磁化率的原理和方法。
2. 测定两种络合物的磁化率,会计算未成对电子数并且能判断其配键类型。

二、实验原理

物质的磁性与组成它的原子、离子或分子的微观结构有关。在外磁场作用下,成单电子的自旋运动产生永久磁矩 $\mu_m = \sqrt{n(n+2)}\mu_B$,其中 $\mu_B = eh/(4\pi m_e) = 9.274 \times 10^{-24}$ J·T^{-1},称做玻尔磁子,单位是焦耳/特斯拉;n 是未成对电子数。此磁矩方向总是顺着外磁场方向,表现为顺磁性;电子的轨道运动产生拉莫进动,感应产生诱导磁矩。此磁矩方向总是逆着外磁场方向,表现为反磁性。

化学科学中,物质的磁性大小常用摩尔磁化率 χ_m(单位 m^3·mol^{-1})度量。数值上等于顺磁性表现出的摩尔顺磁化率 $\chi_顺$ 和反磁性表现出的摩尔反磁化率 $\chi_反$ 之和:$\chi_m = \chi_顺 + \chi_反$。在温度不太高、外磁场不太强且忽略粒子间相互作用时,摩尔顺磁化率 $\chi_顺$ 与永久磁矩 μ_m 的关系为 $\chi_顺 = \dfrac{N_A\mu_0\mu_m^2}{3k_BT}$($N_A$ 为 Avogadro 常数,真空磁导率 $\mu_0 = 4\pi \times 10^{-7}$ N·A^{-2},Boltzmann 常数 $k_B = 1.38 \times 10^{-23}$ J·K^{-1},T 为绝对温度),则 $\chi_m = \dfrac{N_A\mu_0\mu_m^2}{3k_BT} + \chi_反$。意指,实验测定反磁

物质的摩尔磁化率就是摩尔反磁化率,即 $\chi_{顺}=\chi_{反}$;摩尔磁化率减去摩尔反磁化率等于顺磁物质的摩尔顺磁化率,由于摩尔反磁化率值很小,一般可忽略。依此,实验测出物质的摩尔磁化率即可计算微观物理量 μ_m,进而计算未成对电子数 n,来研究原子、离子的电子组态,判断配合物的配键类型。

本实验测定的 $FeSO_4 \cdot 7H_2O$、$K_4Fe(CN)_6$,属六配位的过渡金属配合物,配体形成正八面体场。金属的 5 个 d 轨道分裂,形成两个能量较高的简并能级 E_{e_g},和三个能量较低的简并能级 $E_{t_{2g}}$。这两个简并能级间能量差称之为分裂能。它与配体类型以及中心离子的价态有关。在配位离子 $[Fe(H_2O)_6]^{2+}$ 中配体 H_2O 对 Fe^{2+}(d^6 组态)形成弱场,电子采取高自旋排布,即 $t_{2g}^4 e_g^2$[图 7.1(a)]。$[Fe(H_2O)_6]^{2+}$ 具有顺磁性。但在 $[Fe(CN)_6]^{4-}$ 中,配体 CN^- 对 Fe^{2+} 形成强场,电子采取低自旋排布,即 $t_{2g}^6 e_g^0$[图 7.1(b)]。$[Fe(CN)_6]^{4-}$ 具有反磁性。

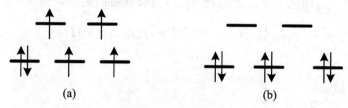

图 7.1　d 电子排布

古埃磁天平是测定摩尔磁化率 χ_m 的常用器材,其示意图见图 7.2。

当均匀的样品放入磁场 H 中时,样品中分子的磁矩不仅会沿着磁场作有序排列,同时样品还会受到一个力的作用。如果样品是顺磁物质,则会受到磁场较强端吸引,而反磁物质则会受到磁场较强端的排斥。

古埃磁天平的一臂悬挂一个样品管,管底部处于磁场强度最大的区域,管顶端则位于场强最弱(甚至为零)的区域(H_0)。整个样品管处于不均匀磁场中。设圆柱形样品的截面积为 A,沿样品管长度方向上 dz 长度的体积 Adz 在非均匀磁场中受到的作用力 dF 为

$$dF = (\mu - \mu_0)AH \frac{dH}{dz}dz$$

式中,μ 为样品的相对磁化率,与 χ_m 的关系为 $\mu = \chi_M \rho / M$(ρ 为样品密度,M 为样品摩尔质量);μ_0 为真空磁导率;H 为磁场中心磁场强度;dH/dz 为磁场强度梯度。

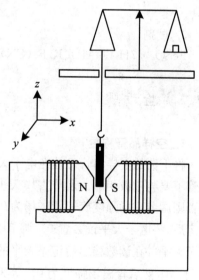

图 7.2　古埃磁天平示意图

积分上式得

$$F = \frac{1}{2}(\mu - \mu_0)A(H^2 - H_0^2)$$

如果 μ_0 可以忽略,且 $H_0=0$ 时,整个样品受到的力为 $F=\mu H^2 A/2$。在非均匀磁场中,顺磁性物质由于受到向下吸引力,所以增重;而反磁性物质受到向上排斥作用而减重。测定时称量施加磁场前后物质的质量差就可计算出磁场对物质的作用力。因此对于样品而言有

$$\frac{1}{2}\mu H^2 A = (\Delta m_{样品+空管} - \Delta m_{空管})g$$

式中,$\Delta m_{样品+空管}$ 和 $\Delta m_{空管}$ 分别是样品和样品管以及空样品管在施加磁场前后的质量变化。减去空样品管质量变化是考虑到样品管也有磁性。由于 $\rho = m_{样品}/Ah$($m_{样品}$ 为称量样品质量,h 为样品管装样高度)。由此可得

$$\chi_m = \frac{2(\Delta m_{样品+空管} - \Delta m_{空管})ghM}{m_{样品}\mu_0 H^2}$$

式中磁场强度 H 与古埃磁天平配备的特斯拉计直接测量的磁感应强度 B(单位:特斯拉,符号 T)的关系为 $B=\left(1+\dfrac{\rho}{M}\chi_m\right)\mu_0 H$。一般情况下,使用 $B=\mu_0 H$。

三、器材与试剂

1. 仪器与材料

古埃磁天平(包括电子天平,样品管)1 套、直尺 1 只、角匙 2 只、广口试剂瓶 2 只、小漏斗 2 只。

2. 试剂

$FeSO_4 \cdot 7H_2O(AR)$、$K_4Fe(CN)_6(AR)$。

四、实验步骤

1. 空样品管称量

将干洁的空样品管悬挂在电子天平的吊线上,样品管下端应与磁极中心线平齐,注意样品管不要与磁极相触。调节古埃天平上的励磁电流旋钮置电流为 0,观测磁场强度是否为 0,否则调节磁场强度旋钮置磁场为 0。天平读数稳定后(注:对于顺磁物质,可以在天平读数稳定后,将电子天平读数置 0),调节电流按钮至 4.0 A,350 mT,并记下磁场强度 H_0。观察电子天平并在读数稳定后记录天平的质量 $m_{空管}(H=H_0)$(重复操作三次取平均);将电流强度调到 0,然后置磁场强度为 0。等天平数据稳定后,记录此时空管质量 $m_{空管}(H=0)$(重复操作三次取平均)。两者之间的重量差就是本次实验空管在磁场下受力的变化。

2. 样品称重

解开橡皮筋,取下样品管下管,将待测样品通过漏斗装入样品管中,边装边在橡皮垫上碰击,使样品均匀填实,直至装满为止(约 18 cm 高)。用与步骤 1 中相同步骤,称取 $m_{样品+空管}(H=0)$ 和 $m_{样品+空管}(H=H_0)$。测量完毕将样品倒入试剂回收瓶中。

五、注意事项

1. 所测样品应研细。

2. 样品管一定要干净。

3. 装样时不要一次加满,应分次加入,边加边碰击填实后,再加再填实,尽量使样品紧密均匀。

4. 挂样品管的悬线不要与任何物体接触。悬挂样品管时,检查橡皮筋是否固定牢固,防止样品管跌落摔破。

5. 加外磁场后,应检查样品管是否与磁极相碰。关闭古埃磁天平前一定要检查励磁电流旋钮是否置零。

六、数据纪录与处理

1. 将所测数据列于表 7.1 中。

表 7.1　磁化率测定实验记录表

样品名称	$m_{空管}(H=0)$ /kg	$m_{空管}(H=H)$ /kg	$\Delta m_{空管}$ /kg	$m_{空管+样品}$ $(H=0)$/kg	$m_{空管+样品}$ $(H=H_0)$/kg	$\Delta m_{空管+样品}$ /kg	$m_{样品}$ /kg	h/m

2. 计算两个样品的摩尔磁化率 χ_m、磁矩 μ_m 和未配对电子数 n。

3. 根据 μ_m 和 n 讨论络合物中心离子最外层电子的结构和配键类型。

七、思考题

1. 本实验在测定 χ_m 时做了哪些近似处理?

2. 样品的填充高度和密度对测量结果有何影响?

3. 计算未配对电子数时没有考虑轨道磁矩贡献,它适用哪些场合?

实验二　溶液法测定极性分子的偶极矩

一、实验目的

1. 理解偶极矩与分子电性质的关系,掌握物质偶极矩的测定原理和实验方法。
2. 掌握介电常数测量仪和折射仪的使用。
3. 用溶液法测定正丁醇的偶极矩。

二、实验原理

1. 偶极矩与极化度

分子由带正电荷的原子核和带负电荷的电子组成。由于正、负电荷总数相等,整个分子呈电中性。然而,由于电子云在空间分布的不同,即分子空间构型的不同,正、负电荷中心可能重合,也可能不重合。前者为非极性分子,后者称为极性分子。分子极性大小用偶极矩 μ 来度量,其定义为 $\mu = q \cdot d$,其中 q 为正、负电荷中心所带的电荷量;d 是正、负电荷中心间的距离。偶极矩的 SI 单位是库·米(C·m),也常用单位德拜(D)(1 D=3.335 6×10^{-30} C·m)。

通过测定分子的偶极矩,可获得分子结构中电子云的分布、分子的对称性等信息,并可据常识判断分子的几何构型和分子的立体结构等。

当极性分子置于一均匀的外电场中,分子将沿外电场方向排列,此时称这些分子被极化,其极化程度常用摩尔转向极化度 $P_{转向}$ 来度量。$P_{转向}$ 与分子的永久偶极矩的关系为

$$P_{转向} = \frac{N_A}{9k_B T \varepsilon_0} \mu^2$$

其中 N_A 为阿伏伽德罗常数,k_B 为玻耳兹曼常数,ε_0 为真空介电常数,T 为热力学温度。

在外电场作用下,极性或非极性分子中的电子云都会发生对分子骨架的相对移动,分子骨架本身也会发生一定的变形,这种现象称为诱导极化或变形极化。这种极化的程度可用摩尔诱导极化度 $P_{诱导}$ 来衡量,它是电子极化度 $P_{电子}$ 和原子极化度 $P_{原子}$ 的总贡献,即

$$P_{诱导} = P_{电子} + P_{原子}$$

若外电场是交变电场时,极性分子的排列方向即分子偶极矩的方向将随电场方向而转向,偶极矩转向所需的时间称为松弛时间。极性分子转向极化的松弛时间为 $10^{-11} \sim 10^{-12}$ s,原子极化的松弛时间约为 10^{-14} s,电子极化的松弛时间为小于 10^{-15} s。

当物质处于在低频电场(<10^{10} s^{-1})或静电场中时,测得的极性分子的摩尔极化度 P 是转向极化度 $P_{转向}$、电子极化度 $P_{电子}$ 和原子极化度 $P_{原子}$ 之和,即

$$P = P_{转向} + P_{电子} + P_{原子}$$

当处于 $10^{12} \sim 10^{14}$ s^{-1} 的中频(红外频率)电场区,电场的交变周期小于分子偶极矩的松弛时间,极性分子的转向运动跟不上电场的变化,即极性分子来不及沿电场定向,于是 $P_{转向} = 0$。此时,极性分子的摩尔极化度是电子极化度和原子极化度之和

$$P = P_{诱导} = P_{电子} + P_{原子}$$

当在 10^{15} s^{-1} 以上的高频电场(可见光和紫外频率)区时,极性分子的转向和分子骨架变形都跟不上电场的变化,$P_{转向} = 0$,$P_{原子} = 0$,极化度仅等于电子极化度 $P = P_{电子}$。

依此,只要测出极性分子在低频电场和中频电场下的摩尔极化度,然后把这二者相减,即得极性分子的摩尔转向极化度 $P_{转向}$。然后求出极性分子的永久偶极矩。

2. 溶液法测定偶极矩

溶液法是将极性待测物溶于非极性溶剂测定,然后外推到无限稀释。在无限稀的溶液中,极性溶质分子所处的状态与它在气相时十分相近,此时溶质分子的偶极矩可按

$$\mu = \sqrt{\frac{9k_B\varepsilon_0}{N_A}(P - R)T}$$

计算,其中 P 和 R 分别表示无限稀时溶质极性分子的摩尔极化度和摩尔折射度,T 是热力学温度。

无限稀时,溶质的摩尔极化度 P 可以通过溶剂的介电常数和密度获得,计算公式为

$$P = \frac{3\varepsilon_1\alpha}{(\varepsilon_1 + 2)^2} \cdot \frac{M_1}{\rho_1} + \frac{\varepsilon_1 - 1}{\varepsilon_1 + 2} \cdot \frac{M_2 - \beta M_1}{\rho_1}$$

ε_1、ρ_1、M_1 分别是溶剂的介电常数、密度和相对分子质量,M_2 为溶质的相对分子质量。α 和 β 为常数,可通过稀溶液条件下满足 $\varepsilon_{溶液} = \varepsilon_1(1 + \alpha x_2)$ 和 $\rho_{溶液} = \rho_1(1 + \beta x_2)$ 求得,其中 $\varepsilon_{溶液}$、$\rho_{溶液}$ 分别是溶液的介电常数和密度,x_2 是溶质的摩尔分数。

在可见光下测定溶液的摩尔折射度 R。在无限稀释时的计算公式为

$$P_{电子} = R = \frac{n_1^2 - 1}{n_1^2 + 2} \cdot \frac{M_2 - \beta M_1}{\rho_1} + \frac{6n_1^2 M_1 \gamma}{(n_1^2 + 2)^2 \rho_1}$$

式中,n_1 为溶剂的折射率;γ 为常数,可由稀溶液的近似公式 $n_{溶} = n_1(1 + \gamma x_2)$ 求得,其中 $n_{溶}$ 是溶液的折射率。

有了 P 和 R 就可以计算正丁醇的偶极矩。求 P、R 的公式中的密度、折射率可分别由密度瓶和折射仪直接测量。

为了省去溶液密度测量,本实验采用 Smith 和 Guggenheim 提出的改进公式,其形式为

$$\mu^2 = \frac{27\varepsilon_0 k_B T}{N_A} \frac{M_2}{\rho_1} \left[\frac{\alpha}{(\varepsilon_1 + 2)^2} - \frac{\beta}{(n_1^2 + 2)^2} \right]$$

稀溶液中,α、β、溶液介电常数、折射率和溶质质量分数 w_2 间有下列关系

$$\varepsilon_{溶液} = \varepsilon_1 + \alpha w_2$$

$$n_{溶液}^2 = n_1^2 + \beta w_2$$

其中 $\varepsilon_{溶液}$ 为溶液的介电常数,n_1 为溶剂的折射率,$n_{溶液}$ 为溶液的折射率,w_2 为溶质的质量分数。采用摩尔分数则上面三式分别对应为

$$\mu^2 = \frac{27\varepsilon_0 k_B T}{N_A} \frac{M_1}{\rho_1} \left[\frac{\alpha'}{(\varepsilon_1 + 2)^2} - \frac{\beta'}{(n_1^2 + 2)^2} \right]$$

$$\varepsilon_{溶液} = \varepsilon_1 + \alpha' x_2$$
$$n_{溶液}^2 = n_1^2 + \beta' x_2$$

介电常数由 DZJC 型介电常数测量仪测量。因 $\varepsilon = \dfrac{C}{C_0}$，其中 C_0 为电容器在真空时的电容，C 为充满待测液时的电容。由于空气的电容非常接近于 C_0，故上式改写成

$$\varepsilon = \frac{C}{C_空}$$

由于整个测试系统存在分布电容，所以实测的电容 C' 是样品电容 C 和分布电容 C_d 之和，即

$$C'_样 = C + C_d$$

显然，为了求 C 首先就要确定 C_d（对同一台器材为一恒定值）值，方法是先测定无样品时空气的电容 $C'_空$，则有 $C_空 = C_空 + C_d$。再通过一已知介电常数（$\varepsilon_标$）的标准物质的电容 $C'_标$ 测定值 $C'_标 = C_标 + C_d = \varepsilon_标 C_空 + C_d$，最终可以获得

$$C_d = \frac{\varepsilon_标 C'_空 - C'_标}{\varepsilon_标 - 1}$$

由此即可求得 $C'_样$ 和 $C_空$。这样就可计算待测液的介电常数。

三、器材与试剂

1. 仪器与材料

DZJC 型介电常数测量仪 1 套、阿贝折光仪（1 台）、超级恒温槽（1 台）、电吹风（1 只）、刻度吸量管（5 mL）6 支、回收瓶 6 个、容量瓶（100 mL）5 个、密度瓶或密度管 1 个。

2. 试剂

环己烷（AR）、正丁醇（AR）。

四、实验步骤

1. 溶液的配制

准确称取 5 个 100 mL 干燥容量瓶的质量。用移液管分别在 5 个 100 mL 容量瓶中移入正丁醇 0.2 mL、0.4 mL、0.6 mL、0.8 mL、1.0 mL 并准确称出加入正丁醇后的容量瓶质量。然后加入溶剂环己烷至刻度，并准确称出溶液质量。算出所配溶液的质量分数。

2. 器材组装和预热

将超级恒温槽、电容池、阿贝折光仪用胶管连接好。使电容池和阿贝折光仪温度恒定在 25 ℃。将 DZJC 型介电常数测量仪通电，预热 10 min 以上。在此期间将电容池的样品室和电容池盖上的电容器极板用环己烷洗净，并用电吹风的冷风将其吹干。

3. 测量电容

（1）将经过电吹风冷风吹干的样品池盖上池盖。将电容仪与电容池连接线先接一根（只接介电常数测量仪，不接电容池），按"清零"按钮使数字表头显示为零。再将两根连接线

都与电容池接好,此时数字表头上所示值即为 $C'_{空}$ 值。连续读取 3 组数据求平均。

(2)打开池盖,继续将电容池样品池和池盖吹干,并盖上池盖。再次测定空气的电容 $C'_{空}$,与前面所测的 $C'_{空}$ 值的偏差应小于 0.05 pF,否则表明样品室有残液,应继续吹干。然后用 5 mL 移液管移取 4 mL 环己烷加入到样品池中,盖好。恒温 5 min 后,数字表头上所示值即为 $C'_{标}$。连续读取 3 组数据求平均。测量完电容的余样用于测量折射率。不同温度下的环己烷的介电常数与温度 t 的关系式为:$\varepsilon_{标}=2.203-0.0016(t-20)$。

(3)打开盖子,移取样品池中的溶液用于测量折射率。用电吹风冷风吹干至数字表所显示值为 $C'_{空}$ 时,按浓度从低到高的顺序逐一测定溶液的 $C'_{样}$(每次装入量严格相同,样品过多会腐蚀密封材料、渗入恒温腔,实验无法正常进行)。

4. 测量折射率

用阿贝折光仪分别测定第 3 步中电容池中的环己烷(溶剂)和五份溶液的折射率 n_1 和 $n_{溶}$。将测量样品倒入回收瓶中。

5. 测量溶剂密度

利用密度瓶或密度管称量环己烷 25 ℃时的密度(液体试剂一般提供了 20 ℃条件下的密度值)。

五、数据纪录与处理

1. 将所测数据列表。

实验温度:_____℃;环己烷的分子量:_____;正丁醇的分子量:_____;$C'_{空}$:_____。

表 7.2 溶液法测定极性分子偶极矩数据记录表

	溶剂	溶液 1	溶液 2	溶液 3	溶液 4	溶液 5
$W_{空瓶}$/g						
$W_{加入溶质}$/g						
$W_{溶液}$/g						
$w_{正丁醇}$/g						
n						
$\rho/(\text{g}\cdot\text{cm}^{-3})$		—	—	—	—	—
$C'_{样}$/pF						

2. 计算 $\varepsilon_{标}$。

3. 计算 C_d、$C'_{样}$ 和 $C_{空}$。

4. 回归出 α、β,求出正丁醇的偶极矩 μ。

六、注意事项

1. 每次测定前要用冷风将电容池吹干,并重测 $C'_\text{空}$,与原来的 $C'_\text{空}$ 值相差应小于 0.05 pF。严禁用热风吹样品室。

2. 测 $C'_\text{样}$ 时,操作应迅速,池盖要盖紧,防止样品挥发和吸收空气中极性较大的水汽。

3. 注意不要用力扭曲电容仪连接电容池的电缆线,以免损坏。

七、思考题

1. 溶液的介电常数和折射率测定有哪些影响因素?
2. 试分析实验中误差的主要来源,如何改进?

实验三　摩尔折射度的测定

一、实验目的

1. 了解摩尔折射度与分子极化间关系。
2. 掌握摩尔折射度的测定方法。

二、实验原理

无论是非极性分子还是极性分子在电场中都产生诱导极化。诱导极化来源于分子中电子极化和原子核极化。原子核极化的结果使得分子中化学键的键长和键角发生变化。一般而言,原子核极化要小于电子极化。Clausius 和 Mossotti 利用电磁理论导出摩尔极化度与相对介电常数间满足 $P = \dfrac{\varepsilon_\text{r}-1}{\varepsilon_\text{r}+2}\dfrac{M}{\rho}$,其中 ε_r 为研究体系的介电常数,ρ 为密度,M 为摩尔质量。摩尔极化度的单位为 $\text{m}^3 \cdot \text{mol}^{-1}$,通常使用 $\text{cm}^3 \cdot \text{mol}^{-1}$。

根据电磁场理论,光是电磁波,会使它通过的介质极化。介质的相对介电常数和折光率 n 满足关系 $\varepsilon_\text{r} = n^2$,最终可以得出 Clausius-Mossotti-Debye 方程

$$P = R = \frac{n^2-1}{n^2+2}\frac{M}{\rho}$$

式中的 R 称为摩尔折射度。摩尔折射度反映了分子中电子云在电场作用下相对分子骨架的偏移情况。测定体系的折射率就可以计算出该体系的摩尔折射率。对于各向异性体

406

系,如大多数晶体,折射率要使用平均值。实验结果表明摩尔折射度具有加和性,即分子的摩尔折射度等于组成分子的原子、原子基团、离子或化学键的折射度加和。如离子化合物的摩尔折射度就等于离子折射度之和。利用实验数据获得原子、原子基团、离子或化学键的摩尔折射率的贡献值(表7.3),就可以将待求的分子划分若干原子、原子基团、离子或化学键组合,利用这些片段的贡献值从而计算出整个分子的摩尔折射率。事实上,将分子划分为各种分子片段贡献的方法是多种多样的,表7.4就是将分子划分为不同化学键的贡献。

表7.3　原子及化学键的折射度贡献

原子或化学键	$R/(cm^3 \cdot mol^{-1})$	原子或化学键	$R/(cm^3 \cdot mol^{-1})$
H	1.028		
C	2.591	S(硫化物)	7.921
O(酯类)	1.764	CN(腈)	5.459
O(缩醛类)	1.607	单键	0
OH(醇)	2.546	双键	1.575
Cl	5.844	三键	1.977
Br	8.741	三元环	0.614
I	13.954	四元环	317
N(脂肪族)	2.744	五元环	−0.19
N(芳香族)	4.243	六元环	−0.15

表7.4　化学键的折射度贡献

化学键	$R/(cm^3 \cdot mol^{-1})$	化学键	$R/(cm^3 \cdot mol^{-1})$
C—H	1.676	C—O	1.54
C—C	1.296	C=O	3.32
C=C	4.17	O—H(醇)	1.66
C≡C	5.87	O—H(酸)	1.80
C_6H_5	25.46	C=S	11.91
C—F	1.45	C—N	1.57
C—Cl	6.51	C=N	3.75
C—Br	9.39	C≡N	4.82
C—I	14.61	N—H	1.76
C—S	4.61	S—S	8.11
N—O	2.43	N—N	1.99
N=O	4.00	N=N	4.12

对于共轭体系,由于电子运动活性提高从而更容易极化,使得体系产生超加折射度。也就是说,理论计算值要远小于实验测定值。因而利用摩尔折射度的加和性质,理论计算出物质各种可能的同分异构体的摩尔折射度,需要与实验结果作比较来探讨说明分子的结构。

三、器材与试剂

1. 仪器与材料

阿贝折光仪1台、恒温槽1台、密度瓶或密度管1个。

2. 试剂

甲醇、乙醇、乙酸甲酯、乙酸乙酯、二氯乙烷、三氯甲烷、四氯化碳,以上试剂均为分析纯。

四、实验步骤

1. 连接装置

将阿贝折光仪与恒温槽连接,温度设定为25 ℃。

2. 折射率测定

用阿贝折光仪在25 ℃条件下测量上面7种试剂的折射率。

3. 密度测定

利用密度瓶或密度管测定7种试剂在25 ℃条件下的密度。

五、数据纪录与处理

1. 将所测数据列表7.5中。

实验温度_____℃。

表7.5 折射率及密度测定实验数据记录表

物质	折射率 n			$n_{平均}$	密度
四氯化碳					
甲醇					
乙醇					
乙酸甲酯					
乙酸乙酯					
二氯乙烷					
三氯甲烷					

2. 计算物质摩尔折射度列入表7.6中。

表 7.6　物质摩尔折射度实验值与理论值比较

物质	$R_{实验}$	$R_{理论}$	相对误差
四氯化碳			
甲醇			
乙醇			
乙酸甲酯			
乙酸乙酯			
二氯乙烷			
三氯甲烷			

3. 计算原子折射度贡献列入表 7.7 中。

表 7.7　原子折射度实验值与理论值比较

物质	$R_{实验}$	$R_{理论}$	相对误差
CH_2			
Cl			
C			
H			

六、思考题

1. 对以上几种体系的理论值和实验值进行比较,分析误差来源。
2. 能否利用摩尔折射率测定二元混合溶液的组成? 给出理由。

实验四　X 射线衍射分析法

一、实验目的

1. 了解 X 射线衍射仪的简单结构以及使用方法。
2. 掌握 X 射线粉末法测出晶体物质的晶胞常数和晶体尺寸的方法。

二、实验原理

无论是金属材料、无机非金属材料还是有机或高分子材料,常包括多种化学元素。即使只含一种元素,也可能有不同的相结构。由多种元素组成的材料可能发生两种或多种元素间的相互结合而形成多种中间化合物。多晶材料中存在的物相种类和数量与它的化学成分、热处理状态等因素有关,因此物相的鉴定和定量测定是材料研究中不可缺少的。化学分析只能给出材料或物质中化学元素种类和含量,而不能识别物质存在的相结构状态,使用衍射方法就能解决这个问题。

本实验所用的 D8-ADVANCE 型 X 射线衍射仪是在大气条件下分析晶体状态,该方法是非破坏性的。聚焦于安装在测角仪轴的样品上的 X 射线,受到样品的衍射。测定并记录衍射 X 射线强度,同时调整样品的旋转角度,绘出射线强度与衍射角相关的峰形谱图,即样品的 X 射线图。利用计算机分析衍射图中的衍射峰位置和强度,可以对样品进行定性分析、晶格常数测定或应力分析;根据衍射峰的高度,即强度或面积可以对样品进行定量分析;利用衍射峰的角度及峰形可以测定晶粒的直径和结晶度,还可用于进行精密的 X 射线结构分析。

1. 晶体的特征

晶体的最本质特征是晶体内部结构中,原子或原子团在三维空间排列成周期性的列阵——空间点阵。晶体学用能反映对称性的最小晶格来构成空间格子,这样的重复单元称为晶胞。晶胞是平行六面体结构,可以用晶胞常数 a、b、c 或 α、β、γ 来描述。每个晶体都具有自己独特的晶体结构,它们构成七大晶系。

当射线通过某晶体时,可以利用射线仪测定和记录所产生的晶体衍射方向(θ 角)和衍射线的强度(I 值)。以 2θ 角为横坐标,I 值为纵坐标即得 X 射线衍射谱图。根据所产生的衍射效应,可进行晶体物质的物相分析。

2. X 射线衍射仪的构造与原理

X 射线多晶衍射仪多种多样,但基本组成部分是相同的,都包括 X 射线发射器、衍射测角仪、X 射线检测器以及器材控制、数据采集和处理系统。图 7.4 是 BRUKER 的 D8-ADVANCE 型 X 射线衍射仪配置图。

X 射线由 X 射线管产生,其剖面图见图 7.5。用绕成螺线形的钨丝作阴极,通过几十毫安的电流,阴极因受热发射出电子,这些电子在几万伏的高压下加速运动,撞击到由某金属(Cu、Fe、Mo 等)制成的阳极靶上,在阳极即产生 X 射线。

测角仪用于控制样品方向和探测器的位置以便精确测量衍射角度,是衍射仪的核心部件(图 7.6)。样品台 S 位于测角仪中心,可以绕 O 轴旋转,O 轴与台面垂直,平板状试样 C 放置于样品台上,要与 O 轴重合,误差小于 0.1 mm。X 射线源是由 X 射线管的靶上的线状焦点 F 发出的,F 也垂直于纸面,位于以 O 为中心的圆周上,与 O 轴平行。发散的 X 射线经过 S1 梭拉光阑和发射狭缝 DS 后投射到试样上。衍射射线进入测角仪台面。测角仪台面由接受狭缝(RS)、梭拉光阑(S2)、散射狭缝(SS)和计数管组成,它们固定在测角仪台面上,台面可以绕 O 轴转动,角位置可以从刻度盘上读出。样品台和测角仪台既可以分别绕 O 轴转动,也可以机械连动。机械连动时样品台转过 θ 角时计数管转动 2θ 角,这样设计的目的是使 X 射线在板状试样表面的入射角等于反射角,常称这一动作为 θ - 2θ 连动。

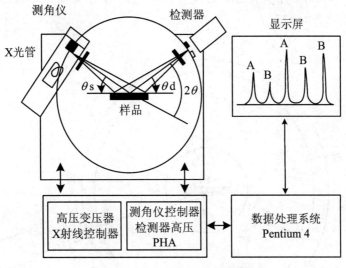

图 7.4　D8 - ADVANCE 配置图

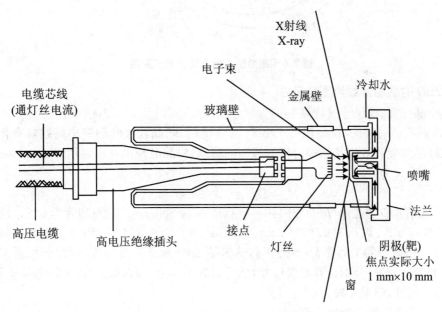

图 7.5　X 射线管剖面图示意图

　　X 光管产生的特征 X 射线经准直狭缝以 θ 角入射到样品表面,其衍射光线由放在与入射 X 射线成 2θ 角的探测器测量(强度 I)。θ - 2θ 角可由测角仪连续改变(扫描),测出相应 I - θ 曲线,从而获得物质结构信息。

测角仪中的发射狭缝(DS,0.5°,1°,2°,0.05 mm)是限制投射在样品上的 X 光束宽度。对于衍射能力小的样品,衍射的 X 射线强度小,一般选用较大的发射狭缝。散射狭缝(SS,0.5°,1°,2°)的作用是排除 X 光路上各种零件所造成的散射和防止空气的散射。接受狭缝(RS,0.15 mm,0.3 mm)的作用是限制进入检测器的 X 光宽度。一般物质测试选用 DS(1°),SS(1°),RS(0.3 mm)。

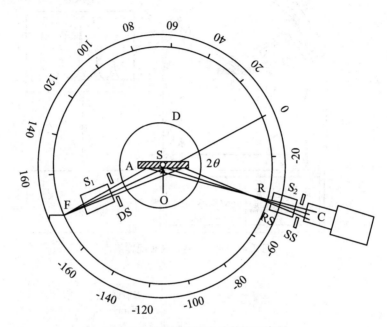

图 7.6　测角仪几何光路装置示意图

3. ZnO 的晶胞常数和晶粒尺寸

(1) ZnO 的晶粒尺寸的计算

据 X 射线衍射理论,在晶粒尺寸小于 100 nm 时,随晶粒尺寸的变小衍射峰宽化变得显著,考虑样品的吸收效应及结构对衍射线型的影响,样品晶粒尺寸可以用 Debye-Scherrer 公式计算。该公式为

$$D_{hkl} = k\lambda/\beta\cos\theta$$

其中,D_{hkl} 为沿垂直于晶面(hkl)方向的晶粒直径,k 为 Scherrer 常数(通常为 0.89),λ 为入射 X 射线波长(Cu Kα 波长为 0.154 06 nm,Cu Kα_1 波长为 0.154 18 nm。),θ 为布拉格衍射角(弧度),β 为衍射峰的半高峰宽(rad)。测试样品 ZnO 属于立方晶胞,因此利用前三个峰即(111)、(200)、(220),分别计算晶粒尺寸,然后求其平均值。有时也可以利用最强峰即(200)来计算晶粒尺寸,但误差较大。

(2) ZnO 的晶胞参数的计算

发生 X 射线衍射时,晶面间距 $d_{(hkl)}$ 和衍射方向 θ_{hkl} 间满足布拉格方程

$$2d_{hkl}\sin\theta_{hkl} = \lambda$$

在立方晶系中 $d_{hkl} = \dfrac{a}{\sqrt{h^2+k^2+l^2}}$,故立方晶系的布拉格方程为

$$2\frac{a\sin\theta_{hkl}}{\sqrt{h^2+k^2+l^2}}=\lambda$$

所测样品 ZnO 属于立方晶胞,因此可以利用上式计算。在计算时选择其中的最强峰,即(200)晶面来计算。

三、器材及试剂

1. 仪器与材料

BRUKER D8-ADVANCE、玛瑙研钵、药勺、试样架、循环水泵。

2. 试剂

ZnO(制备的样品)。

四、实验步骤

1. 开机。器材预热 20~30 min 后,启动 XRD Commands:① 轴的初始化;② 以 Cu 靶为辐射线源,(40 kV,40 MA)。

2. 试样的要求及制备。试样要求:粉晶,表面平整,晶粒大小≤15 μm。制备:取适量试样于玛瑙研钵中,充分研磨至无颗粒感。将研磨过的 ZnO 尽可能均匀地装入样品框中,用载玻片把粉末压紧、压平、压实,把多余的粉末削去,固定于衍射仪的样品室的样品台上。

3. 测试。在相应的栏目中设定步长(0.02)、扫面速率(0.02°/min)、扫描范围(10°~70°)等各项参数,启动 X 射线探测器开始测试,得到衍射谱图。

4. 在菜单"File"中选择"Save",保存测试结果。数据文件的扩展名为".raw"。

5. 将电流和电压分别降到 5 mA 和 20 kV,然后关闭高压,过 7~8 min 以后关闭器材,最后关闭冷凝水。

五、数据记录与处理

由 JCPDS 卡片数据库中查处 ZnO 的标准衍射谱图,将实验数据与其比对,分析试样的物相和纯度,并对衍射峰进行指标化。

1. 利用软件 Jade 将所测得的 ZnO 的衍射谱图直接打开。

2. 在菜单"File"中选择"Search/Match"按钮,出现两个对话框,其中一个是元素周期表,在出现的元素周期表中选择"Zn"和"O"两种元素,然后选择"Search"按钮,与 ZnO 立方晶胞的标准衍射谱图进行比对,若有峰对不上即为杂相,利用上述过程寻找在合成过程可能生成的杂相物质的标准谱图与之进行比对,直至找到杂相可能的物质,反之即为纯相。

3. 选择"Tool Box"对话框中菜单"Scan"按钮,点击"Strip Kα2"按钮,然后点击"Replace"按钮,将其中的 Cu Kα2 删除,保留其中的 Cu Kα1。点击"Peak Search"按钮,再点击"Append to List"寻峰,同时可以得到每个峰对应的 d 值,然后在菜单"File"中选择"Save"

按钮,保存文件"ZnO 1. raw"。

4. 将上述文件 ZnO 的"1. raw"文件转化为文本格式文件。点击程序按钮,出现"DIFF-RAC PLUS Evalution",出现"Raw File Exchange"点击,即将上述原始文件转化为扩展名为".uxd"格式的文本文件。

5. 将上述文本格式的文件利用 Origin 软件绘图,将绘制的图形与标准谱图对照并将衍射峰指标化。

六、注意事项

1. 器材中的各种参数不得随意更改,需要更改时跟老师说明,使用完后需要将参数改回。

2. 测试工作完成后,必须等 8 min 后,使 X 光管充分降温后才能将冷却水关闭。

附注

ZnO 的标准结构

① 80-0075   ZnO   Zinc Oxide sys:Hexagonal,Lattice:Primitive
   S. G.:P63mc   Cell Parameters:a 3.253, c 5.209

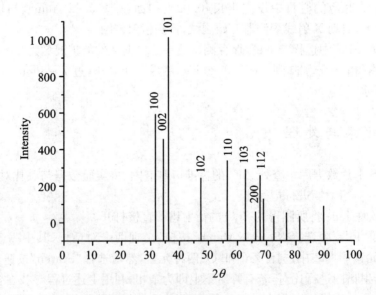

② 77-0191   ZnO   Zinc Oxide sys:Cubic,Lattice:Face-centered
   S. G.:Fm3m   Cell Parameters:a 4.280,

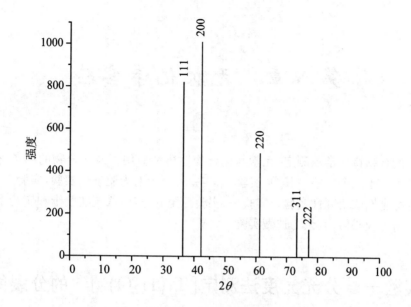

参 考 文 献

［ 1 ］ 王荣顺. 结构化学［M］. 北京：高等教育出版社，2003.

［ 2 ］ 潘道铠，赵成大，郑载兴. 物质结构［M］. 北京：高等教育出版社，1989.

［ 3 ］ 东北师范大学. 物理化学实验［M］. 北京：高等教育出版社，1989.

［ 4 ］ 周公度，段连运. 结构化学基础［M］. 4 版. 北京：北京大学出版社，2008.

［ 5 ］ Moore W J. 基础物理化学［M］. 黄丽鹏，林基兴译. 北京：世界图书出版公司，1992.

［ 6 ］ 复旦大学. 物理化学实验［M］. 3 版. 北京：高等教育出版社，2004.

［ 7 ］ 山东大学，青岛海洋大学，山东师范大学，等. 物理化学实验［M］. 3 版. 济南：山东大学出版社，1999.

［ 8 ］ 武汉大学化学与分子科学学院实验中心. 物理化学实验［M］. 武汉：武汉大学出版社，2004.

［ 9 ］ 南京工业大学理学院. 摩尔折射度的测定［EB/OL］. http：//lxy. njut. edu. cn/应用化学综合实验. doc

［10］ Measurement of Electric Dipole Moments of Polar Molecules in Solution Using the Smith-Guggenheim Method［EB/OL］. http：//www. chem. mun. ca/courseinfo/c2302/labs/exp_g. pdf .

［11］ 山东大学机械工程材料虚拟实验平台. 实验 5：X 射线衍射分析［EB/OL］. http：//bkjx. sdu. edu. cn/jxgc/vr/experiments/experiment5. htm.

第八章　无机化学实验

本章含配合物特性常数测定、元素与化合物性质和应用以及化合物的制备、分离、提纯与组成分析等二十二个实验。其中，实验一、实验三至十七为验证性实验，实验二、实验十八至二十二为综合性或研究性实验。实验一、实验三至五、实验八至实验十和实验十四至十五为化学类本科专业必做，其余为选做实验。

实验一　分光光度法测定$[Ti(H_2O)_6]^{3+}$的分裂能

一、实验目的

掌握用分光光度计测定配合物分裂能 $\Delta_o(10Dq)$ 的原理与技术。

二、实验原理

过渡金属离子的 d 轨道在晶体场影响下会发生能级分裂（图 8.1）。金属离子的 d 轨道没有被电子充满时，处于低能量 d 轨道上的电子吸收了一定波长的可见光后，就跃迁到高能量的 d 轨道，这种 d-d 跃迁的能量差可以通过实验测定。

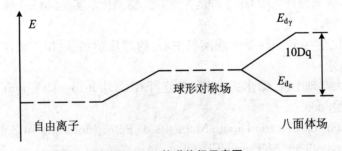

图 8.1　d 轨道能级示意图

对于八面体的$[Ti(H_2O)_6]^{3+}$离子在八面体场的影响下，Ti^{3+}离子的 5 个简并的 d 轨道分裂为二重简并的 d_γ 轨道和三重简并的 d_ε 轨道，d_γ 轨道和 d_ε 轨道的能量差等于分裂

416

能 Δ_o(10Dq)。

根据 $E_光 = Ed_\gamma - Ed_\epsilon = \Delta_o$(10Dq)；又因为 $E_光 = \Delta_o = h\nu = hc/\lambda = hc\sigma(\sigma$ 称为波数)，得 $\sigma = \Delta_o/hc$。而

$$hc = 6.626 \times 10^{-34} J \cdot s \times 2.998 \times 10^{10} cm \cdot s^{-1}$$
$$= 6.626 \times 10^{-34} \times 2.998 \times 10^{10} J \cdot cm$$
$$= 6.626 \times 10^{-34} \times 2.998 \times 10^{10} \times 5.034 \times 10^{22}$$
$$= 1(1 J = 5.034 \times 10^{22} cm^{-1})$$

所以

$$\Delta_o = \sigma = \frac{1}{\lambda} \times 10^7 cm^{-1}(\lambda \text{ 的单位 nm})$$

式中，h 为普朗克常数，$6.626 \times 10^{-34} J \cdot s$；$c$ 为光速，$2.998 \times 10^{10} cm \cdot s^{-1}$；$E_光$ 为可见光光能，J；ν 为频率，s^{-1}；λ 为波长，nm。Δ_o 常用波数($1/\lambda$) 的单位 cm^{-1} 表示。Δ_o 用 cm^{-1} 表示，λ 单位为 nm 时，则有

$$\Delta_o = \sigma = \frac{1}{\lambda_{max}} \times 10^7 cm^{-1}$$

式中 λ_{max} 是 $[Ti(H_2O)_6]^{3+}$ 配离子吸收峰对应的最大波长，单位是 nm。

本实验只要测定 $[Ti(H_2O)_6]^{3+}$ 配离子在可见光区的相应吸光度为 A，以 A 为纵坐标，λ 为横坐标作图可得吸收曲线，曲线最高峰所对应的 λ_{max} 为最大吸收波长，代入上述公式中计算 Δ_o 值。

三、试剂与器材

1. 仪器与材料
721(或 722)型分光光度计、容量瓶(50 mL)、烧杯(50 mL)、移液管(5 mL)。

2. 试剂
15％ $TiCl_3$ 溶液。

四、实验步骤

1. $[Ti(H_2O)_6]^{3+}$ 溶液的配制
用移液管吸取 5 mL 15％ $TiCl_3$ 水溶液于 50 mL 容量瓶中，稀释至刻度，摇匀。

2. 测定吸光度
在分光光度计的波长范围(420～600 nm)内，以蒸馏水作参比，每隔 10 nm 波长测上述溶液的吸光度(在吸收峰最大值附近，每间隔 5 nm 波长测一次数据)。

3. 数据处理
(1) 以表格形式记录实验有关数据。

表 8.1 $[Ti(H_2O)_6]^{3+}$ 吸收曲线数据记录表

λ/nm	A	λ/nm	A
460		505	
470		510	
480		520	
490		530	
495		540	
500		550	

（2）由实验测得的波长 λ 和相应的吸光度 A 绘制 $[Ti(H_2O)_6]^{3+}$ 的吸收曲线。

（3）计算 $[Ti(H_2O)_6]^{3+}$ 配离子的 Δ_o 值。

五、思考题

1. 配合物的分裂能 $\Delta_o(10Dq)$ 受哪些因素的影响？

2. 本实验测定吸收曲线时，溶液浓度的高低对测定 $10Dq$ 值是否有影响？

实验二　盐酸中低碳钢缓蚀效率的测定

一、实验目的

1. 了解缓蚀剂的缓蚀原理、意义和用途。
2. 掌握缓蚀效率的测定方法。

二、实验原理

在现代经济生活中，金属材料是最重要的工程材料。然而，金属材料在使用过程中，由于其周围环境影响会遭到不同程度的破坏，其中最常见的破坏是断裂、磨损和腐蚀。金属腐蚀早已为人们所知，人类一开始使用金属就发现了这一现象。虽然腐蚀现象极其广泛和常见，但作为一门科学对其进行研究却是近百年的事。"腐蚀"这个词起源于拉丁文"Corrodere"，其含义是"腐烂或损坏"。在现代科学中，金属腐蚀的定义是："金属在环境介质的作用下，由于化学反应、电化学反应或物理溶解而产生的破坏。"

腐蚀是指金属材料或制件在周围环境中介质的作用下逐渐产生的损坏或变质现象，是

418

一种自发的趋势,不可避免。目前,由于金属腐蚀给国民经济的发展带来的经济损失约占当年国民经济生产总值的 $1.5\%\sim4.2\%$,金属腐蚀的问题遍及国民经济的各个领域,从日常生活到工农业生产,从尖端科学技术到国防工业,凡是使用金属材料的地方,都不同程度的存在着腐蚀问题。腐蚀给人们带来了巨大的经济损失,造成灾难性的事故,耗竭了宝贵的能源与资源。为将腐蚀降到最低程度,缓蚀剂得到了广泛的应用。

在美国材料实验协会(ASTM)《关于腐蚀和腐蚀试验术语的标准定义》中,定义缓蚀剂是"一种以适当的浓度和形式存在于环境(介质)中时,可以防止或减缓材料腐蚀的化学物质或几种化学物质的混合物"。

一般来说,缓蚀剂是指那些加入微量或少量在金属表面起防护作用的物质,这类化学物质可使金属材料在介质中的腐蚀速率明显降低,同时还能保持金属材料原来的物理机械性能。

随着工业和科学技术的进步和发展,缓蚀剂科学技术得到了很大的发展与进步,经过一个多世纪的研究与实践,提出了两个方面的问题:一是要求提供对生态环境不构成破坏的新型缓蚀剂;二是开发多功能型缓蚀剂。

1. 缓蚀剂的缓蚀原理

按缓蚀剂在金属表面形成保护膜性质,可将缓蚀剂分为氧化膜型缓蚀剂、沉淀膜型缓蚀剂和吸附膜型缓蚀剂三种类型。这种分类方法在一定程度上可以反应金属表面保护膜和缓蚀剂分子结构的联系,还可以解释缓蚀剂对腐蚀电池电极过程的影响。

(1)氧化膜型缓蚀剂

氧化膜型缓蚀剂直接或间接氧化金属,在其表面形成氧化物薄膜,阻止腐蚀反应的进行。氧化膜型缓蚀剂一般可钝化金属,具有良好的保护作用,而对不钝化金属如铜、锌等没有多大效果。在可溶解氧化膜的酸中也没有效果。这种缓蚀剂所形成的氧化膜较薄$(0.003\sim0.02\ \mu m)$,致密性较好,金属附着力较强,防腐性能良好。这类缓蚀剂如铬酸盐,可使铁的表面氧化生成保护膜,从而抑制铁的腐蚀。由于它具有钝化作用,故又被称为"钝化剂"。氧化膜型缓蚀剂又可分为阳极抑制型(如铬酸钠)和阴极去极化型(如亚硝酸钠)两类。

(2)沉淀膜型缓蚀剂

这类缓蚀剂包括硫酸锌、碳酸氢钙和聚磷酸钠等,它们能与介质中的离子反应并在金属表面形成防腐的沉淀膜。沉淀膜的厚度比一般钝化膜厚(约几十到一百纳米),而且其致密性和附着力也比钝化膜差,所以抑制腐蚀的效果比氧化膜型要差一些。此外,只要介质中存在缓蚀剂组分和相应的共沉淀离子,沉淀膜的厚度就不断增加,因而可能引起结垢,所以通常要和去垢剂共同使用才能达到较好的效果。

(3)吸附膜型缓蚀剂

这类缓蚀剂能吸附在金属表面,改变金属表面的性质,从而防止腐蚀。根据机理不同它又可分为物理吸附(如胺类、硫脲和硫醇等)和化学吸附(如吡啶衍生物、苯胺衍生物、环状亚胺等)两类。为了能形成良好的吸附膜金属,必须是洁净的(即活性)表面。

2. 缓蚀剂的研究方法

缓蚀剂在金属表面的作用是一个复杂的过程,研究缓蚀剂缓蚀机理的方法很多,主要包括腐蚀产物分析法、电化学分析法。

(1) 腐蚀产物分析法

腐蚀产物分析法中最为经典和直接的方法是失重法。该法通过测量金属试样浸入腐蚀介质一定时间的质量变化来确定其腐蚀速率。根据金属试样在介质中运动与否,又可以分为静态失重法和动态失重法。失重法对均匀腐蚀有效,对有严重局部腐蚀的试样则不能反映真实腐蚀状况。根据缓蚀剂加入前后,腐蚀体系析氢或吸氧量的改变以及温度变化,可以从失重法中派生出量气法和量热法。这些方法较之失重法得到的缓蚀剂缓蚀效率的绝对值大小不同,但这种差别不至于影响研究结果。

腐蚀速率,可根据质量、厚度的变化,如果试样为全面腐蚀,可根据腐蚀后容易清除或完全牢固地附着在试样上的情况,分别采用单位时间、单位面积上金属腐蚀后的质量损失或质量增加表示腐蚀速率,即

$$V(腐蚀速率) = \frac{W_0 - W_1 - W_2}{At}$$

式中,A 为试样面积(m^2),W_0 为试样原始质量(g),W_1 为试样腐蚀后清除腐蚀产物后的质量(g),W_2 为清除腐蚀产物时的校正质量(g)(实验室试验时,试样附着物清除干净,可以为零),t 是时间(h)。腐蚀速率的量纲为 $g \cdot m^{-2} \cdot h^{-1}$。

$$\eta = \frac{V_0 - V}{V_0} \times 100\%$$

式中,η 为缓蚀效率,V、V_0 分别为有、无缓蚀剂条件下的腐蚀速率。

在许多情况下金属表面常产生孔蚀等局部腐蚀。此时,评定缓蚀剂的效性,除其缓蚀效率外,尚需测定金属表面的孔蚀密度和孔蚀深度等。

(25±0.1) ℃下,低碳钢在不同浓度盐酸溶液中的腐蚀初速度见表 8.2。

表 8.2　低碳钢在不同浓度盐酸溶液中的腐蚀初速度

$c/(mol \cdot L^{-1})$	1.00	2.00	3.00	4.00	5.00	6.00
$V_0/(g \cdot m^{-2} \cdot h^{-1})$	6.36	8.61	12.81	15.49	24.67	33.30
$\ln V_0$	1.85	2.15	2.55	2.74	3.21	3.51

以 $\ln V_0$ - c 作图,得一直线。

当 $c(HCl) = 2.00 \ mol \cdot L^{-1}$ 时,低碳钢在不同温度下的腐蚀初速度见表 8.3。

表 8.3　低碳钢在不同温度下的腐蚀初速度

温度/℃	25.0	30.0	35.0	40.0	45.0
$V_0/(g \cdot m^{-2} \cdot h^{-1})$	8.60	12.84	16.89	21.28	28.57
$1/T \times 10^{-3}$	3.35	3.30	3.25	3.19	3.14
$\ln V_0$	2.15	2.55	2.83	3.06	3.35

以 $\ln V_0$ - $1/T \times 10^{-3}$ 作图,得一直线。

（2）电化学分析法

常规的电化学研究方法以电信号为激励和检测手段,主要包括极化曲线外推法、线性极化电阻法、交流阻抗法、恒电量法、电化学噪声测量法、恒电流-恒电位(P-G)瞬态响应、光电化学法等。

三、器材与试剂

1. 仪器与材料

电子天平、恒温水浴锅、量筒、游标卡尺、烧杯、干燥器。

2. 试剂

苯胺、乌洛托品、硫氰酸铵、HCl($2.00\ mol \cdot L^{-1}$,$4.00\ mol \cdot L^{-1}$,$6.00\ mol \cdot L^{-1}$)、丙酮、低碳钢片(含碳量0.22%)20 mm×20 mm×2 mm。

根据条件,可以用任意的碳钢片,但要测定相同条件下不加缓蚀剂的碳钢腐蚀速率。

四、实验步骤

1. 盐酸浓度对低碳钢片腐蚀的影响

（1）将低碳钢片用砂纸打磨或化学法除锈,然后用自来水、蒸馏水冲洗,滤纸吸水,丙酮干燥,然后放在干燥器备用。

（2）用电子天平准确称量低碳钢片的质量,并记录为W_0。

（3）用游标卡尺测量碳钢片长、宽及厚度,计算出试样的总表面积(m^2)。

（4）分别在2 mol·L^{-1}、4 mol·L^{-1}和6 mol·L^{-1} HCl溶液中加0.1%硫氰化铵、0.2%苯胺和0.3%乌洛托品,温度为25 ℃,低碳钢片全部浸入反应1 h。

（5）取出后再依次用自来水、蒸馏水冲洗,滤纸吸水,丙酮干燥,再用电子天平称重并记录为W_1。计算试样的表面积和腐蚀速率(V)及缓蚀效率(η)。

根据实验得到的V和η,讨论盐酸浓度对缓蚀剂的影响。

2. 温度对低碳钢片腐蚀的影响

用2.00 mol·L^{-1} HCl溶液中加0.1%硫氰化铵、0.2%苯胺和0.3%乌洛托品,温度分别在25 ℃、35 ℃和45 ℃下,依据上面的操作方法,计算腐蚀速率(V)和缓蚀效率(η)。

根据实验得到的V和η,讨论温度对缓蚀剂的影响。

五、思考题

1. 查阅资料,判断实验中测到的腐蚀速率是否符合国家黑色金属化学清洗的标准。

2. 举例说明缓蚀剂的应用。

实验三　磺基水杨酸合铁(Ⅲ)配合物组成及稳定常数的测定

一、实验目的

　　1. 用等摩尔系列法测定磺基水杨酸合铁(Ⅲ)配合物的组成及稳定常数。
　　2. 学习分光光度计的使用。

二、实验原理

　　磺基水杨酸(3-羟基-5-磺酸基苯甲酸,简式为 H_3R)为无色结晶,它与 Fe^{3+} 可以形成稳定的有色配合物,但 pH 值不同,形成的配合物不同。在 pH$=$1.5～3.0 时,形成 1：1 的紫红色配合物(简记为 MR);pH$=$4～9 时,形成 1：2 的红色配合物(MR_2);pH$=$9～11.5 时,形成 1：3 的黄色配合物(MR_3);当 pH$>$12 时,将产生 $Fe(OH)_3$ 沉淀,而不能形成配合物。本实验测定 pH$=$2.0 条件下配合物的组成和稳定常数。

　　测定配合物组成和稳定常数的方法有:pH 法、电位法、极谱法、分光光度法以及核磁共振、电子顺磁共振等方法。其中分光光度法是最常应用的方法之一。分光光度法中又分为等摩尔比例法、等摩尔系列法以及平衡移动法等。本实验采用等摩尔系列法。这种方法要求在一定条件下,溶液中的金属离子与配位体都无色,只有形成的配合物有色,并且只形成一种稳定的配合物,配合物中配体的数目 n 也不能太大。本实验中磺基水杨酸是无色的,Fe^{3+} 溶液浓度很稀,也可认为无色,只有形成的磺基水杨酸合铁(Ⅲ)配合物呈紫红色,因此可以应用等摩尔系列法。

　　所谓等摩尔系列法,就是在保持溶液中金属离子浓度 $c(M)$ 与配位体浓度 $c(R)$ 之和不变(即总物质的量不变)的前提下,改变 $c(M)$ 与 $c(R)$ 的相对量,配制一系列溶液,使配体物质的量分数 X_R 从 0 逐渐增加到 1(例如 0,0.1,0.2,…,0.9,1)。显然,在这一系列溶液中,当配体物质的量分数 X_R 较小时,金属离子是过量的;而 X_R 较大时,配位体是过量的。在这两部分溶液中,配合物 MR_n 的浓度都不可能达到最大值,只有当溶液中配位体与金属离子物质的量之比与配合物的组成一致时,配合物 MR_n 的浓度才能达到最大,因而其吸光度 A 也最大。以吸光度 A 为纵坐标,配体物质的量分数 X_R 为横坐标作图,画得一曲线(图 8.2)。延长曲线两边的直线部分,相交于 E 点,若 M 与 R 全部形成 MR_n,最大吸收处应在 E 处,即其最大吸光度应为 A,但由于 MR_n 有一部分离解,其浓度要稍小一些,故实际测得的最大吸

光度在 F 处,即吸光度为 A,因此该配合物的解离度为 $\alpha=\dfrac{A'-A}{A'}\times100\%$,配合物 MR_n 的组成 $n=X_R/(1-X_R)$

$$M+nR \Longrightarrow MR_n$$
$$c\alpha \qquad nc\alpha \qquad c(1-\alpha)$$

配合物的表观稳定常数

$$K_{\text{稳}}^{\ominus}{}'=\frac{c(MR_n)}{c(M)c^n(R)}=\frac{c(1-\alpha)}{c\alpha\,(nc\alpha)^n}=\frac{1-\alpha}{n^nc^n\alpha^{n+1}}$$

式中 X_R、$1-X_R$、c 分别为最大吸光度处的配体物质的量分数、金属离子物质的量分数及金属离子的起始浓度。当 $n=1$ 时

$$K_{\text{稳}}^{\ominus}{}'=\frac{1-\alpha}{c\alpha^2}$$

值得提出的是,这样得到的为表观稳定常数,若考虑到 Fe^{3+} 的水解平衡以及磺基水杨酸的电离平衡,则应对表观稳定常数 $K_{\text{稳}}^{\ominus}{}'$ 加以校正,校正后即得 $K_{\text{稳}}^{\ominus}$。校正公式为 $\lg K_{\text{稳}}^{\ominus}=\lg K_{\text{稳}}^{\ominus}{}'+\lg\alpha$,在 pH $=2.0$ 时,$\lg\alpha=10.3$。

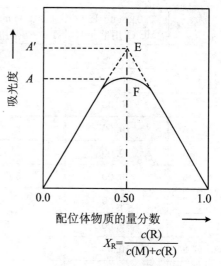

图 8.2 等摩尔系列法

三、器材与试剂

1. 仪器与材料
分光光度计;烧杯(100 mL);容量瓶(100 mL);吸量管(10 mL)。

2. 试剂
$HClO_4$(0.01 mol·L^{-1})、磺基水杨酸(0.0100 mol·L^{-1},用分析纯磺基水杨酸溶于 0.01 mol·L^{-1} $HClO_4$ 中配成)、Fe^{3+} 溶液[0.0100 mol·L^{-1},用分析纯 $(NH_4)_2Fe(SO_4)_2\cdot12H_2O$ 晶体溶于 0.01 mol·L^{-1} $HClO_4$ 中配成]。

四、实验步骤

1. 配制 0.00100 mol·L^{-1} Fe^{3+} 溶液和 0.00100 mol·L^{-1} 磺基水杨酸溶液
用吸量管准确移取 10.00 mL 0.0100 mol·L^{-1} Fe^{3+} 溶液,加入到 100 mL 容量瓶中,用 0.01 mol·L^{-1} $HClO_4$ 溶液稀释至刻度,摇匀备用。同法配制 0.00100 mol·L^{-1} 磺基水杨酸溶液。

2. 配制系列溶液
按照表 8.4 依次配制系列溶液。

3. 测定系列溶液的吸光度
用分光光度计(用波长为 500 nm 的光源)以 1 号样品为参比液,测定系列溶液的吸光

值,填入表8.4。

表 8.4　系列溶液及待测的吸光度

序号	0.01 mol·L⁻¹ HClO₄用量/mL	0.001 00 mol·L⁻¹ Fe³⁺溶液用量/mL	0.001 00 mol·L⁻¹ H₃R用量/mL	H₃R物质的量分数 X_R	吸光度 A
1	10.00	0.00	0.00		
2	10.00	10.00	0.00	0.000	
3	10.00	9.00	1.00	0.100	
4	10.00	8.00	2.00	0.200	
5	10.00	7.00	3.00	0.300	
6	10.00	6.00	4.00	0.400	
7	10.00	5.00	5.00	0.500	
8	10.00	4.00	6.00	0.600	
9	10.00	3.00	7.00	0.700	
10	10.00	2.00	8.00	0.800	
11	10.00	1.00	9.00	0.900	
12	10.00	0.00	10.00	1.00	

H_3R 物质的量分数为

$$X_R = \frac{c(R)}{c(M) + c(R)}$$

4. 数据处理

以吸光度对磺基水杨酸的物质的量分数作图,从图中找出最大吸收处,求出配合物的离解度、组成及稳定常数。

以吸光度 A 为纵坐标,H_3R 物质的量分数 $X_R = c(R)/[c(M)+c(R)]$ 为横坐标作图,求出磺基水杨酸合铁(Ⅲ)的组成,并计算表观(条件)稳定常数 $\lg K_{稳}^{\ominus}{}'$。

可用计算机处理数据。

五、思考题

1. 用等摩尔系列法测定配合物组成时,为什么说溶液中配位体物质的量与金属离子物质的量之比正好与配合物组成相同时,配合物浓度为最大?

2. 当配合物分别为 MR、MR₂、MR₃、MR₄ 时,在最大吸收处配体物质的量分数 X_R 分别为多少? A-X_R 图分别为什么形状? 据此说明为什么等摩尔系列法只适于测定 n 值较小的配合物组成。

3. 在测定吸光度时,如果温度变化较大,对测得的稳定常数有无影响?

4. 实验中用 $0.01\,mol \cdot L^{-1}$ $HClO_4$ 控制溶液 pH＝2.0，为什么要用 $HClO_4$？用 H_3PO_4 或 H_2SO_4 是否可以？为什么？

5. 若固定 $0.001\,00\,mol \cdot L^{-1}$ Fe^{3+} 溶液用量为 5.00 mL，而使 $0.001\,00\,mol \cdot L^{-1}$ 磺基水杨酸溶液从 0.00 mL 逐步增加到 10.00 mL，并仍然用 $0.01\,mol \cdot L^{-1}$ $HClO_4$ 保持溶液总体积为 20.00 mL，测定其吸光度，以吸光度 A 为纵坐标，以 H_3R 的物质的量与 Fe^{3+} 的物质的量之比即 $n(H_3R)/n(Fe^{3+})$ 为横坐标作图，曲线是何形状？若有时间，请通过实验检验你的预测是否正确，并设法求出配合物组成和稳定常数。

实验四　卤素、硫、氮、磷、硼、硅化合物的性质与应用

一、实验目的

1. 掌握卤素离子及 S^{2-} 的还原性。
2. 掌握氯和氮的含氧酸、含氧酸盐的氧化性、热稳定性。
3. 掌握不同价态硫的化合物的性质。
4. 掌握磷酸盐、硼化合物、硅化合物的重要性质。

二、实验原理

卤素(氟、氯、溴、碘)、硫、氮、磷均为 P 区元素中有代表性的非金属元素。卤素单质都是强氧化剂，其氧化性顺序为 $F_2 > Cl_2 > Br_2 > I_2$。而卤素离子的还原性顺序恰好相反，$F^- < Cl^- < Br^- < I^-$。这可由其标准电极电势看出。

$$电对：F_2/F^- \quad Cl_2/Cl^- \quad Br_2/Br^- \quad I_2/I^-$$
$$\varphi^{\ominus}/V：2.87 \quad 1.36 \quad 1.065 \quad 0.535$$

例如，HI 可以将浓硫酸还原为 H_2S，HBr 可将浓硫酸还原为 SO_2，而 HCl 则不能还原浓硫酸

$$8HI + H_2SO_4(浓) = H_2S\uparrow + 4I_2 + 4H_2O$$
$$2HBr + H_2SO_4(浓) = SO_2\uparrow + Br_2 + 2H_2O$$

和卤素不同，硫、磷单质均表现为还原性。由于 S^{2-} 具有较大的变形性，所以可以和多种金属离子生成颜色不同，溶解度不同的金属硫化物。例如，Na_2S 可溶于水；ZnS(白色)难溶于水，易溶于稀盐酸；CdS(黄色)不溶于稀盐酸，易溶于较浓盐酸；CuS(黑色)不溶于盐酸，可溶于硝酸；HgS(黑色)不溶于硝酸，可溶于王水。依据金属硫化物溶解度和颜色的不同，可分离和鉴定金属离子。

在含氧酸和含氧酸盐中,卤素(氟除外)和氮的含氧酸及其盐都具有相当强的氧化性和热不稳定性,因而许多氯酸盐、次氯酸盐、亚硝酸盐都是常用的氧化剂。

卤素单质的歧化反应较硫、氮、磷更易于进行,是卤素的一个重要性质。将氯气通入冷的碱溶液中生成次氯酸盐;通入热的碱溶液中则生成氯酸盐。反应方程式如下:

$$Cl_2 + OH^- \xrightarrow{冷} Cl^- + ClO^- + H_2O$$

$$3Cl_2 + 6OH^- \xrightarrow{热} 5Cl^- + ClO_3^- + 3H_2O$$

卤素和氮的含氧酸盐中一个明显的特征是较低氧化态比较高氧化态的氧化性强。例如,亚硝酸盐的氧化性比硝酸盐的氧化性强,次氯酸盐的氧化性比氯酸盐的氧化性强;次氯酸盐在碱性溶液中就是强氧化剂,而氯酸盐在酸性溶液中才能表现出明显的氧化性。化学反应方程式为

$$8KClO_3 + 24HCl(浓) == 9Cl_2 + 8KCl + 6ClO_2(黄) + 12H_2O$$

$$KI + KIO_3 \longrightarrow 无变化$$

$$5KI + KIO_3 + 3H_2SO_4 == 3I_2 + 3K_2SO_4 + 3H_2O$$

$$3I_2 + 6NaOH == 5NaI + NaIO_3 + 3H_2O$$

这些含氧酸及其盐的氧化性与它们对热不稳定性是相辅相成的。例如,亚硝酸只有在较低温度下才能存在。化学反应方程式为

$$2HNO_2 \xrightarrow{冷} H_2O + N_2O_3(蓝)$$

$$H_2O + N_2O_3 \xrightarrow{热} H_2O + NO + NO_2(红棕)$$

硝酸盐、亚硝酸盐、氯酸盐的热稳定性都较差,加热易分解放出氧。

和卤素、氮的含氧酸及其盐不同,硫的含氧酸中只有浓硫酸才具有强氧化性。过硫酸及其盐有强的氧化性,但其原因是分子中的过氧键所至。在 Ag^+ 离子的催化作用下,过二硫酸盐可将 Mn^{2+} 氧化成 MnO_4^- 离子。反应式为

$$2Mn^{2+} + 5S_2O_8^{2-} + 8H_2O == 2MnO_4^- + 10SO_4^{2-} + 16H^+$$

硫的其他含氧酸及其盐中,亚硫酸盐、硫代硫酸盐都是常用的还原剂。例如,$Na_2S_2O_3$ 能将 I_2 还原为 I^-,而本身被氧化为连四硫酸钠。化学反应方程式为

$$2Na_2S_2O_3 + I_2 == Na_2S_4O_6 + 2NaI$$

中间氧化态的含氧酸及其盐,既可作氧化剂,又可作还原剂,这要看与之相反应的还原剂或氧化剂的相对强弱。例如,$NaNO_2$ 既可作氧化剂将 I^- 氧化成 I_2,又可作还原剂被 MnO_4^- 所氧化;Na_2SO_3 虽为常用的还原剂,但又可将更强的还原剂 H_2S 氧化而生成硫。

磷的含氧酸及其盐不具有明显的氧化性。较常用到的是正磷酸,中等强度的酸性及可溶性磷酸盐的酸碱性。磷的其他含氧酸盐较常用到的是偏磷酸盐和焦磷酸盐。磷酸根、偏磷酸根、焦磷酸根的区别方法见表8.5。

表 8.5　磷酸盐的鉴定

磷酸盐	PO_4^{3-}	$P_2O_7^{4-}$	PO_3^-
$AgNO_3$	$Ag_3PO_4\downarrow$ 淡黄色	$Ag_4P_2O_7\downarrow$ 白色	$AgPO_3\downarrow$ 白色胶状
蛋白溶液	不变化	不变化	凝固

硼酸是一元弱酸,它在水溶液中的解离不同于一般的一元酸。硼酸是 Lewis 酸,能与多羟基醇发生加合反应,使溶液的酸性增强。

硼砂的水溶液因水解而呈碱性。硼砂溶液与酸反应可析出硼酸。硼酸受强热脱水熔化为玻璃体,与不同金属的氧化物成盐类熔融生成具有不同特征颜色的偏硼酸复盐,即硼砂珠试验。硅酸钠水解作用明显。大多数硅酸盐难溶于水,过渡金属的硅酸盐呈现不同的颜色。

三、器材与试剂

1. 仪器与材料

试管、离心试管、烧杯、酒精灯、点滴板、离心机、pH 试纸、醋酸铅试纸、淀粉碘化钾试纸、镍铬丝。

2. 试剂

液体试剂:浓 HCl($2\ mol \cdot L^{-1}$,$6\ mol \cdot L^{-1}$);HNO_3($2\ mol \cdot L^{-1}$,浓);浓 H_2SO_4($1\ mol \cdot L^{-1}$,$3\ mol \cdot L^{-1}$,浓);饱和 H_2S,H_3PO_4($0.1\ mol \cdot L^{-1}$);HAc($2\ mol \cdot L^{-1}$);NaOH($2\ mol \cdot L^{-1}$,$6\ mol \cdot L^{-1}$);浓 $NH_3 \cdot H_2O$;Na_2CO_3($0.5\ mol \cdot L^{-1}$);KI($0.1\ mol \cdot L^{-1}$,$0.5\ mol \cdot L^{-1}$);KIO_3($0.1\ mol \cdot L^{-1}$);$KMnO_4$($0.01\ mol \cdot L^{-1}$,$0.1\ mol \cdot L^{-1}$);Na_2SO_3($0.1\ mol \cdot L^{-1}$);$NaNO_2$($0.1 \cdot mol \cdot L^{-1}$,$1\ mol \cdot L^{-1}$);$Na_3PO_4$($0.1\ mol \cdot L^{-1}$);$NaH_2PO_4$($0.1\ mol \cdot L^{-1}$);$Na_2HPO_4$($0.1\ mol \cdot L^{-1}$);$NaPO_3$($0.2\ mol \cdot L^{-1}$);$K_4P_2O_7$($0.1\ mol \cdot L^{-1}$);$AgNO_3$($0.1\ mol \cdot L^{-1}$);$MnSO_4$($0.002\ mol \cdot L^{-1}$);NaCl($0.1\ mol \cdot L^{-1}$);$ZnSO_4$($0.1\ mol \cdot L^{-1}$);$CdSO_4$($0.1\ mol \cdot L^{-1}$);$CuSO_4$($0.1\ mol \cdot L^{-1}$);$Hg(NO_3)_2$($0.1\ mol \cdot L^{-1}$);$BaCl_2$($0.1\ mol \cdot L^{-1}$);氯水;碘水;$CCl_4$;品红溶液;鸡蛋白溶液(1%);甘油;甲基橙;$Na_2SiO_3$($0.5\ mol \cdot L^{-1}$,20%)。

固体试剂:NaCl、KBr、KI、KNO_3、$K_2S_2O_8$、$KClO_3$、铜片、硫磺粉、H_3BO_3、$Co(NO_3)_2 \cdot 6H_2O$、硼砂、$CaCl_2 \cdot 6H_2O$、$Fe_2(SO_4)_3 \cdot 6H_2O$。

四、实验步骤

1. 卤素离子的还原性

(1) 往盛有少量 KI 固体的试管中加入 1 mL 浓硫酸,观察产物的颜色和状态,用湿的醋酸铅试纸检验气体产物,写出反应方程式。

(2) 往盛有少量 KBr 固体的试管中加入 1 mL 浓 H_2SO_4,观察产物的颜色和状态,用湿的碘化钾淀粉试纸检验产生的气体,写出反应方程式。

(3) 往盛有少量 NaCl 固体的试管中加入 1 mL 浓 H_2SO_4,微微加热,观察反应产物的颜色和状态,用蘸有浓氨水的玻璃棒移近管口检验产生的气体(或用湿的 pH 试纸检验)写出反应方程式。

根据实验结果比较 Cl^-、Br^-、I^- 还原性的强弱和变化规律。

2. 卤素、氮的含氧酸及含氧酸盐的性质

(1) 次氯酸钠的氧化性

往一支试管中加入 2 mL 氯水,逐滴加入 2 mol·L^{-1} NaOH 至溶液呈碱性为止(用 pH 试纸检验)。将所得溶液分成三份进行下列试验。

① 与浓盐酸作用,设法证明气体产物。

② 与碘化钾溶液作用。

③ 与品红溶液作用。

记录反应现象并写出①、②的反应方程式。

(2) 氯酸钾的氧化性

① 与浓盐酸作用。取少量 $KClO_3$ 晶体于试管中,加入约 1 mL 浓盐酸,观察产生气体的颜色(如反应不明显,可微热)。

② 在中性和酸性介质中与 KI 的作用。取少量 $KClO_3$ 晶体于试管中,加入约 1 mL 水使之溶解,再加入 1 mL 0.1 mol·L^{-1} KI 溶液和 0.5 mL CCl_4,摇动试管,观察水层和 CCl_4 层颜色有何变化,再加入 2 mL 3 mol·L^{-1} H_2SO_4,摇动试管,观察有何变化。

(3) KI 和 KIO_3 的相互转化

KI 溶液(0.5 mL 0.1 mol·L^{-1})→加入 KIO_3(2 滴 0.1 mol·L^{-1})→加入淀粉(3 滴)→观察溶液颜色变化→再加入 H_2SO_4(2~3 滴 1 mol·L^{-1})酸化→观察又如何变化→加入 NaOH(2~3 滴 6 mol·L^{-1})使溶液显碱性→观察变化。

根据以上实验比较次氯酸盐与氯酸盐的性质,可得出什么结论? 试用标准电极电势解释之。

(4) 亚硝酸盐的氧化还原性

分别试验 0.1 mol·L^{-1} $NaNO_2$ 溶液在酸性介质中与 0.01 mol·L^{-1} $KMnO_4$,0.1 mol·L^{-1} KI 溶液的反应。观察现象,写出反应方程式。

(5) 硝酸的氧化性

① 浓硝酸与非金属的反应。在少许硫粉中加入 1 mL 浓硝酸,水浴加热,反应一段时间后取几滴清液,检查有无 SO_4^{2-},写出反应方程式。

② 硝酸与铜的反应。分别试验浓 HNO_3 和稀 HNO_3 与铜的反应(若反应慢可加热之),写出反应方程式。

3. 硫的含氧酸盐的氧化还原性

(1) 亚硫酸盐的氧化还原性

分别试验酸性介质中 0.1 mol·L^{-1} Na_2SO_3 与饱和 H_2S 水溶液,与 0.01 mol·L^{-1}

$KMnO_4$ 溶液的反应,观察现象并写出反应方程式。

(2) 硫代硫酸钠的还原性

往 $0.1\ mol \cdot L^{-1}\ Na_2S_2O_3$ 溶液中滴加碘水,溶液的颜色有何变化? 写出反应方程式。

(3) 过二硫酸盐的氧化性

往试管中加入 5 mL 1 $mol \cdot L^{-1}\ H_2SO_4$ 和 5 mL 蒸馏水,再加 4 滴 $0.002\ mol \cdot L^{-1}$ $MnSO_4$ 溶液,混合均匀后,将溶液分成两份。

① 往一份溶液中加一滴 $0.1\ mol \cdot L^{-1}\ AgNO_3$ 溶液和少量 $K_2S_2O_8$ 固体,微热之。观察溶液颜色有何变化? 写出反应方程式。

② 另一份溶液中只加少量 $K_2S_2O_8$ 固体,微热之,观察溶液颜色有无变化。比较两个试验结果有什么不同? 为什么?

根据以上 1、2、3 的实验试总结 P 区非金属元素含氧酸及其盐的氧化还原性有何规律。

4. P 区非金属元素某些含氧酸及其盐的不稳定性

(1) 亚硝酸的分解

在 1 $mol \cdot L^{-1}\ NaNO_2$ 溶液中滴加稀 H_2SO_4,加热观察现象。

(2) 亚硫酸、硫代硫酸的分解

① 往 $0.1\ mol \cdot L^{-1}\ Na_2SO_3$ 溶液中滴加 2 $mol \cdot L^{-1}\ HCl$,观察有什么变化? 写出反应方程式。

② 往 $0.1\ mol \cdot L^{-1}\ Na_2S_2O_3$ 溶液中滴加 2 $mol \cdot L^{-1}\ HCl$,观察有什么变化? 写出反应方程式。

(3) 硝酸盐的热分解

在干燥的小试管中加入少量固体 KNO_3,加热熔化,使其分解,设法检验气体产物。写出反应方程式。

5. 硫化氢和硫化物

(1) 硫化氢的还原性

往试管中滴入几滴 $0.01\ mol \cdot L^{-1}\ KMnO_4$ 溶液,用 1 $mol \cdot L^{-1}\ H_2SO_4$ 酸化,然后滴加 H_2S 水溶液,观察现象,写出反应方程式。

(2) 硫化物的溶解性

分别往盛有 5 滴 $0.1\ mol \cdot L^{-1}$ 的 $NaCl$、$ZnSO_4$、$CdSO_4$、$CuSO_4$ 和 $Hg(NO_3)_2$ 溶液的离心试管中加入 1 mL 饱和 H_2S 水溶液,观察沉淀的颜色。离心分离,弃去清液,再往沉淀中分别加 2 $mol \cdot L^{-1}\ HCl$,观察沉淀是否溶解。将不溶解的沉淀离心分离,洗涤,往沉淀中分别加入 6 $mol \cdot L^{-1}\ HCl$,观察沉淀是否溶解。将不溶解的沉淀离心分离,洗涤后,往沉淀中加入浓硝酸,微热,观察沉淀是否溶解。最后,把不溶于 HNO_3 的沉淀洗涤后加入王水,观察沉淀是否溶解。

根据实验结果,对金属硫化物的溶解性作出比较,写出反应方程式。

6. 磷酸盐的性质

(1) 正磷酸各种钠盐的酸碱性

分别检验 $0.1\ mol \cdot L^{-1}\ Na_3PO_4$、$0.1\ mol\ Na H_2PO_4$、$0.1\ mol \cdot L^{-1}\ Na_2HPO_4$ 溶

液的酸碱性。

（2）PO_4^{3-}、$P_2O_7^{4-}$、PO_3^- 的鉴别

① 分别往 $0.1\ mol \cdot L^{-1}\ H_3PO_4$（用 $0.5\ mol \cdot L^{-1}\ Na_2CO_3$ 溶液调至微酸性）、$0.1\ mol \cdot L^{-1}\ K_4P_2O_7$ 和 $0.2\ mol \cdot L^{-1}\ NaPO_3$ 溶液中加入 $0.1\ mol \cdot L^{-1}\ AgNO_3$ 溶液，有何现象发生？试验沉淀与 $2\ mol \cdot L^{-1}\ HNO_3$ 溶液的作用。

② 在 H_3PO_4、$K_4P_2O_7$、$NaPO_3$ 溶液中各加入 $2\ mol \cdot L^{-1}\ HAc$ 和 1‰鸡蛋白水溶液，有何现象发生？

7. 硼酸和硼砂的性质

（1）在试管中加入约 $0.5\ g$ 硼酸晶体和 $3\ mL$ 去离子水，观察溶解情况。微热后使其全部溶解，冷至室温，用 pH 试纸测定溶液的 pH。然后在溶液中加入 1 滴甲基橙指示剂，并将溶液分成两份，在一份中加入 10 滴甘油，混合均匀，比较两份溶液的颜色。写出有关反应方程式。

（2）在试管中加入约 $1\ g$ 硼砂和 $2\ mL$ 去离子水，微热使其溶解，用 pH 试纸测定溶液的 pH。然后加入 $1\ mL\ 6\ mol \cdot L^{-1}\ H_2SO_4$ 溶液，将试管放在冷水中冷却，并用玻璃棒不断搅拌，片刻后观察硼酸晶体的析出。写出有关反应方程式。

（3）硼砂珠试验。用环形镍铬丝蘸取浓盐酸（盛在试管中），在氧化焰中灼烧，然后迅速蘸取少量硼砂，在氧化焰中灼烧到玻璃状。用烧红的硼砂珠蘸取少量 $Co(NO_3)_2 \cdot 6H_2O$，在氧化焰中烧至熔融，冷却后对着亮光观察硼砂珠的颜色。写出反应方程式。

8. 硅酸盐的性质

（1）在试管中加入 $1\ mL\ 0.5\ mol \cdot L^{-1}\ Na_2SiO_3$ 溶液，用 pH 试纸测其 pH 值。然后逐滴加入 $6\ mol \cdot L^{-1}\ HCl$ 溶液，使溶液的 pH 在 6～9，观察硅酸凝胶的生成（若无凝胶生成可微热）。

（2）"水中花园"实验 在 $50\ mL$ 烧杯中加入约 $30\ mL\ 20\%\ Na_2SiO_3$ 溶液，然后分别分散加入 $CaCl_2 \cdot 6H_2O(s)$、$Co(NO3)_2 \cdot 6H_2O(s)$ 和 $Fe_2(SO_4)_3 \cdot 6H_2O(s)$ 各 1 小粒，静置 1～2 h 后观察"石笋"的生成和颜色。

五、注意事项

1. 氯气剧毒并有刺激性，吸入人体会刺激喉管引起咳嗽和喘息。因此在做产生氯气的实验时，须在通风橱内进行，室内也要注意通风换气。闻氯气时，不能直接对着管口和瓶口，应当用手将氯气扇向自己的鼻孔。

2. 除 N_2O 外所有氮的氧化物均有毒。尤以 NO_2 为甚，其最高容忍浓度为 1 L 空气中不得超过 $0.005\ mg$。NO_2 中毒尚无特效药治疗，一般是输氧气以助呼吸与血液循环。由于硝酸的分解产物或还原产物多为氮的氧化物。因此涉及硝酸的反应均应在通风橱内进行。

六、思考题

1. 如何区别次氯酸盐和氯酸盐？

2. 今有三瓶未贴标签的溶液，只知道它们是 $NaNO_2$、Na_2SO_3 和 KI，如何区别？

3. 欲用酸溶解磷酸银沉淀，在盐酸、硫酸和硝酸中，选用哪一种最适宜？为什么？

4. 实验室里能否用 FeS 加硝酸来制备 H_2S？

5. 在实验室里 H_2S、Na_2S 和 Na_2SO_3 溶液为什么不能长期保存？

实验五　d 区元素化合物的性质与应用

一、实验目的

1. 熟悉 d 区元素主要氢氧化物的酸碱性及氧化还原性。
2. 掌握 d 区元素主要化合物的氧化还原性。
3. 掌握 Fe、Co、Ni 配合物的生成性质及其在离子鉴定中的应用。
4. 掌握 Cr、Mn、Fe、Co、Ni 混合离子的分离及鉴定方法。

二、实验原理

Ti、V、Cr、Mn 和铁系元素 Fe、Co、Ni 为第四周期的ⅣB、ⅤB、ⅥB、ⅦB、Ⅷ族元素。它们的重要化合物性质如下：

（一）钛的重要化合物

1. 二氧化钛（TiO_2）

（1）物理性质

自然界存在的金红石 TiO_2 具有晶体状结构，属四方晶系，它因含有铁、铌、钽、钒等而呈红色或黄色。金红石的硬度高，化学性能稳定；用化学方法制备而得的二氧化钛是白色粉末，在工业上可用作白色涂料，最重要是可用于制备钛的化合物。

（2）化学性质

$$TiO_2 + BaCO_3 \Longrightarrow BaTiO_3 + CO_2$$

$$TiO_2 + H_2SO_4 \Longrightarrow TiOSO_4 + H_2O \quad （用于制备 \beta 型钛酸）$$

$$\alpha\text{-}TiO_2 \cdot H_2O + 2NaOH \Longrightarrow Na_2TiO_3 \cdot 2H_2O（偏钛酸钠）$$

碱作用于酸性的新制备的钛盐溶液，则得到 α 型钛酸，其反应活性大于 β 型钛酸，能溶于酸和碱。

（3）制备

$$TiCl_4 + O_2 \Longrightarrow TiO_2 + 2Cl_2$$

$$FeTiO_3 + 2H_2SO_4 \Longrightarrow TiOSO_4(硫酸氧钛) + FeSO_4 + 2H_2O$$

$$TiOSO_4 + 2H_2O \Longrightarrow TiO_2 \cdot H_2O(\beta 型钛酸) + H_2SO_4$$

$$TiO_2 \cdot H_2O \xrightarrow{加热} TiO_2 + H_2O$$

2. 四氯化钛($TiCl_4$)

(1) 物理性质

四氯化钛是以共价键占优势的化合物,它的熔点为 250 K,沸点为 409 K,因此在常温下四氯化钛是无色液体,有刺激性气味,且易吸潮。

(2) 化学性质

① 水解

$$TiCl_4 + 2H_2O \Longrightarrow TiO_2 + 4HCl$$

如果 HCl 的量不足,则会生成$[TiO_2Cl_4]^{4-}$或$[TiOCl_5]^{3-}$;如果 HCl 过量,则生成$[TiCl_6]^{2-}$。

② 与还原剂反应

$$2TiCl_4 + H_2 \Longrightarrow 2TiCl_3 + 2HCl(生成紫色粉末状的三氯化钛)$$

$$2TiCl_4 + Zn \Longrightarrow 2TiCl_3 + ZnCl_2(在水溶液中析出紫色 TiCl_3 \cdot 6H_2O 晶体,而$$
$$在乙醚层中得到绿色 Ti_3Cl \cdot 6H_2O)$$

$$Ti^{3+} + 3OH^- \Longrightarrow Ti(OH)_3 \downarrow$$

或

$$2Ti^{3+} + 3H_2O + 3CO_3^{2-} \Longrightarrow 2Ti(OH)_3 \downarrow (紫色) + 3CO_2$$

$Ti(OH)_3$ 是一种较强的还原剂,在空气中易被氧化:

$$4Ti^{3+} + 2H_2O + O_2 \Longrightarrow 4TiO^{2+} + 4H^+$$

$$TiO^{2+} + 2OH^- + H_2O \Longrightarrow Ti(OH)_4 \downarrow$$

(3) 制备

$$TiO_2 + 2Cl_2 + 2C \Longrightarrow TiCl_4 + 2CO$$

TiO_2 与 $COCl_2$、$SOCl_2$、$CHCl_3$、CCl_4 等氯化试剂反应:

$$TiO_2 + CCl_4 \Longrightarrow TiCl_4 + CO_2$$

(4) 用途

制作烟幕弹,有机聚合反应的催化剂。

3. 钛的配合物

由于 Ti^{4+} 电荷多,半径小,因此 Ti^{4+} 离子有很强的极化能力。这种能力使它具有强烈的水解作用,以至在水溶液中,甚至在强酸溶液中也未发现有$[Ti(H_2O)_6]^{4+}$存在,只存在碱式氧基盐(TiO^{2+})(也称钛氧离子或钛酰离子)。钛氧离子常以离子形成链状聚合形式的离子($-Ti-O-Ti-O-$),如固态 $TiOSO_4$ 中的钛氧离子。

在弱配位能力的酸溶液中

$$[Ti(H_2O)_6]^{4+} \Longrightarrow [Ti(OH)_2(H_2O)_4]^{2+}(或 TiO^{2+} + 5H_2O) + 2H^+$$

$Ti(Ⅳ)$还能生成多种配合物,如$[TiF_6]^{2-}$、$[TiCl_6]^{2-}$、$[Ti(NH_3)_6]^{4+}$等。

$Ti(\text{IV})$ 的鉴定：$TiO^{2+} + H_2O_2 \Longrightarrow [TiO(H_2O_2)]^{2+}$，生成橘黄色的配合物。

(二) 钒的重要化合物

V^{5+} 离子比 Ti^{4+} 离子具有更高的正电荷和更小的半径，因而 $V(V)$ 在水溶液中不存在简单 V^{5+} 离子，而是以钒氧基(VO_2^+、VO^{3+})或含氧酸根(VO_4^{3-}、VO_3^-)等形式存在。由于钒和氧之间存在着较强的极化效应，吸光后电子发生跃迁，使 $V(V)$ 的化合物一般都有颜色。以五氧化二钒为例。

1. 制备

$$V_2O_5 + 2NaCl + 1/2O_2 \Longrightarrow 2NaVO_3 + Cl_2$$
$$2NaVO_3 + 2H^+ \Longrightarrow V_2O_5 \cdot H_2O(红棕色) + 2Na^+$$

或

$$2NH_4VO_3 \Longrightarrow V_2O_5 + H_2O + 2NH_3$$
$$2VOCl_3 + 3H_2O \Longrightarrow V_2O_5 + 6HCl$$

2. 物理性质

五氧化二钒为橙黄色或砖红色晶体，无嗅、无味、有毒。微溶于水，生成浅黄色 HVO_3。

3. 化学性质

五氧化二钒是两性偏酸性的氧化物，具有强氧化性。

① 与碱反应

$$V_2O_5 + 6MOH(冷) \Longrightarrow 2M_3VO_4 + 3H_2O$$
$$V_2O_5 + 2MOH(热) \xrightarrow{加热} 2MVO_3 + H_2O$$
$$V_2O_5 + Na_2CO_3 \Longrightarrow 2NaVO_3 + CO_2$$

② 与酸反应

$$V_2O_5 + 2H^+ \Longrightarrow 2VO_2^+(淡黄色) + H_2O$$

③ 氧化性

$$V_2O_5 + 6H^+ + 2Cl^- \Longrightarrow 2VO^{2+}(蓝色) + 3H_2O + Cl_2$$
$$V_2O_5 + 4H^+ + SO_3^{2-} \Longrightarrow 2VO^{2+} + 2H_2O + SO_4^{2-}$$

(三) 铬、锰、铁、钴和镍

1. Cr 重要化合物的性质

$Cr(OH)_3$(灰绿色)是典型的两性氢氧化物，$Cr(OH)_3$ 与 $NaOH$ 反应所得的绿色的具有还原性的 $NaCrO_2$，易被 H_2O_2 氧化生成黄色 Na_2CrO_4。

$$Cr(OH)_3 + NaOH \Longrightarrow NaCrO_2 + 2H_2O$$
$$2NaCrO_2 + 3H_2O_2 + 2NaOH \Longrightarrow 2Na_2CrO_4 + 4H_2O$$

铬酸盐与重铬酸盐互相可以转化，溶液中存在下列平衡关系

$$2CrO_4^{2-} + 2H^+ \Longrightarrow Cr_2O_7^{2-} + H_2O$$
$$2CrO_4^{2-} + 4H_2O_2 + 2H^+ \Longrightarrow 2CrO(O_2)_2 + 5H_2O$$

蓝色 $CrO(O_2)_2$ 在有机试剂乙醚中较稳定。

利用上述一系列反应,可以鉴定 Cr^{3+}、CrO_4^{2-} 和 $Cr_2O_7^{2-}$ 离子。

$BaCrO_4$、Ag_2CrO_4 和 $PbCrO_4$ 的 $K_{sp}^{\ominus}$ 值分别为 1.17×10^{-10}、1.12×10^{-12}、1.8×10^{-14},均为难溶盐。因 CrO_4^{2-} 与 $Cr_2O_7^{2-}$ 在溶液中存在平衡关系,又因 Ba^{2+}、Ag^+、Pb^{2+} 重铬酸盐的溶解度比铬酸盐溶解度大,故向 $Cr_2O_7^{2-}$ 溶液中加入 Ba^{2+}、Ag^+、Pb^{2+} 离子时,根据平衡移动规则,可得到铬酸盐沉淀

$$2Ba^{2+} + Cr_2O_7^{2-} + H_2O \Longrightarrow 2BaCrO_4 \downarrow (黄色) + 2H^+$$

$$4Ag^+ + Cr_2O_7^{2-} + H_2O \Longrightarrow 2Ag_2CrO_4 \downarrow (砖红色) + 2H^+$$

$$2Pb^{2+} + Cr_2O_7^{2-} + H_2O \Longrightarrow 2PbCrO_4 \downarrow (黄色) + 2H^+$$

这些难溶盐可以溶于强酸(为什么?)。

在酸性条件下,$Cr_2O_7^{2-}$ 具有强氧化性,可氧化乙醇,反应式如下:

$$2Cr_2O_7^{2-}(橙色) + 3C_2H_5OH + 16H^+ \Longrightarrow 4Cr^{3+}(绿色) + 3CH_3COOH + 11H_2O$$

根据颜色变化,可定性检查人呼出的气体和血液中是否含有酒精,可判断是否酒后驾车或酒精中毒。

2. Mn 的重要化合物的性质

$Mn(OH)_2$(白色)是中强碱,具有还原性,易被空气中 O_2 所氧化

$$2Mn(OH)_2 + O_2 \Longrightarrow 2MnO(OH)_2(褐色)$$

$MnO(OH)_2$ 不稳定,分解产生 MnO_2 和 H_2O。

在酸性溶液中,二价 Mn^{2+} 很稳定,与强氧化剂(如 $NaBiO_3$、PbO_2、$S_2O_8^{2-}$ 等)作用时,可生成紫红色 MnO_4^- 离子:

$$2Mn^{2+} + 5NaBiO_3 + 14H^+ \Longrightarrow 2MnO_4^- + 5Bi^{3+} + 5Na^+ + 7H_2O$$

此反应用来鉴定 Mn^{2+} 离子。

MnO_4^{2-}(绿色)能稳定存在于强碱溶液中,而在中性或微碱性溶液易发生歧化反应

$$3MnO_4^{2-} + 2H_2O \Longrightarrow 2MnO_4^- + MnO_2 \downarrow + 4OH^-$$

K_2MnO_4 可被强氧化剂(如 Cl_2)在适当的 pH 值下氧化为 $KMnO_4$。MnO_4^- 具强氧化性,它的还原产物与溶液的酸碱性有关。在酸性,中性或碱性介质中,分别被还原为 Mn^{2+}、MnO_2 和 MnO_4^{2-}:

$$2KMnO_4 + 5H_2O_2 + 3H_2SO_4 \Longrightarrow 2MnSO_4 + K_2SO_4 + 5O_2 + 8H_2O$$

3. Fe、Co、Ni 重要化合物的性质

$Fe(OH)_2$(白色)和 $Co(OH)_2$(粉红色)除具有碱性外,均具有还原性,易被空气中 O_2 所氧化:

$$4Fe(OH)_2 + O_2 + 2H_2O \Longrightarrow 4Fe(OH)_3$$

$$4Co(OH)_2 + O_2 + 2H_2O \Longrightarrow 4Co(OH)_3$$

$Co(OH)_3$(褐色)和 $Ni(OH)_3$(黑色)具强氧化性,可将盐酸中的 Cl^- 离子氧化成 Cl_2:

$$2M(OH)_3 + 6HCl(浓) \Longrightarrow 2MCl_2 + Cl_2 + 6H_2O \quad (M 为 Ni, Co)$$

铁系元素是很好的配合物的形成体,能形成多种配合物,常见的有氨的配合物,Fe^{2+}、

Co^{2+}、Ni^{2+}离子与 NH_3 能形成配离子,它们的稳定性依次递增。

在无水状态下,$FeCl_2$ 与液 NH_3 形成$[Fe(NH_3)_6]Cl_2$,此配合物不稳定,遇水即分解

$$[Fe(NH_3)_6]Cl_2 + 6H_2O \longrightarrow Fe(OH)_2 \downarrow + 4NH_3 \cdot H_2O + 2NH_4Cl$$

Co^{2+} 与过量氨水作用,生成$[Co(NH_3)_6]^{2+}$ 配离子

$$Co^{2+} + 6NH_3 \cdot H_2O \longrightarrow [Co(NH_3)_6]^{2+} + 6H_2O$$

$[Co(NH_3)_6]^{2+}$ 配离子不稳定,放置空气中立即被氧化成$[Co(NH_3)_6]^{3+}$

$$4[Co(NH_3)_6]^{2+} + O_2 + 2H_2O \longrightarrow 4[Co(NH_3)_6]^{3+} + 4OH^-$$

Ni^{2+} 与过量氨水反应,生成浅蓝色$[Ni(NH_3)_6]^{2+}$ 配离子

$$Ni^{2+} + 6NH_3 \cdot H_2O \longrightarrow [Ni(NH_3)_6]^{2+} + 6H_2O$$

铁系元素还有一些配合物,不仅很稳定,而且具有特殊颜色,根据这些特性,可用来鉴定铁系元素离子如 Fe^{3+} 与黄血盐 $K_4[Fe(CN)_6]$溶液反应,生成深蓝色配合物沉淀

$$Fe^{3+} + K^+ + [Fe(CN)_6]^{4-} \longrightarrow K[Fe(CN)_6Fe] \downarrow (蓝色)$$

$$3Fe^{3+} + [Fe(CN)_6]^{4-} \longrightarrow Fe_4[Fe(CN)_6]_3 \downarrow (蓝色)$$

Fe^{2+} 离子与赤血盐 $K_3[Fe(CN)_6]$溶液反应,生成深蓝色配合物沉淀

$$Fe^{2+} + K^+ + [Fe(CN)_6]^{3-} \longrightarrow K[Fe(CN)_6Fe] \downarrow (蓝色)$$

$$3Fe^{2+} + 2[Fe(CN)_6]^{3-} \longrightarrow Fe_3[Fe(CN)_6]_2 \downarrow (蓝色)$$

Co^{2+} 与 SCN^- 离子作用,生成艳蓝色配离子

$$Co^{2+} + 4SCN^- \longrightarrow [Co(SCN)_4]^{2-} (蓝色)$$

当溶液中混有少量 Fe^{3+} 离子时,Fe^{3+} 与 SCN^- 作用生成血红色配离子

$$Fe^{3+} + nSCN^- \longrightarrow [Fe(SCN)_n]^{(3-n)} \qquad (n = 1 \sim 6)$$

少量 Fe^{3+} 的存在,干扰 Co^{2+} 离子的检出,可采用加掩蔽剂 NH_4F(或 NaF)的方法,F^- 离子可与 Fe^{3+} 结合形成更稳定,且无色的配离子$[FeF_6]^{3-}$,将 Fe^{3+} 离子掩蔽起来,从而消除 Fe^{3+} 的干扰。

$$[Fe(SCN)_n]^{3-n} + 6F^- \longrightarrow [FeF_6]^{3-} + nSCN^-$$

Ni^{2+} 在氨水或 NaAc 溶液中,与丁二酮肟反应生成鲜红色螯合物沉淀。

可以利用铁系元素所形成化合物的特征颜色来鉴定 Fe^{3+}、Fe^{2+}、Co^{2+} 和 Ni^{2+} 离子。

三、器材与试剂

1. 仪器与材料
点滴板、离心机、沸石、沙浴、pH 试纸、滤纸条。

2. 试剂
$TiO_2(s)$;偏钒酸铵(s);$MnO_2(s)$;$FeSO_4 \cdot 7H_2O(s)$;NaF 或 $NH_4F(s)$;$NaBiO_3(s)$;合金钢样;H_2SO_4(1 mol·L^{-1},3 mol·L^{-1},浓);HNO_3(2 mol·L^{-1},6 mol·L^{-1},浓);H_3PO_4(浓);HCl(6 mol·L^{-1});NaOH(2 mol·L^{-1},6 mol·L^{-1},40%);$NH_3 \cdot H_2O$(2 mol·L^{-1},6 mol·L^{-1}),$KMnO_4$(0.01 mol·L^{-1});NH_4Cl(1 mol·L^{-1});$CoCl_2$(0.5 mol·L^{-1});$NiSO_4$

$(0.5\ mol\cdot L^{-1})$；H_2O_2（3%）；乙醚；丙酮；丁二酮肟；氯水；乙醇；Fe^{3+}、Cr^{3+}、Mn^{2+}混合液；Fe^{3+}、Co^{2+}、Ni^{2+}混合液；Cr^{3+}、Mn^{2+}、Fe^{2+}、Co^{2+}、Ni^{2+}混合液。

$0.1\ mol\cdot L^{-1}$的盐溶液：Na_2SO_3、$KSCN$、KI、$KMnO_4$、$K_2Cr_2O_7$、$K_4[Fe(CN)_6]$、$K_3[Fe(CN)_6]$、$CrCl_3$、$MnSO_4$、$FeCl_3$、$CoCl_2$、$NiSO_4$。

四、实验步骤

1. 钛化合物的重要性质

(1) 二氧化钛的性质和过氧钛酸根的生成

在试管中加入米粒大小的二氧化钛粉末，然后加入 2 mL 浓硫酸，再加入几粒沸石，摇动试管加热至沸（注意防止浓硫酸溅出），观察试管的变化。冷却静置后，取 0.5 mL 溶液，滴入 1 滴 3%的 H_2O_2，观察现象。

另取少量二氧化钛固体，注入 2 mL 40% NaOH 溶液，加热。静置后，取上层清液，小心滴入浓硫酸至溶液呈酸性，滴入几滴 3%的 H_2O_2，检验二氧化钛是否溶解。

(2) 钛（Ⅲ）化合物的生成和还原性

在盛有 0.5 mL 硫酸氧钛的溶液（用液体四氯化钛和 $1\ mol\cdot L^{-1}\ (NH_4)_2SO_4$ 按 1:1 的比例配成硫酸氧钛溶液）中，加入两颗锌粒，观察溶液颜色的变化。把溶液放置几分钟后，滴入几滴 $0.2\ mol\cdot L^{-1}\ CuCl_2$ 溶液，观察现象。由上述现象说明钛（Ⅲ）的还原性。

2. 钒化合物的重要性质

取 0.5 g 偏钒酸铵固体放入蒸发皿中，在沙浴上加热，并不断搅拌，观察并记录反应过程中固体颜色的变化，然后把产物分为四份。

在第一份固体中，加入 1 mL 浓硫酸振荡，放置。观察溶液颜色，固体是否溶解？在第二份固体中，加入 $6\ mol\cdot L^{-1}\ NaOH$ 溶液加热。有何变化？在第三份固体中，加入少量蒸馏水，煮沸、静置，待其冷却后，用 pH 试纸测定溶液的 pH。在第四份固体中，加入浓盐酸，观察有何变化。微沸中，检验气体产物，加入少量蒸馏水，观察溶液颜色。写出有关的方程式，总结五氧化二钒的特性。

3. 铬、锰、铁、钴、镍的重要性质和检测

(1) 低价氢氧化物的酸碱性及还原性

用 $0.1\ mol\cdot L^{-1}\ MnSO_4$、$0.5\ mol\cdot L^{-1}\ CoCl_2$ 溶液、少量 $FeSO_4\cdot 7H_2O$ 固体及 $2\ mol\cdot L^{-1}\ NaOH$ 溶液，试验 Mn（Ⅱ）、Fe（Ⅱ）及 Co（Ⅱ）氢氧化物的酸碱性及其在空气中的稳定性，观察沉淀的颜色。写出有关反应方程式。

(2) 高价氢氧化物的氧化性

用 $0.1\ mol\cdot L^{-1}\ CoCl_2$、$NiSO_4$ 溶液、$6\ mol\cdot L^{-1}\ NaOH$ 溶液和 Br_2 水溶液制备 $Co(OH)_3$ 和 $Ni(OH)_3$，观察沉淀的颜色，然后向所制取的 $Co(OH)_3$ 和 $Ni(OH)_3$ 中分别滴加浓盐酸，且检查是否有氯气产生。写出有关反应方程式。

(3) 低价盐的还原性

① 碱性介质中 Cr（Ⅲ）的还原性

取少量 $0.1\ mol \cdot L^{-1}$ $CrCl_3$ 溶液,滴加 $2\ mol \cdot L^{-1}$ NaOH 溶液,观察沉淀颜色。继续滴加 NaOH 至沉淀溶解,再加入适量 3% H_2O_2 溶液,加热,观察溶液颜色的变化。写出有关反应方程式。

② Mn(Ⅱ)在酸性介质中的还原性

取 5 滴 $0.1\ mol \cdot L^{-1}$ $MnSO_4$ 溶液,少量 $NaBiO_3$ 固体,滴加 $6\ mol \cdot L^{-1}$ HNO_3,观察溶液颜色的变化,写出反应方程式。

(4) 高价盐的氧化性

① Cr(Ⅵ)的氧化性

a. 取数滴 $0.1\ mol \cdot L^{-1}$ $K_2Cr_2O_7$ 溶液,滴加 $3\ mol \cdot L^{-1}$ H_2SO_4 溶液,再加入少量 $0.1\ mol \cdot L^{-1}$ Na_2SO_3 溶液,观察溶液颜色变化。写出反应方程式。

b. 取 $1\ mL$ $0.1\ mol \cdot L^{-1}$ $K_2Cr_2O_7$ 溶液,用 $1\ mL$ $3\ mol \cdot L^{-1}$ H_2SO_4 酸化,再滴加少量乙醚,加 $2\ mL$ 3% H_2O_2,观察乙醚层的颜色变化。写出反应方程式。

② Mn(Ⅶ)的氧化性

a. 取 3 支试管,各加入少量 $KMnO_4$ 溶液,然后分别加入几滴 $3\ mol \cdot L^{-1}$ H_2SO_4、H_2O 和 $6\ mol \cdot L^{-1}$ NaOH 溶液,再在各试管中滴加 $0.1\ mol \cdot L^{-1}$ Na_2SO_3 溶液,观察紫红色溶液分别变为何色。写出有关反应方程式。思考做此实验时,滴加介质及还原剂的先后次序是否影响产物颜色的不同,为什么?

b. $0.5\ mL$ $0.01\ mol \cdot L^{-1}$ $KMnO_4$ 加入几滴 $1\ mol \cdot L^{-1}$ H_2SO_4 酸化,再加入 $0.5\ mL$ 3% H_2O_2 溶液,观察溶液颜色变化。

③ Fe^{3+} 的氧化性

取数滴 $0.1\ mol \cdot L^{-1}$ $FeCl_3$ 于试管中,加 $0.5\ mL$ CCl_4,再加 $0.1\ mol \cdot L^{-1}$ KI 数滴,观察现象并写出反应方程式。

5. 锰酸盐的生成及不稳定性

取 10 滴 $0.01\ mol \cdot L^{-1}$ $KMnO_4$ 溶液,加入 $1\ mL$ 40% NaOH,再加入少量 MnO_2 固体,微热,搅拌,静置片刻,离心沉降,取出上层绿色清液(即 K_2MnO_4 溶液)。

(1) 取少量绿色清液,滴加 $3\ mol \cdot L^{-1}$ H_2SO_4,观察溶液颜色变化和沉淀的颜色。写出反应方程式。

(2) 取数滴绿色清液,加入氨水,加热,观察溶液颜色的变化。写出反应方程式。

6. 钴和镍的氨配合物

(1) 取数滴 $0.5\ mol \cdot L^{-1}$ $CoCl_2$ 溶液,滴加少量 $1\ mol \cdot L^{-1}$ NH_4Cl 和过量 $6\ mol \cdot L^{-1}$ $NH_3 \cdot H_2O$。观察溶液颜色,且注意溶液颜色的变化。写出有关反应方程式。

(2) 取数滴 $0.5\ mol \cdot L^{-1}$ $NiSO_4$ 溶液,滴加少量 $1\ mol \cdot L^{-1}$ NH_4Cl 和过量 $6\ mol \cdot L^{-1}$ $NH_3 \cdot H_2O$。观察溶液颜色,写出有关反应方程式。

7. Cr^{3+}、Mn^{2+}、Fe^{2+}、Co^{2+}、Ni^{2+} 混合液的分离和鉴定

(1) 写出鉴定各离子所选用的试剂及浓度,完成图 8.3 流程图。

(2) 写出各步分离与鉴定的反应方程式。

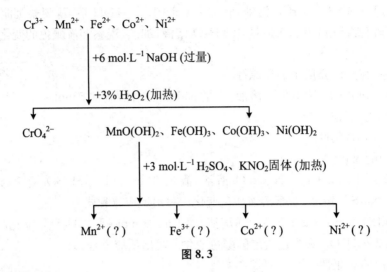

图 8.3

8. 设计实验

(1) 设计分离方案,并检出以下离子(以流程示意图表示之)。

① Al^{3+}、Cr^{2+}、Mn^{2+}。

② Fe^{3+}、Co^{2+}、Ni^{2+}。

(2) 合金钢中一般含有 Fe、Cr 或 Ni、Mn 等金属元素。设计分离方案,定性鉴定合金钢中含有何种元素(以流程示意图表示之)。

五、思考题

1. 分离 Mn^{2+}、Fe^{3+}、Ni^{2+} 与 Cr^{3+} 时,加入过量的 NaOH 和 H_2O_2 溶液,是利用了氢氧化铬的哪些性质?写出反应方程式。反应完全后,为何要加热使过量的 H_2O_2 完全分解?

2. 溶解 $Fe(OH)_3$、$Co(OH)_3$、$Ni(OH)_2$、$MnO(OH)_2$ 等沉淀时,除加 H_2SO_4 外,为什么还要加入 KNO_2 固体?

3. 鉴定 Mn^{2+} 离子时,下列情况对鉴定反应产生什么影响?

(1) 沉淀若未用去离子水洗涤,存有较多 Cr^{3+} 离子;

(2) 介质用盐酸,而不用硝酸;

(3) 溶液中 Mn^{2+} 离子浓度太高;

(4) 多余的 H_2O_2 没有全部分解。

4. 鉴定 Co^{2+} 离子时,除加 KSCN 饱和溶液外,为何还要加入 NaF(s)?什么情况下可以不加 NaF?

5. 鉴定 Ni^{2+} 离子时,为何用 $NH_3 \cdot H_2O$ 调节 pH 值在 5~10 范围?强酸或强碱溶液对检验 Ni^{2+} 有何影响?

6. $FeCl_3$ 的水溶液呈黄色,当它与什么物质作用时,可以呈现下列现象:

(1) 血红色;

（2）红棕色沉淀；

（3）先呈血红色溶液，后变为无色溶液；

（4）深蓝色沉淀。

写出有关反应方程式。

实验六 常见非金属阴离子的分离与鉴定

一、实验目的

学习和掌握常见阴离子的分离和鉴定方法，以及离子检出的基本操作。

二、实验原理

非金属元素数目虽然不多，但同一种元素常常不止形成一种阴离子；且多数的阴离子是由两种或两种以上元素构成的酸根或配离子。因此，阴离子的数量并不少。

在非金属阴离子中，有的与酸作用生成挥发性的物质，有的与碱作用生成沉淀，也有的呈现氧化还原性。利用这些特点，再根据溶液中离子共存的情况，先通过初步试验或进行分组试验，排除不可能存在的离子，然后再鉴定可能存在的离子。

初步性质检验一般包括试液的酸碱性试验，与酸反应生成气体的试验，各种阴离子的沉淀性质，氧化还原性质等。具体如下：

1. 试液的酸碱性试验

若试液呈强酸性，则易被酸分解的离子如 CO_3^{2-}、NO_2^-、$S_2O_3^{2-}$ 等不存在。

2. 是否产生气体的试验

若在试液中加入稀酸，有气体产生，则表示可能存在 CO_3^{2-}、NO_2^-、$S_2O_3^{2-}$、SO_3^{2-}、S^{2-} 等离子。且根据生成气体的特征反应，确定其存在情况。例如：NO_2^- 被酸分解生成红棕色 NO_2 气体，还能将润湿的碘化钾淀粉试纸变蓝；S^{2-} 被酸分解生成臭鸡蛋气味的气体且可使醋酸铅试纸变黑等。

3. 氧化还原性试验

在酸化的试液中加入 KI 溶液和 CCl_4，振荡后 CCl_4 层呈紫色，则有氧化性阴离子存在，如可能存在 NO_2^- 离子。在酸化的试液中加入 $KMnO_4$ 稀溶液，若紫色褪去，则可能存在 $S_2O_3^{2-}$、SO_3^{2-}、S^{2-}、Br^-、I^-、NO_2^- 等离子；若紫色不褪，则上述离子均不存在。试液经酸化后，加入碘淀粉溶液，蓝色褪去，则表示可能存在 $S_2O_3^{2-}$、SO_3^{2-}、S^{2-} 等离子。

4. 难溶盐的试验

（1）钡组阴离子

在中性或碱性试液中,用 $BaCl_2$ 能沉淀 $S_2O_3^{2-}$、SO_3^{2-}、SO_4^{2-}、CO_3^{2-}、PO_4^{3-} 等阴离子。

(2) 银组阴离子

用 $AgNO_3$ 能沉淀 $S_2O_3^{2-}$、S^{2-}、Cl^-、Br^-、I^- 等阴离子,然后用稀酸酸化,沉淀不溶解。

三、器材与试剂

1. 仪器与材料

离心试管、点滴板、离心机、醋酸铅试纸。

2. 试剂

$FeSO_4(s)$、0.1 mol·L^{-1} Na_2S、0.1 mol·L^{-1} Na_2SO_3、0.1 mol·L^{-1} $Na_2S_2O_3$、0.1 mol·L^{-1} Na_3PO_4、0.1 mol·L^{-1} $NaCl$、0.1 mol·L^{-1} $NaBr$、0.1 mol·L^{-1} NaI、0.1 mol·L^{-1} $NaNO_3$、0.1 mol·L^{-1} Na_2CO_3、0.1 mol·L^{-1} $NaNO_2$、0.1 mol·L^{-1} $(NH_4)_2MoO_4$、0.1 mol·L^{-1} $BaCl_2$、0.1 mol·L^{-1} $AgNO_3$、0.01 mol·L^{-1} $KMnO_4$、$ZnSO_4$(饱和)、0.5 mol·L^{-1} $K_4[Fe(CN)_6]$、浓 H_2SO_4、1 mol·L^{-1} H_2SO_4、2 mol·L^{-1} HAc、6 mol·L^{-1} HNO_3、6 mol·L^{-1} HCl、2 mol·L^{-1} $NaOH$、饱和 $Ba(OH)_2$、3% H_2O_2、CCl_4、氯水、6 mol·L^{-1}氨水、1%对氨基苯磺酸、0.4% α-萘胺、9%亚硝酰铁氰化钠。

四、实验步骤

1. 常见阴离子的鉴定

(1) CO_3^{2-} 的鉴定

取 10 滴 CO_3^{2-} 试液于离心试管中,用 pH 试纸测定其 pH,然后加 10 滴 6 mol·L^{-1} HCl 溶液,并立即将事先蘸有一滴新配制的石灰水或饱和 $Ba(OH)_2$ 溶液的玻棒置于试管口上,仔细观察,如玻璃棒上溶液立刻变为浑浊(白色),结合溶液的 pH,可以判断有 CO_3^{2-} 存在。

注:CO_3^{2-} 的鉴定中,用 $Ba(OH)_2$ 溶液检验时,SO_3^{2-}、$S_2O_3^{2-}$ 会有干扰,因为酸化时产生的 SO_2 也会使 $Ba(OH)_2$ 溶液浑浊:$SO_2 + Ba(OH)_2 = BaSO_3 \downarrow + H_2O$,故初步试验时检出有 SO_3^{2-}、$S_2O_3^{2-}$,则要酸化前加入 3% H_2O_2,把这些干扰离子氧化除去:

$$SO_3^{2-} + H_2O_2 = SO_4^{2-} + H_2O$$
$$S_2O_3^{2-} + 4H_2O_2 = 2SO_4^{2-} + 2H^+ + 3H_2O$$

(2) NO_3^- 的鉴定

取 2 滴 NO_3^- 试液于点滴板上,在溶液中央放一小粒硫酸亚铁(s),然后在晶体上加 1 滴浓硫酸。如结晶周围有棕色出现,表示有 NO_3^- 存在。

(3) NO_2^- 的鉴定

取 2 滴 NO_2^- 试液于点滴板上,加 1 滴 2 mol·L^{-1} HAc 溶液酸化,再加 1 滴对氨基苯磺酸和 1 滴 α-萘胺。如有玫瑰红色出现,表示有 NO_2^- 存在。

（4）SO_4^{2-} 的鉴定

取 5 滴 SO_4^{2-} 试液于试管中，加 2 滴 $6\ mol \cdot L^{-1}$ HCl 溶液和 1 滴 $0.1\ mol \cdot L^{-1}$ $BaCl_2$ 溶液，如有白色沉淀，表示有 SO_4^{2-} 存在。

（5）SO_3^{2-} 的鉴定

取 5 滴 SO_3^{2-} 试液于试管中，加 2 滴 $1\ mol \cdot L^{-1}$ H_2SO_4，迅速加入 1 滴 $0.01\ mol \cdot L^{-1}$ $KMnO_4$ 溶液，如紫色褪去，表示有 SO_3^{2-} 存在。

（6）$S_2O_3^{2-}$ 的鉴定

取 3 滴 $S_2O_3^{2-}$ 试液于试管中，加入 10 滴 $0.1\ mol \cdot L^{-1}$ $AgNO_3$ 溶液，摇动，如有白色沉淀迅速变棕变黑，表示有 $S_2O_3^{2-}$ 存在。

（7）PO_4^{3-} 的鉴定

取 3 滴 PO_4^{3-} 试液于离心试管中，加 5 滴 $6\ mol \cdot L^{-1}$ HNO_3 溶液，再加 $8 \sim 10$ 滴 $0.1\ mol \cdot L^{-1}$ $(NH_4)_2MoO_4$ 试剂，温热之，如有黄色沉淀生成，表示有 PO_4^{3-} 存在。

（8）S^{2-} 的鉴定

取 1 滴 S^{2-} 试液于离心试管中，加 1 滴 $2\ mol \cdot L^{-1}$ NaOH 溶液碱化，再加 1 滴亚硝酰铁氰化钠试剂，如溶液变成紫色，表示有 S^{2-} 存在。

（9）Cl^- 的鉴定

取 3 滴 Cl^- 试液于离心试管中，加入 1 滴 $6\ mol \cdot L^{-1}$ HNO_3 溶液酸化，再滴加 $0.1\ mol \cdot L^{-1}$ $AgNO_3$ 溶液，如有白色沉淀产生，初步说明可能试液中有 Cl^- 存在。将离心管置于水浴上微热，离心分离，弃去清液，于沉淀上加入 $3 \sim 5$ 滴 $6\ mol \cdot L^{-1}$ 氨水，用细玻棒搅拌，沉淀即溶解，再加入 5 滴 $6\ mol \cdot L^{-1}$ HNO_3 酸化，如重新生成白色沉淀，表示有 Cl^- 存在。

（10）I^- 的鉴定

取 5 滴 I^- 试液于试管中，加 2 滴 $2\ mol \cdot L^{-1}$ H_2SO_4 及 3 滴 CCl_4，然后逐滴加入氯水，并不断振荡试管，如 CCl_4 层呈现紫红色，然后褪至无色（IO_3^-），表示有 I^- 存在。

（11）Br^- 的鉴定

取 5 滴 Br^- 试液于试管中，加 3 滴 $2\ mol \cdot L^{-1}$ H_2SO_4 及 2 滴 CCl_4，然后逐滴加入 5 滴氯水，并振荡试管，如 CCl_4 层出现黄色或橙红色，表示有 Br^- 存在。

2. 混合离子的分离

（1）Cl^-、Br^- 和 I^- 混合物的分离和鉴定

常用方法是将卤离子转化为卤化银 AgX，然后用氨水或 $(NH_4)_2CO_3$ 将 AgCl 溶解而与 AgBr、AgI 分离。在余下的 AgBr、AgI 混合物中加入稀 H_2SO_4 酸化，再加入少许锌粉或镁粉，并加热将 Br^-、I^- 转入溶液。酸化后，根据 Br^-、I^- 的还原能力不同，用氯水分离和鉴定。

试按下列分析方案（如图 8.4 所示）对含有 Cl^-、Br^-、I^- 的混合溶液进行分离和鉴定。

（2）S^{2-}、SO_3^{2-} 和 $S_2O_3^{2-}$ 混合物的分离和鉴定

通常的方法是取少量试液，加入 NaOH 碱化，再加亚硝酰铁氰化钠。若有特殊红紫色产生，表示有 S^{2-} 存在。再进行其他离子分离鉴定。

将滤液分成两份，一份鉴定 SO_3^{2-} 离子，另一份鉴定 $S_2O_3^{2-}$ 离子。若在其中一份中加入

亚硝酰铁氰化钠、过量饱和 $ZnSO_4$ 溶液及 $K_4[Fe(CN)_6]$ 溶液，生成红色沉淀，表示有 SO_3^{2-} 存在。在另一份中滴加过量 $AgNO_3$ 溶液，若有沉淀由白→棕→黑色变化，表示有 $S_2O_3^{2-}$ 存在。分析方案如图 8.5 所示。

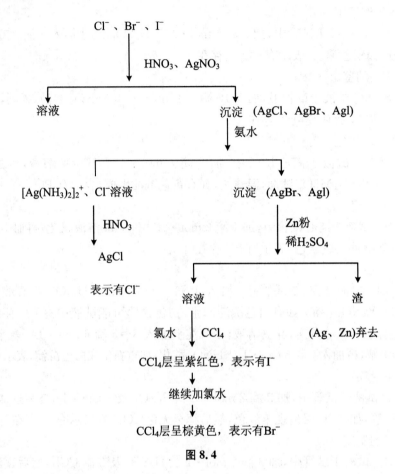

图 8.4

五、思考题

1. 取下列盐中的两种混合，加水溶解时有沉淀产生。将沉淀分成两份，一份溶于 HCl 溶液，另一份溶于硝酸溶液。试指出下列哪两种盐混合时可能有此现象？

$BaCl_2$、$AgNO_3$、Na_2SO_4、$(NH_4)_2CO_3$、KCl

2. 一个能溶于水的混合物，已检出含有 Ba^{2+} 和 Ag^+。下列阴离子中哪几种可不必鉴定？

Cl^-、I^-、SO_3^{2-}、SO_4^{2-}、CO_3^{2-}、NO_3^{2-}

3. 某阴离子未知液经初步试验结果如下：

(1) 试液呈酸性时无气体产生；

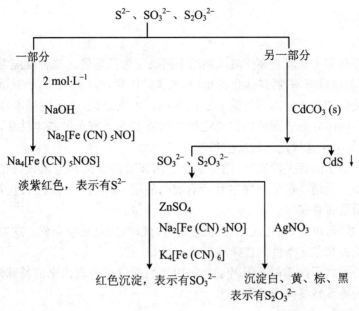

图 8.5

（2）酸性溶液中加 $BaCl_2$ 溶液无沉淀产生；

（3）加入稀硝酸溶液和 $AgNO_3$ 溶液产生黄色沉淀；

（4）酸性溶液中加入 $KMnO_4$，紫色褪去，加 I_2- 淀粉溶液，蓝色不褪去；

（5）与 KI 无反应。

该未知液中可能是哪种阴离子？

4. 加稀硫酸或稀盐酸溶液于固体试样中，如观察到有气泡产生，则该固体试样中可能存在哪些阴离子？

5. 有一阴离子未知液，用稀硝酸调节其至酸性后，加入 $AgNO_3$ 试剂，发现并无沉淀生成，则可以确定哪几种阴离子不存在？

6. 在酸性溶液中能使 I_2- 淀粉溶液褪色的阴离子有哪些？

实验七　常见阳离子的分离与鉴定

一、实验目的

1. 巩固和进一步掌握一些金属元素及其化合物的性质。

2. 了解常见阳离子混合液的分离和鉴定的方法以及巩固鉴定离子的操作。

二、实验原理

离子的分离和鉴定是以各离子对试剂的不同反应为依据的。这种反应常伴随有特殊的现象,如沉淀的生成或溶解,特殊颜色的出现,气体的产生,等等。各离子对试剂作用的相似性和差异性都是构成离子分离与鉴定方法的基础。也就是说,离子的基本性质是进行分离和鉴定的基础。因而要想掌握分离和鉴定的方法就要熟悉离子的基本性质,为使反应向期望的方向进行,就必须选择适当的反应条件。

除了要熟悉离子的有关性质外,还要学会运用离子的分离和鉴定只有在一定条件下才能进行这一性质。所谓一定的条件主要指溶液的酸度、反应物的浓度、反应温度、促进或阻碍此反应的物质是否存在等。

根据平衡(酸碱、沉淀、氧化还原、配位平衡等)规律,控制反应条件。这对于我们进一步了解离子分离条件和鉴定条件的选择将有很大帮助。

用于分离的阳离子性质都是阳离子与常用试剂反应所表现出来的特殊现象的性质,重点在于应用这种特殊性将离子分离。

1. 与 HCl 反应

$$
\left.\begin{array}{l}
Ag^+ \\
Hg_2^{2+} \\
Pb^{2+}
\end{array}\right\} \xrightarrow{HCl}
\left\{\begin{array}{l}
AgCl\downarrow 白色,溶于氨水 \\
Hg_2Cl_2\downarrow 白色,溶于浓\ HNO_3\ 及\ H_2SO_4 \\
PbCl_2\downarrow 白色,溶于热水、NH_4Ac、NaOH
\end{array}\right.
$$

2. 与 H$_2$SO$_4$ 反应

$$
\left.\begin{array}{l}
Ba^{2+} \\
Sr^{2+} \\
Ca^{2+} \\
Pb^{2+} \\
Ag^+
\end{array}\right\} \xrightarrow{H_2SO_4}
\left\{\begin{array}{l}
BaSO_4\downarrow 白色,难溶于酸 \\
SrSO_4\downarrow 白色,溶于煮沸的酸 \\
CaSO_4\downarrow 白色,溶解度较大,当\ Ca^{2+}\ 浓度较大时,才析出沉淀 \\
PbSO_4\downarrow 白色,溶于\ NaOH、NH_4Ac、热\ HCl、浓\ H_2SO_4,不溶于稀\ H_2SO_4 \\
Ag_2SO_4\downarrow 白色,在浓溶液中产生沉淀,溶于热水
\end{array}\right.
$$

3. 与 NaOH 反应

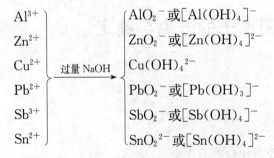

$$
\left.\begin{array}{l}
Al^{3+} \\
Zn^{2+} \\
Cu^{2+} \\
Pb^{2+} \\
Sb^{3+} \\
Sn^{2+}
\end{array}\right\} \xrightarrow{过量\ NaOH}
\left\{\begin{array}{l}
AlO_2^- 或[Al(OH)_4]^- \\
ZnO_2^- 或[Zn(OH)_4]^{2-} \\
Cu(OH)_4^{2-} \\
PbO_2^- 或[Pb(OH)_3]^- \\
SbO_2^- 或[Sb(OH)_4]^- \\
SnO_2^{2-} 或[Sn(OH)_4]^{2-}
\end{array}\right.
$$

4. 与 NH₃ 反应

$$Ag^+ \\ Cu^{2+} \\ Cd^{2+} \\ Zn^{2+}$$
过量 NH₃ →
$$[Ag(NH_3)_2]^+ \\ [Cu(NH_3)_4]^{2+} \text{深蓝} \\ [Cd(NH_3)_4]^{2+} \\ [Zn(NH_3)_4]^{2+}$$

5. 与 H₂S 或 (NH₄)₂S 反应

Ag^+ $\quad$ $Ag_2S\downarrow$ 黑色

Pb^{2+} $\quad$ $PbS\downarrow$ 黑色

Cu^{2+} $\quad$ $CuS\downarrow$ 黑色

Cd^{2+} $\quad$ $CdS\downarrow$ 黄色

Bi^{3+} $\quad$ $Bi_2S_3\downarrow$ 黑色

Hg_2^{2+} $\quad$ $HgS\downarrow+Hg\downarrow$ 黑色

Hg^{2+} $\xrightarrow{H_2S}$ $HgS\downarrow$ 黑色,溶于王水、Na_2S

Sb^{5+} $\quad$ $Sb_2S_5\downarrow$ 橙色

Sb^{3+} $\quad$ $Sb_2S_3\downarrow$ 橙色,溶于浓 HCl、$NaOH$、Na_2S

Sn^{4+} $\quad$ $SnS_2\downarrow$ 黄色

Sn^{2+} $\quad$ $SnS\downarrow$ 褐色、溶于浓 HCl、$(NH_4)_2S_x$,不溶于 $NaOH$

Zn^{2+} $\quad$ $ZnS\downarrow$ 白色,溶于稀 HCl 溶液,不溶于 HAc 溶液

Al^{3+} $\quad$ 加 $NH_3\cdot H_2O$,生成 $Al(OH)_3$ 白色沉淀,溶于强碱及稀 HCl 溶液

6. (NH₄)₂CO₃ 与 NH₃

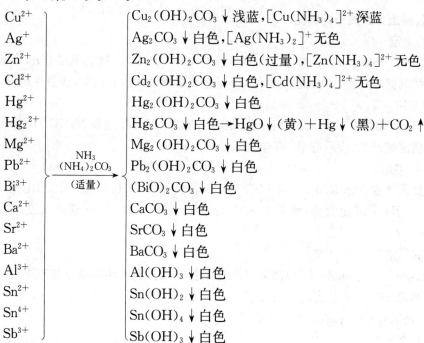

Cu^{2+} $\quad$ $Cu_2(OH)_2CO_3\downarrow$ 浅蓝,$[Cu(NH_3)_4]^{2+}$ 深蓝

Ag^+ $\quad$ $Ag_2CO_3\downarrow$ 白色,$[Ag(NH_3)_2]^+$ 无色

Zn^{2+} $\quad$ $Zn_2(OH)_2CO_3\downarrow$ 白色(过量),$[Zn(NH_3)_4]^{2+}$ 无色

Cd^{2+} $\quad$ $Cd_2(OH)_2CO_3\downarrow$ 白色,$[Cd(NH_3)_4]^{2+}$ 无色

Hg^{2+} $\quad$ $Hg_2(OH)_2CO_3\downarrow$ 白色

Hg_2^{2+} $\quad$ $Hg_2CO_3\downarrow$ 白色→$HgO\downarrow$(黄)+$Hg\downarrow$(黑)+$CO_2\uparrow$

Mg^{2+} $\quad$ $Mg_2(OH)_2CO_3\downarrow$ 白色

Pb^{2+} $\xrightarrow[\text{(适量)}]{NH_3 \atop (NH_4)_2CO_3}$ $Pb_2(OH)_2CO_3\downarrow$ 白色

Bi^{3+} $\quad$ $(BiO)_2CO_3\downarrow$ 白色

Ca^{2+} $\quad$ $CaCO_3\downarrow$ 白色

Sr^{2+} $\quad$ $SrCO_3\downarrow$ 白色

Ba^{2+} $\quad$ $BaCO_3\downarrow$ 白色

Al^{3+} $\quad$ $Al(OH)_3\downarrow$ 白色

Sn^{2+} $\quad$ $Sn(OH)_2\downarrow$ 白色

Sn^{4+} $\quad$ $Sn(OH)_4\downarrow$ 白色

Sb^{3+} $\quad$ $Sb(OH)_3\downarrow$ 白色

三、器材与试剂

1. 仪器与材料

试管(10 mL)、烧杯(250 mL)、离心机、离心试管、pH 试纸。

2. 试剂

$NaNO_2$(s)、HCl(2 mol·L^{-1}、6 mol·L^{-1}、浓)、H_2SO_4(2 mol·L^{-1}、6 mol·L^{-1})、HNO_3(6 mol·L^{-1})、HAc(2 mol·L^{-1}、6 mol·L^{-1})、NaOH(2 mol·L^{-1}、6 mol·L^{-1})、$NH_3·H_2O$(6 mol·L^{-1})、KOH(2 mol·L^{-1})、NaCl(1 mol·L^{-1})、KCl(1 mol·L^{-1})、$MgCl_2$(0.5 mol·L^{-1})、$CaCl_2$(0.5 mol·L^{-1})、$BaCl_2$(0.5 mol·L^{-1})、$AlCl_3$(0.5 mol·L^{-1})、$SnCl_2$(0.5 mol·L^{-1})、$Pb(NO_3)_2$(0.5 mol·L^{-1})、$SbCl_3$(0.1 mol·L^{-1})、$HgCl_2$(0.2 mol·L^{-1})、$Bi(NO_3)_3$(0.1 mol·L^{-1})、$CuCl_2$(0.5 mol·L^{-1})、$AgNO_3$(0.1 mol·L^{-1})、$ZnSO_4$(0.2 mol·L^{-1})、$Cd(NO_3)_2$(0.2 mol·L^{-1})、$Al(NO_3)_3$(0.5 mol·L^{-1})、$NaNO_3$(0.5 mol·L^{-1})、$Ba(NO_3)_2$(0.5 mol·L^{-1})、Na_2S(0.5 mol·L^{-1})、$KSb(OH)_6$(饱和)、$NaHC_4H_4O_6$(饱和)、$(NH_4)_2C_2O_4$(饱和)、NaAc(2 mol·L^{-1})、K_2CrO_4(1 mol·L^{-1})、Na_2CO_3(饱和)、NH_4Ac(2 mol·L^{-1})、$K_4[Fe(CN)_6]$(0.5 mol·L^{-1})、镁试剂、0.1%铝试剂、罗丹明 B、苯、2.5%硫脲、$(NH_4)_2[Hg(SCN)_4]$试剂、镍丝。

四、实验内容

1. 碱金属、碱土金属离子的鉴定

(1) Na^+ 的鉴定

在盛有 0.5 mL NaCl(1 mol·L^{-1})溶液的试管中,加入 0.5 mL 饱和 $KSb(OH)_6$ 溶液,观察白色结晶状沉淀的产生。如无沉淀产生,可以用玻璃棒摩擦试管内壁,放置片刻。

(2) K^+ 的鉴定

在盛有 0.5 mL KCl(1 mol·L^{-1})溶液的试管中,加入 0.5 mL 饱和 $NaHC_4H_4O_6$ 溶液,如有白色结晶状沉淀产生,表示有 K^+ 存在。

(3) Mg^{2+} 的鉴定

在试管中加入 2 滴 $MgCl_2$(0.5 mol·L^{-1})溶液,再滴加 NaOH(6 mol·L^{-1})溶液,直到生成絮状的 $Mg(OH)_2$ 沉淀为止;然后加入 1 滴镁试剂,搅拌之,生成蓝色沉淀,表示有 Mg^{2+} 的存在。

(4) Ca^{2+} 的鉴定

取 0.5 mL $CaCl_2$(0.5 mol·L^{-1})溶液于离心试管中,再加 10 滴饱和草酸铵溶液,有白色沉淀产生。离心分离,弃去清液。若白色沉淀不溶于 HAc(6 mol·L^{-1})而溶于 HCl(2 mol·L^{-1}),表示有 Ca^{2+} 存在。写出方程式。

(5) Ba^{2+} 的鉴定

取 2 滴 $BaCl_2$（$0.5\ mol \cdot L^{-1}$）溶液于试管中，加入 HAc（$2\ mol \cdot L^{-1}$）和 $NaAc$（$2\ mol \cdot L^{-1}$）各 2 滴，然后滴加 2 滴 K_2CrO_4（$1\ mol \cdot L^{-1}$）溶液，有黄色沉淀产生，表示有 Ba^{2+} 存在。写出方程式。

2. p 区和 ds 区部分金属离子的鉴定

（1）Al^{3+} 的鉴定

取 2 滴 $AlCl_3$（$0.5\ mol \cdot L^{-1}$）溶液于小试管中，加入 2～3 滴 $NH_3 \cdot H_2O$（$6\ mol \cdot L^{-1}$），另加 2 滴 0.1% 铝试剂，有红色絮状沉淀产生，表示有 Al^{3+} 存在。

（2）Sn^{2+} 离子的鉴定

取 5 滴 $SnCl_2$（$0.5\ mol \cdot L^{-1}$）溶液于试管中，逐滴加入 $HgCl_2$（$0.2\ mol \cdot L^{-1}$）溶液，边加边振荡，若产生的沉淀由白色变为灰色，表示有 Sn^{2+} 存在。

（3）Pb^{2+} 的鉴定

取 5 滴 $Pb(NO_3)_2$（$0.5\ mol \cdot L^{-1}$）试液于离心试管中，加 2 滴 K_2CrO_4（$1\ mol \cdot L^{-1}$）溶液，如有黄色沉淀生成，在沉淀上滴加数滴 $NaOH$（$2\ mol \cdot L^{-1}$）溶液，沉淀溶解，表示有 Pb^{2+} 存在。

（4）Sb^{3+} 的鉴定

取 5 滴 $SbCl_3$（$0.1\ mol \cdot L^{-1}$）试液于离心试管中，加 3 滴浓盐酸及数粒亚硝酸钠，将 $Sb(Ⅲ)$ 氧化成 $Sb(Ⅴ)$。当无气体放出时，加数滴苯及 2 滴罗丹明 B 溶液，苯层显紫色，表示有 Sb^{3+} 存在。

（5）Bi^{3+} 的鉴定

取 1 滴 $Bi(NO_3)_3$（$0.1\ mol \cdot L^{-1}$）溶液于试管中，加 1 滴 2.5% 的硫脲，生成鲜黄色配合物，表示有 Bi^{3+} 存在。

（6）Cu^{2+} 的鉴定

取 1 滴 $CuCl_2$（$0.5\ mol \cdot L^{-1}$）溶液于试管中，加 1 滴 HAc（$6\ mol \cdot L^{-1}$）溶液酸化，再加 1 滴 $K_4[Fe(CN)_6]$（$0.5\ mol \cdot L^{-1}$）溶液，生成红棕色 $Cu_2[Fe(CN)_6]$ 沉淀，表示有 Cu^{2+} 存在。

（7）Ag^+ 的鉴定

取 5 滴 $AgNO_3$（$0.1\ mol \cdot L^{-1}$）溶液于试管中，加 5 滴 HCl（$2\ mol \cdot L^{-1}$），产生白色沉淀。在沉淀中加入 $NH_3 \cdot H_2O$（$6\ mol \cdot L^{-1}$）至沉淀完全溶解。此溶液再用 HNO_3（$6\ mol \cdot L^{-1}$）溶液酸化，生成白色沉淀，表示有 Ag^+ 存在。

（8）Zn^{2+} 的鉴定

取 3 滴 $ZnSO_4$（$0.2\ mol \cdot L^{-1}$）溶液于试管中，加入 2 滴 HAc（$2\ mol \cdot L^{-1}$）酸化，再加入等体积硫氰酸汞铵 $(NH_4)_2[Hg(SCN)_4]$ 溶液（8 g 二氯化汞与 9 g 硫氰化铵溶于 100 mL 蒸馏水中），玻璃棒摩擦试管壁，生成白色沉淀，表示有 Zn^{2+} 存在。

（9）Cd^{2+} 的鉴定

取 3 滴 $Cd(NO_3)_2$（$0.2\ mol \cdot L^{-1}$）溶液于小试管中，加入 2 滴 Na_2S（$0.5\ mol \cdot L^{-1}$），生成亮黄色沉淀，表示有 Cd^{2+} 存在。

（10）Hg^{2+}的鉴定

取 2 滴 $HgCl_2(0.2\ mol\cdot L^{-1})$ 溶液于小试管中，逐滴加入 $SnCl_2(0.5\ mol\cdot L^{-1})$ 溶液，边加边振荡，观察沉淀颜色变化过程，最后变为灰色，表示有 Hg^{2+} 存在（该反应可作为 Hg^{2+} 或 Sn^{2+} 的定性鉴定）。

3. 部分混合离子的分离和鉴定

取 Ag^+ 试液 2 滴和 Cd^{2+}、Al^{3+}、Ba^{2+}、Na^+ 试液各 5 滴（均为硝酸盐溶液），加到离心试管中，混合均匀后，按图 8.6 所示进行分离和鉴定。

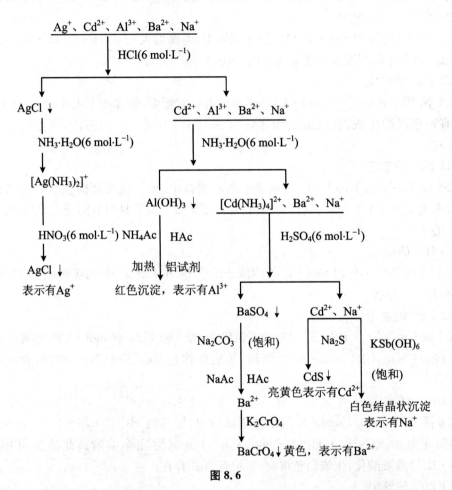

图 8.6

（1）Ag^+ 的分离和鉴定

在混合试液中加 1 滴 $HCl(6\ mol\cdot L^{-1})$，剧烈搅拌，在沉淀生成时再加 1 滴 $HCl(6\ mol\cdot L^{-1})$ 至沉淀完全，搅拌片刻，离心分离，把清液转移到另一支离心试管中，按 3-(2) 处理。沉淀用 1 滴 $HCl(6\ mol\cdot L^{-1})$ 和 10 滴蒸馏水洗涤，离心分离，洗涤液并入上面的清液中。在沉淀上加入 2～3 滴 $NH_3\cdot H_2O(6\ mol\cdot L^{-1})$，搅拌，使它溶解，在所得清液中加入 1～2 滴 $HNO_3(6\ mol\cdot L^{-1})$ 酸化，有白色沉淀析出，表示有 Ag^+ 存在。

（2）Al^{3+} 的分离和鉴定

在 3-（1）的清液中滴加 $NH_3 \cdot H_2O$（6 mol·L^{-1}）至显碱性，搅拌片刻，离心分离，把清液转移到另一支离心试管中，按 3-（3）处理。沉淀加入 HAc（2 mol·L^{-1}）和 NaAc（2 mol·L^{-1}）各 2 滴，再加入 2 滴铝试剂，搅拌后微热之，产生红色沉淀，表示有 Al^{3+} 存在。

（3）Ba^{2+} 的分离和鉴定

在 3-（2）清液中滴加 H_2SO_4（6 mol·L^{-1}）至产生白色沉淀，再过量 2 滴，搅拌片刻，离心分离，把清液转移到另一支试管中，按 3-（4）处理。沉淀用热蒸馏水 10 滴洗涤，离心分离，清液并入上面的清液中。在沉淀中加入饱和 Na_2CO_3 溶液 3～4 滴，搅拌片刻，再加入 HAc（2 mol·L^{-1}）和 NaAc（2 mol·L^{-1}）各 3 滴，搅拌片刻，然后加入 1～2 滴 K_2CrO_4（1 mol·L^{-1}）溶液，产生黄色沉淀，表示有 Ba^{2+} 存在。

（4）Cd^{2+}、Na^+ 的分离和鉴定

将 3-（3）的部分清液装于一支试管中，加入 2～3 滴 Na_2S（0.5 mol·L^{-1}）溶液，产生黄色结晶状沉淀，表示有 Cd^{2+} 存在。

另取少量 3-（3）的清液装于另一支试管中，加入几滴饱和酒石酸锑钾溶液，产生白色结晶状沉淀，表示有 Na^+ 存在。

五、注意事项

在一般情况下，为了沉淀完全，加入的沉淀剂只需比理论量过量 20%～50%。沉淀剂过量太多，会引起较强的盐效应、配合物生成等副作用，反而增大沉淀的溶解度。

六、思考题

1. 溶解 $CaCO_3$、$BaCO_3$ 沉淀时，为什么用 HAc 而不用 HCl 溶液？

2. 用 $K_4[Fe(CN)_6]$ 检出 Cu^{2+} 时，为什么要用 HAc 酸化溶液？

3. 在未知溶液分析中，当由碳酸盐制取铬酸盐沉淀时，为什么必须用醋酸溶液去溶解碳酸盐沉淀，而不用强酸（如盐酸）去溶解？

4. 在用硫代乙酰胺从离子混合试液中沉淀 Cd^{2+}、Hg^{2+}、Bi^{3+}、Pb^{2+} 等离子时，为什么要控制溶液中 H^+ 浓度为 0.3 mol·L^{-1}？酸度太高或太低对分离有何影响？控制酸度为什么用盐酸而不用硝酸？在沉淀过程中，为什么要加水稀释溶液？

5. 实验习题

（1）选用一种试剂区别下列四种溶液。

KCl、$Cd(NO_3)_2$、$AgNO_3$、$ZnSO_4$

（2）选用一种试剂区别下列四种离子。

Cu^{2+}、Zn^{2+}、Hg^{2+}、Cd^{2+}

（3）用一种试剂分离下列各组离子。

① Zn^{2+} 和 Cd^{2+}；　② Zn^{2+} 和 Al^{3+}；　③ Cu^{2+} 和 Hg^{2+}；　④ Zn^{2+} 和 Cu^{2+}；　⑤ Zn^{2+} 和 Sb^{3+}。

(4) 如何把 $BaSO_4$ 转化为 $BaCO_3$？与 Ag_2CrO_4 转化为 $AgCl$ 相比，哪一种转化比较容易？为什么？

实验八　主族金属元素化合物的性质与应用

一、实验目的

1. 比较碱金属、碱土金属的活泼性。
2. 试验并比较碱土金属、铝、锡、铅、锑、铋的氢氧化物和盐类的溶解性。
3. 练习焰色反应并熟悉使用金属钠、钾的安全措施。

二、实验原理

1. 钠、钾、钙、镁、铝的性质

$$2Na + O_2 == Na_2O_2（淡黄色固体）$$
$$Na_2O_2 + 2H_2O == H_2O_2 + 2NaOH（溶液显碱性）$$
$$5H_2O_2 + 2MnO_4^- + 6H^+ == 2Mn^{2+} + 5O_2\uparrow + 8H_2O$$

注意：金属钠不能用手拿，用镊子夹取，用小刀快速切下需要部分，剩余的立即放回瓶中。

$$2Na + 2H_2O == 2NaOH + H_2\uparrow（加入酚酞溶液变红）$$
$$2K + 2H_2O == 2KOH + H_2\uparrow（加入酚酞溶液变红）$$
$$Ca + H_2O（冷）== Ca(OH)_2 + H_2\uparrow$$
$$Mg + H_2O（冷）\longrightarrow 不反应$$
$$Mg + H_2O（热）== Mg(OH)_2\downarrow + H_2\uparrow（加入酚酞溶液变红）$$

Mg 与热水反应缓慢，且一会就终止了，这是因为氢氧化镁溶解度小，覆盖在金属固体表面，使反应不能继续。

$$Al + H_2O（冷）== 不反应$$
$$Al + H_2O（热）\longrightarrow 看不出反应$$

$Al + HgCl_2$（2 滴，$0.2\ mol \cdot L^{-1}$）→铝表面变成灰色的固体铝汞齐 $Al(Hg)$→滤纸擦干其表面的液体→金属置于空气中→铝表面长出"白毛"，这"白毛"是 Al_2O_3→再将铝片放入水中→有氢气放出。反应方程式为

$$4Al(Hg) + 3O_2 + 2nH_2O = 2Al_2O_3 \cdot nH_2O + (Hg)$$
$$2Al(Hg) + 6H_2O = 2Al(OH)_3 + 3H_2 \uparrow + (Hg)$$

2. 镁、钙、钡、铝、锡、铅、锑、铋的氢氧化物的溶解度

镁、钙、钡、铋的氢氧化物只溶于盐酸,而铝、锡、铅、锑既可溶于盐酸又可溶于氢氧化钠

$$Al(OH)_3 + 3HCl = AlCl_3 + 3H_2O$$
$$Al(OH)_3 + NaOH = Na[Al(OH)_4]$$
$$Sn(OH)_2 + 2HCl = SnCl_2 + 2H_2O$$
$$Sn(OH)_2 + 2NaOH = Na_2[Sn(OH)_4]$$
$$Pb(OH)_2 + 2HCl = PbCl_2 + 2H_2O(需适当加热)$$
$$Pb(OH)_2 + NaOH = Na[Pb(OH)_3]$$
$$Sb(OH)_3 + 3HCl = SbCl_3 + 3H_2O$$
$$Sb(OH)_3 + NaOH = Na[Sb(OH)_4]$$

$Mg(OH)_2$沉淀溶解于 NH_4Cl(饱和),$Al(OH)_3$沉淀不溶于铵盐

$$Mg(OH)_2 = Mg^{2+} + 2OH^-$$
$$2NH_4Cl = 2NH_4^+ + 2Cl^-$$
$$2NH_4^+ + 2OH^- = 2NH_3 \cdot H_2O$$

3. ⅠA、ⅡA 元素的焰色反应

$LiCl$、$NaCl$、KCl、$CaCl_2$、$SrCl_2$、$BaCl_2$。

4. 锡、铅、锑和铋的难溶盐

(1) 硫化物

① 硫化亚锡、硫化锡的生成和性质

$$SnCl_2 + H_2S = SnS \downarrow (棕) + 2HCl(SnS \text{ 两性偏碱性})$$
$$SnCl_4 + 2H_2S = SnS_2 \downarrow (黄) + 4HCl(SnS_2 \text{ 两性偏酸性})$$
$$SnS + HCl(1 \text{ mol} \cdot L^{-1}) \longrightarrow 微溶$$
$$SnS + (NH_4)_2S(1 \text{ mol} \cdot L^{-1}) \longrightarrow 不溶(SnS \text{ 两性偏碱性})$$
$$SnS + (NH_4)_2S_x(1 \text{ mol} \cdot L^{-1}) = (NH_4)_2SnS_{(x+1)}(SnS \text{ 具有还原性})$$
$$SnS_2 + HCl(1 \text{ mol} \cdot L^{-1}) \longrightarrow 不溶$$
$$SnS_2 + (NH_4)_2S(1 \text{ mol} \cdot L^{-1}) = (NH_4)_2SnS_3$$
$$SnS_2 + (NH_4)_2S_x(1 \text{ mol} \cdot L^{-1}) \longrightarrow 不溶(SnS_2 \text{ 不具有还原性})$$

② 铅、锑、铋硫化物

$$Pb(NO_3)_2 + H_2S = PbS \downarrow (黑) + 2HNO_3(PbS \text{ 碱性})$$
$$2SbCl_3 + 3H_2S = Sb_2S_3 \downarrow (橙红) + 6HCl(Sb_2S_3 \text{ 两性偏碱性})$$
$$2Bi(NO_3)_3 + 3H_2S = Bi_2S_3 \downarrow (棕黑) + 6HNO_3(Bi_2S_3 \text{ 碱性})$$
$$PbS + 2HCl(浓) = PbCl_2 \downarrow (白) + H_2S$$
$$PbCl_2 + 2HCl = H_2[PbCl_4]$$
$$PbS + NaOH(2 \text{ mol} \cdot L^{-1}) \longrightarrow 不溶$$

$PbS+(NH_4)_2S(0.5\ mol\cdot L^{-1})\longrightarrow$ 不溶(PbS 碱性)

$PbS+(NH_4)_2S_x(0.5\ mol\cdot L^{-1})\longrightarrow$ 不溶(PbS 还原性弱)

$PbS+4HNO_3(浓)=\!\!=Pb(NO_3)_2+2NO_2\uparrow+S\downarrow+2H_2O$

$Sb_2S_3+6HCl(浓)=\!\!=2SbCl_3+3H_2S$

$Sb_2S_3+6NaOH(2\ mol\cdot L^{-1})=\!\!=Na_3SbO_3+Na_3SbS_3+3H_2O$

$Sb_2S_3+3(NH_4)_2S(0.5\ mol\cdot L^{-1})=\!\!=2(NH_4)_3SbS_3$

$Sb_2S_3+3(NH_4)_2S_x(0.5\ mol\cdot L^{-1})=\!\!=2(NH_4)_3SbS_4+(3x-5)S\downarrow$

        (Sb_2S_3 具有还原性与多硫化物反应)

$Sb_2S_3+12HNO_3(浓)=\!\!=2Sb(NO_3)_3+6NO_2\uparrow+3S\downarrow+6H_2O$

$Bi_2S_3+6HCl(浓)=\!\!=2BiCl_3+3H_2S$

$Bi_2S_3+6NaOH(2\ mol\cdot L^{-1})\longrightarrow$ 不溶(Bi_2S_3 碱性)

$Bi_2S_3+(NH_4)_2S(0.5\ mol\cdot L^{-1})\longrightarrow$ 不溶(Bi_2S_3 碱性)

$Bi_2S_3+(NH_4)_2S_x(0.5\ mol\cdot L^{-1})\longrightarrow$ 不溶(Bi_2S_3 的还原性极弱不与多硫化物作用)

$Bi_2S_3+12HNO_3(浓)=\!\!=2Bi(NO_3)_3+6NO_2\uparrow+3S\downarrow+6H_2O$

(2) 铅的难溶盐

① 氯化铅

$PbCl_2\downarrow$(白)$\longrightarrow$溶解,冷却$\longrightarrow$白色沉淀又析出$\longrightarrow$取少量白色沉淀$\longrightarrow$加入浓盐酸$\longrightarrow$沉淀溶解。

② 碘化铅

    $PbI_2\downarrow$(橙黄)$\longrightarrow$加热$\longrightarrow$沉淀溶解$\longrightarrow$冷却$\longrightarrow$沉淀析出

注意:滴加 KI 刚好出现沉淀为止,KI 不要滴过量,否则沉淀溶解。

       $PbI_2+2KI=\!\!=K_2[PbI_4]$

③ 铬酸铅

  $PbCrO_4\downarrow$(亮黄)$\longrightarrow$ 离心分离$\longrightarrow$ 试验沉淀溶解情况

  $2PbCrO_4+4HNO_3(6\ mol\cdot L^{-1})=\!\!=2Pb(NO_3)_2+H_2Cr_2O_7+H_2O$

  $PbCrO_4+2NaOH(6\ mol\cdot L^{-1})=\!\!=Pb(OH)_2\downarrow$(白)$+Na_2CrO_4$

  $Pb(OH)_2+NaOH=\!\!=Na[Pb(OH)_3]$

④ 硫酸铅

  $PbSO_4\downarrow$(白)$\longrightarrow$ 加 $NaAc(s)$ $\longrightarrow$ 微热$\longrightarrow$ 搅拌$\longrightarrow$ 沉淀溶解

  $PbSO_4+2HAc=\!\!=Pb(Ac)_2+H_2SO_4[Pb(Ac)_2$ 极微离解$]$

三、器材与试剂

1. 仪器与材料

烧杯(250 mL)、试管(10 mL)、小刀、镊子、坩埚、坩埚钳、离心机。

2. 试剂

Na;K;Ca;Mg;Al;AaAc(s);$NaCl(1\ mol\cdot L^{-1})$;$KCl(1\ mol\cdot L^{-1})$;$MgCl_2(0.5\ mol\cdot L^{-1})$;

LiCl(1 mol・L^{-1})；BaCl$_2$(0.5 mol・L^{-1})；SrCl$_2$(0.5 mol・L^{-1})；HgCl$_2$(0.2 mol・L^{-1})；CaCl$_2$(0.5 mol・L^{-1})；NaOH(新配 2 mol・L^{-1})；NaOH(6 mol・L^{-1})；NH$_3$・H$_2$O(0.5 mol・L^{-1})；氨水(6 mol・L^{-1})；AlCl$_3$(0.5 mol・L^{-1})；SnCl$_2$(0.5 mol・L^{-1})；Pb(NO$_3$)$_2$(0.5 mol・L^{-1})；SbCl$_3$(0.5 mol・L^{-1})；Bi(NO$_3$)$_3$(0.5 mol・L^{-1})；NH$_4$Cl(饱和)；SnCl$_4$(0.5 mol・L^{-1})；HCl(2 mol・L^{-1}，6 mol・L^{-1})；H$_2$SO$_4$(2 mol・L^{-1})；HNO$_3$(2 mol・L^{-1}，6 mol・L^{-1}，浓)；(NH$_4$)$_2$S$_x$(1 mol・L^{-1})；(NH$_4$)$_2$S(新配 1 mol・L^{-1})；K$_2$CrO$_4$(0.5 mol・L^{-1})；KI(1 mol・L^{-1})；Na$_2$SO$_4$(0.1 mol・L^{-1})；KMnO$_4$(0.01 mol・L^{-1})；H$_2$S(饱和)；Hg(液)。

四、实验步骤

1. 钠、钾、镁、铝的性质

（1）钠在空气中的氧化作用

用镊子取一小块(绿豆大小)金属钠，用滤纸吸干其表面的煤油，立即放在坩埚中加热。当开始燃烧时，停止加热。观察反应情况和产物的颜色、状态。冷却后，往坩埚中加入 2 mL 蒸馏水使产物溶解，然后把溶液转移到一支试管中，用 pH 试纸测定溶液的酸碱性。再用 H$_2$SO$_4$(2 mol・L^{-1})酸化，滴加 1~2 滴 KMnO$_4$(0.01 mol・L^{-1})溶液。观察紫色是否褪去。由此说明水溶液是否有 H$_2$O$_2$，从而推知钠在空气中燃烧是否有 Na$_2$O$_2$ 生成。写出以上有关反应式。

（2）金属钠、钾、钙、镁、铝与水的作用

分别取一小块(绿豆大小)金属钠、钾和钙，用滤纸吸干其表面煤油，把它们分别投入盛有半杯水的烧杯中，观察反应情况。为了安全起见，当金属块投入水中时，立即用倒置漏斗盖在烧杯口上。反应完后，滴入 1~2 滴酚酞试剂，检验溶液的酸碱性。根据反应进行的剧烈程度，说明钠、钾的金属活泼性，写出方程式。

分别取一小段镁条和一小块铝片，用砂纸擦去表面的氧化物，分别放入试管中，加入少量冷水，观察反应现象。然后加热煮沸，观察又有何现象发生，用酚酞指示剂检验产物酸碱性。写出有关反应式。另取一小块铝片，用砂纸擦去其表面氧化物，然后在其上滴加 2 滴 HgCl$_2$(0.2 mol・L^{-1})溶液，观察产物的颜色和状态。用棉花或纸将液体擦干后，将此金属置于空气中，观察铝片上长出的白色铝毛。再将铝片置于盛水的试管中，观察氢气的放出。如反应缓慢可将试管加热，观察反应现象。写出有关反应式。

2. 镁、钙、钡、铝、锡、铅、锑、铋的氢氧化物的溶解性

（1）在 8 支试管中，分别加入浓度均为 0.5 mol・L^{-1} 的 MgCl$_2$、CaCl$_2$、BaCl$_2$、AlCl$_3$、SnCl$_2$、Pb(NO$_3$)$_2$、SbCl$_3$、Bi(NO$_3$)$_3$ 溶液各 0.5 mL，均加入等体积新配制的 NaOH(2 mol・L^{-1})溶液，观察沉淀的生成并写出反应方程式。

把以上沉淀分成两份，分别加入 NaOH(6 mol・L^{-1})溶液和 HCl(6 mol・L^{-1})溶液，观察沉淀是否溶解。写出反应方程式。

(2) 在 2 支试管中,分别盛有 $0.5 \, \text{mL}$ 的 $MgCl_2(0.5 \, \text{mol} \cdot L^{-1})$、$AlCl_3(0.5 \, \text{mol} \cdot L^{-1})$,加入等体积 $NH_3 \cdot H_2O(0.5 \, \text{mol} \cdot L^{-1})$,观察反应生成物的颜色和状态。往有沉淀的试管中加入饱和 NH_4Cl 溶液,又有何现象?为什么?写出有关反应方程式。

3. ⅠA、ⅡA 元素的焰色反应

取镶有铂丝(也可用镍丝代替)的玻棒一根(铂丝的尖端弯成小环状),先按下法清洁之:浸铂丝于 $HCl(6 \, \text{mol} \cdot L^{-1})$ 溶液中(放在小试管内),然后取出用氧化焰灼烧片刻,再浸入酸中,再灼烧,如此重复二至三次,至火焰不再呈现任何离子的特征颜色才算其铂丝洁净。

用洁净的铂丝分别蘸取 $1 \, \text{mol} \cdot L^{-1}$ 或 $0.5 \, \text{mol} \cdot L^{-1}$ 的 $LiCl$、$NaCl$、KCl、$CaCl_2$、$SrCl_2$、$BaCl_2$ 溶液在氧化焰中灼烧。观察火焰的颜色。在观察钾盐的焰色时要用一块钴玻璃片滤光后观察。注意:把酒精灯火焰调至约 $1 \, \text{cm}$ 高度并防止风力吹动,再重做几次,直至看清为止。

4. 锡、铅、锑和铋的难溶盐

(1) 硫化物

① 硫化亚锡、硫化锡的生成和性质

在二支试管中分别注入 $0.5 \, \text{mL}$ $0.5 \, \text{mol} \cdot L^{-1}$ 的 $SnCl_2$ 和 $SnCl_4$ 溶液,分别注入少许饱和硫化氢水溶液,观察沉淀的颜色有何不同。分别试验沉淀物与 HCl($2 \, \text{mol} \cdot L^{-1}$)、$(NH_4)_2S_x$($1 \, \text{mol} \cdot L^{-1}$)和 $(NH_4)_2S$(新配 $1 \, \text{mol} \cdot L^{-1}$)溶液的反应。

通过硫化亚锡、硫化锡的实验,得出什么结论?写出有关反应方程式。

② 铅、锑、铋硫化物

在三支试管中分别加入 $0.5 \, \text{mL}$ $0.5 \, \text{mol} \cdot L^{-1}$ 的 $Pb(NO_3)_2$、$SbCl_3$、$Bi(NO_3)_3$ 溶液,然后各加入少许 H_2S(饱和)溶液,观察沉淀的颜色有何不同。

分别试验沉淀物与浓盐酸、$NaOH$($2 \, \text{mol} \cdot L^{-1}$)、$(NH_4)_2S$(新配 $1 \, \text{mol} \cdot L^{-1}$)、$(NH_4)_2S_x$($1 \, \text{mol} \cdot L^{-1}$)、浓硝酸溶液的反应。

(2) 铅的难溶盐

① 氯化铅

在 $0.5 \, \text{mL}$ 蒸馏水中滴入 5 滴 $0.5 \, \text{mol} \cdot L^{-1}$ $Pb(NO_3)_2$ 溶液,再滴入 3～5 滴稀盐酸,即有白色氯化铅沉淀生成。

将所得白色沉淀连同溶液一起加热,沉淀是否溶解?再把溶液冷却,又有什么变化?说明氯化铅的溶解度与温度的关系。

取以上白色沉淀少许,加入浓盐酸,观察沉淀溶解情况。

② 碘化铅

取 5 滴 $0.5 \, \text{mol} \cdot L^{-1}$ 的 $Pb(NO_3)$ 溶液用水稀释至 $1 \, \text{mL}$ 后,滴加 KI($1 \, \text{mol} \cdot L^{-1}$)溶液,即生成橙黄色碘化铅沉淀,试验它在热水中的溶解情况。

③ 铬酸铅

取 5 滴 $0.5 \, \text{mol} \cdot L^{-1}$ $Pb(NO_3)$ 溶液,再滴加几滴 K_2CrO_4($0.5 \, \text{mol} \cdot L^{-1}$)溶液。观察铬酸铅沉淀的生成。试验它在 $6 \, \text{mol} \cdot L^{-1}$ 的 HNO_3 和 $NaOH$ 溶液中的溶解情况。写出有

关反应方程式。

④ 硫酸铅

在 1 mL 蒸馏水中滴入 0.5 mol·L^{-1} 的 Pb(NO$_3$) 溶液,再滴入几滴 Na$_2$SO$_4$ (0.1 mol·L^{-1})溶液。即得白色 PbSO$_4$ 沉淀。加入少许固体 NaAc,微热,并不断搅拌,沉淀是否溶解?解释上述现象。写出有关反应方程式。

根据实验现象并查阅手册,填写表 8.6。

表 8.6 部分铅、锡难溶盐的性质

名称	颜色	溶解性	溶度积($K_{sp}^{\ominus}$)
PbCl$_2$			
PbI$_2$			
PbCrO$_4$			
PbSO$_4$			
PbS			
SnS			
SnS$_2$			

五、注意事项

1. 硫化钠溶液易变质,本实验用硫化铵溶液代替硫化钠。

2. SnCl$_2$溶液(0.1 mol·L^{-1})的配制:称取 22.6 g 氯化亚锡(含二结晶水)固体,用 160 mL 浓盐酸溶解,然后加入蒸馏水稀释至 1 L,再加入数粒纯锡以防氧化。

3. 自制六羟基锑(Ⅴ)酸钾:在配制好的氢氧化钾饱和溶液中陆续加入五氯化锑,加热。当少量白色沉淀不再溶解时停止加入五氯化锑。冷却,静置,上层清液为六羟基锑(Ⅴ)酸钾溶液。

4. 金属钠、钾平时应保存在煤油或石蜡油中。用镊子夹取,在纸上用小刀切割,不用的部分立即放回原瓶中,需要的部分用滤纸把煤油吸干。切勿与皮肤接触,未用完的金属碎屑不能乱丢,可放回原瓶中或者放在少量酒精中,使其缓慢反应消耗掉。

六、思考题

1. 实验中如何配制氯化亚锡溶液?

2. 预测二氧化铅和浓盐酸反应的产物是什么?写出反应方程式。

3. 今有未贴标签无色透明的氯化亚锡、四氯化锡溶液各一瓶,试设法鉴别。

4. 若实验室中发生镁燃烧的事故,可否用水或二氧化碳灭火器扑灭?应用何种方法灭火?

实验九　ds 区元素化合物的性质与应用

一、实验目的

1. 掌握 Cu、Ag、Zn、Cd、Hg 氧化物或氢氧化物的酸碱性和稳定性。
2. 掌握 Cu、Ag、Zn、Cd、Hg 重要配合物的性质。
3. 掌握 Cu(I)和 Cu(II),Hg(I)和 Hg(II)的相互转化条件及 Cu(II)、Ag(I)的氧化性。
4. 掌握 Cu^{2+}、Ag^+、Zn^{2+}、Cd^{2+}、Hg_2^{2+} 混合离子的分离和鉴定方法。

二、实验原理

在周期系中 Cu、Ag 属 I B 族元素,Zn、Cd、Hg 为 II B 族元素。Cu、Zn、Cd、Hg 常见氧化值为 $+2$ 价,Ag 为 $+1$ 价,Cu 与 Hg 的氧化值还有 $+1$ 价。它们化合物的重要性质如下:

1. 氢氧化物的酸碱性和脱水性

(1) Ag^+、Hg^{2+}、Hg_2^{2+} 离子与适量 NaOH 反应时,产物是氧化物。这是由于它们的氢氧化物极不稳定,在常温下易脱水所致。这些氧化物及 $Cd(OH)_2$ 均显碱性。

(2) $Cu(OH)_2$(浅蓝色)也不稳定,加热至 90 ℃时脱水产生黑色 CuO。$Cu(OH)_2$ 呈较弱的酸碱两性(偏碱)。$Zn(OH)_2$ 属典型的酸碱两性。

2. 配合性

Cu^{2+}、Cu^+、Ag^+、Zn^{2+}、Cd^{2+}、Hg^{2+} 等离子都有较强的接受配体的能力,能与多种配体(如 X^-,CN^-、$S_2O_3^{2-}$、SCN^-、NH_3)形成配离子。例如:

铜盐与过量 Cl^- 离子能形成黄色 $[CuCl_4]^{2-}$ 配离子

$$Cu^{2+} + 4Cl^- = [CuCl_4]^{2-}(黄色)$$

溶液中往往还有蓝色 $[Cu(H_2O)_4]^{2+}$,所以看起来是黄绿色。

银盐与过量 $Na_2S_2O_3$ 溶液反应形成无色 $[Ag(S_2O_3)_2]^{3-}$ 离子

$$Ag^+ + 2S_2O_3^{2-} = [Ag(S_2O_3)_2]^{3-}(无色)$$

有机物二苯硫腙(HDZ)(绿色),在碱性条件下与 Zn^{2+} 反应生成粉红色的 $[Zn(DZ)_2]$,常用来鉴定 Zn^{2+} 的存在。反应式为

$$Zn^{2+} + 2HDZ = [Zn(DZ)_2] + 2H^+(碱性介质)$$

再如 Hg^{2+} 与过量 KSCN 溶液反应生成 $[Hg(SCN)_4]^{2-}$ 配离子

$$Hg^{2+} + 2SCN^- = Hg(SCN)_2 \downarrow (白色)$$

$$Hg(SCN)_2 + 2SCN^- \rightleftharpoons [Hg(SCN)_4]^{2-}$$

$[Hg(SCN)_4]^{2-}$ 与 Co^{2+} 反应生成蓝紫色的 $Co[Hg(SCN)_4]$，可用来鉴定 Co^{2+} 离子；与 Zn^{2+} 反应生成白色的 $Zn[Hg(SCN)_4]$，可用来鉴定 Zn^{2+} 离子的存在。

(1) Cu^{2+}、Ag^+、Zn^{2+}、Cd^{2+} 与过量的 $NH_3 \cdot H_2O$ 反应时，均生成氨的配离子。$Cu_2(OH)_2SO_4$、$AgOH$、Ag_2O 等难溶物均溶于 $NH_3 \cdot H_2O$ 形成配合物。Hg^{2+} 只有在大量 NH_4^+ 存在时，才与 $NH_3 \cdot H_2O$ 生成配离子。当 NH_4^+ 不存在时，则生成难溶盐沉淀。例如：

$$HgCl_2 + NH_3 \cdot H_2O \rightleftharpoons HgNH_2Cl\downarrow(白色) + NH_4Cl + H_2O$$

$$2Hg_2(NO_3)_2 + 4NH_3 \cdot H_2O \rightleftharpoons HgO \cdot HgNH_2NO_3\downarrow(白色) + Hg\downarrow + 3NH_4NO_3 + 3H_2O$$

(2) Cu^{2+}、Cu^+、Ag^+、Zn^{2+}、Cd^{2+}、Hg^{2+} 与过量 KI 反应时，除 Zn^{2+} 以外，均与 I^- 形成配离子，但由于 Cu^{2+} 的氧化性，产物是 $Cu(I)$ 的配离子 $[CuI_2]^-$。Hg^{2+} 较稳定，而 $Hg(I)$ 配离子易歧化，产物是 $[HgI_4]^{2-}$ 配离子，它与 $NaOH$ 的混合液为奈斯勒试剂，可用于鉴定 NH_4^+ 离子。反应式及现象如下

$$NH_4^+ + [HgI_4]^{2-} + 4OH^- \rightleftharpoons \left[O \begin{matrix} Hg \\ \\ Hg \end{matrix} NH_2 \right] I\downarrow(红棕色) + 7I^- + 3H_2O$$

Cu^{2+}、Cu^+、Ag^+、Zn^{2+}、Cd^{2+}、Hg^{2+}、Hg_2^{2+} 与 $NH_3 \cdot H_2O$、KI 反应产物的颜色见表 8.7。

表 8.7　ds 区元素(Au 除外)与 $NH_3 \cdot H_2O$、KI 反应的产物颜色

化合物	$Cu_2(OH)_2SO_4$ 蓝色	Ag_2O 褐色	$Zn(OH)_2$ 白色	$Cd(OH)_2$ 白色	HgO 黄色
与 $NH_3 \cdot H_2O$ 反应	$[Cu(NH_3)_4]^{2+}$ 深蓝	$[Ag(NH_3)_2]^{2+}$ 无色	$[Zn(NH_3)_4]^{2+}$ 无色	$[Cd(NH_3)_4]^{2+}$ 无色	$HgNH_2Cl$ 白色
与 KI 反应	$CuI\downarrow$白$+I_2$	$AgI\downarrow$黄色	—	CdI_2 绿黄色	HgI_2橙红色 Hg_2I_2黄绿色
	$[CuI_2]^-$	$[AgI_2]^-$		$[CdI_4]^{2-}$	$[HgI_4]^{2-}$ 无色 Hg

3. 氧化性

从标准电极电势值可知：Cu^{2+}、Ag^+、Hg^{2+}、Hg_2^{2+} 和相应的化合物具有氧化性，均为中强氧化剂。

Cu^{2+} 溶液中加入 KI 时，I^- 被氧化为 I_2，Cu^{2+} 被还原得到白色 CuI 沉淀，CuI 能溶于过量 KI 中形成配离子

$$2Cu^{2+} + 4I^- \rightleftharpoons 2CuI\downarrow(白色) + I_2$$

$CuCl_2$ 溶液中加入 Cu 屑，与浓 HCl 共煮得到棕黄色 $[CuCl_2]^-$ 配离子

$$CuCl_2 + Cu(s) + 2HCl(浓) \rightleftharpoons 2H[CuCl_2](棕黄色)$$

生成的配离子 $[CuCl_2]^-$ 不稳定，加水稀释时，可得到白色的 CuCl 沉淀。

碱性介质中，Cu^{2+} 与葡萄糖共煮，Cu^{2+} 被还原成 Cu_2O 红色（由于温度不同，也可是棕红等颜色）沉淀

$$2Cu^{2+} + 5OH^-（过量）+ CH_3(CHOH)_4CHO \Longrightarrow Cu_2O\downarrow（红）+ CH_3(CHOH)_4COO^- + 3H_2O$$

或者

$$2[Cu(OH)_4]^{2-} + CH_3(CHOH)_4CHO \Longrightarrow Cu_2O\downarrow（红）+ CH_3(CHOH)_4COO^- + 3OH^- + 3H_2O$$

此反应称为"铜镜反应"，可用于定性鉴定糖尿病。

银盐溶液中加入过量 $NH_3 \cdot H_2O$，再与葡萄糖或甲醛反应，Ag^+ 被还原为金属银

$$2Ag^+ + 6NH_3 + 2H_2O \Longrightarrow 2[Ag(NH_3)_2]^+ + 2NH_4^+ + 2OH^-$$

$$2[Ag(NH_3)_2]^+ + HCHO + 2OH^- \Longrightarrow 2Ag\downarrow + HCOONH_4 + 3NH_3 + H_2O$$

$$2[Ag(NH_3)_2]^+ + HCHO + 3OH^- \Longrightarrow 2Ag\downarrow + HCOO^- + 4NH_3 + 2H_2O$$

该反应为称"银镜反应"，曾用于制造镜子和保温瓶夹层上的镀银。

Hg^{2+} 与少量 Sn^{2+} 反应，得到白色的 Hg_2Cl_2 沉淀，继续与 Sn^{2+}，Hg_2Cl_2 可以进一步被还原为黑色的 Hg

$$2HgCl_2 + SnCl_2（适量）\Longrightarrow Hg_2Cl_2\downarrow（白）+ SnCl_4$$

$$Hg_2Cl_2 + SnCl_2（过量）\Longrightarrow 2Hg\downarrow（黑）+ SnCl_4$$

此反应常用于鉴定 Hg^{2+} 或 Sn^{2+} 离子。

4. 离子鉴定

（1）Cu^{2+} 在中性或弱酸性（HAc）介质中，与亚铁氰化钾 $K_4[Fe(CN)_6]$ 反应生成红褐色沉淀反应，方程为

$$2Cu^{2+} + [Fe(CN)_6]^{4-} \Longrightarrow Cu_2[Fe(CN)_6]\downarrow（红褐色）$$

（2）在 $AgNO_3$ 溶液中，加入 Cl^- 离子，形成 $AgCl$ 白色沉淀，$AgCl$ 溶于 $NH_3 \cdot H_2O$ 生成无色 $[Ag(NH_3)_2]^+$ 配离子，继续加 HNO_3 酸化，白色沉淀又析出，此法用于鉴定 Ag^+ 离子的存在。

另外银盐与 $K_2Cr_2O_7$ 反应生成 Ag_2CrO_4 砖红色沉淀，反应方程式为

$$2Ag^+ + CrO_4^{2-} \Longrightarrow Ag_2CrO_4\downarrow（砖红色）$$

（3）Cd^{2+} 与 Na_2S 溶液反应生成黄色沉淀。反应方程式为

$$Cd^{2+} + S^{2-} \Longrightarrow CdS\downarrow（黄色）$$

（4）Zn^{2+} 与二苯硫腙（打萨棕）生成红色配合物。

三、器材与试剂

1. 仪器与材料

点滴板、试管、水浴锅。

2. 试剂

铜屑；$HCl(2\ mol \cdot L^{-1}，浓)$；$HNO_3(2\ mol \cdot L^{-1}，6\ mol \cdot L^{-1})$；$NaOH(0.1\ mol \cdot L^{-1}，2\ mol \cdot L^{-1}，6\ mol \cdot L^{-1}，40\%)$；$NH_3 \cdot H_2O(2\ mol \cdot L^{-1}；6\ mol \cdot L^{-1}；浓)$；$KI(0.5\ mol \cdot L^{-1})$；

$Na_2S(0.5\ mol \cdot L^{-1})$；$CuCl_2(1\ mol \cdot L^{-1})$；$Cu^{2+}$、$Ag^+$、$Zn^{2+}$、$Cd^{2+}$、$Hg^{2+}$ 混合液；甲醛(2%)；葡萄糖(10%)；二苯硫腙溶液，CCl_4；TAA(硫代乙酰胺溶液)。

$0.1\ mol \cdot L^{-1}$ 盐溶液：KI、KBr、KSCN、K_2CrO_4、$K_4[Fe(CN)_6]$、$Na_2S_2O_3$、Na_2S、NaCl、NH_4Cl、$MgSO_4$、$SnCl_2$、$Pb(NO_3)_2$、$CrCl_3$、$MnSO_4$、$FeCl_3$、$CoCl_2$、$CuSO_4$、$AgNO_3$、$ZnSO_4$、$CdSO_4$、$HgCl_2$、$Hg(NO_3)_2$、$Hg_2(NO_3)_2$。

四、实验步骤

1. 氢氧化物的酸碱性和稳定性

使用 $0.1\ mol \cdot L^{-1}$ 的 $CuSO_4$、$AgNO_3$、$ZnSO_4$、$CdSO_4$、$HgCl_2$、$Hg_2(NO_3)_2$ 溶液和 $2\ mol \cdot L^{-1}\ NaOH$、$2\ mol \cdot L^{-1}\ HNO_3$，设计一个实验方案，通过实验比较氢氧化物的酸碱性，氢氧化物在室温和沸水浴中稳定性。

记录实验现象(沉淀、溶解、颜色)，写出对应的反应方程式。

2. 配合物

(1) 银的配合物

① 取数滴 $0.1\ mol \cdot L^{-1}\ AgNO_3$，加入等量 $0.1\ mol \cdot L^{-1}\ NaCl$ 溶液，静置片刻，弃去清液。将沉淀分成两支试管，一支试管中加入 $2\ mL\ 2\ mol \cdot L^{-1}\ NH_3 \cdot H_2O$，沉淀溶解，为什么？滴加 $6\ mol \cdot L^{-1}\ HNO_3$，又产生白色沉淀，为什么？另一支试管中加入 $0.1\ mol \cdot L^{-1}$ $Na_2S_2O_3$ 溶液，沉淀溶解，为什么？写出反应方程式。

② 制取少量 AgBr 沉淀，按上步试验，试验它们在 $NH_3 \cdot H_2O$ 和 $Na_2S_2O_3$ 溶液中的溶解情况。写出有关反应方程式。

(2) 铜的配合物

① 取数滴 $0.1\ mol \cdot L^{-1}\ CuSO_4$ 溶液，加入适当 $6\ mol \cdot L^{-1}\ NH_3 \cdot H_2O$，生成浅蓝色沉淀，加入过量 $6\ mol \cdot L^{-1}\ NH_3 \cdot H_2O$，沉淀溶解，得到深蓝色 $[Cu(NH_3)_4]SO_4$ 溶液。将溶液分成两支试管，在一支试管中加入数滴 $2\ mol \cdot L^{-1}\ NaOH$；另一支加入数滴 $0.1\ mol \cdot L^{-1}$ Na_2S 溶液，记录现象。写出离子反应方程式。

② 取 $1\ mL\ 0.5\ mol \cdot L^{-1}\ CuCl_2$ 溶液，加入固体 NaCl，振荡试管使之溶解，观察溶液颜色变化，加水稀释溶液颜色又有何变化。写出离子反应方程式。

(3) 汞的配合物

① 取数滴 $0.1\ mol \cdot L^{-1}\ HgCl_2$ 溶液，加入几滴 $0.1\ mol \cdot L^{-1}\ KI$ 溶液，观察沉淀颜色，继续加入过量 $0.5\ mol \cdot L^{-1}\ KI$ 溶液，沉淀溶解，为什么？写出离子反应方程式。

在所得的溶液中，加入数滴 $40\%\ NaOH$ 溶液，即得奈斯勒试剂。在点滴板上加 2 滴 $0.1\ mol \cdot L^{-1}\ NH_4Cl$ 溶液，再加入自制的奈斯勒试剂 2 滴，观察现象。写出离子方程式。

② 取数滴 $0.1\ mol \cdot L^{-1}\ Hg_2(NO_3)_2$ 溶液，加入几滴 $0.1\ mol \cdot L^{-1}\ KI$ 溶液，观察沉淀颜色。继续加入过量 $0.5\ mol \cdot L^{-1}\ KI$，记录现象。写出离子反应方程式。

3. 氧化性

(1) $Cu(II)$ 的氧化性和 $Cu(I)$ 与 $Cu(II)$ 的转化

① 取数滴 $0.1\ mol \cdot L^{-1}\ CuSO_4$ 溶液,滴加 $0.1\ mol \cdot L^{-1}\ KI$ 溶液,观察溶液颜色变化,再加入适量的 $0.1\ mol \cdot L^{-1}\ Na_2S_2O_3$ 溶液,除去反应生成的碘,分离和洗涤沉淀,且观察其颜色。往沉淀中滴加 $0.5\ mol \cdot L^{-1}\ KI$,观察其溶解情况。写出反应方程式。

② 取 $5\ mL\ 1.0\ mol \cdot L^{-1}\ CuCl_2$ 溶液,加少量铜屑和 $3\ mL$ 浓盐酸,加热至沸。待溶液呈棕黄色,用滴管取几滴溶液于少量去离子水中,至有白色沉淀时,将棕色溶液全部倾入盛有去离子水小烧杯中,观察白色沉淀的生成。静置,用倾析法洗涤白色沉淀两次,用滴管吸取沉淀,分别进行下列试验:

a. 将少量白色沉淀置于空气中;

b. 将沉淀加入浓 HCl 中;

c. 将沉淀加入浓 $NH_3 \cdot H_2O$ 中,观察与记录实验现象。写出对应的反应方程式。

③ 取少量 $0.1\ mol \cdot L^{-1}\ CuSO_4$ 溶液,加入过量 $6\ mol \cdot L^{-1}\ NaOH$ 溶液,使蓝色沉淀溶解,再往此溶液中加入少量葡萄糖溶液,振荡,微热,观察沉淀的颜色。写出反应方程式。

(2) $Ag(I)$ 的氧化性

在洁净的试管中加入 $2\ mL\ 0.1\ mol \cdot L^{-1}\ AgNO_3$,再加 1 滴 $0.2\ mol \cdot L^{-1}\ NaOH$。滴加 $2\ mol \cdot L^{-1}\ NH_3 \cdot H_2O$,使褐色沉淀溶解,再多加数滴 $NH_3 \cdot H_2O$,然后加入少量 10% 葡萄糖(或 2% 甲醛溶液)摇匀后于水浴中加热,观察管壁银镜的生成。写出反应方程式(管壁的银回收,银镜如何清洗)。

4. Cu^{2+}、Ag^+、Zn^{2+}、Cd^{2+}、Hg^{2+} 混合离子的分离和鉴定

(1) 合理控制试剂用量及选择试剂浓度完成混合离子的分离,分析方案如图 8.7 所示。

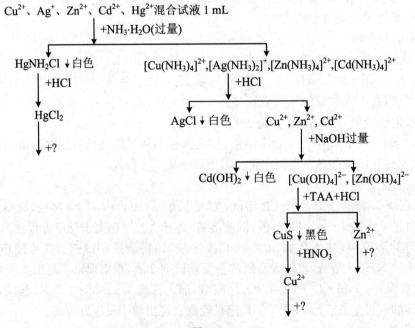

图 8.7

(2) 利用下列试剂：$SnCl_2$、$K_4[Fe(CN)_6]$、Na_2S、二苯硫腙、$HCl(2\ mol \cdot L^{-1})$、HNO_3 $(2\ mol \cdot L^{-1})$ 和 $NH_3 \cdot H_2O(6\ mol \cdot L^{-1})$ 等溶液，设计试管实验，分别鉴定 Cu^{2+}、Ag^+、Zn^{2+}、Cd^{2+} 和 Hg^{2+} 离子。将鉴定各离子所用试剂及过程填在(1)流程示意图中。

5. 设计实验

(1) 设计分离方案，并检出以下离子(以流程示意图表示之)。

① K^+、Cr^{3+}、Ag^+、Zn^{2+}；

② Pb^{2+}、Mn^{2+}、Fe^{3+}、Cu^{2+}；

③ Mg^{2+}、Pb^{2+}、Co^{2+}、Ag^+。

注意：第二组混合离子中若 Fe^{3+} 与 Cu^{2+} 分离不完全，检验 Cu^{2+} 时 Fe^{3+} 有否干扰？如何消除干扰？若加入过量 NaF 会产生什么现象？

(2) 选用一种试剂将 Fe^{3+}、Co^{2+}、Cu^{2+}、Zn^{2+} 和 Hg^{2+} 5 种离子加以区别。

(3) 用下列试剂：$AgNO_3$、$NaCl$、KBr、KI、$Na_2S_2O_3$ 和 $2\ mol \cdot L^{-1} NH_3 \cdot H_2O$ 等溶液，设计试管实验，比较 $AgCl$、$AgBr$、AgI 溶解度的大小和 $[Ag(NH_3)_2]^+$ 及 $[Ag(S_2O_3)_2]^{3-}$ 稳定性的大小。记录实验现象，写出反应方程式。

五、思考题

1. Cu^{2+}、Ag^+、Zn^{2+}、Cd^{2+}、Hg^{2+} 等离子与 $NaOH$ 反应，哪些氢氧化物呈两性？如何验证？Ag_2O、HgO 的酸碱性如何？为使实验现象明显，需选何种试剂(如选 HCl 还是选 HNO_3)？

2. 制备 $CuCl$ 时，除了 $CuCl_2$ 和 Cu 屑外，加浓 HCl 的目的是什么？能否用其他物质代替？

3. $CuCl(s)$ 溶于浓 $NH_3 \cdot H_2O$(或浓 HCl)后，生成的产物呈蓝色(或棕黄色)，为何物？此蓝色是 $[Cu(NH_3)_2]^+$ 配离子的颜色吗？

4. 在 $CuSO_4$ 溶液中加入 KI 即产生白色 CuI 沉淀，而加入 $NaCl$ 溶液为何不产生白色 $CuCl$ 沉淀？

5. 为何先将 $AgNO_3$ 制成 $[Ag(NH_3)_2]^+$ 配离子，然后用葡萄糖还原制取银镜。若用葡萄糖直接还原 $AgNO_3$ 溶液能否制得？为什么？

6. Cu^{2+}、Ag^+、Zn^{2+}、Cd^{2+}、Hg^{2+} 混合离子分离时，回答下列 3 种情况下的问题。

① 加入过量 $6\ mol \cdot L^{-1} NH_3 \cdot H_2O$ 是利用什么性质？将哪种离子分离出来？

② 加入 $2\ mol \cdot L^{-1} HCl$，是利用什么性质？将哪种离子分离出来？

③ 加入过量 $6\ mol \cdot L^{-1} NaOH$ 是利用什么性质？将哪种离子分离出来？

7. 实验习题

(1) 在下列转化中，将所需试剂(或条件)填入箭头上，将物质颜色填入括号中，并写出各步转化反应方程式。

$$CuI(\quad) \nwarrow \quad \nearrow [Cu_2(OH)_2]SO_4(\quad) \longrightarrow [Cu(NH_3)_4]^{2+}(\quad)$$

$$CuCl \longleftarrow Cu^{2+} \longrightarrow Cu_2(OH)_2 \longrightarrow (\quad) \longrightarrow CuO$$

$$CuS(\quad) \swarrow \quad \searrow [Cu(OH)_2]SO_4(\quad) \longrightarrow CuO$$

(2) Cu^{2+} 分别与过量 Cl^-、Br^-、I^- 反应,各生成何种产物?

(3) 某同学在用 $AgNO_3$ 溶液与 CrO_4^{2-}、Cl^-、OH^-、S^{2-}、$S_2O_3^{2-}$ 离子做实验时,观察到 5 个试管实验现象为:

① 有黑色沉淀生成(　　);

② 有砖红色沉淀生成(　　);

③ 先是白色沉淀,后转化为棕褐色沉淀(　　);

④ 有白色沉淀,此沉淀不溶于稀酸中(　　);

⑤ 先有白色沉淀生成,后很快转化为黄色——橙色——棕色——黑色沉淀。有时,先有白色沉淀,摇动试管后,白色沉淀很快消失(　　)。

根据以上现象,请确定试管内各是哪种离子? 将它们分别填入相应括号内。

(4) 某一无色硝酸盐溶液,加入氨水有白色沉淀;若加稀 $NaOH$ 溶液,则产生黄色沉淀,若逐滴加 KI 溶液,先析出橙红色沉淀,若继续滴加 KI 至过量,则橙红色沉淀溶解为无色溶液。写出无色硝酸盐的化学式及有关离子方程式。

(5) 在 $Cu(OH)_2$、$Cr(OH)_3$、$Cd(OH)_2$、$Zn(OH)_2$ 和 $Ni(OH)_2$ 的氢氧化物中,除一种之外,其余均可用同一种配合剂将它们溶解,这个化合物是(　　　　)。

实验十　硫酸亚铁铵的制备

一、实验目的

1. 了解复盐的制备方法。
2. 训练加热、过滤、蒸发、结晶等基本操作。
3. 了解检验产品中微量杂质的分析方法。

二、实验原理

硫酸亚铁铵$[(NH_4)_2SO_4 \cdot FeSO_4 \cdot 6H_2O]$,又称摩尔盐,是一种分子间化合物。它是透明、浅蓝绿色单斜晶体,它在空气中比一般亚铁盐稳定,不易被氧化。所谓分子间化合物是指由简单化合物分子按一定化学计量比结合而成的化合物。例如水合物($CuSO_4 \cdot 5H_2O$)、氨合物($CaCl_2 \cdot 8NH_3$)、复盐(光卤石 $KCl \cdot MgCl_2 \cdot 6H_2O$)、配位化合物($K_4[Fe(CN)_6]$)、有机分子加合物($CaCl_2 \cdot 4C_2H_5OH$)等,均为分子间化合物。

像所有的复盐那样,硫酸亚铁铵在水中的溶解度比组成它的每一个组分[$FeSO_4$ 或 $(NH_4)_2SO_4$]的溶解度都要小,因此浓缩 $FeSO_4$ 和 $(NH_4)_2SO_4$ 溶于水所制得的混合液,很容易得到结晶的摩尔盐。硫酸亚铁、硫酸铵和摩尔盐在水中的溶解度(g/100 g H_2O)列于表 8.8。

表 8.8　硫酸亚铁、硫酸铵和摩尔盐溶解度(g/100 gH_2O)

盐 ＼ 温度/K	273.16	283.16	293.16	303.16	313.16	323.16	333.16
$FeSO_4 \cdot 7H_2O$	15.65	20.51	26.5	32.9	40.2	48.6	
$(NH_3)_2SO_4$	70.6	73.0	75.4	78.0	81.0		88.0
$(NH_3)_2SO_4 \cdot FeSO_4 \cdot 6H_2O$		12.5			33.0	40	

分子间化合物的制备一般是由简单化合物在水溶液中相互作用,经蒸发浓缩→结晶→过滤等基本操作制得的。本实验是先将金属铁溶于稀硫酸制得硫酸亚铁溶液,往硫酸亚铁溶液中加入硫酸铵并使全部溶解,加热浓缩混合液,冷却过程中所析出的结晶便是硫酸亚铁铵复盐。

三、器材与试剂

1. 仪器与材料

台秤、锥形瓶或烧杯(50 或 100 mL)、电水浴锅、量筒(50 mL)、漏斗、蒸发皿、布氏漏斗、吸滤瓶、表面皿、剪刀、滤纸、锥形瓶(250 mL)。

2. 试剂

铁屑、3 mol·L^{-1} H_2SO_4、$(NH_4)_2SO_4$(s)、10% Na_2CO_3、浓 H_3PO_4、0.100 0 mol·L^{-1} $KMnO_4$、2 mol·L^{-1} HCl、1 mol·L^{-1} KSCN。

四、实验内容

1. 铁屑的净化(去油污)

在台秤上称取 2 g 铁屑,置于锥形瓶中,加入 15 mL 10% Na_2CO_3 溶液。缓慢加热约 10 min,用倾析法倾出碱液,用水洗净铁屑。

2. 硫酸亚铁的制备

往盛有铁屑的锥形瓶中加入 15 mL 3 mol·L^{-1} 硫酸,使铁屑与硫酸反应(反应缓慢时,用水浴加热,盖上表面皿,减少水分蒸发)至气泡很少为止,再加入 1 mL 3 mol·L^{-1} H_2SO_4,

保证溶液显酸性,在还有少量铁屑存在的情况下,Fe^{2+}离子不易被氧化。在反应过程中水分蒸发,可以适当加水补充,使体积与原来的相近。若水过多给后续蒸发增加时间,过少影响产量。趁热抽滤(若环境温度低,可将布氏漏斗倒扣在水浴锅的孔上加热,抽滤瓶放在热水中预热),滤液转移到蒸发皿中备用。将残渣取出,并收集一起,用滤纸片吸干后,称量,记为w_1(g)。w_2(g)为未反应铁屑的校正值,例如:$w_2 = 0.5 \sim 0.7\ g$,未反应铁屑的质量$=w_1$(称量的残渣)$+w_2$。若残渣很细小,无法收集,可根据残渣的多少,直接估算未反应的铁屑。根据多年经验,未反应铁屑一般在$0.5 \sim 1.2\ g$之间(因为铁屑中有不反应的杂质,反应生成的硫酸亚铁在转移过程中也有损失,都应该估算在未反应的残渣中),从而算出已反应的铁屑的质量和理论上溶液中$FeSO_4$的含量。

3. 摩尔盐的制备

根据$FeSO_4$的理论产量,大约按照$FeSO_4$与$(NH_4)_2SO_4$的质量比为$1 : 0.87$,称取$(NH_4)_2SO_4$固体,加到$FeSO_4$溶液中去,在水浴上加热搅拌使$(NH_4)_2SO_4$全部溶解。继续加热蒸发浓缩至表面上出现晶体膜为止。冷却后,抽滤(先把固液混合物在布氏漏斗上铺平,再开真空泵),弃去母液,摩尔盐晶体用滤纸吸干,称量。

4. 计算产率

根据理论产量和制备的摩尔盐产品质量,计算产率。

5. 产品检验

(1) 根据学过元素化合物知识,自己设计实验,定性鉴定产品中的NH_4^+、Fe^{2+}和SO_4^{2-}。

(2) $(NH_4)_2SO_4 \cdot FeSO_4 \cdot 6H_2O$质量分数的测定,称取$0.7 \sim 0.8\ g$(准确至$0.000\ 1\ g$)产品于$250\ mL$锥形瓶中,加$50\ mL$除氧的去离子水、$15\ mL\ 3\ mol \cdot L^{-1}\ H_2SO_4$、$2\ mL$浓$H_3PO_4$,使试样溶解。从滴定管中放出约$10\ mL\ KMnO_4$标准溶液加入锥形瓶中,加热$70 \sim 80\ ℃$,再继续用$KMnO_4$标准溶液滴定至溶液刚出现微红色($30\ s$内不消失)为终点。

根据$KMnO_4$标准溶液的用量(mL),按照下式计算产品中$(NH_4)_2SO_4 \cdot FeSO_4 \cdot 6H_2O$的质量分数

$$w = \frac{5c(KMnO_4)V(KMnO_4)M \times 10^{-3}}{m}$$

式中,w为产品中$(NH_4)_2SO_4 \cdot FeSO_4 \cdot 6H_2O$的质量分数;$M$为$(NH_4)_2SO_4 \cdot FeSO_4 \cdot 6H_2O$的摩尔质量,$m$为所取产品质量。

(3) Fe^{3+}的定量分析。用烧杯将去离子水煮沸$5\ min$,以除去溶解的氧,盖好,冷却后备用。称取$1.0\ g$产品,置于小烧杯中,加$5\ mL$备用的去离子水使之溶解,再加入$2\ mL\ 2\ mol \cdot L^{-1}\ HCl$溶液和$1\ mL\ 1\ mol \cdot L^{-1}\ KSCN$溶液,最后用除氧的去离子水定容到$25.00\ mL$,摇匀,以去离子水为参比液,在波长为$465\ nm$处用$721$型分光光度计上进行比色分析。用准确的$Fe^{3+}$浓度($Fe^{3+}$的含量$0.05\ mg/25.00\ mL$、$0.10\ mg/25.00\ mL$和$0.20\ mg/25.00\ mL$)绘出$A - w(Fe^{3+})$标准曲线,在标准曲线上查出$Fe^{3+}$的质量分数,确定产品等级。等级划分标准如下:

① 含$Fe^{3+}\ 0.05\ mg/1.0\ g(NH_4)_2SO_4 \cdot FeSO_4 \cdot 6H_2O$(符合Ⅰ级试剂);

② 含 Fe^{3+} 0.10 mg(符合Ⅱ级试剂);

③ 含 Fe^{3+} 0.20 mg(符合Ⅲ级试剂)。

五、思考题

1. 简述摩尔盐的制备原理及过程。
2. 复盐与配合物有何区别吗?
3. 在产品的检验中为什么要加入 HCl?

实验十一 一种钴(Ⅲ)配合物的制备

一、实验目的

1. 掌握制备金属配合物最常用的方法——水溶液中的取代反应和氧化还原反应。
2. 了解配合物制备的基本原理和方法,学习对配合物组成进行初步推断的方法。
3. 学习使用电导率仪。

二、实验原理

在水溶液中发生取代反应得到金属配合物的反应,实际上是水溶液中的一种金属盐和一种配体之间的反应,也就是用适当的配体来取代水合配合物中的水分子。这里的氧化还原反应,是将不同氧化态的金属化合物,在配体存在下使其适当地氧化或还原以制得该金属配合物。

Co(Ⅱ)的配合物能很快地进行取代反应(是活性的),而 Co(Ⅲ)配合物的取代反应则很慢(是惰性的)。Co(Ⅲ)的配合物制备过程一般是通过 Co(Ⅱ)(实际上是它的水合配合物)和配体之间的一种快速反应生成 Co(Ⅱ)的配合物,然后把它氧化成相应的 Co(Ⅲ)配合物(配位数均为6)。

常见的 Co(Ⅲ)配合物有:$[Co(NH_3)_6]^{3+}$(黄色)、$[Co(NH_3)_5(H_2O)]^{3+}$(粉红色)、$[Co(NH_3)_5Cl]^{2+}$(紫红色)、$[Co(NH_3)_4CO_3]^+$(紫红色)、$[Co(NH_3)_3(NO_2)_3]$(黄色)、$[Co(CN)_6]^{3-}$(紫色)、$[Co(NO_2)_6]^{3-}$(黄色)等。

用化学分析方法确定某配合物的组成,通常先确定配合物的外界,然后将配离子破坏再来看其内界。配离子的稳定性受很多因素影响,通常可用加热或改变溶液酸碱性来破坏它。本实验是初步推断,一般用定性、半定量甚至估量的分析方法。推定配合物的化学式后,可用电导率仪来测定一定浓度配合物溶液的导电性,与已知电解质溶液进行对比,可确定该配合物化学式中含有几个离子,进一步确定化学式。

游离的 Co(Ⅱ)离子在酸性溶液中可与硫氰化钾作用生成蓝色配合物$[Co(SCN)_4]^{2-}$。因其在水中离解度大故常加入硫氰化钾浓溶液或固体,并加入戊醇和乙醚以提高稳定性。由此可用来鉴定 Co(Ⅱ)离子的存在。其反应为

$$Co^{2+} + 4SCN^- === [Co(SCN)_4]^{2-}(蓝色)$$

游离的 NH_4^+ 可由奈氏试剂来鉴定,其反应为

$$NH_4^+ + 2HgI_4^{2-}(奈氏试剂) + 2OH^- === [OHg_2NH_2]I↓(红褐色) + 7I^- + 3H_2O$$

三、器材与试剂

1. 仪器与材料

台秤、烧杯(100 mL,200 mL)、锥形瓶(150 mL)、量筒(10 mL,50 mL)、研钵、抽滤瓶、布氏漏斗、真空泵、电导率仪。

2. 试剂

$NH_4Cl(s)$、$CoCl_2(s)$、$KSCN(s)$、$NH_3 \cdot H_2O$(浓)、HNO_3(浓)、HCl(6 mol · L^{-1},浓)、H_2O_2(30%)、$AgNO_3$(2 mol · L^{-1})、$SnCl_2$(0.5 mol · L^{-1},新配)、奈氏试剂、乙醚、戊醇。

四、实验步骤

1. 制备 Co(Ⅲ)配合物

在锥形瓶中将 1.0 g 氯化铵溶于 6 mL 浓氨水中,待完全溶解后手持锥形瓶颈不断振摇,使溶液均匀。分数次加入 2.0 g 氯化钴粉末,边加边摇动,加完后继续摇动,使溶液成棕色稀浆。再往其中滴加过氧化氢(30%)2~3 mL,边加边摇动,加完后继续摇动。当溶液中停止起泡时,慢慢加入 6 mL 浓盐酸,边加边摇动边,在酒精灯上微热 10~15 min(温度不要超过 85 ℃)。然后在室温下冷却混合物并摇动,待完全冷却后抽滤出沉淀。用 5 mL 冷水分数次洗涤沉淀,接着用 5 mL 冷的 6 mol · L^{-1} 盐酸洗涤,产物在 105 ℃ 左右烘干并称量。

2. 组成的初步推断

(1) 用小烧杯取 0.5 g 所制得的产物,加入 50 mL 蒸馏水,混匀后用 pH 试纸检验其酸碱性。

(2) 用烧杯取 15 mL 上述(1)中所得混合液,慢慢滴加 2 mol · L^{-1} 硝酸银溶液并搅动,直至加一滴硝酸银溶液后上部清液没有沉淀生成。然后过滤,往滤液中加 1~2 滴浓硝酸并搅动,再往溶液中滴加硝酸银溶液,看有无沉淀,若有比较一下与前面沉淀量的多少。

(3) 用试管取 2~3 mL(1)中所得的混合液,加几滴氯化亚锡(0.5 mol · L^{-1})溶液(为什么?),振荡后加入一粒(绿豆粒大小)的硫氰化钾固体,振摇后再加入 1 mL 戊醇、1 mL 乙醚,振荡后观察上层溶液中的颜色(解释现象)。

(4) 用试管取 2 mL(1)中所得的混合液,再加入少量蒸馏水,得清亮溶液后,加 2 滴奈氏试剂并观察变化。

（5）将（1）中剩下的混合液加热,看溶液变化,直至完全变成棕黑色后停止加热。冷却后用 pH 试纸检验溶液的酸碱性,然后过滤（必要时用双层滤纸）。取所得清亮液,再分别作一次（3）、（4）实验。观察现象与原来的有什么不同。

通过这些实验你能推断出其配合物的组成吗? 能写出其化学式吗?

（6）由上述自己初步推断的化学式来配制该配合物 $0.01\ mol \cdot L^{-1}$ 浓度的溶液 $100\ mL$,用电导率仪测量其电导率,然后稀释 10 倍后再测其电导率并与表 8.9 对比,来确定其化学式中所含离子数。

对于溶解度很小或与水反应的离子化合物用电导率仪测定电导率时,可改用有机溶剂（例如用硝基苯或乙腈来测定）,能获得同样的结果。

表 8.9　部分电解质的类型与电导率的关系

电解质	类型（离子数）	电导率/S*	
		$0.01/mol \cdot L^{-1}$	$0.001/mol \cdot L^{-1}$
KCl	1-2 型（2）	1 230	133
BaCl$_2$	1-2 型（3）	2 150	250
K$_3$[Fe(CN)$_6$]	1-3 型（4）	3 400	420

* 电导率的 SI 制单位为西门子,符号为 S,$1\ S=1\ \Omega^{-1}$。

（7）在分析天平上准确称取 $0.50\sim0.55\ g$ 所制备的 Co(Ⅲ)配合物样品于 250 mL 烧杯中,加 20 mL 20% NaOH 溶液,置于电炉加热至无氨气放出（如何检验）。冷却至室温后将全部黑色物质转入碘量瓶中,加 $0.7\ g$ KI 固体,立即盖上碘量瓶瓶盖。充分摇荡后,加入 15 mL 浓盐酸,至黑色沉淀全部溶解,溶液呈紫色为止。立即用 $0.100\ 0\ mol \cdot L^{-1}$ Na$_2$S$_2$O$_3$ 标准溶液滴至浅黄色时,再加入 2 mL 0.5% 淀粉溶液,继续滴至溶液为粉红色即为终点。反应方程式为

$$Co_2O_3 + 3I^- + 6H^+ \xrightarrow{\hspace{1cm}} 2Co^{2+} + I_3^- + 3H_2O$$

$$2S_2O_3^{2-} + I_3^- \xrightarrow{\hspace{1cm}} S_4O_6^{2-} + 3I^-$$

按式

$$w(Co) = \frac{c(Na_2S_2O_3) \times V(Na_2S_2O_3) \times 58.93}{1\ 000 \times 样品质量}$$

计算钴的百分含量,并与理论值比较。

五、思考题

1. 将氯化钴加入氯化铵与浓氨水的混合液中,可发生什么反应? 生成何种配合物?

2. 上述实验中加过氧化氢起何作用? 如不用过氧化氢还可用哪些物质? 用这此物质有什么不好? 上述实验中加浓盐酸的作用是什么?

3. 要使本实验制备的产品产率提高,你认为哪些步骤是比较关键的? 为什么?

4. 试总结制备 Co(Ⅲ) 配合物的化学原理及制备的几个步骤。

5. 有五种不同的配合物，分析其组成后确定有共同的实验式：$K_2CoCl_2I_2(NH_3)_2$。电导测定得知在水溶液中五种化合物的电导率数值均与硫酸钠相近。请写出五种不同配离子的结构式，并说明不同配离子间有何不同。

实验十二 醋酸铬(Ⅱ)水合物的制备

一、实验目的

1. 学习在无氧条件下制备易被氧化的不稳定化合物的原理和方法。
2. 巩固沉淀的洗涤、过滤等基本操作。

二、实验原理

通常二价铬的化合物非常不稳定，它们能迅速被空气中的氧气氧化为三价铬的化合物。只有铬(Ⅱ)的卤素化合物、磷酸盐、碳酸盐和醋酸盐可在干燥状态下存在。

醋酸铬(Ⅱ)是淡红棕色结晶性物质，不溶于水，但易溶于盐酸。这种溶液亦与其他所有亚铬酸盐相似，能吸收空气中的氧气。

含有三价铬的化合物通常是绿色或紫色，且都溶于水。紫色氯化铬不溶于酸，但迅速溶于含有微量二氯化铬的水中。

醋酸铬(Ⅲ)为灰色粉末状或蓝绿色的糊状晶体，溶于水，不溶于醇。

制备容易被氧气氧化的化合物不能在大气气氛下进行，常用惰性气体作为保护性气氛，如 N_2、Ar 气氛等。有时也在还原性气氛下合成。

本实验在封闭体系中利用金属锌作还原剂，将三价铬还原为二价，再与醋酸钠溶液作用制得醋酸铬(Ⅱ)。反应体系中产生的氢气除了增大体系压强使 Cr(Ⅱ) 进入 NaAc 溶液中，同时，氢气还起到隔绝空气使体系保持还原性气氛的作用。相应的反应方程式为

$$2Cr^{3+} + Zn \Longrightarrow 2Cr^{2+} + Zn^{2+}$$

$$2Cr^{2+} + 4Ac^- + 2H_2O \Longrightarrow [CrAc_2]_2 \cdot 2H_2O$$

三、器材与试剂

1. 仪器与材料

抽滤瓶、双孔胶塞、滴液漏斗、锥形瓶(150 mL)、烧杯(100 mL)、布氏漏斗(或砂滤漏斗)、台秤、量筒、玻棒、螺旋夹。

2. 试剂

浓盐酸、乙醇(AR)、乙醚(AR)、去氧水(已煮沸过的蒸馏水)、六水合三氯化铬(s)、锌粒(s)、无水醋酸钠(s)。

四、实验步骤

按图8.3装置图将仪器装配好。

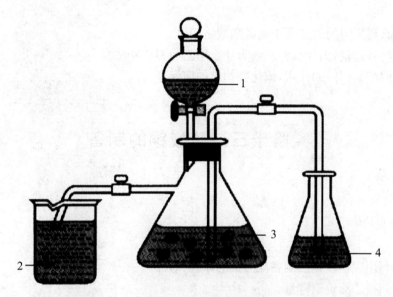

1—滴液漏斗内装浓盐酸; 2—水封; 3—抽滤瓶内装锌粒、三氯化铬和去氧水;
4—锥形瓶内装醋酸钠水溶液

图8.3　制备醋酸铬(Ⅱ)装置图

称取5g无水醋酸钠于锥形瓶中,用12 mL去氧水配成溶液。在抽滤瓶中放入8g锌粒和5g三氯化铬晶体,加6 mL去氧水,摇动抽滤瓶,得到深绿色混合物。夹住右边的橡皮管,从滴液漏斗中往抽滤瓶中缓慢加入浓盐酸10 mL,且不断摇动抽滤瓶,溶液颜色渐变为蓝绿,最后到亮绿。氢气仍较快产生时,松开右边橡皮管,夹住左边橡皮管,二氯化铬溶液被迫进入醋酸钠溶液中,渐形成砖红色沉淀,即为醋酸亚铬。抽滤(双层滤纸),15 mL去氧水洗涤数次,再用少量乙醇、乙醚各洗涤3次。将产物薄薄地铺在表面皿上,室温下使其干燥,称重。计算产率。

五、注意事项

1. 锌应过量,浓盐酸适量。
2. 加酸的速率不宜太快,反应时间要足够长(约1 h)。

3. 产品必须洗涤干净。

4. 产品在惰性气氛中密封保存。严格地密封保存的醋酸铬(Ⅱ)样品始终保持砖红色。然而,若空气进入样品,它就逐渐变成灰色,这是被氧化物质的特征颜色。纯的醋酸铬(Ⅱ)是反磁性的,因为在二聚分子中铬原子间有着电子-电子相互作用,所以产品如有一点顺磁性则表明产品不纯。

六、思考题

1. 为什么要用封闭的装置来制备醋酸铬(Ⅱ)?

2. 反应物锌过量,为什么?产物为什么用乙醇和乙醚洗涤?

3. 根据醋酸铬(Ⅱ)的性质,该化合物应如何保存?

实验十三   硫酸铜的制备

一、实验目的

1. 熟悉利用废铜氧化法制备硫酸铜的原理和方法。

2. 学会间接法测定铜含量。

3. 巩固练习无机物制备中的加热、过滤、重结晶等基本操作。

二、实验原理

1. 制备与提纯

$CuSO_4 \cdot 5H_2O$ 易溶于水,难溶于乙醇,在干燥空气中会风化,加热到 230 ℃时会失去全部结晶水成为白色无水硫酸铜。它是重要的工业原料,也常用作印染工业的媒染剂、杀虫剂、水的杀菌剂、防腐剂等。

制备 $CuSO_4 \cdot 5H_2O$ 的方法有多种,主要有废铜粉焙烧氧化法和废铜的 HNO_3-H_2SO_4 氧化法。反应方程式为

$$Cu + 2HNO_3 + H_2SO_4 = CuSO_4 + 2NO_2 \uparrow + 2H_2O$$

$$CuO + 2H^+ = Cu^{2+} + H_2O$$

反应后溶液中不溶的杂质可用过滤的方法除去,可溶性杂质主要为 Fe^{2+}、Fe^{3+} 和少量的 $Cu(NO_3)_2$(如果实验室用废弃的铜电线作原料,基本无 Fe^{2+} 和 Fe^{3+} 杂质,因为原料是电解铜),除去的方法为:先用氧化剂(如 H_2O_2 等)将 Fe^{2+} 氧化为 Fe^{3+},再调节 pH 至 3 左右,

470

将铁以 $Fe(OH)_3$ 沉淀形式除去。离子反应方程为

$$2Fe^{2+} + 2H^+ + H_2O_2 \Longrightarrow 2Fe^{3+} + 2H_2O$$

$$Fe^{3+} + 3H_2O \Longrightarrow Fe(OH)_3 \downarrow + 3H^+$$

所得硫酸铜溶液通过蒸发、浓缩、冷却后过滤,硫酸铜与硝酸铜以及少量的其他可溶性盐分离,得到较为纯净的蓝色 $CuSO_4 \cdot 5H_2O$ 晶体。

在 $0 \sim 100\ ℃$ 的范围内硝酸铜的溶解度大于硫酸铜。表 8.10 为五水硫酸铜和硝酸铜在不同温度下的溶解度。图 8.8 为它们的溶解度-温度曲线。

表 8.10　硫酸铜和硝酸铜的溶解度($g/100\ g\ H_2O$)

温度/℃	0	20	40	60	80	100
五水硫酸铜	23.1	32.0	44.6	61.8	83.8	114.0
硝酸铜	83.5	125.0	163.0	182.0	208.0	247.0

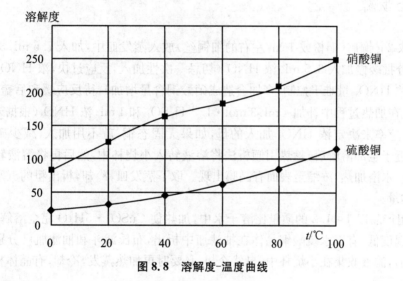

图 8.8　溶解度-温度曲线

2. 组成分析

硫酸铜晶体中结晶水数目可用热重分析加以确定。铜含量可用间接碘量法来测定,其原理为:在弱酸介质中,通常用 NH_4HF_2 控制溶液 pH 为 $3.5 \sim 4.0$(或加入 H_3PO_4 和 NaF)。HF_2^- 对测定铜矿和铜合金特别有利,因铜矿中含有的 Fe、As、Sb 及铜合金中的铁对铜的测定有干扰,而 F^- 可以掩蔽 Fe^{3+},且 $pH > 3.5$ 时,五价的 As、Sb 不能氧化 I^-,反应为

$$2Cu^{2+} + 4I^- \Longrightarrow 2CuI \downarrow + I_2$$

反应生成的 I_2 用淀粉作指示剂,用标准的 $Na_2S_2O_3$ 溶液滴定,反应为

$$I_2 + 2S_2O_3{}^{2-} \Longrightarrow 2I^- + S_4O_6{}^{2-}$$

CuI 沉淀表面易吸附 I_2 使终点变色不够敏锐且产生误差,使测定结果偏低。通常采取终点前加入 KSCN,使 CuI 沉淀转化为溶度积更小的 CuSCN 沉淀,反应为

$$CuI + SCN^- \rightleftharpoons CuSCN + I^-$$

CuSCN 更容易吸收 SCN^-，从而释放出 I_2 使滴定趋于完全。

三、器材与试剂

1. 仪器与材料

滴定管（25 mL）、碘量瓶（250 mL）、吸滤装置、烧杯（50 或 100 mL）、容量瓶（100 mL）、吸量管（10 mL）、水浴锅、表面皿、台秤、分析天平、滤纸、称量纸。

2. 试剂

废铜屑（铜粉）、3 mol·L^{-1} H_2SO_4、浓 HNO_3、浓 H_3PO_4、1 mol·L^{-1} KI、5 g·L^{-1} 淀粉溶液、100 g·L^{-1} KSCN、0.5 mol·L^{-1} NaF、标准 $Na_2S_2O_3$ 溶液（约 0.100 0 mol·L^{-1}）。

四、实验步骤

1. 称取 2 g 铜屑（铜粉或 1 cm 左右的细铜丝）放入蒸发皿中，加入 7.5 mL 3 mol·L^{-1} H_2SO_4，再分批缓慢加入 3.5 mL 浓 HNO_3（切忌一次性加入，反应过快，浓 HNO_3 部分挥发和分解，使浓 HNO_3 量难于控制，多加会造成硝酸铜含量增加），待反应缓和后盖上表面皿，水浴加热。在加热过程中补加 4 mL 3 mol·L^{-1} H_2SO_4 和 1 mL 浓 HNO_3（根据未反应铜的多少和反应速率来决定浓 HNO_3 加入的量，如果无固态铜，就不用加入，减少硝酸铜的含量）。待铜近于全部溶解后，趁热用倾析法将溶液转入小烧杯中，然后再将溶液转回已洗净的蒸发皿中，水浴加热，浓缩至表面有晶膜出现。取下蒸发皿，冷却，析出粗的五水硫酸铜晶体，抽干，称量。

2. 将粗产品以 1∶1.2 的质量比溶于水中，加热使 $CuSO_4$·$5H_2O$ 完全溶解，趁热抽滤（如果环境温度低，有五水硫酸铜晶体在抽滤瓶中析出，布氏漏斗和抽滤瓶可分别用水蒸气和热水预热），滤液收集在小烧杯中，自然冷却，必要时再加热蒸发，冷却，有晶体析出。抽干称重。

3. 取上述晶体 2.4~2.5 g，溶于水后，加入 8 mL 浓 H_3PO_4，在 100 mL 容量瓶中定容，摇匀。再用吸量管取 20.00 mL 上述溶液于 250 mL 碘量瓶中，加入 4 mL 0.5 mol·L^{-1} NaF，振荡后加入 7 mL 1 mol·L^{-1} KI 溶液，塞好瓶塞，置暗处 10 min 后，加 25 mL 去离子水，用标准 $Na_2S_2O_3$ 溶液滴定至呈黄色，加入 8 mL 100 g·L^{-1} KSCN 溶液，加入 2 mL 5 g·L^{-1} 淀粉溶液，继续滴定至蓝色消失为终点，平行测定三次，计算产品中 $CuSO_4$·$5H_2O$ 的百分含量。

五、思考题

1. 浓 HNO_3 在制备 $CuSO_4$ 过程中的作用是什么？为什么要缓慢加入且用量要尽可能少？

2. 第一次加完酸后,为什么要等反应平稳后才水浴加热,而且要在蒸发皿上盖表面皿?

3. 说明硫酸铜重结晶中趁热过滤的操作要领,如何达到?

4. 为什么不用浓硫酸与铜反应制备五水硫酸铜?

5. 如果有 Fe^{2+} 离子,第 1 步反应完后,还应该怎么办?

实验十四　碱式氯化铝的制备

一、实验目的

1. 了解一种制备碱式盐的方法。

2. 了解无机聚合物的絮凝作用及可溶性铝盐的水解性质。

二、基本原理

在工农业生产和日常生活的许多场合,人们经常使用金属的碱式盐。本实验所制备的碱式氯化铝,是水处理方面的一种常用物品。与其具有同样功效并且常被使用的碱式盐还有碱式硫酸铁、碱式氯化铁等。

碱式氯化铝也被称为"聚合氯化铝"或"盐基氯化铝",可看成是三氯化铝水解生成氢氧化铝的中间产物(所有碱式盐皆可作此认定)。更主要的是该物质在水中具有相当大的溶解度,这就为其应用提供了相当方便的条件。若令盐酸与金属铝、氢氧化铝或活性的 γ-Al_2O_3 作用,只要酸度足够,获得的将是三氯化铝的溶液(在浓度足够大时,可结晶析出六水三氯化铝晶体)。但本实验要求得到的是部分水解,其通式为 $Al_m(OH)_nCl_{3n-m}$,这就需要对上法获得的 $AlCl_3$ 溶液实施部分水解。本实验利用氢氧化铝与足量的盐酸作用制取碱式氯化铝。为使反应速率加快,需要增大盐酸的浓度,但即便如此,按反应计量关系所加的氢氧化铝最后也不能溶完。反应结束后体系的 pH 值仍较低,一般为 $1 \sim 2$,盐酸与氢氧化铝在此酸度下的反应,实际上已进行到可视为停止的状态。但在此酸度下,Al^{3+} 并未发生水解,所以还要设法控制条件,使 Al^{3+} 在降低酸度的同时,发生部分水解获得目标产物。使体系酸度降低的方法有多种,如加碱(NH_3、$NaHCO_3$ 等)中和、以水稀释等,但都不如用既含铝又与酸反应的物质去中和降酸的方法优越。因为这样做,不仅可保证产物的 Al(以 Al_2O_3 计)含量足够而且不使杂质增多。这里使用活性较高的细粒铝粉来调整酸度。在前述 $Al(OH)_3$ 溶出完成时,尽管残余酸已较难与 $Al(OH)_3$ 作用,但可与表面积很大的金属铝作用,使残余酸被消耗,溶液的 pH 值升高,从而使 Al^{3+} 发生部分水解,达到制备碱式氯化铝的目的。

需要注意的是:通式为 $Al_m(OH)_nCl_{3n-m}$ 的聚合氯化铝绝非单一分子组成的化合物,而是同一类有不同形态的化合物的混合物。例如,已发现的物质有:$Al_2(OH)_5Cl$、$Al_6(OH)_{14}Cl_4$、

$Al_{13}(OH)_{34}Cl_5$等,它们在水溶液中电离成为带电荷的无机高分子离子。电离方程式为

$$Al_2(OH)_5Cl \longrightarrow Al_2(OH)_5^+ + Cl^-$$

$$Al_{13}(OH)_{34}Cl_5 \longrightarrow Al_{13}(OH)_{34}^{5+} + 5Cl^-$$

本实验要制备的是 Al_2O_3 质量分数为 10% 左右、密度为 $1.2\ g \cdot cm^{-3}$ 左右的液体碱式氯化铝。将液体碱式氯化铝浓缩干燥,可得固体产品。固体产品具有成分高、便于储运的特点。商品化的碱式氯化铝主要用于给水和污水处理。各种水体中不同程度地分散有悬浊物。对于水体中的粗分散系,如沙粒、油珠等可借重力作用使其与水分离;而呈溶胶和乳液状态的胶体分散系,因具有动力学稳定性,仅借重力难以实现水的澄清,故必须采用混凝处理的方法将水体中悬浊物除去,以达到净化水、消除污染的目的。溶胶和浑浊液具有一定的动力学稳定性,如在这些体系中加入适量的与分散质微粒带有相反电荷的药剂(电解质大分子或具有多个极性基团的中性有机高分子),则微粒因电中和或吸附(发生在微粒与有机高分子的极性基团之间)架桥使它们相互接近而凝聚成大颗粒或大液滴,体系成为粗分散系,这样就实现了水与杂质的分离,使水澄清。这个过程,包括药剂(电解质或有机高分子)与水的"混合"和胶体微粒子的"凝聚",统称为"混凝"。具有混凝作用的药剂称之为混凝剂或絮凝剂。碱式氯化铝这种无机大分子电解质即是一种优良的絮凝剂,它对水体中胶体分散系的絮凝作用基于以下三个方面:① 低聚合度高正电荷的多羟基配离子(如$[Al_6(OH)_{14}]^{4+}$等)与胶体发生电中和作用;② 高聚合度低电荷的高分子化合物对胶体粒子的吸附架桥敏化作用;③ 新生态的活性絮凝体氢氧化铝对水中杂质的吸附作用。由于这些作用的共同功效,可以在药剂量较小的情况下实现对原水或污水的处理。

三、器材与试剂

1. 仪器与材料

分析天平、抽滤瓶、布氏漏斗、pH 试纸(或精密 pH 试纸,变色范围在 3~5)。

2. 试剂

HCl(浓)、H_2SO_4($3\ mol \cdot L^{-1}$)、$BaCl_2$($0.1\ mol \cdot L^{-1}$)、$Al_2(SO_4)_3$(质量分数为 10%)、$NH_3 \cdot H_2O$(体积比 1∶1)、NaOH($1.0\ mol \cdot L^{-1}$)、聚丙烯酰胺(质量分数为 0.15%)、碳素墨水、铝粉(100 目)、烘干研细的黏土、1%的肥皂水、淘米水。

四、实验步骤

1. 按自拟的方法制备方案

用给定的试剂为原料(铝盐与氨水反应),制备至少含 4.0 g 氢氧化铝的样品。洗涤干净至检验不出 SO_4^{2-},尽量抽干多余的水分。若过滤困难,可加入少量聚丙烯胺溶液以絮凝。

2. 液体碱式氯化铝的制备

转移氢氧化铝滤饼于 150 mL 锥形瓶中,加入 15 mL 浓盐酸,将锥形瓶置于沸水中加热

（反应在通风橱中进行），并不断振荡锥形瓶，至反应不再进行。用 pH 试纸检验溶液酸度，分次加入 1 g 铝粉，直至 pH 为 3～4.5（若掌握不好，也可用少量的碱调 pH 值），结束反应。冷却，过滤弃去滤渣，滤液为碱式氯化铝溶液（如果在 50～60 ℃条件下保温 24～48 h，产品就更优质了）。

3. 碱式氯化铝对水的混凝试验

移取聚合氯化铝溶液 2 mL，稀释 10 倍备用。该稀释液折合三氧化二铝的质量分数约为 1%，而质量分数为 10% 的硫酸铝溶液折合为三氧化二铝的质量分数约为 1.5%。

（1）对模拟地面水的混凝

取 2 g 烘干研细的黏土，在烧杯中加少量水调为糊状，加 100 mL 水，混合均匀。用滴管吸取碱式氯化铝稀释液，在缓缓搅拌下滴入模拟水中，每滴 1 滴，搅匀后静置 0.5～1 min，记下使模拟污水变得透明澄清所需要溶液的滴数，并观察量筒底部絮体的形状以及水样中 pH 值变化情况。

用硫酸铝溶液重复上述实验。从用量、絮体形状、沉降速率及水体 pH 值变化方面与上述试验对比。

（2）对含色素污水的混凝

在盛有 100 mL 水的烧杯中，加入 0.5 mL 碳素墨水，混合均匀后，在缓慢搅拌下滴加碱式氯化铝稀释液，每滴 1 滴，搅拌后静置 0.5～1 min。观察水样变化情况，直到水样变为无色透明为止，记下所需药剂的体积。用质量分数为 10% 的硫酸铝重复上述实验，并作比较。

（3）对生活污水的混凝

取等体积的质量分数为 1% 的肥皂水和淘米水共 100 mL，做与本实验 3-（2）相同的实验。

由上述实验得出结论，并保存所制得产品以留待后续实验之用。

五、思考题

1. 本实验所采取的聚合氯化铝制备方法不是唯一的，从经济角度来看也是不合理的，请你根据所掌握的知识，拟出更好的制备方法和方案，并写出相应步骤。

2. 从混凝试验结果出发，探讨硫酸铝在混凝方面的效果不如碱式氯化铝的内在原因。你能找出使硫酸铝改性，亦使其混凝效果增加的方法吗？

实验十五　三草酸合铁(Ⅲ)酸钾的制备

一、实验目的

1. 熟悉配合物的制备方法。

2. 熟练过滤、蒸发、结晶和洗涤等基本操作。

二、实验原理

三草酸合铁（Ⅲ）酸钾（$K_3[Fe(C_2O_4)_3]$）是一种翠绿色的单斜晶体，溶于水而不溶于乙醇。实验室制备三草酸合铁（Ⅲ）酸钾常用的方法是：首先用硫酸亚铁铵与草酸反应制备草酸亚铁，反应方程式为

$$(NH_4)_2Fe(SO_4)_2 \cdot 6H_2O + H_2C_2O_4 = FeC_2O_4 \cdot 2H_2O\downarrow + (NH_4)_2SO_4 + H_2SO_4 + 4H_2O$$

草酸亚铁在草酸钾和草酸的存在下，被过氧化氢氧化为草酸铁配合物，反应方程式为

$$6FeC_2O_4 \cdot 2H_2O + 3H_2O_2 + 6K_2C_2O_4 = 4K_3[Fe(C_2O_4)_3] \cdot 3H_2O + 2Fe(OH)_3$$

加入适量草酸可使 $Fe(OH)_3$ 转化为三草酸合铁（Ⅲ）酸钾，反应方程式为

$$2Fe(OH)_3 + 3H_2C_2O_4 + 3K_2C_2O_4 = 2K_3[Fe(C_2O_4)_3] \cdot 3H_2O + 3H_2O$$

三草酸合铁（Ⅲ）酸钾受光照易分解，室温光照变黄色，反应方程式为

$$2[Fe(C_2O_4)_3]^{3-} \xrightarrow{h\nu} 2FeC_2O_4 + 3C_2O_4^{2-} + 2CO_2$$

它在日光直射或强光下分解生成的草酸亚铁遇六氰合铁（Ⅲ）酸钾生成腾氏蓝，反应方程式为

$$3FeC_2O_4 + 2K_3[Fe(CN)_6] = Fe_3[Fe(CN)_6]_2 + 3K_2C_2O_4$$

因此，在实验室中可制作感光纸，进行感光实验。另外由于它的光化学活性，能定量进行光化学反应，常用作光化学光量计。

K^+ 与 $Na_3[Co(NO_2)_6]$ 在中性或稀酸介质中，生成亮黄色的 $K_2Na[Co(NO_2)_6](s)$ 沉淀，反应方程式为

$$2K^+ + Na^+ + [Co(NO_2)_6]^{3-} = K_2Na[Co(NO_2)_6](s)$$

Fe^{3+} 与 KSCN 生成血红色 $Fe(SCN)_n^{3-n}$，$C_2O_4^{2-}$ 与 Ca^{2+} 生成白色沉淀 CaC_2O_4，可以判断 Fe^{3+}、$C_2O_4^{2-}$ 在配合物的内层还是外层。

$[Fe(C_2O_4)_3]^{3-}$ 配离子较稳定，$K_{稳}^{\ominus} = 1.58 \times 10^{20}$。

三、器材和试剂

1. 仪器与材料

托盘天平、分析天平、烧杯（100 mL，200 mL）、量筒（10 mL，100 mL）、布氏漏斗、抽滤瓶、表面皿、称量瓶、干燥器、烘箱、锥形瓶（250 mL）。

2. 试剂

$(NH_4)_2Fe(SO_4)_2 \cdot 6H_2O(s)$、$3\ mol \cdot L^{-1}\ H_2SO_4$、饱和 $K_2C_2O_4$、$3\%\ H_2O_2$、乙醇、3.5% $K_3[Fe(CN)_6]$、$K_3[Fe(CN)_6](s)$、$K_3[Fe(C_2O_4)_3] \cdot 3H_2O(s)$、$0.1\ mol \cdot L^{-1}\ KSCN$、$0.1\ mol \cdot L^{-1}\ FeCl_3$、$0.5\ mol \cdot L^{-1}\ CaCl_2$、$0.1\ mol \cdot L^{-1}\ Na_3[Co(NO_2)_6]$。

四、实验步骤

1. 草酸亚铁的制备

在 200 mL 烧杯中加入 6 g $(NH_4)_2Fe(SO_4)_2 \cdot 6H_2O$ 固体,加入 20 mL 去离子水和 1 mL 3 mol $\cdot$ $L^{-1}H_2SO_4$,加热溶解后,另称取 3.0 g $H_2C_2O_4 \cdot 2H_2O$ 放到 100 mL 烧杯中,加 30 mL 去离子水微热,溶解后取出 22 mL(留 8 mL 给下一步用)倒入上述 200 mL 烧杯中,加热搅拌至沸,并维持微沸 5 min。静置,得到黄色 $FeC_2O_4 \cdot 2H_2O$ 沉淀。用倾析法弃去上层清液,每次用热去离子水约 10 mL 洗涤沉淀 3 次,以除去可溶性杂质。

2. 三草酸合铁(Ⅲ)酸钾的制备

在上述洗涤过的沉淀中,加入 15 mL 饱和 $K_2C_2O_4$ 溶液,水浴加热至 40 ℃,慢慢加入 24 mL 3‰H_2O_2,维持温度在 40 ℃左右(此时有何现象? 温度高,H_2O_2 分解,亚铁盐不能被完全氧化),边加边搅拌,然后将溶液加热至沸以除去过量的 H_2O_2,并分数次慢慢加入 $H_2C_2O_4$ 溶液(第 1 步留下的 8mL),边加边搅拌。加入 $H_2C_2O_4$ 溶液的量可根据情况,调整到直至加入的 $H_2C_2O_4$ 溶液刚好使沉淀溶解至呈现翠绿色为止,不一定要加完 8mL,趁热抽滤(若清澈透明,就省去抽滤过程)。滤液中加入 10～30 mL 乙醇,在暗处放置,结晶(无沉淀可蒸发浓缩或多加点乙醇)。为了使晶体大而漂亮,也可用水浴温热溶液使析出的晶体再溶解后,用表面皿盖好烧杯,自然冷却,避光静置过夜。析出的晶体颗粒大而且漂亮。抽滤、称重,计算产率。

3. 产物的定性分析

(1) K^+ 的鉴定。在试管中加入少量产物,用去离子水溶解,再加入 1 mL 0.1 mol $\cdot$ L^{-1} $Na_3[Co(NO_2)_6]$ 溶液,放置片刻,观察现象。

(2) Fe^{3+} 的鉴定。在试管中加入少量产物,用去离子水溶解。另取一支试管加入少量的 $FeCl_3$ 溶液,各加入 0.1 mol $\cdot$ L^{-1} KSCN,观察现象。在装有产物溶液的试管中加入 2 滴 3 mol $\cdot$ L^{-1} H_2SO_4 溶液,再观察溶液颜色有何变化,解释实验现象。

(3) $C_2O_4^{2-}$ 的鉴定。在试管中加入少量产物,用去离子水溶解。另取一试管加入少量 $K_2C_2O_4$ 溶液。各加入 2 滴 0.5 mol $\cdot$ L^{-1} $CaCl_2$ 溶液,观察实验现象有何不同。

(4) 如果条件许可,用红外光谱鉴定 $C_2O_4^{2-}$ 与结晶水,取少量 KBr 晶体及小于 KBr 用量百分之一的样品,在玛瑙研钵中研细,压片,在红外光谱仪上测红外吸收光谱,将谱图中各主要谱带与标准红外光谱图对照,确定是否含有 $C_2O_4^{2-}$ 与结晶水。

(5) 如果条件许可,测 $K_3[Fe(C_2O_4)_3] \cdot 3H_2O$ 的磁化率。判断中心离子的 d 电子构型,是高自旋还是低自旋配合物,草酸根是属于强场还是弱场配体。

4. 三草酸合铁(Ⅲ)酸钾的性质

(1) 将少许产品放在表面皿上。在日光下观察晶体颜色变化,并与放在暗处的晶体作比较[三草酸合铁(Ⅲ)酸钾见光变黄色应为草酸亚铁与碱式草酸铁的混合物]。

(2) 制感光纸:按三草酸合铁(Ⅲ)酸钾 0.3 g、铁氰化钾 0.4 g、水 5 mL 的比例配成溶液,涂在纸上即成感光纸(黄色)。附上图案,在日光下(数秒钟)或在红外灯光下,曝光部分呈深蓝色,被遮盖没有感光部分即显影出图案来。

(3) 配感光液:取 $0.3\sim0.5$ g 三草酸合铁(Ⅲ)酸钾加水 5 mL 配成溶液,用滤纸条做成感光纸。同上操作,曝光后去掉图案,用 3.5% 六氰合铁(Ⅲ)酸钾溶液湿润或漂洗,即显影出图案来。

五、思考题

1. 第一步中,$FeC_2O_4 \cdot 2H_2O$ 沉淀时,为何要用少量水冲洗生成的 $FeC_2O_4 \cdot 2H_2O$ 沉淀?

2. 如何提高产率?能否用蒸干溶液的办法来提高产率?

3. 如何证明你所制得的产品不是单盐而是配合物?设法用实验证明。

4. 现有硫酸铁、氯化钡、草酸钠、草酸钾四种物质为原料,如何制备三草酸合铁(Ⅲ)酸钾,试设计方案并写出各步反应式。

实验十六　由软锰矿制备高锰酸钾

一、实验目的

1. 了解由软锰矿制备高锰酸钾的原理和方法。
2. 掌握碱熔、浸取、过滤、蒸发、结晶等基本操作。

二、实验原理

高锰酸钾是深紫色的针状晶体,是最重要也是最常用的氧化剂之一。本实验是以软锰矿(主要成分是 MnO_2)为原料制备高锰酸钾,将软锰矿与碱和氧化剂($KClO_3$)混合后共熔,即可得绿色的 K_2MnO_4。反应方程式为

$$3MnO_2 + 6KOH + KClO_3 \Longrightarrow 3K_2MnO_4 + KCl + 3H_2O$$

然后将锰酸钾溶于水,发生歧化反应,可得 $KMnO_4$,反应方程式为

$$3MnO_4^{2-} + 2H_2O \Longrightarrow 2MnO_4^- + MnO_2 + 4OH^-$$

在此溶液中加酸降低溶液的 pH 值,使反应正向进行。常用方法是通入 CO_2 气体,但转化率较低。较好的办法是采用电解 K_2MnO_4 溶液的方法来制备 $KMnO_4$。电解反应方程式为

$$2K_2MnO_4 + 2H_2O \xrightarrow{\text{电解}} 2KMnO_4 + 2KOH + H_2\uparrow$$

电极反应为

$$\text{阳极：} \quad 2MnO_4{}^{2-} = MnO_4{}^- + 2e$$

$$\text{阴极：} \quad 2H_2O + 2e = H_2\uparrow + 2OH^-$$

也可在 K_2MnO_4 溶液中直接加氧化剂,将其氧化成 $KMnO_4$。反应方程式为

$$2MnO_4{}^{2-} + Cl_2 = 2MnO_4{}^- + 2Cl^-$$

三、器材与试剂

1. 仪器与材料

整流器*(*是指电解法需要的)、安培计、泥三角、铁坩埚、坩埚钳、铁搅拌棒(8 号粗铁丝)、导线*、镍片*、布氏漏斗、吸滤瓶、滤纸、台秤、启普发生器。

2. 试剂

MnO_2(s,工业用);KOH(s);$KClO_3$(s);块状石灰石;工业盐酸。

四、实验步骤

1. 固体碱熔氧化法

(1)二氧化锰的熔融氧化

称取 5.2 g 固体 KOH 和 2.5 g 固体 $KClO_3$,放入铁坩埚内,混合均匀,小火加热,并用铁棒搅拌。待混合物熔融后,一边搅拌,一边将 3 g MnO_2 粉末分批加入。随着反应的进行,熔融物的黏度逐渐增大,此时应用力搅拌,待反应物干涸后,再强热 5~10 min,得到墨绿色锰酸钾熔融物,用铁棒尽量捣碎。

(2)浸取

待熔体冷却后,从坩埚内取出,放入 250 mL 烧杯中,如果仍有部分取不出来,就把坩埚侧放在烧杯中,加 80~100 mL 去离子水,小火共煮,尽可能让熔融物溶解,小心用坩埚钳取出坩埚。趁热减压过滤浸取液,即可得到墨绿色的 K_2MnO_4 溶液。

(3)锰酸钾的歧化

趁热向浸取液通入二氧化碳气体,至锰酸钾全部歧化为止(可用玻璃棒蘸取溶液于滤纸上。如果滤纸上只有紫红色而无绿色痕迹,即表示锰酸钾已歧化完全,pH 在 10~11 之间),然后静止片刻,抽滤。

通二氧化碳过多,溶液的 pH 低,溶液中会生成大量的 $KHCO_3$,而 $KHCO_3$ 的溶解度比 K_2CO_3 小得多,在溶液浓缩时,$KHCO_3$ 会和 $KMnO_4$ 一起析出。

(4)滤液的蒸发结晶

将滤液倒入蒸发皿中,蒸发浓缩至表面开始析出高锰酸钾晶膜为止,自然冷却晶体,然后抽滤,将高锰酸钾晶体抽干。几种钾盐的溶解度随温度的变化见表 8.11。

（5）高锰酸钾晶体的干燥

将晶体转移到已知质量的表面皿中，用玻棒将其摊开。放入烘箱中（80 ℃为宜，不能超过240 ℃）干燥0.5 h，冷却后称量，计算产率。

表8.11　一些化合物溶解度（g/100 g H₂O）随温度的变化

化合物 \ 温度/℃	0	10	20	30	40	50	60	70	80	90
KCl	27.6	31.0	34.0	37.0	40.0	42.6	45.5	48.3	48.3	54.0
$K_2CO_3 \cdot 2H_2O$	51.3	52	52.5	53.9	53.9	54.8	55.9	57	57.1	59.6
$KMnO_4$	2.83	4.4	6.4	9.0	12.6	16.9	22.2	—	—	—

（6）纯度分析

实验室备有基准物质草酸、硫酸，设计分析方案，确定所制备产品中高锰酸钾的含量。

2. 电解法

（1）电解 K_2MnO_4

将 K_2MnO_4 溶液倒入150 mL烧杯中，加热至60 ℃，按图8.9所示装上电极，阳极是光滑的镍片，浸入溶液的面积约为32 cm²，阴极为粗铁丝（直径约2 mm），浸入溶液的面积为阳极的1/10。电极间的距离为0.5～1.0 cm。接通直流电源，控制阳极的电流密度为30 mA·cm⁻²，阴极电流密度300 mA·cm⁻²，槽电压为2.5 V。这时可观察到阴极上有气体放出，高锰酸钾则在阳极析出沉于烧杯底部，溶液由墨绿色逐渐转为紫红色。电解1 h后，K_2MnO_4 已大部分转为 $KMnO_4$。此时用玻璃棒蘸取一些电解液在滤纸上，如果滤纸条上只显示紫红色而无绿色痕迹，即可认为电解完毕。停止通电，取出电极。在冷水中冷却电解液，使结晶完全，将晶体抽干，称量，计算产率。

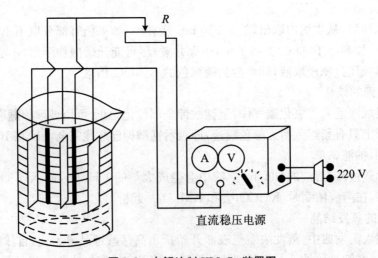

图8.9　电解法制 $KMnO_4$ 装置图

（2）高锰酸钾的重结晶

按 $m(KMnO_4):m(H_2O)$ 为 $1:4$ 比例,将制得的粗 $KMnO_4$ 晶体溶于去离子水,并小火加热促使其溶解,趁热过滤,将滤液冷却以使其结晶。把 $KMnO_4$ 晶体与溶液先铺在滤纸上,在开动真空泵,尽可能抽干,称量。计算产率,记录产品的颜色和形状。

五、思考题

1. KOH 溶解软锰矿时,应注意哪些安全问题?
2. 为什么碱熔融时不用瓷坩埚也不用玻璃棒搅拌?
3. 重结晶时,$m(KMnO_4):m(H_2O)$ 为 $1:4$ 质量比是如何确定的?
4. 由锰酸钾在酸性介质中歧化的方法得到高锰酸钾的最大转化率是多少?
5. 由软锰矿制取高锰酸钾,除电解法外,还可以用哪些其他方法? 试进行比较讨论。

实验十七 碘酸铜的制备及其溶度积的测定

一、实验目的

1. 通过制备碘酸铜,进一步掌握无机化合物制备的相关操作。
2. 学习测定碘酸铜溶度积的方法,加深对溶度积概念的理解。
3. 学习使用分光光度计。
4. 学习吸收曲线和工作曲线的绘制。

二、实验原理

将硫酸铜溶液和碘酸钾溶液在一定温度下混合,反应后得碘酸铜沉淀,其反应方程式为
$$Cu^{2+} + 2IO_3^- \Longrightarrow Cu(IO_3)_2 \downarrow$$
在碘酸铜饱和溶液中,存在以下溶解平衡
$$Cu(IO_3)_2(s) \Longrightarrow Cu^{2+} + 2IO_3^-$$
在一定温度下,难溶性强电解质碘酸铜的饱和溶液中,有关离子的浓度(确切地说应是活度)的乘积是一个常数,即
$$K_{sp}^{\ominus} = c(Cu^{2+})c^2(IO_3^-)$$
$K_{sp}^{\ominus}$ 称为溶度积常数,$c(Cu^{2+})$ 和 $c(IO_3^-)$ 分别为溶解-沉淀平衡时 Cu^{2+} 和 IO_3^- 的浓度$(mol \cdot L^{-1})$。温度恒定时,$K_{sp}^{\ominus}$ 的数值与 Cu^{2+} 和 IO_3^- 的浓度无关。

取少量新制备的 $Cu(IO_3)_2$ 固体,将它溶于一定体积的水中。达到平衡后,分离沉淀,测定溶液中 Cu^{2+} 和 IO_3^- 的浓度,就可以算出实验温度时的 $K_{sp}^{\ominus}$ 值。本实验采取分光光度法测

定 Cu^{2+} 的浓度。测定出 Cu^{2+} 的浓度后,即可求出碘酸铜的 $K_{sp}^{\ominus}$。

用分光光度法时,可先绘制工作曲线然后得出 Cu^{2+} 浓度,或者利用具有数据处理功能的分光光度计,直接得出 Cu^{2+} 的浓度。

三、器材与试剂

1. 仪器与材料
烧杯、抽滤瓶、100 mL 容量瓶、吸量管、分光光度计,250 mL 容量瓶,250 mL 碘量瓶。

2. 试剂
$CuSO_4 \cdot 5H_2O$(s)、KIO_3(s)、1 mol·L^{-1} $NH_3 \cdot H_2O$、0.1 mol·L^{-1} $CuSO_4$、0.1 mol·L^{-1} K_2SO_4、0.4%淀粉溶液、0.1 mol·L^{-1} $Na_2S_2O_3$ 标准溶液、10% KSCN 溶液。

四、实验步骤

1. 碘酸铜的制备
用烧杯分别称取 2.5 g 五水硫酸铜($CuSO_4 \cdot 5H_2O$)和 4.2 g 碘酸钾(KIO_3),加蒸馏水并稍加热,使它们完全溶解(如何决定水量?)。将两溶液混合,加热并不断搅拌以免暴沸,约 20 min 后停止加热(如何判断反应是否完全?)。静置至室温后弃去上层清液,用倾析法将所得碘酸铜洗净,以洗涤液中检查不到 SO_4^{2-} 为标志(洗 5~6 次,每次用蒸馏水 10 mL)。记录产品的外形、颜色及观察到的现象,最后进行减压过滤,将碘酸铜沉淀抽干后,计算产率。

取少量 $Cu(IO_3)_2$ 沉淀放入 150 mL 烧杯中,加入 100 mL 蒸馏水,加热至 70~80 ℃。并充分搅拌,冷却至室温,静置数分钟,常压过滤。

2. 0.1 mol·L^{-1} $CuSO_4$ 溶液的配制与标定
(1) 配制 $CuSO_4 \cdot 5H_2O$ 样品的待测溶液

准确称取样品 6.0~6.3 g $CuSO_4 \cdot 5H_2O$,用 1 mL 2 mol·L^{-1} H_2SO_4 溶解后,加入少量水,转移至 250 mL 容量瓶中定容,摇匀。

(2) 测定待测溶液中 Cu^{2+} 的浓度

用吸量管移取 25.00 mL 待测液于 250 mL 碘量瓶中,振荡后,再加入 7 mL 1 mol·L^{-1} KI 溶液振荡,塞好瓶塞,置暗处 10 min 后,加水 30 mL 摇匀,以 0.1 mol·L^{-1} 的 $Na_2S_2O_3$ 标准溶液滴定至溶液呈黄色,然后加入 3 mL 0.4%的淀粉溶液,再加入 8 mL 10% KSCN 溶液,继续滴定至蓝色恰好消失为终点。平行测定三次。计算 Cu^{2+} 的浓度。

3. 用标准 $CuSO_4$ 溶液准备工作曲线
计算配制 50.00 mL 0.002 00 mol·L^{-1}、0.005 00 mol·L^{-1}、0.010 0 mol·L^{-1}、0.015 0 mol·L^{-1} Cu^{2+} 溶液所需 0.1 mol·L^{-1} $CuSO_4$ 溶液的体积(以测定后的标准浓度为准)。用吸量管分别移取计算量的 0.1 mol·L^{-1} $CuSO_4$ 溶液,分别放到四只 100 mL 容量瓶中。前三只容量瓶中再加入适量的 0.1 mol·L^{-1} K_2SO_4 溶液,使它们加入的硫酸铜和硫酸

钾体积之和与配制 $0.015\ 0\ mol \cdot L^{-1}\ Cu^{2+}$ 所需要的 $0.1\ mol \cdot L^{-1}\ CuSO_4$ 溶液体积相同。再各加入 $50.00\ mL\ 1\ mol \cdot L^{-1}$ 氨水溶液,并用蒸馏水稀释至刻度,混合均匀后,用 1 cm 比色皿在波长为 610 nm 的条件下,用 721 型分光光度计测吸光度。作吸光度 A-$c(Cu^{2+})$ 图。

4. $Cu(IO_3)_2$ 饱和溶液中 Cu^{2+} 浓度的测定

从准备好的 $Cu(IO_3)_2$ 饱和溶液中,吸取滤液 10.00 mL,加入 $10.00\ mL\ 1\ mol \cdot L^{-1}$ 氨水溶液,混合均匀后,再与测定工作曲线相同的条件下,测定吸光度 A。

5. 绘工作曲线

根据测得的 A 值,在工作曲线上找出相应 Cu^{2+} 的浓度,再根据 Cu^{2+} 的浓度计算 $K_{sp}^{\ominus}$ 的数值。

五、思考题

1. 配制 $Cu(IO_3)_2$ 饱和溶液时,为什么要加热、充分搅拌、静置?
2. 在制备 $Cu(IO_3)_2$ 固体时为什么要用水充分洗涤沉淀?

实验十八　表面处理技术

表面处理技术是通过对材料基体表面加涂层或改变表面形貌、化学组成、相组成、微观结构、缺陷状态,达到提高材料抵御环境作用能力或赋予材料表面某种功能特性的工艺技术。

第一部分　钢铁的磷化处理

一、实验目的

1. 了解磷化成膜机理。
2. 了解磷化处理的基本工艺。
3. 了解磷化膜的质量检验方法。

二、实验原理

1. 磷化成膜机理

磷化是一种化学与电化学反应形成磷酸盐化学转化膜的过程,所形成的磷酸盐转化膜称之为磷化膜。磷化的目的主要是:给基体金属提供保护,在一定程度上防止金属被腐蚀;

用于涂漆前打底,提高漆膜层的附着力与防腐蚀能力;在金属冷加工工艺中起减摩润滑作用。磷化处理工艺应用于工业已有 90 多年的历史,大致可以分为三个时期:磷化技术基础时期、磷化技术迅速发展时期和磷化技术广泛应用时期。磷化反应的机理比较复杂,而且不同的磷化体系、不同的基材,有不同的磷化反应。随着对磷化反应研究的逐步深入,目前认为磷化成膜过程主要由如下四个步骤组成:

(1) 酸的侵蚀使基体金属表面 H^+ 浓度降低。反应离子方程式为

$$Fe + 2H^+ \Longrightarrow Fe^{2+} + H_2$$

(2) 促进剂(氧化剂)使反应过程加速。进一步导致金属表面 H^+ 浓度快速下降,同时将溶液的 Fe^{2+} 氧化成 Fe^{3+}。

(3) 磷化前磷化液中存在两类化学反应,分别为

离解：
$$Zn(NO_3)_2 \longrightarrow Zn^{2+} + 2NO_3^- \tag{1}$$
$$Zn(H_2PO_4)_2 \longrightarrow Zn^{2+} + 2H_2PO_4^- \tag{2}$$
$$2H_2PO_4^- \Longrightarrow HPO_4^{2-} \ (K_{a2}^{\ominus} \approx 10^{-8}) \tag{3}$$
$$HPO_4^{2-} \Longrightarrow PO_4^{3-} \ (K_{a3}^{\ominus} \approx 10^{-13}) \tag{4}$$

水解：
$$Zn^{2+} + 2H_2O \Longrightarrow Zn(OH)_2 + 2H^+ \ (K_a^{\ominus} \approx 10^{-10}) \tag{5}$$
$$PO_4^{3-} + H_2O \Longrightarrow HPO_4^{2-} + OH^- \ (K_{b1}^{\ominus} \approx 10^{-1}) \tag{6}$$
$$HPO_4^{2-} + H_2O \Longrightarrow H_2PO_4^- + OH^- \ (K_{b2}^{\ominus} \approx 10^{-6}) \tag{7}$$
$$H_2PO_4^- + H_2O \Longrightarrow H_3PO_4 + OH^- \ (K_{b3}^{\ominus} \approx 10^{-11}) \tag{8}$$

(4) 磷酸盐沉淀结晶成为磷化膜

当金属表面离解出的 PO_4^{3-} 与溶液中(金属界面)的金属离子(如 Zn^{2+}、Ca^{2+}、Mn^{2+}、Fe^{2+})达到其溶度积常数 $K_{sp}^{\ominus}$ 时,就会形成磷酸盐沉淀,磷酸盐沉淀与水分子一起形成磷化晶核,晶核继续长大成为磷化晶粒,无数晶粒紧密堆积形成磷化膜。反应方程式为

$$2Zn^{2+} + Fe^{2+} + 2PO_4^{3-} + 4H_2O \Longrightarrow Zn_2Fe(PO_4)_2 \cdot 4H_2O$$
$$3Zn^{2+} + 2PO_4^{3-} + 4H_2O \Longrightarrow Zn_3(PO_4)_2 \cdot 4H_2O$$

磷酸盐沉淀的副反应形成磷化沉渣。反应方程式为

$$Fe^{3+} + PO_4^{3-} \longrightarrow FePO_4$$

上述机理不仅可解释锌系、锰系、锌钙系磷化成膜过程,还可指导磷化液配方与磷化工艺的设计。选择具有一定强度的促进剂(氧化剂)和较高的酸比均能提高磷化反应速率,能在较低温度下快速成膜。

2. 磷化前预处理工艺

磷化处理的一般过程是:(钢件)→除油→水洗→酸洗→水洗→中和→磷化→水洗→烘干。除油可采用金属清洗剂在常温下进行。水洗时如表面不挂水珠,则表示除油彻底。酸洗液可用加缓蚀剂的硫酸、盐酸或有机酸等,洗到铁锈除净为止,酸洗温度过高或时间过长,会产生过腐蚀现象,应当避免。中和用稀的碱性溶液,各水洗过程都用自来水,最好采用淋洗。

3. 磷化膜质量检验

(1) 外观检验

肉眼观察到的磷化膜应是均匀、连续、致密的晶体结构。表面不应有未磷化的残余空白或锈渍。由于前处理的方法及效果不同,允许出现色泽不一的磷化膜,但不允许出现褐色(相关标准:GB11376—89《金属的磷酸盐转化膜》和 GB6807—86《钢铁工件涂漆前磷化处理技术条件》)。

(2)耐蚀性检查(蓝点法检验)

室温下,将蓝点试剂滴在磷化膜上,观察其变色时间。磷化膜厚度不同,变色时间不同:厚膜应超过 5 min,中等厚度膜应超过 2 min,薄膜应超过 1 min(相关标准:GB6807—86《钢铁工件涂漆前磷化处理技术条件》)。

蓝点试验的基本原理:若表面的钝化膜不完善或有铁离子污染,就会有游离的铁离子存在,可发生如下反应

$$Fe^{2+} + K_3[Fe(CN)_6] \longrightarrow KFe[Fe(CN)_6] \downarrow (深蓝色) + 2K^+$$

三、器材与试剂

1. 仪器与材料

容量瓶、烧杯、量筒(50 mL,100 mL)、吸量管、酸式滴定管、碱式滴定管、塑料镊子、烘箱或电吹风、水浴锅、砂纸、秒表、碳素钢片(85 mm×25 mm×0.80 mm 或其他规格)。

2. 试剂

HNO_3(浓),H_3PO_4(85%),$NaOH$(s),Na_2CO_3(s),$K_3[Fe(CN)_6]$(s),$Zn(H_2PO_4)_2$(s),$Zn(NO_3)_2$(s),$NaNO_2$(s),草酸(s),50% H_2SO_4,乌洛托品,Na_3PO_4(s),酚酞溶液,甲基橙溶液。

四、实验步骤

1. 磷化液的配制

根据下面所附的磷化液配方,配制 50 mL 低温钢铁磷化液。建议采用中间值,如磷酸二氢锌 $50\sim70$ g·L^{-1},可取 60 g·L^{-1}。注意:配方中所采用的单位为行业习惯用法。

钢铁磷化处理配方及工艺条件:磷酸二氢锌($50\sim70$ g·L^{-1})、硝酸锌($80\sim100$ g·L^{-1})、亚硝酸钠($0.2\sim1$ g·L^{-1})、游离酸度/点($4\sim6$)、总酸度/点($75\sim95$)、温度($15\sim35$ ℃)、磷化时间($20\sim35$ min)。

2. 磷化液的游离酸度和总酸度

磷化液的游离酸度和总酸度的点数相当于滴定 10 mL 磷化液,使磷化液的 pH=3.8(游离酸度)和 pH=8.2(总酸度)时所消耗浓度为 0.1 mol·L^{-1} $NaOH$ 溶液的体积(以 mL 计)。选择合适的指示剂,设计实验方案,测定磷化液的游离酸度和总酸度。

3. 清洗液的配制

酸性清洗液:配制 10% H_2SO_4 溶液 50 mL,加 0.3 g 乌洛托品;碱性清洗液:5 g Na_2CO_3 +1 g Na_3PO_4 +1 g $NaOH$ +50 mL 水。

4. 中和液的配制

配制 $10\ g\cdot L^{-1}\ Na_2CO_3$ 溶液 50 mL。

5. 表面调整液的配制

配制 $4\ g\cdot L^{-1}$ 草酸溶液 50 mL。

6. 蓝点法检验液的配制

配制 10 mL 检验液,宜现用现配。配方比例:100 mL 去离子水加 $1\ g\ K_3[Fe(CN)_6]$ 和 3 mL 浓硝酸。

7. 磷化工艺

用砂纸磨掉钢片表面的铁锈(或前次磷化膜),用自来水冲洗后,室温下,按以下工艺步骤处理:

(1) 在 90 ℃左右条件下用碱性清洗液浸泡 5 min(脱脂)→用自来水冲洗→酸性清洗液浸泡至铁锈除尽(冬季可适当加温)→自来水冲洗→去离子水浸泡 1 min。

(2) 中和液浸泡 1 min→表面调整液浸泡 1 min。

(3) 磷化液浸泡 25 min→自来水冲洗→去离子水浸泡 1 min→烘干(110～140 ℃)或电吹风吹干。

8. 蓝点法检验

将蓝点检验液滴于待测金属表面,观察、记录显现蓝点时间,判断磷化膜的厚度。

五、思考题

1. 磷化液的游离酸度和总酸度不符合配方指标,如何调整?
2. 简述一到两个金属表面磷化研究的方向。
3. 磷化膜的"耐蚀性检验"除了"蓝点法检验"之外,常见的还有哪些? 请查阅相关国家标准或其他文献。

第二部分　防锈颜料磷酸锌的制备

一、实验原理

这里介绍了制备磷酸锌防锈颜料的一种方法。磷酸锌是一种新型防锈颜料,利用它可配制各种防锈涂料,以此代替氧化铅作底漆,可简化防锈工艺,避免铅中毒。

制备磷酸锌有几种方法,可由磷酸盐(Na_3PO_4 或 Na_2HPO_4)和锌盐进行复分解反应,或由锌盐在碱性条件下与磷酸反应,也可由锌的氧化物或氢氧化物与磷酸直接反应而制得。本实验采用 $ZnO(s)$ 与 H_3PO_4 溶液直接反应制取,反应方程式为

$$3ZnO(s) + 2H_3PO_4(l) \rel Zn_3(PO_4)_2(s) + 3H_2O(l)$$

此反应制取的是 $Zn_3(PO_4)_2\cdot 4H_2O$,而用作颜料的是 $Zn_3(PO_4)_2\cdot 2H_2O$,因此,在制得四

水合晶体后需在 $100\sim110\ ℃$ 烘箱中脱水使之成为二水合晶体。

二、器材与试剂

1. 仪器与材料

100 mL 烧杯、pH 试纸。

2. 试剂

$ZnO(s)$、$85\%\,H_3PO_4$。

三、实验步骤

在不断搅拌下将称得的 2.44 g $ZnO(s)$ 粉末加入盛有 10 mL 80 ℃ 热水的小烧杯中，连续搅拌 20 min 制成 20% 的糊状混合物，冷却之。称取 1.9 g H_3PO_4（85%）配成 H_3PO_4（15%）溶液，逐滴加到糊状物中，边加边搅拌。10 min 后，放置之，令其自然结晶，然后再搅拌 5 min。如果反应已基本完成，则溶液的 pH 值应当在 5~6，将晶体用水洗涤，直至洗涤水接近中性，然后抽滤。分离出产品在 110 ℃ 左右烘干并研细，称量，计算百分产率。

产品应为比较疏松的白色粉末，Zn 含量应大于 44%。

第三部分　钢铁发蓝处理

一、实验原理

利用氧化还原反应使钢铁表面形成一层紧密的蓝黑色或深蓝色的氧化膜以增强钢铁的耐腐蚀能力，使钢铁表面具有光泽。该技术广泛应用于机械零件、精密仪器、光学仪器、钟表元件及军工制造工业中。

本实验是利用碱性条件下用 $NaNO_2$ 氧化铁，其主要反应有

$$3Fe + NaNO_2 + 5NaOH = 3Na_2FeO_2 + NH_3 \cdot H_2O$$

$$6Na_2FeO_2 + NaNO_2 + 5H_2O = 6NaFeO_2 + 7NaOH + NH_3$$

$$Na_2FeO_2 + 2NaFeO_2 + 2H_2O = Fe_3O_4 \downarrow + 4NaOH$$

二、器材和试剂

1. 仪器与材料

蒸发皿、砂纸。

2. 试剂

$NaOH$（2 mol·L^{-1}）、发蓝液（36 g $NaOH$＋14 g $NaNO_2$＋50 mL H_2O）、润滑油、铁钉。

三、实验步骤

1. 取铁钉两枚,用砂纸除锈后放入 70 ℃左右的 2 mol·L^{-1} 的 NaOH 溶液中处理约 5 min,后用水清洗干净。

2. 将其中一枚铁钉放在蒸发皿中,加入少许发蓝液,盖上表面皿,加热至沸后再加热 3~5 min,取出,水洗并与未经处理的铁钉进行比较,铁钉表面发生了什么变化?

3. 油封处理。用少许润滑油浸泡已经发蓝处理的铁钉。

4. 取出铁钉,试用最简单的化学方法证实:已发蓝处理过的铁钉有较大的化学稳定性。

第四部分　铝的阳极氧化和着色处理

一、实验原理

将铝板置于相应电解液(如硫酸、铬酸、草酸等)中作为阳极,在特定条件和外加电流作用下,进行电解。阳极的铝板氧化,表面上形成氧化铝薄层,其厚度为 5~20 μm,硬质阳极氧化膜可达 60~200 μm。阳极氧化后的铝板,硬度、抗腐蚀性能、耐磨性都有所提高,其耐热性也很好,硬质阳极氧化膜熔点高达 2 320 K。它还具有优良的绝缘性,耐击穿电压高达 2 kV。氧化膜薄层中具有大量的微孔,可吸附各种润滑剂,适合制造发动机气缸或其他耐磨零件;膜微孔吸附能力强,可着色成各种美观艳丽的色彩。有色金属或其合金(如铝、镁及其合金等)都可进行阳极氧化处理。

着色通常指对待着色的物体进行上色处理,例如,将未经封孔的阳极氧化膜浸在适当的着色剂中进行处理。着色剂是用于对氧化膜进行上色的材料或物质。常用的着色剂有染料(有机或无机)、颜料和金属盐。

氧化原理如下:以铝板为阳极置于电解质溶液中,利用电解作用,使其表面形成氧化铝薄膜的过程,称为铝板的阳极氧化处理。其装置中阴极材料在电解液中化学稳定性高,如铅、不锈钢、铝等。铝阳极氧化的原理实质上就是水电解的原理:当电流通过时,在阴极上,放出氢气;在阳极上,析出的氧很活泼,易与铝形成氧化膜。

阴极：$\qquad\qquad 2H_2O + 2e \Longrightarrow H_2\uparrow + 2OH^-$

阳极：$\qquad\qquad 2OH^- \Longrightarrow 1/2O_2 + H_2O + 2e$

$\qquad\qquad\qquad 4Al + 3O_2 \Longrightarrow 2Al_2O_3$

作为阳极的铝被其上析出的氧所氧化,形成无水的氧化铝膜,生成的氧并不是全部与铝作用,一部分以气态的形式析出。阳极氧化膜生长的一个先决条件是:电解液对氧化膜应有溶解作用,但生成膜的速率大于其溶解的速率。

铝在电解液中形成阳极膜的过程与电镀相反,不是由金属表面向外生长出金属结晶,而是由金属表面向金属内形成金属氧化物的膜层,形成多孔层和致密层结构。

二、器材与试剂

1. 仪器与材料

直流电源（600～800 W）、滑线电阻、电流表（0～500 mA）、直流伏特计（0～30 V）。

2. 试剂

10％HNO$_3$、5 mol·L^{-1} H$_2$SO$_4$、K$_2$Cr$_2$O$_7$（s）、酒精、苯、着色液（茜素，10％K$_4$[Fe(CN)$_6$]，10％FeCl$_3$）、铅片、铝片。

氧化膜质量检验液：3 gK$_2$Cr$_2$O$_7$＋75 mL 水＋25 mL 浓盐酸。

常用的有机着色液有直接湖蓝、酸性铬橙、茜素；常用无机着色液是一些无机盐溶液，例如蓝色的 10％K$_4$[Fe(CN)$_6$]、10％FeCl$_3$）。

三、实验步骤

1. 铝片的预处理

利用有机溶剂酒精擦洗铝片的表面，除去油垢后在 60～70 ℃下水洗 1 min，再用 10％HNO$_3$ 对铝片进行化学抛光 10 min。水洗，置于水中待氧化。

2. 阳极氧化

装置如图 8.10 所示。以铅、铝为电极，5 mol·L^{-1} H$_2$SO$_4$ 为电解液，电流密度为 15～20 mA·cm^{-2}，电解电压为 15 V，电解时间约 40 min。电解完毕后取出铝片，浸泡在水中保护并待着色。

3. 氧化膜质量的检验

取出铝片，用吸水纸将水吸干。在氧化膜及未经处理的铝片上分别滴一滴氧化膜质量检查液，检查氧化膜质量（如何判别？），写出有关反应式。

4. 着色

铝片可用有机或无机着色液着色。用有机着色液着色时，只需在室温下浸泡 5～10 min 后取出；用无机着色液着色时，则要按顺序浸泡，先在一份溶液中浸泡 5～10 min 后，水洗，再在第二份着色液中浸泡 5～10 min。

5. 封闭

将已着色的铝片干燥后在水蒸气中进行封闭处理 20～30 min，使着色后的 Al$_2$O$_3$ 氧化膜更加致密。

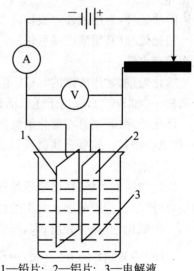

1—铅片；2—铝片；3—电解液

图 8.10　氧极氧化铝装置图

489

实验十九 塑料电镀

一、实验目的

1. 了解塑料电镀的原理和方法。
2. 了解塑料电镀前处理——化学镀的原理和方法。

二、实验原理

塑料电镀,与金属电镀相仿,是利用电解原理将某种金属覆盖在塑料表面上的一种工艺,即把塑料零件作为阴极,镀层金属作为阳极,置于适当的电解质溶液中进行电镀。但是塑料是非导体,不导电,在电镀前必须先解决它的导电性问题。为此,可用化学处理方法,在塑料表面沉积一层金属导电膜,即预先进行化学镀。

1. 化学镀的原理和方法

(1) 化学镀预处理

化学镀是指利用氧化还原反应,使溶液中的金属离子还原成金属而沉积在被镀零件表面的一种镀覆工艺。为使金属能在塑料零件上沉积,先要将塑料表面进行除油、粗化、敏化、活化等预处理。

除油处理(常用碱性溶液):可去除塑料表面的油污。

粗化处理(常用酸性强氧化剂):可使塑料表面呈微观的粗糙状态,以增大表面积并提高表面的亲水性。

敏化处理(常用酸性的 $SnCl_2$ 溶液):可使粗化的塑料表面吸附一层具有较强还原性的金属离子(如 Sn^{2+}),以用于还原活化液中的金属离子(如 Ag^+)。

活化处理(常用具有催化活性的金属化合物,如 $AgNO_3$):可使塑料表面沉积上一层金属(如 Ag)微粒。这些金属微粒具有催化活性,是化学镀的结晶中心。

(2) 化学镀

以化学镀铜为例:在已经预处理的塑料零件表面上,使铜离子在银微粒的催化作用下析出铜,逐渐形成铜膜薄层。常用的化学镀铜液中含有硫酸铜、甲醛(还原剂)、酒石酸钾钠(配合剂)、氢氧化钠(碱性介质)等,反应可简单表达如下:

$$HCHO(aq) + OH^-(aq) \xrightarrow{Ag} H_2(g) + HCOO^-(aq)$$

$$Cu^{2+}(aq) + H_2(g) + 2OH^-(aq) \xrightarrow{\quad} Cu(s) + 2H_2O(l)$$

$$HCHO(aq) + OH^- \xrightarrow{Cu} H_2(g) + HCOO^-(aq) \qquad (析出的铜具有催化作用)$$

2. 塑料电镀及其影响因素

塑料零件经化学镀预处理及化学镀后,表面清洁,且具有一层导电膜,即可进行电镀。根据对塑料零件的不同要求,可选择不同的镀层。例如,为了要增强塑料零件的导电性,可以镀铜;为了要增强耐磨、耐蚀性,可以镀铬;为了使塑料零件外表装饰美观,可以依次镀铜、镍和铬三种镀层。在电镀铜或镍时,电镀液都以铜盐或镍盐为主,并加有配合剂、添加剂等物质,且以铜、镍金属作为阳极。在电镀铬时,电镀液中是铬酐 CrO_3 的硫酸溶液,而以金属铅 Pb 作为阳极。电镀时塑料零件总是被作为阴极。影响塑料电镀的因素是多方面的,除电镀液的浓度、电流密度、温度等因素外,还与塑料(或树脂)本性、造型设计、模具等工艺条件有关。

三、器材与试剂

1. 仪器与材料

电炉(600~1 000 W),烧杯(100~150 mL,1 000 mL),表面皿,水浴锅(可容纳电镀槽),量筒(10 mL,100 mL),玻璃棒,温度计(0~100 ℃),直流电源或整流器,直流电流计(0~30 A),直流伏特计(0~5~30 V),调压变压器(1 kW),连有鳄鱼夹的导线及一般导线,尺子,塑料镊子,电镀槽,ABS 塑料零件,pH 试纸。

2. 试剂

硫酸(3 mol·L^{-1})、氢氧化钠(2 mol·L^{-1})、铅片、铜片、镍片、铜丝(粗)、磷铜丝。

添加剂是为了提高镀层质量,使镀层表面光洁、致密而添加的一类物质,如 1,4-丁炔二醇。

各混合液配方:

去油液配方:

氢氧化钠 NaOH	35~40 g·L^{-1}
无水碳酸钠 Na$_2$CO$_3$	20~30 g·L^{-1}
磷酸钠 Na$_3$PO$_4$·12H$_2$O	20~30 g·L^{-1}
硅酸钠 Na$_2$SiO$_3$	3~5 g·L^{-1}

粗化液配方:

铬酐 CrO$_3$	400 g·L^{-1}
浓硫酸 H$_2$SO$_4$	350 g·L^{-1}
水 H$_2$O	稀释至 1 L

敏化液配方:

二氯化锡 SnCl$_2$·2H$_2$O	10~20 g·L^{-1}
浓盐酸 HCl	40 mL·L^{-1}
锡粒	若干

活化液配方:

硝酸银 $AgNO_3$ $1.5\sim3\ g \cdot L^{-1}$

氨水 $NH_3 \cdot H_2O(6\ mol \cdot L^{-1})$ 滴加至沉淀溶解

化学镀铜液配方：

	A 溶液	B 溶液
硫酸铜 $CuSO_4 \cdot 5H_2O$	$6\ g \cdot L^{-1}$	/
酒石酸钾钠 $NaKC_4H_4O_6 \cdot 4H_2O$	/	$24\ g \cdot L^{-1}$
甲醛 $HCHO(37\%)$	$10\ mL \cdot L^{-1}$	/
氢氧化钠 $NaOH$	/	$12g \cdot L^{-1}$
氯化镍 $NiCl_2 \cdot 6H_2O$	$2\ g \cdot L^{-1}$	/

镀铜液配方：

硫酸铜 $CuSO_4 \cdot 5H_2O$	$180\sim200\ g \cdot L^{-1}$
浓硫酸 H_2SO_4	$60\sim70\ g \cdot L^{-1}$
浓盐酸 HCl	$0.04\sim0.62\ g \cdot L^{-1}$
2-巯基四氢噻唑(H-1)	$0.01\ g \cdot L^{-1}$
苯基乙烯辛烷基酚醚(OP乳化剂)	$0.15\ g \cdot L^{-1}$
亚甲基二萘磺酸钠(D-1)	$0.2\ g \cdot L^{-1}$
苯基聚二硫代丙烷磺酸钠(S-1)	$1\ g \cdot L^{-1}$

镀镍液配方：

硫酸镍 $NiSO_4 \cdot 7H_2O$	$250\sim270\ g \cdot L^{-1}$
氯化镍 $NiCl_2 \cdot 6H_2O$	$20\sim30\ g \cdot L^{-1}$
硼酸 H_3BO_3	$35\sim40\ g \cdot L^{-1}$
邻-磺酰苯酰亚胺(糖精)	$0.6\sim1.9\ g \cdot L^{-1}$
1,4-丁炔二醇	$0.2\sim0.5\ g \cdot L^{-1}$
十二烷基磺酸钠	$0.1\sim0.2\ g \cdot L^{-1}$

后面三种药品为添加剂,若不易购得也可不加。

镀铬配方：

铬酐 CrO_3	$250\sim280\ g \cdot L^{-1}$
浓硫酸 H_2SO_4	$2.5\sim2.8\ g \cdot L^{-1}$

四、实验步骤

若时间不够,可考虑只做实验 1、2、3-(1)。

1. 化学镀预处理

先测量 ABS 塑料零件外形尺寸,并估计其表面积。用自来水把它清洗干净后,依次浸入去油液、粗化液、敏化液、活化液中处理。处理条件可参照表 8.12。

表 8.12　化学镀预处理的工艺条件

处理过程	温度/℃	时间/min	注意事项及清洗
去油	60～70	15	不断翻动零件。去油后依次用自来水、去离子水把黏附于零件表面的碱液清洗洁净
粗化	60～70	15	翻动零件,防止温度过高使零件表面变形或碳化。粗化后,用自来水把黏附于零件表面的粗化液彻底清洗洁净
敏化	室温	3～5	敏化后,于 30～40 ℃温度中漂洗,再用去离子水洁净。切勿使塑料零件表面受水流强烈冲击
活化	室温	15～30	翻动零件。活化后,用去离子水清洗去残留在零件表面的 Ag^+(回收)

2. 化学镀铜

取等体积 A 溶液与 B 溶液混合,配制成化学镀铜液。用 pH 试纸测定其 pH 值。若 pH 值小于 12,则用 NaOH 溶液调节 pH 值为 12。然后把预处理过的 ABS 塑料零件在室温下浸入化学镀铜液中 20～30 min,并不断翻动塑料零件。取出后,用自来水冲洗,晾干。

在进行上述化学镀铜时可把电镀铜装置按图 8.11 连接好。

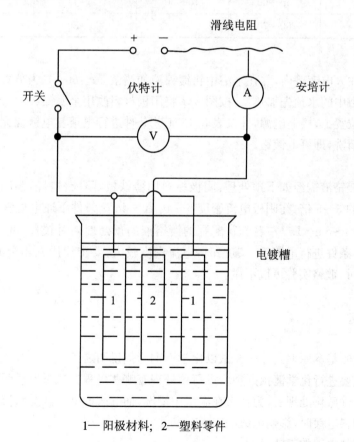

1— 阳极材料;　2—塑料零件

图 8.11　电镀装置示意图

3. 电镀

本实验为装饰性塑料零件电镀。按表 8.13 所列条件依次镀铜、镍和铬三层。若时间不许可,可任镀一层(镀铜)或两层(镀铜、镍)。

(1) 镀铜

按图 8.7 接好电镀装置线路,并经指导教师检查合格方可使用。注意:应先将塑料零件接在阴极位置,接通电源使塑料零件带电,再浸入镀铜液中,以防止导电金属薄膜侵蚀或损伤。调节滑线电阻器,使阴极电流密度(如何计算?)符合工艺条件(见表 8.13),进行电镀,并记录电镀时间。必须指出,在电镀时应经常移动阴极,以提高镀层质量。电镀完毕后,取出塑料零件,用自来水清洗,然后浸入 $50\sim60\ ℃$ 热水中预热一定时间,即可电镀镍。

表 8.13　电镀铜、镍、铬的工艺条件

电镀名称	温度/℃	时间/min	阴极电流密度 $\rho/(A \cdot dm^{-2})$	阳极材料
镀铜	室温	15～30	1～5	铜
镀镍	50～60	15～30	2～4	镍
镀铬	60～70	15	20～30	铅

(2) 镀镍

将镀镍液注入电镀槽内,并在水浴中将镀镍液加热至 $50\sim60\ ℃$(为节省时间,也可分别将镀镍液和水浴中的水预先加热)。按图 8.7 将阳极材料改用金属镍(Ni),把预热过的塑料零件接在阴极位置上,接上电源,并按表 8.13 工艺条件进行电镀。电镀镍完毕后,取出塑料零件。经热水清洗,即可电镀铬。

(3) 镀铬

新配制的镀铬液需经如下预处理:阴极材料用薄铁板,阳极材料需改用金属铅;阴极面积为阳极面积的 $3\sim5$ 倍,在阴极电流密度 $5\sim10\ A \cdot dm^{-2}$ 条件下通电处理 $4\sim5\ h$,使溶液中含 Cr^{3+} 量在 $3\sim5\ g \cdot L^{-1}$ 左右。新配制的镀铬液的预处理耗时较长,可在实验前预先完成。按表 8.13 条件进行电镀铬。镀铬时,电流密度较大,要求使用三相全波直流电源。若实验条件不许可,镀铬实验可以不做。

五、思考题

1. 化学镀的基本原理是什么?试以化学镀铜为例说明之。
2. 为什么要进行化学镀预处理?进行预处理有哪些过程?试举例说明之。
3. 塑料零件敏化处理后,为什么在温水中漂洗,而其表面又不能受水流的强烈冲击?
4. 进行塑料电镀时,影响电镀的因素有哪些?
5. 了解塑料电镀的工艺过程。
6. 熟悉塑料电镀装置线路的连接方法。

实验二十　含铬废水的测定及其处理
——铁氧体法

一、实验目的

1. 学习水样中铬的处理方法。
2. 综合学习加热、溶液配制、酸碱滴定、固液分离及分光光度法测六价铬的方法。

二、实验原理

1. 铁氧体法的基本原理

含铬的工业废水中，铬的存在形式多为 Cr^{+6} 和 Cr^{3+}。Cr^{+6} 的毒性比 Cr^{3+} 大 100 倍，它能诱发皮肤溃疡、贫血、肾炎及神经炎等。工业废水排放时，要求 Cr^{+6} 的含量不超过 $0.3\ mg \cdot L^{-1}$，而生活饮用水和地面水，则要求 Cr^{6+} 的含量不超过 $0.05\ mg \cdot L^{-1}$。为此，人们要对 Cr^{+6} 含量超标的水进行除铬，方可排放或饮用。Cr^{+6} 的除去方法很多，本实验采用铁氧体法。所谓铁氧体是指：在含铬废水中，加入过量的硫酸亚铁溶液，使其中的 Cr^{+6} 和亚铁离子发生氧化还原反应，此时 Cr^{+6} 被还原为 Cr^{3+}，而亚铁离子则被氧化为 Fe^{3+} 离子。调节溶液的 pH 值，使 Cr^{3+}、Fe^{3+} 和 Fe^{2+} 转化为氢氧化物沉淀。然后加入 H_2O_2，再使部分 +2 价铁氧化为 +3 价铁，组成类似 $Fe_3O_4 \cdot xH_2O$ 的磁性氧化物。这种氧化物称为铁氧体，其组成也可写作 $Fe^{3+}[Fe^{2+}Fe_{1-x}^{3+}Cr_x]O_4$，其中部分 +3 价铁可被 +3 价铬代替，因此可使铬成为铁氧体的组分而沉淀出来。其反应方程式为

$$Cr_2O_7^{2-} + 6Fe^{2+} + 14H^+ \Longrightarrow 2Cr^{3+} + 6Fe^{3+} + 7H_2O \qquad ①$$

$$Fe^{2+} + Fe^{3+} + Cr^{3+} + OH^- \longrightarrow Fe^{3+}[Fe^{2+}Fe_{1-x}^{3+}Cr_x]O_4（铁氧体） \qquad ②$$

式中 x 取值在 $0 \sim 1$ 之间。

含铬的铁氧体是一种磁性材料，可以应用在电子工业上。采用该方法处理废水既环保又利用了废物。

利用 Cr^{6+} 与二苯碳酰肼(DPCI)在酸性条件下作用产生红紫色配合物的原理，对处理后的废水进行检验。该紫红色配合物的最大吸收波长为 540 nm 左右。摩尔吸光系数为 $2.6 \times 10^4 \sim 4.17 \times 10^4\ L \cdot mol^{-1} \cdot cm^{-1}$，显色温度以 15 ℃为宜，过低温度显色速率较慢，过高温度配合物稳定性差，显色时间为 $2 \sim 3\ min$，配合物可在 1.5 h 内稳定。根据颜色深浅测其吸光度，即可判断废水中残留 Cr^{+6} 的含量是否超标。

Hg_2^{2+} 和 Hg^{2+} 可与 DPCI 作用生成蓝(紫)色化合物，对 Cr^{+6} 的测定产生干扰，但在本实验所控制的酸度下，反应不甚灵敏；铁与 DPCI 作用生成黄色化合物，其干扰可通过加铁的

配合剂 H_3PO_4 消除;V^{+5} 与 DPCl 作用生成的棕黄色化合物因不稳定而很快褪色(约 20 min),可不予考虑;少量的 Cu^{2+}、Ag^+、Au^{3+} 在一定程度上有干扰;钼低于 $100\ \mu g \cdot mL^{-1}$ 时不干扰测定。另外,还原性物质会干扰测定。

2. 处理污水时 $FeSO_4 \cdot 7H_2O$ 与 CrO_3 用量比例的估算

(1) $FeSO_4 \cdot 7H_2O$ 加入量的一部分是用来还原废水中的 $Cr_2O_7^{2-}$(或 CrO_4^{2-})。从反应①式中可以看出,要还原 1 mol $Cr_2O_7^{2-}$(或 2 mol CrO_4^{2-}),需要 6 mol Fe^{2+}(或 6 mol $FeSO_4 \cdot 7H_2O$),反应生成 2 mol Cr^{3+} 和 6 mol Fe^{3+}。因此,CrO_3 与 $FeSO_4 \cdot 7H_2O$ 反应所需物质的量比值可根据①式中 $Cr_2O_7^{2-}$ 和 Fe^{2+} 的化学计量关系求得

$$\frac{m(CrO_3)}{M(CrO_3)} : \frac{m(FeSO_4 \cdot 7H_2O)}{M(FeSO_4 \cdot 7H_2O)} = 2 : 6 = 1 : 3$$

$$= \frac{m(FeSO_4 \cdot 7H_2O)}{m(CrO_3)} : \frac{3M(FeSO_4 \cdot 7H_2O)}{M(CrO_3)}$$

$$= \frac{3 \times 278\ g \cdot mol^{-1}}{100\ g \cdot mol^{-1}} = 8.34 \qquad ③$$

(2) $FeSO_4 \cdot 7H_2O$ 加入量的另一部分是用于提供形成铁氧体所需要的 Fe^{2+}。根据铁氧体的化学式 $Fe^{3+}[Fe^{2+}Fe_{1-x}^{3+}Cr_x]O_4$ 可知(反应②),2 mol M^{3+}(包括 Fe^{3+} 和 Cr^{3+})需要 1 mol Fe^{2+},则 1 mol $Cr_2O_7^{2-}$(或 2 mol CrO_3)反应生成 2 mol Cr^{3+} 和 6 mol Fe^{3+},即共得 8 mol M^{3+},需要 4 mol Fe^{2+}(4 mol $FeSO_4 \cdot 7H_2O$)。按①式反应后生成的 M^{3+}(此处仍以起始的 CrO_3 来表示 M^{3+})在形成铁氧体时,与 Fe^{2+}(或 $FeSO_4 \cdot 7H_2O$)的相应物质的量的关系表达如下

$$\frac{m(CrO_3)}{M(CrO_3)} : \frac{m(FeSO_4 \cdot 7H_2O)}{M(FeSO_4 \cdot 7H_2O)} = 2 : 4 = 1 : 2$$

$$= \frac{m(FeSO_4 \cdot 7H_2O)}{m(CrO_3)} : \frac{2M(FeSO_4 \cdot 7H_2O)}{M(CrO_3)}$$

$$= \frac{2 \times 278\ g \cdot mol^{-1}}{100\ g \cdot mol^{-1}} = 5.56 \qquad ④$$

合计③和④相应的物质的用量关系,可得

$$\frac{m(FeSO_4 \cdot 7H_2O)}{m(CrO_3)} = 8.34 + 5.56 = 13.9$$

式中,$m(CrO_3)$ 为含铬废水中的 CrO_3 质量(g),$M(CrO_3)$ 为 CrO_3 的摩尔质量($g \cdot mol^{-1}$),$m(FeSO_4 \cdot 7H_2O)$ 为 $FeSO_4 \cdot 7H_2O$ 的质量(g),$M(FeSO_4 \cdot 7H_2O)$ 为 $FeSO_4 \cdot 7H_2O$ 的摩尔质量($g \cdot mol^{-1}$)。

在用铁氧体法处理废水时,$FeSO_4 \cdot 7H_2O$ 的加入量应为废水中 CrO_3 含量的 13.9 倍。但在上述计算中,尚未考虑与氧化剂 H_2O_2 作用的 Fe^{2+} 以及与这一反应相应的产物 Fe^{3+} 在组成铁氧体时另需要的 Fe^{2+}。这部分 $FeSO_4 \cdot 7H_2O$ 的加入量难以确切计算。再考虑水中杂质离子与硫酸亚铁纯度等因素的影响,$FeSO_4 \cdot 7H_2O$ 的实际用量显然还要大一些。试验表明,一般取 $FeSO_4 \cdot 7H_2O$ 的加入量为废水中 CrO_3 含量的 16 倍为宜。

三、器材与试剂

1. 仪器与材料

电磁铁(或磁铁)、分光光度计、容量瓶(50 mL,500 mL,1 000 mL)、移液管(5 mL,25 mL)、酒精灯、漏斗、比色皿、烧杯(100 mL,250 mL,500 mL)、锥形瓶(250 mL)、碱式滴定管、抽滤装置。

2. 试剂

H_2SO_4(3 mol·L^{-1})、硫酸-磷酸-H_2O(15∶15∶70)、氢氧化钠(6 mol·L^{-1})、0.05 mol·L^{-1} [$(NH_4)_2Fe(SO_4)_2$](用 0.01 mol·L^{-1} $K_2Cr_2O_7$ 标定)、H_2O_2(3%)、$FeSO_4$·$7H_2O$(s)、二苯胺黄酸钠 $C_6H_5NHC_6H_4SO_3Na$(1%)、含铬废水(~1.450 g·L^{-1} 或用铬酸盐配制)。

$K_2Cr_2O_7$ 标准溶液:准确称取 140 ℃下干燥的 $K_2Cr_2O_7$ 0.283 0 g 于小烧杯中,溶解后转入 1 000 mL 容量瓶中,用水稀释至刻度,摇匀,含 Cr^{+6} 100 mg·L^{-1},作储备液。准确移取 5.00 mL 储备液于 500 mL 容量瓶中,用水稀释至刻度,摇匀,制成含 1.0 μg·mL^{-1} Cr^{6+} 的标准溶液。

二苯碳酰二肼[$(C_6H_5NHNH)_2CO$]:0.5 g 二苯碳酰二肼加入 50 mL 95% 的乙醇溶液。待溶解后再加入 200 mL 10% H_2SO_4 溶液,摇匀。该物质很不稳定,见光易分解,应储于棕色瓶中(不用时置于冰箱中)。配制好的溶液应为无色,如溶液是红色,则不应再使用。最好现用现配。

四、实验步骤

1. 含铬废水中铬的测定

用移液管量取 25.00 mL 含铬废水置于 250 mL 锥形瓶中,依次加入 10 mL 混合酸、30 mL 去离子水和 4 滴二苯胺黄酸钠 $C_6H_5NHC_6H_4SO_3Na$ 指示剂,摇匀。用标准 $(NH_4)_2Fe(SO_4)_2$ 溶液滴定至溶液由红色变到绿色时为止,即为终点。平行测定三次。求出废水中 Cr^{6+} 的浓度。

2. 含铬废水的处理

量取 100 mL 含铬废水,置于 250 mL 烧杯中,根据上面测定的铬量,换算成 CrO_3 的质量,再按 CrO_3∶$FeSO_4$·$7H_2O$=1∶16 的质量比算出所需 $FeSO_4$·$7H_2O$ 的质量,用台式天平称出所需的 $FeSO_4$·$7H_2O$ 的质量,加到含铬废水中,不断搅拌。待晶体溶解后,逐滴加入 3 mol·L^{-1} H_2SO_4,并不断搅拌,直至溶液的 pH 值约为 1(如何得知?),此时溶液显亮绿色(什么物质? 为什么?)。

用 6 mol·L^{-1} NaOH 逐滴加入溶液,调节溶液的 pH 值约为 8。然后将溶液加热至 70 ℃左右,在不断搅拌下滴加 3% H_2O_2 溶液。冷却静置,使所形成的氢氧化物沉淀沉降。

采用倾斜法对上面的溶液进行过滤,滤液进入干净且干燥的烧杯中。沉淀用去离子水洗涤数次,然后将沉淀物转移到蒸发皿中,用小火加热,蒸发至干。待冷却后,将沉淀均匀地摊在干净的白纸上,另用纸将磁铁紧紧裹住,然后与沉淀物接触,检验沉淀物的磁性。

3. 处理后水质的检验

(1) $K_2Cr_2O_7$ 标准曲线的绘制:用吸量管分别移取标准 $K_2Cr_2O_7$ 溶液 0.50 mL、1.00 mL、2.00 mL、4.00 mL、7.00 mL、10.00 mL 各置于 50 mL 容量瓶中,然后每一只容量瓶中加入约 30 mL 去离子水和 2.5 mL 二苯基碳酰二肼溶液,最后用去离子水稀释到刻度,摇匀,静置 10 min。以空白试剂为参比溶液,在 540 nm 波长处测量溶液的吸光度 A,绘制曲线。

(2) 处理后水样中 Cr^{+6} 的含量:取处理后的滤液加入 50 mL 容量瓶中到刻度,然后往容量瓶中加入 2.5 mL 二苯碳酰二肼溶液,摇匀,静置 10 min。然后用同样的方法在 540 nm 处测出其吸光度。

(3) 根据测定的吸光度,在标准曲线上查出相对应的 Cr^{6+} 的质量($mg \cdot mL^{-1}$),再用下面的公式算出每升废水试样中的含量

$$Cr^{6+} \text{ 的含量} = \frac{c \times 1000}{50.00} \text{ mg} \cdot L^{-1}$$

式中 c 为在标准曲线上查到的 Cr^{6+} 量,50.00 为所取试样的体积。

五、思考题

1. 处理废水过程中,为什么加 $FeSO_4 \cdot 7H_2O$ 前要加酸调节 pH 到 1,而后为什么又要加碱调整 pH=8 左右? 如果 pH 控制不好,会有什么不良影响?

2. 如果加入 $FeSO_4 \cdot 7H_2O$ 不够,会产生什么效果?

实验二十一　离子鉴定和未知物鉴别

一、实验目的

1. 运用所学的元素及化合物的基本性质,对常见物质进行鉴定或鉴别。
2. 进一步巩固常见的阳离子和阴离子重要反应的基本知识。

二、实验原理

根据元素及化合物的基本性质,尤其是常见阳离子和阴离子重要反应(分离方法、焰色

反应、显色反应等)的基本知识,进行常见物质的区别、鉴定。

三、器材与试剂

自己设计实验方案,列出所需器材与试剂,经老师同意后,领取所需器材与试剂。

四、实验步骤

1. 鉴别四种黑色和近于黑色的氧化物:CuO、Co_2O_3、PbO_2、MnO_2。

$$CuO + 2HCl \longrightarrow CuCl_2(蓝色) + H_2O$$

$$2Cu^{2+} + [Fe(CN)_6]^{4-} \longrightarrow Cu_2[Fe(CN)_6] \downarrow (红棕色)$$

$$Co_2O_3 + 6HCl \longrightarrow 2CoCl_2 + Cl_2 \uparrow + 3H_2O$$

$$Co^{2+} + 4SCN^- \longrightarrow [Co(SCN)_4]^{2-}(在水中不稳定,易离解成 Co^{2+}、SCN^-)$$

取 1 mL $CoCl_2$ 溶液于试管中,加入少量的硫氰酸钾固体,再加入 0.5 mL 戊醇和 0.5 mL 乙醚,振荡后,观察到水相呈红色,有机相呈蓝色,即证明 Co^{2+} 的存在。

$$PbO_2 + 4HCl \longrightarrow PbCl_2 + Cl_2 \uparrow + 2H_2O$$

$$Pb^{2+} + CrO_4{}^{2-} \longrightarrow PbCrO_4 \downarrow (黄色)$$

$$PbCrO_4 + 3NaOH \longrightarrow Na[Pb(OH)_3] + Na_2CrO_4$$

2. 未知混合液(1)、(2)、(3)分别含有 Cr^{3+}、Mn^{2+}、Fe^{3+}、Co^{2+}、Ni^{2+} 离子中的大部分或全部,设计一实验方案以确定未知液中含有哪几种离子,哪几种离子不存在。

3. 盛有以下十种硝酸盐溶液的试剂瓶标签被腐蚀,试加以鉴别。

$AgNO_3$、$Hg(NO_3)_2$、$Hg_2(NO_3)_2$、$Pb(NO_3)_2$、$NaNO_3$、$Cd(NO_3)_2$、$Zn(NO_3)_2$、$Al(NO_3)_3$、KNO_3、$Mn(NO_3)_2$。

五、思考题

区别三片银白色金属:银片、铝片和锌片。

实验二十二　碱式碳酸铜的制备

一、实验目的

通过碱式碳酸铜制备条件的探求和对生成物颜色、状态的分析,研究反应物的合理配料比并确定制备反应适合的温度条件。培养独立设计实验的能力。

二、实验原理

碱式碳酸铜为天然孔雀石的主要成分,呈暗绿色或淡蓝绿色,加热至 200 ℃即分解,在水中的溶解度很小,新制备的试样在沸水中很易分解。

三、器材与试剂

由学生自行列出所需器材与试剂清单,经指导老师同意后,即可进行实验。

四、实验步骤

1. 反应物溶液配制

配制 $0.5\ mol\cdot L^{-1}\ CuSO_4$ 溶液和 $0.5\ mol\cdot L^{-1}\ Na_2CO_3$ 溶液各 100 mL。

2. 制备反应条件的探求

(1) $CuSO_4$ 和 Na_2CO_3 溶液的合适配比

四支试管内均加入 $2.0\ mL\ 0.5\ mol\cdot L^{-1}\ CuSO_4$ 溶液,再分别取 $0.5\ mol\cdot L^{-1}\ Na_2CO_3$ 溶液 1.6 mL、2.0 mL、2.4 mL 及 2.8 mL 依次加入另外四支编号的试管中。将八支试管放在 75 ℃水浴中。几分钟后,依次将 $CuSO_4$ 溶液分别倒入四支 Na_2CO_3 试管中。振荡试管,比较各试管中沉淀生成的速率、沉淀的数量及颜色,从中得出两种反应物溶液以何种比例混合为最佳。

(2) 反应温度的探求

在三支试管中,各加入 $2.0\ mL\ 0.5\ mol\cdot L^{-1}\ CuSO_4$ 溶液。另取三支试管,各加入 $0.5\ mol\cdot L^{-1}\ Na_2CO_3$ 溶液,其量由上步推知。从这两组试管中各取一支,将它们分别置于室温、50 ℃、100 ℃的恒温水浴中,数分钟后将 $CuSO_4$ 溶液倒入 Na_2CO_3 溶液中,振荡并观察现象,由实验结果确定制备反应的合适温度。

3. 碱式碳酸铜的制备

取 $30\ mL\ 0.5\ moL\cdot L^{-1}\ CuSO_4$ 溶液,根据上面实验确定的反应物合适比例及适宜温度制取碱式碳酸铜。待沉淀完全后,用蒸馏水洗涤沉淀数次,直到沉淀中不含 SO_4^{2-} 为止,抽干。

将所得产品在烘箱中于 100 ℃烘干,待冷至室温后称量,并计算产率。

五、思考题

1. 哪些铜盐适合制取碱式碳酸铜?写出硫酸铜溶液和碳酸钠溶液反应的化学方程式。

2. 估计反应的条件(如反应的温度、反应物浓度及反应物配料比)对反应产物是否有影响。

3. 对反应物浓度进行探求:

(1) 各试管中沉淀的颜色为何会有差别?估计何种颜色产物中碱式碳酸铜含量最高?

(2) 若将 Na_2CO_3 溶液倒入 $CuSO_4$ 溶液,对结果是否会有所影响?

4. 反应物温度进行探求:

(1) 反应温度对本实验有何影响?

(2) 反应在何种温度下进行会出现褐色产物?这种褐色物质是什么?

5. 除反应物的配比和反应的温度对本实验的结果有影响外,反应物的种类、反应进行时间等因素是否对产物的质量也会有影响?

6. 自行设计一个实验,来测定产物中铜及碳酸根的含量,从而分析所制得碱式碳酸铜的质量。

附注

制备碱式碳酸铜的几种方法

1. 由 $Na_2CO_3 \cdot 10H_2O$ 和 $CuSO_4 \cdot 5H_2O$ 反应制备

根据 $CuSO_4$ 和 Na_2CO_3 反应的化学方程式

$$2CuSO_4 + 2Na_2CO_3 + H_2O =\!=\!= Cu_2(OH)_2CO_3 \downarrow + 2Na_2SO_4 + CO_2$$

进行计算,称取 14 g $CuSO_4 \cdot 5H_2O$ 和 16 g $Na_2CO_3 \cdot 10H_2O$,用研钵分别研细后再混合研磨,此时即发生反应,有"嗞嗞"产生气泡的声音,而且混合物吸湿很厉害,很快成为"黏胶状"。将混合物迅速投入 200 mL 沸水中,快速搅拌并撤离热源,有蓝绿色沉淀产生。抽滤,用水洗涤沉淀,至滤液中不含 SO_4^{2-} 为止,取出沉淀,风干,得到蓝绿色晶体。该方法制得的晶体,主要成分是 $Cu_2(OH)_2CO_3$,因反应产物与温度、溶液的酸碱性等有关,同时可能有蓝色的 $2CuCO_3 \cdot Cu(OH)_2$、$2CuCO_3 \cdot 3Cu(OH)_2$ 和 $2CuCO_3 \cdot 5Cu(OH)_2$ 等生成,使晶体带有蓝色。

如果把两种反应物分别研细后再混合(不研磨),采用同样的操作方法,也可得到蓝绿色晶体。

2. 由 Na_2CO_3 溶液跟 $CuSO_4$ 溶液反应制备

分别称取 12.5 g $CuSO_4 \cdot 5H_2O$、14.3 g $Na_2CO_3 \cdot 10H_2O$,各配成 200 mL 溶液(溶液浓度为 0.25 mol $\cdot$ L^{-1})。在室温下,把 Na_2CO_3 溶液滴加到 $CuSO_4$ 溶液中,并搅拌。用红色石蕊试纸检验溶液至变蓝为止,得到蓝色沉淀。抽滤,用水洗涤沉淀,至滤液中不含 SO_4^{2-} 为止,取出沉淀,风干,得到蓝色晶体。该晶体的主要成分为 $5CuO \cdot 2CO_2$。如果使沉淀与 Na_2CO_3 的饱和溶液接触数日,沉淀将转变为 $Cu(OH)_2$。

如果先加热 Na_2CO_3 溶液至沸腾,再滴加 $CuSO_4$ 溶液,会立即产生黑色沉淀;如果加热

$CuSO_4$ 溶液至沸腾时滴加 Na_2CO_3 溶液,产生蓝绿色沉淀,一直滴加 Na_2CO_3 溶液直至用红色石蕊试纸检验变蓝为止,但条件若控制不好的话,沉淀颜色会逐渐加深,最后变成黑色;如果先不加热溶液,向 $CuSO_4$ 溶液中滴加 Na_2CO_3 溶液,并用红色石蕊试纸检验至变蓝为止,然后加热,沉淀颜色也易逐渐加深,最后变成黑色。出现黑色沉淀的原因可能是由于产物分解成 CuO 的缘故。因此,当加热含有沉淀的溶液时,一定要控制好加热时间。

3. 由 $NaHCO_3$ 跟 $CuSO_4 \cdot 5H_2O$ 反应制备

称取 $4.2 \, g \, NaHCO_3$ 和 $6.2 \, g \, CuSO_4 \cdot 5H_2O$,将固体混合(不研磨)后,投入 $100 \, mL$ 沸水中,搅拌,并撤离热源,有草绿色沉淀生成。抽滤、洗涤、风干,得到草绿色晶体。该晶体的主要成分为 $CuCO_3 \cdot Cu(OH)_2 \cdot H_2O$。

4. 由 $Cu(NO_3)_2$ 跟 Na_2CO_3 反应制备

将冷的 $Cu(NO_3)_2$ 溶液倒入 Na_2CO_3 的冰冷溶液(等体积等物质的量浓度)中,即有碱式碳酸铜生成,经抽滤、洗涤、风干后,得到蓝色晶体,其成分为 $2CuCO_3 \cdot Cu(OH)_2$。

由上述几种方法制得的晶体颜色各不相同。这是因为产物的组成与反应物组成、溶液酸碱度、温度等有关,从而使晶体颜色发生变化。从加热分解碱式碳酸铜实验的结果看,由第一种方法制得的晶体分解最完全,产生的气体量最大。

参 考 文 献

[1] 北京师范大学无机化学教研室. 无机化学实验[M]. 3 版. 北京:高等教育出版社,2001.

[2] 大连理工大学无机化学教研室. 无机化学实验[M]. 2 版. 北京:高等教育出版社,2006.

[3] 方宾,王伦. 化学实验[M]. 北京:高等教育出版社,2003.

[4] 浙江大学普通化学教研组. 普通化学实验[M]. 3 版. 北京:高等教育出版社,1996.

[5] 魏文珑. 大学基础化学实验[M]. 北京:兵器工业出版社,2001.

[6] 北京师范大学无机化学教研室等. 无机化学[M]. 4 版. 北京:高等教育出版社,2003.

[7] 古国榜,李朴,徐立宏. 大学化学实验[M]. 北京:化学工业出版社,2010.

[8] 卢登贵. 低碳钢在盐酸中腐蚀速率及其含有缓蚀剂的腐蚀研究[J]. 四川工业学院学报,1992,4(11):227 - 232.

[9] 张天胜,张洁,高红. 缓蚀剂[M]. 2 版. 北京:化学工业出版社,2008.

[10] 倪静安,高世萍,李运涛,郭敏杰. 无机及分析化学实验[M]. 北京:高等教育出版社,2007.

[11] 贾之慎,张仕勇. 无机及分析化学[M]. 2 版. 北京:高等教育出版社,2008.

第九章 高分子化学实验

本章涉及高分子合成、高分子化学反应、高分子分子量测定和成型加工与性能测试方面的七个实验。其中,实验一、三、四、六为验证性实验(必做),实验二、五、七为综合设计或研究性实验(选做)。既有传统的本体聚合、悬浮聚合和乳液聚合内容,也有最新的反相微乳液聚合内容,具有很强的趣味性和应用性。

实验一 苯乙烯悬浮聚合

一、实验目的

1. 学习悬浮聚合的实验操作方法,了解悬浮聚合的配方及各组分的作用。
2. 了解各种操作条件如分散剂、升温速率、搅拌速率等对悬浮聚合物粒径的影响,并观察单体在聚合过程中之演变。

二、实验原理

悬浮聚合是借助于较强的搅拌和分散剂的作用,将不溶于水的单体分散在介质(水)中,利用机械搅拌将单体分散成直径为 0.01~5 mm 的小液滴的形式进行聚合。它是将单体以微珠形式分散于介质中进行的聚合。从动力学的观点看,悬浮聚合与本体聚合完全一样,每一个微珠相当于一个小的本体,克服了本体聚合中散热困难的问题,但因珠粒表面附有分散剂,使纯度降低。当微珠聚合到一定程度,珠子内粒度迅速增大,珠与珠之间很容易碰撞粘结,不易成珠子,甚至黏成一团,为此必须加入适量分散剂,选择适当的搅拌器搅拌。由于分散剂的作用机理不同,在选择分散剂的种类和确定分散剂用量时,要随聚合物种类和颗粒要求而定,如颗粒大小、形状、树脂的透明性和成膜性能等。同时也要注意合适的搅拌速度、水与单体比等。

悬浮聚合是烯类单体制备高聚物的重要方法之一,具有很多优点。由于水为分散介质,聚合热可以迅速排除,因而反应温度容易控制;生产工艺简单;制成的成品呈均匀的颗粒状,故又称为珠状聚合;产品不经造粒即可直接成型加工。

苯乙烯(St)通过聚合反应生成聚苯乙烯。反应式为

$$n\ CH=CH_2 \quad \longrightarrow \quad \left[CH-CH_2\right]_n$$

本实验要求聚合物体具有一定的粒度。粒度的大小通过调节悬浮聚合的条件来实现。

三、器材及试剂

1. 仪器与材料

三口烧瓶(250 mL)、锥形瓶、球形冷凝管、机械搅拌器、加热器、温度计、量筒、表面皿、布氏漏斗、抽滤瓶。

2. 试剂及配比

试剂配比如表 9.1 所示。

表 9.1 苯乙烯悬浮聚合配比

组分	试剂	规格	加料量
单体	苯乙烯	$>99.5\%$	16 mL
分散剂	聚乙烯醇(1.5%)	DP=1 750±50	20 mL
引发剂	过氧化苯甲酰(BPO)	精制	0.3 g
介质	水	去离子水	130 mL

四、实验步骤

按图 9.1 安装好实验装置。为保证搅拌速率均匀,整套装置安装要规范,尤其是搅拌器安装后,用手转动,使其阻力小,转动轻松自如。

用分析天平准确称取 0.3 g BPO 放于 100 mL 锥形瓶中,再用移液管按配方量取 16 mL 苯乙烯,加入锥形瓶中。轻轻振动,待 BPO 完全溶解于苯乙烯后将溶液加入三口瓶中。再加入 20 mL 1.5% 的聚乙烯醇溶液。最后用 130 mL 去离子水分别冲洗锥形瓶和量筒后加入三口瓶中。

开通冷凝水。启动搅拌器并控制在一恒定转速,慢慢将温度升至 85~90 ℃(20~30 min 内),开始聚合反应。

在整个过程中除了要控制好反应温度外,关键是要控制好搅拌速率,尤其是反应一个多小时以后,体系中分散的颗粒变得发黏,这时搅拌速率如果忽快忽慢或者停止都会导致颗粒粘在一起,或粘在搅拌器上形成结块,致使反应失败。所以反应中一定要控制好搅拌速率。可在反应后期将温度升至反应温度上限,以加快反应,提高转化率。

反应 1.5~2 h 后,可用吸管吸取少量颗粒在表面皿中进行观察,如颗粒变硬发脆,可结

束反应。停止加热,撤出加热器。搅拌以便冷水将聚合体系冷却至室温。停止搅拌,取下三口瓶。产品用布氏漏斗滤干,并用热水洗数次。最后聚合产物在鼓风干燥箱烘干(50 ℃),称重并计算产率。

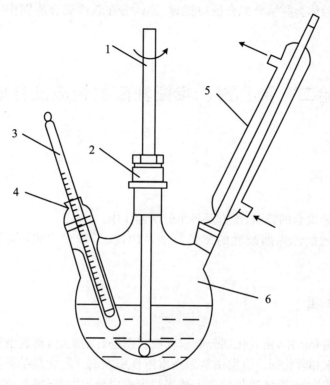

1— 搅拌器;　2—四氟密封塞;　3—温度计;　4—温度计套管;　5—冷凝管;　6—三口烧瓶

图 9.1　聚合装置图

五、注意事项

1. 反应时搅拌要快,要均匀,使单体能形成良好的珠状液滴。

2. 保温阶段是实验成败的关键阶段,此时聚合热逐渐放出,油滴开始变黏易发生粘连,需密切注意温度和转速的变化。

3. 如果聚合过程中发生停电或聚合物粘在搅拌棒上等异常现象,应及时降温终止反应并倾出反应物,以免造成器材报废。

六、思考题

1. 结合悬浮聚合的理论,说明配方中各种组分的作用。如改为苯乙烯的本体聚合或乳液聚合,此配方需做哪些改动,为什么?

2. 分散剂作用原理是什么？如何确定用量？改变用量会产生什么影响？如不用聚乙烯醇可用什么代替？

3. 悬浮聚合对单体有何要求？聚合前单体应如何处理？

4. 根据实验体会并结合聚合反应机理，你认为在悬浮聚合的操作中，应特别注意哪些问题？

实验二　聚乙酸乙烯酯乳液的合成及性能测试

一、实验目的

1. 了解乳液聚合的特点、配方及各组分所起作用。

2. 掌握聚乙酸乙烯酯胶乳的制备方法及用途，了解聚乙酸乙烯酯乳液的性能测试方法。

二、实验原理

单体在水相介质中，由乳化剂分散成乳液状态进行的聚合，称乳液聚合，其主要成分是单体、水、引发剂和乳化剂。引发剂常采用水溶性引发剂。乳化剂是乳液聚合的重要组分，它可以使互不相溶的油-水两相转变为相当稳定难以分层的乳浊液。乳化剂分子一般由亲水的极性基团和疏水的非极性基团构成。根据极性基团的性质可以将乳化剂分为阳离子型、阴离子型、两性和非离子型四类。当乳化剂分子在水相中达到一定浓度，即到达临界胶束浓度(CMC)值后，体系开始出现胶束。胶束是乳液聚合的主要场所，发生聚合后的胶束称作为乳胶粒。随着反应的进行，乳胶粒数不断增加，胶束消失，乳胶粒数恒定，由单体液滴提供单体在乳胶粒内进行反应。此时，由于乳胶粒内单体浓度恒定，聚合速率恒定。待单体液滴消失后，随乳胶粒内单体浓度的减少，聚合速率下降。

乳液聚合的反应机理不同于一般的自由基聚合，其聚合速率与引发速率无关，而取决于乳胶粒数。乳胶粒数的多少与乳化剂浓度有关。增加乳化剂浓度，即增加乳胶粒数，可以同时提高聚合速率和分子量。而在本体、溶液和悬浮聚合中，使聚合速率提高的一些因素，往往使分子量降低。所以乳液聚合具有聚合速率快、分子量高的优点。

乙酸乙烯酯(VAc)的乳液聚合机理与一般乳液聚合相同。采用水溶性的过硫酸盐为引发剂，为使反应平稳进行，单体和引发剂均需分批加入。聚合中常用的乳化剂是聚乙烯醇(PVA)。实验中还常采用两种乳化剂合并使用，其乳化效果和稳定性比单独使用一种好。本实验采用 PVA-1788 和 OP-10 两种乳化剂。乙酸乙烯酯采用乳液聚合法可以制备聚乙酸乙烯酯(PVAc)胶乳漆，聚合产物乳胶漆具有水基漆的优点，黏度小、分子量较大，避免了使用易燃、有毒性的有机溶剂。作为黏合剂时（俗称白胶），木材、织物和纸张等均可使用。

聚合机理如下：

1. 链的引发

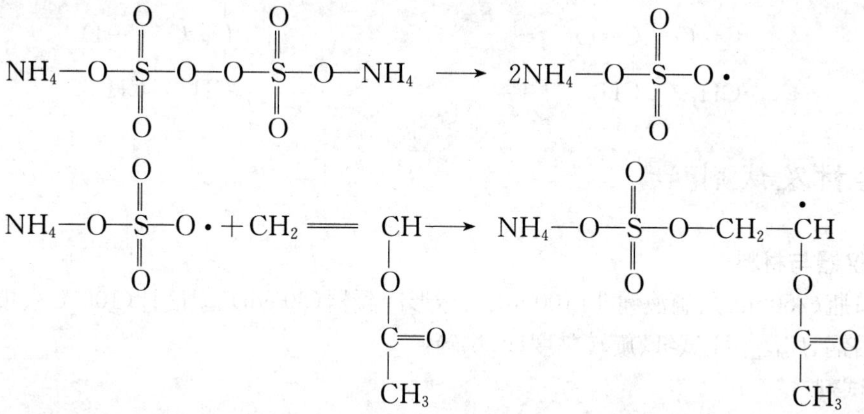

$$NH_4—O—\overset{\overset{\displaystyle O}{\|}}{\underset{\underset{\displaystyle O}{\|}}{S}}—O—O—\overset{\overset{\displaystyle O}{\|}}{\underset{\underset{\displaystyle O}{\|}}{S}}—O—NH_4 \longrightarrow 2NH_4—O—\overset{\overset{\displaystyle O}{\|}}{\underset{\underset{\displaystyle O}{\|}}{S}}—O\cdot$$

$$NH_4—O—\overset{\overset{\displaystyle O}{\|}}{\underset{\underset{\displaystyle O}{\|}}{S}}—O\cdot + CH_2=\underset{\underset{\underset{\underset{CH_3}{|}}{C=O}}{|}}{\underset{O}{|}}{CH} \longrightarrow NH_4—O—\overset{\overset{\displaystyle O}{\|}}{\underset{\underset{\displaystyle O}{\|}}{S}}—O—CH_2—\overset{\displaystyle \cdot}{\underset{\underset{\underset{\underset{CH_3}{|}}{C=O}}{|}}{\underset{O}{|}}{CH}}$$

2. 链的增长

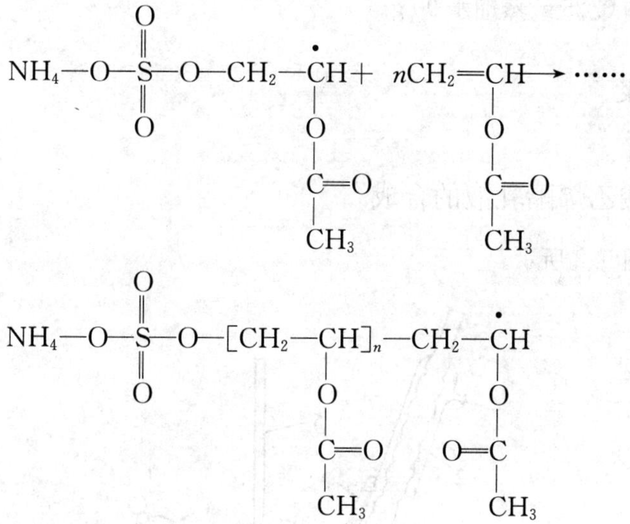

$$NH_4—O—\overset{\overset{\displaystyle O}{\|}}{\underset{\underset{\displaystyle O}{\|}}{S}}—O—CH_2—\overset{\displaystyle \cdot}{\underset{\underset{\underset{\underset{CH_3}{|}}{C=O}}{|}}{\underset{O}{|}}{CH}} + nCH_2=\underset{\underset{\underset{\underset{CH_3}{|}}{C=O}}{|}}{\underset{O}{|}}{CH} \longrightarrow \cdots\cdots$$

$$NH_4—O—\overset{\overset{\displaystyle O}{\|}}{\underset{\underset{\displaystyle O}{\|}}{S}}—O—[CH_2—\underset{\underset{\underset{\underset{CH_3}{|}}{C=O}}{|}}{\underset{O}{|}}{CH}]_n—CH_2—\overset{\displaystyle \cdot}{\underset{\underset{\underset{\underset{CH_3}{|}}{O=C}}{|}}{\underset{O}{|}}{CH}}$$

3. 链的终止

$$\cdots\cdots CH_2—\overset{\displaystyle \cdot}{\underset{\underset{\underset{\underset{CH_3}{|}}{C=O}}{|}}{\underset{O}{|}}{CH}} + \overset{\displaystyle \cdot}{\underset{\underset{\underset{\underset{CH_3}{|}}{C=O}}{|}}{\underset{O}{|}}{CH}}—CH_2\cdots\cdots \longrightarrow \cdots\cdots CH_2—\underset{\underset{\underset{\underset{CH_3}{|}}{C=O}}{|}}{\underset{O}{|}}{CH}—\overset{\overset{\displaystyle H}{|}}{\underset{\underset{\underset{\underset{CH_3}{|}}{C=O}}{|}}{\underset{O}{|}}{C}}\cdots\cdots$$

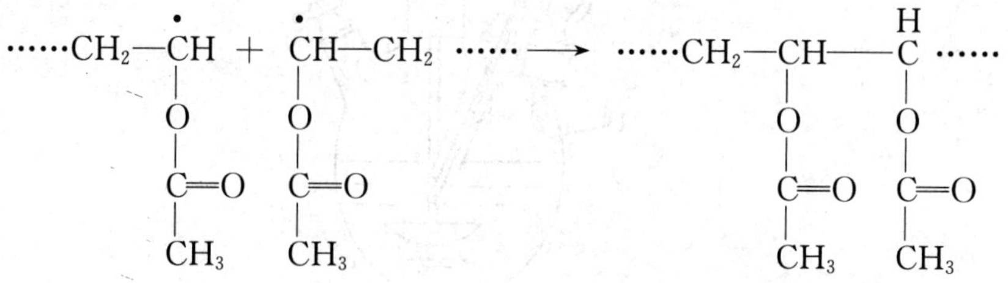

$$\cdots\cdots CH_2-\overset{\bullet}{CH} + \overset{\bullet}{CH}-CH_2 \cdots\cdots \longrightarrow \cdots\cdots CH_2-\overset{H_2}{\underset{|}{C}} + CH=CH \cdots\cdots$$

三、器材及试剂

1. 仪器与材料

四口瓶(250 mL)、滴液漏斗(100 mL)、球形冷凝器(30 cm)、温度计(100 ℃)、搅拌器(桨式)、水浴锅、广泛 pH 试纸、旋转黏度计、烘箱。

2. 试剂

乙酸乙烯酯 70 g、过硫酸铵 0.5 g、聚乙烯醇(1788)5 g、乳化剂(OP-10)1 g、十二烷基磺酸钠 1 g、碳酸氢钠 0.25 g、蒸馏水 90 g。

四、实验步骤

(一) 聚乙酸乙烯酯乳液的合成

实验装置如图 9.2 所示。

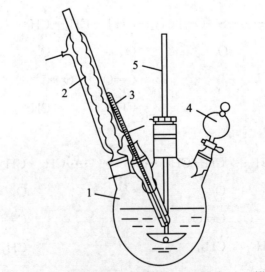

1—四口瓶; 2—冷凝管; 3—温度计; 4—漏斗; 5—搅拌器

图 9.2 苯乙烯聚合装置图

（1）装有搅拌器、回流冷凝管、滴液漏斗和温度计的四口瓶中加入 5 g 聚乙烯醇（1788）、90 g 蒸馏水及 1 g OP-10，开启搅拌，水浴加热至 80～90 ℃使其溶解。

（2）降温至 70 ℃，停止搅拌，加入十二烷基磺酸钠 1 g 及碳酸氢钠 0.25 g 后，开启搅拌，再加入 7 g 乙酸乙烯酯（约 1/10 单体量），最后加入 0.5 g 过硫酸铵，控制反应瓶内温度在 65～70 ℃左右。

（3）至反应体系出现蓝光，表明乳液聚合反应开始启动，15 min 后再开始缓慢滴加剩余的 63 g 乙酸乙烯酯，控制在 2 h 内加完。

（4）投料完毕后，继续搅拌，保温反应 0.5 h，撤除恒温浴槽，继续搅拌冷却至室温，此白色乳液可直接作黏合剂使用（俗称白胶），也可加水稀释并混入色浆制成各种颜色的涂料（即为乳胶漆）。

注：常用的乳化剂聚乙烯醇是一种非离子型乳化剂，它除了起乳化作用外，也起保护胶体和增稠剂的作用。OP-10 乳化剂是烷基酚的环氧乙烷缩合物。

用过硫酸铵为引发剂时，乳液的 pH 值要加以控制，因为在反应中酸性会不断增加，而 pH 值太低（如小于 2）则反应速率很慢，有时会破坏乳液聚合的正常进行，使乳液粒子变粗。

（二）聚乙酸乙烯酯乳液的性能测试

1. 剪切强度的测定

试样规格：80 mm×25 mm×3.5 mm 的三合板及木板

试样制作：在两个黏结面涂胶，搭接面积为 25 mm×25 mm，轻压后，于室温下固化三天，制得试样。

根据国标 GB11178—89"剪切强度测定方法"进行实验。采用深圳新三思计量技术有限公司制造的 CMT7104 型电子万能试验机进行测试，拉伸速率为 5 mm·min^{-1}。

2. 黏度测定

根据国标 GB/T2794—95"胶黏剂黏度的测定"进行实验。采用成都器材厂 NXS-11A 型旋转黏度计，于一定的温度下测定乳液的黏度。

3. 乳液固含量的测定

在已恒重的称量瓶中，称取 1.0～1.5 g 样品。放入 105 ℃的恒温干燥箱中干燥 3 h，取出，放在干燥器中冷却至室温，称重，按下式计算乳液固含量。平行测定 3 个样品，取其平均值

$$固含量 = \frac{恒温干燥后试样重}{试样湿重} \times 100\%$$

五、注意事项

1. 按要求严格控制滴加速率，如果开始阶段滴加过快，乳液中出现块状物，则实验失败。

2. 严格控制搅拌速率，否则将使料液乳化不完全。

3. 滴加单体时,温度控制在 70 ± 1 ℃,温度过高使单体损失。

六、思考题

1. 比较乳液聚合、溶液聚合、悬浮聚合和本体聚合的特点及其优缺点。
2. 在乳液聚合过程中,乳化剂的作用是什么?
3. 本实验操作应注意哪些问题?

实验三 甲基丙烯酸甲酯本体聚合制备有机玻璃

一、实验目的

1. 了解本体聚合的基本原理和特点。
2. 熟悉和掌握有机玻璃的制备方法。

二、实验原理

有机玻璃是由甲基丙烯酸甲酯通过本体聚合方法制备的板材、棒材、管材及其制品。聚甲基丙烯酸甲酯由于其结构中具有庞大的侧基,不易结晶,为无定形固体。它的最突出的性能是具有很高的透明度,透光率可达 92%。另外,它的比重小,故其制品比同体积无机玻璃制品轻巧得多,同时又具有一定的耐冲击强度与良好的低温性能。因此成为光学器材制造工业和航空工业的重要材料。有机玻璃着色后色彩五光十色,鲜艳夺目,故又被广泛用作装饰材料和日用制品。

甲基丙烯酸甲酯的本体聚合是在引发剂引发下,按自由基聚合反应的历程进行的,引发剂通常为偶氮二异丁腈或过氧化二苯甲酰。其反应通式可表示如下:

$$n\text{CH}_2=\underset{\underset{\text{COOCH}_3}{|}}{\overset{\overset{\text{CH}_3}{|}}{\text{C}}} \longrightarrow \underset{\underset{\text{COOCH}_3}{|}}{\overset{\overset{\text{CH}_3}{|}}{\left[\text{CH}_2-\text{C} \right]_n}}$$

在本体聚合反应开始前,通常有一段诱导期,聚合速率为零。在这段时间内,体系无黏度变化。聚合反应开始后,单体转化率逐步提高。当转化率达到 20% 左右时,聚合速率显著加快,称为自动加速现象,此时若控制不当,体系将发生暴聚而使产品性能变坏。转化率达到 80% 之后,聚合速率显著降低,最后几乎停止反应,需要升高温度来促使聚合反应进行完全。

510

甲基丙烯酸甲酯聚合过程中出现的自动加速现象主要是由于聚合热排除困难、体系局部过热造成的。聚合过程中聚合热的排除问题是本体聚合过程中最大的工艺问题。为了解决这一问题,甲基丙烯酸甲酯本体聚合在工艺上采取两段法,第一段是在聚合釜中进行预聚,使转化率达到约 15%。在此过程中,一部分聚合热已先行排除,为以后灌模聚合的顺利进行打下基础。预聚还有一个目的是减少由于聚合过程的体积收缩。甲基丙烯酸甲酯单体密度只有 $0.94\ g \cdot cm^{-3}$,而其聚合物密度为 $1.17\ g \cdot cm^{-3}$,故聚合过程中有较大的体积收缩,体积收缩率达 21%。结果容易造成制品的变形。预聚则可使一部分体积收缩在聚合釜中完成,因此可减少制品的变形。第二段即预聚结束后,将预聚体灌模,继续进行聚合,最后得到所需的制品。

三、器材与试剂

1. 仪器与材料

三口瓶(250 mL)1 只、回流冷凝器 1 支、温度计(100 ℃)1 支、水浴锅 1 个、电炉 1 个、电动搅拌器 1 套、试管 2 只。

2. 试剂

甲基丙烯酸甲酯 60 mL、过氧化苯甲酰 0.35 g。

四、实验步骤

1. 预聚体制备

(1) 准确称取 0.35 g 过氧化苯甲酰、60 mL 甲基丙烯酸甲酯,投入三口瓶中,摇晃使其完全溶解。装上回流冷凝器、搅拌器、温度计后,开动搅拌,通冷却水,水浴加热至 85 ℃左右,保温反应。

(2) 观察聚合体系黏度变化。若预聚物变成黏性薄浆状(比甘油略黏一些),撤去热源,降温,结束预聚合。预聚合需 30~40 min。

2. 灌浆成型

(1) 仔细洗净试管,置于 120 ℃烘箱中干燥 0.5 h,取出后放入硅胶干燥器中冷却(防止试管内有水分使产物有气泡)。

(2) 将预聚物灌入试管中,灌注高度一般为 5~7 cm(灌注过多,压力太大,有可能使气泡不易逸出,留在聚合物内)。

(3) 将已灌浆的试管置于 40 ℃左右的烘箱内进行低温聚合约 7 h,当试管内聚合物基本成为固体时升温到 100 ℃,保持 2 h。

(4) 取出试管,冷却后将试管打破,得到透明光滑的有机玻璃棒。预聚液浇灌时,预先在试管中放入干花等装饰物,则聚合完成后可制得"人工琥珀"小饰物。

五、注意事项

1. 单体预聚合时间不可过长。反应物稍变黏稠即可停止反应,并迅速用冷水淋洗冷却。
2. 试管要尽可能洗得干净,并彻底烘干,否则聚合中易产生气泡。
3. 灌注时试管要倾斜,使预聚物缓慢连续的流入试管中,防止气泡带入。

六、思考题

1. 叙述本体聚合的特点。
2. 单体预聚合的目的是什么?

实验四 聚乙烯醇缩甲醛的制备

一、实验目的

1. 加深对高分子化学反应基本概念的理解。
2. 了解缩聚反应原理,熟悉反应过程,并掌握聚乙烯醇缩醛的制备方法。

二、实验原理

与低分子化合物一样,高分子化合物也具有化学反应活性,可进行各种化学反应。高分子的化学反应种类很多,按高分子在反应前后聚合度的变化,可将高分子的化学反应分为如下三大类:

(1) 聚合度变大的反应,如交联、接枝、嵌段、扩链等。

(2) 聚合度变小的反应,如解聚、降解等。

(3) 聚合度基本不变的反应,如由一种聚合物变为另一种聚合物、高分子试剂或高分子催化剂等功能高分子的制备等。

聚合度基本不变的高分子化学反应在目前工业界有十分广泛的应用。如将纤维素转变为硝酸纤维素、醋酸纤维素;聚醋酸乙烯酯水解为聚乙烯醇;通过聚乙烯制备氯化聚乙烯、氯磺化聚乙烯;离子交换树脂的制备等。聚乙烯醇缩甲醛的制备也属于这一类型。

聚乙烯醇缩醛树脂在工业上被广泛用来生产黏合剂、涂料、化学纤维,品种主要有聚乙烯醇缩甲醛、聚乙烯醇缩乙醛、聚乙烯醇缩甲乙醛、聚乙烯醇缩丁醛等。

早在 1931 年,人们就已经研制出聚乙烯醇(PVA)的纤维,但由于 PVA 的水溶性而无法实际应用。利用"缩醛化"减少其水溶性,就使得 PVA 有了较大的实际应用价值。用甲醛进行缩醛化反应得到聚乙烯醇缩甲醛。聚乙烯醇缩甲醛随缩醛化程度不同,性质和用途有所不同。控制缩醛在 35％左右,就得到人们称为"维纶"(维尼纶)的纤维。维纶的强度是棉花的 1.5~2.0 倍,吸湿性约为棉花的 5％,接近天然纤维,又称为"合成棉花"。

在聚乙烯醇缩甲醛分子中,如果控制其缩醛度在较低水平,由于聚乙烯醇缩甲醛分子中含有羟基、乙酰基和醛基,因此有较强的粘接性能,可用作胶水,用来粘接金属、木材、皮革等。

聚乙烯醇缩甲醛是利用聚乙烯醇与甲醛在酸性条件下制得的。其反应式为

$$\overset{|}{\underset{OH}{-CH}}-CH_2-\overset{|}{\underset{OH}{CH}}-CH_2- \ +HCHO \xrightarrow{H^+} \ -CH-CH_2-CH-CH_2- \ +H_2O$$

由于几率效应,聚乙烯醇中邻近羟基成环后,中间往往会夹着一些无法成环的孤立羟基,因此,缩醛化反应不可能进行完全。本实验是合成水溶性聚乙烯醇缩甲醛胶水,反应过程中需控制较低的缩醛度,使产物保持水溶性。如反应过于猛烈,则会造成局部高缩醛度,导致不溶性物质存在于胶水中,影响胶水质量。因此在反应过程中,要特别注意严格控制催化剂用量、反应温度、反应时间等因素。

三、器材及试剂

1. 仪器与材料

三口瓶(250 mL)1 只、回流冷凝器 1 支、温度计(100 ℃)1 支、水浴锅 1 个、电炉 1 个、电动搅拌器 1 套、小烧杯 1 个。

2. 试剂

聚乙烯醇(1799)15 g、40％甲醛水溶液 3 mL、蒸馏水 120 mL、盐酸(30％)、氢氧化钠(30％)。

四、实验步骤

1. 装好器材(图 9.2),并检查搅拌器运转是否正常。

2. 在三口瓶内加入聚乙烯醇(1799)15g 和蒸馏水 120 mL,开动搅拌升温至 85~95 ℃使其完全溶解。

3. 待 PVA 全部溶解后,降温至 85 ℃左右,加入 3 mL 甲醛搅拌 15 min。滴加盐酸,调 pH 值到 2 左右,保持反应温度 90 ℃左右。

4. 继续搅拌,反应体系逐渐变稠。当体系中出现气泡或有絮状物产生时,即可停止反

应,降温。

5. 继续搅拌,胶液重新变清,滴加氢氧化钠溶液,调节 pH 值为 7~8。

6. 冷却至室温后,出料,即得聚乙烯醇缩甲醛胶黏剂。

五、思考题

1. 影响反应的主要因素是什么?

2. 在反应后期,加入氢氧化钠是何道理?

实验五　聚丙烯酰胺反相微乳液的合成及性能测试

一、实验目的

1. 学习反相微乳液聚合的特点、应用及各组分所起作用。

2. 掌握聚丙烯酰胺反相微乳液的制备方法及用途。

3. 了解聚丙烯酰胺乳液的性能,进一步学习分子量的测定方法。

二、实验原理

20 世纪 80 年代,在反相乳液聚合理论与技术的基础上发展了反相微乳液聚合技术。它为水溶性单体提供了制备较高相对分子量聚合物的高反应速率的聚合方法。所谓微乳液通常是指一种各向同性、清亮透明(或半透明)、粒径在 8~80 nm 的热力学稳定的胶体分散体系,聚合体系在反应前后都保持透明,具有高稳定性、高固含量、粒径分布均一和速溶等特性。反相微乳液聚合体系内,胶束数目一般较大,聚合物粒子数目相对较少,故在大部分时间内自由基主要通过扩散进入胶束引发其成核聚合形成新聚合物粒子,而不是进入聚合物粒子,这就导致所得聚合物粒子内聚合物链数目少,分子量却很高。同时,反相微乳液聚合反应条件温和、反应速率快、粒子细小均一,并得到高度稳定、清澈透明、粒径很小、各向同性的微胶乳产物。所以,反相微乳液聚合法为制备水溶性高分子量丙烯酰胺类聚合物提供了非常理想的技术和条件。微乳液具有超强稳定性,因此可利用微乳液聚合获得高稳定性超微粒子聚合物胶乳,所以反相微乳液聚合得到的微乳胶广泛应用于生物、医学、食品、化工等领域,如石油开采、水处理、超分子化学、膜化学、表面催化、纳米材料和新型表面材料等,尤其在近年发展起来的药物的微胶囊化、纳米金属材料、聚合物粉末材料和特种涂料的制备以及提高石油采收率等工业中其应用更为重要。

丙烯酰胺的反相微乳液聚合是由法国科学家 Candau 首先提出,反相微乳液聚合是借助于 W/O 型乳化剂的作用,将水溶性单体乳化于非水介质中进行聚合并得到微胶乳的聚合反应。与常规的溶液聚合和乳液聚合合成的产品相比,反相微乳液聚合法制得的聚丙烯酰胺产品具有高相对分子质量、粒径分布窄,且絮凝性能更佳等优点。由于研究者所采用的单体、引发剂、乳化剂以及有机相的不相同,聚合物的性能也有所不同。

本实验以丙烯酰胺(AM)和丙烯酸为单体合成聚丙烯酰胺,采用水溶性的亚硫酸氢钠为引发剂,为使反应平稳进行、分子量高、乳液稳定,单体和引发剂均需分批加入。在研究反相微乳液聚合的早期,多采用阴离子型乳化剂 AOT,但由于离子型乳化剂受电解质和 pH 值的影响较大,所以现在非离子型乳化剂被广泛使用和研究。较典型的非离子乳化剂有山梨醇酐倍半油酸酯(Arlacel 83)、Span 类、Tween 类、OP 类或它们的复配物,特别是 Span 系列还有利于制备超高相对分子质量的聚合物。实验中还常将两种乳化剂复配使用,其乳化效果和稳定性比单独使用好。本实验采用 Tween80、Span80 两种乳化剂复配使用。

本实验聚合机理经历了链的引发、链的增长、链的终止等过程。其反应方程式为

$$H_2C{=\!\!=}\underset{H}{C}{-}\overset{O}{\overset{\|}{C}}{-}OH + NaOH \longrightarrow H_2C{=\!\!=}\underset{H}{C}{-}\overset{O}{\overset{\|}{C}}{-}O{-}Na + H_2O$$

$$H_2C{=\!\!=}\underset{H}{C}{-}\overset{O}{\overset{\|}{C}}{-}O + Na + H_2C{=\!\!=}\underset{H}{C}{-}\overset{O}{\overset{\|}{C}}{-}NH_2 \xrightarrow{引发剂} {\left[\!\!\begin{array}{c}H_2\\C\end{array}\!\!-\!\!\begin{array}{c}H\\C\\|\\C{-}O{-}Na\\\|\\O\end{array}\!\!\right]}_a{\left[\!\!\begin{array}{c}H_2\\C\end{array}\!\!-\!\!\begin{array}{c}\\CH\\|\\C{-}NH_2\\\|\\O\end{array}\!\!\right]}_b$$

三、器材及试剂

1. 仪器与材料

四口瓶(250 mL)、滴液漏斗(100 mL)、温度计(100 ℃)、搅拌封、搅拌马达、搅拌器(桨式)、水浴锅、广泛 pH 试纸、乌氏黏度计、烘箱、电子天平(精确到 0.000 1 g)。

2. 试剂

丙烯酰胺 8.4 g、丙烯酸 4.6 g、氢氧化钠 2.56 g、亚硫酸氢钠 0.036 4 g、乳化剂 $[m(\text{Tween80}) : m(\text{Span80}) = 5.36 : 4]$ 9.36 g、丙酮、乙醇、蒸馏水 100 g、异构十六烷(Isopar-M)。

四、实验步骤

实验装置如图 9.3 所示。

（一）聚丙烯酰胺反相微乳液的合成

1. 油相和水相的配制

油相:把乳化剂、有机溶剂(isopar-M)按一定的质量比和HLB值混合,形成油相。

水相:称取一定质量的NaOH,加入一定质量的去离子水配置成溶液。低温搅拌下滴入4.6 g丙烯酸。再称取8.4 g丙烯酰胺放入溶液中溶解,即成水相。

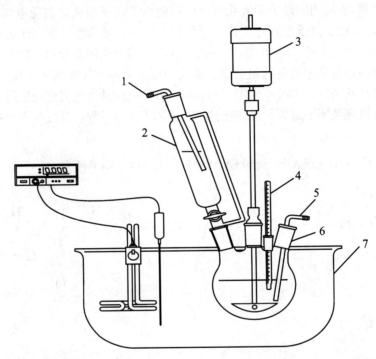

1—通气管; 2—恒压滴液漏斗; 3—机械搅拌; 4—温度计; 5—通气管; 6—四口烧瓶; 7—恒温水浴锅

图9.3 聚丙烯酰胺反相微乳液合成装置

2. 合成与测定

（1）在装有搅拌器、滴液漏斗和温度计的四口瓶中加入水相溶液,同时在滴液漏斗加入油相溶液。然后开启搅拌,向水相和油相中各通氮气0.5 h去除溶液内的氧气,然后将油相缓慢放入水相,就形成均一稳定的反相微乳液。

（2）将水浴温度调至20℃(引发温度),温度稳定后迅速加入一定量新制的引发剂亚硫酸氢钠水溶液,此时会看到内部温度平稳迅速上升即引发成功,而后内部温度会下降。

（3）待内部温度稳定后,再将水浴温度调至指定聚合温度25℃。经过6~8 h后,将四口瓶内微乳液倒出,该液体即为我们所需的产品。

（4）用丙酮和乙醇(1:1)的混合液破乳,得到的聚丙烯酰胺45℃下在烘箱中烘干,测定其分子量。

注:(1)当乳化剂的HLB值过低(如Span80)或过高(如OP10和Tween80)时,都很难

形成微乳液。单一的乳化剂分子在油水两相界面形成的分子膜容易产生孔腔,水分子容易从孔腔中挤压出来造成破乳,所以单一乳化剂的效果不佳,如 Span20。采用复合乳化剂后,界面膜上会产生复合界面膜,膜强度增加,液珠就不容易凝结。显然,复合乳化剂中,辅助乳化剂与主乳化剂必须生成"复合物"才能有较好的效果。

（2）用亚硫酸氢钠为引发剂时,亚硫酸氢钠要为新配置的,不能久置,以防变质导致实验失败。反应温度要加以控制,因为在反应中温度过高,则反应速率很快,会破坏乳液聚合的正常进行,发生爆聚现象。

（二）聚丙烯酰胺反相微乳液的性能测试

1. 聚合物的分子量的测定

按照 GB12005.1—89 和 GB/T12005.10—92 用乌氏黏度计进行测定。按标准配制浓度为 $1.00\ mol \cdot L^{-1}$ 的氯化钠溶液作为溶剂,试样浓度为 $0.000\ 5 \sim 0.001\ g \cdot mL^{-1}$ 的溶液。用乌氏黏度计(毛细管直径 $0.4\ mm$)分别测定溶剂和溶液的流经时间,然后用公式计算特性黏度。

测定方法：

在烧杯内准确称取 $0.05 \sim 0.1\ g$ 的试样,用 $1.00\ mol \cdot L^{-1}$ 氯化钠溶液使其溶解,将溶液移入 $100\ mL$ 容量瓶中,加入 $1.00\ moL \cdot L^{-1}$ 的氯化钠溶液定容,放在恒温水浴中备用(水浴温度 $30 \pm 0.05\ ℃$)。

用移液管准确吸取 $10\ mL$ 试样液,加入到乌氏黏度计中,恒温(水浴温度 $30 \pm 0.05\ ℃$)。按标准规定的操作测量固定距离流下的时间 t,重复测定三次。

洗净黏度计干燥后,再按上述方法测定浓度为 $1.00\ mol \cdot L^{-1}$ 的氯化钠溶液的流经时间 t_0,重复测定三次。

按公式①计算试样溶液的相对黏度

$$\eta_r = t/t_0 \tag{①}$$

式中,η_r 为相对黏度;t_0 为 $1.00\ mol \cdot L^{-1}$ 氯化钠溶液的流经时间,单位 s;t 为试样溶液流经的时间,单位 s。

$$\eta_{sp} = \eta_r - 1 \tag{②}$$

式中,η_{sp} 为增比黏度。

$$[\eta] = [2(\eta_{sp} - \ln\eta_r)]^{1/2}/c \tag{③}$$

式中,$[\eta]$ 为特性黏度。

分子量计算公式

$$M = 802[\eta]^{1.25} \tag{④}$$

式中 M 为黏均分子量。

2. 稳定性的测定

目测产物外观,观察产物是否澄清均一,放置一段时间后再观察其是否保持微乳液状态。

五、注意事项

1. 按要求严格控制引发剂的用量,如果引发剂用量过多,开始反应很快,乳液中出现块状物,发生爆聚现象,则实验失败。

2. 严格控制单体的用量、乳化剂的用量和 HLB 值,否则反相微乳液配置失败,不能得到高分子量的聚丙烯酰胺。

3. 滴加引发剂时,严格控制温度,温度过高会发生爆聚现象,温度过低,会导致聚合不成功。

六、思考题

1. 反相微乳液乳液聚合、乳液聚合、悬浮聚合和本体聚合各有哪些优缺点?

2. 在反相微乳液聚合过程中,乳化剂的作用是什么? 乳化剂浓度对反应速率和产物分子量有何影响?

3. 本实验操作应注意哪些问题? 要保持微乳液体系的稳定性,应采取什么措施?

实验六　黏度法测定高聚物的分子量

一、实验目的

1. 掌握用乌氏(Ubbelohde)黏度计测定高聚物溶液黏度的原理和方法。
2. 测定线型高聚物聚乙二醇的分子量。

二、实验原理

表 9.2　不同分子量范围的不同测定方法

方法名称	适用分子范围
沸点升高法	3×10^4 以下
冰点降低法	5×10^3 以下
膜渗透压法	$2 \times 10^4 \sim 1 \times 10^6$
黏度法	$1 \times 10^4 \sim 1 \times 10^7$

高聚物是单体小分子加聚或缩聚而成的,其分子量大小对人们研究高聚物聚合、解聚过程的机理和动力学以及改良和控制高聚物产品的性能具有十分重要的意义。测定方法因分子量不同而异,见表 9.2。

本实验采用的黏度法具有设备简单操作方便的特点,准确度可达到 $\pm 5\%$。

两个面积为 A、维持流速梯度为 $\dfrac{\mathrm{d}u}{\mathrm{d}l}$ 所需的力为

$$f = \eta A \frac{\mathrm{d}u}{\mathrm{d}l} \quad \text{（牛顿黏度定律）}$$

式中比例系数 η 称为黏度，是流体对流动所表现出的内摩擦力。

高聚物溶液的黏度 η 是高聚物分子间的内摩擦、高聚物分子与溶剂分子间的内摩擦以及溶剂分子与溶剂分子间的内摩擦力 η_0 三者之和。

通常，将溶液黏度与纯溶剂黏度的比

$$\eta_r = \frac{\eta}{\eta_0}$$

称为相对黏度。将相对于溶剂，溶液黏度增加的比

$$\eta_{sp} = \frac{\eta - \eta_0}{\eta_0}$$

称为增比黏度。

η_r 反映的是溶液的黏度行为，η_{sp} 反映的是高聚物分子与溶剂分子间和高聚物分子间的内摩擦效应。二者均随高聚物溶液浓度 C 的增加而增加。为便于比较，常将单位浓度下显示的 η_{sp}/C 称为比浓黏度。当溶液无限稀释时，高聚物分子彼此相隔甚远，它们的相互作用可以忽略，此时

$$\lim_{C \to 0} \frac{\eta_{sp}}{C} = [\eta]$$

式中，$[\eta]$ 称为特性黏度，它反映的是无限稀释溶液中高聚物分子与溶剂分子间的内摩擦，其值取决于溶剂的性质及高聚物分子的大小和形态。$[\eta]$ 单位是浓度 C 单位的倒数。

在足够稀的高聚物溶液里，$\dfrac{\eta_{sp}}{C}$ 与 C 间满足

$$\frac{\eta_{sp}}{C} = [\eta] + \kappa[\eta]^2 C$$

κ 称为 Huggins 常数。$\dfrac{\eta_{sp}}{C}$ 对 C 作图为直线，通过，外推至 $C=0$ 时所得截矩即为 $[\eta]$，如图 9.4 所示。

据 Mark-Houwink 经验方程：$[\eta] = K \cdot M_r^\alpha$，聚乙二醇在不同温度时的 K、α 值（水为溶液）见表 9.3。由此即可求出高聚物聚乙二醇的分子量。

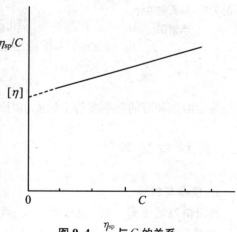

图 9.4　$\dfrac{\eta_{sp}}{C}$ 与 C 的关系

表 9.3　聚乙二醇在不同温度时的 K、α 值(水为溶液)

$T/℃$	$K/10^{-6}(m^3 \cdot kg^{-1})$	α	$M_r/10^4$
25	156	0.50	0.019~0.1
30	12.5	0.78	2~500
35	6.4	0.82	3~700
35	16.6	0.82	0.04~0.4
45	6.9	0.81	3~700

注意:本实验的聚乙二醇分子量 1.8×10^4~2.3×10^4。

聚乙二醇溶液的黏度,通过测定一定体积的液体流经一定长度和半径的毛细管所需时间而获得。所用黏度计为乌式黏度计如图 9.5 所示。

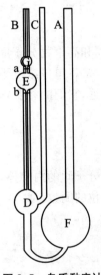

当液体在重力作用下流经毛细管时,其遵守 Poiseuille 定律

$$\eta = \frac{\pi p r^4 t}{8lV} = \frac{\pi \rho g h r^4 t}{8lV}$$

式中,η 为液体黏度,Pa·s;p 为当液体流动时在毛细管两端间的压力差(即是液体密度 ρ,重力加速率 g 和流经毛细管液体的平均液柱高度 h 这三者的乘积),$kg \cdot m^{-1} \cdot s^{-2}$;$r$ 为毛细管的半径,m;V 为流经毛细管的液体体积,m^3;t 为 V 体积液体的流出时间,s;l 为毛细管的长度,m。

同一黏度计在相同条件下测定两个液体的黏度时,他们的黏度之比就等于密度与流出时间之比

$$\frac{\eta_1}{\eta_2} = \frac{\rho_1 t_1}{\rho_2 t_2}$$

图 9.5　乌氏黏度计示意图

如果用已知黏度 η_1 作为参数液体,则待测液体的黏度 η_2 可通过上式求得。

在测定溶剂和溶液的相对黏度时,如溶液的浓度不大($C < 1 \times 10$ $kg \cdot m^{-3}$),溶液的密度与溶剂的密度可近似地看作相同,故

$$\frac{\eta}{\eta_0} = \frac{t}{t_0} = \eta_r$$

所以测定溶液和溶剂在毛细管中的流出时间就可得到 η_r。

三、器材与试剂

1. 仪器与材料

超级恒温槽 1 套、乌氏黏度计一支、洗耳球 1 只、移液管(5 mL)1 支、移液管(10 mL)2 支、细乳胶管 2 根、弹簧夹 2 个、吊锤 1 只、容量瓶(25 mL)1 只、有盖瓷盆(30 cm²×25 cm²)1 只、停表(0.1 s)1 只。

2. 试剂

聚乙二醇(分子量 20 000 以上)(AR)。

四、实验步骤

1. 恒温设置

将恒温水槽调至(30±0.1 ℃)。

2. 溶液配制

称取聚乙二醇 1 g(称准至 0.001 g),在 25 mL 容量瓶中配成水溶液。配溶液时,要先加入溶剂至容量瓶的 2/3 处,待其全部溶解后恒温 10 min,再用同温度的蒸馏水稀至刻度。

3. 洗涤黏度计

先用热洗液(经砂蕊漏斗过滤)浸泡,再用自来水、蒸馏水冲洗(经常使用的黏度计则用蒸馏水浸泡,去除留在黏度计中的高聚物。黏度计的毛细管要反复用水冲洗)。

4. 测出溶剂流出时间 t_0

先在黏度计的 C 管和 B 管的上端套上干燥洁净的乳胶管,在铁架台上调节好将黏度计的垂直度和高度(用吊锤检查是否垂直),然后将黏度计安放在恒温水槽水浴中(G 球及以下部位应在水浴的液面下)。将 40 mL 纯溶剂自 A 管注入黏度计内,恒温数分钟。夹紧 C 管上的乳胶管,使其不通大气。在 B 管的乳胶管上用洗耳球慢慢抽气,待液体升至 G 球的 1/2 左右即停止抽气,打开 C 管乳胶管上夹子使毛细管内液体同 D 球分开,用停表测定液面在 a、b 两线间移动所需时间。重复测定 3 次,每次相差不过 0.2~0.3 s,取平均值。

5. 测定溶液流出时间 t

用移液管吸分别吸取 0 mL、2 mL、4 mL、6 mL、8 mL、10 mL 已恒温的高聚物溶液,分别加入已盛有 40 mL 纯溶剂的黏度计中。充分混合均匀后,同上法测定流经时间 t(每次加入溶液后都要用洗耳球从 C 管鼓气将溶液在 F 球中充分并慢慢抽上流下数次使黏度计内各处浓度相等,浓度以 $\eta_r=1.2\sim2.0$ 为宜)。

实验结束后,将溶液倒入回收瓶内,并用溶剂仔细冲洗黏度计 3 次,最后用溶剂浸泡,备用。

五、注意事项

1. 黏度计必须洁净,如毛细管壁上挂有水珠,需用洗液浸泡(洗液经 2# 砂蕊漏斗过滤除去微粒杂质)。

2. 高聚物在溶剂中溶解缓慢,配制溶液时必须保证其完全溶解,否则会影响溶液起始浓度,而导致结果偏低。

3. 本实验中溶液的稀释是直接在黏度计中进行的,所用溶剂必须先在与溶液所处同一恒温槽中恒温,然后用移液管准确量取并充分混合均匀方可测定。

4. 测定时黏度计要垂直放置,否则影响结果的准确性。

六、数据记录与处理

1. 记录并填写表 9.4：

温度_____℃；大气压_____Pa；η_0 _____Pa·s。

表 9.4　黏度法测聚乙二醇分子量数据记录表

	40 mL 溶剂	(40＋2) mL 溶液	(40＋4) mL 溶液	(40＋6) mL 溶液	(40＋8) mL 溶液	(40＋10) mL 溶液
$C/(g \cdot mL^{-1})$	0					
流出时间/s						
η_r						
η_{sp}						
$\dfrac{\eta_{sp}}{C}$						

2. 作 $\dfrac{\eta_{sp}}{C}$-C 图，外推至 $C＝0$ 时所得到截矩即为 $[\eta]$。

3. 取 30 ℃时常数 K、α 值，计算聚乙二醇的分子量。

七、思考题

1. 乌氏黏度计中的支管 C 的作用是什么？能否去除 C 管改为双管黏度计使用？为什么？

2. 高聚物溶液的 η_r、η_{sp} 和 $\dfrac{\eta_{sp}}{C}$ 的物理意义是什么？

3. 黏度法测定高聚物的摩尔质量有何局限性？该法适用的高聚物质量范围是多少？

4. 分析 $\dfrac{\eta_{sp}}{C}$-C 作图缺乏线性的原因。

实验七　硬聚氯乙烯的成型加工及性能测试

一、实验目的

1. 掌握聚氯乙烯配方设计的基本知识。

2. 掌握硬聚氯乙烯成型加工各个环节及其与制品质量的关系。

3. 了解聚氯乙烯成型加工常用设备的基本结构原理,学会加工设备的操作方法。

4. 掌握塑料抗冲试样的制备和性能测试技术,对实验结果进行分析讨论。

二、实验原理

聚氯乙烯(PVC)塑料是应用广泛的热塑性塑料,通常可分为软、硬两大类。二者的主要区别在于塑料中增塑剂的含量。

纯 PVC 树脂是不能单独成为塑料,因为 PVC 树脂具热敏性,加工成型时在高温下很容易分解,且熔融黏度大、流动性差,因此在 PVC 中都需要加入适当的配合剂,通过一定的加工程序制成均匀的复合物,才能成型得到制品。

PVC 塑料的成型加工包括配方设计、混合与塑化、成型等工艺过程。本实验是采用压制法获得硬 PVC 板材并测量其力学性能。

1. 配方设计

PVC 塑料是多组分塑料,为了使 PVC 塑料具有良好的加工性能和使用性能,塑料中各组分的选择和配合是很重要的。PVC 树脂是配方的主体,它决定材料的主要性能。它通常是白色粉状固体,有不同的形态和颗粒细度,也有不同聚合度的几种型号。生产不同的制品对树脂的形态粒度及分子量高低的要求是不同的。本实验为硬质 PVC 的一个基本配方,选用聚合度为 700~1 000 的悬浮法疏松型树脂,它有较好的加工性能,又能满足硬 PVC 的要求。

由于使用上的要求有所不同,PVC 塑料可以配制成硬度差异很大的材料。通常在配方中增塑剂含量在 10 phr(每百克分数)以内,所得材料硬度较大,而增塑剂在 40~70 phr 时所得材料柔软而富于弹性。但如果配方中加入大量的填充料,即增塑剂用量较多时,也可成为硬性材料。DOP(邻苯二甲酸二辛酯)用作增塑剂,其极性较大,与 PVC 有良好的相容性,增塑效率高,少量加入可以大大改善加工性能而又不至于过多降低材料的硬性。

由于 PVC 树脂受热易分解,在加工过程中容易分解放出 HCl,因此必须加入热稳定剂,否则树脂的降解现象会愈加剧烈。此外,又因 PVC 在受热情况下还会有其他复杂的化学变化,为此在配方中还加入硬脂酸盐类化合物,同样起热稳定作用。几种稳定剂同时应用,各种组分独特效能和它们之间的协同效应,将会使材料在高温等条件下不至于被破坏。添加石蜡等润滑剂,可以起到降低熔体黏度、利于加工、成型时易脱模等作用。在 PVC 塑料中添加碳酸钙等填充剂,可大大降低产品的成本。

此外,为了改善 PVC 塑料的抗冲性能、耐热性能和加工流动性,常可按要求加入各种改性剂,如 CPE、ACR 等抗冲改性剂,丙烯酸酯类和苯乙烯类共聚物等加工改性剂和热性能改性剂。

2. 混合与塑化

PVC 塑料是多组分物料,其配制通常要经过混合和塑化两个工序。混合可以在高速混合机或捏合机中进行,是物料的初混合,它是在 PVC 的流动温度以下和较小的剪切作用力下进行的,目的是提高树脂的颗粒和各组分之间的分布均匀性,属非分散混合。混合时由于设备对物料的加热和搅拌作用,使各组分有相互对流的效果。物料层间的剪切作用,使彼此间增大了接触面。这样,树脂颗粒在吸收液体配合剂的同时,又受到反复捏合,最终便形成均匀的粉状掺混物。物料混合的终点可以凭经验观察混合物颜色的变化是否均匀;也可取样热压薄试片并借助放大镜观察白色的稳定剂和着色剂斑点的大小和分布是否均匀,以及有无物料结聚粗粒等状况,以判断混合的均匀程度。

塑化过程是在树脂的流动温度以上和强大的剪切作用力下的双辊筒炼塑机或密炼机中进行的,是物料在初混合的基础上的再混合过程,是发生粒子尺寸减小到极限值,同时增加相界面和提高混合物组分均匀性的混合过程。在此过程中,树脂熔融流动,以大分子的形式同各组分接触、掺混,在剪切力的作用下受挤压、折叠,物料相互分散更均匀。与此同时驱出物料中的水分和挥发性气体,增大了密度。这样,通过混合与塑化,物料就成为既均匀又有良好的流动性和适宜密度的可塑性物料。

对PVC塑料来说,混合和塑化的全过程都应该是物理变化过程,应严格控制温度和作用力,要尽量避免可能发生的化学反应,或把可能发生的化学变化控制到最低的限度。因此,在混合和塑化时,凡是与料温和剪切作用等有关的工艺参数、设备的特征及操作的熟练程度等都是影响混合和塑化效果的重要因素。

3. 压制成型

PVC塑料适合多种成型加工方法生产各种各样的制品。本实验是应用压制法加工成PVC硬板。成型过程包括物料的熔融、流动、充模成型和最后冷却定型等程序,是物理变化过程,不应发生化学变化。正确选择和控制压制的温度、压力、保压的时间及冷却定型程度等都是很重要的。

硬PVC塑料成型温度、流动与成型的时间关系如图9.6所示。从图9.6可知,压制成型时,通常在不影响制品性能的前提下,如果适当提高成型温度,可以缩短成型时间,而且可

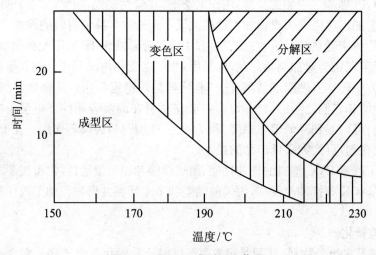

图9.6 硬PVC成型温度范围

降低成型压力,减少动力消耗。但是采用过高的压制温度或过长的受热时间都会使树脂降解、制品变色,质量全面下降。因此,压制工艺条件要适宜。

三、器材设备与原料

1. 仪器与材料

(1) GH-10 型高速混合机。高速混合机的基本结构如图 9.7 所示,用于物料的初混合。

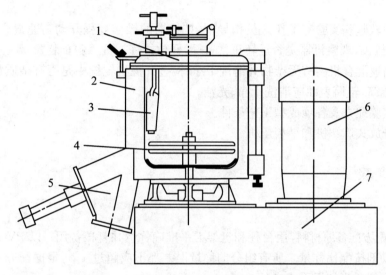

1—容器盖; 2—回转容器; 3—档板; 4—快速叶轮; 5—放料口; 6—电动机; 7—机座

图 9.7 高速混合机

(2) SK-160B 型双辊筒开放式炼塑机。炼塑机附有电加热及温控装置,用于物料的塑化分散混合。

(3) 250KN 电热平板压机。平板压机用于压制成型。

(4) 塑料板材模具,型腔尺寸为 220 mm×170 mm×4 mm。

(5) XJS 制样机。制样机包括板材切断机、缺口铣切机和哑铃形铣切机三部分,是对已成型的塑料板材进行机械切削加工的设备。它可以加工塑料及其他非金属材料板材作为冲击、拉伸、压缩和热性能等多种试验所使用的标准试样。

(6) XJJ-5 简支梁冲击仪,包括机架、摆锤和指示系统三部分。

(7) 台秤、盘架天平、弓形表面温度计、游标卡尺、瓷盘、炼胶刀等。

2. 试剂(配方)

PVC 树脂(SW-1000):100 g;

邻苯二甲酸二辛酯(DOP):5 g;

$Ca(st)_2$:2.1 g;

$Zn(st)_2$：0.9 g；

$Mg_{0.51}Zn_{0.167}Al_{0.323}CO_3$：2 g；

季戊四醇：2.5 g；

轻质碳酸钙：0～15 g；

CPE 或 ACR：0～10 g；

着色剂：适量。

四、准备工作

1. 在指导教师和实验室工作人员指导下，按机器的操作规程开动高速混合机、开放式炼塑机和平板压机，观察机器是否运转正常，试验开放式炼塑机急刹车装置。

2. 检查高速混合机内有无杂物并清洗干净；检查开炼机辊缝中是否有杂质粘积在辊筒上，以免损坏辊筒，辊筒表面应清洗干净、光洁。

3. 拟定实验配方及各项成型工艺条件。

4. 加热开放式炼塑机和平板压机。

五、实验步骤

1. 配料

按设计的配方准备原材料，用台秤和盘架天平准确称量并复核备用。以 PVC 树脂 300 g 为基准，其他助剂按配比称量。所有组分的称量误差都不应超过 1‰，根据配方中组分用量多少，选用灵敏度适当的天平或台秤。

2. 混合

（1）将已称量好的 PVC 树脂和粉状配合剂组分加入到高速混合机中，盖上釜盖，开机混合 2～3 min。搅拌桨转速调整至 1 500 r·min^{-1}，同时加热，控温 80 ℃左右。

（2）停机，将液状组分徐徐加入，再开机混合 5 min。

（3）高速混合的全部时间通常为 7～8 min。达到混合时间后，停机，打开出料阀卸料备用。

（4）待物料排出后，静止 5 min，打开釜盖，扫出混合器内全部余料。

3. 开炼塑化

（1）辊筒恒温后，开动机器运转并调节辊筒间隙在 0.5～1 mm 范围内。

（2）在两辊筒的上部加入初混合的物料。开始操作时，从辊筒间隙落下来的物料应立即加往辊筒上，不能让其在辊筒下方接料盘内停留时间过长，且注意要经常保持一定量的辊隙上方存料。待辊筒表面出现均匀的塑化层时，混合料从易碎的不连续的凝胶状转为粘结包辊的连续状料层，此时可渐渐放宽辊距，控制一定的料层厚度，以便进一步进行切割翻炼。

（3）用炼胶刀不断地切割料层并使之从辊筒上拉下来折叠后再投入辊缝间辊压；或者把料层翻卷成卷后再使之垂直于辊筒轴向进入辊缝，经过数次这样的翻炼，使各组分尽可能分散均匀。

（4）将辊距调至 1 mm 以内,使塑化料变成薄层通过辊缝。以打卷或打包形式薄通 1~2 次,若观察物料色泽均匀、切口断面不显毛粒、表面光洁并有一定的强度时,开炼塑化即可终止。从开始投料至塑化完全一般控制在 10 min 以内。

（5）塑化完成后,用炼胶刀把包辊层整片拉下、平整放置,同时裁剪成适当尺寸的板坯,以备压制成型时用。

4. 压制成型(本实验要求压制成型硬 PVC 板材尺寸为 220 mm×170 mm×4 mm)

（1）通过加热和温控装置,将上、下模板温度控制在(180±5) ℃。

（2）将压制模具放入压机上、下模板间,在压制温度下预热 10 min。

（3）按成型模具的容积及硬 PVC 塑料的比重(约 1.4)计算加料量,称量裁剪好的硬 PVC 塑化板坯约 230 g,放置在模具的模腔内,模具闭合后置于压机模板的中心位置,在已加热的模板间接触闭合的情况下(未受压力)预热约 10 min。

（4）开动压机加压至所需的表压读数,使受热熔化的塑料慢慢流动而充满模具的型腔,经 2~5 次卸压放气后,在恒压下保持约 5 min。硬 PVC 压制成型的热压压力为 5~10 MPa。应根据压制板材的面积及压机的技术参数计算压制成型时压机的表压(操作压力)。

（5）卸压取出模具,连同压制成型的物料趁热迅速转至同样规格的冷压机上,快速加压至冷压所需的表压读数,在受压条件下进行冷却定型。热压压力为 15~20 MPa。

（6）冷却定型的时间应视实验时的环境温度而异,要求冷却到 80 ℃以下。待硬 PVC 板材充分冷却固化后,解除压力,脱模去除毛边即得制品。

5. 制样

在 XJS 制样机上把硬 PVC 板切割成简支梁型冲击试样 5 根。按 GB/T 1043—93 的规定冲击试样的尺寸为 50 mm×6 mm×4 mm,在试样中部开缺口,缺口深度为试样高度的 1/3,缺口宽度为 0.8 mm。缺口试样要求切口平整、表面光洁、无杂质和气泡等缺陷。

6. 性能测试

硬 PVC 有多项使用性能,其中最主要的有拉伸强度、弯曲强度、冲击强度、热变形温度、受热尺寸变化和耐酸碱腐蚀性能等。本实验仅测试其常温简支梁缺口冲击强度。将 5 个简支梁型冲击试样进行编号,用游标卡尺测量试样宽度和剩余缺口厚度。按 GB/T 1043—93 的规定在简支梁冲击试验机上测试硬 PVC 的缺口冲击强度。试验温度为(23±2) ℃。

六、数据处理

在简支梁冲击试验机上获得的是试样冲断时消耗的功,此功除以试样的横截面积,即为材料的冲击强度 α_i(kJ·m^{-2})。

$$\alpha_i = \frac{A}{bd_i}$$

式中,A 为冲断试样所消耗的功,kJ;b 为试样宽度,m;d_i 为试样缺口剩余厚度,m。

七、注意事项

1. 配料称量要准确。称好的各组分最好经过磁选并尽量研碎后分别放置，经复核无误才进行下一步的混合。

2. 高速混合机必须在转动的情况下调整转速。

3. 开炼机和压机的温度须严格控制，压机上、下模板温度要一致。

4. 开炼机和压机操作时须严格按操作规程进行，要戴双层手套，严防烫伤。

5. 压制时模具尽量放置在压机平板中央，以免塑料受压不均而导致制品厚度和质量的不均。

6. 脱模取出制品时用铜条，以防损坏模具及划伤制品。

参 考 文 献

[1] 韩哲文. 高分子科学实验[M]. 上海：华东理工大学出版社，2005.

[2] 李树新，王佩璋. 高分子科学实验[M]. 北京：中国石化出版社，2008.

[3] 刘长生，喻国华. 高分子化学与高分子物理综合实验教程[M]. 武汉：中国地质大学出版社，2008.

[4] 严瑞宣. 水溶性高分子[M]. 北京：化学工业出版社，1999.

[5] 方道斌，郭睿威，哈润华. 丙烯酰胺聚合物[M]. 北京：化学工业出版社，2006.

[6] 周殿明. 聚氯乙烯成型技术[M]. 北京：化学工业出版社，2007.

[7] 王文广，田雁晨. 塑料配方设计[M]. 2版. 北京：化学工业出版社，2004.

第十章　化　工　实　验

化工实验是以培养学生的工程实践能力、工程实验设计能力、流程组织能力和归纳整理获取实验结果的能力,强化学生掌握典型化工单元装置的基本操作技能为目的的。本章以验证性实验为基础,加强了综合性和研究性实验内容。含"十二个化工原理、两个反应工程、一个工艺和一个分离"实验。其中实验一至十四为验证性实验、实验十五至十六为综合性实验。实验一至六、八、十、十三、十五为必做实验,其余为选做实验。

通过化工实验训练有助于培养学生对典型化工单元操作、反应过程工艺控制与优化等工程问题的理解和掌握。为学生以后在化工、石油、材料、制药、日化、环保等领域从事化学品研发、工程设计与技术开发奠定基础。

实验一　流体流动形态及雷诺数的测定

一、实验目的

1. 观察层流、湍流两种流动现象。
2. 测定流型与雷诺数的关系。

二、实验原理

流体有两种不同的流动形态即滞流(层流)和湍流(絮流)。流体作滞流流动时,其质点作平行于管轴的直线运动,同时还作杂乱无章的随机运动。雷诺数是判断流动形态的准数,若流体在圆管内流动,则雷诺数可用下式表示:

$$Re = \frac{du\rho}{\mu}$$

式中,d 为管子的管径(m)、u 为流体的流速(m·s^{-1})、ρ 为流体密度(kg·m^{-3})、μ 为流体的黏度(Pa·s)。

一般认为 Re 小于 2 000 时,流动形态为滞流;Re 大于 4 000,流动为湍流。Re 数值在两者之间时,有时为湍流,有时为滞流,这主要和环境有关。

对于一定温度的流体,在特定的圆管内流动,雷诺数仅与流速有关。本实验是改变水在管内的流速,观察在不同雷诺数下流体流型的变化。

三、实验装置与流程

1. 实验装置的特点

本设备为卧式装置,可视性好。设备无动力装置,操作方便、稳定。雷诺数的测量范围为 1 000~10 000。

2. 主要技术数据

(1) 外形尺寸:2 300 mm×600 mm×800 mm

(2) 水箱(正面装有有机玻璃,可供观察):670 mm×600 mm×600 mm

(3) 有机玻璃实验管:Φ30 mm×2.5 mm, L=1 200 mm

(4) 流量计:LZB-25   100~1 000   1/H

           LZB-10   10~100   1/H

3. 实验装置

实验装置由稳压溢流水槽、实验导管和转子流量计等部分组成,具体实验装置如图10.1所示。

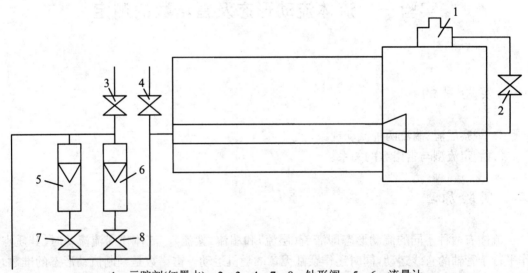

1—示踪剂(红墨水); 2、3、4、7、8—针形阀; 5、6—流量计

图 10.1 实验装置流程

四、实验步骤

1. 水通过进水箱,充满水箱。开启出水阀,排除管路系统中的空气。

2. 为了保持水位恒定和避免波动,水由进口管先流入进水槽,后由小孔流入水箱,其中多余的水经溢流口流入下水道中。

3. 测定水温(普通温度计)。

4. 将示踪剂(红墨水)加入储瓶中。

5. 实验操作时,先启开流量计少许,调节针形阀,控制着色水的注入速率。

6. 逐渐增加调节阀的开度,观察着色水水流的变化。

五、注意事项

1. 在实验过程中,应随时注意稳压槽的溢流水量。随着操作流量的变化,相应调节自来水给水量,防止稳压槽内液面下降或者泛滥事故的发生。

2. 整个实验过程中,切勿碰撞设备,操作时也要轻巧缓慢,以免干扰流体流动过程的稳定性。实验过程有一定的滞后现象,因此,调节流量过程切勿操之过急,状态确实稳定之后,再继续调节或记录数据。

六、数据记录与处理

表 10.1 雷诺数测定实验数据记录表

年　　月　　日　　水温:_____℃

序号	流量/(mL·h^{-1})	流速/(m·s^{-1})	$Re \times 10^3$	现象
1				
2				
3				
4				
5				

七、思考题

1. 若红墨水不设在管子的中心,可以得到预期的实验结果吗?

2. 如何计算雷诺数? 用雷诺数判别流体流动流型的标准是什么?

实验二　伯努利方程能量转化的测定

一、实验目的

1. 通过本实验,加深对能量转化的理解。
2. 观察流体经过收缩、扩大管段时,各截面上静压头的变化。
3. 利用能量转化关系来验证伯努利方程。

二、实验原理

不可压缩的流体在导管中作定向流动时,由于导管截面的改变致使各截面上的流速不同,从而引起相应的静压头变化,其关系可由流动过程中能量衡算方程来描述。对于非理想流体,流体有黏度,则

$$Z_1 g + \frac{w_1^2}{2} + \frac{p_1}{\rho} = Z_2 g + \frac{w_2^2}{2} + \frac{p_2}{\rho} + \sum h_f$$

因导管截面发生变化引起流速的变化,致使静压头与动压头相互转化,它的变化可由玻璃管中液柱的高度展示出来。当导管中的流体流动时,可以看出 $h_A > h_B > h_C$, $h_C < h_D < h_E$。因导管处于同一水平面上,所以

$$\frac{w_A^2}{2g} + h_A = \frac{w_B^2}{2g} + h_B + h_{fAB}$$

$$\frac{w_A^2}{2g} + h_A = \frac{w_C^2}{2g} + h_C + h_{fAC}$$

$$\frac{w_C^2}{2g} + h_C = \frac{w_D^2}{2g} + h_D + h_{fCD}$$

$$\frac{w_C^2}{2g} + h_C = \frac{w_E^2}{2g} + h_E + h_{fCE}$$

由于 A 截面到 C 截面,流道的截面逐渐缩小,管道内流速 w 不断加大,流体中部分静压能转化为动能,还有阻力损失 $\sum h_{fAC}$。因此,$h_A > h_C$。

反之,从 C 截面到 E 截面,流道截面逐渐扩大,流速 w 不断减小,流体中部分动能又转化为静压能,因此,$h_C < h_E$。

流量的变化可以通过阀(1)和阀(2)的调节来实现。在不同的流量下,从各玻璃管中显示的压强变化的规律去理解伯努利方程意义,进一步开拓对伯努利方程的实际应用。

三、实验装置与流程

1. 实验装置的特点

装置为独立体系,安装在可移动实验台上,使用极为方便。雷诺数的测量范围为:1 000～10 000。

2. 主要技术数据

(1) 各测压点的截面内径:

$d_A = 25$ mm,$d_B = 13$ mm,$d_C = 7$ mm,$d_D = 13$ mm,$d_E = 25$ mm。

3. 实验装置

具体实验装置如图 10.2 所示,外形尺寸:800 mm×500 mm×1 800 mm。

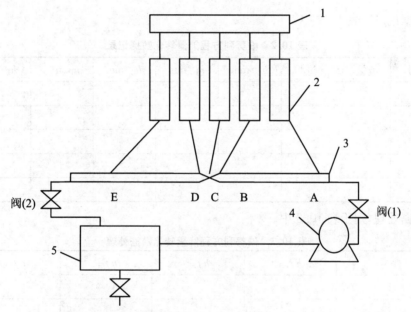

1—溢流槽; 2—玻璃管(有刻度); 3—文氏管; 4—磁力泵; 5—水箱

图 10.2 实验装置流程图

四、实验步骤

实验前,先缓慢开启进水阀,将水充满稳压溢流水槽,并保持有适量溢流水流出,使槽内液面平稳不变。最后应设法排出设备内的气泡。

1. 关闭实验导管出口调节阀,观察和测量液体处于静止状态下各测压点(A、B、C、D 和 E)的压强。

2. 缓慢开启出口流量调节阀,观察和比较流体在流动状态下各测压点(A、B、C、D 和 E)

的压头变化情况。

3. 逐步调节阀(1),改变管道内流体的流速,测取若干流量下,动能和压能的变化规律,并加以计算。

五、注意事项

1. 实验前一定要将实验管道内的气泡排除干净,否则影响实验结果的准确性。
2. 调节阀(1)的过程中要缓慢调节,随时注意设备内的变化。
3. 实验过程中需根据测压管量程范围,确定最小和最大的流量。

六、数据记录与处理

1. 数据记录于表10.2中。

表 10.2　伯努利方程能量转化数据记录

序号	流量/(mL·h⁻¹)	h_A/mm	h_B/mm	h_C/mm	h_D/mm	h_E/mm
1						
2						
3						
4						
5						

2. 数据处理,列于表10.3中。

表 10.3　伯努利方程能量转化数据处理

序号	hf_{AB}	hf_{AC}	hf_{CD}	hf_{CE}
1				
2				
3				
4				
5				

七、思考题

1. 该实验中,流体在流动过程中涉及哪些能量转换?
2. 对于不可压缩流体在水平不等径的管道中流动,流速与管径的关系如何?
3. 由实验结果验证能量转换方程,作出结论。

实验三 流体流动阻力的实验测定

一、实验目的

1. 了解流体流动阻力的概念及测定原理、方法。
2. 测定流体流过直管时的摩擦阻力,并确定摩擦系数 λ 与雷诺数 Re 之间的关系。
3. 测定流体流过管件时的局部阻力,并求出阻力系数,确定阻力系数 ξ 与雷诺数 Re 之间的关系。
4. 熟悉对数坐标系和半对数坐标系的使用方法。

二、实验原理

流体在管路中流动时,由于黏性剪应力和涡流的存在,不可避免地引起压强损耗。这种损耗包括流体沿直管流动时的沿程阻力及因流体运动方向改变或因流道流通截面大小或形状改变引起的局部阻力。

1. 直管阻力

流体沿水平直管稳定流动时,由截面 1 到截面 2,流体流动损失表现为压强降低,由伯努力方程可知

$$h_f = \frac{\Delta p_1}{\rho} \qquad ①$$

影响阻力的因素十分复杂,可通过因次分析法结合实验的方法确定。主要包括:

(1) 流体性质,如黏度 μ,密度 ρ;

(2) 管路的几何尺寸,如管径 d,管长 l,管壁粗糙度 ε;

(3) 流动条件,如流速 u。

表示为

$$\Delta p = f(d, l, u, \mu, \varepsilon, \rho)$$

引入摩擦系数

$$\lambda = \varphi(Re, \varepsilon/d)$$

其中,Re 为雷诺数,ε/d 为相对粗糙度。得到直管阻力计算公式(范宁公式)

$$h_f = \lambda \cdot \frac{l}{d} \cdot \frac{u^2}{2} \qquad ②$$

直管摩擦系数 λ 与雷诺数 Re 之间有一定的关系,此关系一般用曲线表示。在实验中,直管段长 l 和管径 d 是固定的,若水温一定,则水的密度 ρ 和黏度 μ 也是定值。于是直管阻

力实验实质上是测定直管段流体阻力引起的压强降 Δp_f 与流速 u(雷诺数 Re)之间的关系。

由①和②式可得

$$\lambda = \frac{2}{u^2} \cdot \frac{d}{l} \cdot \frac{\Delta p_1}{\rho} \quad\quad\quad ③$$

式中,λ 为直管摩擦系数;l 为直管长度(m);d 为直管内径(m);u 为流体流速(m·s^{-1});Δp_1 为直管压力降(N·m^{-2}),由水银压差计读出。

由实验数据和上式可以计算出不同流速或雷诺数下的直管摩擦系数 λ,从而绘出 λ 与 Re 的关系曲线。

流速由涡轮流量计及智能流量仪算出

$$u = \frac{Vs}{d^2 \pi/4}$$

2. 局部阻力

局部阻力的计算方法有两种:当量长度法和阻力系数法。

(1)当量长度法

流体流过管件或阀门时,将局部阻力造成的损失折合成流体通过与其具有相同管径的某一长度的直管的阻力损失,该长度称为当量长度,用符号 l_e 表示。因此流体通过管件、阀门等的局部阻力可表示为

$$h_f = \lambda \cdot \frac{l_e}{d} \cdot \frac{u^2}{2} \quad\quad\quad ④$$

(2)阻力系数法

将流体通过管件或阀门的阻力表示为流体在管路中流动时动能的某一倍数,即

$$h_f = \xi \frac{u^2}{2} \quad\quad\quad ⑤$$

式中,ζ 为局部阻力系数,无因次;u 为流体在小截面管中的流速,m·s^{-1};h_f 的值可应用伯努利方程,由局部阻力引起的压强降 $\Delta p_f{}'$ 求出。

本实验只测定局部阻力系数。

三、实验装置与流程

1. 实验装置的特点

(1)本实验装置数据稳定,重现性好,能给实验者较明确的流体流动阻力概念。

(2)能够测量出光滑管的阻力系数与雷诺数的关系及局部阻力系数。雷诺数的数据范围宽,可作出 $10^2 \sim 10^4$ 三个数量级。

(3)实验采用循环水系统,节约实验费用。

(4)采用压力传感器数字表系统,测量大流量下的流体流动阻力,实验数据稳定可靠。

2. 主要技术数据

(1)被测光滑直管段:管径 $d = 0.0196$ m,管长 $l = 2.0$ m,材料为不锈钢管。

(2)局部阻力部件为 3/4″闸阀。

(3) U 形压差计,指示液为水银。

(4) 数显温度表和智能流量仪。

(5) 涡轮流量计:

型号	LW-15
测量范围	$0.4 \sim 4.0\ m^3 \cdot h^{-1}$
仪表编号	常数

3. 实验流程

本实验装置如图 10.3 所示。

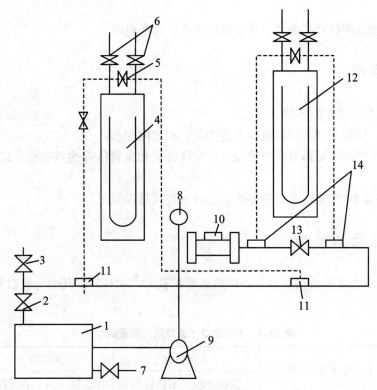

1—贮水槽; 2—控制阀; 3—放空阀; 4—直管阻力测量U形管压差计; 5—平衡阀;
6—放空阀; 7—排水阀; 8—温度计; 9—水泵; 10—蜗轮流量计; 11—直管段取压孔;
12—局部阻力测量U形管压差计; 13—闸阀; 14—局部阻力取压孔

图 10.3 流体阻力实验装置流程示意图

主要包括贮水槽、离心泵、控制阀、蜗轮流量计、直管段及压强测定压差计。水由泵从贮水槽中抽出后,流过流量计送到管道中,流经管道后返回水槽,循环使用。

四、实验步骤

1. 向贮水槽内注水到 80% 左右(水为洁净的无杂质的水,有条件最好用蒸馏水,以保持流体清洁）。

2. 实验前必须打开压差计上的平衡阀，以防止水银冲出压差计。

3. 检查电源接线是否正确。接通电源确定电机的运转方向是否与箭头所指方向一致。若相反则必须立即切断电源，更换接线，重新验证。严禁水泵在反转、缺水状态下运行。

4. 进行管路排气时，须在平衡阀打开状态下进行。测定数据时，须在平衡阀关闭的状态下进行。

5. 检查管路上用于测量局部阻力的阀门，要全部打开。

6. 调节流量，记录数据。测取数据的顺序可从大流量至小流量，反之也可，一般测 8~12 组数。

7. 实验结束，须打开平衡阀。做好清洁工作。切断电源。

五、注意事项

1. 蜗轮流量计要定时清洗。

2. 若较长时间内不做实验，放掉系统内及贮水槽内的水。

3. 在实验过程中，每调节一个流量之后应待流量和直管压降的数据稳定以后方可记录数据。

4. 当压差偏小时，要检查管路是否堵塞或平衡阀是否关闭。

六、数据记录与处理

1. 将直管阻力实验数据和数据处理结果列在表 10.4 中，并以其中一组数据为例，写出计算过程。

表 10.4　不同流量下流动阻力测量实验

序号	流量/(L·s⁻¹)	直管阻力		局部阻力	
		左读数/mm	右读数/mm	左读数/mm	右读数/mm
1					
2					
3					
4					
5					
6					
7					
8					

2. 在合适的坐标系中标绘直管的 $\lambda\text{-}Re$ 关系曲线和阻力系数 $\xi\text{-}Re$ 关系曲线。

七、思考题

1. 本实验以水为介质测得的 $\lambda\text{-}Re$ 关系曲线,对其他流体是否适用? 对气体是否适用? 为什么?

2. 在本实验的数据处理过程中,用直角坐标纸和对数坐标纸标绘 $\lambda\text{-}Re$ 关系曲线时有什么不同?

实验四 流量计的流量校正

一、实验目的

1. 掌握孔板流量计的流量系数校正方法。
2. 测定孔板测量计的孔流系数并掌握其变化规律,并给出 $C_0\text{-}Re$ 的关系曲线。

二、实验原理

工业上利用测定流体压差来确定流体的速率,从而来测量流体的流量,对于孔板流量计,根据伯努利原理,流量与孔板流量计前后的压差有如下关系:

$$V_s = C_0 A_0 \sqrt{\frac{2gR(\rho_0 - \rho)}{\rho}} \qquad ①$$

式中,V_s 为体积流量,$\text{m}^3 \cdot \text{s}^{-1}$;$C_0$ 为孔板流量计的孔流系数,无因次;A 为孔口面积,m^2;R 为 U 形压差计的读数,m;ρ_0 为压差计内指标液密度,$\text{kg} \cdot \text{m}^{-3}$;$\rho$ 为被测流体密度,$\text{kg} \cdot \text{m}^{-3}$。

孔流系数的数值,往往要受到流量计本身的结构和加工精度,以及流体性质、温度、压力等因素的影响,对于确定的孔板流量计,其流量系数 $C_0 = f(Re, m)$。因此在现场使用这类流量计往往需对流量计进行校核,即测定不同流量下的压差计读数,直接绘成曲线,或求得 C_0 与 Re 之间的关系曲线,以备使用时查校。

孔板流量计是基于流体在流动过程中的能量转换关系,由流体通过孔板前后压差的变化来确定流体流过管截面流量的,即

$$\frac{p_1}{\rho} + \frac{u_1}{2} = \frac{p_2}{\rho} + \frac{u_2}{2} \qquad ②$$

$$\frac{\Delta p_1}{\rho} = \frac{p_1 - p_2}{\rho} = \frac{u_2 - u_1}{2} \qquad ③$$

$$\Delta p = Rg(\rho_{Hg} - \rho) \qquad \text{④}$$

实际在测试过程中由于缩脉出的截面积难以确定,所以用孔口的速率 u_0 代替 u_2,流体通过孔口时有阻力损失,又因流动状况而变化的缩脉位置使测定 $\dfrac{p_1 - p_2}{\rho}$ 带来偏差,因此引入流量系数 C_0 从形式上简化了流量计的计算公式,通过实验来确定 C_0,具体计算公式为

$$V_s = C_0 A_0 \sqrt{\frac{2gR(\rho_{Hg} - \rho)}{\rho}} \qquad \text{⑤}$$

孔板流量计不足之处在于阻力损失大,因此所带来的损失可以由 U 形压差计测量,本实验装置有专门用于测量孔板阻力损失的机构。计算式为

$$H_f = \frac{\Delta p}{\rho} = \xi \frac{u_2}{2} \qquad \text{⑥}$$

三、实验装置与流程

1. 实验装置的特点
采用整体式框架结构,系统操作稳定,精度高,使用方便,安全可靠,数据稳定,重现性好。

2. 设备主要技术数据
管道直径:0.027 m;

孔板孔径:0.018 m;

镀锌管:内径为 27 mm;

U 形压差计:指示剂为水银;

涡轮流量计:LW-25;

精度等级:0.5;

量程:1.6~10 $m^3 \cdot h^{-1}$;

MMD 智能流量仪;

循环水箱;

循环水泵;

装置流程图如图 10.4 所示。

四、实验步骤

1. 向贮水槽内注水到 80% 左右(水为洁净的无杂质的水,有条件最好用蒸馏水,以保持流体清洁)。

2. 实验前必须打开压差计上的平衡阀,以防止水银冲出压差计。

3. 检查电源接线是否正确。接通电源确定电机的运转方向是否与箭头所指方向一致。若相反则必须立即切断电源,更换接线,重新验证。严禁水泵在反转、缺水状态下运行。

4. 进行管路排气时,须在平衡阀打开状态下进行。测定数据时,须在平衡阀关闭的状

态下进行。

5. 检查管路上用于测量局部阻力的阀门,要全部打开。

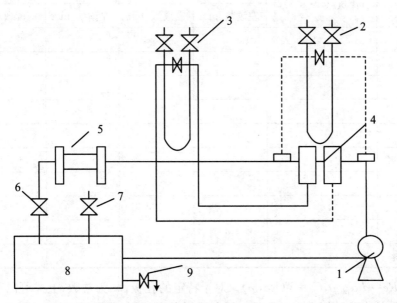

1—离心泵; 2—测定流经孔板所带来阻力损失U形压差计; 3—测定孔板前后压降的U形压差计; 4—孔板流量计; 5—蜗轮流量计; 6—调节阀; 7—进水阀; 8—水箱; 9—水箱排水阀

图10.4 流量计系数校正实验流程图

6. 调节流量,记录数据。开启调节阀至最大,确定流量范围,确定实验点,测定孔板前后压降和经过孔板所带来的压降。测取数据的顺序可从大流量至小流量,反之也可,读出一系列流量:V_s,压差 Δp_1 和 Δp_2 一般测 8~12 组数。

7. 实验结束,须打开平衡阀。做好清洁工作。切断电源。

五、注意事项

1. 涡轮流量计要定时清洗。

2. 若较长时间内不做实验,放掉系统内及贮水槽内的水。

3. 在实验过程中,每调节一个流量之后应待流量和压降的数据稳定以后方可记录数据。

4. 当压差偏小时,要检查管路是否堵塞或平衡阀是否关闭。

六、数据记录与处理

1. 实验记录于表10.5中。

表 10.5　不同流量下孔板压降和阻力损失测定

序号	流量/(L·s⁻¹)	孔板压降		阻力损失	
		左读数/mm	右读数/mm	左读数/mm	右读数/mm
1					
2					
3					
4					
5					
6					
7					
8					
9					
10					

实验中 $Re=du_1\rho/\mu$，$C_0=f(Re,m)$。对于特定的孔板，m 为常数，上式可以写为 $C_0=f(Re)$。将所得的实验数据在半对数坐标纸上绘制出 C_0-Re 曲线，从而可以确定孔板流量计的孔流系数 C_0 和该孔板在工程上的测量范围。

2. 数据处理，列入表 10.6 中。

表 10.6　不同流量下测定雷诺数数据处理

序号	流量/(L·s⁻¹)	$R_e=\dfrac{du_1\rho}{\mu}$	泵 C_0	永久损失 ζ
1				
2				
3				
4				
5				
6				
7				
8				
9				
10				

七、思考题

1. 试分析孔流系数与哪些因素有关?
2. 把你所绘 C_0 - Re 图与教材中相比较,是否一致? 若不一致,找出原因。

实验五　离心泵特性曲线测定实验

一、实验目的

1. 了解离心泵的构造与操作。
2. 测定单级离心泵在一定转速下的特性曲线。
3. 了解离心泵的工作点与流量调节。

二、实验原理

离心泵是应用最广泛的一种液体输送设备。它的主要特性参数包括流量 Q,扬程 He,功率 N 和效率 η,这些参数之间存在着一定的关系。在一定的转速下,He、N、η 都随着输液量 Q 变化而变化,通过实验测定不同 Q、He、N、η 的值,就可以作出泵在该转速下的特性曲线。

各种泵的特性曲线均已列入泵的样本中,供选泵时参考。

1. 流量 Q 的测定

转速一定,用泵出口阀调节流量,通过转子流量计来测定流量。

2. 扬程 He 的测定

在泵的吸入口真空表和压出口压力表测压口所处管路两截面之间列伯努利方程为

$$z_1 + \frac{p_1}{\rho g} + \frac{u_1^2}{2g} + He = z_2 + \frac{p_2}{\rho g} + \frac{u_2^2}{2g} + \sum H_{f1-2} \qquad ①$$

若忽略两截面之间的压头损失,则

$$He = (z_2 - z_1) + \frac{(p_2 - p_1)}{\rho g} + \frac{(u_2^2 - u_1^2)}{2g} \qquad ②$$

式中,测压口之间的管路很短,其流动阻力可忽略不计,故 $H_{f1-2} \approx 0$;p_1、p_2 为分别为压力表和真空表测得的读数,MPa;$z_2 - z_1$ 为真空表与压力表测压口之间的垂直高度之差,$z_2 - z_1 = h_0$,m;u_1,u_2 为分别为泵进、出口管内的流速,m·s^{-1};ρ 为水的密度,1 000 kg·m^{-3}。

3. 功率 N 的测定

由功率表直接测定电机的输入功率 N(kW),则

$$电动机的输出功率 = 电动机的输入功率 \times 电动机的效率 \qquad ③$$

$$泵的轴功率 = 功率表的读数 \times 电动机效率 \qquad ④$$

4. 效率 η 的测定

泵的效率 η 为有效功率 N_e 与轴功率 N 之比

$$\eta = \frac{N_e}{N} \qquad ⑤$$

式中, $N_e = H_e Q \rho g$, W。其中, H_e 为扬程, m; Q 为流量, $m^3 \cdot s^{-1}$。

三、实验装置与流程

1. 实验装置的特点

使用方便, 安全可靠, 数据稳定, 重现性好。

2. 设备主要技术数据

(1) 离心泵型号 $1\frac{1}{2}$BL - 6。

(2) 真空表测压口所处的位置管内径 $d_1 = 0.040$ m。

(3) 压强表测压口所处的位置管内径 $d_2 = 0.025$ m。

(4) 真空表与压强表测压口之间的垂直高度之差 $h_0 = 0.20$ m。

(5) 泵吸入口真空度的测量范围 $0 \sim 0.1$ MPa, 精度 1.5 级。

(6) 泵出口压力的测量范围 $0 \sim 0.16$ MPa, 精度 1.5 级。

(7) 涡轮流量计: 型号 LW - 25, 流量范围 $1.6 \sim 10\ m^3 \cdot h^{-1}$; 精度 0.5 级; 型号 LZB - 25, 流量范围 $60 \sim 600\ L \cdot h^{-1}$, 精度 1.5 级。

(8) 功率表型号: DP3(1)-W1100(单相), 精度: $\pm 0.5\%$ F. S.。

3. 实验装置与流程

离心泵特性曲线实验装置及流程如图 10.5 所示。泵将水槽内的水送到转子流量计, 用流量调节阀调节其流量大小, 从流量计出来的水通过管路又回到水槽, 使水循环流动。

四、实验步骤

1. 熟悉设备、流程及各仪表的操作。

2. 向水槽内加水, 加到水槽八成满即可。

3. 打开泵的引水阀, 反复开启和关闭排气阀, 尽可能排除泵内的空气, 待排气阀没有气体只有水连续地流出即可停止。关上引水阀。

4. 将功率表分流开关接通, 启动离心泵, 判断是否正常运行。

5. 关闭泵的出口阀, 启动泵。用出口阀调节流量。流量从零至最大(阀全开)或流量从最大到零, 测取 $10 \sim 20$ 组数据。每一组数据应同时测量泵入口真空度、泵出口压强、水流量、功率表读数四项内容, 并记录水温。

6. 实验结束后关闭流量调节阀,停泵。

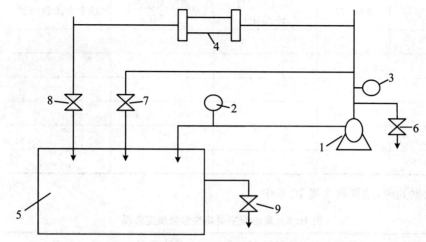

1—离心泵; 2—真空表; 3—压力表; 4—流量计; 5—水槽; 6—引水阀; 7—上水阀;
8—调节阀; 9—排水底阀

图 10.5 离心泵特性曲线实验流程示意图

五、注意事项

1. 当接通总电源后,如果发现设备带电,可将电源的火线、地线互换位置后接入,即可使设备不带电,或把本装置良好接地即可。此工作已由老师完成,实验中如发现设备带电,应及时向指导教师报告。

2. 启动离心泵前,要关闭出口阀门(流量调节阀 8),防止启动电流过大而损坏功率表。要将泵出口压强测压口的旋塞关闭,以免损坏压强表。

六、数据记录与处理

1. 将实验数据和数据处理结果记录在表中,在同一张坐标纸上描绘一定转速下的 He-Q,N-Q,η-Q 曲线。

2. 选取一组测定数据为例,写出数据处理过程。

(1) 数据记录于表 10.7 中。

表 10.7 离心泵特性曲线测定数据

序号	频率 H	压力表读数 P_1/MPa	真空表读数 P_2/MPa	功率表读数/kW
1				
2				

续表

序号	频率 H	压力表读数 P_1/MPa	真空表读数 P_2/MPa	功率表读数/kW
3				
4				
5				
6				
7				
8				

（2）数据处理，结果列入表 10.8 中。

表 10.8　离心泵主要特性参数测定结果

序号	流量 Q	扬程 He	轴功率 N	效率 η
1				
2				
3				
4				
5				
6				
7				
8				

七、思考题

1. 为什么启动离心泵前首先要引水灌泵？如果灌水排气后泵仍启动不了，你认为可能是什么原因？

2. 为什么离心泵启动时要关闭出口阀？

3. 什么情况下会出现"汽蚀"现象？

4. 为什么调节泵的出口阀可调节流量？这种方法有什么优缺点？可否在泵入口处安装调节阀来调节流量？

5. 随着流量变化，泵的出口压力表及入口真空表读数按什么规律变化？为什么？

实验六　固体流态化特性实验

一、实验目的

1. 观察固体床层向流化床转变的过程。
2. 测定流化曲线和临界流化速率。

二、实验原理

当流体流经固定床内固体颗粒之间的空隙时,随着流速的增大,流体与固体颗粒之间所产生的阻力也随之增大,床层的压强降则不断升高。为表达流体流经固定床层时的压强降与流速的函数关系,可以仿照流体流经空管时的压强降公式(Moody)列出。即

$$\Delta p = \lambda_m \frac{H_m}{d_p} \frac{\rho u_0^2}{2} \qquad ①$$

式中,H_m 为固定床层的高度,m;ρ 为流体的密度,Kg·m^{-3};d_p 为固体颗粒的直径,m;u_0 为流体的空管速率,m·s^{-1};λ_m 为固定床的摩擦系数。

由固定床向流化床转变的临界速率 u_{mf} 也可以由实验测定。实验测定不同流动速率下的床层压力降,再将实验数据在双对数坐标纸上绘图,由图可以求得临界流化速率。

在双对数坐标上绘制的流体流经固定床和流化床层的压力降示意图。

为了计算临界流化速率,我们也可以采用下面的半经验半理论公式

$$u_{mf} = \frac{d_p^2}{150} \times \frac{\rho_s - \rho}{\mu} \times \frac{\varepsilon_m^3}{1 - \varepsilon_m} \qquad ②$$

式中,μ 为流体的黏度,Pa·s^{-1};d_p 为固体的平均粒径,m;ρ_s 为填料的密度 kg·m^{-3};ε_m 为空隙率。

三、实验装置与流程

1. 实验装置的特点

使用方便,安全可靠,数据稳定,重现性好。

2. 设备主要技术数据

床层内径:$d = 50$ mm;

静床层高度:$H_0 = 120$ mm;

孔板流量计孔直径:$D_0 = 700$;

孔流系数:$C_0=0.61$;

平均粒径:$d_p=1.5$ mm;

堆积密度:$\rho_b=1\,160$ kg·m^{-3};

填料密度:$\rho_s=1\,937$ kg·m^{-3};

空隙率:$\varepsilon_m=0.401$。

3. 实验装置与流程

实验装置及流程如图 10.6 所示。本实验装置采用液-固系统。设备主体采用圆柱形的自由床,内部填充玻璃微珠。柱顶部装有滤网,以防止颗粒带出设备。床层上有测压口和压差计。水由调节阀和孔板流量计进入设备底部。进入设备后经分布器由下而上通过颗粒层,最后经过顶部排出。

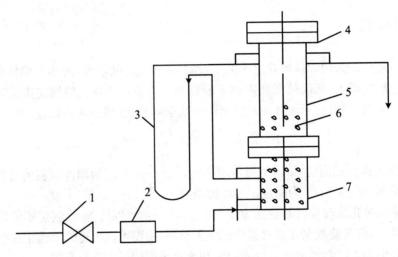

1—水调节阀; 2—孔板流量计; 3—U形压差计; 4—滤网; 5—床层;
6—固体颗料层; 7—分布器

图 10.6 液固系统流程图

四、实验步骤

1. 先按照流程图检查各阀门的开闭情况。将水的调节阀关闭,将气体排出后,再缓慢打开。

2. 逐渐调节开水的阀门,使水量逐渐增大,观察流化床的流动状况。实验可以在流量由小到大再由大到小过程中反复进行。

3. 实验结束后关闭流量调节阀。

五、注意事项

1. 当流量调节到临界点时,调节阀门要精心细微,注意床层变化。
2. 实验结束时,将设备的水放干净。

六、数据记录与处理

实验数据记录及处理,见表10.9。

表 10.9 固体流态化特性实验数据

序号	水温/℃	水密度/ (kg·m^{-3})	水黏度/ (Pa·s)	水流量		空速 u_0/ (m·s^{-1})	压降 Δp/mm	床高 H/mm
				R/mm	V_s/(m^3·s^{-1})			
1								
2								
3								
4								
5								
6								
7								
8								

七、思考题

1. 分析讨论流态化过程所观察到的现象,并与理论分析进行比较。
2. 举例说明各种不正常的流化现象及其产生的原因。
3. 在流化床阶段,床层压降为什么会不停地波动?

实验七 过 滤 实 验

一、实验目的

1. 掌握过滤问题的简化工程处理方法及过滤常数的测定。

2. 了解过滤器的构造,并学会过滤器的操作方法。

二、实验原理

过滤是一种能将流体通过多孔介质,而将固体物截留,使其从液体或气体中分离出来的单元操作。由此可见,过滤在本质上是流体通过固体颗粒层的流动,所不同的是这个固体颗粒层的厚度随着过滤过程的进行而不断增加。因此在压差不变的情况下,单位时间通过过滤介质的液体量也在不断下降,即过滤速率不断降低。过滤速率 u 的定义是单位时间、单位过滤面积内通过过滤介质的滤液量,即

$$u = \frac{\mathrm{d}V}{A\,\mathrm{d}\tau} = \frac{\mathrm{d}q}{\mathrm{d}\tau} \qquad ①$$

式中,A 为过滤面积,m^2;τ 为过滤时间,s;V 为通过过滤介质的滤液量,m^3。

可以预测,在恒定压差下,过滤速率 $\mathrm{d}q/\mathrm{d}\tau$ 与过滤时间 τ 之间有如图 10.7 所示的关系,单位面积的累计滤量 q 和 τ 的关系,如图 10.8 所示。

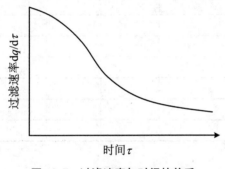

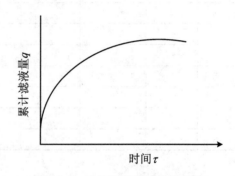

图 10.7 过滤速率与时间的关系　　图 10.8 累计滤液量与时间有关

影响过滤速率的主要因素除势能差(Δp)、滤饼厚度外,还有滤饼和悬浮液(含有固体粒子的流体)的性质、悬浮液温度、过滤介质的阻力等,故难以用严格的流体力学方法处理。

比较过滤过程与流体经过固体床的流动可知:过滤速率即为流体经过固定床的表观速率 u。而且,液体在由细小颗粒构成的滤饼空隙中的流动属于低雷诺范围。因此,可利用流体通过固体床压降的简化模型,寻求滤液量 q 与时间 τ 的关系。在低雷诺数下,可用康采尼(Kozeny)计算式,即

$$u = \frac{\mathrm{d}q}{\mathrm{d}\tau} = \frac{\varepsilon^2}{(1-\varepsilon)^2 a^2} \times \frac{1}{K'\mu} \times \frac{\Delta p}{L} \qquad ②$$

对于不可压缩的滤饼,由式②可以导出过滤速率的计算式,即

$$\frac{\mathrm{d}q}{\mathrm{d}z} = \frac{\Delta p}{r\varphi\mu(q+q_e)} = \frac{K}{2(q+q_e)} \qquad ③$$

式中,r 为滤饼的比阻,$\mathrm{m}^3 \cdot \mathrm{kg}^{-1}$;$\varphi$ 为悬浮液中单位体积净液体中所带有的固体颗粒量,$\mathrm{kg} \cdot \mathrm{m}^{-3}$;$\mu$ 为液体黏度,$\mathrm{Pa} \cdot \mathrm{s}$;$K$ 为过滤常数,$\mathrm{m}^2 \cdot \mathrm{s}^{-1}$。

$$q_e = \frac{V_e}{A}$$

其中,V_e 为形成与过滤介质阻力相等的滤饼层所得的滤液量,m^3。

在恒压差过滤时,微分方程③积分后可得

$$q^2 + 2qq_e = k\tau \qquad\qquad ④$$

由方程④可计算在过滤设备和过滤条件一定时,过滤一定滤液量所需要的时间;也可计算在过滤时间和过滤条件一定时,为了完成一定生产任务,所需要的过滤设备大小。

利用上述方程计算时,需要知道 K、q_e 等常数,而 K、q_e 常数只能通过实验才能测定。

在用实验方法测定过滤常数时,需将方程④变换成如下形式

$$\frac{\tau}{q} = \frac{1}{K}q + \frac{2}{K}q_e \qquad\qquad ⑤$$

因此在实验时,只要维持操作压强恒定,记录过滤时间和相应的滤液量,然后以 $\frac{\tau}{q}$-q 作图得一直线,读取直线斜率 $\frac{1}{K}$ 和截距 $\frac{2q_e}{K}$,求取常数 K 和 q_e;或者将 $\frac{\tau}{q}$ 和 q_e 的数据用最小二乘法求取 $\frac{1}{K}$ 和 $\frac{2q_e}{K}$ 值,进而计算 K 和 q_e 的值。

若在恒压过滤之前的 τ_1 时间内,已通过单位过滤面的滤液量为 q_1,则在 τ_1 至 τ 及 q_1 至 q 范围内将式③积分,整理后得

$$\frac{\tau - \tau_1}{q - q_1} = \frac{1}{K}(q - q_1) + \frac{2}{K}(q_1 + q_e) \qquad\qquad ⑥$$

上述表明 $q - q_1$ 和 $\frac{\tau - \tau_1}{q - q_1}$ 为线性关系,从而能方便地求出过滤常数 K 和 q_e 的值。

三、实验装置与流程

实验装置由配料桶、供料泵过滤器、滤液计量筒及空气压缩机等组成,可进行过滤、洗涤和吹干三项操作过程,如图10.9所示。

碳酸钙($CaCO_3$)或碳酸镁($MgCO_3$)的悬浮液在配料桶内配成一定浓度后,由供料泵输入系统。为阻止沉淀,料液在供料泵管路中循环。配料桶中用压缩空气搅拌,浆液经过滤机过滤后,滤液流入计量筒。过滤完毕后,亦可用洗涤水洗涤、压缩空气吹干。

四、实验步骤

1. 实验选用 $CaCO_3$ 粉末配制成滤浆,其量约占料桶的 2/3 左右,配制浓度在 80% 左右。

2. 料桶内滤浆可用压缩空气和循环泵进行搅拌,桶内压力控制在 0.1～0.2 MPa。

3. 滤布在安装之前要先用水浸湿。

4. 实验操作前,应先由供料泵将料液通过循环管路,循环操作一段时间。过滤结束后,应关闭料桶上的出料阀,打开旁路上清水管路清洗供料泵,以防止 $CaCO_3$ 在泵体内沉积。

5. 由于实验初始阶段不是恒压操作,因此需采用两只秒表交替计时,记下时间和滤液量,并确定恒压开始时间 τ_0 和相应的滤液量 q_1。

6. 当滤液量很少,滤渣已充满滤框后,过滤阶段可结束。

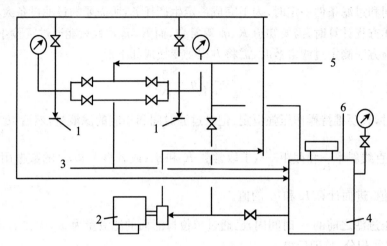

1—过滤器; 2—供料泵; 3—压缩机; 4—配料桶; 5—进水口; 6—压力表

图 10.9   实验流程示意图

五、注意事项

注意在开压缩机时,控制好压力。

六、数据记录与处理

1. 以累计滤液量 q 对 τ 作图。

2. 以 $\dfrac{\tau-\tau_1}{q-q_1}$ 对 $q-q_1$ 作图,求出过滤常数 K 和 q_e,并写出完整的过滤方程式。

3. 数据记录,并列入表 10.10 中。

计量筒直径:_____;圆板过滤器直径:_____;操作压力:_____;浓度:_____;温度:_____℃

表 10.10   过滤实验数据记录表

序号	时间/s	计量 G/kg
1		
2		
3		
4		
5		
6		
7		
8		
9		
10		

七、思考题

1. 过滤刚开始时，为什么滤液总是浑浊的？

2. 在过滤中，初始阶段为什么不能采取恒压操作？

3. 如果滤液的黏度比较大，你考虑用什么方法提高过滤速率？

4. 当操作压强增加一倍，其 K 值是否也增加一倍？要得到同样的过滤量，其过滤时间是否可缩短一倍？

实验八 传 热 实 验

一、实验目的

1. 通过套管换热器的实验研究，掌握对流传热系数的测定方法，加深对其概念和影响因素的理解。

2. 了解常用的测温方法及热电偶的基本理论。

二、实验原理

管式换热器是一种间壁式的传热装置，冷热流体间的传热过程，是由热流体对壁面的对流传热、壁间的固体热传导和壁面对冷流体的对流传热三个子传热过程组成，如图 10.10 所示。

以冷流体侧传热面积为基准过程的传热系数与三个子过程的关系为

$$K = \cfrac{1}{\cfrac{1}{\alpha_c} + \cfrac{\delta A_c}{\lambda A_m} + \cfrac{A_c}{\varepsilon_h A_h}} \qquad ①$$

对于已知的物系和确定的换热器，上式可以表示为

$$K = f(G_n, G_c) \qquad ②$$

由此可以知道，通过分别考察冷热流体流量对传热系数的影响，可以了解某个对流传热过程的性能。若要了解对流传热过程的定量关系，可

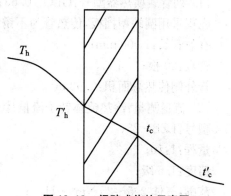

图 10.10 间壁式传热示意图

由非线性数据处理得到。这种研究方法是过程分解与综合实验研究方法的实例。

传热系数 K 借助于传热速率方程式和热量衡算方程式求取。

热量衡算方程式，以热空气作衡算

$$Q_h = G_h C_p A(T_进 - T_出) \qquad ③$$

传热速率方程式

$$Q = KA_c \Delta t_m \qquad ④$$

式中 Δt_m 为对数平均温差，由下式确定

$$\Delta t_{m逆} = \frac{(T_进 - t_出) - (T_出 - t_进)}{\ln \dfrac{(T_进 - t_出)}{(T_出 - t_进)}} \qquad ⑤$$

式中，K 为传热总系数，$W \cdot k^{-1} \cdot m^{-2}$；$\alpha$ 为流体的传热膜系数，$W \cdot k^{-1} \cdot m^{-2}$；$A$ 为换热器的总传热面积，m^2；G 为流体的质量流量，$kg \cdot s^{-1}$；Q 为总传热量，$J \cdot s^{-1}$；C_p 为流体的恒压热容，$J \cdot K^{-1} \cdot kg^{-1}$；$T$ 为热流体的温度，℃；t 为冷流体的温度，℃；δ 为固体壁的厚度，m；λ 为固体壁的导热系数，$W \cdot k^{-1} \cdot m^{-2}$。下标，h 为热流体；c 为冷流体；"进"为进口；"出"为出口；逆为逆流；m 为平均值。

三、实验装置及流程

1. 实验装置的主要特点

（1）实验操作方便，安全可靠。

（2）冷流体是水，热流体是空气。水经转子流量计测流量、温度计测量进口温度后，进入换热器壳程，换热后在出口处测量其出口温度；热流体自风机进来，经转子流量计测量流量后，加热到 120 ℃流入换热器管程，并在进口处测量其进口温度，在出口处测量其出口温度。

（3）水、电的耗用小，实验费用低。

2. 设备主要技术数据

（1）列管式换热器型号：GLC - 0.63；

壳程采用圆缺型挡板，传热管为不锈钢管，管径：Φ10 mm×1 mm；

有效管长：1 000 mm；

管数：20 根；

管外侧传热总面积：0.63 m^2。

（2）流量测量：冷热流体转子流量计

型号：LZB - 25；

量程：1:10；

精度：1.5 级；

范围：气体 2.5～25 $Nm^3 \cdot H^{-1}$；

液体：100～1 000 $NL \cdot H^{-1}$。

（3）温度测量：测量冷热流体进出口温度

一次仪表：Pt100 铂电阻，4 支，量程：0～400 ℃；

二次仪表：数显仪表 LU‐901M，精度：0.2 级，1 台；

控温仪表：人工智能温度调节仪表 AI‐708，精度：0.2 级，1 台。

3. 实验装置及流程

实验装置及流程如图 10.11 所示。

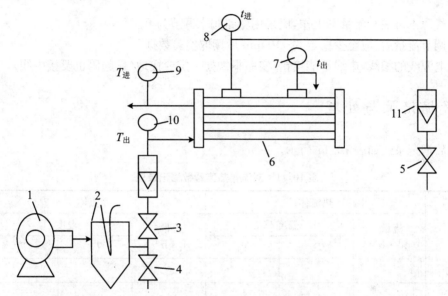

1—旋涡气泵；　2—热空气加热釜；　3、4、5—流量调节阀；　6—套管换热器；
7、8、9、10—温度计；　11—转子流量计

图 10.11　空气‐水传热实验装置流程图

空气由旋涡气泵吹出，由旁路调节阀调节，经流量计，进入换热器内管。热空气由加热釜发生后自然上升逆流进入换热器壳程，由另一端蒸气出口自然喷出，达到逆流换热的效果。

四、实验步骤

1. 打开冷流体（水）的阀门，由调节阀 5 调节流量的大小，控制流量在 200 L·h⁻¹ 左右。

2. 启动气源气泵，打开阀门 4，有调节阀 3 调节空气的流量，维持流量计读数为 5 m³·h⁻¹。接通电源，在智能温度调节仪表 AI‐708 上设定温度为 100～120 ℃。

3. 维持冷热流体流量不变，热空气进口温度在一定时间内（10 min）基本不变时，可以记取有关数据。

4. 测定传热系数 K 时，在维持冷流体（或者热空气）流量不变的情况下，根据实验步点要求，改变热空气（或冷流体）流量若干次。

5. 实验结束,关闭加热电源,待热空气温度降至 50 ℃ 以下,关闭冷热流体调节阀,并关闭冷热流体源。

五、注意事项

1. 加热时以设定温度 120 ℃ 为好,不得大于 150 ℃,以免超出 Cu50(铜热电阻)的测量范围。

2. 气源不可在 0 流量下工作,应采用旁路阀来调节为好。

3. 调节流量后,应至少稳定 5～10 min 后读取实验数据。

4. 电源线的相线,中线不能接错,实验桌铁架一定要接地(最起码也要接中线)。

六、数据记录与处理

1. 数据记录。如表 10.11 所示。

表 10.11 对流传热实验数据记录表

序号	热流体			冷流体		
	流量/ $(m^3 \cdot h^{-1})$	温度/℃		流量/ $(L \cdot h^{-1})$	温度/℃	
		$T_进$	$T_出$		$T_进$	$T_出$
1						
2						
3						
4						
5						
6						

2. 数据处理见表 10.12。

表 10.12 对流传热实验数据处理表

序号	Q_H/W	$\Delta t_m/℃$	$K/(W \cdot K^{-1} \cdot m^{-2})$	$K(平均)/(W \cdot K^{-1} \cdot m^{-2})$
1				
2				
3				
4				
5				
6				

七、思考题

1. 若将该体系换为水蒸气加热冷空气,将如何计算空气的传热膜系数?
2. 热电偶测温的原理是什么?
3. 实验过程中,冷凝水不及时排走,对实验结果会产生什么影响?

实验九 填料吸收实验

一、实验目的

1. 了解填料吸收装置的基本流程及设备结构。
2. 测定填料层的压强降和空塔气速的关系。
3. 掌握吸收总传质系数 K_Ya 的测定方法,并分析气体空塔气速及喷淋密度对总体积吸收系数的影响。

二、实验原理

1. 填料层流体力学性能的测定

压强降是填料塔设计的重要参数,气体通过填料层的压强降直接决定了吸收塔的动力消耗。气体通过填料层的压强降 $\Delta p/z$ 和气液两相流量有关,将不同喷淋量下的单位厚度填料层中的压强降和空塔气速 u 的实测数据在双对数坐标纸上作图,即得到不同喷淋量下的关系曲线。

2. 吸收塔的操作和调节

吸收操作的结果最终表现在出口气体的组成 Y_2 或组分的回收率 η 上。在低浓度气体吸收时,回收率 η 可按下式计算

$$\eta = \frac{Y_1 - Y_2}{Y_1} = 1 - \frac{Y_2}{Y_1} = \frac{y_1 - y_2}{y_1} = 1 - \frac{y_2}{y_1}$$

吸收塔的气体进口条件是由前一道工序决定的,吸收剂的进口条件包括流率 L、温度 T 和浓度 X_2,它们是控制和调节吸收操作的三要素。

由吸收分析可知,改变吸收剂用量是对吸收过程进行调节的最常用方法。当气体流率 V 不变时,增加吸收剂流率,吸收速率 N_A 增加,溶质吸收量增加,那么出口气体的组成 Y_2 减少,回收率 η 增大。当液相阻力较小时,增加吸收剂流量,总传质系数变化较小或基

本不变,溶质吸收量的增加主要是由于传质平均推动力 ΔY_m 的增大而引起,即此时吸收过程的调节主要靠传质推动力的变化。但当液相阻力较大时,增加吸收剂流量,总传质系数大幅度增加,而传质平均推动力 ΔY_m 可能减少,但总的结果使传质速率增大,溶质吸收量增大。

吸收剂入口温度对吸收过程影响也甚大,也是控制和调节吸收操作的一个重要因素。降低吸收剂的温度,使气体的溶解度增大,相平衡常数减小。

对于液膜控制的吸收过程,降低操作温度,吸收过程阻力 $\frac{1}{K_Y a} \approx \frac{m}{k_X a}$ 将随之减少,结果使吸收效果变好,Y_2 降低,但平均推动力 ΔY_m 或许也会减少。对于气膜控制的吸收过程,降低操作温度,吸收过程阻力 $\frac{1}{K_Y a} \approx \frac{1}{k_Y a}$ 不变,但平均推动力 ΔY_m 增大,吸收效果同样会变好。总之,降低吸收剂的温度,改变了相平衡常数,对过程阻力及过程推动力都产生影响,其总的结果使吸收效果变好,吸收率提高。

吸收剂进口浓度 X_2 是控制和调节吸收操作的又一个重要因素。降低吸收剂进口浓度 X_2,液相进口处的推动力增大,全塔平均推动力 ΔY_m 也随之增大,而有利于吸收过程回收率的提高。

应该注意,当气液两相在塔底接近平衡时,要降低 Y_2,提高回收率,用增大吸收剂用量的方法更有效。但当气液两相在塔顶接近平衡时,提高吸收剂用量,即增大液气比不能使 Y_2 明显的降低,只能用降低吸收剂入塔浓度 X_2 才是有效的。

最后应注意,上述讨论是基于填料塔的填充高度是一定的,亦即针对某一特定的工程问题进行的操作型问题的讨论。若是设计型的工程问题,则上述结果不一定相符,视具体问题而定。

4. 吸收总传质系数的计算

实验物系是清水吸收丙酮,惰性气体为空气,气体进口中丙酮浓度 $Y_1 > 10\%$,不属于低浓度气体吸收

$$Z = \frac{V}{K_Y a \cdot \Omega} \cdot \frac{Y_1 - Y_2}{\Delta Y_m}$$

则

$$K_Y a = \frac{V(Y_1 - Y_2)}{Z \cdot \Omega \Delta Y_m}$$

式中,Z 为填料层厚度,m;Ω 为塔的横截面积,m^2;V 为惰性气体的摩尔流量,$kmol \cdot h^{-1}$;Y_1, Y_2 为进、出塔气体中溶质氨的摩尔比 $kmol(A)/kmol(B)$;ΔY_m 为气体总平均传质推动力

$$\Delta Y_m = \frac{\Delta Y_1 - \Delta Y_2}{\ln \dfrac{\Delta Y_1}{\Delta Y_2}}$$

其中,$\Delta Y_1 = Y_1 - mX_1$;m 为相平衡常数;X_2, X_1 为进、出塔液体中溶质的摩尔比,$kmol(A)/kmol(S)$。

三、实验装置及流程

实验装置包括空气输送、空气与丙酮鼓泡接触以及吸收剂供给并和气液两相在填料塔中逆流接触等,其流程如图 10.12 所示。

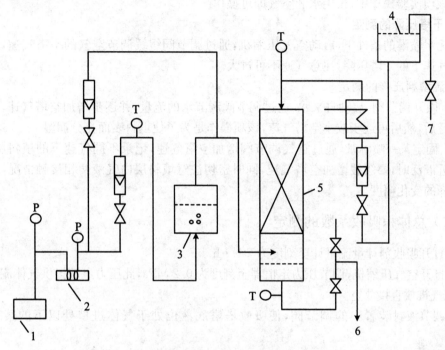

1—压缩机; 2—压力定值器; 3—丙酮贮槽; 4—高位槽; 5—吸收塔;
6—液封装置; 7—进水口

图 10.12 吸收实验装置流程图

实验设备主要参数:

1. 填料塔:塔内径 35 mm;填料层高度 400 mm;填料尺寸 $\Phi 6$ mm×6 mm×1 mm。
2. 空气转子流量计:
   型号:LZB6,流量:100~1 000 L·h^{-1},精度 2.5 级。
3. 液体转子流量计:
   型号:LZB4,流量:1.6~16 L·h^{-1},精度 2.5 级。

四、实验步骤

(一)填料塔流体力学性能测定

在该项实验操作中,仅用水和空气即可操作。

1. 干塔压降的测定

在无水喷淋的条件下,启动空气压缩机,通过调节阀缓缓调节空气的空塔气速,记录不同空塔气速下的干塔压降,注意气速不可过大。

2. 湿填料压降的测定

(1)微开调节阀,启动自来水,通过调节阀调节水的流量,并逐步增加空塔气速,使塔内接近液泛后,然后再逐步减小空塔气速,该项操作是为了使填料表面充分润湿。

(2)固定某一喷淋量,通过空气调节阀增加空塔气速,记录不同气速下的填料层压降。实验接近液泛时,要缓缓增加空塔气速,同时密切注意填料层内气液两相接触情况,并注意填料压降的变化幅度。

(二)总体积吸收系数的测定

1. 打开吸收剂计量流量计至刻度为 $2\,L \cdot h^{-1}$。

2. 打开空气压缩机,调节压力定值器至刻度为 $0.2\,MPa$,此压力足够提供气体流动的推动力,尾气排放直接放空。

3. 调节液封装置中的调节阀,使吸收塔塔底液位处于气体进口处以下的某一固定高度。

4. 调节空气流量计至刻度为 $400\,L \cdot h^{-1}$。

5. 待稳定 10 min 后,分别对气体进、出口进行取样分析。为使实验数据准确起见,先取塔顶,后取塔底;取样针筒应用待测气体洗两次,取样量近 30 mL。

6. 当常温吸收实验数据测定完后,将吸收剂进口温度调节器打开,旋至电流刻度为 1.2 A,待进、出口温度显示均不变时,取样分析。

五、注意事项

注意当实验过程中塔内接近液泛时,一定要缓缓增加空塔气速。

六、数据记录与处理

1. 填料塔流体力学性能测定,列入表 10.13 中。

基本数据:实验介质:<u>空气,水</u>;填料种类:<u>拉西环</u>;填料层厚度:_____;水温:_____;塔内径:_____;大气压强:_____;填料规格:_____。

表 10.13　填料塔液体力学性能测定数据记录表

		空气流量 $\left(\begin{array}{c}\text{流量计标定状态}\\ T=\underline{\quad}K、P=\underline{\quad}mmHg\end{array}\right)$				填料层压强降（mmH$_2$O）	塔内现象
		流量计示值	流量计前表压 /(mmHg)	温度	流量(标定状态) /(m^3·h^{-1})		
$L=0$	1						
	2						
	3						
	4						
	5						
L_1	1						
	2						
	3						
	4						
	5						
L_2	1						
	2						
	3						
	4						
	5						

2. 总体积吸收系数的测定,列入表 10.14 中。

塔径:_____;填料高度:_____;填料类型:_____;色谱系数:_____;大气压:_____;定值器压力:_____;室温:_____。

表 10.14　总体积吸收系数测定实验数据记录表

序号	液相流量 /(L·h^{-1})	气相流量 /(L·h^{-1})	液相进口 温度/℃	液相出口 温度/℃	气相进口 峰高	气相出口 峰高

3. 数据处理,列入表 10.15 中。

表 10.15　填料吸收实验结果处理

序号	气相流量 /(kmol·m⁻²·h⁻¹)	液相流量 /(kmol·m⁻²·h⁻¹)	液相出口浓度	传质推动力 ΔY_m	效率/%	传质系数 $K_Y a$/ (mol·m⁻³·h⁻¹)

七、思考题

1. 从传质推动力和传质阻力两方面分析吸收剂流量和温度对吸收过程的影响。
2. 从实验数据分析水吸收丙酮是气膜控制还是液膜控制,还是两者兼而有之?
3. 填料吸收塔塔底为什么必须有液封装置? 液封装置是如何设计的?
4. 将液体丙酮混入空气中,除实验装置中用到的方法外,还有哪些方法?

实验十　精 馏 实 验

一、实验目的

1. 掌握连续填料精馏塔分离能力的测定。
2. 在不同回流比下测定连续精馏塔的等板高度(当量高度)。

二、实验原理

连续填料精馏分离能力的影响因素众多,大致可归纳为三个方面:一是物性因素,如物系及其组成、气液两相的各种物理性质等;二是设备结构因素,如塔径与塔高,填料的型式、规格、材质和填充方法等;三是操作因素,如蒸气速率、进料状况和回流比等。在既定的设备和物系中主要影响分离能力的操作变量为蒸气上升速率和回流比。

在一定的操作气速下,表征在不同回流比下的填料精馏塔分离性能,常以每米填料高度所具有的理论塔板数,或者与一块理论塔板相当的填料高度即等板高度(HETP),作为主要指标。

在一定回流比下,连续精馏塔的理论塔板数可采用逐板计算法(Lewis - Matheson 法)或图解计算法(McCabe - Thiele 法)。

逐板计算法或图解法依据的都是气液平衡关系式和操作方程。后者是采用绘图方法代替前者的逐板解析计算。但对于相对挥发度小的物系,采用逐板计算法更为精确。如再采用计算机进行程序计算,过程尤为快速简便。

精馏段的理论塔板数可按下列平衡关系式和精馏段操作方程,进行逐板计算

$$y_n = \frac{\alpha x_n}{1 + (\alpha - 1) x_n} \qquad ①$$

$$y_{n+1} = \frac{R}{R+1} x_n + \frac{x_d}{R+1} \qquad ②$$

提馏段的理论塔板数又需按上列平衡关系式和提馏段操作方程进行逐板计算。提馏段操作方程为

$$y_{m+1} = \frac{R + qR'}{(R+1) - (1-q)R'} x_m - \frac{R' - 1}{(R+1) - (1-q)R'} x_w \qquad ③$$

若进料液为泡点温度下的饱和液体,即进料中液相所占分率 $q = 1$,则提馏段操作方程可简化为

$$y_{m+1} = \frac{R + R'}{R+1} x_m - \frac{R' - 1}{R+1} x_w \qquad ④$$

上列式中,y 为蒸气相中易挥发组分的含量,摩尔分率;x 为液相中易挥发组分的含量,摩尔分率;α 为相对挥发度;R 为回流比(回流液的摩尔流率与馏出液的摩尔流率之比,即 $R = F_1/F_d$);R' 为进料比(进料摩尔流率与馏出液摩尔流率之比,即 $R' = F_f/F_d$)。下标 n、m、d、f、l 和 w 分别表示精馏段塔板序号、提馏段塔板序号、馏出液、进料液、回流液和釜残液。

在全回流下,理论塔板数的计算可由逐板计算法导出的简单公式,称之为芬斯克(Fenske)公式进行计算,即

$$N_{T,0} = \frac{\ln\left[\left(\dfrac{x_d}{1 - x_d}\right)\left(\dfrac{1 - x_w}{x_w}\right)\right]}{\ln \alpha} - 1 \qquad ⑤$$

式中相度采用塔和塔底相度的几何平均值,即 $\alpha = \sqrt{\alpha_d \cdot \alpha_w}$。在全回流或不同回流比下的等板高度 h_e 可分别按下式计算

$$h_{e,0} = \frac{h}{N_{T,0}} \qquad ⑥$$

$$h_e = \frac{h}{N_T} \qquad ⑦$$

式中,$N_{T,0}$ 为全回流下测得的理论塔板数;N_T 为部分回流下测得的理论塔板数;h 为填料层的实际高度。

显然,理论塔板数或等板高度的大小受回流比影响,在全回流下测得的理论塔板数最多,也即等板高度为最小。为了表征连续精馏柱部分回流时的分离能力,文献中曾提出采用利用系数作为指标。精馏柱的利用系数为在部分回流条件下测得的理论塔板数 N_T 与在全

回流条件下测得的最大理论塔板数之比值,或者为上述两种条件下分别得到的等板高度之比值,即

$$K = \frac{N_T}{N_{T,0}} = \frac{h_e}{h_{e,0}} \tag{⑧}$$

这一指标不仅与回流比有关,而且还与塔内蒸气上升速率有关。因此,在实际操作中,应选择适当操作条件,以获得适宜的利用系数。

蒸气的空塔速率 u_0 可按下式计算

$$u_0 = \frac{4(L_l + L_d)\rho_l}{\pi d^2 \rho_v} \tag{⑨}$$

式中,L_l 和 L_d 分别为回流液和馏出液的流量,$m^3 \cdot s^{-1}$;ρ_l 和 ρ_v 分别为回流液和柱顶蒸气的密度,$kg \cdot m^{-3}$;d 为精馏柱的内径,m。

回流液和蒸气的密度可分别按下列公式计算

$$\rho_l = \frac{1}{\dfrac{w_A}{\rho_A} + \dfrac{w_B}{\rho_B}} = \frac{M_A x_A + M_B(1 - x_A)}{\dfrac{M_A x_A}{\rho_A} + \dfrac{M_B(1 - x_A)}{\rho_B}}$$

$$\rho_v = \frac{p\overline{M}}{RT} = \frac{p[M_A x_A + M_B(1 - x_A)]}{RT} \tag{⑩}$$

式中,w_A 和 w_B 分别为回流液(或馏出液)中易挥发组分 A、难挥发组分 B 的质量分率;ρ_A 和 ρ_B 分别为 A 和 B 组分在回流温度下的密度,$kg \cdot m^{-3}$;M_A 和 M_B 分别为 A 和 B 组分的摩尔质量,$kg \cdot mol^{-1}$;x_A 和 x_B 分别为回流液(或馏出液)中 A 和 B 组分的摩尔分率。对于二元物系 $x_B = 1 - x_A$;p 为操作压强,Pa;T 为塔内蒸气的平均温度,K;$\overline{M}$ 为蒸气的平均摩尔质量,$kg \cdot mol^{-1}$;R 为气体常数,$J \cdot mol^{-1} \cdot K^{-1}$。

三、实验装置与流程

本实验装置由连续填料精馏柱和精馏塔控制仪两部分组成。实验装置流程及其控制线路如图 10.13 所示。

连续填料精馏柱由分馏头、再沸器、原料液预热器和进出料装置四部分组成。精馏柱直径为 25 mm,精馏段填充高度为 200 mm,提馏段填充高度为 150 mm。分馏头由冷凝器和电磁回流比调节器组成。再沸器(蒸馏釜)用透明电阻膜加热,容积为 500 mL。原料液预热器采用 U 形玻璃管并附设透明电阻膜的加热器。试验液进料和釜液出料采用平衡稳压装置。

精馏塔控制仪由四部分组成。光电釜压控制器用调节釜压的方法,调节再沸器的加热强度,用以控制蒸发量和蒸气速率。回流比调节器用以调节控制回流比。温度数字显示仪通过选择开关,测量各点温度(包括柱、蒸气、入塔料液、回流液和釜残液的温度)。预热器温度调节器调节进料温度。

柱顶冷凝器用水冷却,可适当调节冷却水流量来控制回流液的温度,回流液量由分馏头附设的计量管测量。

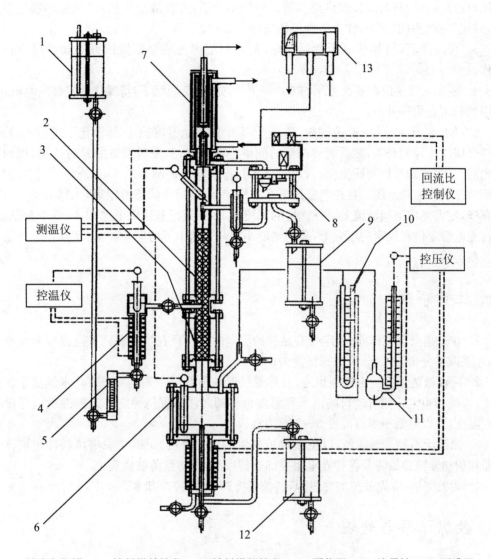

1—料液高位罐；2—填料塔精馏段；3—填料塔提馏段；4—预热器；5—流量计；6—再沸器；
7—塔顶冷凝器；8—回流比调节器；9—馏出液接受器；10—压力计；11—控压仪；
12—釜残液接受器；13—冷却水高位槽

图 10.13 填料塔连续填料精馏柱实验装置流程

四、实验步骤

本实验采用乙醇和正丙醇物系，并按体积比 1：3 配制成实验液。

1. 将配制好的试验液 1 000 mL，平均加入到再沸器和稳压料液罐中。

2. 向冷凝器通入少量冷却水，然后打开控制仪的电源总开关。逐步加大再沸器的加热电压,使再沸器内料液缓慢加热至沸腾。料液沸腾后,先预液泛一次,以保证填料完全被润湿,并记下液泛时的釜压,作为选择操作条件的依据。

3. 预液泛后,将加热电压调回至零,待填料层内挂液全部流回再沸器后再进行下步操作。

4. 将光电管定位在液泛釜压的 $60\%\sim80\%$ 处,在全回流下,待操作稳定(约 40 min)后,从塔顶和塔底采样分析。

5. 在回流比 $R=1\sim50$ 范围内,选择 4~5 个回流比值,在不同回流比下进行实验测定。先打开回流比控制开关,然后旋动两个时间继电器的旋钮,通过两者的延时比例(即回流和流出时间比)来调节控制回流比。打开进料阀,将进料流量调至 $0.350\ \text{L}\cdot\text{h}^{-1}$ 左右,同时适当调节预热器加热电压。在控制釜压不变的情况下,待操作状态稳定后,采样分析。每次采样完毕,立即测定馏出液流量。在选定的回流比下,在液泛釜压以下选取 4~5 个数据点,按序将光电管定位在预定的压强上,分别测取不同蒸气速率下的实验数据,实验操作方法与步骤 2 项类同。

五、注意事项

1. 在采集分析试样前,一定要有足够的稳定时间。只有当观察到各点温度和压差恒定后,才能取样分析,并以分析数据恒定为准。

2. 回流液的温度一定控制恒定,且尽量接近柱顶温度。关键在于冷却水的流量要控制适当,并维持恒定。同时进料的流量和温度也要随时注意保持恒定。进料温度应尽量接近泡点温度,且以略低于泡点温度 3~7 ℃为宜。

3. 预液泛不要过于猛烈,以免影响填料层的填充密度,更需切忌将填料冲出塔体。再沸器和预热器液位始终要保持在电阻膜加热器以上,以防设备被烧裂。

4. 实验完毕,应先关掉加热电源,待物料冷却后,再停冷却水。

六、数据记录与处理

1. 测量并记录实验基本参数。将数据列入表 10.16 中。

(1) 设备基本参数

填料柱的内径:$d=$ _____ mm;精馏段填料层高度:$h_R=$ _____ mm;提馏段填料层高度:$h_s=$ _____ mm;填料型式及填充方式:_____;填料尺寸:_____;填料比表面积:$a=$ _____ $\text{m}^2\cdot\text{m}^{-3}$;填料空隙率:$\varepsilon=$ _____;填料堆积密度:_____;$\rho_b=$ _____ $\text{kg}\cdot\text{m}^{-3}$;填料个数:$n=$ _____ 个·m^{-3}。

(2) 试验液及其物性数据

试验物系:A—_____;B—_____;试验液组成:_____;试验液的泡点温度:_____ ℃;各纯组分的摩尔质量:$M_A=$ _____,$M_B=$ _____;各纯组分的沸点:$T_A=$ _____,$T_B=$ _____;各纯组分的折光率:$D_A=$ _____,$D_B=$ _____;混合液组成与折光率的关系数

据:_____。

在本实验中,所处理的物料为乙醇-丙醇,可通过阿贝折光仪测取折光率求取乙醇-丙醇折光率与浓度间的关系,可通过下列公式获得

$$25\ ℃\quad W = 56.60 - 40.84\, n_D$$

$$40\ ℃\quad W = 59.28 - 42.77\, n_D$$

式中,W 为乙醇的质量分率;n_D 为折光率。

表 10.16 精馏实验记录表

实验序号	1	2	3	4	5
釜内压强 $P/(\text{mmH}_2\text{O})$					
填料层压降 $\Delta p/(\text{mmH}_2\text{O})$					
回流比 R					
进料比 R'					
冷却水流量 $V_s/(\text{L}\cdot\text{h}^{-1})$					
进料液流量 $L_f/(\text{L}\cdot\text{h}^{-1})$					
馏出液流量 $L_d/(\text{mL}\cdot\text{min}^{-1})$					
回流液流量 $L_l/(\text{mL}\cdot\text{min}^{-1})$					
柱顶蒸气温度 $T_v/℃$					
馏出液温度 $T_d/℃$					
进料液温度 $T_f/℃$					
釜残液温度 $T_w/℃$					
馏出液折光率 $D_d{}^{25}/$单位					
馏出液组成 x_d(摩尔分率)					
釜残液折光率 $D_w{}^{25}/$单位					
釜残液组成 x_w(摩尔分率)					
柱顶相对挥发度 α_d					
柱底相对挥发度 α_w					
平均相对挥发度 α					
备注					

2. 数据处理结果列于表 10.17 中。

表 10.17　精馏实验数据结果处理表

实验序号	1	2	3	4
回流比 R				
馏出液流量 $F_d/(/m^3 \cdot s^{-1})$				
蒸气空塔速率 $u_0/(m \cdot s^{-1})$				
填料层压强降 $\Delta p/(mmH_2O)$				
精馏段理论塔板数 $N^{T,R}$/块				
提馏段理论塔板数,$N^{T,S}$/块				
全塔理论塔板数,N^T/块				
等板高度,h_e/m				
利用系数,K				

3. 在一定蒸气速率下,绘制回流比分别对理论塔板数、等板高度、利用系数和压降的实验曲线。

4. 在一定回流比下,绘制蒸气速率(或馏出液流量)分别对理论塔板数、等板高度、利用系数和压降的实验曲线。

七、思考题

1. 在测定全回流和部分回流时的等板高度时,各需要测定哪些参数?
2. 在全回流操作条件下塔内温度沿塔高如何分布,为什么会造成这样的分布?
3. 在工程实际操作中何时采用全回流操作?

实验十一　液-液萃取实验

一、实验目的

1. 了解转盘萃取塔的结构特点。
2. 观察萃取塔内两相流动现象。
3. 掌握用实验方法计算萃取率的方法。

二、实验原理

萃取是分离液体混合物的一种常用操作。它的原理是利用原溶剂与萃取剂对各组分的溶解度的差别,在待分离的混合液中加入与之不互溶(或部分互溶)的萃取剂,形成共存的两个液相。

1. 液-液传质特点

液-液萃取与精馏、吸收均属于相际传质操作,它们之间有不少相似之处,但如果在液-液系统中,两相的重度差和界面张力均较小,则促进了传质过程中两相充分混合。为了促进两相的传质,在液-液萃取过程常常要借助外力将一相强制分散于另一相中(如利用外加脉冲的脉冲塔、塔盘旋转的转盘塔等等)。然而两相一旦混合,要使它们充分分离也很难,因此萃取塔通常在顶部与底部有宽大的相分离段。

在萃取过程中,两相的混合与分离好坏,直接影响到萃取设备的效率。影响混合、分离的因素很多,除了液体的物性,还有设备结构、外加能量、两相流体的流量等有关,很难用数学方程直接求得,因而表示传质好坏的级效率或传质系数的值多由实验直接测定。

研究萃取塔性能和萃取效率时,观察操作现象十分重要,实验时应注意了解以下几点:

(1) 液滴分散与聚结现象。

(2) 塔顶、塔底分离段的分离效果。

(3) 萃取塔的液泛现象。

(4) 外加能量大小(改变转数)对操作的影响。

2. 液-液萃取段高度计算

萃取过程与气-液传质过程的机理类似,如求萃取段高度目前均用来理论级数、级效率、传质单元数、传质单元高度的方法。对于本实验所用的振动筛板塔这种微分接触装置,一般采用传质单元数、传质单元高度法计算。当溶液为稀溶液,且溶剂与稀释剂完全不互溶时,萃取过程与填料吸收过程类似,可以仿照吸收操作处理。

取塔的有效高度可表示为

$$H = H_{oc}N_{oc} = H_{od}N_{od} \qquad ①$$

式中,H 为萃取段高度,mm;H_{oc}、H_{od} 分别为以连续相与分散相计算的总传质单元高度,mm

$$H_{oc} = \frac{V_c}{K_{ca}\Omega}, \quad H_{od} = \frac{V_d}{K_{da}\Omega} \qquad ②$$

N_{oc}、N_{od} 分别为以连续相与分散相计算的总传质单元数

$$N_{oc} = \int_{y_2}^{y_1} \frac{dy}{y^* - y}, \quad N_{od} = \int_{x_2}^{x_1} \frac{dx}{x - x^*} \qquad ③$$

其中,K_{ca} 为连续相总体积传质系数,$kg \cdot m^{-3} \cdot s^{-1}$;$K_{da}$ 为分散相总体积传质系数,$kg \cdot m^{-3} \cdot s^{-1}$;$V_c$、$V_d$ 分别为连续相和分散相中稀释剂(B)的质量流量,$kg \cdot s^{-1}$;Ω 为塔的截面积,m^2;y_1、y_2 分别表示连续相进、出塔时溶质的质量比浓度;x_1、x_2 分别表示分散相出、进塔时溶质的质量比浓度。

当溶液浓度很稀时，N_{oc}、N_{od} 可用对数平均推动力法求出。两液相的平衡关系可用体系的分配曲线求得。

三、实验装置与流程

1. 实验装置特点

装置构造简单，移动灵活，数据重复性好。

2. 主要设备的技术数据

（1）萃取塔的几何尺寸：

塔径 $D=37$ mm；塔身高 $=1\,000$ mm；塔的有效高度 $H=650$ mm。

（2）自吸水泵（航空牌单相自吸水泵）：

型号：Z20w-20；电压：220 V；功率：370 W；扬程：30 m；吸程：12 m；流量：3 m³·h⁻¹；转速：2 800 rpm。

（3）转子流量计型号：

LZB-4；流量：1～10 L·h⁻¹；精度：1.5 级。

（4）无极调速器

调速范围：0～1 500 rpm，无极调速，调速平稳。

3. 实验装置与流程

实验装置的流程如图 10.14 所示。萃取塔为桨叶式旋转萃取塔。塔身材质为硬质硼硅酸盐玻璃管。塔顶与塔底的玻璃管端扩口处，分别通过增强酚醛压塑法兰、橡皮圈、橡胶垫片与不锈钢法兰联结。塔内有 16 个环形隔板将塔分为 15 段。相邻两隔板的间距为 40 mm，每段的中部位置各有在同轴上安装的由 3 片桨叶组成的搅动装置。搅拌转动轴的底端有轴承，顶端亦经轴承穿出塔外与安装在塔顶上的电机主轴相连。电动机为直流电动机，通过调压变压器改变电机电枢电压的方法做无极变速运动。操作时的转速由指示仪表给出。在塔的下部和上部轻重两相的入口管分别在塔内向上或向下延伸约 200 mm，分别形成两个分离段，轻重两相将在分离段内分离。萃取塔的有效高度 H 则为两相入口管管口之间的距离。

本实验以水为萃取剂，从煤油中萃取苯甲酸。水相为萃取相（用字母 E 表示，本实验又称连续相、重相）；煤油相为萃余相（用字母 R 表示，本实验中又称分散相，轻相）。

轻相入口处，苯甲酸在煤油中的浓度应保持在 0.001 5～0.002 0 kg 苯甲酸/kg 煤油之间为宜。轻相由塔底进入，作为分散相向上流动，经塔顶分离段分离后由塔顶流出；重相由塔顶进入作为连续相向下流动至塔底经 Ⅱ 形管流出。轻重两相在塔内呈逆相流动（图 9.14）。在萃取过程中，苯甲酸部分地从萃余相转移至萃取相。萃取相及萃余相进出口浓度由容量分析法测定。考虑水与煤油是完全不互溶的，且苯甲酸在两相中的浓度都很低，可认为在萃取过程中两相液体的体积流量不发生变化。

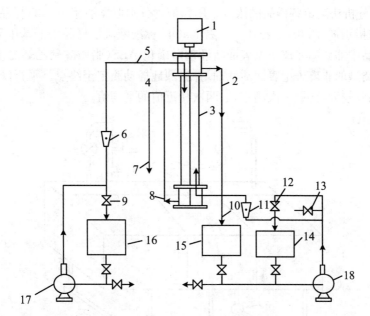

1—电机；2—轻相出口；3—淬取塔；4—Ⅱ形管；5—重相入口；
6—重相流量计；7—地沟；8—重相出口；9—回流阀；10—轻相入口；
11—轻相流量计；12—回流；13—回收阀；14—轻相原料液贮罐；
15—轻相出口液贮罐；16—重相入口；17—水；18—煤油泵

图 10.14 桨叶式旋转萃取塔流程示意

四、实验步骤

1. 在实验装置最左边的贮槽内放满水,在最右边的贮槽内放满配制好的轻相煤油(图 10.15),分别开动水相和煤油相送液泵的电闸,将两相的回流阀打开,使其循环流动。

2. 全开水转子流量计调节阀,将重相水(连续相)送入塔内。当塔内水面快上升到重相入口与轻相出口间中点时,将水流量调至指定值($4 \text{ L} \cdot \text{h}^{-1}$),并缓慢改变Ⅱ形管高度,使塔内液位稳定在重相入口与轻相出口中点左右的位置上。

3. 将调速装置的旋钮调至零位。然后接通电源,开动电动机并调至某一固定的转速,调速时应小心谨慎,慢慢地升速,绝不能调节过量致使马达产生"飞转"而损坏设备。

4. 将轻相煤油(分散相)流量调至指定值($6 \text{ L} \cdot \text{h}^{-1}$),并注意及时调节Ⅱ形管的高度。在实验过程中,始终保持塔顶分离段两相的相界面位于重相入口与轻相出口之间中点左右。

5. 在操作过程中,要绝对避免塔顶的两相界面过高或过低。若两相界面过高,到达轻相出口的高度,则将会导致重相混入轻相贮罐。

6. 操作稳定半小时后用锥形瓶收集轻相进、出口样品各约 60 mL,重相进、出口样品各约 100 mL,准备分析浓度用。

7. 取样后,即可改变桨叶的转速,其他条件不变,进行第二个实验点的测试。

8. 用容量分析法测定各样品的浓度。用移液管分别取煤油相 10 mL 样品,水相 25 mL 样品,以酚酞作指示剂,用 0.01 g·L⁻¹ 左右 NaOH 标准液滴定样品中的苯甲酸。在滴定煤油相时应在样品中加数滴非离子型表面活性剂醚磺化 AES(脂肪醇聚乙烯醚硫酸脂钠盐),也可加入其他类型的非离子型表面活性剂,并激烈地摇动滴定至终点。平行滴定一次,取平均值,如两次相差较大,再做一次滴定,取两次相近值的平均值。

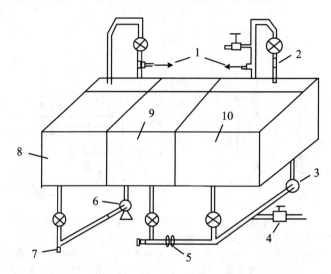

1—转子流量计; 2—透明塑料管; 3—煤油泵; 4—放空阀; 5—油件; 6—水泵;
7—放空口; 8—重相入口液贮罐; 9—轻相出口液贮罐; 10—轻相入口液贮罐

图 10.15 萃取实验管路安装图

9. 实验完毕后,关闭两相流量计。将调速器调至零位,使桨叶停止转动。切断电源。滴定分析过的煤油应集中存放回收。洗净分析器材,一切复原,保持实验台面的整洁。

五、注意事项

1. 调节桨叶转速时一定要小心谨慎,慢慢地升速,千万不能升速过猛使马达产生"飞转"而损坏设备。最高转速机械上可达 800 rpm。从传质考虑,转速太高,重相出口浓度会太大,再由于分析的误差,可能出现实验异常。

2. 在整个实验过程中,塔顶两相界面一定要控制在轻相出口和重相入口之间适中位置并保持不变。

3. 由于分散相和连续相在塔顶和塔底滞留量很大,改变操作条件后,稳定时间一定要足够长,大约要用半小时,否则误差极大。

4. 煤油的实际体积流量并不等于流量计的读数。需用煤油的实际流量数值时,必须用流量修正公式对流量计的读数进行修正后方可使用。

六、数据记录与处理

1. 设计表格,将原始数据和数据处理结果记录其中。
2. 以一组数据为例,写出计算过程。
3. 计算两种转速下的传质单元高度及萃取率。

七、思考题

1. 在萃取过程中选择连续相、分散相的原则是什么?
2. 转盘萃取塔有什么特点?
3. 萃取过程对哪些体系最好?

实验十二 洞道干燥实验

一、实验目的

1. 掌握干燥曲线和干燥速率曲线的测定方法。
2. 学习物料含水量的测定方法。
3. 加深对物料临界含水量 X_c 的概念及其影响因素的理解。
4. 学习恒速干燥阶段物料与空气之间对流传热系数的测定方法。
5. 学习用误差分析方法对实验结果进行误差估算。

二、实验原理

当物料与干燥介质相接触时,物料表面的水分开始汽化,并向周围介质传递。根据不同干燥时间段的特点,干燥过程可分为两个阶段。第一阶段为恒速干燥阶段。在过程开始时,由于整个物料的湿含量较大,其内部的水分能迅速地达到物料表面。因此,干燥速率为物料表面上水分的汽化速率所控制,故此阶段也称为表面汽化控制阶段。在此阶段,干燥介质传给物料的热量全部用于水分的汽化,物料的表面温度维持恒定(等于热空气湿球温度),物料表面处的水蒸气分压也维持恒定,故干燥速率恒定不变。第二个阶段为降速干燥阶段。当物料被干燥达到临界湿含量后,便进入降速干燥阶段,此时物料中所含水分较少,水分自物料内部向表面传递的速率低于物料表面水分汽化速率,干燥速率为水分在物料内部的传递速率所控制。故此阶段亦称为内部迁移控制阶段。随着物料湿含量的逐渐减少,物料内部水分的迁移速率也逐渐减小,故干燥速率不断下降。

恒速阶段的干燥速率和临界含水量的影响因素主要有:固体物料的种类和性质;固体物料层的厚度或颗粒大小;空气的温度、湿度和流速;空气与固体物料间的相对运动方式。

恒速阶段干燥速率和临界含水量是干燥过程研究和干燥器设计的重要数据。

1. 干燥速率的测定

$$U = \frac{\mathrm{d}W'}{S\mathrm{d}\tau} \approx \frac{\Delta W'}{S\Delta\tau} \qquad ①$$

式中,U 为干燥速率,$kg \cdot m^2 \cdot h^{-1}$;$S$ 为干燥面积,m^2;$\Delta\tau$ 为时间间隔,h;$\Delta W'$ 为 $\Delta\tau$ 时间间隔内干燥汽化的水分量,kg。

2. 物料干基含水量

$$X = \frac{G' - G_c'}{G_c'} \qquad ②$$

式中,X 为物料干基含水量,kg 水/ kg 绝干物料;G' 为固体湿物料的量,kg;G_c' 为绝干物料的量,kg。

3. 恒速干燥阶段,物料表面与空气之间对流传热系数的测定

$$U_c = \frac{\mathrm{d}W'}{S\mathrm{d}\tau} = \frac{\mathrm{d}Q'}{r_{tw}S\Delta\tau} = \frac{\alpha(t - t_w)}{r_{tw}} \qquad ③$$

$$\alpha = \frac{U_c \cdot r_{tw}}{t - t_w} \qquad ④$$

式中,α 为恒速干燥阶段物料表面与空气之间的对流传热系数,$W \cdot m^{-2} \cdot ℃^{-1}$;$U_c$ 为恒速阶段的干燥速率,$kg \cdot m^{-2} \cdot h^{-1}$;$t_w$ 为干燥器内的湿球温度,℃;t 为干燥器内空气的干球温度,℃;r_w 为 t_w℃下水的汽化潜热,$J \cdot kg^{-1}$。

4. 干燥器内空气实际体积流量的计算

由节流式流量计的流量公式和理想气体的状态方程式可推导出

$$V_t = V_0 \times \frac{273 + t}{273 + t_0} \qquad ⑤$$

$$V_{t0} = C_0 \left(\frac{\pi}{4}d^2\right)\sqrt{\frac{2\Delta p}{\rho}} \qquad ⑥$$

式中,V_t 为干燥器内的实际流量,$m^3 \cdot s^{-1}$;t_0 为流量计处空气温度,℃;V_0 为常压下 t_0℃时空气流量,$m^3 \cdot s^{-1}$;t 为干燥器内空气的温度,℃;C_0 为流量计流量系数,$C_0 = 0.67$;d_0 为节流孔开孔直径,$d_0 = 0.05$ m;Δp 为节流孔上下游两侧压强差,Pa;ρ 为孔板流量计处 t_0℃时空气的密度,$kg \cdot m^{-3}$。

三、实验装置与流程

1. 特点

(1) 结构紧凑,占地面积小。

(2) 干燥介质空气流量的调节范围大。

（3）耗能量小。

（4）实验操作十分方便。

（5）很容易就能测得常见的典型的干燥曲线、干燥速率曲线和恒速段热空气与被干燥物表面之间的对流传热系数。

（6）噪声小。

2. 主要技术数据

（1）洞道干燥器：空气流通的横截面积为 $0.1 \times 0.15 = 0.015$（m²）。

（2）鼓风机：三环牌 XGB‑2 型旋涡气泵，最大出口风压为 11.76 kPa，最大流量为 75 m³·h⁻¹，电机功率为 0.75 kW。

（3）空气预热器：两个电热器并联，每个电热器的额定功率为 450 W，额定电压为 220 V。

（4）天平：HC‑TPⅡB 10 型架盘药物天平，最大程量为 1 000 g，分度值为 1 g，生产厂为北京医用天平厂。

3. 实验装置及流程

本实验装置及流程如图 10.16 所示，装置主要由洞道干燥器、风机、孔板流量计、空气加热器、天平、U 形管压差计、温度计及调压器等组成。新鲜空气经调节阀 12 后进入风机 1，在风机的驱动下，空气经孔板流量计 2、空气加热器 6 进入干燥器 9。在干燥器内热空气与湿

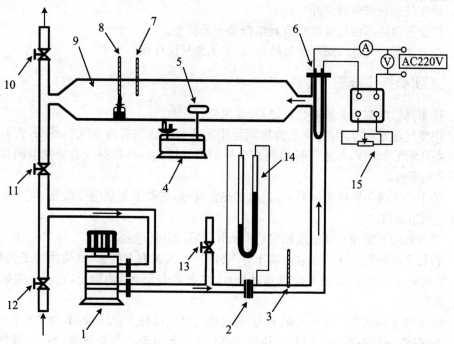

1—中压风机；2—孔板流量计；3—空气进口温度计；4—重量传感器；5—被干燥物料；
6—加热器；7—干球温度计；8—混球温度计；9—洞道干燥器；10—废气排出阀；11—废气循环阀；
12—新鲜空气进气阀；13—干球温度显示控制仪表；14—湿球温度显示仪表；15—进口温度显示仪表

图 10.16 实验装置流程图

物料 5 接触后,部分经废气排放阀 10 排空,部分经废气循环阀 11 与来自阀 12 的新鲜空气一起进入风机循环使用。空气的流量由孔板流量计 2 计量,孔板两侧的压差由 U 形管压差计 14 显示。孔板流量计处的温度由温度计 3 测量,干燥器内的空气干球温度由温度计 7 测量,干燥器内的湿球温度由温度计 8 测量。被干燥物料 5 的质量由天平 4 实时测量。进入干燥器内的空气温度通过调压器 15 来控制。

四、实验步骤

(一)实验前的准备工作

1. 将被干燥物料试样进行充分浸泡。
2. 向湿球湿度计的附加蓄水池内补充适量的水,使池内水面上升至指定位置。
3. 将被干燥物料的空支架安装在洞道内,令天平处于平衡状态。一方面细心检查并耐心调整天平的位置,确保天平能不受干扰地自由摆动,另一方面正确称量和记录整个支架的"质量"。
4. 熟悉所用秒表的使用方法,然后让秒表的示值为零,处于备用状态。
5. 将空气流量调节阀全开。
6. 将空气预热器加热电压调节旋钮拧至全关状态。
7. 全开新鲜空气进口阀和废气排出阀,全关废气循环阀。

(二)实验操作步骤

1. 按下风机电源开关的绿色按键,开动风机。
2. 用空气流量调节阀,将空气流量调至指定读数。适当打开废气循环阀,若有必要还可适当关闭废气排出阀,使废气排出阀有少量的废气排出。再用空气流量调节阀将空气流量调节至指定值。
3. 按下空气预热器的电源开关,让电加热器通电,并调节加热电压旋钮,使干燥器的干球温度达到指定值。
4. 干燥器的流量和干球温度恒定达 5 min 之后,即可开始实验。
5. 将被干燥物料试样从水盆内取出,控去浮挂在其表面上的水分(使用呢子物料时,最好用力挤去所含的水分,以免干燥时间过长)。将支架从干燥器内取出,再将支架插入试样内直至尽头。
6. 将支架连同试样一起放入洞道内,并安插在其支撑杆上。注意:不能使天平移位。
7. 用游离砝码和移动式砝码,尽快使天平处于平衡状态。然后将移动式砝码向左移动至最近处的某一条刻度线处。当因试样的水分蒸发天平达到平衡状态时,立即按下秒表开始计时,并记录所用的全部砝码数。然后总质量每减少 1 g 或 0.5 g 记录数据一次(记录总质量和时间),直至减少同样克数所用时间是恒速阶段所用时间的 4 倍时,即可结束实验。注意:最后若发现时间已过去很长,但减少的质量还达不到所要求的克数,则可立即移动移动式砝码人为地使天平出现平衡状态,并同时记录数据。

五、注意事项

1. 实验的整个过程,始终都要注意天平是否能够自由地摆动,这是实验成功的关键。为此人手不宜压在桌面上,否则会造成天平附近的桌面受压变形,从而导致试样下方的支撑杆与洞道的底板相接触,使测量产生误差。

2. 实验过程中,空气的流量和干燥器的进口温度可能会有变化,必须经常观测。若需调节,只宜缓慢地微调,千万不可操之过急,动作过大。

3. 为了设备的安全,开机时,一定要先开风机后开空气预热器的电热器。停机时则反之。

六、数据记录与处理

1. 将实验数据和数据处理结果列在表 10.18 中,并以其中一组数据为例,写出计算过程。表中符号的意义如下:

S—干燥面积,m^2 ; G_c—绝干物料量,g;

R—空气流量计的读数,kPa; T_0—干燥器进口空气温度,℃;

t—试样放置处的干球温度,℃; t_w—试样放置处的湿球温度,℃;

G_D—试样支撑架的质量,g; G_T—被干燥物料和支撑架的总质量,g;

G—被干燥物料的质量,g; T—累计的干燥时间,s;

X—物料的干基含水量,kg 水/kg 绝干物料;

X_{AV}—两次记录之间被干燥物料的平均含水量,kg 水/kg 绝干物料;

U—干燥速率,kg 水/(s · m^2)。

空气孔板流量计读数 R:＿＿＿＿ kPa;流量计处温度 t_0:＿＿＿＿ ℃;干球温度 t:＿＿＿＿ ℃;湿球温度 t_w:＿＿＿＿ ℃;框架质量 G_D:＿＿＿＿ g;绝干物料量 G_c:＿＿＿＿ g;干燥面积 S:＿＿＿＿ m^2;洞道截面积:＿＿＿＿ m^2。

表 10.18   精馏实验数据结果处理表

序号	累计时间 T/min	总质量 G_T/g	干基含水量 X/(kg/kg)	平均含水量 X_{AV}/(kg/kg)	干燥速率 $U \times 10^4$/[kg/(m^2 s)]
1					
2					
3					
4					
5					

序号	累计时间 T/min	总质量 G_T/g	干基含水量 X/(kg/kg)	平均含水量 X_{AV}/(kg/kg)	干燥速率 $U \times 10^4/[kg/(m^2 s)]$
6					
7					
8					

2. 根据实验结果,绘制出干燥曲线和干燥速率曲线,并得出恒定干燥速率、临界含水量和平衡含水量。

3. 计算出恒速干燥阶段物料与空气之间对流传热系数。

七、思考题

1. "从恒速阶段到降速阶段的转变并非突变而是渐变"的说法正确吗? 为什么?

2. 将实验结果所绘制的曲线与理论曲线对比,分析误差。

3. 在其他条件不变时,湿物料的最初含水量大小对其干燥速率曲线有什么影响? 为什么?

实验十三　连续流动反应器中的返混测定

一、实验目的

1. 了解全混釜和多釜串联反应器的返混特性。

2. 掌握停留时间分布的测定方法。

3. 了解停留时间分布与多釜串联模型的关系。

4. 了解模型参数 N 的物理意义及计算方法。

二、实验原理

在连续流动釜式反应器中,激烈的搅拌使反应器内物料发生混合,反应器出口处的物料会返回流动与进口物料混合,这种空间上的反向流动就是返混,通常称为狭义上的返混。限制返混的措施是分割。分割有横向分割和纵向分割两种。当一个釜式反应器被分成多个反应器后,返混程度就会降低。

在连续流动的反应器内,不同停留时间的物料之间的混合称为返混。返混程度的大小,一般很难直接测定,通常是利用物料停留时间分布的测定来研究的。然而在测定不同状态的反应器内停留时间分布时,我们可以发现,相同的停留时间分布可以有不同的返混情况,即返混与停留时间分布不存在一一对应的关系,因此不能用停留时间分布的实验测定数据直接表示返混程度,而要借助于反应器数学模型来间接表达。

停留时间分布的测定方法有脉冲法、阶跃法等,常用的是脉冲法。当系统达到稳定后,在系统的入口处瞬间注入一定量 Q 的示踪物料,同时开始在出口流体中检测示踪物料的浓度变化。

由停留时间分布密度函数的物理含义,可知

$$f(t)\mathrm{d}t = V \cdot C(t)\mathrm{d}t/Q$$

$$Q = \int_0^\infty VC(t)\mathrm{d}t$$

所以

$$f(t) = \frac{VC(t)}{\int_0^\infty VC(t)\mathrm{d}t} = \frac{C(t)}{\int_0^\infty C(t)\mathrm{d}t}$$

由此可见 $f(t)$ 与示踪剂浓度 $C(t)$ 成正比。因此,本实验中用水作为连续流动的物料,以饱和 KCl 作示踪剂,在反应器出口处检测溶液电导值。在一定范围内,KCl 浓度与电导值成正比,则可用电导值来表达物料的停留时间变化关系,即 $f(t) \propto L(t)$,这里 $L(t) = L_t - L_\infty$,L_t 为 t 时刻的电导值,L_∞ 为无示踪剂时的电导值。

停留时间分布密度函数 $f(t)$ 在概率论中有两个特征值,平均停留时间(数学期望)$\bar{t}$ 和方差 σ_t^2。

$\bar{t}$ 的表达式为

$$\bar{t} = \int_0^\infty tf(t)\mathrm{d}t = \frac{\int_0^\infty tC(t)\mathrm{d}t}{\int_0^\infty C(t)\mathrm{d}t}$$

采用离散形式表达,并取相同时间间隔 Δt,则

$$\bar{t} = \frac{\sum tC(t)\Delta t}{\sum C(t)\Delta t} = \frac{\sum t \cdot L(t)}{\sum L(t)}$$

σ_t^2 的表达式为

$$\sigma_t^2 = \int_0^\infty (t - \bar{t})^2 f(t)\mathrm{d}t = \int_0^\infty t^2 f(t)\mathrm{d}t - \bar{t}^2$$

也用离散形式表达,并取相同 Δt,则

$$\sigma_t^2 = \frac{\sum t^2 C(t)}{\sum C(t)} - (\bar{t})^2 = \frac{\sum t^2 L(t)}{\sum L(t)} - \bar{t}^2$$

若用无因次对比时间 θ 来表示,即 $\theta = t/\bar{t}$,无因次方差 $\sigma_\theta^2 = \sigma_t^2/\bar{t}^2$。

在测定了一个系统的停留时间分布后,如何来评价其返混程度,则需要用反应器模型来描述,这里我们采用的是多釜串联模型。

所谓多釜串联模型是将一个实际反应器中的返混情况作为与若干个全混釜串联时的返混程度等效。这里的若干个全混釜个数 N 是虚拟值,并不代表反应器个数,N 称为模型参数。多釜串联模型假定每个反应器为全混釜,反应器之间无返混,每个全混釜体积相同,则可以推导得到多釜串联反应器的停留时间分布函数关系,并得到无因次方差 σ_θ^2 与模型参数 N 存在关系为

$$N = \frac{1}{\sigma_\theta^2}$$

当 $N=1$,$\sigma_\theta^2=1$,为全混釜特征;当 $N \to \infty$,$\sigma_\theta^2 \to 0$,为平推流特征。这里 N 是模型参数,是个虚拟釜数,并不限于整数。

三、实验装置与流程

实验装置图如图 10.17 所示,由单釜与三釜串联两个系统组成。三釜串联反应器中每个釜的体积为 1 L,单釜反应器体积为 3 L,用可控硅直流调速装置调速。实验时,水分别从两个转子流量计流入两个系统,稳定后在两个系统的入口处分别快速注入示踪剂,由每个反应釜出口处电导电极来检测示踪剂浓度变化,并显示在电导仪上。

电导仪输出的毫伏信号经电缆进入 A/D 卡,A/D 卡将模拟信号转换成数字信号,由计算机集中采集、显示并记录,实验结束后,计算机可将实验数据及计算结果储存或打印出来。

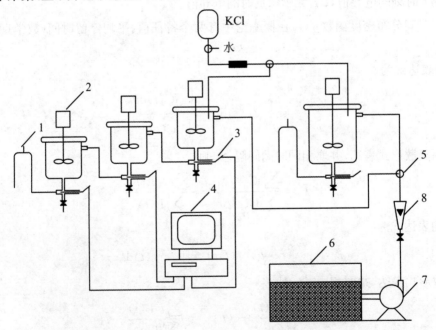

1—倒U型管; 2—搅拌电机; 3—电极; 4—电脑; 5—控水阀门; 6—水箱;
7—水泵; 8—转子流量计

图 10.17　实验装置图

四、实验步骤

1. 通水。开启水开关,让水注满反应釜,调节进水流量为 $15 \, \text{L} \cdot \text{h}^{-1}$,保持流量稳定。

2. 通电。开启电源开关,打开计算机数据采集系统,设定参数值,通过点击图形区域可进行"单釜"、"三釜"显示页间的切换。打开电导仪,调整好,以备测量。开动搅拌器,搅拌转速决定了混合状态,单釜应控制在 150 rpm 左右,三釜控制在 300 rpm 左右。

3. 调节流量稳定后注入示踪剂饱和 KCl 溶液,同时按数据采集系统的"开始"键。

4. 当计算机信号线显示的电导值在 2 min 内觉察不到变化时,即认为到达终点,按"结束"键,同时保存并打印结果。

5. 关闭器材、电源、水源,排清釜中的料液,实验结束。

五、注意事项

1. 整个操作过程中注意控制流量。

2. 为便于观察,示踪剂中加入了颜料,示踪剂要求一次迅速注入。

3. 抽取时勿吸入底层晶体,以免堵塞。若遇针头堵塞,不可强行推入,应拔出后重新操作。

4. 一旦失误,应等示踪剂出峰全部走平后,再重做,或在老师指导下,把水放尽,置换清水后重做。

六、数据记录与处理

1. 用脉冲示踪法测定单釜停留时间分布,确定返混程度。

2. 用脉冲示踪法测定三釜串联系统的停留时间分布,确定返混程度。

3. 选择一组实验数据,用离散方法计算平均停留时间、方差,从而计算无因次方差和模型参数,要求写清计算步骤。

七、思考题

1. 比较计算机计算结果,分析偏差原因。

2. 讨论实验结果。

实验十四　管式循环反应器停留时间测定

一、实验目的

1. 了解连续均相管式循环反应器的返混特性。
2. 分析观察连续均相管式循环反应器的流动特征。
3. 研究不同循环比下的返混程度,计算模型参数 N。

二、实验原理

在工业生产上,为了控制反应物的合适浓度,以便控制温度、转化率和收率,同时使物料在反应器内有足够的停留时间并具有一定的线速率,从而将反应物的一部分物料返回到反应器进口,使其与新鲜的物料混合后再进入反应器进行反应。在这个过程中,对停留时间分布的控制十分重要。在连续流动的反应器内,不同停留时间的物料之间的混合称为返混。对于这种反应器循环与返混之间的关系,需要通过实验来测定。

在连续均相管式循环反应器中,若循环流量等于零,则反应器的返混程度与平推流反应器相近(由于管内流体的速率分布和扩散,会造成较小的返混)。若有循环操作,则反应器出口的流体被强制返回反应器入口,也就是返混。返混程度的大小与循环流量有关,通常定义循环比 R 为

$$R = \frac{循物料的体流量}{离反应器物料的体流量}$$

循环比 R 是连续均相管式循环反应器的重要特征,可自零变至无穷大。

当 $R=0$ 时,相当于平推流管式反应器;

当 $R=\infty$ 时,相当于全混流反应器。

因此,对于连续均相管式循环反应器,可以通过调节循环比 R,得到不同返混程度的反应系统。一般情况下,循环比大于 20 时,系统的返混特性已经非常接近全混流反应器。

三、实验装置与流程

实验装置图如图 10.18 所示,由装有填料的管式反应器组成。由主流量计和循环流量计控制循环比。实验时,水分别从两个转子流量计流入两个系统,稳定后在入口处分别快速注入示踪剂,在反应器出口处用电导电极检测示踪剂浓度变化,并显示在电导仪上。

电导仪输出的毫伏信号经电缆进入 A/D 卡,A/D 卡将模拟信号转换成数字信号,由

计算机集中采集、显示并记录,实验结束后,计算机可将实验数据及计算结果储存或打印出来。

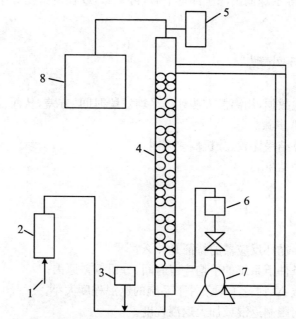

1—进水口; 2—主流量计; 3—示踪剂入口; 4—管式反应器;
5—电导率仪; 6—循环量流量计; 7—循环泵; 8—电脑

图 10.18 实验装置图

四、实验步骤

1. 通水。开启水开关,让水注满管式反应器,调节进水流量,保持流量稳定。

2. 通电。开启电源开关,打开计算机数据采集系统,设定参数值。开电导仪,调整好,以备测量。

3. 调节流量稳定后注入示踪剂饱和 KCl 溶液,同时按数据采集系统的"开始"键。

4. 当计算机信号线显示的电导值在 2 min 内觉察不到变化时,即认为到达终点,按"结束"键,同时保存并打印结果。

5. 开泵,调节不同循环量,观察其对返混的影响。

6. 关闭器材、电源、水源,排清釜中的料液,实验结束。

五、注意事项

1. 整个操作过程中注意控制流量。

2. 为便于观察,示踪剂中加入了颜料,示踪剂要求一次迅速注入。

3. 抽取时勿吸入底层晶体,以免堵塞。若遇针头堵塞,不可强行推入,应拔出后重新操作。

4. 一旦失误,应等示踪剂出峰全部走平后,再重做,或在老师指导下,把水放尽,置换清水后重做。

六、数据记录与处理

1. 选择一组实验数据,用离散方法计算平均停留时间、方差,从而计算无因次方差和模型参数,要求写清计算步骤。

2. 与计算机计算结果比较,分析偏差原因。

3. 列出数据处理结果表。

七、思考题

1. 何谓循环比? 循环反应器的特征是什么?

2. 计算出不同条件下系统的平均停留时间,分析偏差原因。

3. 计算模型参数 N,讨论不同条件下系统的返混程度大小。

4. 讨论一下如何限制返混或加大返混程度。

实验十五　催化反应精馏法制乙酸乙酯

一、实验目的

1. 掌握催化反应精馏的原理、特点及实验操作。

2. 了解催化反应精馏与常规精馏的区别。

3. 了解反应精馏是一个既服从质量作用定律又服从相平衡规律的复杂过程。

4. 掌握进行全塔物料衡算和塔内物料组成分析的方法。

5. 掌握用气相色谱分析有机混合物料组成的方法。

二、实验原理

催化反应精馏是随着精馏技术的不断发展与完善,而发展起来的一种新型分离技术。它是指对精馏塔进行特殊设计改造后,采用不同形式的催化剂,使某些反应在精馏塔中进行,并同时对产物和原料进行精馏分离的过程,是精馏技术中的一个特殊领域。在催化反应精馏操作过程中,由于化学反应与分离同时进行,产物通常被分离到塔顶,从而使反应平衡被不断破坏,造成反应平衡中的原料浓度相对增加,使平衡向右移动,故能显著提高反应原料的总体转化率,降低能耗。同时,由于产物与原料在反应中不断被精馏塔分离,也往往能得到较纯的产品,减少了后续分离和提纯工序的操作和能耗。此法在酯化、醚化、酯交换、水解等化工生产中得到了广泛应用,而且越来越显示出其优越性。

催化反应精馏过程不同于一般精馏,它既有精馏的物理相变之传递现象,又有物质变性的化学反应现象。两者同时存在,相互影响,使过程更加复杂。因此,反应精馏对下列两种情况特别适用:(1) 可逆平衡反应。一般情况下,反应受平衡影响,转化率只能维持在平衡转化的水平。但是,若生成物中有低沸点或高沸点物存在,则精馏过程可使其连续地从系统中排出,结果超过平衡转化率,大大提了效率。(2) 异构体混合物分离。通常它们的沸点接近,靠精馏方法不易分离提纯,若异构体混合中某组分能发生化学反应并能生成沸点不同的物质,这时可在反应过程中将它们分离。

对醇酸酯化反应来说,适用于第一种情况。但该反应若无催化剂存在,单独采用反应精馏操作也达不到高效分离的目的,这是因为反应速率非常缓慢,故一般都用催化反应方式。酸是有效的催化剂,常用硫酸。反应随酸浓度增高而加快,质量百分数在 $0.2\% \sim 1.0\%$。此外,还可用离子交换树脂、重金属盐类和丝光沸石分子筛等固体催化剂。催化反应精馏的催化剂用硫酸,是由于其催化作用不受塔温度限制,在全塔内都能进行催化反应。而应用固体催化剂则由于反应存在一个最适宜的温度,精馏塔本身难以达到此条件,故很难实现最佳化操作。本实验是在酸催化剂作用下以醋酸和乙醇为原料生成醋酸乙酯的可逆反应。反应的化学方程式为

$$CH_3COOH + C_2H_5OH \Longrightarrow CH_3COOC_2H_5 + H_2O$$

实验中原料的进料方式有两种:一种是直接从塔釜进料;另一种是在塔的某处进料。从操作方式看前者有间歇和连续式两种;而后者则只有连续式。塔釜进料的间歇操作方式是将原料一次性加入到塔釜内,而从塔顶采集产品,此时塔釜作为反应器,塔体只起精馏分离的作用。塔釜进料的连续操作方式是将一部分原料加入到塔釜内,也是从塔顶采集产品。当可以从塔顶采出产品后,就连续地将醇酸混合原料加入到塔釜内,此时塔釜仍作为反应器,塔体也只起到精馏分离作用。连续操作和间歇操作相比,提高了生产能力。但这两种操作方式的生产能力均较小。从塔体连续进料的操作方式是在塔上部某处加入带有酸催化剂的乙酸,而在塔下部某处加入乙醇。当釜内物料呈沸腾状态时,塔内易挥发组分逐渐向上移动,难挥发组分向下移动。乙酸进料口以上的塔段为上段,主要起着精馏酯的作用,并使乙酸不在塔顶采出物中出现。乙醇进料口以下的塔段为下段,主要作用是提馏反应生成的水,使其从装置中移出。两个进料口之间的塔段为中段,主要起酯化反应的作用,使醇和酸在催化剂存在下能更好地接触,并使反应生成的酯和水能从反应区移出。此时塔内有乙醇、乙酸、乙酸乙酯和水四个组分,由于乙酸在气相中有缔合作用,除乙酸外,其他三个组分在 $70 \sim 79 ℃$ 之间可形成水-酯、水-醇和水-醇-酯三种共沸物。由于共沸物沸点较低,故醇和酯能不断地从塔顶排出。如果适当控制反应原料的比例和操作条件,就可以使反应物中的某一组分全部转化。因此,可认为反应精馏的分离塔也是反应器。全过程可用物料衡算和热量衡

算式及反应速率方程描述。

1. 物料衡算方程

图 10.19 为第 j 块理论板上的气液流动示意图。

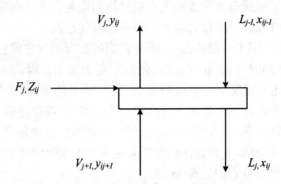

图 10.19　第 j 块理论板上的气液流动示意图

对第 j 块理论板上的 i 组分进行物料衡算如下：

$$L_{j-1}X_{i,j-1} + V_{j+1}Y_{i,j+1} + F_jZ_{j,i} + R_{i,j} = V_jY_{i,j} + L_jX_{i,j} \qquad ①$$
$$2 \leqslant j \leqslant n, i = 1,2,3,4$$

2. 气液平衡方程

对平衡级上某组分 i 有如下平衡关系：

$$K_{i,j} \cdot X_{i,j} - Y_{i,j} = 0 \qquad ②$$

每块板上组成的总和应符合下式：

$$\sum_{i=1}^{n} Y_{i,j} = 1; \ \sum_{i=1}^{n} X_{i,j} = 0 \qquad ③$$

3. 反应速率方程

$$R_{i,j} = K_j \cdot P_j \left(\frac{X_{i,j}}{\sum Q_{i,j} \cdot X_{i,j}} \right)^2 \times 10^5 \qquad ④$$

式④在原料中各组分的浓度相等条件下才成立，否则应予修正。

4. 热量衡算方程

对平衡级上进行热量衡算，最终得到下式：

$$L_{j-1}h_{j-1} - V_jH_j - L_jh_j + V_{j+1}H_{j+1} + F_jH_{rj} - Q_j + R_jH_{rj} = 0 \qquad ⑤$$

三、实验装置与流程

实验装置如图 10.20 所示。

反应精馏塔用玻璃制成，直径为 20 mm，塔高为 1 500 mm，塔内填装 Φ 3 m×3 mm 的不锈钢 θ 网环型填料（316L）。塔釜为四口烧瓶，容积为 500 mL，塔外壁镀有金属膜，通电流使塔身加热保温。塔釜置于 500 W 电热包中。采用 XCT-191 型动圈指示调节仪和 ZK-50 型电磁铁控制器控制釜温。塔顶冷凝液体的回流采用摆动式回流比控制器操作。此控制系统由塔头上摆锤、电磁铁线圈、回流比计数拨码电子仪表组成。实验所用的试剂有乙醇、乙酸、浓硫酸、丙酮和蒸馏水等。

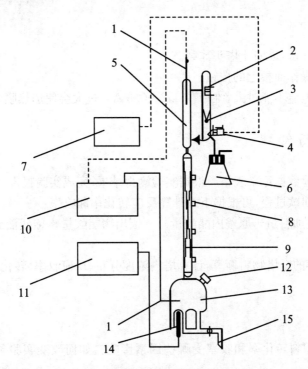

1—测温热电阻；2—冷却水；3—摆锤；4—电磁铁；5—塔头；6—馏出液收集瓶；
7—回流比控制器；8—取样口；9—塔体；10—数字式温度显示器；11—控温仪；
12—加料口；13—塔釜；14—电加热器；15—卸料口

10.20 反应精馏装置及流程

四、实验步骤

1. 分别称取一定量的乙醇、乙酸及少量浓硫酸(按醋酸量的 0.3% 计)加入塔釜内,开启塔釜加热系统、塔身保温电源及塔顶冷凝水。

2. 当塔头有液体出现时,进行全回流操作。10～15 min 后,把回流比设定为 3∶1,开启回流比控制电源。

3. 约半小时后,用微型注射器在塔身五个不同高度处取样,并尽量保证取样的同步性。

4. 用色谱分析仪对待测样品进行分析,记录结果。

5. 重复 3、4 步操作。

6. 关闭塔釜及塔身加热电源,关闭冷凝水。

7. 当馏出液全部流至塔釜后取釜残液,并对馏出液及釜残液进行称重和色谱分析。

8. 关闭总电源。

五、注意事项

1. 必须先通冷却水,以防止塔头炸裂。

2. 不要随意动操作面板上的按钮。

3. 上下段保温电流不能过大,维持在 0.2~0.3 A。过大会使加热膜受到损坏。

六、数据记录与处理

1. 自行设计实验数据记录表格。根据实验测得结果,完成实验报告。

2. 本实验属于间歇过程,可根据下式计算反应转化率和收率:

转化率=[(醋酸加料量+原釜内醋酸量)-(馏出物醋酸量+釜残液醋酸量)]/(醋酸加料量+原釜内醋酸量)

进行醋酸和乙醇的全塔物料衡算,计算塔内浓度分布、反应收率、转化率等。

七、思考题

1. 反应精馏的原料转化率和收率受哪些因素影响? 如何改变实验条件才能尽可能提高转化率和收率?

2. 不同回流比对产物分布影响如何?

3. 如何对反应精馏塔作物料衡算?

4. 与普通精馏及反应相比较,反应精馏有哪些优点?

实验十六　乙苯脱氢制苯乙烯实验

一、实验目的

1. 了解以乙苯为原料、氧化铁系为催化剂,在固定床单管反应器中制备苯乙烯的过程。

2. 学会稳定工艺操作条件的方法。

二、实验原理

本实验是以乙苯为原料、氧化铁系为催化剂,在固定床单管反应器中制备苯乙烯的过程,其主副反应分别为

主反应

$$\text{C}_6\text{H}_5-\text{CH}_2\text{CH}_3 \rightleftharpoons \text{C}_6\text{H}_5-\text{CH}=\text{CH}_2 + \text{H}_2 \qquad 117.8\ \text{kJ}\cdot\text{mol}^{-1}$$

副反应

$$\text{C}_6\text{H}_5-\text{CH}_2\text{CH}_3 \rightleftharpoons \text{C}_6\text{H}_6 + \text{CH}_2=\text{CH}_2 \qquad 105\ \text{kJ}\cdot\text{mol}^{-1}$$

$$\text{C}_6\text{H}_5-\text{CH}_2\text{CH}_3 + \text{H}_2 \rightleftharpoons \text{C}_6\text{H}_6 + \text{C}_2\text{H}_6 \qquad -31.5\ \text{kJ}\cdot\text{mol}^{-1}$$

$$\text{C}_6\text{H}_5-\text{CH}_2\text{CH}_3 + \text{H}_2 \rightleftharpoons \text{C}_6\text{H}_5-\text{CH}_3 + \text{CH}_4 \qquad -54.4\ \text{kJ}\cdot\text{mol}^{-1}$$

在水蒸气存在的条件下,还可能发生下列反应

$$\text{C}_6\text{H}_5-\text{CH}_2\text{CH}_3 + 2\text{H}_2\text{O} \rightleftharpoons \text{C}_6\text{H}_5-\text{CH}_3 + \text{CO}_2 + 3\text{H}_2$$

此外还有芳烃脱氢缩合及苯乙烯聚合生成焦油等。这些连串副反应的发生不仅使反应的选择性下降,而且极易使催化剂表面结焦进而使其活性下降。

1. 影响本反应的因素

(1)温度的影响

乙苯脱氢反应为吸热反应,$\Delta H^{\ominus} > 0$,从平衡常数与温度的关系式 $\left(\dfrac{\partial \ln K^{\ominus}}{\partial T}\right)_p = \dfrac{\Delta H^{\ominus}}{RT^2}$ 可知,提高温度可增大平衡常数,从而提高脱氢反应的平衡转化率。但是温度过高副反应增加,使苯乙烯选择性下降,能耗增大,设备材质要求增加,故应控制适宜的反应温度。本实验的反应温度为 540~600 ℃。

(2)压力的影响

乙苯脱氢为体积增加的反应,从平衡常数与压力的关系式 $K_p = K_n \left(\dfrac{p}{\sum n_i}\right)^{\Delta\nu}$ 可知,当 $\Delta\nu > 0$ 时,降低总压 $p_{\text{总}}$ 可使 K_n 增大,从而增加了反应的平衡转化率,故降低压力有利于平衡向脱氢方向移动。本实验加水蒸气的目的是降低乙苯的分压,以提高平衡转化率。较适宜的水蒸气用量为:水:乙苯=1.5:1(体积比)或 8:1(摩尔比)。

(3)空速的影响

乙苯脱氢反应系统中有平衡副反应和连串副反应,随着接触时间的增加,副反应也增加,苯乙烯的选择性可能下降,适宜的空速与催化剂的活性及反应温度有关,本实验乙苯的液空速以 0.6 h^{-1} 为宜。

2. 催化剂

本实验采用氧化铁系催化剂其组成为:Fe_2O_3 - CuO - K_2O_3 - CeO_2。

三、实验装置与流程

1. 实验装置特点

（1）反应器、汽化器、冷凝器及接受器均为不锈钢材质。

（2）加料由微型计量泵或蠕动泵进行。

（3）反应器及汽化器由电加热装置、热电偶测温装置、温度仪表控温装置及显示器构成。

2. 实验装置图

如图 10.21 所示。

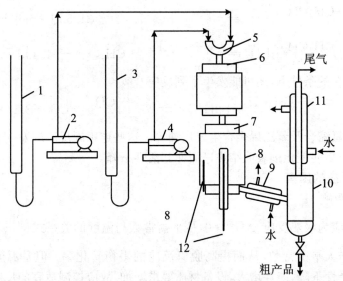

1—已苯计量管；2、4—加料泵；3—水计量管；5—混合器；6—汽化器；7—反应器；
8—电热夹套；9、11—冷凝器；10—分离器；12—热电偶

图 10.21　乙苯脱氢制苯乙烯工艺实验流程图

四、实验步骤

1. 接通电源，使汽化器、反应器分别逐步升温至预定的温度，同时打开冷却水。

2. 分别校正蒸馏水和乙苯的流量（0.75 mL·min^{-1} 和 0.5 mL·min^{-1}）。

3. 当汽化器温度达到 300 ℃、反应器温度达 400 ℃左右后，开始加入已校正好流量的蒸馏水。当反应温度升至 500 ℃左右，加入已校正好流量的乙苯，继续升温至 540 ℃使之稳定半小时。

4. 反应开始每隔 10～20 min 取一次数据，每个温度至少取两个数据。粗产品从分离器中放入量筒内，然后用分液漏斗分去水层，称出烃层液质量。

5. 取少量烃层液样品,用气相色谱分析其组成,并计算出各组分的百分含量。

6. 反应结束后,停止加乙苯。反应温度维持在 500 ℃ 左右,继续通水蒸气,进行催化剂的清焦再生,约半小时后停止通水,并降温。

五、注意事项

反应结束后,要继续通水蒸气,约半小时后停止通水,并降温。

六、数据记录与处理

分别将转化率、选择性及收率对反应温度作出图表,找出最适宜的反应温度区域。

乙苯的转化率

$$\alpha = \frac{RF}{FF} \times 100\%$$

苯乙烯的选择性

$$S = \frac{PP}{RF} \times 100\%$$

苯乙烯的收率

$$Y = \alpha \cdot S \times 100\%$$

1. 数据记录列于表 10.19 中。

表 10.19　乙苯脱氢实验记录表

时间	温度/℃		原料流量/(mL·min⁻¹)				粗产品/g		尾气
	汽化器	反应器	乙苯		水		烃层液	水层	
			始	终	始	终			

2. 粗产品分析结果列入表 10.20 中。

表 10.20　乙苯制苯乙烯实验结果

反应温度/℃	乙苯加入量/g	粗产品							
		苯		甲苯		乙苯		苯乙烯	
		含量/%	质量/g	含量/%	质量/g	含量/%	质量/g	含量/%	质量/g

七、思考题

1. 乙苯脱氢生成苯乙烯反应是吸热还是放热反应？如何判断？如果是吸热反应，则反应温度为多少？实验室是如何来实现的，工业上又是如何来实现的？

2. 对本反应而言，体积是增大了还是减小了？加压有利还是减压有利？工业上是如何来实现加减压操作的？本实验采用什么方法？为什么加入水蒸气可以降低烃分压？

3. 在本实验中你认为有哪几种液体产物生成？有哪几种气体产物生成？如何分析？

4. 进行反应物料衡算，需要一些什么数据？如何收集并进行处理？

5. 对所得实验结果进行讨论（包括曲线图趋势的合理性、误差分析、成败原因等）。

参 考 文 献

[1] 马文谨. 化工基础实验[M]. 北京: 冶金工业出版社, 2006.

[2] 柴诚敬, 贾绍义. 化工原理[M]. 北京: 高等教育出版社, 2006.

[3] 姚玉英, 黄风廉. 化工原理[M]. 天津: 天津科学技术出版社, 2002.

[4] 吕维忠, 刘波. 化工原理实验技术[M]. 北京: 化学工业出版社, 2007.

[5] 王雪静, 李晓波. 化工原理实验[M]. 北京: 化学工业出版社, 2009.

［6］ 赫文秀,王亚雄.化工原理实验[M].北京:化学工业出版社,2010.

［7］ 杨虎等.化工原理实验[M].重庆:重庆大学出版社,2009.

［8］ 郭锴,唐小恒.化学反应工程[M].北京:化学工业出版社,2007.

［9］ 卫静莉.化工原理实验[M].北京:国防工业出版社,2003.

［10］ 张金利,张建伟.化工原理实验[M].天津:天津大学出版社,2005.

附　录

附录一　常用玻璃器材及基本操作

器材名称	规格	用途	注意事项
  试管　　离心试管	玻璃质,分硬质和软质,有普通试管和离心试管。 　　规格:有刻度的试管和离心试管按容量(mL)分,常用的有5、10、15、20、25、50等。 　　无刻度的按外径和管长有多种规格	用于少量试剂反应的反应器;便于操作和观察;也可用少量气体的收集。 　　带支管的试管还可接到装置中使用。 　　离心试管还可用于少量的沉淀与溶液的分离	1. 普通试管可直接加热,硬质试管可加热到高温。加热后不要骤冷,内装物一般不超过1/3,多了反应物混合难均匀。 　　2. 加热时要观察并不停地振荡,试管口不能对着别人和自己,防止突然沸腾冲出试管外,造成伤害
  试管架	按材料分有木质、铝质或塑料质等。有大小不等、形状各异的多种规格	放试管用	加热后的试管以试管夹夹住悬放在架上。加热固体样品时,一般温度较高,注意防止烫坏木质或塑料架子,同时避免试管架上沾上湿水使之炸裂

594

器材名称	规格	用途	注意事项
烧杯	玻璃制品,分硬质和软质,普通型和高型,有刻度和无刻度的几种。 　规格:按容量(mL)分,有:50、100、150、200、250、500等,微量有1、5、10	用反应物量较多的反应容器,可搅拌也可作配制溶液时的容器,或简便的水槽使用	1. 加热时外壁不能有水;要放在石棉网上,先放溶液后加热;加热后不要放在湿物上。 　2. 加热时盛放液体不要超过2/3,防止搅拌时溅出或沸腾时溢出
圆底烧瓶 平底烧瓶 蒸馏烧瓶	玻璃质、分硬质和软质,有平底、圆底、长颈、短颈、细口、粗口和蒸馏烧瓶几种。 　规格:按容量(mL)分,50、100、250、500等。 　此外还有微量烧瓶	圆底烧瓶:在常温或加热条件下供化学反应用。 　平底烧瓶:配制溶液或代替圆底烧瓶用,主要是因为平底放置平稳。 　蒸馏烧瓶:液体蒸馏、少量气体发生装置用	1. 盛放液体不大于2/3,也不能太少,避免加热时喷溅。 　2. 固定在铁架台上,下垫石棉网,不能直接加热,避免受热不均匀而破裂
锥形瓶	玻璃质,分硬质和软质,有塞和无塞,广口、细口和微型几种。 　规格:按容量(mL)分,有50、100、150、200、250等	作反应容器。振荡方便,适用于滴定操作	1. 盛放液体不能太多,避免振荡时溅出。 　2. 加热时垫石棉网或置于水浴中,防止受热不均而破裂

595

续表

器材名称	规格	用途	注意事项
滴瓶	玻璃质,分棕色、无色两种,滴管上带有橡皮滴头。 规格:按容量(mL)分,有 15、30、60、125 等	盛放少量溶液和液体药品的容器	1. 棕色瓶盛放见光易分解或不太稳定的物质,减缓物质分解和变质。 2. 滴管不能吸得太满,也不能倒置,防止试剂侵蚀橡皮头。 3. 滴管专用,不得弄乱,弄脏,防止沾污试剂
广口瓶	玻璃质,有无色、棕色的,有磨口、不磨口的,磨口有塞,若无塞,口上是磨砂的则为集气瓶。 按容量(mL)分,有 50、100、150、250 等	1. 储存固体药品用。 2. 集气瓶用于收集气体	1. 不能直接加热,防止破裂;不能放碱,碱能够使玻璃与塞子粘住。 2. 作气体燃烧实验时,瓶底应放少许沙子或水,防止瓶破裂。 3. 收集气体后,要用毛玻璃片盖住瓶口,防止气体逸出。
量筒	玻璃质。 规格:刻度按容量(mL)分,有 5、10、20、25、40 等 上口大下部小的叫量杯	用于量取一定体积的液体	1. 应竖直放在桌面上,读数时,视线应和液面水平,读取与弯月面底相切的刻度。 2. 不可加热;不可做实验(如溶解、稀释等)防止破裂。不可量取热溶液或液体

器材名称	规格	用途	注意事项
称量瓶(高型)	玻璃质,分高型、矮型两种。 规格:按容量(mL)分,有 10、20、25、40 等。 矮型有:5、10、15、30 等	准确称取一定量固体药品时用	1. 不能加热,防止玻璃破裂。 2. 盖子是磨口配套的,不得丢失,弄乱,沾污药品。 3. 不用时应洗净,在磨口处垫上纸条,防止粘连,打不开玻璃盖
移液管　吸量管	玻璃质,分刻度管型和单刻度大肚型两种。此外还有完全流出式和不完全流出式。无刻度的叫移液管,有刻度的称吸量管。 规格:按刻度量最大标度(mL)分,有1、2 等,20、25 等。 此外还自动移液管	精确移取一定体积的液体时用	1. 将液体吸入,液面超过刻度,再用食指按住管口,轻轻转动放气,使液面降至刻度后,用食指按住管口,移往指定容器上,放开食指,使液体注入,确保量取准确。 2. 用时先用少量所移取液润洗三次,确保所取液体浓度或纯度不变。 3. 一般吸管残留的最后液体,不要吹出,制备时已考虑(完全流出式应吹出)
容量瓶	玻璃质。 规格:按刻度以下的容量(mL)分,有5、10、25、50、100、150、200、250 等。 现在也有塑料塞的	配制准确浓度溶液时用	1. 溶质先在烧杯内用适量溶剂全部溶解,然后移入容量瓶,再用少量溶剂清洗 2~3 次,一并转入容量瓶,确保配制准确。 2. 不能加热,不能代替试剂瓶用来存放溶液,避免影响容量瓶容积的精确度

器材名称	规格	用途	注意事项
漏斗　长颈漏斗	玻璃质，分长颈和短颈两类。 规格：按斗颈（mm）分，有 30、40、60、100 等。 此外铜制热漏斗专用于热滤	1. 过滤液体。 2. 倾注液体。 3. 长颈漏斗常装配气体发生器，加液用	1. 不可直接加热，防止破裂。 2. 过滤时漏斗颈尖端必须紧靠接滤液的容器壁，防止滤液溅出。 3. 长颈漏斗作加液时斗颈应插入液面内，防止气体自漏斗泄出
酸式滴定管　碱式滴定管	玻璃质，分酸式和碱式两种。 规格：按刻度最大标度（mL）分，有 20、25、50 等。 微量的有 1、2、3、4、5、10 等	滴定时用，或用以量取较准体积的液体时用	1. 用前洗净、装液前要用预装溶液润洗三次，保证溶液浓度不变。 2. 使用酸式管滴定时，用左手开启旋塞，碱式管用左手轻捏橡皮管内玻璃珠，溶液即可放出，碱管要从橡皮管部向上翘赶尽气泡，保证读数准确。 3. 酸管旋塞应擦上凡士林，碱管下端橡皮管不能用洗液洗。 4. 酸管、碱管不能对调使用，酸液腐蚀橡皮，碱液腐蚀玻璃易让酸管旋塞粘住。 5. 除碱性溶液外，都用酸管

器材名称	规格	用途	注意事项
抽滤瓶　带布氏漏斗	布氏漏斗为瓷质,规格以直径(mm)表示。抽滤瓶为玻璃质。 　　抽滤瓶规格按容量(mL)分,有 50、100、250、500 等。 　　两者配套使用	用于化合物制备中晶体或沉淀的减压过滤	1. 不能直接加热,防止玻璃破裂。 　　2. 滤纸要略小于漏斗的内径,才能贴紧,防止滤液由边上漏滤。 　　3. 先开抽气管,后过滤(如果是黏稠的固体,最好先摊平,后抽气)。过滤完毕后,先拧开抽气管与滤瓶的连结处,后关闭抽气泵,防止倒吸
分液漏斗	玻璃质,有球形、梨形、筒形和锥形几种。 　　规格:按容量(mL)分,有 25、50、100、500 等	1. 用于互不相溶的液-液分离。 　　2. 往气体发生器装置中加液用。	1. 不能加热。 　　2. 塞上涂一薄层凡士林,使旋塞转动灵活,又不会漏液。 　　3. 分液时,下层液体从漏斗管流出,上层液体从上口倒出,防止分离不清。 　　4. 装入气体发生器时,漏斗管应插入液面内
表面皿	玻璃质。 　　规格:按直径(mm)分,有 45、65、75、90 等	盖在烧杯上,防止液体溅出或其他用途	不能用火直接加热,防止破裂

器材名称	规格	用途	注意事项
洗气瓶	玻璃质,形状有多种。 规格:按容量(mL)分,有125、250、500等	净化气体用	1. 接法要正确(进气管通入液体中)。 2. 洗涤液注入容器高度1/3,不得超过1/2,防止洗涤液被气体冲出
蒸发皿	瓷质或玻璃质。 规格:按直径(mm)分,有45、65、75、90等	口大底浅蒸发速率大,所以作蒸发、浓缩溶液用。随液体性质不同可选用不同质的蒸发皿	1. 能耐高温,但不宜骤冷,防止破裂。 2. 一般放在石棉网上加热,使受热均匀
坩埚	瓷质,也有石墨、石英、氧化锆、铁、镍或铂制品。 规格:以容量(mL)分,有10、15、25、50等	强热、煅烧固体用。随固体性质不同可选用不同材质的坩埚	1. 瓷质坩埚可放在泥三角上直接加热或煅烧。 2. 加热或反应完毕后取下时,坩埚钳应预热,防止骤冷而破裂,取下后应置石棉网上,防止烧坏桌面

器材名称	规格	用途	注意事项
持夹　单爪夹　铁圈　铁架台	铁制品,铁夹,现在有铝的或其他材质的。 铁架台有圆形的,也有长方形的	用于固定或放置反应容器。铁圈还可代替漏斗架使用	1. 仪器固定在铁架台上时,仪器和铁架的重心应落在铁架台底盘中部,防止站立不稳而翻倒。 2. 用铁夹夹持仪器时,应以仪器不能转动为宜,不能过紧过松,防止脱落或夹破仪器。 3. 加热后的铁圈不能撞击或摔落在地,避免断裂
毛刷	以大小或用途表示,如试管刷、滴定管刷等	洗刷玻璃仪器	洗涤时手持刷子的部位要合适,要注意毛刷顶竖毛的完整程度。避免洗不到仪器顶端,或刷顶撞破仪器
研体	瓷质,也有玻璃、玛瑙或铁制品。 规格:以口径大小表示	1. 研碎固体物质。 2. 固体物质的混合,按固体的性质和硬度选用不同的研钵	1. 大块物质只能压碎,不能舂碎,防止击碎研钵和杵,避免固体飞溅。 2. 放入量不宜超过研钵容积的1/3,以免研磨时把物质甩出。 3. 易爆物质只能轻轻压碎,不能研磨,防止爆炸

器材名称	规格	用途	注意事项
试管架	有木制、竹制、金属丝制品，形状也不同	夹持试管用	1. 夹在试管上端约 1/3 处，便于摇动试管，避免烧焦夹子。 2. 不要把拇指按在夹子的活动部分，避免试管脱落。 3. 一定要从试管底部套上和取下试管夹，操作要规范化
三角架	铁制品，有大小、高低之分，比较牢固	放置较大或较重的加热容器	1. 放置加热容器(除水浴锅外)应先放石棉网，使加热容器受热均匀。 2. 下面加热灯焰的位置要合适，一般用氧化焰加热，使加热温度高
水浴锅	铜或铝制品	用于间接加热，也可用于粗略控温实验中	1. 应选择好圈环，使加热器皿没入锅中 2/3，使加热物品受热上下均匀。 2. 经常加水，防止将锅内水烧干，烧坏水浴锅。 3. 用完将锅内剩水倒出并擦干水浴锅，防止锈蚀

器材名称	规格	用途	注意事项
燃烧匙	匙头铜质,也有铁制品	检验可燃性,进行固气燃烧反应用	1. 放入集气瓶时应由上而下慢慢放入,保证充分燃烧,且不要触及瓶壁,防止集气瓶破裂。 2. 硫磺、钾、钠燃烧实验,应在匙底垫上少许石棉或沙子,减少反应时腐蚀燃烧匙。 3. 用完立即洗净匙头并干燥,防止腐蚀匙头
泥三角	由铁丝扭成,套有瓷管,有大小之分	灼烧坩埚时放置坩埚用	1. 使用前应检查铁丝是否断裂,断裂的不能使用,灼烧时坩埚不稳也易脱落。 2. 坩埚底应横着斜放在三个瓷管中的一个瓷管上,这样灼烧快。 3. 灼烧后小心取下,不要摔落,以免损坏
药匙	由牛角、瓷、塑料和不锈钢制成。现多数是塑料和不锈钢的	拿取固体药品用,药勺两端有一个小勺,一大一小,根据用药量大小分别选用	取用一种药品后,必须洗净,并用滤纸擦干,避免沾污试剂,发生事故

器材名称	规格	用途	注意事项
石棉布	由铁丝编成,中间涂有石棉,有大小之分	石棉是一种不良导体,它能使受热物体均匀受热,不致造成局部高温	1. 应先检查,石棉脱落的不能用,起不到作用。 2. 不能与水接触,以免石棉脱落或铁丝锈蚀。 3. 不可卷折,石棉松脆,易损坏
坩埚钳	铁或不锈钢制品,有大小和长短之分	夹持坩埚、蒸发皿用	1. 使用时必须用干净的坩埚钳,防止弄脏坩埚中药品。 2. 坩埚钳用后,应尖端向上平放在实验台上,保证尖端洁净,如温度很高,则应放在石棉网上,防止烫坏实验台。 3. 完毕后,应将钳子擦干净,放入实验柜中,干燥放置,防止生锈

附录二 弱酸、弱碱在水中的离解常数($25\,℃$、$I=0$)

1. 弱酸在水中的离解常数

弱酸	分子式	$K_a^\ominus$	$pK_a^\ominus$
砷酸	H_3AsO_4	6.3×10^{-3} ($K_{a1}^\ominus$) 1.0×10^{-7} ($K_{a2}^\ominus$) 3.2×10^{-12} ($K_{a3}^\ominus$)	2.20 7.00 11.50
亚砷酸	$HAsO_2$	6.0×10^{-10}	9.22
硼酸	H_3BO_3	5.8×10^{-10}	9.24

弱酸	分子式	$K_a^\ominus$	$pK_a^\ominus$
焦硼酸	$H_2B_4O_7$	$1.0\times10^{-4}(K_{a1}^\ominus)$ $1.0\times10^{-9}(K_{a2}^\ominus)$	4 9
碳酸	$H_2CO_3(CO_2+H_2O)$	$4.2\times10^{-7}(K_{a1}^\ominus)$ $5.6\times10^{-11}(K_{a2}^\ominus)$	6.38 10.25
氢氰酸	HCN	6.2×10^{-10}	9.21
铬酸	H_2CrO_4	$1.8\times10^{-1}(K_{a1}^\ominus)$ $3.2\times10^{-7}(K_{a2}^\ominus)$	0.74 6.50
氢氟酸	HF	6.6×10^{-4}	3.18
亚硝酸	HNO_2	5.1×10^{-4}	3.29
过氧化氢	H_2O_2	1.8×10^{-12}	11.75
磷酸	H_3PO_4	$7.6\times10^{-3}(K_{a1}^\ominus)$ $6.3\times10^{-8}(K_{a2}^\ominus)$ $4.4\times10^{-13}(K_{a3}^\ominus)$	2.12 7.2 12.36
焦磷酸	$H_4P_2O_7$	$3.0\times10^{-2}(K_{a1}^\ominus)$ $4.4\times10^{-3}(K_{a2}^\ominus)$ $2.5\times10^{-7}(K_{a3}^\ominus)$ $5.6\times10^{-10}(K_{a4}^\ominus)$	1.52 2.36 6.60 9.25
亚磷酸	H_3PO_3	$5.0\times10^{-2}(K_{a1}^\ominus)$ $2.5\times10^{-7}(K_{a2}^\ominus)$	1.30 6.60
氢硫酸	H_2S	$8.9\times10^{-8}(K_{a1}^\ominus)$ $1.20\times10^{-13}(K_{a2}^\ominus)$	7.05 12.92
硫酸	HSO_4^-	$1.02\times10^{-2}(K_{a1}^\ominus)$	1.99
亚硫酸	$H_3SO_3(SO_2+H_2O)$	$1.3\times10^{-2}(K_{a1}^\ominus)$ $6.3\times10^{-8}(K_{a2}^\ominus)$	1.90 7.20
偏硅酸	H_2SiO_3	$1.7\times10^{-10}(K_{a1}^\ominus)$ $1.6\times10^{-12}(K_{a2}^\ominus)$	9.77 11.8
甲酸	HCOOH	1.8×10^{-4}	3.74
乙酸	CH_3COOH	1.8×10^{-5}	4.74
一氯乙酸	$CH_2ClCOOH$	1.4×10^{-3}	2.86
二氯乙酸	$CHCl_2COOH$	5.0×10^{-2}	1.30
三氯乙酸	CCl_3COOH	0.23	0.64
氨基乙酸盐	$^+NH_3CH_2COOH^-$ $^+NH_3CH_2COO^-$	$4.5\times10^{-3}(K_{a1}^\ominus)$ $2.5\times10^{-10}(K_{a2}^\ominus)$	2.35 9.60

续表

弱酸	分子式	$K_a^\ominus$	$pK_a^\ominus$
抗坏血酸	$R-CHOH-CH_2OH$	$5.0\times10^{-5}(K_{a1}^\ominus)$ $1.5\times10^{-10}(K_{a2}^\ominus)$	4.30 9.82
乳酸	$CH_3CHOHCOOH$	1.4×10^{-4}	3.86
苯甲酸	C_6H_5COOH	6.2×10^{-5}	4.21
草酸	$H_2C_2O_4$	$5.9\times10^{-2}(K_{a1}^\ominus)$ $6.4\times10^{-5}(K_{a2})$	1.22 4.19
d-酒石酸	$CH(OH)COOH$ | $CH(OH)COOH$	$9.1\times10^{-4}(K_{a1}^\ominus)$ $4.3\times10^{-5}(K_{a2}^\ominus)$	3.04 4.37
邻-苯二甲酸	$C_6H_4(COOH)_2$	$1.1\times10^{-3}(K_{a1}^\ominus)$ $3.9\times10^{-6}(K_{a2}^\ominus)$	2.95 5.41
柠檬酸	CH_2COOH | $CH(OH)COOH$ | CH_2COOH	$7.4\times10^{-4}(K_{a1}^\ominus)$ $1.7\times10^{-5}(K_{a2}^\ominus)$ $4.0\times10^{-7}(K_{a3}^\ominus)$	3.13 4.76 6.40
苯酚	C_6H_5OH	1.1×10^{-10}	9.95
乙二胺四乙酸	$H_6\text{-EDTA}^{2+}$ $H_5\text{-EDTA}^+$ $H_4\text{-EDTA}$ $H_3\text{-EDTA}^-$ $H_2\text{-EDTA}^{2-}$ $H\text{-EDTA}^{3-}$	$0.1(K_{a1}^\ominus)$ $3\times10^{-2}(K_{a2}^\ominus)$ $1\times10^{-2}(K_{a3}^\ominus)$ $2.1\times10^{-3}(K_{a4}^\ominus)$ $6.9\times10^{-7}(K_{a5}^\ominus)$ $5.5\times10^{-11}(K_{a6}^\ominus)$	0.9 1.6 2.0 2.67 6.17 10.26

2. 弱碱在水中的离解常数

弱酸	分子式	$K_b^\ominus$	$pK_b^\ominus$
氨水	NH_3	1.8×10^{-5}	4.74
联氨	H_2NNH_2	$3.0\times10^{-6}(K_{b1}^\ominus)$ $1.7\times10^{-15}(K_{b2}^\ominus)$	5.52 14.12
羟胺	NH_2OH	9.1×10^{-6}	8.04
甲胺	CH_3NH_2	4.2×10^{-4}	3.38
乙胺	$C_2H_5NH_2$	5.6×10^{-4}	3.25
二甲胺	$(CH_3)_2NH$	1.2×10^{-4}	3.93
二乙胺	$(C_2H_5)_2NH$	1.3×10^{-3}	2.89
乙醇胺	$HOCH_2CH_2NH_2$	3.2×10^{-5}	4.50

弱酸	分子式	$K_b^\ominus$	$pK_b^\ominus$
三乙醇胺	$(HOCH_2CH_2)_3N$	5.8×10^{-7}	6.24
六次甲基四胺	$(CH_2)_6N_4$	1.4×10^{-9}	8.85
乙二胺	$H_2NHC_2CH_2NH_2$	$8.5\times10^{-5}(K_{b1}^\ominus)$ $7.1\times10^{-8}(K_{b2}^\ominus)$	4.07 7.15
吡啶	C_5H_5N	1.7×10^{-5}	8.77

附录三　常见配离子的稳定常数

配离子	$K_稳^\ominus$	$\lg K_稳^\ominus$	配离子	$K_稳^\ominus$	$\lg K_稳^\ominus$
1:1					
$[NaY]^{3-}$	5.0×10^1	1.69	$[AgY]^{3-}$	2.0×10^7	7.30
$[CuY]^{2-}$	6.8×10^{18}	18.79	$[MgY]^{2-}$	4.9×10^8	8.69
$[CaY]^{2-}$	3.7×10^{10}	10.56	$[SrY]^{2-}$	4.2×10^8	8.62
$[BaY]^{2-}$	6.0×10^7	7.77	$[ZnY]^{2-}$	3.1×10^{16}	16.49
$[CdY]^{2-}$	3.8×10^{16}	16.57	$[HgY]^{2-}$	6.3×10^{21}	21.79
$[PbY]^{2-}$	1.0×10^{18}	18.00	$[MnY]^{2-}$	1.0×10^{14}	14.00
$[FeY]^{2-}$	2.1×10^{14}	14.32	$[CoY]^{2-}$	1.6×10^{16}	16.20
$[NiY]^{2-}$	4.1×10^{18}	18.61	$[FeY]^-$	1.2×10^{25}	25.07
$[CoY]^-$	1.0×10^{36}	36.00	$[GaY]^-$	1.8×10^{20}	20.25
$[InY]^-$	8.9×10^{24}	24.94	$[TlY]^-$	3.2×10^{22}	22.51
$[TlHY]$	1.5×10^{23}	23.17	$[CuOH]^+$	1.0×10^5	5.00
$[AgNH_3]^+$	20×10^5	3.30			
1:2					
$[Cu(NH_3)_2]^+$	7.4×10^{10}	10.87	$[Cu(CN)_2]^-$	2.0×10^{38}	38.30
$[Ag(NH_3)_2]^+$	1.7×10^7	7.24	$[Ag(en)_2]^+$	7.0×10^7	7.84
$[Ag(NCS)_2]^-$	4.0×10^8	8.60	$[Ag(CN)_2]^-$	1.0×10^{21}	21.00
$[Au(CN)_2]^-$	2×10^{38}	38.30	$[Cu(en)_2]^{2+}$	4.0×10^{19}	19.60
$[Ag(S_2O_3)_2]^{3-}$	1.6×10^{13}	13.20			

配离子	$K_{稳}^{\ominus}$	$\lg K_{稳}^{\ominus}$	配离子	$K_{稳}^{\ominus}$	$\lg K_{稳}^{\ominus}$
1:3					
$[Fe(NCS)_3]^6$	2.0×10^3	3.30	$[CdI_3]^-$	1.2×10^1	1.07
$[Cd(CN)_3]^-$	1.1×10^4	4.04	$[Ag(CN)_3]^-$	5×10^0	0.69
$[Ni(en)_3]^{2+}$	3.9×10^{18}	18.59	$[Al(C_2O_4)_3]^{3-}$	2.0×10^{16}	16.30
$[Fe(C_2O_4)_3]^{3-}$	1.60×10^{20}	20.20			
1:4					
$[Cu(NH_3)_4]^{2+}$	4.8×10^{12}	12.68	$[Zn(NH_3)_4]^{2+}$	5×10^8	8.69
$[Cd(NH_3)_4]^{2+}$	3.6×10^6	6.55	$[Zn(CNS)_4]^{2-}$	2.0×10^1	1.30
$[Zn(CN)_4]^{2-}$	1.0×10^{16}	16.00	$[Cd(SCN)_4]^{2-}$	1.0×10^3	3.00
$[CdCl_4]^{2-}$	3.1×10^2	2.49	$[CdI_4]^{2-}$	3.0×10^6	6.43
$[Cd(CN)_4]^{2-}$	1.3×10^{18}	18.11	$[Hg(CN)_4]^{2-}$	3.1×10^{41}	41.51
$[Hg(SCN)_4]^{2-}$	7.7×10^{21}	21.88	$[HgCl_4]^{2-}$	1.6×10^{15}	15.20
$[HgI_4]^{2-}$	7.2×10^{20}	29.80	$[Co(NCS)_4]^{2-}$	3.8×10^2	2.58
$[Ni(CN)_4]^{2-}$	1×10^{22}	22.00			
1:6					
$[Cd(NH_3)_6]^{2+}$	1.4×10^6	6.15	$[Co(NH_3)_6]^{2+}$	2.4×10^4	4.38
$[Ni(NH_3)_6]^{2+}$	1.1×10^8	8.04	$[Co(NH_3)_6]^{3+}$	1.4×10^{35}	35.15
$[AlF_6]^{3-}$	6.9×10^{19}	19.84	$[Fe(CN)_6]^{3-}$	1×10^{24}	24.00
$[Fe(CN)_6]^{4-}$	1×10^{35}	35.00	$[Co(CN)_6]^{3-}$	1×10^{64}	64.00
$[FeF_6]^{3-}$	1.0×10^{16}	16.00			

附录四　常用酸碱的密度和浓度

名称	分子式	相对分子质量	密度/(g·cm^{-3})	百分浓度/%	物质的量浓度 c/(mol·L^{-1})
盐酸	HCl	36.46	1.19	37.2	12.0
			1.18	35.4	11.8
			1.10	20.0	6.0

续表

名称	分子式	相对分子质量	密度/(g·cm⁻³)	百分浓度/%	物质的量浓度 c(mol·L⁻¹)
硫酸	H_2SO_4	98.08	1.84	95.6	18.0
			1.18	24.8	6.0
硝酸	HNO_3	63.01	1.42	70.98	16.0
			1.40	65.3	14.5
			1.20	32.36	6.1
冰乙酸	CH_3COOH	60.05	1.05	99.5	17.4
乙酸	CH_3COOH	60.05		36	6.0
磷酸	H_3PO_4	97.97	1.71	85.0	15
氨水	$NH_3·H_2O$	35.00	0.90		15
			0.904	27.0	14.3
			0.91	25.0	13.4
			0.96	10.0	5.6
氢氧化钠溶液	NaOH	40.00	1.5	50.0	19

附录五　难溶化合物的溶度积常数

序号	分子式	K_{sp}	pK_{sp} ($-\lg K_{sp}$)	序号	分子式	K_{sp}	pK_{sp} ($-\lg K_{sp}$)
1	Ag_3AsO_4	$1.0×10^{-22}$	22.0	10	AgI	$8.3×10^{-17}$	16.08
2	$AgBr$	$5.0×10^{-13}$	12.3	11	$AgIO_3$	$3.1×10^{-8}$	7.51
3	$AgBrO_3$	$5.50×10^{-5}$	4.26	12	$AgOH$	$2.0×10^{-8}$	7.71
4	$AgCl$	$1.8×10^{-10}$	9.75	13	Ag_2MoO_4	$2.8×10^{-12}$	11.55
5	$AgCN$	$1.2×10^{-16}$	15.92	14	Ag_3PO_4	$1.4×10^{-16}$	15.84
6	Ag_2CO_3	$8.1×10^{-12}$	11.09	15	Ag_2S	$6.3×10^{-50}$	49.2
7	$Ag_2C_2O_4$	$3.5×10^{-11}$	10.46	16	$AgSCN$	$1.0×10^{-12}$	12.00
8	Ag_2CrO_4	$1.2×10^{-12}$	11.92	17	Ag_2SO_3	$1.5×10^{-14}$	13.82
9	$Ag_2Cr_2O_7$	$2.0×10^{-7}$	6.70	18	Ag_2SO_4	$1.4×10^{-5}$	4.84

序号	分子式	K_{sp}	pK_{sp} $(-\lg K_{sp})$	序号	分子式	K_{sp}	pK_{sp} $(-\lg K_{sp})$
19	Ag_2Se	2.0×10^{-64}	63.7	48	$Ca(OH)_2$	5.5×10^{-6}	5.26
20	Ag_2SeO_3	1.0×10^{-15}	15.00	49	$Ca_3(PO_4)_2$	2.0×10^{-29}	28.70
21	Ag_2SeO_4	5.7×10^{-8}	7.25	50	$CaSO_4$	3.16×10^{-7}	5.04
22	$AgVO_3$	5.0×10^{-7}	6.3	51	$CaSiO_3$	2.5×10^{-8}	7.60
23	Ag_2WO_4	5.5×10^{-12}	11.26	52	$CaWO_4$	8.7×10^{-9}	8.06
24	$Al(OH)_3$①	4.57×10^{-33}	32.34	53	$CdCO_3$	5.2×10^{-12}	11.28
25	$AlPO_4$	6.3×10^{-19}	18.24	54	$CdC_2O_4\cdot3H_2O$	9.1×10^{-8}	7.04
26	Al_2S_3	2.0×10^{-7}	6.7	55	$Cd_3(PO_4)_2$	2.5×10^{-33}	32.6
27	$Au(OH)_3$	5.5×10^{-46}	45.26	56	CdS	8.0×10^{-27}	26.1
28	$AuCl_3$	3.2×10^{-25}	24.5	57	$CdSe$	6.31×10^{-36}	35.2
29	AuI_3	1.0×10^{-46}	46.0	58	$CdSeO_3$	1.3×10^{-9}	8.89
30	$Ba_3(AsO_4)_2$	8.0×10^{-51}	50.1	59	CeF_3	8.0×10^{-16}	15.1
31	$BaCO_3$	5.1×10^{-9}	8.29	60	$CePO_4$	1.0×10^{-23}	23.0
32	BaC_2O_4	1.6×10^{-7}	6.79	61	$Co_3(AsO_4)_2$	7.6×10^{-29}	28.12
33	$BaCrO_4$	1.2×10^{-10}	9.93	62	$CoCO_3$	1.4×10^{-13}	12.84
34	$Ba_3(PO_4)_2$	3.4×10^{-23}	22.44	63	CoC_2O_4	6.3×10^{-8}	7.2
35	$BaSO_4$	1.1×10^{-10}	9.96		$Co(OH)_2$(蓝)	6.31×10^{-15}	14.2
36	BaS_2O_3	1.6×10^{-5}	4.79				
37	$BaSeO_3$	2.7×10^{-7}	6.57				
38	$BaSeO_4$	3.5×10^{-8}	7.46	64	$Co(OH)_2$ （粉红,新沉淀）	1.58×10^{-15}	14.8
39	$Be(OH)_2$②	1.6×10^{-22}	21.8				
40	$BiAsO_4$	4.4×10^{-10}	9.36				
41	$Bi_2(C_2O_4)_3$	3.98×10^{-36}	35.4		$Co(OH)_2$ （粉红,陈化）	2.00×10^{-16}	15.7
42	$Bi(OH)_3$	4.0×10^{-31}	30.4				
43	$BiPO_4$	1.26×10^{-23}	22.9				
44	$CaCO_3$	2.8×10^{-9}	8.54				
45	$CaC_2O_4\cdot H_2O$	4.0×10^{-9}	8.4	65	$CoHPO_4$	2.0×10^{-7}	6.7
46	CaF_2	2.7×10^{-11}	10.57	66	$Co_3(PO_4)_3$	2.0×10^{-35}	34.7
47	$CaMoO_4$	4.17×10^{-8}	7.38	67	$CrAsO_4$	7.7×10^{-21}	20.11

序号	分子式	K_{sp}	pK_{sp} $(-\lg K_{sp})$	序号	分子式	K_{sp}	pK_{sp} $(-\lg K_{sp})$
68	$Cr(OH)_3$	6.3×10^{-31}	30.2	96	HgC_2O_4	1.0×10^{-7}	7.0
69	$CrPO_4 \cdot 4H_2O(绿)$	2.4×10^{-23}	22.62	97	Hg_2CO_3	8.9×10^{-17}	16.05
	$CrPO_4 \cdot 4H_2O(紫)$	1.0×10^{-17}	17.0	98	$Hg_2(CN)_2$	5.0×10^{-40}	39.3
70	$CuBr$	5.3×10^{-9}	8.28	99	Hg_2CrO_4	2.0×10^{-9}	8.70
71	$CuCl$	1.2×10^{-6}	5.92	100	Hg_2I_2	4.5×10^{-29}	28.35
72	$CuCN$	3.2×10^{-20}	19.49	101	HgI_2	2.82×10^{-29}	28.55
73	$CuCO_3$	2.34×10^{-10}	9.63	102	$Hg_2(IO_3)_2$	2.0×10^{-14}	13.71
74	CuI	1.1×10^{-12}	11.96	103	$Hg_2(OH)_2$	2.0×10^{-24}	23.7
75	$Cu(OH)_2$	4.8×10^{-20}	19.32	104	$HgSe$	1.0×10^{-59}	59.0
76	$Cu_3(PO_4)_2$	1.3×10^{-37}	36.9	105	$HgS(红)$	4.0×10^{-53}	52.4
77	Cu_2S	2.5×10^{-48}	47.6	106	$HgS(黑)$	1.6×10^{-52}	51.8
78	Cu_2Se	1.58×10^{-61}	60.8	107	Hg_2WO_4	1.1×10^{-17}	16.96
79	CuS	6.3×10^{-36}	35.2	108	$Ho(OH)_3$	5.0×10^{-23}	22.30
80	$CuSe$	7.94×10^{-49}	48.1	109	$In(OH)_3$	1.3×10^{-37}	36.9
81	$Dy(OH)_3$	1.4×10^{-22}	21.85	110	$InPO_4$	2.3×10^{-22}	21.63
82	$Er(OH)_3$	4.1×10^{-24}	23.39	111	In_2S_3	5.7×10^{-74}	73.24
83	$Eu(OH)_3$	8.9×10^{-24}	23.05	112	$La_2(CO_3)_3$	3.98×10^{-34}	33.4
84	$FeAsO_4$	5.7×10^{-21}	20.24	113	$LaPO_4$	3.98×10^{-23}	22.43
85	$FeCO_3$	3.2×10^{-11}	10.50	114	$Lu(OH)_3$	1.9×10^{-24}	23.72
86	$Fe(OH)_2$	8.0×10^{-16}	15.1	115	$Mg_3(AsO_4)_2$	2.1×10^{-20}	19.68
87	$Fe(OH)_3$	4.0×10^{-38}	37.4	116	$MgCO_3$	3.5×10^{-8}	7.46
88	$FePO_4$	1.3×10^{-22}	21.89	117	$MgCO_3 \cdot 3H_2O$	2.14×10^{-5}	4.67
89	FeS	6.3×10^{-18}	17.2	118	$Mg(OH)_2$	1.8×10^{-11}	10.74
90	$Ga(OH)_3$	7.0×10^{-36}	35.15	119	$Mg_3(PO_4)_2 \cdot 8H_2O$	6.31×10^{-26}	25.2
91	$GaPO_4$	1.0×10^{-21}	21.0	120	$Mn_3(AsO_4)_2$	1.9×10^{-29}	28.72
92	$Gd(OH)_3$	1.8×10^{-23}	22.74	121	$MnCO_3$	1.8×10^{-11}	10.74
93	$Hf(OH)_4$	4.0×10^{-26}	25.4	122	$Mn(IO_3)_2$	4.37×10^{-7}	6.36
94	Hg_2Br_2	5.6×10^{-23}	22.24	123	$Mn(OH)_4$	1.9×10^{-13}	12.72
95	Hg_2Cl_2	1.3×10^{-18}	17.88	124	$MnS(粉红)$	2.5×10^{-10}	9.6

序号	分子式	K_{sp}	pK_{sp} $(-\lg K_{sp})$	序号	分子式	K_{sp}	pK_{sp} $(-\lg K_{sp})$
125	MnS(绿)	2.5×10^{-13}	12.6	154	$Pu(OH)_3$	2.0×10^{-20}	19.7
126	$Ni_3(AsO_4)_2$	3.1×10^{-26}	25.51	155	$Pu(OH)_4$	1.0×10^{-55}	55.0
127	$NiCO_3$	6.6×10^{-9}	8.18	156	$RaSO_4$	4.2×10^{-11}	10.37
128	NiC_2O_4	4.0×10^{-10}	9.4	157	$Rh(OH)_3$	1.0×10^{-23}	23.0
129	$Ni(OH)_2$(新)	2.0×10^{-15}	14.7	158	$Ru(OH)_3$	1.0×10^{-36}	36.0
130	$Ni_3(PO_4)_2$	5.0×10^{-31}	30.3	159	Sb_2S_3	1.5×10^{-93}	92.8
131	$\alpha\text{-}NiS$	3.2×10^{-19}	18.5	160	ScF_3	4.2×10^{-18}	17.37
132	$\beta\text{-}NiS$	1.0×10^{-24}	24.0	161	$Sc(OH)_3$	8.0×10^{-31}	30.1
133	$\gamma\text{-}NiS$	2.0×10^{-26}	25.7	162	$Sm(OH)_3$	8.2×10^{-23}	22.08
134	$Pb_3(AsO_4)_2$	4.0×10^{-36}	35.39	163	$Sn(OH)_2$	1.4×10^{-28}	27.85
135	$PbBr_2$	4.0×10^{-5}	4.41	164	$Sn(OH)_4$	1.0×10^{-56}	56.0
136	$PbCl_2$	1.6×10^{-5}	4.79	165	SnO_2	3.98×10^{-65}	64.4
137	$PbCO_3$	7.4×10^{-14}	13.13	166	SnS	1.0×10^{-25}	25.0
138	$PbCrO_4$	2.8×10^{-13}	12.55	167	$SnSe$	3.98×10^{-39}	38.4
139	PbF_2	2.7×10^{-8}	7.57	168	$Sr_3(AsO_4)_2$	8.1×10^{-19}	18.09
140	$PbMoO_4$	1.0×10^{-13}	13.0	169	$SrCO_3$	1.1×10^{-10}	9.96
141	$Pb(OH)_2$	1.2×10^{-15}	14.93	170	$SrC_2O_4\cdot H_2O$	1.6×10^{-7}	6.80
142	$Pb(OH)_4$	3.2×10^{-66}	65.49	171	SrF_2	2.5×10^{-9}	8.61
143	$Pb_3(PO_4)_3$	8.0×10^{-43}	42.10	172	$Sr_3(PO_4)_2$	4.0×10^{-28}	27.39
144	PbS	1.0×10^{-28}	28.00	173	$SrSO_4$	3.2×10^{-7}	6.49
145	$PbSO_4$	1.6×10^{-8}	7.79	174	$SrWO_4$	1.7×10^{-10}	9.77
146	$PbSe$	7.94×10^{-43}	42.1	175	$Tb(OH)_3$	2.0×10^{-22}	21.7
147	$PbSeO_4$	1.4×10^{-7}	6.84	176	$Te(OH)_4$	3.0×10^{-54}	53.52
148	$Pd(OH)_2$	1.0×10^{-31}	31.0	177	$Th(C_2O_4)_2$	1.0×10^{-22}	22.0
149	$Pd(OH)_4$	6.3×10^{-71}	70.2	178	$Th(IO_3)_4$	2.5×10^{-15}	14.6
150	PdS	2.03×10^{-58}	57.69	179	$Th(OH)_4$	4.0×10^{-45}	44.4
151	$Pm(OH)_3$	1.0×10^{-21}	21.0	180	$Ti(OH)_3$	1.0×10^{-40}	40.0
152	$Pr(OH)_3$	6.8×10^{-22}	21.17	181	$TlBr$	3.4×10^{-6}	5.47
153	$Pt(OH)_2$	1.0×10^{-35}	35.0	182	$TlCl$	1.7×10^{-4}	3.76

序号	分子式	K_{sp}	pK_{sp} $(-lg K_{sp})$	序号	分子式	K_{sp}	pK_{sp} $(-lg K_{sp})$
183	Tl_2CrO_4	9.77×10^{-13}	12.01	191	$Yb(OH)_3$	3.0×10^{-24}	23.52
184	TlI	6.5×10^{-8}	7.19	192	$Zn_3(AsO_4)_2$	1.3×10^{-28}	27.89
185	TlN_3	2.2×10^{-4}	3.66	193	$ZnCO_3$	1.4×10^{-11}	10.84
186	Tl_2S	5.0×10^{-21}	20.3	194	$Zn(OH)_2$[③]	2.09×10^{-16}	15.68
187	$TlSeO_3$	2.0×10^{-39}	38.7	195	$Zn_3(PO_4)_2$	9.0×10^{-33}	32.04
188	$UO_2(OH)_2$	1.1×10^{-22}	21.95	196	$\alpha\text{-}ZnS$	1.6×10^{-24}	23.8
189	$VO(OH)_2$	5.9×10^{-23}	22.13	197	$\beta\text{-}ZnS$	2.5×10^{-22}	21.6
190	$Y(OH)_3$	8.0×10^{-23}	22.1	198	$ZrO(OH)_2$	6.3×10^{-49}	48.2

①～③：形态均为无定形。